当世界无法改变时
改变自己

杨永胜◎主编

南海出版公司
2014·海口

图书在版编目（CIP）数据

当世界无法改变时改变自己 / 杨永胜主编. —海口：南海出版公司，2014. 12

ISBN 978 - 7 - 5442 - 7241 - 4

Ⅰ. ①当… Ⅱ. ①杨… Ⅲ. ①成功心理 - 通俗读物
Ⅳ. ①B848. 4 - 49

中国版本图书馆 CIP 数据核字（2014）第 152573 号

敬启

本书在编写过程中，参阅和使用了一些报刊、著述和图片。由于联系上的困难，和部分作品的作者（或译者）未能取得联系，对此谨致深深的歉意。敬请原作者（或译者）见到本书后，及时与本书编者联系，以便我们按照国家有关规定支付稿酬并赠送样书。联系电话：010 - 84853028，松雪。

DANG SHIJIE WUFA GAIBIAN SHI GAIBIAN ZIJI

当世界无法改变时改变自己

主　　编　杨永胜
总 策 划　杨建峰
责任编辑　张　媛　王雅竹
美术设计　松雪图文
出版发行　南海出版公司　电话：（0898）66568511（出版）　（0898）65350227（发行）
社　　址　海南省海口市海秀中路 51 号星华大厦五楼　邮编：570206
电子邮箱　nhpublishing@163. com
经　　销　新华书店
印　　刷　北京鹏润伟业印刷有限公司
开　　本　889 毫米 ×1194 毫米　1/16
印　　张　27. 5
字　　数　680 千
版　　次　2014 年 12 月第 1 版　2014 年 12 月第 1 次印刷
书　　号　ISBN 978 - 7 - 5442 - 7241 - 4
定　　价　59. 00 元

前言

· preface ·

在这个瞬息万变的世界里有绝对不变的自我提升法则、动荡世界的成功之道，这个世界唯一不变的就是变化。人的一生总要遇到许多问题，生活的忙碌、职场的浮沉、情感困扰、人生的迷茫……你是不是越来越没有时间去感受幸福了？也许，我们无法改变这个世界，但是最起码可以改变自己，改变自己的内心，改变自己的观念，世界会因为我们改变而转变。这不仅是一本让你改变自己的书，更是我们个人与这个世界的一次对话，一次非同寻常的探索。

《当世界无法改变时改变自己》从心理学的角度破解了我们在成长路上的各种行为心理：不同类型的人在“改变世界又被这个世界改变”的同时，心理上会有怎样的变化，如何在变化中改变自己，激发潜能，运用成功案例来全面改变并提升自己。

本书分为十八章，分别是突破意识之墙，点亮自信人生；抓住目标，你就可以创造奇迹；善于利用时间，让效率提高十倍；高度负责，持续成功的根本力量；会说话，训练出众的社交技巧；淡泊名利，控制内心的欲望；拥有好心态，才能达到最高境界；战胜挫折和苦难，人生将更精彩；正视舍得，把握好所有的一切；放低自己，也是一种达观处世的人生哲学；活在当下，才能知足于眼前的一切；容人容事，才能容得下自己；勇于创新，成功路越走越广；一忍化百危，好汉能吃眼前亏；懂得控制情绪，战胜别人先战胜自己；从不抱怨，多反省自己；时刻学习，不断提升自己；和谐相处，赢得好人缘。

本书道理精辟，内容深入浅出，为读者打开一扇重新认识自己和他人的窗户，并结合日常生活，教会我们如何正确激发正能量，活出全新的自己，让我们变得更加自信、充满活力，也更有安全感！一旦你内心沉睡的巨人被唤醒，每个人都有无限可能！

目录

· contents ·

第一章

突破意识之墙，点亮自信人生

第二章

抓住目标，你就可以创造奇迹

第三章
善于利用时间,让效率提高十倍

第四章
高度负责,持续成功的根本力量

第五章
会说话，训练出众的社交技巧

第六章
淡泊名利,控制内心的欲望

第七章
拥有好心态,才能达到最高境界

第八章
战胜挫折和苦难，人生将更精彩

第九章
正视舍得，把握好所有的一切

第十章
放低自己，也是一种达观处世的人生哲学

第十一章
活在当下，才能知足于眼前的一切

第十二章
容人容事，才能容得下自己

第十三章
勇于创新，成功路越走越广

第十四章
一忍化百危，好汉能吃眼前亏

第十五章
懂得控制情绪，战胜别人先战胜自己

第十六章
从不抱怨，多反省自己

第十七章
时刻学习，不断提升自己

第十八章
和谐相处，赢得好人缘

第一章

突破意识之墙，点亮自信人生

克服自卑心态，相信自己能行

信心能极大地鼓舞一个人的斗志，激发一个人的能力，勇气则是人生命中一股极有力的力量。信心越大，离成功的日子就越近。

相信自己的能力，是一种良好的心态。相信自己有能力做好身边的每一件事，只有给自己这样的信心，才可以跨出消极心理的圈子，走上成功之路。

很多人不是因为别人看不起自己，垂头丧气，而是因为自己总是爱贬低自己，才使得自己变得无精打采，毫无斗志。这些人夸大了自己身上的缺点。

实际上，上帝创造的人类一点也不卑劣，一点也不堕落。我们身上卑劣和不好的一面都是自己造成的。由于我们总是往坏的方面、差的方面想，因而总会认为自己渺小、无能。如果我们想突破自卑的境地，那就应该向上看，多想想自己好的、崇高的一面。

如果人类本身就是一个贵族群体，如果我们的血管里流着贵族的血液，如果我们继承了上帝的崇高道德品质，那么，我们就应该用庄严和肯定的口吻勇敢地、充满英雄气概地宣布自己与生俱来就应该享有的权利。

有时困难在想象中会被放大一百倍，事实上，当你走出了第一步，你就会发现那些麻烦与困难只是为吓唬懦弱者和自卑者所设置的障碍。

琼斯大学毕业后如愿考上当地的《明星报》记者，这天，他的上司交给他一个任务：采访大法官布兰代斯。

第一次接到重要任务，琼斯不是欣喜若狂，而是愁眉苦脸。他想：自己任职的报纸又不是当地的一流大报，自己也只是一名刚刚出道、名不见经传的小记者，大法官布兰代斯怎么会接受他的采访呢？同事史蒂芬获悉他的苦恼后，拍拍他的肩膀，说："我很理解你。让我来打个比方——这就好比躲在阴暗的房子里，然后想象外面的阳光多么炽烈。其实，最简单有效的办法就是往外跨出第一步。"

史蒂芬拿起琼斯桌上的电话，查询布兰代斯的办公室电话。很快，他与大法官的秘书接上了号。接下来，史蒂芬直截了当地道出了他的要求："我是《明星报》新闻部记者琼斯，我奉命访问法官，不知他今天能否接见我呢？"旁边的琼斯吓了一跳。

史蒂芬一边接电话，一边不忘抽空向目瞪口呆的琼斯扮个鬼脸。接着，史蒂芬听到了他的答话："谢谢你。明天1点15分，我准时到。"

"瞧，直接向人说出你的想法，不就管用了吗？"史蒂芬向琼斯扬扬话筒，"明天中午1点15分，你的约会定好了。"一直在旁边看着整个过程的琼斯面色放缓，似有所悟。

多年以后，昔日羞怯的琼斯已成为了《明星报》的台柱记者。回顾此事，他仍觉得刻骨铭心："从那时起，我学会了单刀直入的办法，做来不易，但很有用。而且，当第一次克服了心中的畏怯，下一次就容易多了。"

的确，生活中我们常会碰到许多困难和坎坷，但只要我们增添一份自信、减少一份怯懦，别把困难放得过大，再大的困难也会被我们征服，再多的坎坷也会被我们跨越。生活中其实没有什么真正的难事，只是我们常常缺少一份战胜困难的信心。

1888年，法国巴黎科学院发起关于"刚体固定点旋转问题"有奖征文。这次征文活动和以往略有不同，科学院考虑到知识和人格是科学事业腾飞的双翼，于是，要求所有征文作者除提供论文外，还必须附上一条格言。在许多应征的论文中，来自俄国的38岁女数学家苏菲·柯瓦列夫斯卡娜提供了一句极富哲理的格言：说自己知道的话，干自己应干的事，做自己想做的人。

苏菲·柯瓦列夫斯卡娜一直都在实践着自己的格言。在19世纪这个女性被歧视、被压迫的社会，她成为第一个走进法国巴黎科学院大门的女性，也是数学史上的第一个女教授。

其实，每个人都有自己的格言，都能够成为自己格言的实践者。你要知道自己应该做什么、能做什么，只有这样你才会有一种"仗剑行四方"的满足感，也就避免了"举目茫然"的境地。如果你以征服者的心态对待人生，就会留给人们这样的印象，即相信自己将来会有所成就，而且这种信心是坚强有力的，是充满必胜信念的；如果你以屈服者的心态面对人生，就会以悔恨、自我贬损和逃避他人的心态出现在世人面前。正是这两种不同的心态造成了世界上人与人之间的差别。

通常，一个人最大的缺陷就是缺乏自信心，绝大多数人的自信心都不足。一个胆怯、害羞、敏感的人，如果不断地教导他相信自己，开导他不要陷入自我贬低的泥潭，让他相信会有光辉灿烂的前途，那么他一定能成为社会有用之才。对他进行不断的训练、调教，就可以使他充满坚强的自信心。这种坚强的自信心不仅能增加他的勇气，同样也能加强他其他方面的能力。

一个人目前的能力是不是很强，这一点倒不大重要，因为他的自我评估将决定努力的结果，将决定是否能取得成功。一个对自己信心很强但能力平平的人所取得的成就，往往比一个具有卓越才能但自信心不足的人所取得的成就大得多。

低劣、平庸的自我贬低所产生的有效力量远没有伟大、崇高的自我评价所产生的有效力量强大。如果你形成了伟大、崇高的自我评价，那么，你身上的所有力量就会紧密团结起来，帮助你实现理想。

一定要对自己有一种高尚的自我评价，一定要相信自己有非同一般的前途。如果你坚持不懈地努力达到最高的要求，那么，由此而产生的精神动力就会帮助你去实现心中的理想。

智者寄语

一个人目前的能力是不是很强，这一点倒不大重要，因为他的自我评估将决定努力的结果，将决定是否能取得成功。一个对自己信心很强但能力平平的人所取得的成就，往往比一个具有卓越才能但自信心不足的人所取得的成就大得多。

自信是一个人的无形资产

一个人除非自己有信心，否则不能带给别人信心，自己信服的人，方能让别人信服。

美国著名成功学家拿破仑·希尔鼓励人们建立自信的方法是：一个人在做事之前，可以大喊50遍"我成功，因为我自信"，这样就可以获得动力。每个经历挫折后取得成功的强者都有一个共同的体会：信心产生力量，只要相信自己，即使追求的目标如移山倒海，终有成功的一天。

信心，是一种最坚强的内在力量，它能够帮助你度过最艰难困苦的时期，直到曙光最终出现。信心从未令人失望，它会使人发现自身的价值和潜能，取得成功。

任何一个成大事者都是绝对自信的，而那些碌碌无为的人，只要偶尔遇到一点挫折，就会心灰意冷，一蹶不振。失败的人之所以失败，就是因为他们自己不相信自己。

有一个墨西哥女人和丈夫、孩子一起移民美国，当他们抵达德州边界艾尔巴索城的时候，她丈夫不告而别，离她而去，留下她束手无策地面对两个嗷嗷待哺的孩子。22岁的她带着孩子，饥寒交迫。虽然口袋里只剩下几块钱，还是毅然地买下车票前往加州。她在一家墨西哥餐馆里打工，从大半夜做到早晨6点钟，收入只有区区几块钱。然而她省吃俭用，努力储蓄，她要将每一角钱都存下，来实现自己的梦想，自己开一家墨西哥小吃店，专卖墨西哥肉饼。

有一天，她拿着辛苦攒下来的一笔钱，跑到银行向经理申请贷款，她说："我想买下一间房间，经营墨西哥小吃。如果你肯借给我几千块钱，那么我的愿望就能够实现。"

一个陌生的外地女人，没有财产抵押，没有担保人。她自己也不知能否成功。但是幸运的是，银行家佩服她的胆识，决定冒险资助。

她25岁起经营自己的墨西哥肉饼，经过15年的努力，这间小吃店扩展成为全美最大的墨西哥食品批发店。这个女人就是拉梦娜·巴努宜洛斯，她后来担任过美国财政部长。

这是一份自信带来的成功。自信使她白手起家寻求生路；自信使她有了胆量；自信也给她带来了聪明和智慧。任何人都会成功，只要你肯定自己、相信自己一定会成功，那么你将如愿以偿。

自信与胆量密切相关，自信可以生出胆量，同样，胆量也可以生出自信，而缺乏胆量或过分的自我批判就会削弱自信，包括一些伟大的科学家在内。

犹太物理学家埃伦菲斯特具有非凡的评价和批判能力，因此，一些伟大的物理学家常常乐意征求他的意见，他还常常应邀出席科学会议，但是他也把这种严峻的批判用在自己身上。

这种过分的自我批判倾向扼杀了这位科学家的才华，使其丧失了创造才能。结果，他的思想产物还没有问世，这种过分挑剔的批判就夺走了他对它们的爱，埃伦菲斯特最后竟厌世自杀了。

每个人都有某方面的不足，没有人是十全十美的，无论是在生理上还是心理上都有着或多或少的缺陷和不足。但是能否敢于正视自己的缺陷和不足，而且不被它削弱自信，却是强者和弱者的区别。强者敢于正视自己的不足和缺陷，不为此自卑，相信自己一定能成功，而弱者恰恰相反。

弗洛伊德认为：人，生来就有"做伟人"的欲望。"做伟人"其实就是"成功"的集中表现。在这一理论提出之后，一些心理学家经过认真研究，也得出了一个相似的结论：不论民族、文化、历史、家庭、性别、年龄，人天生就有接受赞美、喜爱尊重的强烈愿望和倾向。

大家都知道美国总统罗斯福是个残疾人，那他是个强者还是弱者呢？1962年，美国历史学会组织美历史学家投票，选出了五位最伟大的总统，富兰克林·德拉诺·罗斯福排名第三，仅居于亚伯拉罕·林肯和乔治·华盛顿之后，成为美国历史上唯一一位连任四届、主持白宫时间最长的总统。

罗斯福被公认为世界历史上能够扭转乾坤的巨人之一。关于他的国内政绩，关于他在世界历史上曾经发挥的作用，另一位伟人温斯顿·丘吉尔给予了宏观概括：罗斯福是对世界历史影响最大的一位美国人。

最近几十年间，由于美国国力的强盛和在国际事务中扮演的重要角色，数任美国总统或多或少地要以“世界总统”而居，可以说，如果没有罗斯福，他们就不可能获得这样的自信。而罗斯福的这种自信却具有不同寻常的意义。

如果没有这种自信，很难想象他会在39岁患上脊髓灰质炎之后，凭着顽强的毅力积极配合治疗，终得幸免于全身瘫痪；更难想象他后来敢于拄着双拐或坐着轮椅出现在1932年总统竞选的讲坛上，并成为美国历史上唯一一位身罹残疾的总统。

自信在罗斯福一生的成长和事业中起到了重要作用，他在第一次就职演说中，针对当时美国社会的经济“大萧条”情景说：“首先让我们表明自己的坚定信念：唯一值得恐惧的东西就是不可名状的、未经思考、毫无根据的恐惧，使得转退为进所需的努力陷于瘫痪的恐惧。”

纵观罗斯福一生，我们可以肯定地说，他虽然身罹残疾，但在迄今为止所有的美国总统中，远不是每一位都像他那样具有一颗如此健康的心灵。

自信给了强者勇气、力量和智慧，敢于做别人不敢做甚至不敢想的事。自信可以使一个坐在轮椅上的残疾人与健康的同龄人并驾齐驱并超越健康人。自信可以使人有骨气，挺起腰杆做人，面对强大的敌人毫无惧色，并使敌人胆怯。

智者寄语

信心，是一种最坚强的内在力量，它能够帮助你度过最艰难困苦的时期，直到曙光最终出现。信心从未令人失望，它会使人发现自身的价值和潜能，取得成功。

世界不能左右你，做内心强大的自己

自信是走向成功的起点，因为自信的人能积极地参加各种活动，主动与人交往，勇敢地面对困难，较快地适应环境，大胆地尝试新事物。

居里夫人有句名言：“我们应该有恒心，尤其要有自信心！”人生中的坚忍、进取、勇敢、耐心、恒心等许多品质都源于自信，只有非常自信的人，才能活出不一样的人生。

对任何一个人而言，信心是开启成功大门的钥匙。

露皮塔是美籍墨西哥人，因为智力很差，从小被列入反应迟钝者之列，没有读完小学她就被学校退学了。16岁那年，露皮塔结婚了，不久生了两男一女。

因为自己不是一个聪明的妈妈，她的孩子被看成是低能者，更可怕的是，孩子们也认为自己就是个低能者——这使她难以接受。

于是，露皮塔决心从自己求学做起，自己帮助孩子！

“你的履历表明，你反应迟钝，可能是智力有问题，我不能推荐你上学。”学校大都这样回答她。

最后，她在孩子所在学校的校长建议下，来到得克萨斯南方学院，在她的强烈要求下，学院答应她先试一年，并说如果考试不及格就得离开。

就这样，露皮塔上学了。家里人虽然赞许她的追求，但只是以为要不了多久她就会离开学校，重新回到家里。

在学校里，露皮塔惊奇地发现：自己的能力不比别人差，为什么不能有一个大学学位呢？她相信自己一定可以取得这个学位。于是，她在南方学院学习的同时，又进了潘·美洲大学学习。在她的努力下，3年后，她不仅取得了学院学位，还以优异的成绩取得了潘·美洲大学的管理学士学位。

看到自己的母亲如此出色，露皮塔的孩子们也从被视为低能的阴影中走了出来，学习也好起来了。后来，她的三个孩子都小有成就，她的长子马里欧成了一名内科医生，次子维克多是位律师，女儿玛莎在攻读法律。马里欧说："假如说我们有所作为，那是因为我们的母亲给了我们爱抚、自信和支持，使我们能够有所作为。"

成功各有不同，经历大抵相似。成功人士往往有着不同的出身，从事不同的职业，遭受不同的困难等诸多不同，但有一点是共同的：他们对自己都充满信心，在成功的路上保持着自爱、自强、自主和自立。喜剧大师卓别林这样说过："人必须有自信，这是成功的秘密。无论要面对什么样的未来，只有保持自信才能让人不断地发挥出自己的聪明才智。有了自信心之后，才有创造未来的可能。"

自信是人生中一柄最锋刃的利器，是获得成功的重要基石。所以，在人生的路上，你可能放弃和丢掉很多东西，但一定不要丢掉了你的自信。

智者寄语

人必须有自信，这是成功的秘密。无论要面对什么样的未来，只有保持自信才能让人不断地发挥出自己的聪明才智。有了自信心之后，才有创造未来的可能。

给自己打气，敢说"我是第一"

成功者从不指望依靠别人的帮助，他们相信通过自己的努力一定能有所作为。所以，要尽可能地增强你的信心，这样，你就会成为一个与众不同的人。

在生活中，我们经常看到有些人能力并不十分突出，但是他却成功了，而我们能力强过这些人，但取得的成就反不如他们，甚至于一败涂地。冥冥中，似乎是有某种神秘的力量在帮这样的成功者，有某种东西总是在遏制我们成功。是什么左右成功呢？告诉你，是自信。你活得不算成功，甚至是失败了，这一定是自身出了问题，很多时候，是不自信把你打败了。

所以，在撷取成功的道路上，无论别人如何看低你的能力，你绝不能容许自己怀疑能成就一番事业的能力，不要对自己能否成为杰出人物心存疑虑。所以，要敢说"我是第一"，给自己打打气，你就会信心满满，你就会成为一个与众不同的人。

基安勒是美国最著名的推销大师之一，他曾一度改写了推销史上的吉尼斯世界纪录。

基安勒随父母移居到美国，在当时的美国，像他们这样贫穷的移民地位低下，根本得不到应有的尊重。基安勒时常遭受其他孩子的欺负，因此，痛苦和自卑的情绪一直笼罩着他。

有一天，他忍不住大声质问父亲："为什么我们会这么穷？"

父亲则对他说："这就是命呀，孩子，我们这一辈子能这样就很不错了。"

父亲的话让他很沮丧，他不知道自己的出路在哪，他因此陷入了深深的苦闷之中。

幸运的是，母亲看到他天天无精打采的样子，就鼓励他说："基安勒，你要永远记住，你在我的心里是第一，没人能比你强；在这个世界上，你更是独一无二的。"母亲的话让基安勒看到了自己在世界的位置——独一无二，从此，他认定自己就是第一，没人比得上他。

第一次去应聘时，基安勒没有准备自己的名片和简历，而是装了一张扑克——黑桃A。在很多地方，黑桃A代表了最大和最强。

当面试他的老板收到这张扑克的时候，直盯着他的眼睛问他："你怎么给我一张黑桃A?"

"没错。因为我就是黑桃A!"他坚定地说。

"你为什么就是黑桃A?"老板问。

"因为黑桃A代表第一，而我刚好是第一。"基安勒自信地说。

老总笑了。他被录用了。

后来，基安勒成功了，而且是真正的世界第一。他一年推销1425辆车，创造了吉尼斯纪录。

有人说，基安勒能够从一个默默无闻的穷小子一跃而为推销大师，秘诀就在于他每天都会告诉自己说："我是第一，我是第一。"长期的这种鼓舞性的暗示坚定了他的信念和勇气。他的个性由此得到强化，并逐步成熟起来。自信贯穿于他的事业，奠定了他成功的基础。

生活中，假如有人藐视性地问你："你算第一?"你该怎样回答？如果你渴望自己的人生与众不同，就应该果断地回答："当然是第一！"多对自己说"我是第一"，能让我们活得更有底气，更有动力。人人都渴望成为第一，不管能否成为现实，至少要在意识里播种争第一的信心。这样，我们的个性才会真正成熟起来，我们的能力才能得到最大限度的发挥。

智者寄语

成功者从不指望依靠别人的帮助，他们相信通过自己的努力一定能有所作为。所以，要尽可能地增强你的信心，这样，你就会成为一个与众不同的人。

相信自己不是无用之人

自卑者的致命弱点就在于妄自菲薄，没有勇气坐在前排，他不明白人很少有通才，而是各有所长，并且他只相信别人不相信自己，而内心强大之人在任何时候都肯定自己。

不要说上帝造就的每一个人，就是每一棵草、每一个小动物都是有用处的，因此，每个人在面对挫折困难时，不要对自己失去信心，要永远怀着自信坚强地走下去，继续发挥自己的特长，相信自己的才能。每个人在世界上都是独一无二的，别人无法取代，所以我们有理由相信"天生我材必有用"。但有时才能并不是轻易就显现出来的，它需要我们自己充分地挖掘。也许有时我们面对失败会怀疑自己的能力，也许有时我们的才能得不到别人的充分肯定，这时我们更不应该气馁，而是要更多地坚持信念，鼓励自己，相信"天生我材必有用"。

1960年，哈佛大学教授罗森塔尔博士在美国加州一所学校进行了一项试验。他声称，他制造出一种仪器，能够找出最优秀的人，并能发现那些将来会出人头地的人。他先从教师中选出几个人，然后又从全校的班级中选出几个班的学生作为实验对象。他对选出的老师说："我从全校的老师中选出你们几位，因为你们是最优秀的老师。这几个班级的学生也是最聪明、最有可能有所成就的学生，他们将由你们来教。我相信，最优秀的老师和最聪明的学生的组合，将会产生非凡的教学结果，我的仪器不会出错。"

一年过去了，当罗森塔尔博士再次来到这所学校时，他发现那些老师个个表现优异，而他们所教的班级也成为整个学校的明星班级。罗森塔尔再次召集这些老师开会，他对老师们透露说："实际上，我并没有那样一种预测未来的仪器。那些学生都是最普通的学生，我只是随机抽取了几个班级。"

老师们对此一阵诧异。罗森塔尔博士接着说："实际上，各位老师也并不是我挑选的最优秀的老师，而是我随手抽调出来的。你们是些普通的老师，教的是普通的学生，但是你们取得了这样的好成绩。各位老师一定知道原因在哪里。"

一位老师说："是的，博士。我知道，当我们被告知是最优秀的时候，我们就努力做最优秀的。我们的学生是聪明的、与众不同的。他们犯错误时，我们也一样有耐心帮助他们，因为他们是聪明人，他们只是无意中出了错。我们从来不打击批评学生，我们鼓励他们做到最好。我们都认为自己是不普通的，于是我们就不再普通。"

罗森塔尔听完，会心地笑了。

人人都可以不普通。如果你在心里坚信我能行，你就会按照一个真正的人才的标准来要求自己。如果你相信自己能够成功，你就一定能成功。只有先在心里肯定自己，你才能在行动上充分地展现自己。

环顾四周，那些在事业上成功的人士有谁不是充分肯定自己的才能，抓住它并把它发挥得淋漓尽致呢？达尔文的父母希望儿子成为神父，而达尔文始终热衷于生物，他使父母失望了，但他始终坚持自己在生物研究方向的过人才能，找到了自己正确的位置，终于写下了不朽的名著《进化论》而名垂千古。如果他听从父母之命，那又是怎样的呢？所以，我们应当坚信别人能做到的，我同样能做到，找到适合自己的位置，相信大千世界一定有我的用武之地。

固然是充满自信，但如果这份自信用过了头，那又会怎样呢？那就会变成狂妄、自负。正如拿破仑有非常出色的军事才能，他自己也充分相信自己的才能。但是他自认为凭借自己的军事才能就能够所向披靡、无往不利，便不断地发动对外战争进行扩张，然而最终正义之师战胜了他，他落得个被流放孤岛的悲惨结局。所以，我们要把握好自信的"度"，否则它就会变成自大。

我们每个人都应当对自己有一个正确的估价，既要相信自己有用，真正认识自己的价值所在，以最大限度地发挥自己的专长，又不能好高骛远，还要充分认识自己的不足，不断改正，不断向着人生的目标前进。

智者寄语

人人都可以不普通。如果你在心里坚信我能行，你就会按照一个真正的人才的标准来要求自己。如果你相信自己能够成功，你就一定能成功。只有先在心里肯定自己，你才能在行动上充分地展现自己。

没有自信就只有永远平凡

美国哲学大师威廉·詹姆斯曾说过，一般人的心智能力使用率不超过10%，大部分的人不太了解自己还有些什么才能。与我们应该取得的成就相比，其实我们还有无尽的能力是潜在的、等待开发的，我们只运用了自身能力的一部分。人往往都活在自己所设的限制中，虽然拥有各式各样的潜力，却不能充分地运用它们。而造成此种现象的原因，就是我们缺乏必要的自信。

一天，哈佛大学音乐系的一位学生走进练习室，在钢琴上，摆着一份全新的乐谱。

“超高难度……”他翻着乐谱，喃喃自语，感觉自己弹奏钢琴的信心似乎跌到谷底，消磨殆尽。已经三个月了！自从跟了这位新的指导教授之后，不知道为什么教授要以这种方式整人。他勉强打起精神，开始用自己的十指奋战，奋战，奋战……琴音盖住了教室外面教授走来的脚步声。

指导教授是个极其有名的音乐大师。授课的第一天，他给自己的新学生一份乐谱。“试试看吧！”他说。乐谱的难度颇高，学生弹得生涩僵滞、错误百出。“还不成熟，回去好好练习！”教授在下课时，如此叮嘱学生。

学生练习了一个星期，第二周上课时正准备让教授验收，没想到教授又给他一份难度更高的乐谱：“试试看吧！”上星期的课教授也没提。学生再次埋首于更高难度的技巧挑战。

第三周，更难的乐谱又出现了。同样的情形持续着，学生每次在课堂上都被一份新的乐谱所困扰，然后把它带回去练习，接着再回到课堂上，重新面临难度加倍的乐谱，却怎么样都追不上进度，一点也没有因为上周的练习而有驾轻就熟的感觉，学生感到越来越不安、沮丧和气馁。教授走进练习室，学生再也忍不住了。他必须向钢琴大师提出这三个月来何以不断折磨自己的质疑。

教授没开口，他抽出最早的那份乐谱，交给了学生。“弹奏吧！”他以坚定的目光望着学生。

不可思议的事情发生了，连学生自己都惊讶万分，他居然可以将这首曲子弹奏得如此美妙、如此精湛！教授又让学生试了第二堂课的乐谱，学生依然呈现出超高水准的表现……演奏结束后，学生怔怔地望着教授，说不出话来。

“如果我任由你表现最擅长的部分，可能你还在练习最早的那份乐谱，而不会有现在这样的水平……”钢琴大师缓缓地说。

人，往往习惯于表现自己所熟悉、擅长的方面。但如果我们愿意回首，细细检视，将会恍然大悟：看似紧锣密鼓的挑战、难度渐升的要求，不也就在不知不觉间养成了我们今日的诸般能力吗？人确实有无限的潜力，只要有勇气去挑战自己，就能发掘出这份潜力。

亨利·大卫·梭罗曾说：“如果一个人充满自信地朝着他的梦想前进，并且尽最大努力去过他想象中的生活，他会在不经意间获得意想不到的成功。”因此，不要担心，不要忧虑，大胆尝试，勇敢坚持，激发自己潜在的能量，切莫因我们缺乏心理上的自信而埋没了自己的才能。

智者寄语

人，往往习惯于表现自己所熟悉、擅长的方面。但如果我们愿意回首，细细检视，将会恍然大悟：看似紧锣密鼓的挑战、难度渐升的要求，不也就在不知不觉间养成了我们今日的诸般能力吗？人确实有无限的潜力，只要有勇气去挑战自己，就能发掘出这份潜力。

相信自己是一种力量

你相信自己，别人才不会轻视你。

美国思想家爱默生说：“自信是成功的第一秘诀。”自信对成功的作用是非常大的。人们在遭遇失败后，能继续爬起来向目标前进就是因为他们心中依然有自信。其实真正的成功者即使信心受到打击,他们也能重拾自信,让自己有勇气面对一切。

从他出生的那一刻起不知道父母是谁,后来幸运地被一对大学教授夫妇收养。2岁的时候,他的身体发生了状况:突然停止了长高,而且他的健康状况也越来越差。经过专家会诊,他患的是一种罕见的阻碍食物消化和营养吸收的疾病,医生们认为他只能再活3个月了。还好,通过静脉注射营养液,勉强使他恢复了体力,他活了下来,但是他的生长发育受到了抑制。

在他的童年记忆里,一直离不开医院和病床。直到10岁那年,他第一次真正走出医院,像正常人一样生活。不过,周围的孩子们总嘲笑他,并且给他取了一个"花生豆"的外号。

多年以后,他回忆道:"看到那些发育正常的孩子,我就梦想在体育上能取得一些成功。"有时,他的姐姐琳达会去滑冰场滑冰,他总是跟着一起去。他站在场外,那么虚弱瘦小、发育不良,鼻子里还插了一根通到胃里的鼻饲管。

一天,他看着姐姐在冰面上飞驰,突然萌生出一种冲动,他突然转身对父母说:"我想试试滑冰。"两个正在谈话的大人吓了一跳,他们无法相信这个病弱的孩子能滑冰。结果,在他失败了20多次后,他竟真的学会了滑冰。他感觉自己在滑冰之中找到了乐趣,他可以胜过别人,最重要的是在滑冰场上,没有人会在意你的身高和体重。

奇迹接连发生了,在第二年的健康检查中,医生发现他竟然又开始长个儿了。虽然对他来说,要长成正常人的高度已经是不可能了,但是他和他的家人都不在乎。重要的是他正在恢复健康,正在获得成功,正在实现自己的梦想。

后来,没有任何一个孩子再戏弄他了。相反,他们全都冲上前去请他签名。"他刚刚又参加了一次令人赞叹的世界职业滑冰巡回赛,一系列高难度的冰上动作让观众如痴如狂。"新闻报道中,他滑冰的模样简直像个英雄。

现在,虽然他已经不再是职业滑冰选手了,但是他仍旧是冬季运动中受人尊敬的教练和评论员。这个滑冰场上的英雄就是前奥运滑冰冠军斯科特·汉密尔顿:一个即使失败多次,依然能重拾自信取得成功的真正英雄。

人生中难免会有很多挫折或障碍,同时所有的挫折都藏匿着成长和发展的种子。要想发现这种子,就需要我们不畏惧挫折,重拾丢失的自信,看向远方,只有这样我们才能聚集全身力量走出困境。

挫折是通往成功彼岸的前奏曲,要想成功,就一定会遭受挫折,谁也躲不过。有时我们会被挫折或者磨难打击,从而对梦想以及生活失去信心,但千万别忘记了给自己打气,重拾自信。如此,人生才会没有任何遗憾。

1951年,英国女医生弗兰克林从自己拍摄的X射线衍射中发现了DNA双螺旋结构。对于当时来说,这是个很大的发现。经过一番研究之后,她大胆地提出了假设,并以此为题做了一次非常出色的演讲。

然而,当时很多权威人士对此提出了怀疑,甚至有人对她所拍照片的真实性和假说的可靠性产生了质疑。在这种强大的压力下,弗兰克林开始动摇,开始怀疑自己假设的正确性,开始怀疑自己的能力。弗兰克林想:或许是自己太不自量力了。于是,她开始退却,并开始公开否认自己提出的假说。就这样,她再也没有继续研究下去。

直到1953年,科学家沃森和克里克证实了这个假说,与莫里斯·威尔金斯共同分享了

1962 年的诺贝尔生理学或医学奖。

弗兰克林不是缺少智慧，而是缺少重拾自信的勇气。自信是智慧的催生剂之一，没有自信，智慧很难被催生出来。我们每个人都应该拥有自信，并且能在别人的打击下重拾自信，相信自己能靠努力来改变命运。

一个人只有在失败后，依然相信自己，别人才不敢轻视你。就像法国文学家罗曼·罗兰所说："先相信自己，相信自己能够主宰自己的命运，然后别人才会相信你。"拥有自信的人就像天空翱翔的雄鹰，在暴风雨来袭时能够无所畏惧地勇敢搏击。

人生有辉煌的时候，自然就有低谷的时候。在低谷的时候，一些人难免会丢失信心。要想好好地生活，我们就要自己给自己打气，重拾信心，勇敢地面对自己，不要把自己放逐在惆怅之中，失去了再次走向成功的机会。

智者寄语

挫折是通往成功彼岸的前奏曲，要想成功，就一定会遭受挫折，谁也躲不过。有时我们会被挫折或者磨难打击，从而对梦想以及生活失去信心，但千万别忘记了给自己打气，重拾自信。如此，人生才会没有任何遗憾。

克服自卑心理，大放光芒

世界上每个人都是独一无二的，要相信自己，并善于发现自己的优点。

这是一个充满竞争的时代，竞争之中难免会出现输赢。我们中的有些人会在竞争失败或者工作不见起色时认为自己毫无优点可言，在自卑心理的作用下终日愁眉不展，闷闷不乐，甚至觉得天色惨淡，日月无光。其实，人的智力大致都是一样的，除了极个别的天才之外，智商水平的差别微乎其微。这个世界上，没有任何人天生注定就要失败。人们之所以有着风光无限和碌碌无为的分类，除了先天性家庭出身条件的优劣之外，更多的则是取决于个人的心态。再者，含着金钥匙出生的人，或许有着一时的风光，但未必能够保持终生的富裕。一个人是从来不会被打败的，能打败他的也只有他自己。假如我们总是觉得自己是一个笨拙的人，经常面临着不幸，自卑到无以复加的地步，那就真的永无出头之日了。其实，我们也一样可以取得别人所取得的成就，怕的就是没有这方面的信心。黑人运动员萨·佩奇说："没有人能避免自己是天生的普通人，但也没有任何人注定就是平庸之辈。"面对现实的不公平，存在抱怨的心理正是说明了我们不甘心于平淡的生活，假如我们能够正确地运用这种不服气，那么它就会转化成一股强大的精神力量，去激励着自己创造美好的未来，让生活过得更加多姿多彩。

公元前 202 年，为庆贺楚汉战争的胜利，汉高祖在南宫大设宴席与群臣欢聚。席间，汉高祖说："今日畅饮，诸位不要隐瞒，尽管直说，我与项羽相比为什么我能得天下而项羽失天下？"王陵答："项羽待人傲慢无礼，陛下对人仁慈尊敬。陛下以利让人，派人攻城略地，凡攻占的你就用来赏赐有功之人，项羽嫉贤妒能，战胜不酬有功之人，得地不与人分利并且迫害功臣，所以项羽失天下。"高祖说："得人心者得天下，失人心者失天下，这是一方面；另一方面，重用人才得天下，排斥人才失天下。对我来说，运筹帷幄之中，决胜千里之外不如张良；治理国家，安抚百姓，保证作战物资源源不断不如萧何；统率百万大军攻必克、战必胜不如韩信。张良、萧何、韩信都是当世杰出人才，我都一一重用；而项羽，只有一个人才范增，还排斥不用,项羽这个孤家寡人怎会不被我擒杀呢?”群臣听了这番话,茅塞顿开,点头称是。

当初看到秦始皇巡游的队伍,只是一个小小亭长的刘邦发出“大丈夫当如此”的感慨,那种内心的自信超越了很多人的想象范围,刘邦从一介布衣而登上天子之位,并不是天命所归,而在于他的那种自信精神,能够了解自己优秀与别人优秀的地方。这些,都是狂傲自大且缺乏自知之明的项羽所不可比的。尽管项羽出身世代贵族,但最终却因为自高自大而失败,自刎于乌江河畔。

宋代大文豪苏轼和佛印禅师是好朋友,两个人经常在一起谈经论道。有一次,两个人坐在一起参禅,苏轼忽然问佛印:“你看我是什么?”佛印说:“我看你是一尊佛。”苏轼闻之欣欣然,好像自己真的成了佛一样。佛印又问苏轼:“那么,你看我是什么?”苏轼却想捉弄一下这位朋友,就说道:“我看你是一坨屎。”说罢放肆地大声笑了起来。佛印听后闭上眼睛摇了摇头,轻轻地笑了一下就再也没有作声。苏轼自以为占了大便宜,很得意地跑回家见到苏小妹,向她吹嘘自己今天如何用三寸不烂之舌难为住了这位大师。苏小妹听了直摇头,戳着他的脑袋说道:“哥哥,今天占便宜的可不是你,你的境界也太低了,佛印心中有佛,看万物都是佛。你心中有屎,所以看别人也就都是一坨屎。”

我们从这个故事中也可以看出,物象只是精神世界的产物。更可以这样理解:心胸开阔的人总会发现自己的优点,心胸狭隘的人生活在一片阴影当中,看待神秘事物都是阴暗和丑恶的。

“天生我材必有用”,是李白的著名诗句。这句话可以拿来让我们当作座右铭。当遇到生活的不顺心、事业的坎坷挫折时,没有必要垂头丧气,世界上的每一个人都是独一无二的,没有必要觉得事事不如人,克服掉自卑的心理,那么大放光芒和异彩纷呈的人生就不会远了。

智者寄语

这个世界上,没有任何人天生注定就要失败。人们之所以有着风光无限和碌碌无为的分类,除了先天性家庭出身条件的优劣之外,更多的则是取决于个人的心态。

找到属于自己的那片天地

失败不是因为无能,而是因为不自信。

我们生在一个处处充满竞争的时代,沉重的工作压力成了这个时代共同的话题。在报纸上经常见到大学生就业形势严峻的报道。社会上对这种痛苦的磨难众说纷纭,归结为学术贬值问题、阶级问题等。其实,这是因为就业人口供大于求的社会现状所导致的一种严峻现实。有些人看到这些报道时,会暗自庆幸目前自己还拥有着一份可以养家糊口的职业,有些人因为刚刚辞职在家,看到这些报道之后更加悲观和厌倦。其实,这完全走入了一个误区。我国的就业形势,并非媒体渲染的那样充满了恐惧的严峻,每个人都有发挥自己特长的权利和机会,而其中的区别取决于一个人的心态。暂时的困境只是“龙游浅水,虎落平阳”,经过一番休整之后,积极地去面对那些困难的时候,一定能够找到自己的用武之地。即使是偶尔的几次碰壁,证明的只不过是“好事多磨”这个亘古不变的道理而已,完全没有必要去为所谓的“前途渺茫”而悲戚流泪。

杜冬梅是一个来自西部穷苦山区的女孩，封闭的大山和树林溪水构成了她的世界，她对山外的世界一无所知。由于家庭条件困难，中学毕业后，她不能和其他人一样选择通过高中而考上大学的成才道路，而是选择了一所中专的文秘专业。她两年之后就毕业了。在这个学士硕士满天飞的时代，只有中专文凭的杜冬梅简直算不了什么。当她拿着中专毕业证四处奔波找工作的过程中，遭到了不少蔑视的白眼，听到了很多侮辱的话语，应聘文秘工作，简历投了上百份，都像石沉大海一样，毫无音讯。处处碰壁之后，杜冬梅本想和村里其他女孩一样回到山里过那种面朝黄土背朝天的生活来了却余生，但是又不甘心终生的平庸和默默无闻。万般无奈之下，她选择了一家流水线工厂做了工人。每当下班之后，都感到浑身酸痛疲惫不堪，很多工友都倒头便睡，而杜冬梅却拖着疲惫的身子埋头苦读，就这样坚持了两年的时间，最终通过自考考取了高级文秘证书。

杜冬梅带着希望和信心来到了另一个比自己家乡更为发达的城市。尽管在求职的过程中坎坷不平，但是她还是凭着自己的坚韧和能力，应聘到了一个文秘的职位。工作是找到了，但由于是自考文凭，那些全日制大学毕业的同事们对这个“山寨大学生”却没有认同感，经常会不经意地流露出对她的轻视之意。杜冬梅暗下决心，一定要用自己的实力来证明自己。

有一次，一个大客户来公司和老总谈一项业务，但是不知是哪个环节出现了问题，该客户的态度变得很不友好，准备放弃这次交易。老总脸色也不好看，大家都心想这个业务是泡汤了。这时杜冬梅把话题接了过来。老总本以为杜冬梅只是在帮他打圆场，挽回点面子，谁知杜冬梅话锋一转，通过有力的数据证明和战略分析，把客户说得频频点头。最终，将这张大单子签了下来。

在客户走后，公司里响起了雷鸣般的掌声。同事们对她刮目相看，老总把她升为总经理助理。

在山林中，只要听到虎啸的声音，大大小小的动物都会拔腿而逃，这就是王者的力量。给自己一些信心，相信自己属于王者，那么所有的困难就会向你俯首称臣，成功的桂冠就会在不远处静候着你的到来。只要我们以积极的心态对待自己，发奋学习，不断提升，对工作保持着一份认真和热忱，树立自己的品牌和勇气，相信总会遇到慧眼识英才的伯乐来承认你、接受你。届时，你的事业发展就会畅通无阻了。

在生活中，当我们遇到“鱼和熊掌”不可兼得的情况，或被无穷无尽的欲望所累时，不如暂时忍痛割爱，放下一些贪念，这不是逃避、不是懦弱，而是明智的选择，只有如此才能开始崭新的历程。

智者寄语

只要我们以积极的心态对待自己，发奋学习，不断提升，对工作保持着一份认真和热忱，树立自己的品牌和勇气，相信总会遇到慧眼识英才的伯乐来承认你、接受你。届时，你的事业发展就会畅通无阻了。

舍弃自卑，自信让人生更有色彩

人生最大的敌人是自己，自卑将会使你一事无成，不骄傲的自信才是成功的关键。

没有人能帮助你，只有你自己才能提高你的自信，只有你自己才能将自己贬低。自卑，就是自己看不起自己，轻视自己。有自卑心理的人，并不一定就是他自己具有某种缺陷或短处，而是不能容纳自己，自惭形秽，常觉得自己低人一等。

在现实生活中，自信是做好每一件事的基础。相信自己，根据自身的实力，把目标定得合适，那么，成功就会离你更近一步。

1. 自卑是人生的绊脚石

自卑的人大多都有着这样的特点，总是一味轻视自己，总感到自己这也不行，那也不行。自卑的情绪一旦走进人心，就可能导致自己对什么都不感兴趣，忧郁、烦恼、焦虑便纷至沓来。于是，当遇到一点困难或者挫折，便长吁短叹，甚至消沉绝望。

美国某大公司招聘员工，有一位年轻人面试后等待录取通知书时一直惶恐不安。经过漫长的等待，他等到的却是未被公司录用的通知。当得知这个消息后，他简直无法接受，自己付出了那么多心血和努力，到头来却只是一场空，那一刻他对自己的能力彻底失去了信心，无心再去试其他公司，于是便服毒自杀。

后来，家人发现后，把他送到医院，经过抢救活了过来，此时他又收到该公司的一封致歉信和录用通知，原来是电脑出了差错，他已经被这家公司录用了。得知这个消息，他十分惊喜，过了段时间恢复健康后，他欢天喜地地到公司报到。

总经理见到他的第一句话是："你被辞退了。""为什么？我明明拿到你们的录用通知。"年轻人一头雾水。"是的，可是，我们刚刚得知你自杀的事，我们公司不需要因小事而轻生的人。"总经理这样回答。

于是，这位年轻人彻底失去了这份工作，原因在哪里？显而易见，是因为自卑使他对自己的能力没有正确的评价，偶然受了点打击便失去自信，进而轻视自己，对未来不抱任何希望，这是心理极度脆弱和自卑的表现。年轻人可能没想到，他没有败在严格而苛刻的公司经理的考题上，也没有败给实力不俗的竞争对手，恰恰是自卑成了自己的克星，挡住了自己梦寐以求的发展道路。

在工作生活中，自卑不会给你以激励，不会给你以力量，实际上它只是一种徒然的自我折磨，它是人生最危险的杀手，它可以轻而易举地毁掉一个颇具才华的人。生活中，怀有自卑情结的人，就算良机在望，也不敢伸手去抓，不敢奋力一拼，往往会坐失良机。

舍弃自卑吧，因为它是人生最大的绊脚石。踢开它，努力进取、拼搏，才不会有今天的贫穷、无知和卑微。只有自己才能给自己信心，勇敢地战胜自卑吧，要相信自己是一个优秀的人，别把自己看得太低，谁都可以通过努力在人生中到达成功的彼岸。

2. 自信为人生添彩

做人应有自知之明。能够对自己做出客观准确的评价是我们应该具备的一种人生智慧。但有些人却做不到这一点，这些人常因为过分自卑而失去了正确评估自己的能力。事实上，只要仔细观察，每个人身上都有别人无法具备的优点，如果能将这些优点充分利用，你就完全可以成就自己。其实，成功的关键就在于你是否能及时转变自己的观念。

自卑是人生最大的障碍，能够成功越过的人就能找到自信，到达人生的巅峰。

他出生在北方一个人口很少的小城市，经过努力，后来考进了北京的一所大学。上课的第一天，和他同桌的女同学第一句话就问他："你从哪里来？"男孩没有回答，那时，在他的逻辑里，出生于小城，就意味着小家子气，没见过世面，肯定会被那些来自大城市的同学瞧不起。

就是这样简单的“你从哪里来”这个最让他忌讳的问题，他一个学期都不敢和同班的女同学说话，以至于一个学期结束了，很多同班的女同学都不知道他的名字。从上大学开始，自卑的阴影占据着他的心灵。

自信能帮助人成功，因为它能够释放给人很多力量，如英勇、坦诚、开朗、乐观、豁达、谦虚、热情。自信的人对于生活是充满爱心的，是无所畏惧的。与自卑的人不同，乐观自信的人敢于接受自己的缺点，能比较客观地看待问题，较易接受现实，对自己较负责。

自卑往往是人缺乏魅力的根源，这种心理能够促使一个人在人生道路上走下坡路，所以，我们要克服、战胜自卑。生活是千头万绪的，能够客观地分析自我，认清自己，热爱生活，就能树立起对生活的勇气和信心。

有人说过这样一句话：世界上至少有95%的人都有自卑感。你可能会被这个数字吓一跳，不过真要细心观察一下会发现，你周围的亲朋好友，有几个人是真正的不自卑？又有谁不是成天对你诉说自己的不幸？

其实，世界上没有最可怜的人，往往是自己对自己没有信心，把自己看成一个可怜的人。于是，一旦你把这可怜的帽子扣给自己，那就真是世界上最糟糕的事情了。

美国总统罗斯福是美国历史上最伟大的总统之一，夫人艾莉洛出身于名门世家，照常人看来，她应该是个很自信的女孩子，可事实却恰恰相反。因为在她的家里美女如云，她的母亲、婶婶个个都是社交界名媛，和她们相比之下，她一直自认为是个一无长处的人！于是，她整日郁郁寡欢，终日在充满自卑感以及他人的阴影之下生活着。

直到有一天她终于恢复了自信，那是在一次圣诞节舞会里，有一位年轻人走上前来对她说：“我能请你跳支舞吗？”就从这一次邀请之后，忽然便有许多年轻人来邀她共舞。你知道第一位邀她共舞的年轻人是谁吗？他就是美国政坛知名的人物富兰克林·德拉诺·罗斯福。

事实上，艾莉洛的自卑与自信，只是一念之差，在那一刻她的长相没变、装扮没变，变的是她因为信心而导致脸上有不同的光彩，可以说自信是最好的美容品。就是这样，人生中的自卑与自信也许只是如此一线之隔，穿过它，我们便可以改变自己的一生。

智者寄语

在现实生活中，自信是做好每一件事的基础。相信自己，根据自身的实力，把目标定得合适，那么，成功就会离你更近一步。

信心是成功的动力

古往今来，许多失败者之所以失败，究其原因，不是因为无能，而是因为缺乏信心。没有信心，实际上是由于放弃了争取实现可能性的努力，使可能变成不可能。一分信心，一分努力，一分成功；十分信心，十分努力，十分成功。

1. 成功从自信开始

这个世界是由自信心创造的。世界上有2/3的人营养不良，差别只是程度不同。同样，世界上信心不足的人也有2/3,也只是有着程度的不同。营养不良,使人的身体无法正常发育;信心不足,则使人的才能无从发挥。你要相信自己,你要对自己的能力有信心!

人人都有一个梦,人人都想要成功,每一个人都想要获得一些最美好的事物。没有人会喜欢巴结别人,过平庸的生活。

寸有所长,尺有所短,每个人对自己得有信心。信心是一种人格特质,也是一种平静稳定的心理现象,更是一个人成就自己的美德。有大信心者,就会有大成功;有小信心者,只能有小成功;没有信心者,则没有成功。

有信心的人,总是显得稳健安定,仪态优雅,从容机智;缺乏信心的人,则惶惑畏惧,优柔寡断。信心是精神生活的舵,它维持我们生活的方向;信心是生活的存储器,它使我们强壮有力,无坚不摧。

随着人类社会的发展,人的自我存在价值与自我改造社会的作用越来越显示出巨大的力量,信心与自信成为成功的先决条件。轩辕黄帝在风吹草团滚动前进的启示下造出了车子,大禹三过家门而不入,带领民众治理河道,以及愚公挖山不止等传说,都蕴藏着要使事业成功的强大信心与向大自然挑战的信念。梁启超说过:“凡任天下大事者,不可无自信心,每处一事,既看得透彻,自信得过,则以一往无前之勇气赴之,以百折不挠之耐力持之。虽千山万岳,一时崩溃而不以为意。虽怒涛惊澜,蓦然号于脚下,而不改其容。”由这段话中,我们可以看出,自信心对一个要成就事业的人来说多么重要。

信心可以克服万难,化险为夷。

1980年5月,新西兰人李特和另外5人,从斐济群岛的威第雷佛出发,共搭一艘仅长4米的机帆船,到离岸15公里的暗礁上旅游。6人在万里无云的南太平洋上,观赏五颜六色的珊瑚,海面平静,晶莹诱人。下午3点钟,他们启程返航,就在笑声不绝的时候,海面突起风浪,将小艇打翻,几个人被抛入海中,情势十分危急。

大家惊恐慌乱起来,有人主张游回暗礁,有人建议弃船游回威第雷佛。大家七嘴八舌,各执一词。这时,比尔插话了,他是一个有经验的冲浪救生会会员,精于海上脱险逃生技术,是位信心十足的人。他打断了大家的话,坚定地说:“最要紧的是我们不要离开船。大家聚在一起还有希望,万一分开,我们只有靠个人的力量,而鲨鱼和海浪随时会把我们吞吃掉。大家一定要采取团体行动,发挥团队精神,保持必能生还的信心。”

大家听到比尔的话里充满信心,都接受了他的建议。众人齐心合力把小船翻正,只有舱顶露出水面。这个摇摇晃晃的船体,是他们求生的唯一希望。他们在水里共推着船前进,轮流进入舱内休息。翻倒的船由6个人缓缓向前推着,比尔不断地鼓舞大家,同伴中只要有人不支,就到船舱里休息一会儿,让别人推着走。经过18个小时的艰苦奋斗,才游回了岸边,众人死里逃生。

李特等人的求生力量源自信心,如果他们没有了信心,最终不可能全部生还。

有人说,信心好比是左右我们一生成就的调温器,这句话颇有道理。一个平庸的原地踏步的人,总觉得自己不重要,成就不了什么大事,因而他扮演的始终是可有可无的小角色。这样的人,从他的言谈、举止、行为中都显示出缺乏信心。实践证明,否定自己是一种消极的力量,它常常使人走向失败之途;而一个有信心的人,则常常踏上成功之路。

2. 信心使人战胜逆境

一个获得了巨大成功的人,首先是因为他有信心。有人说,信心是成功的一半;还有人说,信心使不可能成为可能,使可能成为现实。

乔伊·吉拉德在吉尼斯世界纪录大全中，被列为当代最伟大的推销员，他在一年之内，创造出推销1425辆汽车的世界纪录，直到今天，还没有人能打破这个记录。

这位全世界第一号推销员说："必须建立你的信心，相信现在一定能行，不能有'以后再做'的事发生，因为根本没有明天做这回事。今天不是决定你明天做什么，而是决定你明天成为什么，今天切勿错过，将一星期前、一个月前、一年前的害怕、懦怯、毁灭信心的思想从你心中除去，今天是你充满信心、永远摒弃害怕的日子。"

其实，他的成功推销是从一次失败开始的。当年，他经过一番努力，终于成家立业，事业有成的时候，一次经营失误，导致负债6万美元。法院送给他一张令状：没收房子、汽车。更糟的是，家里连一点儿食物也没有，更不要说拿钱来供养家人。

他想到的第一个办法是："逃跑。"

但是，逃跑和害怕都不能解决任何问题，他失去了家，失去了车子，更失去了尊严。

就是在这个时候，他的妻子对他说："乔伊，我们结婚时空无一物，不久就拥有了一切，现在我们又一无所有，那时我对你有信心，现在还是一样，我深信你会成功。"

妻子的深情给了他信心和力量。他又重新开始建立自己的信心。

于是，他到底特律一家大汽车公司，要求一份推销工作，由于当时正是严冬，是销售淡季，经理不愿意雇他。

"假如你不雇我，你将犯下一生最大的错误。"他充满自信地说。

"信心产生力量。"乔伊这样说，"那是我爬回高峰的开始，从一张灰尘厚积的桌子和一个电话本，在两个月之内我真的做到了我说的，我创造了打败那儿所有的推销员的业绩。"

是信心，使他偿还了6万美元的债务；是信心，使他挽回了尊严。

就是这样，信心产生信心，一年之内，他的汽车销售成绩从零到1425辆；是信心，使他从失败而成为世界最大的汽车推销员。

信心可以让人从平凡走向辉煌。当我们满怀信心地对自己说：我一定能成功，这时，收获的季节已不再遥远了。

人生的最佳状态，就是不断追求成功，不断获得成功。

信心使我们变得勤劳，因为为了达到目的，我们必须不懈地、顽强地追求，从而走向成功。信心能使你在人生的各种竞争中把握方向，竭尽努力，获得成功。

信心帮助你塑造坚强的意志和性格。凡对自己有信心的人必然是乐观的，他俯仰无愧，内省不疚，自觉足跟站得稳，根本没有动摇，无论在何种艰险困难的境遇中，他都不会失掉自信心，他努力不懈，相信自己有转败为胜、转不幸为幸的力量。

萧伯纳曾说："年轻时，我每做十件事有九件不成功，于是我做十倍的工作。"这就是一种非常乐观的信心。

人的一生，可能会碰到许多困难，可能会使我们丧失信心。每当遇到这种情况，我们就要冷静地想一想，不妨自己跟自己交谈，自己给自己一点鼓励，一旦自己说服了胆怯的自己，征服了懒惰的自己，就能坚定信念，走向成功。

智者寄语

寸有所长，尺有所短，每个人对自己得有信心。信心是一种人格特质，也是一种平静稳定的心理现象，更是一个人成就自己的美德。有大信心者，就会有大成功；有小信心者，只能有小成功；没有信心者，则没有成功。

不断为自己加油

很多事情表面上看起来很难完成,实际上却很简单,只要我们拿出勇气去尝试,往往就会收到意想不到的效果。我们每个人都有勇气,这是我们自身用不完的财富,要懂得合理利用,否则就等于浪费。

每个人不可能永远都充满激情和斗志,所以,我们需要不断激励自己来保持激励和斗志。不要企图活在别人的激励中,自励才是最有效的激励方式。没有人能真正改变你,只有你自己才能改变自己。

1. 给自己一点勇气

1864 年,美国南北战争结束了。一位叫马维尔的法国记者去采访林肯,他们有这么一段对话:

记者:据我所知,皮尔斯和布坎南(上两届总统)都曾想过废除黑奴制度,《解放黑奴宣言》也早在他们那个时期就已经起草完毕,可是他们都没拿起笔签署它。请问总统先生,他们是不是想把这一伟业留下来,给您去成就英名?

林肯:可能有这个意思吧。不过,如果他们知道拿起笔需要的仅是一点勇气,我想他们一定非常懊丧。

这段对话发生在林肯去帕特森的途中,马维尔还没来得及问下去,林肯的马车就出发了。因此,他一直都没弄明白林肯这句话到底是什么意思。

直到 1914 年,林肯去世 50 年后,马维尔才在林肯致朋友的一封信中找到答案,在这封信里林肯谈到幼年时的一段经历:

"我父亲在西雅图有一处农场,上面有许多石头。正因为如此,父亲才得以以较低的价格买下它。有一天,母亲建议把上面的石头搬走。父亲说,如果可以搬走的话,主人就不会卖给我们了,它们是一座座小山头,都与大山连着,因此是无法搬走的。

"有一年,父亲去城里买马,母亲带我们在农场里劳动。母亲说,让我们把这些碍事的东西搬走好吗?于是我们开始挖掉了那一块块石头。不久,就把它们给弄走了,因为它们并不是父亲想象的山头,而是一块块孤零零的石块,只要往下挖一英尺,就可以把它们晃动。"

林肯在信的末尾说:"有些事情一些人之所以不去做,只是因为他们认为不可能,所以不肯拿出一点勇气去做,其实,有许多不可能,只存在于人的想象之中。"

读到这封信的时候,马维尔已是 76 岁的老人,就是在这一年,他正式下决心学汉语。据说 1917 年,他在广州旅行采访,是以流利的汉语与孙中山对话的。

我们再来看下面这个故事:

有一天,明治保险公司的推销员原一平突然闪出一个念头:三菱银行一定融资或投资过许多公司,银行的总裁田木也是明治保险公司的董事长。若能得到他的介绍……天啊!他不敢再想下去。他兴奋得心跳加快,他鼓足了勇气,决定立即展开行动。

他找到公司的业务最高主管、常务董事阿部,恭恭敬敬地说了他的伟大计划,并要求他代为向田木取得介绍信。

阿部一言不发听完他的计划和请求,说:"你的计划很好。如果计划成功,我也很高兴。

不过，有些情况你不了解。当时，三菱公司投资明治保险公司时，讲明绝不介绍保险。所以，我代你向田木董事长请求介绍信的话，明天我就可能被革职了。”

原一平决定直接去见董事长。

第二天上午9点，他被带进董事长的会客室。

两个小时过去了仍不见董事长进来，他不由自主地在沙发上打起了瞌睡。突然，他觉得肩膀被人摇了两三下，他立刻惊醒，眼前出现了照片上早已熟悉的田木董事长。

“你找我干什么？”董事长劈头大声问道。

原一平一下子慌了手脚，先前的演练早已忘得一干二净，他结结巴巴地说：“我……我是明治保险公司的原一平。”

“你找我到底有什么事呢？”不等他说完，田木又说了一句。

“我想去访问日清纺织公司的总经理宫岛清次郎先生，想请董事长给我写张介绍信。”

“什么，介绍保险这玩意儿也是可以的吗？”

每当碰到针锋相对的激烈场面时，原一平暴烈的个性立刻浮现，而且常给对手以致命的反击。他一听董事长这句话，向前一大步，大骂道：“你这混账东西！”

董事长愣住了，往后退了一步。

原一平不解气地继续说道：“你刚刚说保险这玩意儿，公司不是一再地告诉我们推销人寿保险是神圣的工作吗？你这个老家伙还是我们公司的董事长啊！我要立刻回公司去，向所有员工宣布。”说完，他怒气冲冲地夺门而去。

一冲出门，他立刻为自己的粗野行为懊悔不已。他六神无主地在街上徘徊，泪如泉涌，不知所措。最后还是回到公司，向阿部详细报告全部的经过，并说打算在向阿部道歉后，立即提出辞呈。

这时，电话铃响了。一放下话筒，阿部便面对着原一平哈哈大笑地说：“这是田木董事长的电话，他说刚才三菱公司来了一个很厉害的年轻人，吓了他一大跳。”接着，阿部拍拍原一平的肩膀说：“他还说你是个优秀职员呢！”

更出其不意的是，董事长还邀请原一平去他的住所。在住所，董事长热诚地欢迎原一平到来，把双手按在他的肩上，亲切地与他交谈。谈话结束后，董事长提议去了趟百货公司，给他买了新西装、新衬衫、新皮鞋。此后，凡原一平需要的客户，董事长都介绍给他。受宠若惊的原一平认识到自身责任的重大，更加兢兢业业地工作，使他的个人业绩连续15年居日本全国第一，形成了独霸全国保险市场的局面。

可以说，原一平的成功和他的勇气是分不开的。事情看起来并不容易，甚至成功的可能性很小，但原一平拿出勇气去做了，所以他成功了。

2. 不断激励和塑造自己

我们要学会不断地激励和塑造自己，这是一种积极心态。只有拥有了这种心态，才能更有利于自己树立信心。

一旦掌握自我激励，自我塑造的过程也就随即开始。以下方法可以帮你塑造自我，塑造那个你一直梦寐以求的自我：

(1)充满快乐。多数人认为，一旦达到某个目标，人们就会感到身心舒畅。但问题是你可能永远达不到目标。把快乐建立在还不曾拥有的事情上，无异于剥夺自己创造快乐的权利。记住，快乐是天赋权利。首先就要有良好的感觉，让它使自己在塑造自我的整个旅途中充满快乐，而不要在等到成功的最后一刻才去感受属于自己的欢乐。

(2)正视危机。危机能激发我们竭尽全力。无视这种现象,我们往往会愚蠢地创造一种舒适的生活方式,使自己生活得风平浪静。当然,我们不必坐等危机的到来,从内心挑战自我是我们生命力的源泉。

(3)加强紧迫感。一位哲学家曾说过:"沉溺生活的人没有死的恐惧。"每个人的生命都是有限而短暂的,然而,大多数人对此视而不见,假装自己的生命会绵延无绝。唯有心血来潮的那天,我们才会筹划大事业,将我们的目标和梦想寄托在文学家们称之为"虚幻岛"的汪洋大海之中。其实,直面死亡未必要等到生命耗尽时的临终一刻。事实上,如果能逼真地想象我们的弥留之际,会物极必反产生一种再生的紧迫感觉,这是塑造自我的重要一步。

(4)迎接恐惧。世上最秘而不宣的体验是,战胜恐惧后迎来的是某种安全有益的东西。哪怕克服的是小小的恐惧,也会增强你对创造自己生活能力的信心。如果一味想避开恐惧,它们会像疯狗一样对你穷追不舍。此时,最可怕的莫过于双眼一闭假装它们不存在。

(5)不要害怕拒绝。不要消极接受别人的拒绝,而要积极面对。你的要求要落空时,把这种拒绝当作一个问题:"自己能不能更多一点创意呢?"不要听见"不"字就打退堂鼓,应该让这种拒绝激励你更大的创造力。

(6)敢于犯错。有时候我们不做一件事,是因为我们没有把握做好。我们感到自己"状态不佳"或者力量不足时,往往会把必须做的事放在一边,或静等灵感的降临。如果有些事可能是自己做不好的事情,一旦做起来一定会乐在其中。

(7)精工细笔。创造自我,如绘巨幅画一样,不要怕精工细笔。如果把自己当作一幅正在描绘中的杰作,你就会乐于从细微处做改变。一件小事做得与众不同,也会令你兴奋不已。总之,无论你有多么小的变化,对于你都很重要。

(8)敢于竞争。竞争给了我们宝贵的经验,无论你多么出色,总会人外有人,所以你需要学会谦虚。努力胜过别人,能使自己更深地认识自己;努力胜过别人,便在生活中加入了竞争这场"游戏"。不管在哪里,都要参与竞争,而且总要满怀快乐的心情。要明白,最终超越别人远没有超越自己更重要。

(9)尽量放松。接受挑战后,要尽量放松。在脑电波开始平和你的中枢神经系统时,你可感受到自己的内在动力在不断增加,你很快会知道自己有何收获。自己能做的事,不必祈求上天赐予你勇气,放松可以产生迎接挑战的勇气。

(10)不虚度每一天。这儿做一点,那儿改一下,将使你的一天(也就是你的一生)有滋有味。今天是你整个生命的一个小原子,是你一生的缩影。大多数人希望自己的生活富有意义,但是生活不在未来。我们越是认为自己有充分的时间去做自己想做的事,就越会在这种沉醉中让人生中的绝妙机会悄然流逝。只有重视今天,自我激励的力量才能实现。

智者寄语

我们要学会不断地激励和塑造自己,这是一种积极心态。只有拥有了这种心态,才能更有利于自己树立信心。

坚信自己是个强者

一定要相信自己,只要努力,别人能做到的事,自己也能做到;别人做不到的事,自己倍加努力也定能做到。秦末起义领袖陈胜有一句话:王侯将相，宁有种乎？意思是，王侯将相，难道是天生的吗？我们知道王侯是可以世袭的，但是陈胜的话主要是说王侯将相跟其他人没有分别，人只要努力都可能成为王侯将相。所以，一个人要想成功就必须坚信自己并不比别人差，自己也可以成为强者。

1. 开发你的宝藏

人的潜能犹如一座等待开发的金矿，蕴藏无穷，价值无比，而每个人都有一座潜能金矿。但是，由于没有进行各种训练，每个人的潜能从没得到淋漓尽致的发挥。并非大多数人命里注定只能一事无成，只要发挥了足够的潜能，任何一个平凡的人都可以成就一番大事业，都可以成为一个新的亮点人物。

每一个人真正的自我都是有磁性的，对别人具有强大的影响力和感染力。通常说某个人“个性很有魅力”，其实是指他没有压抑自我的创造性和具有表现自己的勇气。“不良个性”也可称为“被压抑个性”，是对个人潜能的一种压抑，其特征是不能表现内在的创造性自我，因而显得停滞、退缩、禁锢、束缚。受压抑的个性，约束真正的自我表现，使自己总有理由拒绝表现自己、害怕正视自己，把真正的自我紧锁在内心深处，并大量地消耗着心理能量。身体终日处于疲惫不堪的状态，思维也几乎陷于停顿境地。压抑的症状很多，如羞怯、腼腆、敌意、过度的罪恶感、失眠、神经过敏、脾气暴躁、无法与别人相处等。

正如前面所述，每个人自身都蕴藏着无限的潜能，只是未被激发或受到压抑。如果对否定或批评反应过了头，则可能偏离正轨，使前进受阻。如果你见了生人就害羞，如果你惧怕新的陌生环境，如果你经常觉得不适应和担忧、焦虑和神经过敏，如果你感觉紧张、有自我意识感，如果你有类似面部抽搐、不必要的眨眼、颤抖、难以入眠等“紧张症状”，如果你畏缩不前、甘居下游，那么，说明你受到的压抑太重，你对事情过于谨慎和“考虑”得太多，限制了个性的发挥和表现。假如你是由于潜能受压抑而遭到不幸和失败，就必须有意识地练习解除抑制的方法，让生活中的你不那么拘谨，不那么担心，不那么过于认真。学会在思考之前讲话、戒除行动之前“过于仔细”地思考。

每一个人，即使是创造了辉煌成就的巨人，在他的一生中，利用自己大脑的潜能也不过1/10。人类的大脑是世界上最复杂也是效率最高的信息处理系统。别看它的重量只有1400克左右，其中却包含着100多亿个神经元；在这些神经元的周围还有1000多亿个胶质细胞。人脑的存储量大得惊人，在从出生到老年的漫长岁月中，我们的大脑足以记录每秒钟1000个信息单位。现代科学研究表明，像爱因斯坦那样伟大的科学家，只用了自己大脑的1/10的功能，绝大部分脑细胞仍处于待业状态。而人脑不同于机器，使用久了会有磨损，而是越用越好用，就像有人学外语，一旦掌握了一两门外语，再学第三门外语就会容易许多。人在一生中，仅仅运用了头脑能力的1/10；也就是说，还有9/10的头脑潜能白白浪费了。而最新的研究更进一步指出，以前人们对头脑的潜能估计太低，我们根本没有运用头脑能力的1/10，甚至连1/100也不到。

有个男孩，从小就是一个讲究各科平衡发展的学生。他每一科成绩都维持中上，体育成绩也不错，但称不上运动健将；他还颇有写作的天分，但若要成为真正的作家，却不那么容易；在考大学时，他的语文成绩几乎与数学成绩不相上下。在他大一时，所选的全是科学课程，还打算主修理论物理（他那望子成龙的父亲是个很实际的人，他说，学物理可以，但是理论两个字得去掉）。一年后，这个男孩发现，物理学动人之处在于抽象的部分——公式、比例与理想概念。所以，真正令他动心的其实是物理中的数学，于是他改为主修数学（务实的父亲丝毫不兴奋，学数学将会有什么出息？做统计学家？教授？）父亲的忧虑没维持多久,儿子到了三年级又有了新想法。他虽喜欢数学的井然有序,但受不了那冷冰的感觉,于是又决定改攻艺术(这时,素来忠实的父亲禁不住自问:“我们到底是哪里错了?”)好不容易,钱也花了,时间也付出了(整整七学期),这位年轻人终于到达目标,做了建筑师,从此再也未改变过志向,而且做得有声有色。虽然他父亲曾一度绝望,认为这个儿子怎么都不成材,但事实上,这个孩子行动大胆而明智,他好不容易发现自己真正的性格与才华,然后选定一个行业,从一而终。物理学使他了解物体结合的原理,数学给他度量与秩序感,艺术则造就他的眼光与灵巧的双手。每当学生们忧虑地问:如果16岁尚未决定将来是否要学法律,或者在大一未修完企管研究所必备的学分,这一生就是不是没指望了?就请看看上面这个故事,这些忧虑事实上是杞人忧天,因为根本没人能在十六七岁做好决定,为自己的一生定好方向,即便勉而为之,也是弊多利少。

作为成功人士的父母将蜂蜜涂抹在书上,因此成功人士的孩子们从小就认为书是一种圣物,他们甚至长大之后也没有忘记小时的感觉,始终不放弃学习,从来不承认自己比别人差,在成功人士的字典中只有现在,没有永远的差距,他们相信自己现在的能力能够使自己提升到新的层次。人活到老,学到老,挖掘个人潜能,才是终生事业。

2. 相信自己一定能行

如果一个人连自己都不相信,还能指望别人相信吗?要相信自己一定能行。具有强烈自信心的人,能够承受各种考验、挫折和失败,这种自信心会使我们受用一生。

“日复一日,我会在各方面干得越来越好。”这是法国心理疗法专家埃米尔·库埃的名言。在20世纪20年代的英国和美国,这句话被成千上万的英国人反复念叨。当时,这是人们每天必不可少的事情。人们在每天规定的时间内重复这句话,每当头脑中闪现这一想法时也重复这句话,他们相信这样做能够增强自信,为事业和生活的成功做准备。

爱默生说:“自信是成功的第一秘诀。”自信能够产生一种巨大的力量,它的确能推动我们走向成功。

美国学者查尔斯12岁时,在一个细雨霏霏的星期天下午,在纸上胡乱画,画了一幅菲力猫,它是大家所喜欢的喜剧连环漫画上的角色。他把自己的画拿给了父亲看。当时这样做有点鲁莽,因为每到星期天下午,父亲就拿着一大堆阅读材料和一袋无花果独自躲到他们家所谓的客厅里,关上门去忙他的事。他不喜欢有人打扰。

但这个星期天下午,他却把报纸放到一边,仔细地看着这幅画。“棒极了,查克,这画是你徒手画的吗?”“是的。”父亲认真打量着画,点着头表示赞赏,查尔斯在一边激动得全身发抖。父亲几乎从没说过表扬的话,很少鼓励他们五兄妹。他把画还给查尔斯,重新拿起他的报纸。“在绘画上你很有天赋,坚持下去!”从那天起,查尔斯看见什么就画什么,把练习本都画满了,对老师所教的东西毫不在乎。

父亲离家后,查尔斯只有自己想办法过日子,并时常给他寄去一些认为吸引他的素描画并眼巴巴地等着他的回信。父亲很少写信,但当他回信时,其中的任何表扬都让查尔斯兴奋几个星期,他相信自己将来一定会有所成就。

在经济大萧条那段最困难的时期,父亲去世了,除了福利金,查尔斯没有别的经济收入,他17岁时只好离开学校。受到父亲留给他的话语鼓励,画了三幅画,画的都是多伦多枫乐曲棍球队里声名大噪的“少年队员”琼·普里穆、哈尔维、“二流球手”杰克逊和查克·康纳彻,并且在没有约定的情况下把画交给了当时《多伦多环球邮政报》的体育编辑迈克·洛登,第二天迈克·洛登便雇用了查尔斯。在以后的四年里,查尔斯每天都给《环球邮报》体育版画上一幅画。那是查尔斯的第一份工作。

查尔斯到了55岁时还没写过小说，也不打算这样做。在向一个国际财团申请电缆电视网执照时他才有了这样的想法。当时，一个在管理部门的朋友打电话来，说他的申请可能被拒绝，查尔斯突然面临着这样一个问题："我今后怎么办?"查阅了一些卷宗后，查尔斯偶尔为自己写下备忘录，其中十几句字体潦草的句子，是他写下的一部电影的基本情节。他在办公室里静静地坐了一会儿，思索着是否该把这项工作继续下去，最后拿起话筒，给他的朋友、小说家阿瑟·黑利打了个电话。

"阿瑟，"查尔斯说，"我有一个自认为不寻常的想法，我准备把它写成电影。我怎样才能把它交到某个经纪人或制片商或任何能使它拍成电影的人手里?""查尔斯，那条路子成功的机会几乎等于零。即使你找到某人采用你的想法并把它变为现实，我猜想你的这个故事梗概所得的报酬也不会很多。你确信那真是个不同寻常的想法吗?""是的。""那么，如果你确信，哦，提醒你，你一定要确信，为它押上一年时间的赌注。把它写成小说，如果你能做到这一点，你会从小说中得到收入，如果很成功，你就能把它卖给制片商，得到更多的钱，这是故事梗概远远不能做到的。"查尔斯放下话筒，漫步走了好长一段路："我有写小说的天赋和耐心吗?"当他这样沉思时，他越来越有信心办成。他看见自己进行调查、安排情节、描写人物、开始撰写、然后润色……他要为它赌上一年时间。

一年零三个月后小说完成了，它在加拿大的麦克莱兰和斯图尔特公司得到出版，在美国的西蒙公司、舒斯特和艾玛袖珍图书公司得到出版，在大不列颠、意大利、荷兰、日本和阿根廷得到出版。结果，它被拍成电影——《绑架总统》，由威廉·沙特纳、哈尔·霍尔布鲁克、阿瓦·加德纳和凡·约翰逊主演。此后，查尔斯写了五部小说，成为名副其实的小说家。

假如你有自信，你就会获得比你的梦想多得多的成功。

1926年，毕业于东京大学法律系的大村文年进入"三菱矿业"成为小职员。当公司为新人举行欢迎会时，他对那些与他同时进入公司的同事说："我将来一定要成为这家公司的总经理。"

他在豪言壮语之后，开始了他的长远计划。凭其旺盛的斗志与惊人的体力，数十年如一日，孜孜不倦地工作，如今当然远远超过众多资深的干部与同事，在毫无派系背景之下，完全凭借自己的实力，冲破险境，终于在35年之后当上"三菱矿业"的总经理。

以三菱财团的历史而言，未到60岁就成为直系公司的总经理可以说是史无前例。他的就职惊动了日本工商界人士，人们内心无不惊讶，并深感佩服。

无独有偶，在1949年，一位24岁的年轻人，充满自信地走进美国通用汽车公司，应聘做会计工作，他只是为了父亲曾说过的"通用汽车公司是一家经营良好的公司"，并建议他去看一看。

在应试时，他的自信使助理会计检察官印象十分深刻。当时只有一个空缺，而应试员告诉他，那个职位十分艰苦难当，一个新手可能很难应付得来，但他当时只有一个念头，即进入通用汽车公司，展现他足以胜任的能力与超人的规划能力。

当应试员在雇用这位年轻人之后，曾对他的秘书说过："我刚刚雇用一个想成为通用汽车公司董事长的人!"

这位年轻人就是在1981年出任通用汽车董事长的罗杰·史密斯。

罗杰刚进公司的第一位朋友阿特·韦斯特回忆说："合作的一个月中，罗杰正经地告诉我，他将来要成为通用的总裁。"高度的自信，指示他要永远朝成功迈进，也引导他经由财务阶梯登上董事长的宝座。

智者寄语

人的潜能犹如一座等待开发的金矿，蕴藏无穷，价值无比，而每个人都有一座潜能金矿。但是，由于没有进行各种训练，每个人的潜能从没得到淋漓尽致的发挥。并非大多数人命里注定只能一事无成，只要发挥了足够的潜能，任何一个平凡的人都可以成就一番大事业，都可以成为一个新的亮点人物。

信心能支持你顽强地活下去

当生命处于危机时，信心就是半个生命，支持你顽强地活下去。

有一位老人，十年前他被诊断出患了癌症，医生预测他的生命最多还有两年。面对癌症，老人始终保持着一种乐观向上的情绪，不管病情发生多大变化，他从不气馁和颓废。在积极配合医务人员治疗的同时，他还积极参加自己力所能及的体育锻炼。就这样，他已平安度过了十个春秋。在一次闲聊中有人问他，是什么神奇的力量支撑着他活了这么多年，老人笑着说："是信心，几乎每天早晨，我都对自己说，我不会倒下去，我还有许多事情要做，我一定能把病治好。"

人活着离不开信心。对于养生来说，信心是一剂驱逐百病的灵丹妙药。现代医学证明，如果一个人的自信心十分坚定而持久，就可以提高抵抗疾病的能力。疾病，尤其是比较严重或久治不愈的疾病，不仅折磨着人的肉体，而且摧残着人的精神。因此，在疾病面前，意志薄弱者往往丧失信心，从而被疾病击垮，促使病情恶化。我国唐代著名诗人白居易在40岁时突患重病，一时间头发皓白，牙齿脱落，身体十分虚弱。然而，他并没有被疾病吓倒，而是抱着一种战胜疾病的勇气和信心，以乐观的态度对待人生，终于在不断的治疗和运动中战胜了病魔，成为我国古代文学界长寿老人之一。

有位诗人说，信心是半个生命，淡漠是半个死亡。老年人能否健康长寿，因素固然有许多，但信心是重要的一条。有健康的精神，才有健康的身体。靠坚强的信心，就能祛病健身，就能健康长寿。信心是精神支柱，一个人只要精神不倒，就能顽强地活下去、战斗下去。从这个意义上说，信心不仅是半个生命，而且是整个生命。

人到老年，由于经历了青年的凄风片雨，身染有病者总有十之八九。然而，生命或许很脆弱，但是有了信心，生命就能强劲起来；生命极易萎缩，但是有了信心，生命就能挺拔和旺盛。

信心所给予生命的，不只是一种依托、一种凭借、一种支持，而是永远的坚强和力量。

智者寄语

有健康的精神，才有健康的身体。靠坚强的信心，就能祛病健身，就能健康长寿。信心是精神支柱，一个人只要精神不倒，就能顽强地活下去、战斗下去。从这个意义上说，信心不仅是半个生命，而且是整个生命。

对结果要“志在必得”

在工作中,只有对想要的工作结果表现出一种“志在必得”的决心,你的工作才有可能做得更好!

2000 年的全球汽车市场可以说是非常不景气,日本几家大型汽车公司都面临倒闭,日产尼桑公司的日子也很难过。为了改变现状,日产公司请来了在法国有“营救大师”之称的卡洛斯·戈恩担任首席执行官。有人说,如果要给近十年来最受推崇的经理人来一个排名,卡洛斯·戈恩绝对是一个有力的竞争者。因此,日产公司期待他能力挽狂澜。

戈恩刚上任就做出了一个极具吸引力和震撼力的公众承诺——“180”计划。“1—8—0”这组数字分别代表了日产将来要实现的目标,该计划旨在实现日产的持续性、营利性增长:截至 2004 财年,全球销售量增加 100 万台,运营利润率达到 8%,汽车事业净债务为 0。

开始时日本媒体对戈恩还很反感,认为戈恩的能力就是砸工人饭碗。日产工会也着实地紧张过一阵子,摆出了要和外来资本家决战一番的姿态。然而戈恩却不负众望,不仅扭亏为盈,而且后来的日产的确脱胎换骨!业界为之震惊,都觉得奇迹总是在这样的大师身上闪现,但必然有其成功的方法和规律,于是很多人去请教戈恩。

有记者问戈恩:“为什么在上台之初就要把目标和决定说得那么肯定,不给自己留任何后路?”戈恩回答说:“人们喜欢不问过程,只看结果,因为结果简单明了,谁都可以去衡量、去评价。当我们给了对方一个结果式的承诺时,人们就会立刻对你转变态度。人们会说:‘这我非常同意,相当公平,没有理由不给他一个机会!我们按承诺执行,他按承诺兑现,没有任何借口。一切为了结果。’”

记者接着问:“您所承诺的目标,就是尽快地使日产扭亏为盈。但是所有人都知道对一个连续亏损了多年的国际性企业来说,要完成这样一个宏大目标,达到一个完美的愿景,是一件举步维艰的事情,当时大家没有怀疑过您的这种观点吗?他们相信您能够如期完成这个任务吗?”

戈恩回答道:“在开始的时候,人们大多持怀疑态度。但不是否定,只是怀疑。很明显,戈恩是个外来人,他们认为戈恩根本不了解日本,不了解日本文化,不了解日产。他未必能够使公司状况有多大的改善。我完全能理解大家有这种怀疑的态度,甚至还欢迎大家有这样的怀疑态度,但是我不希望有反对力量和抵制情绪,因为我希望我所构想的结果成为我的支持力。希望把所有员工和领导的信心和信任建立在事实之上,这一切并不是嘴上说说就可以实现的。制订日产复兴计划是我们迈出的第一步,我们要对计划的实施结果做出承诺。”

那“承诺”对戈恩来说意味着什么?戈恩的回答是这样的:“承诺就是一个很简单的词,即在你概括了公司所有要做的事情之后就必须要说:我作为公司的总裁,我向公司全体职员承诺,公司明年要实现盈利,运营利润率将有明显幅度的上升,债务要得以削减,并附上一些量化的指标。

“既然是承诺,就意味着我如果达不到之前所做出的承诺,我就要辞职离开,我没有第二个计划可供执行,也没有第二个机会可以选择。你只有一次机会尝试,除了成功没有别的选择,不成功就走人,由其他人来接替。从一开始我就把情况讲得很透彻,让所有的人都看清楚，我要把全员参与的思想从头到尾地贯穿于这个计划中，我要让所有的经营委员会成员也参与进来。从一开始形势就很严峻，那是一种破釜沉舟的架势。”

没有“假如”，只有必须，从一开始就下定决心，一定要实现结果。没有第二个计划，这就是戈恩执行的逻辑！既然锁定了目标，锁定了结果，那么我们对于结果，就不是要，而是一定要！

韩国三星集团总裁李健熙曾经有一句名言，至今还在电子商业界广为流传着：“除了妻儿，一切都要变。”这句话也正是当年李健熙下定决心带领三星集团励精图治、发奋改革的真实写照。

1987 年，三星集团会长李健熙上任后组织开展了一场“产品一流化、为顾客提供全方位服务及树立优秀企业公民形象”的企业经营新运动。

在当时，李健熙决心给“沉睡中的三星一剂猛药，一个改革的信号弹”。面对充满风险的亚太市场，面对臃肿复杂的公司业务体系，李健熙敢于大刀阔斧地进行整编与改组。他只保留最重要、最有盈利前景的核心项目，例如，消费类电子产品、金融、贸易和服务，边缘的、亏损的领域或者非核心的领域一律放弃。变革的牵动面是前所未有的，就连上下班工作时间都进行了很大变动：将原来的“朝九晚五”变成“朝七晚四”，员工都将提前两小时上班。虽然进行这种大规模的变革会遇到很多方面的阻力，但是李健熙相信，如果下不了这个决心，振兴三星的日子就会遥不可及。

振兴的决心由上而下深入到每个员工的心里，三星人从此意识到“改革开始了”，很多人逐渐从以前的自由散漫状态中走了出来，开始利用下班后的空闲时间学习外语、进修技术，这些努力无疑为日后三星集团打入海外市场提供了坚实后盾。

在李健熙的带领下，三星集团制定了明确的战略方向，坚定不移地执行战略，变革在不断推进，影响深远。

短短十几年间，三星不断提高设计研发水平和掌握核心关键技术的能力，迅速完成了从一只“模仿猫”到“太极虎”的“蜕变”。

在现实中，凡是能成大事者，对结果不是“想要”，而是“一定要”！过程中无论付出多大代价，都要达到。同时，这也给员工们很大的启发：当胸中拥有一个美好的愿景时，我们就应该痛下决心，追求结果，只有这样我们才能赢得巨大的突破。

智者寄语

在现实中，凡是能成大事者，对结果不是“想要”，而是“一定要”！过程中无论付出多大代价，都要达到。

第二章

抓住目标，你就可以创造奇迹

树立正确的目标，你才会得到想要的

如果不能确定一个正确的目标，在通往成功的道路上，你就会像一只没有头的苍蝇一样，四处碰壁。当你有了正确的目标，你就获得了通往成功的能量。

有这样一句话：你能不能走得远，看你和谁同行。是的，和你同行的人决定你的行程。那么，是什么决定了我们人生的目的地呢？告诉你，是目标，一个人有了目标才知道要往哪里去，但这个目标必须是正确的，只有找准了方向，才能让自己走向成功的道路。因为正确的目标是一个人行动的标杆，假如将成功比喻成你的目的地，要成功就必须给自己"选个地点"。

有一个年轻人，头脑聪明，有能力，但大学毕业很多年了依然没有找到合适的工作，他来求教他的老师，让老师给他指点迷津。

老师了解了年轻人的情况后问："我可以帮你找个工作，可你喜欢什么样的工作呢？"

年轻人说："这就是我找您的原因呀，说实话，我真的不知道自己喜欢做什么。"

老师说："那就让我们来看看你的目标吧，10年以后你希望自己成为什么样的人呢？"

年轻人想了想，说："好！我希望自己有一个待遇优厚的工作，工作几年之后能有钱买一栋好房子。当然，我还没有想好自己该怎么去做呢。"

"没有目标就不好办了。"老师对他说，"你没有目标，就像你跑到航空公司对售票员说'给我一张机票'，但你又不说去什么地方，售票员无法卖票给你一样。所以，我只有知道了你的目标，才能帮你找到工作。但目的地只有你自己才知道。"

"在一年后，我想当个总统——我就用这作为我的目标吧。现在你可以告诉我该怎么做了吧。"年轻人说。

老师笑了，说："年轻人，有目标还要正确呀，依我看，在一年后当个总统恐怕很难做到，你这个目标是错误的。人生不仅要有目标，而且还要正确，这样，对我们的人生才会有促进作用。"

老师的话让年轻人重新考虑自己的人生目标。接着，他和老师讨论究竟什么才是自己的职业目标，在谈了两小时后，他从老师那里学到最重要的智慧：出发以前，要有目标，并且目标是正确的，你才能到达终点。

很快，年轻人按照自己的特点，给自己拟定了一个切实可行的目标，很快，年轻人找到了适合自己的工作。

若干年之后，年轻人不仅因为优厚待遇而买了一栋好房子，还成了一家公司的主管。

和年轻人一样，你可能也非常渴望成为成功的人，希望过上自己理想的生活，但在这之前，你要先想一想，自己的目标在哪？目标是不是适合你？其实，人生就是一场旅行，如果旅行者把方向弄错了，不仅到不了目的地，说不定还会走进死亡谷。不仅要有目标，目标还要正确，因为目标的正确与否决定一个人最终的成败。

没有方向，你就没有目的地；方向错了，不仅不能到达目的地，更会让你白忙一场。这是世人皆知的道理。只有目标正确，才能做对事，才能得到自己想要的结果。

有位旅行者走到一处农田，发现水田里新插的秧苗排列得很整齐，就像用尺量过的一样，但他看见在田里插秧的农夫并没有用什么工具。因此，旅行者很好奇，就问田里的农夫是怎么做到的。

农夫没有说话，只递给他一束秧苗，让他自己插插看。

旅行者脱下鞋袜，卷起裤管下到水田里插秧，当他插完一排秧苗起身一看，发现自己把秧苗插得弯弯曲曲，一点儿也不整齐。

"为什么会出现这样的局面呢？"旅行者问农夫。

农夫告诉他："在插秧的时候，要用眼睛的余光盯住一样东西，这样，你就能插出一列整齐的秧苗。"

旅行者就按照农夫的说法去做了，奇怪的是，这次插的秧苗还是弯曲的。

旅行者又向农夫询问原因，农夫问他："你是否真的盯住了一样东西呢？"

旅行者答道："我真的盯住了一样东西。您看到了吗？那边那头吃草的水牛就是我的目标！"

农夫笑着说："先生，水牛边吃草边走，所以你插的秧苗就跟着它移动。你插的秧苗不是弧形的才怪呢！"

旅行者终于明白了其中的道理，于是，他重新拿起一束秧苗，整整齐齐地将它们插在水田里了。他这次之所以没有错，是因为他盯住了远处的一棵大树。

很多时候，人生的经历就像插秧，要是没有正确的参照，结果一定会很糟糕，更不会得到自己想要的结果。一个人要是没有正确的目标，就像"无舵之舟，无缰之马"，很难掌控自己的人生。所以，无论你学历有多高，能力有多强，这都不能让你百分百地走向成功，因为目标才是人生成功的最大保证。

智者寄语

其实，人生就是一场旅行，如果旅行者把方向弄错了，不仅到不了目的地，说不定还会走进死亡谷。不仅要有目标，目标还要正确，因为目标的正确与否决定一个人最终的成败。

抓住离自己最近的目标，你就是赢家

达到自己的目标，除了取决于个人的努力、坚持和勇敢以外，还需要去选择正确的方法，因为正确的方法能让成功实现得更快些。

几个人在果园中摘苹果，在规定的时间内看谁摘的苹果个数最多。假如你想赢得这场比赛，只要选择离手最近的苹果就可以了。

很少有人理解这个故事的真正含义。所以，在一个人有很多条成功的路可走，或者眼前有很多目标时，常会面临这样一个问题：自己该抓住哪个目标才更有胜算呢？

在一场水灾中，爱人和孩子同时落水下，丈夫只救起了妻子，他们年仅十岁的儿子被洪水冲走了。

看到这个家庭的不幸遭遇，周围的人都表现出了同情。但是，人们开始争论这样一个问题：丈夫为什么不救自己的儿子呢？因为妻子已经年过四十，而孩子还很小。再说，妻子没有了，可以再娶一个，而孩子却不能。

一个心理学家听了这件事后,也很想知道丈夫当时是怎么想的,于是,他找到了这个丈夫,当面一问究竟。

了解心理学家的来意后,丈夫用悲痛的语调答道:“洪水袭来,当时的情形万分危急,我根本来不及想先救谁,看到妻子离我最近,我就伸手抓住了她。当我返回时,儿子已经不见了,他被洪水冲走了。”

说到这,丈夫流下了眼泪。

“很多人埋怨我们夫妻能忍。丢下年幼的孩子,可有谁知道,孩子离我太远了,要是去救他,说不定一个都救不回来——至少我救回了妻子。”丈夫最后说。

“是呀,毕竟你从洪水中救回了妻子。”心理学家安慰他说。

“面对两个亲人同时落水,先救谁”是一个很多人很难抉择的问题,但是,这位丈夫给出了答案:救离自己最近的那一个。面对洪水,主人公紧紧抓住离自己最近的妻子,这是最为现实和明智的,同时也是最为有效的。如果他放弃近处的妻子而去救远处的孩子,最后可能一个人也救不了。主人公的选择是正确的,因为稳稳地救回一个胜过可能失去两个。

主人公在无意中告诉了我们一个成功的定律:当我们面对众多目标可以选择的时候,抓住离你最近的目标,你才有可能体现出最大的价值。其实,苹果的秘诀也就告诉了我们这样一个道理。因此,太高的奢望和不切实际的目标,对我们而言是没有价值的。只有把握好最近的目标,你的付出才可能有回报。

智者寄语

达到自己的目标,除了取决于个人的努力、坚持和勇敢以外,还需要去选择正确的方法,因为正确的方法能让成功实现得更快些。

实现目标的技巧:将大目标分解

如果我们的力量太小而目标太大,实现它太难,这时,千万不要被它吓倒,学会把大目标分解成若干个具体的小目标,然后逐一完成它,实现这个目标就变得简单多了。

生活处处都蕴含着获得成功的智慧,就看你能不能触类旁通。一个大苹果,一口吃下去,那会噎死自己。但是,很少有人因此不去吃苹果,因为大家都知道,一口一口地吃就能顺利地将苹果吃下去。有时,人不会因此放弃一个硕大的苹果,常会因此放弃一个巨大的成功。很多人在遇见一个大的目标时,往往会因无法“下咽”而放弃,从而放弃成功。他们不会用吃苹果的办法去解决这个问题。

面对一个巨大的目标,很可能会因为实现这个目标难度太大而放弃。如果我们能把这个目标分成一个一个的小目标来实现,那么实现这个目标就容易很多了。运用“目标分解”法可以完成一个看似不可能完成的目标,这种方法能让一个人离成功越来越近。所以,很多成功人士都善于运用这种方法去解决问题。

有一个孩子,每逢学校长跑比赛,他都很难坚持下来。

父亲对他说:“我看你该多去锻炼一下了,这样吧,从明天开始,我们一起去爬山,练练你的体能吧。”

“好的，爸爸，我试试看吧。”男孩说。

第二天早晨，父子两个来到郊外，父亲指着一个山头说：“看见没有，今天我们就爬这座山，你看有什么问题吗？”

男孩一看山很高，一下子就吓蒙了：“爸爸，这山也太高了，凭我的体力是不可能爬上山顶的。”

“是吗？山这样高，看样子对你来说是有点难，要不这样吧，我们先爬到那棵大树那里，这应该没问题吧？”父亲指着半山腰不远处的一棵大树说。

男孩说：“到那里肯定没问题。”

于是，父子俩结伴而行，很快他们就爬到了大树下。男孩正准备歇歇脚，父亲建议说：“能不能忍一下，等我们爬到那块突出的岩石那儿再休息，怎么样？”

尽管这时的男孩已经累得气喘吁吁了，但他看到要走的距离并不远，就说：“好吧。”

于是两个人很快又爬到了那块突出的岩石上。

就这样，每次要到目的地的时候，父亲都会再指出一个新的目的地。奇怪的是，男孩也都顺利地到达了。

不知道经过了多少预定的地点，忽然父亲对男孩说：“孩子，你看一下，我们到什么地方了？”

男孩放眼一看：“啊，原来我们在不知不觉之间已爬到了山顶！”

男孩子高兴地在山顶欢呼雀跃。

父亲问男孩：“刚才，你为什么觉得自己无法爬到山顶？”

男孩回答说：“我看到山很高，心里就害怕了，对自己就没有了信心，所以觉得自己爬不上去。”

“可是，事实是你现在就站在山顶上呀！”父亲说。

男孩回答：“在爬山的时候，可能我根本就没有去想爬到山顶，我只想到爬到你说的那个最近的目标。”

父亲笑着说：“其实，很多事就像爬山，比如做一件事，假如目标太大，对其产生畏惧的心理是很正常的。这时，最好是将你要做的事分成一个个小块，因为完成一个小目标比完成一个巨大的目标要容易得多。长跑时你不能坚持到最后，不是你的耐力不够，而是你不懂分解目标的技巧。”

男孩高兴地说：“说得很有道理，下次我参加长跑比赛的时候也可以试试这个做法。”

几个月以后，学校又举行大规模的长跑比赛，男孩第一次跑完了全程，并且取得了不错的成绩。

父亲通过那次爬山给孩子上了人生的重要一课，让他明白了一个大的目标必须分成一些小的目标来完成的道理。在此后的日子，男孩按照父亲教的这种方式，把自己任何长远的目标都分成了若干个小目标来完成，每一秒钟都对自己的未来充满了信心，不断地完成阶段性的目标，取得小胜利，一步一步离最终目的越来越近，最后实现了自己伟大的人生目标。

一个大的目标往往是由很多小目标组成的，一个小目标很容易完成，一个看似难以完成的目标，当我们把它看成是很多小目标，完成它就变得容易多了。所以，不管我们遭遇多大的难题，不要被它吓倒，学会分解它们，然后各个击破，这样你就赢了。

智者寄语

如果我们的力量太小而目标太大，实现它太难，这时，千万不要被它吓倒，学会把大目标分解成若干个具体的小目标，然后逐一完成它，实现这个目标就变得简单多了。

有目标有行动，你的世界才会大不同

我们要注意到这个事实：没有什么人会把成功送到我们手里，任何获得了成功的人，都首先有渴望成功的心态，并且付诸行动。

在我们所接触的人中，有80%的人不满意他们的生活，但他们心中又缺少一个他们所满意的生活的清晰图样。可以想象那些人终生无目的地漂泊，他们胸怀不满，抱怨、反抗，但是对于自己真正想要什么，并没有一个非常明确的目标。

你是否现在就能说说你想在生活中得到什么？但是必须注意：不要让你的欲望超出你的能力。因此，确定适合你的目标可能是不容易的，它甚至会包含一些痛苦的自我考验。但无论付出什么样的努力，这都是值得的，因为只要你一说出你的目标，你就能得到许多好处，而且这些好处几乎不请自来。

一个人若能热切地设想和相信什么，就能以积极的心态去完成什么。

邦科是某杂志社的一名编辑。他小时候就沉浸在这样一种想法中：总有一天他要创办一份杂志。由于他树立了这个明确的目标，就开始寻找各种机会，并且他终于抓住了一个机会。这个机会实在是微不足道的，以至于我们大多数人都会随手丢弃，不肯多加理睬。

事情是这样的：一天，邦科看见一个人打开一包香烟，从中抽出一张纸片，随手把它扔到了地上。邦科弯下腰，拾起这张纸片。上面印着一个著名的好莱坞女演员的照片，在这幅照片下面印有一句话：这是一套照片中的一幅。原来这是一种促销香烟的手段，烟草公司欲促使买烟者收集一整套照片。邦科把这个纸片翻过来，注意到它的背面竟然完全是空白的。

像往常一样，邦科感到这里有一个机会。他推断，如果把附装在烟盒里的印有照片的纸片充分利用起来，在它空白的那一面印上照片上的人物小传，这种照片的价值就可大大提高。于是，他找到印刷这种纸烟附件的公司，向这个公司的经理说出了他的想法。这位经理立即说道："如果你给我写100位美国名人的小传，每篇100字，我将每篇付给你100美元。请你给我送来一份你准备写的名人名单，并把它分类，你知道，可分为总统、将帅、演员、作家等。"

这就是邦科最早的写作任务。他的小传的需要量与日俱增，以致他必须得请人帮忙。于是他找他的弟弟迈克尔帮忙，如果迈克尔愿意帮忙，他就付给他每篇5美元。不久，邦科又请了几名职业记者帮忙写作这些名人小传。就这样，邦科后来竟然真成了《名人》杂志的主编！他圆了自己的梦！

现在回过头来看，起初，命运对邦科并不是特别眷顾。然而他并没有抱怨，而是抓住机会做出了令人满意的事业。

如果邦科的成功或多或少是靠机遇，那么另一个人的成功则将给我们更多的启示。

几年前，南卡罗来纳州一个高等学院早早地通知全院学生，一个重要人士将对全体学生发表演说，她是美国社会中的顶级人物。

那个学校规模不大，学生和师资相对美国其他的学校稍差一点，因此能邀请到这样一个大人物学生都感到特别兴奋。在演讲开始前的很长时间，整个礼堂都坐满了兴高采烈的学生，大家都对有机会聆听到这位大人物的演说高兴不已。经过州长的简单介绍后，演讲者步履轻盈、面带微笑地走到麦克风前，先用坚定的眼光从左到右扫视一遍听众，然后开口道："我的生母是个聋子，因此没有办法和人正常地交流，我不知道自己的父亲是谁，也不知道他是否在人间，我这辈子找到的第一份工作，是到棉花田里去做事。"

台下的听众全都呆住了，面面相觑，这时，她又继续说："如果情况不尽如人意，我们总可以想办法加以改变。一个人的未来怎么样，不是因为运气，不是因为环境，也不是因为生下来的状况。"她轻轻地重复方才说过的话："如果情况不尽如人意，我们总可以想办法加以改变。一个人若想改变眼前充满不幸或无法尽如人意的情况，只要回答这个简单的问题：'我希望情况变成什么样？'然后全身心投入，采取行动，朝理想目标前进即可。这就是我，一位美国财政部长要告诉大家的亲身体验，我的名字是阿济·泰勒·摩尔顿，很荣幸在这里为大家作演说。"

简短的演说留给人们的却是深深的思考。一个人的出生环境无法改变，但他的未来却可以靠自己谱写，关键是你要一个什么样的未来。为自己设定一个明确的目标，并付诸行动，用积极的心态去面对可能出现的各种困难，每个人的未来都会很精彩。

智者寄语

没有什么人会把成功送到我们手里，任何获得了成功的人，都首先有渴望成功的心态，并且付诸行动。

要把精力都集中在确定的目标上

社会上很多人，做事非常勤奋努力，甚至于把自己搞得筋疲力尽，但是工作成效却不是很大。

一个深受此问题困扰的青年曾经向昆虫学家法布尔请教，他苦恼地说："我不知疲劳地把自己的全部精力都花在我爱好的事业上，结果却收效甚微。"法布尔赞许说："看来你是一位献身科学的有志青年。"这位青年说："是啊！我爱科学，可我也爱文学，对音乐和美术我也感兴趣。我把时间全都用上了。"法布尔从口袋里掏出一块放大镜说："把你的精力集中到一个焦点上试试，就像这块凸透镜一样！"

这位青年是一位求上进的好青年，他希望自己在科学、文学、音乐、美术等领域都能做出成绩，也制定了很高的标准。为此，他耗费了全部精力，努力去实现，但令人遗憾的是由于兴趣太广、标准过高，哪个领域都没能做出成绩。要知道，人的精力毕竟是有限的，如果太过分散，不管你怎么努力，达到一般的标准都困难，更不要说高标准了。所以，法布尔用一个生活实例告诉他：要想做出成就，就必须集中一点。

法布尔就是这样做的。他为了观察昆虫的习性，常达到废寝忘食的地步。有一天，他大清早就俯在一块石头旁。几个村妇早晨去摘葡萄时看见法布尔,到黄昏收工时,她们仍然看到他伏在那儿,她们实在不明白:"他花一天工夫,怎么就只看着一块石头,简直中了邪!"其实,为了观察昆虫的习性,法布尔不知花去了多少个日日夜夜。也正是因为他专注于这一个目标,最终取得了举世瞩目的成就。

大到发展事业,小至简单的体力劳动,都遵循这样一个原则:只要确定了一个目标,然后坚持不懈做下去,最终的结果都会成功。就像石匠敲击石头,只要工夫到,铁石也能裂开花。

石匠所拥有的工具只不过是一个小铁锤和一支小凿子,可是这块大石头却硬得很。如果他拿着锤子四处敲击,就是敲到猴年马月也不会有什么成效。石匠只选择了一点,当他举起锤子重重地敲下第一击时,没有敲下一块碎片,甚至连一丝凿痕都没有,可是他并不以为意,继续举起锤子一下再一下地敲,一百下、二百下、三百下,大石头上依然没出现任何裂痕。

可是石匠还是没有懈怠,继续举起锤子重重地敲下去,路过的人看他如此卖力而不见成效却还继续硬干,不免窃窃私语,甚至有些人还笑他傻。可是石匠并未理会,他知道虽然所做的还没看到立即的成效,不过那并非表示没有进展。他又挑了大石头的另一个地方敲,一锤又一锤,也不知道是敲到第五百下还是第七百下,或者是第一千下,终于看到了成效,那不是只敲坏一块碎片,而是整块大石头裂成了两半。难道说是他最后那一击,使得这块石头裂开的吗?当然不是,而是他一而再、再而三连续敲击的结果。

古往今来,凡是有成就的人,都注意把精力用在一个目标上,专心致志,集中突破,这是他们成功的最佳方案。

高度专一与否,一天就有很大的差别,一月、一年、十年呢,那差异就更大了。卡莱尔说:"最弱的人,集中其精力于单一目标,也能有所成就;反之,最强的人,分心于太多事务,可能一无所成。"

智者寄语

大到发展事业,小至简单的体力劳动,都遵循这样一个原则:只要确定了一个目标,然后坚持不懈做下去,最终的结果都会成功。

已经确定的目标,千万不能降低

生活中有些人总是把别人的成功归结为运气好,把自己的失败总结成时运不济。其实,成功对每一个人来说,都不是轻而易举的事情,中间必然要经过很多磨难。总认为自己走背运的人不妨扪心自问,在面对磨难的时候自己是怎么做的,是不是因经受不住而选择了退缩,选择了放弃?

再看看那些最终取得成功的人,他们在磨难面前又是怎么面对的呢?他们绝不会含混了事,对于自己当初订立的目标,丝毫不允许降低。因为他们明白:"行百里者半九十。"一丝一毫的松动都有可能让自己前功尽弃。

一谈到小泽征尔先生,大家都知道,他堪称全日本足以向世界夸耀的国际大音乐家、著名指挥家。然而，他之所以能够建立今天著名指挥家的地位，和他的永不放弃的精神密切相关。

之前，他不只与世界无关，即使在日本，也是名不见经传。因为他的才华没有表现出来，不为人所知。

他决心参加贝桑松的音乐比赛，来个一鸣惊人，经过重重困难，他终于充满信心地来到欧洲。但一到当地后，就有莫大的难关在等待他。他到达欧洲之后，首先要办的是参加音乐比赛的手续，但不知为什么，证件竟然不够齐全，不为音乐执行委员会正式受理。这么一来，他就无法参加期待已久的音乐节了。

一般说到音乐家，多半性格是内向而不爱出风头的，所以，绝大多数人在遇到这种状况时，必是就此放弃。但小泽征尔却不同，他不但不打算放弃，还尽全力积极争取。

首先，他来到日本大使馆，将整件事说明原委，然后要求帮助。

可是，日本大使馆无法解决这个问题，正在束手无策时，他突然想起朋友过去告诉他的事。

“对了！美国大使馆有音乐部，凡是喜欢音乐的人，都可以参加。”他立刻赶到美国大使馆。

这里的负责人是位女性，名为卡莎夫人，过去她曾在纽约的某音乐团担任小提琴手。

他将事情本末向她说明，拼命拜托对方，想办法让他参加音乐比赛。但她面有难色地表示：“虽然我也是音乐家出身，但美国大使馆不得越权干预音乐节的问题。”她的理由很明白。但他仍执拗地恳求她。

原来表情僵硬的她逐渐浮现笑容。思考了一会儿，卡莎夫人问了他一个问题：“你是个优秀的音乐家吗？还是个不怎么优秀的音乐家？”

他刻不容缓地回答：“当然，我自认为是个优秀的音乐家，我是说将来可能……”

他这几句充满自信的话，让卡莎夫人的手立时伸向电话。她联络贝桑松国际音乐节的执行委员会，拜托他们让他参加音乐比赛，结果，执行委员会回答，两周后做最后决定，请他等待答复。

此时，小泽征尔心中便有了一丝希望，心想，若是还不行，就只好放弃了。

两星期后，他收到美国大使馆的答复，告知他已获准参加音乐比赛。这表示，他可以正式地参加贝桑松国际音乐指挥比赛了。

参加比赛的人，总共约60位，他很顺利地通过了第一次预选，终于来到正式决赛，此时他严肃地想：“好吧！既然我差一点就被逐出比赛，现在就算不入选也无所谓了！不过，为了不让自己后悔，我一定要努力。”

后来，他终于获得了冠军，也为他建立了世界大指挥家不可动摇的地位。我们可从小泽征尔不言放弃的努力中看出，不管遇到什么困难，他都没有放弃，很有耐心地奔走于日本大使馆、美国大使馆，为了参加音乐节，尽了最大的努力。如此才为他带来好运——获得贝桑松国际指挥比赛优胜，成为享誉国际的名指挥家，建立了现在的地位。

从小泽征尔的成功中，我们能总结出这样一个特点，就是他们从来不因别人的冷遇而消沉，不因人生艰难而不平，愈是困难愈是锲而不舍，愈是努力争取自己的机会。如此心态，如此勇气，如此人生，总会有机会光临，总会感动人心，只不过在时间上有早晚、形式上有不同罢了。

智者寄语

生活中有些人总是把别人的成功归结为运气好，把自己的失败总结成时运不济。其实，成功对每一个人来说，都不是轻而易举的事情，中间必然要经过很多磨难。

根据自己的特长设计人生

人生实在是奇妙，不管我们怎么认定自己，哪怕那种认定是不好的或有害的，最终我们的人生必然会跟着那种认定的心态走。

客观地认识你自己当然是困难的，然而作为一个想正正经经做一番事业的人，对自己先要有个正确的认识，难道不应当是一个起码的要求吗？比如说，你可能解不出那样多的数学难题，或记不住那样多的外文单词、成语，但你在处理事务方面却有特殊的本领，能知人善任、排难解纷，有高超的组织能力；你在物理和化学方面也许差一些，但写小说、诗歌是能手；也许你分辨音律的能力不行，但有一双极其灵巧的手；也许你连一张桌子也画不像，但有一副动人的歌喉；也许你不善于下棋，但有过人的膂力。在认识到自己长处的这个前提下，如果你能扬长避短，认准目标，抓紧时间把一件工作或一门学问刻苦、认真地做下去，久而久之，自然会结出丰硕的成果。

即使是那些看起来很笨的人，也在某些特定的方面有杰出的才能。比如，柯南·道尔作为医生并不著名，写小说却名扬天下。每个人都有自己的特长，都有自己特定的天赋与素质，如果你选对了符合自己特长的努力目标，就能够成功；如果你没有选对符合自己特长的努力目标，就多少会埋没自己。

很多成功人士的成功，首先得益于他们充分了解自己的长处，根据自己的特长来进行定位。如果不充分了解自己的长处，只凭自己一时的兴趣和想法，那么定位就很不准确，有很大的盲目性。歌德一度没能充分了解自己的长处，树立了当画家的错误志向，害得他浪费了十多年的光阴，为此他非常后悔。美国女影星霍利·亨特一度竭力避免被定位为短小精悍的女人，结果走了一段弯路。后来幸亏经纪人的引导，她重新根据自己身材娇小、个性鲜明、演技极富弹性的特点进行了正确的定位，出演《钢琴课》等影片，一举夺得戛纳电影节的“金棕榈”奖和奥斯卡大奖。

类似的例子实在是太多了：

爱迪生少年在校学习时，老师认为他是一个愚笨的孩子，经常责怪他，而爱迪生的母亲却发现了自己儿子爱探究的天赋，用心培养地，后来他终于成了“发明大王”。

达尔文学数学、医学呆头呆脑，一摸到动植物却灵光焕发……

阿西莫夫是一个科普作家，同时也是一个自然科学家。一天上午，他坐在打字机前打字的时候，突然意识到：“我不能成为一个第一流的科学家，却能够成为一个第一流的科普作家。”于是，他几乎把全部精力放在科普创作上，终于成了当代世界最著名的科普作家。

伦琴原来学的是工程科学，他在老师孔特的影响下做了一些物理实验，逐渐体会到，这就是最适合自己干的行业，后来果然成了一个有成就的物理学家。

一些遗传学家经过研究认为：人的正常的、中等的智力由一对基因所决定，另外还有五对次要的修饰基因，它们决定着人的特殊天赋，起着降低智力或升高智力的作用。一般说来，人的这五对次要基因总有一两对是“好”的。也就是说，一般人总有可能在某些特定的方面具有良好的天赋与素质。

所以，每一个人都应该努力根据自己的特长来设计自己，量力而行。根据自己的才能、素质、兴趣、环境、条件等，确定进攻方向。不要埋怨环境与条件，应努力寻找有利条件；不能坐等机会，要自己创造条件，拿出成果来，获得社会的承认。从事科学研究的人不仅要善于观察世界，观察事物，也要善于观察自己，了解自己。

智者寄语

人生实在是奇妙，不管我们怎么认定自己，哪怕那种认定是不好的或有害的，最终我们的人生必然会跟着那种认定的心态走。

选择明确的目标

简单而又正确的选择无疑在人们的心中并非简单明了。当简单遇上了目标，很多时候迷糊的视线却无法看清你的目标。

生活不能没有目标，学习不能混日子，工作更需要明确的目标；在人生的全部里，一个完美的有意义的人生脱离不了一个个确切的目标。

历史演进到当代，人们感叹过、愤怒过，但问题还是问题，而且似乎更重要，而随着世界经济全球化趋势，催生出信息革命、网络革命，也催生出速度与效率的新实用主义。因此，现实中也许我们很多人都处在迷茫之中，不知道自己在干些什么，也不知道自己该干些什么。但是，我们只要静下心来，与浮躁的气氛、心态做斗争，就可以迈出第一步了，因为世界正在不断地缩小，每一个角落都留有人类的足迹，不再有新的大陆被发现。今天，我们的新大陆就是我们自身，一种新的选择、一种新的目标，就是一次对自己、对世界的掘进。

在早晨轻轻地问自己：是否有一个工作的目标？

如果没有，那么建议你必须有一个，因为在职场中，你难以达到你并未曾有的目标，正像要你从一个从未到过的地方回来一样。

商业巨子 J. C. 突尼曾经说过：“一个心中有目标的普通职员，有可能成为创造历史的人物；一个心中没有目标的人，只能是个普通的职员。”如果你要使人生的每一步都走得充实、有意义，就要给自己确定目标；如果你想要过前辈子无怨后辈子无悔的日子，就要努力去实现自己的理想和目标。

滚滚红尘，大千世界，真正的天才与愚者只是一种个别，绝大多数人的智力相差不多，而杰出人士和平庸人士的差别，并不完全在于天赋和机遇，关键在于有一个明确的人生目标，并且要对之顽强追求。其实驴子和马走过了同样距离的道路，只不过一条路有既定的方向，另一条路却是盲目地在原地打转，有目标的马是取经的功臣，无目标的驴子永远见识不到外面世界的精彩。

前美国财务顾问协会的总裁刘易斯·沃克曾接受一位记者的采访，内容是有关稳健投资计划基础。

他们聊了一会儿后,记者问道:“到底是什么因素使很多员工无法成功?”

沃克回答:“模糊不清的目标。”

记者请沃克进一步解释,他说:“我在几分钟前就问你,你的人生目标是什么?你说希望有一天通过自己的努力在郊区买一栋别墅,这就是一个模糊不清的目标。问题就在‘有一天’不够明确,因为不够明确,成功的机会也就不大。

“如果你真的希望在郊区买一栋别墅,必须先找出哪个郊区,找出你想要的别墅的现值,然后考虑通货膨胀,算出5年后这栋房子值多少钱;接着你必须决定,为了达到这个目标每个月要努力工作挣多少钱。如果你真的这么做,可能在不久的将来就会拥有一栋郊区别墅,但如果你只是说说,梦想就不可能会实现。梦想是愉快的,但没有配合实际行动计划的模糊梦想,只是妄想而已。”

大海是航船的目标,天空是鸿鹄的目标,我们的职业生涯也要有目标。走在茫茫的职业荒漠中,找到你的职业北斗星,确定你职业的目标,就有了奋斗事业的方向,循着那美丽而夺目的光亮,奔向广阔的迢迢天地。职业生涯的旅途中,可能会遇到狂风,可能会遇到暴雨,只要有了方向,就有了坚定的信心,就有了奋斗的热情,就会找到成功的捷径,最快达成心愿。

当追赶羚羊的猎豹消失后,羚羊们从最初的兴奋到渐渐变得懒散起来。它们不再热爱奔跑,认为那是无聊的事情。每天吃饱喝足之后,它们更喜欢躺在柔软的草地上晒太阳。“世界上还有比这更舒服的事情吗?”它们高兴地说。

但也有一些比较谨慎的羚羊不这么认为:“我们不能放松警惕,猎豹可能会再次出现的,我们必须小心点。”一开始,大多数羚羊认为很有道理,仍然每天早早起来,练习奔跑。可是又过了一段时间,猎豹还是没有出现。于是,原先那些偷懒的羚羊便重新高兴起来,它们在羚羊群中嚷嚷道:“看,猎豹没有再出现,我们何必还要奔跑呢?”

这一次,几乎所有的羚羊都懈怠下来,它们悠闲地漫步在草原上,天天早睡晚起,过着贵族一般的生活。渐渐地,羚羊们都变得体态臃肿、反应迟钝,它们奔跑的能力在一点点地退化。

经验丰富的羚羊王为此忧心忡忡,它认为这是最为糟糕的现象。但自己又无法说服其他羚羊积极奔跑,因为它们总能找到各种借口来偷懒。

“这样下去可不行!”羚羊王对自己说,“它们必须都得奔跑起来。”

这一天,羚羊王又在草原上巡视,看有没有猎豹或者其他危险野兽的踪迹。羚羊王一直保持着这种警惕的状态,因为它必须对全体羚羊的安全负责。虽然已经老了,体力也大不如前,但它仍然坚守在自己的岗位上,尽职尽责地履行着它的使命。也许羚羊王并没有意识到,从某种意义上讲,它正在进行着另外一种奔跑。

草原上依旧宁静安详,大部分羚羊都无精打采地卧在草地上,只有一只小羚羊还兴高采烈地奔跑着。一只蝴蝶、远处的一棵小树都可以是它的目标,它努力地向前奔跑,和其他羚羊形成鲜明的对比。

“孩子,你为什么如此兴奋地奔跑呢?”羚羊王叫住小羚羊,不解地问,“你难道不知道猎豹已经消失了吗?”

“尊敬的王,”小羚羊彬彬有礼地回答道,“我奔跑是因为我喜欢这么做,这与猎豹存不存在没有任何关系。”

羚羊王眼前一亮:“这可是我很久都没有听到的有意思的话了,你能告诉我促使你奔跑的原因吗?”

“我不知道,”小羚羊不好意思地说,“也许这只是一种本能吧。”

羚羊王陷入了深深的思考,小羚羊的话给了它某些启发,却又不甚明了。

于是,它决定组织羚羊们展开一场讨论,讨论的话题便是:猎豹消失了,羚羊还要继续努力奔跑吗?

所有的羚羊都聚集在一起,大家七嘴八舌地发表着各自的见解。

羚羊A说:“一直以来,我们奔跑就是为了躲避猎豹的追捕。现在,猎豹消失了,这种威胁不复存在了。所以,我们根本没有奔跑的必要了。草原上食物充足、阳光和煦,我们应该好好享受才对。”它的发言赢得了大多数羚羊的赞同。

羚羊B说:“我认为我们应该继续奔跑,猎豹虽然消失了,但谁能保证它们不会再次出现呢?”它的发言引起了一片嘲笑。

“你又在杞人忧天了,”羚羊们大笑着说,“这么长时间了,猎豹可曾出现过吗?”

羚羊B涨红着脸说:“我们不能掉以轻心,就算猎豹没出现,并不代表其他野兽不会出现!草原上到处充满着危险,奔跑可是我们生存的技能,绝不能荒废了。”

羚羊们对它的话仍旧嗤之以鼻:“你说的那是以后的事情了,至少现在我们可以不去管它。如果整天担心这担心那,生活还有什么乐趣呢?”

这时候,小羚羊跳出来说:“你们认为,每天懒散的生活很有乐趣吗?我想,我们应该有更长远的目标,那才是我们奔跑的最大动力。”

小羚羊的话引起了羚羊们更大的嘲笑:“你可真是幼稚,难道我们羚羊还奢望成为草原上的霸主吗?孩子,作为羚羊应该学会知足,不要有太多不切实际的想法。”小羚羊摇摇头,没有进一步争辩,但羚羊王却对小羚羊报以赞许的微笑。

讨论还在继续,但最后所有的羚羊都不能给出满意的答案,于是羚羊王决定派小羚羊去周游世界,寻找这个问题的答案。

在小羚羊出发前,羚羊王再次叮嘱它:“孩子,在寻找真理的过程中,你可能会听到不同的答案。这时候,你要学会分辨,哪些答案是你所需要的,哪些答案可能会误导你走入歧途。总之,你一定要成为一只有思想的羚羊。”

很多时候,我们在路上奔跑的时候就迷失了自己,找不到自己的方向和奋斗的目标了。而一个没有工作目标的员工就像一艘没有舵的船,永远漂流不定,它也无法知道水的那一边是什么,只会到达失望、失败和丧气的海滩。

美国人心中有这样一句话:每个正常的美国人都有可能成为总统!但是为什么很多人不能成为总统呢?一方面是位置少得可怜,但最主要的还是没有找到这条路的开端,有的人甚至想都不去想。一个人在年轻的时候要敢想、敢做,并且要同时进行。要做就赶紧做,最可悲的是年轻的时候不做,到老的时候伤悲。

如果你喜欢随遇而安,当一天和尚撞一天钟,有时连钟都懒得撞,反正生活就这么四平八稳、波澜不惊地展开,真的是无所谓了。

但是,你必须知道,上进与追求是一种心态,更是一种状态。

你一旦把职场的终极目标瞄准了CEO或比这更有人生挑战性的目标,那么你就充满热情地向前奔跑吧!

有一位企业家父亲带着三个儿子到草原上猎杀野兔。

在到达目的地,一切准备妥当、开始行动之前,父亲向三个儿子提出了一个问题:“你看到了什么呢?”

老大回答道:“我看到了我们手里的猎枪,在草原上奔跑的野兔,还有一望无际的草原。”

父亲摇摇头说:“不对。”

老二的回答是:“我看到了爸爸、大哥、弟弟、猎枪、野兔,还有茫茫无际的草原。”

父亲又摇摇头说:“不对。”

而老三的回答是:“我只看到了野兔。”

这时父亲才说:“你答对了。”

老三的回答得到了父亲的赞赏,因为在父亲看来,有了明确的目标,才会为行动指出正确的方向,才会在实现目标的道路上少走弯路。

在以后的时间中,父亲越来越验证了自己对老三的判断和观察,并把公司总裁的位子传给了老三。

做事要有明确的目标,成功离不开明确的目标。其实世界上成功的人士已经给我们的目标指出了确切的方向和计划了,只要我们细心地体会这些经久不衰的箴言,怎么会失去了生活的方向呢?那么如何去规划自己的目标呢?

1. 活着的人离不开人生的长远目标

没有长期的目标,你可能会在短期的目标中摇摇晃晃,找不到自己在哪儿,从而被种种困难所击倒。

理由很简单,没人能像你一样关心你的成功。你可能偶尔觉得有人阻碍你的道路,并且故意阻止你进步,但实际上阻碍你进步的最大障碍就是你自己。

其他同事或领导可以使你暂时停止,而你是唯一能决定自己永远做下去的人。

如果你没有长期的工作目标,暂时的阻碍可能构成无法避免的挫折。工作问题、客户问题、同事问题、领导问题,每种问题都可能是致命的。

2. 要有一个具体的目标

如果自己每天都在嘴里空空地说,要买车、买房,要有很多钱……那是没有什么意义的。自己应该把这样的目标变成真正具体可行的计划。在什么时候买什么车和房?在一定的时期要拥有多少钱?这才是自己具体的目标。

曾经,有家公司计划向银行贷款1200万元,而另一家公司则向银行贷款1199万元。最后,银行贷款给后者,而拒绝了前者的贷款请求。因为银行主任认为后者的预算具体化且考虑很周到,说明后者办事仔细认真,成功的希望较大。

由此可见,我们必须要设定一个具体、可行的目标。

3. 要立即行动,把目标实现

有了计划,还需要行动。在快节奏的生活规律中,我们不仅要有严谨有力的思想和理论,还要在匆忙的实践中实现心中的理想和目标。

人生的目标固然重要,但是,当我们在为自己确定一个目标之时,一定要考虑它的可行性和我们的能力所能达到的程度。比如说,一位身高两米的中学生,就不要去想成为一名宇航员,因为就这个行业而言,越是“浓缩的”才越是精华。反之,如果他真的把这个作为奋斗目标，那只能是一句空话和一个永远不可能实现的梦。这种目标也就失去了它本身应该具有的意义了。

关于工作目标，郭台铭曾经在他的文章中写道：

人家总是问我，赚了这么多钱还这么努力，是不是头脑坏掉了？

每当听到这个问题，我就会回答："继续走下去，我就会发现其实做生意是一条不归路。这么多年来，事业愈来愈大，一路走下去，这么多员工、这么多投资者、这么多股东，你的责任就是必须赚钱，让公司继续成长下去。"

这么多年来，你有看见我享受什么吗？我真正在享受的，是自己达成工作目标的成果，而不是金钱所带来的物质享受和个人的享乐。一开始，我就帮自己定下一个目标，把自己的工作、把自己的公司做好，让这家公司在台湾也好、在世界也好，成为一家出类拔萃的公司。并且，我相信天底下没有完美，只有更好。

把公司经营好，是我作为CEO的工作，也是目标，我会把这个目标当作我的人生理想。然后，再把自己的人格和特色，和公司的前途结合起来，成为一体。

拟定一个完善的目标，设定计划，然后付诸实践，你可能不仅达成了人生目标，还超越了原本的期望。如果你善用每一个弹性策略，一旦达成或超越原本的目标，你将能够立即设定新标准，并发掘新的机会。

生活从选定方向开始，我们的职业生涯有了方向就可以避开职场的暗礁长驱直入。成功的人和不成功的人就差一点，成功的人无数次修改方案，但绝不放弃目标；不成功的人无数次修改方案，同时修改目标。所以一旦有了目标，就不要轻易改变，否则你会与成功擦身而过。

目标就在前方，它把我们引入前行的轨道，给我们指明方向，把我们送到一个港湾；目标规范着我们，提高着我们；目标管理人生，使我们的精神永远处于昂奋状态，使我们时时刻刻都喷涌着激情。精神与激情是我们热爱生活不断向人生深处开拓前进的力量源泉，走出沙漠与沼泽，我们凭借的是一棵棵树，每走过一棵树就会增加一分信心，就会缩短与理想的距离，光明在夜的前面，幸福在山的那边，指引着我们一路狂奔。

山外有山，天外有天，给自己一个合理的目标，既不要满足现状，也不要苛求自己。要脚踏实地，一步步不断地提升自己。自己跟自己比，今天与昨天比。确定目标就是定位人生，实现目标，就是升华职业人生，而为目标拼搏就是实现事业人生。目标是耸入云中的山峰，你和我都不要畏险，栉风沐雨，跋山涉水，不断攀登！

智者寄语

生活不能没有目标，学习不能混日子，工作更需要明确的目标；在人生的全部里，一个完美的有意义的人生脱离不了一个个确切的目标。

最适合自己的才是最好的目标

职场中，有策略的职场一族，总会将眼光瞄准持续高薪的行业，并会挑选这些行业中的好企业作为自己的终极目标。要想找到属于自己的位置，你首先要清楚自己到底适合做什么，最合适自己的才是最好的目标。

陈安之是当今国际上继戴尔·卡耐基、拿破仑·希尔、安东尼·罗宾之后的第四代成功学励志大师，也是世界华人中唯一一位世界级成功学励志大师。追寻陈安之所走过的足迹，就会发现找到自己的位置虽然不容易，但是只要“入对行”，那么回报也是迅速而巨大的。

陈安之十几岁就负笈美国，他虽然有强烈的成功渴望，但身体中蕴含的力量却找不到合适的爆发点。他尝试过许多不同的职业：做过服务生，卖过净水器，推销过汽车、美容保养品、电话卡，散发过超级市场折价券，从事过物流、邮购等工作，但这些都不能带给他想要的一切。直到21岁遇到他的启蒙老师安东尼·罗宾之前，几乎是一事无成。

是安东尼·罗宾的两句话重新点燃了他成功的欲望。这两句话是：“这世界没有失败，只有暂时停止成功。”“过去不等于未来。”陈安之决定追随安东尼，投身到该公司的推销和课程推广中。

在这个行业中，陈安之如鱼得水，他在25岁时成立了陈安之研究训练机构，写了多本畅销书，短短两年半的时间，陈安之就由一个“迷途羔羊”成为亿万富翁，获得了个人职业生涯的巨大成功。

陈安之的成功就在于他牢牢地掌握了选择的力量，在反复的尝试和失败中找到了适合自己的位置。他充满激情地投入这个行业，平均每年阅读300~500本书籍，并拜访过100位以上世界各行各业的顶尖成功人士，终于建立了自己的成功学体系，迈向了金字塔的顶端。

连续12年保持全世界推销汽车的最高纪录、被载入吉尼斯世界纪录大全的“全世界最伟大的推销员”乔伊·吉拉德也同样认为，事业成功的最好方法就是投身聪明、有智慧的工作。

无论是陈安之还是吉拉德，他们之所以能够在短时间内获得成功，其共同的秘诀就是不在没有增长力、见效慢的行业中蹉跎青春。比尔·盖茨能成为世界首富，正是抓住了计算机迅猛发展的大潮；陈天桥能排在财富榜的第一位，也与他敏锐地抓住游戏行业的巨大增长力分不开。所以，入行一定要谨慎，要找到适合自己并且有高附加值的行业，才能有前途。

选择合适专业的职业应当考虑到自己的兴趣，但不要过于迁就自己的偏好，人毕竟要在社会上生存，必要的妥协是明智的做法。在决定职业前，做充分的准备，知道哪些行业更有发展前景，从中选择自己喜欢的、做得最好的企业而投身于内，你就会比那些没有计划、误打误撞的人更有优势。

认识到自己的能力是自知之明，但要找到属于自己的职业还要靠兴趣。只有把自己的兴趣和工作深深地结合在一起，才可能使你走上成功的职业生涯。

要根据自己的学历和智能来选择属于自己的职业，但又要注意到一个人的气质、意志等均非智力因素的影响。

曾经有一位女老师，毕业于北京师范大学，是硕士生，在大学里也是高材生。可是一上讲台，她就觉得浑身不对劲，45分钟的课时，她讲到15分钟时就把要讲的都讲完了，下面的时间不知该讲些什么，只得宣布下课了事。后来，她一度到机关工作，却是如鱼得水。比较起来，她才觉得自己更适合于在行政工作方面发挥。

事实上，这位女教师并不是能力问题，而是在于她的性格、气质等方面的原因，使她在机关中工作，才算是找到了属于自己的职业。

正确认识自己，去寻找那些属于自己的职业，你就会像一颗珍珠一样，散发出耀眼的光芒。

智者寄语

选择合适专业的职业应当考虑到自己的兴趣，但不要过于迁就自己的偏好，人毕竟要在社会上生存，必要的妥协是明智的做法。在决定职业前，做充分的准备，知道哪些行业更有发展前景，从中选择自己喜欢的、做得最好的企业而投身于内，你就会比那些没有计划、误打误撞的人更有优势。

目标越高，获得的成就就越大

在合乎现实的范畴内，目标越高，获得的成就也就越大。有时候，不是我们做不到，而是我们想不到，或者是连想都不敢去想。

有一个农夫意外地拾到了一个老鹰蛋，他把这个蛋和一些鸡蛋一起放到了一只母鸡的巢里，这个蛋孵出了一只幼鹰。

这只幼鹰长大后，行为举止跟其他的鸡一样，它咯咯地叫，有时挥翅膀像鸡一样只在低空飞几米远，只吃在地上的种子和昆虫。

有一天，它抬头仰望天空，看到了一只老鹰在万里晴空中绕着大圈子翱翔、在云中钻进钻出的英姿，它问："那是什么东西啊？"

一只公鸡用嫌它少见多怪的口气说："那是老鹰，是最伟大的鸟。"

"太厉害了，我希望跟它一样。"

那只公鸡说："别做梦了，我们跟它不一样。"

但是，幼鹰并没有放弃梦想，虽然多年鸡的生活让它的翅膀无力，肌肉萎缩，但它坚持不懈，摔下来，又飞上去。终于有一天，它飞离了鸡巢，飞上了蓝天，成为了一只"最伟大的鸟"。

人大都会有这样的体会：当你确定只走1公里路的时候，在完成0.8公里时，便会有可能感觉到累而松懈下来，以为反正快到了。但如果要走10公里路程，你便会做好思想准备，调动各方面的潜在力量，这样走七八公里，才可能会稍微放松一点。梦想与现实的关系也同样如此，你的梦想越远大，你为之而付出的努力就会越多，即便达不到自己理想的状态，你也能够取得非凡的成就。

美国潜能成功学大师安东尼·罗宾说："如果你是个业务员，赚1万美元容易，还是赚10万美元容易？告诉你，是10万美元！为什么呢？如果你的目标是赚1万美元，那么你的打算不过是能糊口罢了。如果这就是你的目标与你工作的原因，请问你工作时会兴奋有劲吗？你会热情洋溢吗？"

卓越的人生是梦想的产物，梦想越远大，人生就越丰富，达成的成就就越卓绝。相反，梦想越渺小，人生的可塑性就越差。正如人们常说的："期望值越高，达成期望的可能性越大。"英国诗人华兹华斯说："高尚的目标能切实地保持，就是高尚的事业。"明将戚继光有"封侯非我意，但愿海波平"的壮志，最终成为名垂青史的民族英雄；司马迁有"究天人之际，通古今之变，成一家之言"的大志，终于成就了古往今来第一史——《史记》。

伟大的目标将充分发掘你身上无穷的潜力。正如高尔基所说："目标愈大，人的进步愈大。”一个不想当元帅的士兵，不但不能当上元帅，甚至不能成为一个好士兵。“取乎上，得其中；取乎中，得其下”，这是一个不容忽视的规律。一个好的员工一定拥有远大的志向，上进心一定非常强，否则只能庸碌无为。

一流的目标，造就一流的人生；追求人生卓越的大目标，会让生命之火燃烧得更旺。实现人生的大目标，需要锲而不舍的努力，需要永不言败的执着，需要矢志不渝的毅力。拥有人生的大目标，就会拥有无穷的成功机遇。

因为梦想和现实总有距离，所以你的“梦想”可以不必过于“真实”。哪怕有人认为你的想法只是“痴人说梦”，你也大可不必放在心上，毕竟超越了现实的梦想才值得我们用心去追逐，也才能够真正地发挥出我们的潜能。目标越远大，意志才会越坚强，没有远大的目标，一生只能是别人的陪衬和附庸。

在你制定目标之前，必须先要有一个指引目标的方向。否则，人生路上就容易走错，一步错则步步错，最后事倍功半。

智者寄语

卓越的人生是梦想的产物，梦想越远大，人生就越丰富，达成的成就就越卓绝。相反，梦想越渺小，人生的可塑性就越差。

清晰的目标可以让你少走弯路

有一个广泛流传的管理故事，说的是一群伐木工人走进一片树林，开始清除矮灌木。当他们费尽千辛万苦，好不容易清除完一片灌木林，直起腰来准备享受一下完成了一项艰苦工作后的乐趣时，却猛然发现，不是这片树林，而是旁边那片树林才是需要他们去清除的！有多少人在工作中，就如同这些砍伐矮灌木的工人，常常只是埋头砍伐矮灌木，甚至没有意识到要砍的并非是自己需要砍伐的那片树林。

做任何事情都要有目标，而且，在设立目标的时候，目标必须是明确的，否则你付出的努力再多也是白费。这就如同一个弓箭手，如果无法看清靶心，姿势摆得再正确，弓拉得再满也没有多大意义。

清晰的目标可以让你少走弯路，是你制订工作计划、明确工作责任的基础。清晰的目标会维持和加强你的行动动机，让你总能有足够的动力推进工作，创造更大的价值。

某商学院的学生集体到野外登山，老师想让这次活动更有意义，于是预先将一面红旗插在隐蔽的地方，对学生们说：“在这座山上我插下了一面红旗，你们现在就出发去找到它。最先找到的人就将拥有这面红旗。”于是学生们兴高采烈地出发去寻找了，可他们越找越累，最终失去了兴致，都在山石上坐了下来。老师鸣哨集合，对大家道：“现在我把红旗放在了下一座山头的山顶上，从这里到那儿有四五条路径，你们分成三组，各选一条路，哪一组能率先到达，哪一组便拥有这面红旗。”于是三组学生各自推选出了一名队长，这三位队长向远处遥望了一会儿，各自选了一条路，于是一起出发了。

他们先后接近山顶，就在他们即将到山顶处时，都发现了一面红旗，结果是每个队都得到了一面红旗。老师告诉大家：“山上的红旗是目标，你们的行动要用明确的目标来指引，而不是漫无目的地到处乱跑。”

那么，如何树立明确的目标呢？

首先，需要你在自身需求定位上做出准确的判断，根据自身的实际情况制定目标。你必须配合自己的需要、希望，看什么需要留意。同时，随着外界大环境的不断变化，一个人的欲望和需要也时刻处于变化之中。因此，你必须经常审视、反省自己的需要，修订自己的目标与活动清单。

其次，清晰的目标应该具有“聚焦性”，而非包罗万象，涵盖一切。如果你的目标过于笼统，就会限制你的执行能力，因为不管你多有能力、才华和知识，如果大面积撒网，不把它们集中到特定的目标上，你的有限精力就会被过度分散，从而降低你的执行力和工作绩效。

再次，有了明确的目标之后，你还需要具体的实施计划才能实现目标。只设定了目标是不够的，因为设立目标时考虑的只是“什么”的问题，而实现目标则需要考虑“如何进行”。其中最关键的就是盯住目标，认真执行。盯住目标，将全部精力集中于目标的完成，才能更快更好地完成任务。

智者寄语

做任何事情都要有目标，而且，在设立目标的时候，目标必须是明确的，否则你付出的努力再多也是白费。这就如同一个弓箭手，如果无法看清靶心，姿势摆得再正确，弓拉得再满也没有多大意义。

循序渐进，才会距离目标越来越近

每个人心中都有自己的目标，而达到目标的路程却是漫长而又艰苦的，为了不让自己在忙碌中丧失信心，我们需要将目标分解，通过完成一个又一个的小目标来不断激励自己，将长距离划分为若干个距离段，逐一跨越。

俄国大文豪托尔斯泰有这样一句名言：“人要有生活的目标：一辈子的目标，一个阶段的目标，一年的目标，一个月的目标，一个星期的目标，一天的目标，一小时的目标，一分钟的目标，还得为大目标牺牲小目标。”

1984年，在东京国际马拉松邀请赛中，名不见经传的日本选手山田本一出人意料地夺得了世界冠军。当记者问他凭什么取得如此惊人的成绩时，他说了这么一句话：凭智慧战胜对手。

大家对他所谓的“智慧”都有些迷惑不解。10年后，他在自己的自传中道出了这个“智慧”的真相：“每次比赛之前，我都要乘车把比赛的线路仔细地看一遍，并把沿途比较醒目的标志画下来。比如，第一个标志是银行，第二个标志是一棵大树，第三个标志是一座红房子……这样一直画到赛程的终点。比赛开始后，我就以百米赛跑的速度奋力地向第一个目标冲去，等到达第一个目标后，我又以同样的速度向第二个目标冲去。40多千米的赛程，就被我分解成这么几个小目标轻松地跑完了。

第一个标志……第二个标志……第三个标志……正是这种循序渐进的态度帮助山田本一获得了世界冠军。

美国著名作家赛瓦里德说过:“当我打算写一本25万字的书时,一旦确定了书的主题和框架,我便不再考虑整个写作计划有多么繁重,我想的只是下一节、下一页甚至下一段怎么写。在六个月当中,除了一段一段开始外,我没想过其他方法,结果就水到渠成了。”

不要畏惧过于遥远的目标,运用化整为零的方法,忙碌于一个又一个眼前可以企及的小目标就是追求理想的第一步。不要抱怨每天忙碌于如此多的琐事,成功从来都无法一蹴而就,只有循序渐进,让每天的忙碌都发挥功效,才能距离目标越来越近。

许多时候,我们在忙碌着,也在盲目着,忙得忘记了自己为何而忙,或者不知道自己为何而忙。因此,不管我们有多忙,都要留出点时间想一想,自己在为什么而忙,自己应该为了什么而忙。我们要忙碌着,但千万不能盲目着。

智者寄语

每个人心中都有自己的目标,而达到目标的路程却是漫长而又艰苦的,为了不让自己在忙碌中丧失信心,我们需要将目标分解,通过完成一个又一个的小目标来不断激励自己,将长距离划分为若干个距离段,逐一跨越。

第三章

善于利用时间，让效率提高十倍

守时:每个人都应具备时间意识

守时问题是我们最常遇到的问题,它也在侧面考验着一个人的诚信。生活中,朋友间的约会是常事,在相约前都会事先确定好时间和地点,可是到时间后,总会有人迟到甚至临时有事不去了。“起床晚了”“路上堵车”“自行车坏了”……不守时的人总是有着千万条理由。

互相有约定的人大都是交情不错的朋友,如果一个人对待自己的朋友尚且如此,那么他的时间观念、诚信观念确实存在着很大的问题。生活中类似的问题还有很多,虽然看上去短时间内不会影响彼此间的关系,但是时间长了,经常不守时的人就等同于反复彻底地践踏自己的诚信,等到意识到问题的严重性恐怕就已经“为时晚矣”。

路易十四说过:“守时是最大的礼貌。”时间本身对于每个人都是公正的,时间不会因为你的权贵、贫贱、美丑而“短斤少两”,只是守时的人将时间看得重,所以他们会觉得时间在善待自己,而总是缺席或者迟到的人,因为对时间不重视,他们总是感觉时间从身边悄悄溜走了。

守时是一种承诺,是你对别人时间的尊重。时间是最不值钱也是最值钱的东西,因为每个人都会有充裕的时间,但是过去的时间是永远追不回来的,所以在与他人共度的时间内一定要懂得尊重别人的时间,这样你也会得到尊重。守时的人不仅会最大限度地利用自己的时间,还能让守时的好习惯成为你成功的跳板。

一段时间前,王总的一个朋友向他推荐了一家印刷厂,印刷厂的厂长在得知王总的公司在印刷方面的业务很多时,特别想要争取到王总公司的业务,于是他跟王总约定好时间进行详细的面谈。

这一天,厂长带着他们厂精美的印刷样本、详细的价目表来到了王总的公司。厂长到会议室时,王总已经早早地坐在那里,厂长并没有意识到他已经足足迟到了20分钟,而王总却已经在心里确定了,无论价格上有多大的优势,也不能将自己公司的业务交给这样不守时的人。

并不是王总为人苛刻,王总公司的印刷品对公司的发展十分关键。王总公司的产品印刷件要求每星期三送到,星期四装订,星期五发送到下星期出席的座谈会地点,而这样的程序如果迟了一天就会跟迟到一年一样糟糕。

即便这样的时间安排,王总的公司也需要同时有十多位工人一起工作才能在既定的一天将销售信、订货单叠好塞进信封,而如果这些印刷品没能及时送到公司,那么公司后面的业务将无法展开。

所以,因为印刷厂的厂长在双方的第一次约定时就不能准时到达,王总据此推断这位厂长一定不能将工作干净利索地做好。

在初次与人打交道时,判断一个人最直接的方式之一就是看这个人是否守时,特别是一些商务方面的会晤,如果你不守时,别人会对你做出负面的评价,而守时的人不需要自我介绍也会在别人心中提升一定的高度。

守时的人生活大都不懒散,因为有着守时的好习惯,他们对他人守信,也能获得他人的尊敬。守时是一种社交礼貌,任何理由的迟到或临时推脱都是失礼的行为。守时也是一种文明的体现,越是先进的国家,越是注重守时的观念。在分秒必争的今天,守时已经成为攸关成败安危的关键。

所以，培养自己的时间观念，养成管理时间的好习惯，这是一种能力，也是每个人都应该具备的一种意识。

智者寄语

时间本身对于每个人都是公正的，时间不会因为你的权贵、贫贱、美丑而“短斤少两”，只是守时的人将时间看得重，所以他们会觉得时间在善待自己，而总是缺席或者迟到的人，因为对时间不重视，他们总是感觉时间从身边悄悄溜走了。

时间无价，珍惜生命中的每一分钟

浪费时间是一个人生命中最大的错误，浪费时间的行为对一个人具备毁灭性的力量，人生中大量的机遇都蕴含在点滴的时间中，而浪费时间就意味着错过机遇，埋没希望。一个人最宝贵的财富就是发现时间的价值，让珍惜时间成为自己生命中不容易改变的习惯。如果一个人不懂得争分夺秒、惜时如金，那么他在其他方面再努力，也不容易获得成功，因为任何伟大的成功都是争分夺秒、惜时如金换来的。

“光阴一去不复返”，每个人都应该意识到时间的宝贵，明智的人不会浪费时间，点点滴滴的时间在他们眼中都是浪费不得的珍贵财富，所以当你伸懒腰时，当你出神遐想时，赶紧给自己当头一棒，告诉自己，时间是无价的，绝不能胡乱地浪费掉。

每一个成功者都懂得珍惜生命中的每一分钟。懂得珍惜时间的人面对不同的人和事时，会在头脑中有一个清晰的分析，他们知道自己正在做的事情是否有价值，如果认为正在做的事情毫无必要，他们会及时想到办法收场。而且他们也绝对不会去浪费别人的时间，不会在别人忙碌时与其天南海北地畅聊，因为这样的行为对他们来说就是在妨碍别人，就是在浪费别人的生命。

有着“华尔街的拿破仑”之称的美国金融巨头摩根曾两度使美国经济起死回生。他在与人接洽生意时总是能以最少时间产生最大的效率。

因为摩根十分珍惜时间，所以他的行为也招致了很多的怨恨。摩根每天会准时在上午9点30分进入办公室，下午5点准时回家。有人在对摩根的资产评估后，估算出他每分钟的收入是20美元，但是摩根却认为自己每分钟的价值远不止这些。摩根除了与自己在生意上有特别关系的人商谈外，与其他人谈话的时间绝对会控制在5分钟以内。

摩根的办公室并不是单独的，他与许多员工一起工作，这样他会随时指挥他手下的员工，按照他的计划去行事。只要走进那间大大的办公室，你会很容易看到他，但是如果没有很重要的事情，你也绝对是不被欢迎的。

因为摩根珍惜时间的好习惯，他也培养出自己很强的判断力，当你转弯抹角向他表达你的意图时，摩根或许早就判断出你的真实意图，他对耗费他人时间的人非常反感。

摩根珍惜时间的习惯让他能拥有金融巨头的称号，而很多人虽然都能意识到时间的重要性，但他们浪费时间的行为却无时无刻不在发生着。无论是谁，如果不趁年富力强的黄金时代去培养自己珍惜时间的好习惯，那么以后一定不会有什么大的成就。

当你充满干劲地去做一些事情时，一定要注意把握时间的效率，这种习惯一定会给你带来丰硕的成果。一个人如果将宝贵的时间无谓地分散到许多并不重要的事情上，这个人就很难取得一定的成就。所以不要再浪费自己的时间了，时间无价，珍惜生命中的每一分钟吧！

智者寄语

一个人最宝贵的财富就是发现时间的价值，让珍惜时间成为自己生命中不容易改变的习惯。如果一个人不懂得争分夺秒、惜时如金，那么他在其他方面再努力，也不容易获得成功，因为任何伟大的成功都是争分夺秒、惜时如金换来的。

合理安排时间，提高时间效率

有的人办事效率非常高，总是能遥遥领先，而其他人只能望其项背。大多数人在对这样的人羡慕的同时都忽略了一点，那就是高效率的人未必都是聪明绝顶的人，他们只不过更能合理地运用时间。鲁迅先生曾经这样评价能够高效利用时间的人："时间，每天得到的都是24小时，可是一天的时间给勤勉的人带来的是智慧与力量，给懒散的人留下的只是一片悔恨。"可见，时间对于善于利用它的人来说是慷慨的，而对于不能珍惜它的人来说则是残酷的。

很多人日复一日地花费大量的时间在做着一些与自己的梦想毫不相干的事情，而自己却丝毫不曾意识到。这样的人不妨自己反省一下，在一天中时间效率最高的时候你在做什么？是不是很多时候你都在接打不必要的电话，或者是参加一些毫无意义的聚会？每个人都拥有的而且绝对不能浪费的就是时间，所以真正想做好事情的人一定不会浪费时间，一定会事先安排好自己的时间。

林志三年前大学毕业时踌躇满志，他对自己的未来充满了希望，他一心要做成一番大事业，一心想着能出人头地。可如今三年过去了，林志发现自己依旧在原地踏步，跟刚毕业时比，自己没有一点点进步。而跟自己一起毕业的那些同学有的已经当上了经理，有的也成了部门的主任。

林志羡慕之余，也在从自己身上找原因，他将自己失败的原因归结为自己在工作上还不够努力，林志觉得他每天的工作时间还不够长。正是因为自己的工作时间短，而且不像别人那么努力，所以才会出现现在这么大的差距。林志决定一定要努力去赶超同学，他想着以后每天要把更多的时间用在工作上，他要更加努力地工作，再过三年后，他一定要超过自己的同学们。

就这样，林志在忙碌中又过了三年。这三年林志做到了努力工作，他每天的工作时间都保持在了10个小时以上，他也终于如愿获得了升职的机会，可是他发现自己的那些老同学也在进步，而且进步比他还快，此时他跟以前的那些同学的差距更大了。

林志感觉到无助和苦恼，这时，林志的部门经理看出了他的这种困惑，他递给林志一本关于时间效率方面的图书，并且对林志说："这本书里有你想知道的答案，好好看看吧。"

一个月后，林志把这本书交还给部门经理，并深深地向部门经理鞠了一躬，以此来感谢部门经理对他的帮助。在读了这本书后，林志找到了自己的症结所在，原来林志虽然一直在忙碌，却没有目的性，而是盲目地在工作，他从来没有给自己制订一个系统的计划，他看似将很多的时间用在提升自己上，实际效率却很低。

林志向部门经理保证，他以后一定会合理安排自己的时间，再也不会像以前一样让时间盲目、低效地流失了。此后，林志每天都会制订工作计划，并且按照事情的轻重缓急分别处理手头的事务。这样一来，他的工作效率大大提高了，他最终也获得了心仪已久的职位，也赶上了跟自己同届毕业的同学。

毫无计划地生活和工作，只会让自己每天都看起来都在忙碌，而这个“忙碌”的过程效率极其低下。回顾每一天，你会觉得自己做了大量的工作，但细细回想一下，这些工作你都是在高效率的情况下完成的吗？做这些事情时你是否做到了井然有序呢？你是否按照事情的轻重缓急去进行了呢？你的工作效率是否能经过合理规划而进一步提升呢？

时间对于每个人来说都是平等的，它不可逆转、不能储存，而且还是一种非可再生资源。能够珍惜时间的人，都是能够高效做事的人，因为只有懂得时间的价值，才能更好地利用时间，在有限的时间内去做更多的事情，更早一步迈向成功。

时间不是奢侈品，不能让我们任意挥霍，所以我们要珍惜时间，在时间中酝酿出效率，在时间中创造奇迹。节约时间，就是节约生命，就是追求卓越，缔造高效率的成功人生！

智者寄语

时间，每天得到的都是24小时，可是一天的时间给勤勉的人带来的是智慧与力量，给懒散的人留下的只是一片悔恨。

该做的事立刻去做，绝不拖延

生活中，我们遇到事情总是产生“等等再说”的想法。“再等一会儿”“明天开始做”这样的想法在我们的大脑中停留时间过长就会逐渐形成拖延的习惯，特别是那些不能在短时间内完成的事情，大部分人更喜欢去拖延。若要摆脱这种消极思想的束缚，你不妨告诫自己：不管事情大小，不要放任自己去无限期地拖延。遇到问题要积极着手解决，一分钟也不要等，提高做事的效率。

有一位艺术家，他的身边总会习惯性地放着各式的小纸条和笔，每当有新的灵感产生时，他就会立即将它记录下来，他不允许自己的任何一个想法溜走，即便夜里做梦醒来，也会立刻记下来。他这样做时很自然，丝毫不刻意，主要还是因为他养成了做事情不拖延的习惯。

不拖延是习惯，拖延也是习惯。任何问题的产生都有一个萌芽期，及时将问题消灭在它的萌芽期，不要等时间长了，问题会越来越严重。所以当你的拖延恶习在作祟时，就要及时纠正，不要将问题一拖再拖，延误了解决问题的最佳时期。

李海东大学毕业后，在北京做过很多工作，但没有一份工作超过三个月，并不是他看不上这些公司，而是因为他的差劲表现，公司才辞退了他。

李海东从小做事就拖拖拉拉，工作后仍旧不改自己的坏习惯，公司安排的事情，他经常找借口拖延，今天推明天，明天推后天的，很少能按时完成任务。因为他的拖延，公司交给他的项目都没有按时完成，所以他没做多久就被公司辞退了。

就这样，李海东换了三份工作，于是痛下决心，改掉这个恶习。不久，李海东再次获得了一份工作，这家公司很看重他的市场策划能力，决定先试用三个月，表现合格就转正。这次李海东吸取了之前的教训，在公司安排给他一个市场策划任务后，他立刻就开始了市场调研工作，他为自己安排的时间是：先进行一周的市场调研，然后用一周时间写规划书，并进行修改。这样，半个月就可以将任务完成。刚开始，看到李海东每天在各大市场奔波，公司的经理也很欣慰，觉得公司总算找到宝了。可是一周的市场调研还没结束，李海东的老毛病就犯了：“这几天太累了，今天休息一天吧，反正还有一周多的时间呢……”“公司又没要求我半个月必须完成，我这么着急做什么……”诸如此类的借口统统涌入李海东的脑海里,就这样,他拖延的老毛病战胜了他痛改恶习的决心。很快,半个月的时间到了,而李海东的规划书还没开始写。又过了几天,经理询问他规划书的进度,想要看一看,李海东只得推脱还没有出成稿,经理没有为难他。可是过了几天,经理再次询问的时候,李海东还是这样的答案,经理皱了皱眉头。就这样,试用期还没有过,李海东就再次被公司辞退了。

李海东一贯拖延的恶习让他一直没有找到一份长久的工作,自然也无法实现他的价值,按说,李海东一定有足够的能力胜任自己找到的每一份工作,不然短时间内也不会有那么多公司愿意录用他。可是他一贯拖延的恶习,在经理眼中就是工作态度消极的表现,就是对工作不认真。

不仅仅是李海东,每个人心中都有个拖延的恶魔,它会在你不经意间靠近你,迅速地缠上你,如果不将这个恶魔立即扼杀掉,它会成为你今后工作中的一大隐患。

一个人在做事中迟疑和拖延就如同一颗定时炸弹,如果不能及时拆除,总有一天会发生爆炸。怎样才能做到做事不拖延呢?那就要求我们培养积极做事的习惯,遇到困难时要迎难而上,而不是停留歇息,在积极处理问题的过程中,你也会形成良好的做事习惯。正如歌德所说:"一旦开始,完成在即。"不要迟疑,不要拖延,现在开始行动起来!

智者寄语

不管事情大小,不要放任自己去无限期地拖延。遇到问题要积极着手解决,一分钟也不要等,提高做事的效率。

当日事必须当日毕,提高做事效率

"等明天再说"这样的话我们随处都会听到,已经成为了很多人的口头禅,而"明天"也随之成为很多人懒惰或者不负责任的推脱借口。有些人总是喜欢将不是很急的事情搁置,只要没人催促,甚至总是会拖上十天半个月,完全可以高效率完成的事情经过他们的手后,便会拖拖拉拉,没有结束的一天。这样的习惯即便不会耽误事情的整体进度,也会因为拖延时间过长而在不经意间遗漏最重要的东西,给自己造成不便。

耶曼逊说过:"昨天不能回来,是否有明天还不敢确定,唯一把握的就是今天。"每一个"明天"都是建立在"今天"的基础上的,而且"明天"还具备着不确定性,所以没有今天的努力,明天的你只会是今天的重复,所以我们不管做什么事情都不要将今天能做完的事情拖延到明天,要养成"当日事当日毕"的好习惯,只要养成这样的好习惯,那么一个人再做什么事情都会轻松。

"当日事当日毕"是一种高效率的做事习惯,它代表的是一种认真负责的做事态度,也是一种科学的做事方法,它使得"第一时间解决问题"的概念可以落实到每天的生活和工作中。

要做到"当日事当日毕",就要懂得主动承担,积极行动。"挨一鞭,动一步"的人都只抱着对事情敷衍的态度,看上去忙忙碌碌,整天埋头于琐事中,但是完成事情的质量却无法令人满意;遇到问题总是不及时解决,没法在第一时间高效地完成任务。

海尔集团流传着崔淑立"夜半日清"的故事。在海尔洗衣机海外产品经理崔淑立接手美国市场时,所有曾经负责这一市场的人都说:"拿下美国A客户非常难!"因为难,所以此前所有产品经理在这方面都是业绩平平。

接手之初,崔淑立想过这个问题:"真的有这么难吗?"崔淑立当然不愿意相信。一天,崔淑立在刚上班查阅邮件时就看到了A客户发来的要求设计洗衣机新外观的邮件。美国与中国有12小时的时差，崔淑立看到邮件时正是美国的晚上，崔淑立很后悔，如果自己能在美国人下班后再查阅一遍邮件，这样就能及时回复客户的邮件，就不用让客户等一天的时间了！就这样，崔淑立决定以后晚上11点以后再下班，这就意味着，自己可以在美国的上午时间处理完客户的所有信息。

就这样，崔淑立连续三天都能与客户及时沟通，所以项目的进度明显加快，公司的开发部很快完成了洗衣机的外观设计图。在将图样发给客户时，崔淑立要求必须配上设计效果的整机图，以免客户因缺乏整体的概念而影响最终的判断。

邮件发出后，11点多仍旧没有得到客户的回复。大约凌晨1点，崔淑立回到家后立刻打开电脑，当看到客户回复"产品非常有吸引力，这正是美国人喜欢的"时，她顿时高兴得睡意全无。

崔淑立没有因为A客户接受了公司的设计而放弃自己的这一习惯，她经常半夜醒来，打开电脑看邮件，可以回复的就及时给客户答复。美国那边的A客户当然了解时差问题，他们完全被崔淑立的"日事日毕"的精神打动了，也随之加速推动业务进度，就这样，A客户的第一批订单终于敲定了！

当然，并不是完成了这项合作后崔淑立的习惯就不再发挥作用，她依旧坚持"日事日毕"，不让工作过夜，这也为她赢得了更多客户的订单。

其实并不是最终的设计师多么有能力，也不是客户那边的要求降低了，而是崔淑立每天都将能解决的问题解决掉，双方的沟通频率大大提升了，取得共识的方面也多了，这样完成最终合作的效率就大大提升了。

当日事当日毕的习惯不仅仅在生活中会给你带来益处，更会在工作中给你带来无法估量的优势。日本著名企业家盛田昭夫说："我们慢，不是因为我们不快，而是因为对手更快。商场如战场，战机稍纵即逝，因此时间就是生产力。"对于企业来说，效率低下是致命的，想要打造一流的企业，就必须提高整个团队的效率，而当日事当日毕的习惯则是让整个团队效率提升的最有力武器。

如果你有凡事都拖延的习惯，那么也不要紧，现在就开始改变自己的习惯。那么，怎样才能实现当日事当日毕呢？

1. 列出每日计划

不妨为了更新自己的好习惯购买一个小本子，在前一天就记录下自己第二天必须要做的事情，然后在当天遇到问题后，及时补充。这样你今天要做的事情就能一目了然。

2. 将计划中的事情分类

将你今天要做的事情进行分类，哪些是必须做的，哪些是可做可不做的，哪些是要马上做的，哪些是可以晚点儿再做的。

3. 按照顺序将事情完成

有了进一步的细化分类后，你就可以按照计划去行动。先将马上要做的事情做好，然后将必须做的事情做好，之后是可以晚些处理的事情。

当然，在处理所有的事情时，不要全部从头做到尾，这样做一两次还好，时间长了你会感觉到疲惫，不妨在每完成一件事情后给自己一个奖励，这样你更容易保持这样的良好习惯。

4. 自由安排剩余时间

如果你已经完成了其他三类事情，那么现在该考虑一下那些可做可不做的事情。这些事情虽然是可做可不做，但是早晚都是你要做的事情，所以尽量不要拖延，按照自己的体力和脑力情况，不妨再列一个时间表，完成其中的一部分事情，或者某一件事情的一部分，以免日后为了这些事情焦头烂额。

严格按照以上四步执行，你一定会成为一名出色的行动者。每当想要将事情拖延到明天的想法冒出时，一定要及时打压，千万不要让这样的惰性战胜你正在培养的好习惯，千万不要养成将什么事情都推到明天的习惯。努力提高自己的做事效率，不要为自己的懒惰找理由，及时解决问题，高效完成任务，让自己随时保持一个积极的姿态。

智者寄语

每一个"明天"都是建立在"今天"的基础上的，而且"明天"还具备着不确定性，所以没有今天的努力，明天的你只会是今天的重复，所以我们不管做什么事情都不要将今天能做完的事情拖延到明天，要养成"当日事当日毕"的好习惯，只要养成这样的好习惯，那么一个人再做什么事情都会轻松。

谁快谁就赢，谁快谁生存

谁快谁就赢，谁快谁生存。全世界的目光只会聚焦在第一名的身上，冠军才是真正的成功者！

在非洲的大草原上，一天早晨，曙光刚刚划破夜空，一只羚羊从睡梦中猛然惊醒。

"赶快跑，如果慢了，就可能被狮子吃掉！"

于是，起身就跑，向着太阳飞奔而去。

就在羚羊醒来的同时，一只狮子也惊醒了。

"赶快跑，如果慢了，就可能会被饿死！"

于是，起身就跑，也向着太阳奔去。

一个是自然界兽中之王，一个是食草的羚羊，等级差异，实力悬殊，但生存却面临同一个问题——如果羚羊快，狮子就饿死；如果狮子快，羚羊就会被吃掉。谁快谁就赢，谁快谁生存。自然界动物生存竞争是这样，那么我们人类的生存未尝不是这样。

贝尔在研制电话时，另一个叫格雷的也在研究。两人同时取得突破，但贝尔在专利局赢了——比格雷早了两个钟头。

当然，他们两人当时是不知道对方的，但贝尔就因为这120分钟而一举成名，誉满天下，同时也获得了巨大的财富。

谁快谁赢得机会，谁快谁赢得财富。

无论相差只是0.1米还是0.1秒钟——毫厘之差，天渊之别！

在竞技场上，冠军与亚军的区别，有时小到肉眼无法判断。比如短跑，第一名与第二名有时相差仅0.1秒；又比如赛马，第一匹马与第二匹马相差仅半个马鼻子（几厘米）……

但是，冠军与亚军所获得的荣誉与财富却相差天地之远。

时间的"量"是不会变的，但"质"却不同，关键时刻一秒值万金。

在商界，有一位投资专家说过：在时间和金钱这两项资产中，时间是最宝贵的。如果你想让时间为你增值，那么，你赚钱的速度就要以秒来计算，要分秒必争地捕捉瞬息万变的商业信息。

萨姆·沃尔顿自建立起沃尔玛零售连锁商店后，他就采用先进的信息技术为其高效的分销系统提供保证。公司总部有一台高速电脑，同20个发货中心及上千家商店连接。通过商店付款柜台扫描器售出的每一件商品,都会自动记入电脑。当某一商品数量降低到一定程度时,电脑在一秒钟内就会发出信号,向总部要求进货。当总部电脑接到信号,在几秒钟内调出货源档案提示员工,让他们将货物送往距离商店最近的分销中心,再由分销中心的电脑安排发送时间和路线。这一高效的自动化控制使公司在第一时间内能够全面掌握销售情况,合理安排进货结构,及时补充库存的不足,降低存货成本,大大减少了资本成本和库存费用。

萨姆·沃尔顿还在沃尔玛建立了一套卫星交互式通讯系统。凭借这套系统,沃尔顿能与所有商店的分销系统进行通讯。如果有什么重要或紧急的事情需要与商店和分销系统交流,沃尔顿就会走进他的演播室并打开卫星传输设备,在最短的时间内把消息送到那里。这一系统花掉了沃尔顿7亿元,是世界上最大的民用数据库。沃尔顿认为卫星系统的建立是完全值得的,他说:"它节约了时间,成为我们的另一项重要竞争。"

美国有一个著名的管理大师杜拉克说过:"不能管理时间,便什么也不能管理。时间是世界上最短缺的资源,除非严加管理,否则会一事无成。"如果说,以分来计算时间的人比用时来计算时间的人,时间多59倍,那么以秒来计算时间的人则比用分来计算时间的人又多59倍。时间就是金钱,因为虚掷一寸光阴即是丧失了一寸执行工作使命的宝贵时光。

智者寄语

在时间和金钱这两项资产中,时间是最宝贵的。如果你想让时间为你增值,那么,你赚钱的速度就要以秒来计算,要分秒必争地捕捉瞬息万变的商业信息。

整洁有序就是效率

为了高效工作,必须建立一个较佳的工作秩序。只有这样,才能减少忙乱,增加快乐,提高单位时间的功效。

美国管理学博士在其《有效的经营》一书中写道:"我赞美彻底和有条理的工作方式。一旦在某些事情上投下了心血,就可减少重复,开启了更大和更佳工作任务之门。"

工作无序,没有条理,必然浪费时间。试想,如果一个搞文字工作的手里资料乱放,本来一天就能写好的材料,找资料就找了半天,岂不费事?

西方"支配时间专家"运用电子计算机作了各种测定后,为人们支配时间提出了许多合理化建议,其中有一条就是"整齐就是效率"。他们比喻说:木工师傅的箱子里,各种工具排列有序,不同长度的钉子分别摆放,使用起来随手可得。每次收工时把工具放回固定的位置同把工具胡乱丢进箱子里所费时间相差无几,而效果却大不一样。

我们经常看见一些青年学生的书包里,甚至高级管理人员的公文包里,简直像一个废物箱:啃了一半的面包、掉了皮的杂志、卷了角的书、几块糖、一叠废纸等。

办公桌面是否整洁,是工作条理化的一个重要方面。一位西方的老牌管理者在解释办公桌上的东西是如何堆积起来时说:"这是因为我们不想忘记所有的东西。我们把想记住的东西放到办公桌上一堆资料的顶部,这样就可以看到它们。"问题是东西堆得越来越高,当不能记起下面放的是什么东西时,就开始在资料堆里寻找。这样,时间就浪费到查找丢失的东西上。据统计,有95%以上的管理者都为办公桌上堆满东西而苦恼。

因此,建立一个有效的工作系统,在固定的工作时间完成更多的工作要求,合理地安排工作,是一件非常重要的事。

美国波斯顿顾问集团的卡尔斯博士曾说:“看看那些工作有条理的员工的工作方式。他们的办公桌上的文件永远都是规矩而有条理的,因为他们知道一次只能处理一个文件。当你向他要一份文件时,他可以立即交到你的手上。当你交给他一份已经完成的合同或是备忘录时,他会马上知道应该放在什么位置上。

“再看看他的公文包。里面的文件分门别类,他可以随时取出要用的公文。而一个总是装模作样的员工,他的公文包从外表看永远都是鼓鼓的,但是你如果偶尔翻一下,里面可能会有一些巧克力、面巾纸、一本娱乐杂志,或是一些乱糟糟的当日报纸。这样装模作样的员工每个公司都会有。”

要知道,高效率的职员一定会给上司与同事留下工作有条理、安排有序的印象。上司会对他产生信任感,同事会对他产生信赖感。这种信任的获得,总是让他获得比别人更好的工作机会。

在世界各地的许多著名公司里,都在倡导一项“办公室5S管理”,这种管理方式起源于日本,意思是整理、整顿、清扫、清洁、素养五项工作,因为日语的罗马拼音均以“S”开头,所以被称为“5S管理”。“5S管理”提出的目标简单而明确,就是要为员工创造一个整洁、明朗、舒适而有益的工作环境。“5S管理”的倡导者们认为,坚持工作环境的干净整洁,物品有条不紊,就一定可以大大地提高工作效率。

那就从现在开始,为工作建立一个系统,来保证日益增多的文件和档案不会凌乱和遗失。然后检查你的工具是否已经达到了优化组合,千万不要因为总是想着解决复杂的问题而忽视了基本的工作,如果因为一些基本的工具出现了问题而影响了工作效率,效率如何能高得起来呢?那么如何让自己的办公桌整洁而不乱呢?以下几个办法值得参考:

(1)把你办公桌上所有与正在做的工作无关的东西清理干净。你现在所做的工作应该是此刻最重要的工作。

(2)在你准备好办理其他事情之前,不要把与此无关的东西放到办公桌上。这就意味着,所有的工作项目都应该在档案中或抽屉里占有一定的位置,并把有关的东西放到相应的位置上。

(3)要力戒由于干扰或因你厌烦了手头上的工作,而放下正在做的事情去干其他不相干的工作。一定要力求你在结束手头这项工作之前,为它采取了所有应该采取的处理措施。

(4)按规则把已经处理完毕的东西放到适当的地方去。再核对一下剩下的重点工作,然后再去开始进行第二项最重要的工作。

从办公桌上拿开目前不需要的书籍、文件后,可以按其重要性和先后顺序,分为“应立即处理的”,如紧急信件和其他必须马上处理、做决定的事;“暂时靠后处理的”,即大致看一下文件内容,按内容分类放入档案夹中,在采取适当的行动之前,一直放在那里;“以后处理的”,即不是当前的重要工作,还有待研究、需要进一步在时间等方面作较充分安排的事项;“留作资料保存的”,包括上司的指示、决定以及有保留价值的资料、文件等。根据自己所好“分类保存”,用完以后放回原处。手稿、资料、书籍等,什么东西放在哪里,都要有一定的“规矩”。每次用完,随手放回原处。对与你有联系的朋友的姓名、地址和电话号码,也分门别类登记,可随手查到。养成“有首尾”的好习惯,把资料手稿整理得井井有条,办公桌就像“管理交通”一样管得有条不紊,这样就避免了混乱,时间就不会在找这找那中溜过去。

智者寄语

建立一个有效的工作系统,在固定的工作时间完成更多的工作要求,合理地安排工作,是一件非常重要的事。

合理安排工作时间

一天的工作时间是有限的，而且我们每天要完成的工作又很多，这就要求我们必须学会善待时间，学会抓住时间，充分利用时间，合理地安排工作日程。

某一天，李经理准备到办公室着手草拟下一年度的部门工作计划。

他9点整走进办公室，突然想到不如先将办公室整理一下，以便在进行重要的工作之前为自己提供一个既干净又舒适的环境。他总共花了30分钟的时间，很快他的办公环境就变得干干净净，于是他面露得意之色，随手点了一支香烟，稍作休息。此时，他无意中发现一本杂志上的彩色图片十分吸引人，便情不自禁地拿起来翻阅。

等他把杂志放回架上，已经10点钟了。这时他虽略感时间流逝带来的不自在，不过转念一想，欣赏欣赏也是一种生活的调节，这样一想，他才稍觉心安。接着，他静下心来准备埋头工作。

就在这个时候，他的手机响了，是他女朋友来的电话。于是他又和她在电话里聊了一阵，他感到精神不错，满以为可以开始致力于工作了。可是，一看表，已经10点45分了，距离11点的午餐只剩下15分钟。他想：反正这么短的时间内也办不了什么事，不如干脆把计划内的工作留到下午算了。

善待时间就是善待生命，凡是试图想走向成功、高效执行的人都应该从善待时间开始，踏踏实实地做好每一件事。

从某种意义上说，工作效率就体现在人们所谓的零碎的时间中。能够掌握好自己时间的人，一定会有所成就。

时间是由那些最小的单位构成的，那一秒一秒的时间就是你生命的碎片，需要你不断地收集，最后才能形成一个整体生命。如果不注意收集时间的碎片，那么，你就不会拥有完整的生命，也就不会取得任何成功。

我们每天的生活和工作中都有很多零碎的时间，如果有人约你一起吃饭而迟到，于是你只能等待；或者你到修车厂去而车子无法按约定时间交付；或在银行排队而向前移动的速度慢时，千万不要把这些短暂的时间白白耗掉，完全可以利用这些时间来做一些平常来不及做的事情。

但凡效率高的人，大都能做到非常合理地利用时间，让时间的消耗降低到最低限度。《有效的管理者》一书的作者杜拉克说："认识你的时间，是每个人只要肯做就能做到的，这是每一个人能够走向成功的有效的必由之路。"据有关专家的研究和许多领导者的实践经验，人们可以从以下几个方面驾驭时间，提高工作效率：

1. 善于集中时间

千万不要平均分配时间，应该把你有限的时间集中到处理最重要的事情上，不可以每一样工作都去做，要机智而勇敢地拒绝不必要的事和次要的事。

一件事情发生了，开始就要问："这件事情值不值得去做？"千万不能碰到什么事都做，更不可以因为反正我没闲着，没有偷懒，就心安理得。

2. 善于把握时间

每一个机会都是引起事情转折的关键时刻，有效地抓住时机可以牵一发而动全局，用最小的代价取得最大的成功，促使事物的转变，推动事情向前发展。

如果没有抓住时机,常常会使已经快到手的结果付诸东流,导致“一招不慎,全局皆输”的严重后果。因此,取得成功的人必须要审时度势,捕捉时机,把握“关节”,做到恰到“火候”,赢得机会。

3. 善于协调两种时间

对于一个取得成功的人来说,存在着两种时间:一种是可以由自己控制的时间,我们叫作“自由时间”;另外一种是属于对他人他事的反应时间,不由自己支配,叫作“应对时间”。

这两种时间都是客观存在的,都是必要的。没有“自由时间”,完完全全处于被动、应付状态,不会自己支配时间,就不是一名成功的时间管理者。

可是,要想绝对控制自己的时间在客观上也是不可能的。想把“应对时间”变为“自由时间”,实际上也就侵犯了别人的时间,这是因为每一个人的完全自由必然会造成他人的不自由。

4. 善于利用零散时间

时间不可能集中,常常出现许多零碎的时间。要珍惜并且充分利用大大小小的零散时间,把零散时间用来去做零碎的工作,从而最大限度地提高工作效率。

5. 善于运用会议时间

召开会议是为了沟通信息、讨论问题、安排工作、协调意见、做出决定。很好地运用会议的时间,就会提高工作效率,节约大家的时间;运用得不好,则会降低工作效率,浪费大家的时间。

时间对每一个人都是均等的,关键看你怎么用。会用的,时间就会为你服务;不会用的,你就为时间服务。

每个年轻人都应养成好习惯,把空闲时间集中起来,做些有意义而且自己又觉得很有意思的事。如果你在空闲时间内学习、研究,那么这个习惯将改变你自己,改变你的人生。

智者寄语

时间是由那些最小的单位构成的,那一秒一秒的时间就是你生命的碎片,需要你不断地收集,最后才能形成一个整体生命。如果不注意收集时间的碎片,那么,你就不会拥有完整的生命,也就不会取得任何成功。

第一次就把事情做对

在信息瞬息万变的社会里,效率是创造卓越的关键因素。成功最大的因素在于工作的高效率,即在有限的时间内创造高质量的效益,而不在于工作的数量多少。

如今企业老板提倡最优化原理,就是以最少的消耗在最短的时间内创造最优秀的业绩,职业人士想尽办法为公司创造利润,这样不仅给公司带来了好处,更重要的是提升了自身的价值。现在许多老板都是以小时计算酬薪,以分钟计算价值,打破了传统的以年、月和日来估计工作数量,而不提倡高效率的习惯。

提高你的工作效率是职场最迫切的需求。有一句名言:“成功不稀奇,关键在速度!”是的,在信息飞速发展的今天,成功不再是以时间的长短和工作经验的多少来衡量的,而是以你的工作效率作为标准。工作效率体现了你的工作能力和创造的价值。

首先,“第一次就把事情做对”是提高工作效率的最佳途径。有位广告经理曾经犯过这样一个错误:由于完成任务的时间比较紧,在审核广告公司回传的样稿时不仔细,在发布的广告中弄错了一个电话号码,服务部的电话号码被他们打错了一个。就是这么一个小小的错误,给公司带来了一系列的麻烦和损失。

我们平时最常说到或听到的一句话是："我很忙。"是的，在上面的案例中，那位广告经理忙了大半天才把错误的问题打理清楚，耽误的其他工作不得不靠加班来弥补。与此同时，还让领导和其他部门的数位同仁和他一起忙了好几天。如果不是因为一连串偶然的因素使他纠正了这个错误，造成的损失必将进一步扩大。

平时，在"忙"得心力交瘁的时候，我们是否考虑过这种"忙"的必要性和有效性呢？假如在审核样稿的时候那位广告经理稍微认真一点，还会这么忙乱吗？

"第一次就把事情做对"，是著名管理学家克劳士比"零缺陷"理论的精髓之一。第一次就做对是最便宜的经营之道！第一次做对的概念是中国企业的灵丹妙药，也是做好中国企业的一种很好的模式。有位记者曾到华晨金杯汽车有限公司进行采访，首先映入眼帘的就是悬在车间门口的条幅——"第一次就把事情做对"。

企业中每个人的目标都应是"第一次就把事情完全做对"，至于如何才能做到在第一次就把事情做对，克劳士比先生也给了我们正确的答案。这就是首先要知道什么是"对"，如何做才能达到"对"这个标准。

克劳士比很赞赏这样一个故事：

一次工程施工中，师傅们正在紧张地工作着。这时一位师傅手头需要一把扳手，他叫身边的小徒弟："去，拿一把扳手。"小徒弟飞奔而去。他等啊等，过了许久，小徒弟才气喘吁吁地跑回来，拿回一把巨大的扳子说："扳手拿来了，真是不好找！"

可师傅发现这并不是他需要的扳手。他生气地说："谁让你拿这么大的扳子呀？"小徒弟没有说话，但是显得很委屈。这时师傅才发现，自己叫徒弟拿扳手的时候，并没有告诉徒弟自己需要多大的扳手，也没有告诉徒弟到哪里去找这样的扳手。自己以为徒弟应该知道这些，可实际上徒弟并不知道。师傅明白了：发生问题的根源在自己，因为他并没有明确告诉徒弟做这件事情的具体要求和途径。

第二次，师傅明确地告诉徒弟，到某间库房的某个位置，拿一个多大尺码的扳手。这回，没过多久，小徒弟就拿着他想要的扳手回来了。

克劳士比讲这个故事的目的在于告诉人们，要想把事情做对，就要让别人知道什么是对的，如何去做才是对的。在给出做某事的标准之前，我们没有理由让别人按照自己头脑中所谓的"对"的标准去做。

智者寄语

在信息瞬息万变的社会里，效率是创造卓越的关键因素。成功最大的因素在于工作的高效率，即在有限的时间内创造高质量的效益，而不在于工作的数量多少。

排好做事的顺序，分清轻重缓急

不少人在工作中常犯一个错误，那就是分不清主次轻重。他们常常是捡了芝麻丢西瓜，虽然小事干得又多又好，但成效不大，因为那毕竟是些无关紧要的小事，而真正重要的大事却常常被他们忽视，因为小事已经占用了他们大部分的时间和精力。

在一次管理课上，教授先拿出一个装水的罐子，然后又拿出一些鹅卵石往罐子装。当教授把鹅卵石装满管子后，问他的学生们："这罐子是不是已经装满了？""是！"所有的学生异口同声地回答。“真的装满了吗?”教授笑着问。然后,他又拿出一些碎石子,把碎石子从罐口倒下去,摇一摇又加了一些,直至装不进了为止。他又问学生:“这次是不是装满了?”学生们有些不敢回答了。最后班上有位学生小声说道:“也许没满。”“很好!”教授说完后,又从桌下拿出一袋沙子,慢慢地倒进罐子里。倒完后再问班上的学生:“现在你们再告诉我,这个罐子是满的吗?”“没有满。”全班同学这次学乖了,大家很有信心地回答。“好极了!”最后,教授从桌底下拿出一大瓶水,把水倒在看起来已经被鹅卵石、小碎石、沙子填满了的罐子中。当这些事都做完之后,教授正色问他的同学们:“我们从上面这些事情中得到了哪些重要的启示?”

一阵沉默过后,一位学生回答说:“无论我们的工作多忙、行程排得多满,如果要挤一下还是可以多做些事的。”教授听到这样的回答点了点头,微笑着说:“答得不错,但并不是我要告诉你们的重要信息。”说到这里教授故意停住,用眼睛扫了全班同学一遍后说:“我想告诉各位的最重要的信息是,如果你不先将大的‘鹅卵石’放进罐子里去,也许你以后永远都没有机会再把其他的东西放进去了。”

这个故事告诉我们:做任何事情都要学会排序,建立好优先权。工作中,如果不能把握关键所在,常常是付出大量的人力、物力和财力,执行结果却收效甚微。相反,如果能够了解事物的关键所在,执行结果就会完全不同。确定工作的轻重缓急,然后,坚持按重要性优先排序的原则做事,你将会发现,再没有其他办法比按重要性办事更能有效利用时间了。

华勒是某商贸公司的销售总监,公司的2000名职员中有1400人从事销售工作,他经常忙得焦头烂额,似乎工作总是干不完的,要想找个时间度假更是不可能。华勒时常有这样一种感触,就是整天都忙忙碌碌,累得精疲力竭。等到下班时,才发现自己所做的那些工作都是容易做的和无关紧要的,而那些棘手的但重要的工作往往拖了很长时间还是没有完成。

后来,一次时间管理的培训,使华勒改变了利用时间的习惯做法。华勒发现,时间管理培训使自己的工作效率有了前所未有的提高。他再也不用每周工作50~55个小时了,也不用经常将工作带回家里去做了。现在,华勒可以用更少的时间完成更多的工作。

华勒所采用的方法就是制订每天的工作计划。现在他根据各种事情的重要性来安排工作顺序,首先完成最重要的,然后再去做较为次要的。这种做法的好处是使他更加明确各项工作的目标。过去华勒从未写出要做的事情并将它们排出顺序,而现在华勒将需要做的工作列出一个清单:把应该由别人办的事情交代别人办,自己集中精力处理那些必须亲自做的事情。

过去,华勒往往将那些重要的、棘手的工作挪到有空的时候再去做,结果大量次要的工作占用了他几乎全部的工作时间。现在华勒将次要的工作移到最后处理,即使没有处理完也不用太担忧,因为那些事情无关紧要。现在华勒对自己感到很满意,他能够按时下班而不会因为许多工作没有去做而感到不安。

分清工作的轻重缓急,把最重要的任务安排在一天中做事最有效的时间来做,你就能花较少的力气,做完较多的工作。

美国伯利恒钢铁公司总裁查尔斯·舒瓦普,向效率专家艾维·利请教“如何更好地执行计划”的方法。

艾维·利声称可以在十分钟内就给舒瓦普一样东西,这东西能把他公司的业绩提高50%,然后他递给舒瓦普一张空白纸,说:“请在这张纸上写下你明天要做的六件最重要的事。”舒瓦普用了五分钟写完。

艾维·利接着说:“现在用数字标明每件事情对于你和你的公司的重要性次序。”

这又花了五分钟。

艾维·利说："好了，把这张纸放进口袋，明天早上第一件事是把纸条拿出来，做第一项最重要的。不要看其他的，只是第一项。着手办第一件事，直至完成为止。然后用同样的方法对待第二项、第三项……直到你下班为止。如果只做完第一件事，那不要紧，你总是在做最重要的事情。"

艾维·利最后说："每天都要这样做——您刚才看见了，只用十分钟时间——你对这种方法的价值深信不疑之后，叫公司的人也这样干。这个试验你爱做多久就做多久，然后给我寄张支票来，你认为值多少就给我多少。"

一个月之后，舒瓦普给艾维·利寄去一张25万美元的支票，还有一封信。信上说，那是他一生中最有价值的一课。

五年之后，这个当年不为人知的小钢铁厂一跃而成为世界上最大的独立钢铁厂。人们普遍认为，艾维·利提出的方法功不可没。

任何工作都有轻重缓急之分。只有分清哪些是最重要的并把它做好，你的工作才会变得井井有条，卓有成效。如果你分不清事情的轻重缓急，不但会浪费许多时间，还有可能让你的努力全部"归零"。只有凡事分清主次，才能把有限的时间用在最重要的事情上，才能用最少的时间和精力求得更大的回报。

智者寄语

分清工作的轻重缓急，把最重要的任务安排在一天中做事最有效的时间来做，你就能花较少的力气，做完较多的工作。

立即执行，不要拖延

清晨，闹钟将你从睡梦中惊醒，想着自己所订的计划，同时却感受着被窝里的温暖，一边不断地对自己说"该起床了"，一边又不断地给自己懒在床上寻找各种借口。于是，在忐忑不安之中，又躺了五分钟、十分钟……

一位年轻的女士即将当妈妈了，她打算为即将出世的孩子织一身漂亮的毛衣毛裤。她在老公的陪同下买回了一些颜色漂亮的毛线。可是她却迟迟没有动手，有时想拿起那些毛线编织时，她会告诉自己："现在先看一会儿电视吧，等一会儿再织。"等到她说的"一会儿"过去之后，可能老公快要下班回家了。于是她又把这件事情拖到明天，原因是"要给老公做晚饭"。等到孩子快要出生了，那些毛线还像新买回的那样放在柜子里。老公因为心疼老婆，所以也并不催她。后来，婆婆看到那些毛线，告诉儿媳不如自己替她织吧，可是儿媳却表示一定要自己亲手织给孩子。只不过她现在又改变了主意，想等孩子生下来之后再织，她还说："如果是女孩子，我就织一件漂亮的毛裙，如果是男孩就织毛衣毛裤，上面一定要有漂亮的卡通图案。"

孩子生下来了，是个漂亮的男孩。在初为人母的忙忙碌碌中孩子一天一天地渐渐长大。很快孩子就一岁了，可是她的毛衣毛裤还没有开始织。后来，这位年轻的母亲发现，当初买的毛线已经不够给孩子织一身衣服了，于是打算只给他织一件毛衣，不过打算归打算，动手的日子却被一拖再拖。

当孩子两岁时，毛衣还没有织。

当孩子三岁时，母亲想，也许那团毛线只够给孩子织一件毛背心了，可是毛背心始终没有织成。

渐渐地,这位母亲已经想不起来这些毛线了。

孩子开始上小学了,一天孩子在翻找东西时,发现了这些毛线。孩子说真好看,可惜毛线被虫子蛀蚀了,他问妈妈这些毛线是干什么用的。此时妈妈才又想起自己曾经憧憬的、漂亮的、带有卡通图案的花毛衣。

在工作中,你是否有这样的习惯:今天的工作拖到明天完成,现在该打的电话等到一两个小时以后才打,这个月该完成的报表拖到下个月,这个季度该达到的进度要等到下一个季度……凡事都留待明天处理的态度就是拖延,这是一种明日待明日的坏习惯。

令人遗憾的是,我们每个人在工作中都或多或少地拖延过。拖延的表现形式多种多样,轻重也有所不同。比如:琐事缠身,无法将精力集中到工作上,只有被上司逼着才向前走,不愿意自己主动开拓;反复修改计划,有着极端的完美主义倾向,该实施的行动被无休止的"完善"所拖延;虽然下定决心立即行动,但就是找不到行动的方向;做事情总是磨磨蹭蹭,有着一种病态的悠闲,以致问题久拖不决;情绪低落,对任何工作都没有兴趣,也没有什么人生的憧憬。

喜欢拖延的人往往意志薄弱,他们或者不敢面对现实,习惯于逃避困难,惧怕艰苦,缺乏约束自我的毅力;或者目标和想法太多,导致无从下手,缺乏应有的计划性和条理性;或者没有目标,甚至不知道应该确定什么样的目标;另外,认为条件不成熟,无法开始行动也是导致拖延的原因之一。

孙岩是一位火车后厢的刹车员,他聪明和善,非常受乘客们欢迎。一天晚上,一场大雨突然降临,火车晚点了。孙岩抱怨起来:"这鬼天气!害得我要加班了。"

就在他考虑用什么样的办法才能逃掉夜间的加班时,大雨已经造成另外一辆快速列车不得不拐道,几分钟后也要拐到孙岩所在的这条铁轨上来。列车长赶紧跑过来命令孙岩拿着红灯到后面去。孙岩心里想,后车厢还有一名工程师和助理刹车员在那儿守着,便笑着对列车长说:"老兄,不必那么着急,后面有人在守着,等我拿上外套就去了。"列车长一脸严肃地说:"人命关天,一分钟也不能等,那列火车马上就要来了。"

"好的!"孙岩微笑着说。列车长听完了他的答复后又匆匆忙忙向发动机房跑去了。但是,孙岩没有立刻就走,他认为后车厢里有一位工程师和一名助理刹车员在那儿替他扛着这项工作,自己又何必冒着严寒和危险,那么快地跑到后车厢去呢?他停下来喝了几口酒,这才吹着口哨,慢悠悠地向后车厢走去。

他刚走到离后车厢十来米的地方,就发现工程师和那位助理刹车员根本不在里面,他们已经被列车长调到前面的车厢去处理另一个问题了。当他意识到问题的严重,快速向前跑去的时候,都晚了。在这可怕的时刻,那辆快速列车的车头,撞到了自己所在的这列火车上,受伤乘客的嘶喊声与蒸汽泄漏的嗞嗞声混杂在了一起。

对执行力来说,拖延是最具破坏性的,是一种危险的恶习。一旦遇事开始推脱,就很容易再次拖延,直到变成一种根深蒂固的习惯,以至于很多工作根本没法开展。不仅如此,我们还找出很多原因,比如:场地没有联系好,该找的人没有找到……但如果这样的理由重复了几次后,老板就会认为我们没有工作能力,或者是对工作不够尽心尽力,在为自己的懒惰寻找借口。一旦在别人的心目中形成这样的印象,可绝对不是一个好兆头。

夏宇是一位部门主管,每天早晨醒来就一头扎进工作堆里,忙得焦头烂额,寝食不安,整个人都快要崩溃了。于是,夏宇去请教另一个部门经理。正好看见他在接听一个电话,听得出来,和他通话的是他的一个下属,而这位经理很快就给对方做出了工作指示。刚放下电话，他又迅速签署了一份秘书送进来的文件。接着又是电话询问，又是下属请示，公司经理都马上给予了答复。

半个小时过去了，终于暂时没人“打扰”了，这位公司经理转过头来问夏宇有何贵干。夏宇站起身来说：“本来我是想请教您，身为一个公司的部门经理，您是如何处理好那么多工作的，但现在不用了，您已经通过您的行动给了我一个明确的答案。我明白自己的毛病出在哪儿了，您是当时就把经手的问题解决掉，而我却无论遇到什么事，都先放下来，等一会儿再说，结果您的办公桌上空空如也，而我办公桌上的文件却堆积如山。”

拖延是一种很坏的工作习惯，阻止我们去完成每天工作任务的一个最大障碍就是“拖延”。我们很多人甚至都没有意识到自己在拖延。

我们常常会遇到这样的情况，上司经常给出一个最长的任务完成时间期限，在这个期限到来之前，很多人往往没有把任务放在心上，总是一拖再拖。当截止时间逼近了，发现自己什么都没开始做的时候，才开始焦急地集中精力，通宵达旦地开夜车，但这样的结果往往不尽如人意。对工作来说，拖延症是致命的隐形“杀手”，影响工作效率。

有人对世界上的成功人士作了一个调查，结果发现他们有一个共同的特点，那就是，只要他们认定了一件事，无论会面临多大的困难，他们总是从不拖延，立即行动，并孜孜不倦地朝着理想努力。

曾经有一名非常成功的人士，别人问他：“请问你为什么会成功？”

他说：“立即行动！”

别人问他：“请问你遇到挫折时，怎样处理？”

他说：“立即行动！”

有人说：“难道你困难的时候不会有低潮吗？”

他还是回答：“立即行动！”

别人还问他：“你能不能告诉我不一样的成功秘诀是什么？”

他还是说：“立即行动！”

没错，就是“立即行动”四个字帮助许多人走向成功。

对于他们来讲，时间就是生命，时间就是效率，时间就是金钱，拖延一分钟，就浪费一分钟。只有立即行动才能挤出比别人更多的时间，比别人提前抓住机遇。所以，我们必须改掉拖延的恶习，立即行动。

下面介绍几个有效办法，帮你对付工作拖拉的作风：

1. 有效地管理时间

我们要找出什么样的日程工具是最适合我们自己的，并且为我们每天要做的事情设定清晰的优先度。在头脑中对上面的这些问题有一个认识，我们需要组织每一天的工作，处理拖延问题，这样每天结束的时候，就知道明天开始的是崭新的旅程，而不是忙于去解决那些今天不想做的事情。

2. 做到“今日事今日毕”

不论你今天有多累，不论你明天的时间有多充足，不论你有多少理由，假如你想尽快改掉自己做事拖延、不能立即行动的恶习，那就每天为自己列个事情明细单，要求自己做到“今日事今日毕”，绝不要为自己找各种各样的借口，拖拉的结果只会让待你处理的事情变得越来越多，身心越来越疲惫。

3. 用好习惯取代拖沓的坏习惯

许多人的拖沓已经成了习惯。对于这些人，要完成一项任务的一切理由都不足以使他们放弃这个消极的工作模式。如果你有这个毛病，就要重新训练自己，用好习惯取代拖沓的坏习惯。

每当你发现自己又有拖沓的倾向时，静下心来想一想，确定你的行动方向，然后再给自己提一个问题："我最快能在什么时候完成这个任务？"定出一个最后期限，然后努力遵守。渐渐地，你的工作模式会发生变化。

智者寄语

拖延是一种很坏的工作习惯，阻止我们去完成每天工作任务的一个最大障碍就是"拖延"。我们很多人甚至都没有意识到自己在拖延。

执行是取得绩效的保证

一件事情再简单，如果你单单是坐在那里想办法但是却不去实施，即使你想得头都大了，也是徒劳无功的，要知道，事情是做出来的，不是想出来的，如果那些成功人士当年工作的时候不去主动执行，那么，他们也会是一事无成的。

在工作中，如果你想取得以及提高自己的工作绩效，不仅仅要想出好的办法，最重要的是你要去执行，也就是知而后行，只有这样，你才能不断得到大家的认可，才能在职场中叱咤风云。

让我们看看冯强的故事：

冯强是一个很有心计、头脑很灵活的员工，但是他有一个很不好的习惯，就是光想不做，他这个人很懒，总觉得自己很聪明，有些事情只要动动脑筋就行，只要一遇到事情，他就先想，最后办法是想到了，但是他却懒得去行动。

最近老板想要给大家一个平等竞争部门主管的机会，就把一件事情交给大家去处理，看看最后谁先完成，谁的办事效率最高。冯强很有信心地参加了这场竞争，他觉得就凭着自己的聪明才智，不拿到这个主管的位置才怪呢，但是他却忽略了一点，就是对每一件事情，你不仅仅要想出好的解决办法来，还要去执行、去完成，这才算真正的解决，单单想出了解决的办法而不去实施，就相当于没有工作。

冯强凭着自己的聪明的确是想出来了一套可行的办法，但是他却没有去按着这个办法把事情做出来，这样一来，升迁的机会就相当于他自己拱手让给了别人，纵使自己再后悔也是没有用的。之后的冯强逐渐改掉了自己的这个坏毛病，现在的他改变了很多，也进步了很多，同时他的薪酬和职位也提高了，这一切让他明白，只有行动才是绩效的保证。

想到就要做到，这样才会有绩效，这才是你成功的保证，如果你只是想而不去做，那么最后，你一点好处都得不到，反而会使得自己越来越懒惰，如果你和懒惰交上了朋友，就和成功做了敌人，这就意味着，你这一辈子都和成功无缘。

智者寄语

在工作中，如果你想取得以及提高自己的工作绩效，不仅仅要想出好的办法，最重要的是你要去执行，也就是知而后行，只有这样，你才能不断得到大家的认可，才能在职场中叱咤风云。

做好规划，计划先行

古人讲：凡事欲则立，不欲则废。这说的就是计划的重要性，大到对组织、人生长远规划的策划，小到工作、生活中的具体事情，无不需要进行策划——“计划先行”，此乃一切事物成功之基础。

有计划去做事，则事半功倍；无计划去做事，则事倍功半。很多人抱怨自己做事效率低，抱怨自己该做的事没做，该重点做的也没有做，经常漏洞百出，遭受领导痛骂，却不知道原因何在。其实，是因为他们没有认真去计划做事。

有一个商人，在小镇上做了十几年的生意，到后来，他竟然失败了。当一位债主跑来向他要债的时候，这位可怜的商人正在思考他失败的原因。

商人问债主：“我为什么会失败呢？难道是我对顾客不热情、不客气吗？”

债主说：“也许事情并没有你想象得那么可怕，你不是还有许多资产吗？你完全可以再从头做起！”

“什么？再从头做起？”商人有些生气。

“是的，你应该把你目前经营的情况列在一张资产负债表上，好好清算一下，然后再从头做起。”债主好意劝道。

“你的意思是要我把所有的资产和负债项目详细核算一下，列出一张表格吗？是要把门面、地板、桌椅、橱柜、窗户都重新洗刷、油漆一下，重新开张吗？”商人有些纳闷。

“是的，你现在最需要的就是按你的计划去办事。”债主坚定地说道。

“事实上，这些事情我早在15年前就想做了，但是一直没有去做。也许你说的是对的。”商人喃喃自语道。后来，他确实按债主的主意去做了，在晚年的时候，他的生意成功了！

确定目标，制订计划，根据计划采取行动，这些步骤构成了人生的一条条轨迹。思考问题、制订计划等行为释放了个人的心志潜能，激发了人的创造力，使我们脑力和体力方面的能量得到增强。反之，正如亚历克斯·麦肯齐所言：“没有计划的行动是所有失败的罪魁祸首。”没有计划、没有条理的人，无论从事哪一行都不可能取得成绩。

有一次，总经理在中高层干部的例会上问大家：“有谁了解就业部的工作？”现场顿时鸦雀无声，没有人回答。几秒钟后，才有位片区负责人举起手来，然后又有一位部门负责人迟疑地举了一下手。总经理接着又问大家：“又有谁了解咨询部的工作？”这一次没有人回答；接连又问了几个部门，还是没有人回答。现场陷入了沉默。

这时，总经理说话了：“为什么我们的工作会出现那么多问题？为什么我们会抱怨其他部门？为什么我们对领导有意见？”停顿片刻，“因为……我们的工作是无形的，谁都不知道对方在做什么，平级之间不知道，上下级之间也不知道，领导也不知道，这样能把工作做好吗？能没有问题吗？显然不可能，问题是必然会发生的。所以我们需要把我们的工作‘化无形为有形’，工作计划就是一种很好的工具！”参加了这次例会的人，听了这番话没有不被深深触动的。

做好工作计划，是建立正常工作秩序、提高工作执行力的重要手段。计划对工作既有指导作用，又有推动作用。如果预先没有周详的计划，没有想好自己将要走的每一步，即使有再宏伟的目标也只能是望洋兴叹。

好的计划是成功的开始。只有事前拟定好了行动的计划，梳理通畅了做事的步骤，做起事来才会应付自如。凡事三思而后行，事前多想一步，事中少一点盲点。只有做好规划，心中有蓝图，才能够临阵不乱，稳扎稳打地获得成功。

行动前制订周密可行计划的能力，是衡量个人综合素质的基本尺度之一。计划越详尽，就越容易克服拖沓，越能积极采取行动。工作的最高目标之一，就是让自己所投入的心力、体力和情感获得最大的回报。

美国某公司董事长赖福林说："你应当计划你的工作，在这方面所花的时间是值得的。如果没有计划，你肯定不会成为一个工作有效率的人。工作效率的中心问题是：你对工作计划得如何，而不是你工作干得如何努力。"

如果有限的时间和精力都被所走的弯路消耗掉了，好不容易回到正轨上来时，就会发现自己已经没有力气走下去了。所以，无论我们想完成一项什么样的工作，开始之前都应该先制订一份计划，将任务分解成一个个具体的步骤，再根据轻重缓急来安排先后顺序，将它们写在一张纸上或者输入电脑中。这样我们可以随时看到每项工作，再一步一步地去完成它们。运用这种方法，我们会惊讶地发现自己的工作效率竟然提高得如此神速。

智者寄语

确定目标，制订计划，根据计划采取行动，这些步骤构成了人生的一条条轨迹。思考问题、制订计划等行为释放了个人的心志潜能，激发了人的创造力，使我们脑力和体力方面的能量得到增强。

速度决定成就

身在职场，你要保证你做的工作既有速度又有质量，这样你的速度才可以决定你的成就，在这种情况下，也可以说，你的工作速度有多快，你的成就就有多大。

在职场中，只有立即动手的人才能够抓住转瞬即逝的机会，也只有立即动手的人才能够很快地将自己的想法付诸行动。

有这样一个关于速度的故事：

> 在改革开放初期，海南有一家很有名的企业，那就是海口饮料厂。它之所以有名是因为它本来是一个濒临破产的企业，最后却成为海南当地的明星企业。
>
> 王光兴就任海口饮料厂厂长之后，这个企业面临这样一个状况：产品滞销，资金冻结，生产基本停顿。面对这样的状况，他给厂内的产品质检和研发部以及市场部的员工们下了一个命令：在15天之内改进主产品的原料结构，使之更加符合当代人的口味，并做出全国的市场分析详细报告。
>
> 15天！这并不是一个简单的任务。面对这样的任务，员工们有两个选择：第一个是放弃，救活这个企业是一个无法完成的任务，算了吧，肯定会失败的；而第二个则是立即动手，分析原因，研究配方，调查市场，开始计划，并将这一切落到实处变成现实。很显然，海口饮料厂的员工们选择的是后者。
>
> 靠着这种卷起袖子干活的精神，他们在15天之内做到了王光兴所要求的一切。也正是靠着这样的精神，这个企业在不到三年的时间内，由一个积压了800多吨产品的企业变成了一个年赢利108万元的当地明星企业，企业资产比他们开始行动起来做调查、研究之时增加了四倍。
>
> 后来员工们回忆说，如果当时他们的犹豫真的超过了行动起来的决心，那么他们的企业永远不可能拥有后来的成功。

面对困境和艰难的任务，如果不立刻卷起袖子干活，这种困难就将会渐渐磨灭人的决心和意志，最后的结果就会是人的惰性最终获胜，从而使得任何美好的计划都功亏一篑。一个人在工作中能不能做出成绩，就看他能不能很积极地对待自己的工作。在工作中，员工肯定会面临很多艰难的任务，这个时候如果不能迅速行动起来，那么机会就会被别人夺去。因此，当你肯定了你的工作，就必须尽快为之付出行动，只有这样，你的付出才会有回报。别忘了，公司的工作要的是速度和效率，如果二者都做不到，那么你就不是一个合格的员工。

智者寄语

在职场中，只有立即动手的人才能够抓住转瞬即逝的机会，也只有立即动手的人才能够很快地将自己的想法付诸行动。

锻炼自己高效做事的能力

时间管理要有科学安排，把精力最充沛的时间用来干最重要的工作。有人早晨头脑清醒，有人夜间才思敏捷，何时是自己最有效的时间，要自己去摸索。把最重要的工作放在自己精力最好的时间内做，这样才能有高效率。支配时间是一件困难的事情，因为时间无影无形，像河水一样川流不息，因此孔子感慨说："逝者如斯夫。"只有把无形的时间划分为段落，才好支配它，否则，便无法掌握时间。工作还要劳逸结合。有张有弛，劳逸结合，是充分利用时间的妙法。

像短跑运动员一样生活，而非马拉松运动员。这是你需要掌握的最基本的原则。时间，是职场中人最稀缺的资源。"高效人士"往往把时间安排得满满的，绝不浪费时间。每天都忙忙碌碌，总是在与时间赛跑，希望在最短的时间里干完最多的工作。就如很多经理人每天工作12～14个小时，很少正常吃饭，不是随便抓点什么匆匆填进肚子，就是坐在办公桌旁边干边吃；要么就是没完没了的应酬，无法与家人共进晚餐；睡眠不足，没有时间运动；心怀愧疚和不快，身心俱疲，这一切似乎已经成了人的生活常态。

大多数人都用延长工作时间的方法来应对日益繁重的工作任务，这不可避免地影响到我们的身体、心理和情绪。就企业而言，这必将导致员工的工作积极性降低、精力涣散、离职率居高不下、医疗成本激增。

事实证明，拿出足够的时间来做准备，效果惊人。

有个心理学家曾做过这样一个实验：他找来一些学生，并把他们分成三组进行足球射门技巧训练。

记录下第一组学生第一天的射门成绩，然后在20天内让他们每天都练习射门，再把最后一天的成绩记录下来。

第二批学生也记录下第一天和最后一天的成绩，但在此期间不做任何练习。

记录下第三组学生第一天的成绩，然后让他们每天花20分钟在想象中进行射门；如果射门不中时，他们便在想象中做出相应的纠正。

实验结果表明：第二组的成绩没有丝毫长进；第一组进球率增加了20%；第三组进球率增加了22%。

由此，他得出结论：行动前进行头脑热身，想清楚要做的事的每个细节，将思路梳理清楚，然后把它深深铭刻在脑海中，在之后的行动中就会得心应手。

美国行为科学家艾得·布利斯由此总结出了著名的"布利斯定律"，即用较多的时间为一次工作进行事前准备，做这项工作所用的总时间就会减少。

每一个拜访过西奥多·罗斯福的人，都对他的知识渊博感到惊讶。哥马利尔·布雷佛写道:"无论是一名牛仔或骑兵,纽约政客或外交官,罗斯福都知道该对他说什么话。"

他是怎么办到的呢?

很简单。每当要有人来访的前一天晚上,罗斯福就开夜车,翻读这位客人特别感兴趣的资料。因为罗斯福知道,正如所有的领导者都知道,打动人心的最佳方式是跟他谈论他最感兴趣的事物。而这,当然需要提前做好准备。

这是可以应用在事业上的一种宝贵技巧吗?当然是。

伦敦一家蛋糕公司的老板一直试着要把蛋糕卖给某家饭店。一连4年,他每天都要打电话给该饭店的经理,他也去参加该经理的社交聚会。他甚至还在该饭店订了个房间,住在那儿,以便成交这笔生意,但是他都失败了。

这位老板在研究过为人处世技巧之后,决心改变策略。他决定要找出经理最感兴趣的是什么,投其所好,可能会成功。他发现那位经理是某个组织的一员。而且不仅仅只是该组织的一员,由于他的热忱,还被选为主席。不论会议在什么地方举行,他一定会出席,即使他必须跋涉千山万水。

因此,下一次,蛋糕店老板见到他的时候,开始谈论他的那个组织。他得到的反应真令人吃惊!经理跟他谈了半个小时,都是有关他的组织的话题,语调充满热忱。可以轻易地看出来,那个组织显然是他的兴趣所在。在老板离开他的办公室之前,他"卖"给了他组织的一张会员证。

虽然老板一点也没提蛋糕的事,但是几天之后,饭店的大厨师打电话给他,要他把蛋糕样品和价目表送过去。他终于成功了。

知己知彼,方能百战不殆。充分的准备可以让你投其所好,事半功倍。

世界三级跳远冠军米兰·提夫,在8岁之前患了小儿麻痹症,但经过自己学走、学跑,终于研究出怎样的姿势合乎自然法则,结果,他跳出了世界最远的纪录。

当记者问他到底是什么原因使他成为奥运金牌得主和世界纪录保持者时,他回答道:"当我参加比赛时,一般人都在看我跳远当时的表现,其实,任何事业的成功,不单决定于他表现的那个时刻,重要的是,决定于他表现之前所做的准备。"

因为他已经做了足够充分的赛前准备,因此,他只要看运动选手所做的热身体操,就可以知道那位选手肌肉的松弛程度和得胜的概率。

因为足够充分的准备,米兰·提夫可以清楚地查知对方的实力,这样他就可以"不打无准备之仗",也就更容易成功。

好的办法有时候是需要时间才能想出来的。谁都不能保证在任何情况下都能灵活应变,恰如其分地处理好所有问题,所以事先准备是绝对必要的。知己知彼,胸有成竹地面对问题,你才会更加自信,更加成功。

工作中,缺乏准备常常会导致差错不断,很难把工作做到位,更谈不上高效了。事先的准备工作可能没人看到,但它却是帮助你成功的必要因素。搞不清状况就急于上阵的人不是勇敢,而是鲁莽,充分的准备工作,可以帮你赢得一切。

智者寄语

只有把无形的时间划分为段落,才好支配它,否则,便无法掌握时间。工作还要劳逸结合。有张有弛,劳逸结合,是充分利用时间的妙法。

第四章

高度负责，持续成功的根本力量

责任心会让你脱颖而出

不论一个人是升至高位,还是屈居低职,都取决于他对环境的控制能力——只要他想控制。

“我面对那些成功人士发现,这些出类拔萃的人都是具有责任心的人,所以他们才显得不平凡。所以我要告诉大家,超强的责任心会让你脱颖而出,所以任何时候都不要逃避什么,你的责任心的大小体现你成功的大小。”2012年10月,奥巴马在一次竞选演讲中满怀激情地说。

是的,一个人能不能用心去做一件事,很大程度反映在他的责任心上。试想,一个人要是没有责任心,很难用认真的态度去做事,最终也只有品尝失败的苦果。

杰克逊·李是公关部的主管,一次,他得到这样一个消息:公司总部决定安排他到外地去接受一个十分棘手的公关任务。他早就听说这项任务十分难办,公司金牌公关丽斯小姐曾和对方进行过试探性的接触,但看不到成功的希望。

对于这个公关任务,作为公司老员工的杰克逊·李也没有把握,为了避免责任,他提前一天请假,让助手临时主持工作。杰克逊·李的想法是:这事不好办,就先让助手顶着。

果然,总部将这个公关任务交给公关部去做,因为主管不在,助手只得替主管去完成这项公关任务。

事情没有办好,总部询问原因,杰克逊·李便解释说,自己当时请假在家,不知道这项公关任务,所以,一切都是助手去处理的。他将责任推得一干二净。

总部觉得事有蹊跷,就对这件事进行一番深入调查,他们对杰克逊·李的责任心产生了怀疑。因为他们担心杰克逊·李会在关键时候推卸责任,影响公司的运转,不久就将杰克逊·李从主管的位置撤换下来了。

杰克逊·李失去了主管的位置可谓是咎由自取,不敢承担责任的人怎么能坐在领导者的位子上呢?微软的一名高级主管这样说过:“推选我来做质保部主管,是因为我会随时随地把我听到的、看到的关于微软的意见记下来,无论是聚会中,还是在街上。作为一名员工,我有责任让我们的产品更好,正是我把公司的事当成自己的事,才赢得了公司上下对我的信任。”

每个人都希望自己有一定的地位,是核心人物,可是,只知道追求地位,而不注意承担责任,这样的人是不可能成为核心人物的。

遗憾往往是自己造成的。有许多人本来具有出色的能力,却因为负责心不强,所以业绩平平,甚至还经常出现纰漏。地位是自己挣来的。有一些人,他们勇挑重担,全身心、尽职尽责地投入到工作之中,个人地位也不断得到提升,最后成为圈里的核心。

韦伯新到一家物流公司做库房的门卫,在办公室的墙上挂着门卫的职责,韦伯看到,门卫的工作非常简单,早晨按时开门,晚上关好门窗,在工作期间不让闲杂人等进入库房就可以了。

一天,白天还晴空万里,晚上突然狂风骤起,眼看倾盆大雨就要从天而降。

这时,公司的老板在家刚刚入睡,但他感到十分不安,因为在仓库的院子里还堆放着刚买来的生产设备,如果设备被雨湿透,这会给公司造成不小的损失。

于是,老板起床通知公司的安全科长,要他和自己一起带几个人赶到仓库里抢险。

老板一行人还没有赶到仓库,雨已经开始下起来了。看着瓢泼大雨,老板绝望了。可当他们赶到仓库的时候,老板欣喜地发现,设备已经被帆布盖好。他们看见浑身湿透的韦伯正正在雨中加固帆布。老板高悬在半空的心一下子放了下来。

事后，老板对韦伯说着感谢的话，而韦伯却淡淡地说："这是我的工作。"

不久，老板破例提拔他做仓库主管。有些老员工不服气，因为韦伯来公司时间不长，贡献也不大，几乎没有理由升职。

老板看出了大家的心思，说："韦伯虽然只是一名新来的门卫，但是他忠于职守。上次下大雨，你们有谁来仓库看过一下呢？可能你们觉得，照看仓库不是你们的责任，可韦伯不仅完成了分内工作，还超额完成了自己责任范围外的工作，他是最称职的库房主管！"

韦伯用责任心赢得了老板的信赖，这样有责任心的人，老板要是不器重，又该器重什么样的人呢？所以，责任决定作为，作为决定地位。有多高的地位，就必须承担多大的责任。不负责任的人，很难成为团队的核心；不负责任的管理者，会丧失既得地位。

勇于负责的人，面对困难不会退缩，只会勇挑重担、全力以赴，用作为证明自己的价值，用作为博得上司的器重，用作为为自己赢得荣誉和地位。

智者寄语

遗憾往往是自己造成的。有许多人本来具有出色的能力，却因为负责心不强，所以业绩平平，甚至还经常出现纰漏。地位是自己挣来的。有一些人，他们勇挑重担，全身心、尽职尽责地投入到工作之中，个人地位也不断得到提升，最后成为圈里的核心。

责任心：驱动自我的原动力

在央视2005年度"感动中国"的候选人中，一位名叫洪战辉的大学生十分引人注目，他11年如一日与逆境抗争，用责任和坚持感动了中国。

母亲离家出走，一个13岁孩子既要上学，又要照料患精神病的父亲，还要抚养弟弟和捡来的妹妹，山一样的重担过早地压在了洪战辉的肩头。洪战辉曾跪在院子里问上苍："为什么要把这么多负担放到我的头上？"他真想放弃，但他又想，如果他死了，弟弟妹妹、爸爸、整个家怎么办，这样一想，信念就坚定了。他说那时候才真正想到什么叫"责任"，真正明白什么叫"责任"，就从那个时刻起，他觉得自己一下子改变了。

洪战辉最初的行动也许主要是出于亲情和同情，然而随着岁月的流逝和困难的接踵而来，更起作用的还是一种责任感。自强不息的洪战辉感动了中国，但他自己却一直觉得自己只是在执着地做一件正确的事，是在认真地履行自己的一种责任。

感动固然有启动之功，但更重要的是坚忍前行，而这就需要一种巨大的责任感，责任比感动更长久。

三星人力资源经理刘航说："在一个家庭中，每个人都有一个角色，或者是丈夫、妻子，或者是儿女、父母，是什么支撑他们为自己的家庭操劳，无怨无悔地付出呢？是金钱吗？肯定不是，答案是爱与责任。"

麦当劳快餐连锁店新总裁查理·贝尔年仅43岁，他是麦当劳的首位澳大利亚籍总裁。他的职业生涯始于15岁。1976年，年仅15岁的贝尔于无奈之中走进了一家麦当劳店，他只想打工挣点零用钱，并没有想到以后在这里会有什么前途。他被录用了，工作是打扫厕所。虽然扫厕所的活又脏又累，但贝尔却做得十分认真。

他是个勤劳的孩子，常常是扫完厕所就擦地板，擦完地板又去帮忙翻正在烘烤的汉堡。不管什么事他都认真负责地去做，他的表现令麦当劳成功进入澳大利亚餐饮市场的奠基人彼得·里奇心中暗暗喜欢。没多久，里奇就说服贝尔签了员工培训协议，把贝尔引向正规职业培训。培训结束后，里奇又把贝尔放在店内各个岗位上。虽然只是做钟点工，但悟性极高的贝尔不负里奇的一片苦心，经过几年锻炼，全面掌握了麦当劳的生产、服务、管理等一系列工作。19岁那年，贝尔被提升为澳大利亚最年轻的麦当劳店面经理。

贝尔的成功说明了这样一个道理：作为一名员工，即使从事最平凡的工作，如果你能对工作抱有一种强烈的责任感，那么你肯定是一个容易成功的人。若由于你的责任感和不断的努力，公司得到了长足的发展，作为老板，最先奖赏的自然就是你。你为公司付出你的责任感，公司当然也会对你的发展负责，你将会得到老板的赏识，这样你自然就能脱颖而出了。

德鲁是3M公司的一名职员。一次，他到一家汽车车身制造厂去送货，看见一名工人在为车身喷涂双色漆。

当时为爱车刷上双色调油漆面是一种很流行的做法，但是操作起来却很困难。为了不让第二种颜色覆盖了第一种颜色，工人们不得不用胶将一张纸贴到车身上，但这样做的效果并不好，有些粘胶剂强度不够，有些则无法在油漆涂完后拿下来，而且那些用纸贴过的地方，总会在油漆干了以后留下难看的痕迹。

德鲁看见油漆工人一会儿往车身上涂抹胶水，一会儿再往上贴廉价的包装纸，累得满头大汗，而且两种颜色的油漆总是混在一起。

德鲁想，怎么样才能解决这个问题呢？一个制作遮蔽胶带的念头立刻展现在他的脑海中。

于是他制作了一个5厘米宽、其中一面涂上粘胶剂的皱纸卷，试验效果极好。

后来，3M公司刚把德鲁发明的这种遮蔽胶带推向市场，立时得到众多汽车制造商的青睐。目前，这种胶带仍普遍应用于喷漆作业中。

德鲁成功的答案就在于他多用了一点儿心，认真负责的工作态度使他得到了丰厚的回报。

责任是一个人职业精神的闪光点，是一个人驱动自我的原动力，它可以让一个平凡的人在一个平凡的岗位上做出不平凡的事情。

“人最可怕的不是没钱，而是缺乏精神。”

“别人真正欣赏的不是你的苦难，而是你的奋斗。”

因此，千万不要因为自己是一名普通的员工就忽视自己的责任，当我们坚守责任时，也是在坚守人生最根本的义务。坚守责任，就是守住生命最高的价值，守住人性的伟大和光辉。

智者寄语

感动固然有启动之功，但更重要的是坚忍前行，而这就需要一种巨大的责任感，责任比感动更长久。

成长是一种责任

作为一名员工，从第一天走上工作岗位的时候，就应该意识到，自己就是公司的主人，自己成长的每一步都与公司息息相关。

曾任华北石油管理局井下公司作业二大队工具工的靳占忠被人们称为“技术尖兵、技改先锋、技师楷模”。他有11项发明创造获得国家实用新型专利,23项创新成果获得部、局级奖,107条合理化建议被采纳。他是中国石油第一批工人技师、第一批高级工人技师、第一批技能专家。29年间,他曾经八次被评为管理局“劳动模范”;四次被评为管理局“劳模标兵”;十次获得管理局“优秀共产党员”称号;两度被评为河北省“劳动模范”。

1993年,他荣获劳动者最高荣誉“全国五一劳动奖章”;2004年获得“中国石油集团公司勘探开发行业井下作业专业个人银奖”。

是什么让他取得如此辉煌的成绩呢?回顾靳占忠的成长历程,探寻靳占忠的成才轨迹,挖掘靳占忠的成功根源,我们不难找到答案——靠学习提高能力,与企业共同成长。

靳占忠19岁应征入伍成为中南海中央领导驻地的一名警卫战士。1975年初,他光荣地加入了中国共产党。

1978年春,靳占忠带着部队首长“保持军人本色,建功石油工业”的嘱咐,脱下军装,穿上工装,成了华北油田第二油矿作业大队作业二队的一名作业工。

钻井苦,油建累,又脏又累作业队。会战初期,华北油田处处芦苇荡,片片小帐篷,条件自然很差很苦。但为了祖国的石油事业,靳占忠豁出去了:寒风来了,紧紧工作服上的衣带,顶在井口;暴雨来了,钻到机车底下躲会儿再干……

1985年春节过后,正当32岁的靳占忠准备为增储上产大干之际,却得了三度胃下垂疾病。不久,他的肾又下移7.4厘米。看着日渐消瘦的靳占忠,队领导把他调到工作稍微轻松一点的材料员岗位。

他心想:“战士的用武之地在战场,作业工的用武之地在井场。”虽然仍在作业队工作,但靳占忠不甘心退居二线岗位。

不久,队里新来的几名中专毕业生很快成为技术骨干,他看到了继续到作业一线冲锋陷阵的希望——掌握知识和技术的工人更有力量。因此,他下定决心:靠学习提高能力,用技术更好服务一线。

说学就学。1985年“五一”假期,靳占忠先后登门拜大队“技术大拿”梁学山、孙百兆等为师,并找来《修井手册(上、下册)》《石油钻采机械》《金属工艺》等专业技术书籍,如饥似渴地学起来。

学习石油、机械、金属工艺等专业知识和技术,对于一个在“文革”期间初中毕业的工人来说,其难度可想而知。为早日练就一身过硬本领,靳占忠在高标准干好材料员工作的同时,把施工现场当成课堂,把成功实践当作教材,把设备故障当成课题,把身边能人当成老师,勤学苦钻。

虽然靳占忠的家离单位不到一公里,他却在工作间放了一张单人床,那是加班加点学习用的。日复一日,不分昼夜学习,使靳占忠的胃病越来越严重。为了缓解胃痛,不影响学习,他想出一个一举多得的办法——“倒挂金钟”。胃不是下垂吗?每次加班学习时,遇到胃胀难忍,他就来个“倒挂金钟”,倒趴在床边,两只手撑在地上,一边“治病”,一边学习。过一会儿,他感觉胃像是回归原位,疼痛似乎也轻了许多……

学习增强素质,知识提高技能。靳占忠很快成为井下作业方面的“技术大拿”,并先后被聘为中国石油第一批井下作业工人技师、第一批井下作业高级工人技师。2000年年初,他被大队调到综合服务队,当上了一名专职工具工。2006年4月,又被集团公司聘为第一批井下作业技能专家。

“技术等级,不是个人技能的标签,不是添薪加酬的筹码,而是更好服务企业的尺度。”靳占忠常说,“一个人有了知识和技术,必须服务企业、服务一线,才有价值!”

作业工是工程技术服务的主力军之一。每当看到憨厚朴实、充满豪情的工友,靳占忠心里就充满了敬意。而每当听到工友因施工用具设计缺陷或操作不当而受伤时,他就深深感到不安。

1987 年,华北油田开始在作业系统推广液压油管钳。由于没有配套的背钳,只能用管钳拴上尾绳代替。这样做,不但会导致油管跟转倒扣落井事故的发生,而且管钳把因扭矩过大经常折断伤人。

靳占忠看在眼里,急在心里,决定为液压油管钳研制配套的背钳。当时,作业二队副队长杨长虎和大班司机尹惠环也在思考如何解决这一难题。靳占忠知道后,主动找到他们展开联合攻关。那一阵子,他们一有时间就奔波在井场、车间、工程技术单位,反复征求意见,研究论证方案,加工制造样品……

经过一年多、上百次的试验、改进,靳占忠和同事们研制的动力油管钳、背钳终于获得成功。该工具创新程度高,实用价值大,提高修井速度和质量,避免因背钳打不牢导致油管坠落事故的发生,减轻劳动强度,降低作业成本,因此获得国家实用新型专利。

在中国石油天然气集团公司还有很多像靳占忠这样兢兢业业的人,他们的背后都是一篇篇忠诚敬业、追求卓越的动人故事,因为他们都知道,自己的成长实际上就是一种责任。

易卜生说:“青年时种下什么,老年时就收获什么。”由此我们也可以想到,我们在公司的土壤中种下什么,公司就会回报给我们什么。如果我们愿意承担成长的责任,那么我们就会获得成长的权利;如果我们把公司的成长当成自己的责任,那么公司自然会为我们创造成长的机会;如果我们以自己取得的优秀成绩去回报公司,那么我们的事业就会获得长足的发展。

一个企业能够基业常青靠的是什么?靠的就是员工的忠诚与勤奋、拼搏与奉献、智慧与责任心。

要知道,公司不仅是我们安身立命之所,更是我们展翅腾飞的基石。以公司为家,与公司共同成长,尽职尽责,努力工作,这是对事业的忠诚,是对企业的忠诚,更是对自己的忠诚。对每一名员工来说,成长意味着一种责任,一种不可推卸、不可逃避的责任,一种不断感恩图报的责任,一种并不难却要奉行终生的责任。

智者寄语

易卜生说:“青年时种下什么,老年时就收获什么。”由此我们也可以想到,我们在公司的土壤中种下什么,公司就会回报给我们什么。

做人尽职尽责,做事尽善尽美

我们每个人都身负着责任,即便是微不足道的,可是又有谁能百分百地承担起自己的责任呢?

美国作家威廉·埃拉里·钱宁说:“劳动可以促进人们思考。一个人不管从事哪种职业,他都应该尽职尽责,尽自己的最大努力求得不断的进步。只有这样,追求完美的念头才会在我们的头脑中根深蒂固。”

1998年4月，海尔集团在全公司范围内掀起了向洗衣机本部住宅设施事业部卫浴分厂厂长魏小娥学习的活动，学习她“认真解决每一个问题”的精神。

为了发展海尔整体卫浴设施的生产，1997年8月，33岁的魏小娥被派往日本，学习掌握世界上最先进的整体卫浴生产技术。在学习期间，魏小娥注意到，日本人试模期废品率一般在30%～60%，设备调试正常后，废品率为2%。

“为什么不把合格率提高到100%？”魏小娥问日本的技术人员。“100%？你觉得可能吗？”日本人反问。从对话中，魏小娥意识到，不是日本人能力不行，而是思想上的桎梏使他们停滞于98%。作为一个海尔人，魏小娥的标准是100%，即“要么不做，要做就做到最好”。魏小娥拼命地利用每一分每一秒的学习时间，3个月后，她带着先进的技术知识和赶超日本人的信念回到了海尔。

时隔半年，日本模具专家宫川先生来华访问，见到了“徒弟”魏小娥，此时她已是卫浴分厂的厂长。面对一尘不染的生产现场、操作熟练的员工和100%合格的产品，他惊呆了，反过来向徒弟请教问题。

“有几个问题曾使我绞尽脑汁地想办法解决，但最终没有成功。日本卫浴产品的现场过于脏乱，我们一直想做得更好一些，但难度太大了。你们是怎样做到现场清洁的？100%的合格率是我们连想都不敢想的，对我们来说，2%的废品率、5%的不良品率已经合乎标准，你们又是怎样提高产品合格率的呢？”

“用心。”魏小娥简单的回答又让宫川先生大吃一惊。用心，看似简单，其实不简单。在这里有一个有关魏小娥的故事，从中可以看出她认真执着的工作精神。

从日本学成归国之后，魏小娥重点抓卫浴分厂的模具质量工作。无论是工作日还是节假日，魏小娥紧绷的质量之弦从未放松过。在一次试模的前一天，魏小娥在原料中发现了一根头发，这无疑是操作工在工作时无意间落入的。一根头发就是废品的定时炸弹，万一混进原料中就会出现废品。魏小娥马上给操作工统一制作了白衣、白帽，并要求大家统一剪短发。又一个可能出现2%废品的原因被消灭在萌芽之中。

2%的责任得到了100%的落实，2%的可能被一一杜绝。终于，100%，这个被日本人认为是“不可能”的产品合格率，魏小娥做到了，不管是在试模期间，还是设备调试正常后。

各行各业，人类活动的每一个领域，无不在呼唤能自主做好手中事情的人。齐格勒说：“如果你能够尽到自己的本分，尽力完成自己应该做的事情，那么总有一天，你能够随心所欲地从事自己想要做的事情。”反之，如果你凡事得过且过，从不努力把自己的工作做好，那么你永远无法达到成功的顶峰。对这种类型的人，任何老板都会毫不犹豫地将其排斥在自己的选择之外。

当老板赋予你一项重任时，千万不要满足于得过且过的表现或尽了职责的心态，要做就做到尽善尽美。在追求进步方面，不要做到适可而止，一定要做到永不懈怠；在知识能力方面，不要满足于一知半解，一定要做到精益求精。只有如此，才能确保自己能够高标准地完成老板交代的任务，成为老板眼中最优秀的员工。

智者寄语

劳动可以促进人们思考。一个人不管从事哪种职业，他都应该尽职尽责，尽自己的最大努力求得不断的进步。只有这样，追求完美的念头才会在我们的头脑中根深蒂固。

用责任代替借口

许多借口总是把“不”“不是”“没有”与“我”紧密联系在一起，其潜台词就是“这事与我无关”——不愿承担责任，把本应自己承担的责任推卸给别人。

现在，到了用责任代替借口的时候了。

要知道，一个团队中是不应该有“我”与“别人”的区别的。

一个没有责任感的员工，不可能获得同事的信任和支持，也不可能获得上司的信赖和尊重。如果人人都寻找借口，无形中会增加沟通成本，削弱团队协调作战能力。

西点军校是美国历史上最悠久的军事学院，始建于1802年，曾与英国桑赫斯特皇家军事学院、俄罗斯伏龙芝军事学院以及中国黄埔军校并称世界“四大军校”。在“西点”两百多年的辉煌历程中，培养了众多的美国军事人才，并且有很多人成为政治家、企业家、教育家和科学家。“西点”曾为美国培养了3位总统、5位五星上将、3700名将军，数以千计的全球500强企业CEO及高层专业经理人曾在此经受洗礼。

在西点军校，有一个悠久的传统，学员遇到军官问话时，只能有4种回答：“报告长官，是”“报告长官，不是”“报告长官，不知道”“报告长官，没有任何借口”。除此以外，不能多说一个字。

西点学员章程规定：每个学员无论在什么时候，无论在什么地方，无论穿军装与否，也无论是在担任警卫、值勤等公务，还是在进行自己的私人活动，都有义务、有责任履行自己的职责。这种履行必须是发自内心的责任感，而不是为了获得奖赏或别的什么。

成功者中，有很多人都是“没有任何借口”这一理念最完美的执行者和诠释者。伟大的罗文上校就是这样，如果不是秉持着“没有任何借口”这一最重要的行为准则，把信送给加西亚将是不可想象的。

汉斯是美国安利公司自行车业务部经理，他工作踏实，从不找任何借口，一直是总经理得力的助手。

一天，总经理对他说：“现在各种新款的车型不断涌现，咱们库存的自行车如果再销售不出去，公司就要面临资金周转的困难。你去想办法把这些老式自行车销售出去。”

“好吧，我尽力去完成这项任务。”汉斯没有抱怨，也没有找任何借口，就离开了总经理的办公室。

可是，要解决这个棘手的问题谈何容易！现在市场已经极度饱和，连新款的自行车都不好卖，更别说这种老式自行车了。

一个星期后，汉斯来到总经理室，对总经理说：“现在在城市里这些车肯定卖不出去了，我通过调查发现，在边远山区还是很有市场的，那里的人不注重款式，只注重实惠。我觉得应该在那里设个代理点。”

总经理同意了。结果，经济效益非常显著，老式自行车在那里供不应求。

后来，总经理离任，汉斯被提升为公司的新总经理。

无论遇到什么困难，都千万别找借口。美国成功学家格兰特纳说过这样一段话：“如果你有自己系鞋带的能力，你就有上天摘星的机会！”

让我们记住这句话，改变对借口的态度，把寻找借口的时间和精力用到努力工作中来。因为工作中没有借口,人生中没有借口,失败没有借口,成功也不属于那些寻找借口的人。

没有任何借口,没有任何抱怨,感恩和负责就是卓越员工的行动的准则。

智者寄语

一个没有责任感的员工,不可能获得同事的信任和支持,也不可能获得上司的信赖和尊重。如果人人都寻找借口,无形中会增加沟通成本,削弱团队协调作战能力。

责任心态与结果心态

一位公司的老总曾经苦笑着说,他的公司里新来了个会计,做报表的态度很认真,报表的格式也做得漂漂亮亮,整整齐齐3张纸。可惜,报表上的数据与实际发生额相差甚远,不仅老板看了一头雾水,连她自己对报表上原始数据的来源都说不清楚。于是,这张报表也就成了废纸,在公司管理层做决策时一点参考作用都没有。

工作中,老板关心的不是出现了什么问题,应当怎样去解决,而是问题有没有解决,有没有一个确定的结果。在这里,很多人都会有一个思想上的误区,认为自己只要完成了老板交代的任务,就是创造了业绩,得到了结果,实际上并不是这样。任务只是结果的一个外在形式,它不仅不能代表结果,有时还会成为我们工作中的托词和障碍。

有一个小和尚担任撞钟一职,半年下来,觉得很无聊,认为自己的工作缺乏挑战和新意,只是"做一天和尚撞一天钟"而已。

有一天,住持宣布调他到后院劈柴挑水,原因是他不能胜任撞钟一职。

小和尚很不服气地问:"我撞的钟难道不准时、不响亮?"

老住持耐心地告诉他:"你撞的钟虽然很准时,也很响亮,但钟声空泛、疲软,没有感召力。钟声是要唤醒沉迷的众生,因此撞出的钟声不仅要洪亮,而且要圆润、浑厚、深沉、悠远。"

为什么小和尚不能胜任撞钟一职?因为小和尚在这里就是在完成任务——撞钟,他以为这就是住持与众生想要的结果。但住持与众生真正想要的结果却是唤醒沉迷的众生,这也是小和尚工作的核心价值。这为我们的工作带来这样的启示:要取得让老板满意的结果,我们就应当关注自己工作的核心价值,而不是把目光放在任务是否完成上。

一位企业老总在意大利某名牌鞋店买鞋。最合脚的尺码卖完了,他选了一双小一号的,但有一点紧。他想到反正鞋穿穿会松的,于是要掏钱买,可售货员拒绝卖给他,理由是顾客试穿时表情不对劲。"我不能将顾客买了会后悔的鞋子卖出去。"售货员说。

显然,这个售货员是一个不把问题留给老板的员工,因为他不仅是在做老板"吩咐"他做的事,而且更懂得老板和公司吩咐他做事的结果,即把令人满意的服务提供给消费者。

那些心怀感恩,把业绩留给老板的人比较看重贡献,他们会将自己的注意力投向公司及个人的整体业绩,而不是自己的报酬和升迁。他们的视野开阔,在工作中,他们会认真考虑自己现有的技能水平、专业,乃至自己领导的部门与整个组织或组织目标应该是什么关系,他们还会从客户或消费者的角度出发考虑问题。这是因为,不管生产什么产品、提供什么服务,其目的都是为了帮助消费者或顾客解决问题。

那些把业绩留给老板的员工会经常自我反省“我究竟做到了什么”，这有利于他们增强工作责任感，充分发掘自己具备但还没有被充分利用的潜力。相反，那些把问题留给老板的员工不懂得反省“我究竟做到了什么”，他们不清楚自己的工作使命，只知道将任务完成就可以交差了。这种心态导致他们不但不能充分发挥自己的能力，而且还很有可能把目标搞错，以至于南辕北辙。

也许，你初入职场时，会被安排在平凡的工作岗位上，也许，此时的你仍在公司的最底层做着不被重视的工作，这些都不要紧，只要你心怀感恩，积聚能量，做出令老板满意的结果，你一定可以抓住机会实现梦想。

智者寄语

任务只是结果的一个外在形式，它不仅不能代表结果，有时还会成为我们工作中的托词和障碍。

把责任作为一种使命

“负责任”这个原本应该是每个员工基本道德范畴的问题，却往往被蒙上了“有麻烦”的盖头。于是，该负的责任不负，该做的工作不做，有的人忘记了自己的职责，丢掉了本色。

23 岁的文花枝是湖南湘潭新天地旅行社的导游。2005 年 8 月 28 日下午 2 时 35 分，文花枝所带团队乘坐旅游大巴在陕西延安洛川境内与一辆拉煤的货车相撞。这是一次夺走 6 条生命，造成 14 人重伤、8 人轻伤的特大交通事故。当可怕的瞬间过去，坐在前排的文花枝清醒过来时，发现和自己同坐前排的司机和西安本地导游已经罹难。她自己左腿胫骨断裂，骨头外露，腰部以下部位被卡在座位里不能动弹。

营救人员迅速赶来，他们想将坐在前排的文花枝抢救出来，她却平静地说：“我是导游，后面都是我的游客，请你们先救游客。”

车祸中的幸存者、湘潭电化集团的万众一回忆说：“由于汽车碰撞得十分严重，每次救援一个游客都需要很长的时间。在等待救援的时候，文花枝自己忍着痛苦不断给我们鼓气，要我们不要睡过去，要挺住。小文还说，我们一定要坚持，我们一定要活着回去。很奇怪，一个弱女子怎么还有那么大的气力给大家喊话。如果不是小文不断鼓劲，自己一口气接不上来可能也就完了。”事实上，文花枝此时被卡在前排，数次昏迷。

长达两个多小时的艰难营救对于伤者无疑过于漫长。数次昏迷的文花枝只要一醒过来，就又给自己的游客打气。文花枝是最后一个被营救的伤员，当时已是下午 4 点多了。洛川县交警大队的王刘安亲手将文花枝救出旅游车，他后来对前来陕西处理事故的湘潭市旅游局领导感叹：“作为交警，我不得不对小文的这种勇气和举动由衷地敬佩。”

由于腿上的伤势严重，左腿 9 处骨折，右腿大腿骨折，髋骨 3 处骨折，右胸第 4、5、6、7 根肋骨骨折，伤口已经严重感染，文花枝被送到洛川县医院后随时有生命危险，院方决定让其转到医疗条件更好的解放军第四军医大学附属西京医院。29 日下午，为了避免伤势进一步恶化，西京医院专家小组决定立即为她做左大腿截肢手术，一位年轻的姑娘就这样失去了自己的一条腿。主治医生李军教授惋惜地说：“太可惜了，若早点做清创处理，不耽误宝贵的抢救时间，她这条腿是能够保住的。”

“我是导游，后面都是我的游客，请你们先救游客。”这就是文花枝这个普通的导游身上所体现出来的责任意识：责任比生命更重要。

我们每一个人，无论什么时候、在什么地方，都不要忘记自己的责任。有一句话讲得好：“如果你能真正制好一枚别针，应该比你制造出粗陋的蒸汽机赚到的钱更多。”忠诚负责地对待自己的工作，无论自己的工作是什么，重要的是自己是否做好了工作。

智者寄语

我们每一个人，无论什么时候、在什么地方，都不要忘记自己的责任。

责任能激发一个人的潜能

强烈的责任感能唤醒一个人的良知，也能激发一个人的潜能。但是生活和工作中，随处可以见到这样一些人，他们失去了自己的责任感，只有等别人强迫他们工作时，他们才会工作；他们从来没有真正考虑过自己身体内到底有多少潜能。在工作的过程中，他们也对自己的学识和才能一无所知，遇到任何事情，他们都用漫不经心的态度去处理。他们似乎情愿永生永世地在山谷中徘徊，也不肯用点力气向山上攀登，到山顶上看一看这个广袤的世界。这就是失去了强烈的责任感所导致的恶果。一个人如果具备了强烈的责任感，一定会目标明确、生气勃勃，面对任何艰难困苦的挑战绝不犹豫退缩。他们也从不认为自己的生活可以随便“得过且过”地轻易打发。他们知道，自己每天都应该努力奋斗。他们唯恐落在别人的后面，成为一个混饱肚皮、打发日子的人。他们每天都会努力反省自己，究竟是前进了一寸还是一尺。

在一列火车上，有一位妇女将要临盆。列车员广播通知，紧急寻找一位妇产科医生。这个时候，有一位妇女站出来了，说她是妇产科的，列车长赶忙把她带入一间用床单隔开的病房。

毛巾、热水、剪刀、钳子什么都到位了，只等最关键的时刻到来。那位自称妇产科医生的女子此刻非常着急，将列车长拉到产房外，说明产妇的情况紧急，并告诉列车长自己其实是妇产科的一名护士，并且由于一次医疗事故而被医院开除了。今天这个产妇情况不好，人命关天，她自知能力不够，建议立即送往医院抢救。此时，产妇由于难产而非常痛苦地尖叫着，而列车行驶在京广线上，距最近的一站还要行驶一个多小时。列车长郑重地对她说：“你虽然只是一名护士，但在这趟列车上，你就是医生，我们相信你！”

列车长的话感染了这名护士，她准备了一下，走进产房时又问：“如果在不得已时，是保小孩还是保大人？”

“我们相信你！”列车长又郑重地重复了一遍。这位妇女明白了，她坚定地走进产房。列车长轻轻地安慰产妇，说现在正由一名专家给她助产，请产妇安静下来好好配合。

出乎意料的是，那位妇女几乎单独完成了这个手术，婴儿的啼哭声宣告母子平安，而强烈的责任心让这位妇女完成了她有生以来最为成功的手术。

其实，每个人身上都有巨大的潜能有待开发。美国学者詹姆斯认为，普通人只发挥了他蕴藏的潜力的1/10，与应当取得的成就相比，只不过发挥了一部分能量，只利用了身心资源的很小一部分。一旦你决定承担起责任，并努力去做好工作，一些你担心无法完成的工作，往往能够圆满地完成。

责任感可以激发我们的潜能,让我们创造出超乎想象的业绩。责任感可以激励我们战胜困难,取得成功。在各行各业里,都需要那些具备强烈责任感的人,因为他们肯负责任,能独立自主,有主张有见地,会努力奋斗。

智者寄语

一个人如果具备了强烈的责任感,一定会目标明确、生气勃勃,面对任何艰难困苦的挑战绝不犹豫退缩。

责任打造成功

要想成为一名成功的职业人,要勇于对自己的行为负责,还要承担起帮助别人的责任,想办法解决问题,让所有的问题到此为止。

20世纪70年代中期,日本的索尼彩电在日本国内已经很有名气了,但是在美国却不被顾客所接受,因而索尼在美国市场的销售相当惨淡。在美国人看来,日本货就是劣质品的代名词。

但索尼公司没有放弃美国市场。后来,卯木肇担任了索尼国外部部长。上任不久,他被派往芝加哥。当卯木肇风尘仆仆地来到芝加哥市时,令他吃惊不已的是,索尼彩电竟然在当地寄卖商店里蒙尘垢面,无人问津。卯木肇百思不得其解,为什么在日本国内畅销的优质产品,一进入美国竟会落得如此下场?

原来,以前来的负责人不仅没有努力,还自贬公司的形象,他们曾多次在当地的媒体上发布削价销售索尼彩电的广告,使得索尼在消费者心目中留下了“低贱”“次品”的糟糕印象,索尼的销量当然会受到严重的影响。

在这种时候,卯木肇首先想到的是如何挽救局面,改变销售的现状。经过几天苦苦的思索,卯木肇被“带头牛”效应启发,他决定找一家实力雄厚的电器公司做突破口,彻底打开索尼电器的销售局面。

马歇尔公司是芝加哥市最大的一家电器零售商,卯木肇最先想到了它。为了尽快见到马歇尔公司的总经理,卯木肇第二天很早就去求见,但他递进去的名片却被退了回来,原因是经理不在。第三天,他特意选了一个估计经理比较闲的时间去求见,但回答却是“外出了”。他第三次登门,经理终于被他的耐心所打动,接见了他,但却拒绝卖索尼的产品。经理认为索尼的产品降价拍卖,形象太差。卯木肇非常恭敬地听着经理的意见,并一再表示要立即着手改变商品形象。

回去后,卯木肇立即从寄卖店取回货品,在当地报纸上重新刊登大面积的广告,重塑索尼形象。

做完了这一切后,卯木肇再次叩响了马歇尔公司经理的门。他听到的是索尼的售后服务太差,无法销售。卯木肇立即成立索尼特约维修部,全面负责产品的售后服务工作;重新刊登广告,并附上特约维修部的电话和地址,24小时为顾客服务。

屡次遭到拒绝,卯木肇还是痴心不改。他规定他的每个员工每天拨五次电话,向马歇尔公司询购索尼彩电。马歇尔公司被接二连三的求购电话搞得晕头转向,以致员工误将索尼彩电列入“待交货名单”。这令经理大为恼火,这一次他主动召见了卯木肇,一见面就大骂卯木肇扰乱了公司的正常工作秩序。卯木肇笑逐颜开，等经理发完火之后，他才晓之以理、动之以情地对经理说："我几次来见您，一方面是为本公司的利益，但同时也是为了贵公司的利益。在日本国内最畅销的索尼彩电，一定会成为马歇尔公司的摇钱树。"在卯木肇的巧言善辩下，经理终于同意试销两台，不过，条件是如果一周之内卖不出去，立马搬走。

为了开个好头，卯木肇亲自挑选了两名得力干将，把百万美金订货的重任交给了他们，并要求他们破釜沉舟，如果一周之内这两台彩电卖不出去，就不要再返回公司了……

两人果然不负众望，当天下午4点钟，两人就送来了好消息：马歇尔公司又追加了两台。至此，索尼彩电终于挤进了芝加哥的"带头牛"商店。随后，进入家电的销售旺季，短短一个月内，竟卖出700多台。索尼和马歇尔从中获得了双赢。

有了马歇尔这只"带头牛"开路，芝加哥市的100多家商店经销索尼彩电，不出3年，索尼彩电在芝加哥的市场占有率达到了30%。

富有责任感的员工拥有开拓和创新精神，他绝不会在没有努力的情况下就事先找好借口。他会想尽一切办法完成公司交给的任务。条件不具备，他会创造条件；人手不够，他知道多做一些、多付出一些精力和时间。他不管被派向哪里，都不会无功而返，都会在不同的岗位上让能力展现出最大的价值。

智者寄语

富有责任感的员工拥有开拓和创新精神，他绝不会在没有努力的情况下就事先找好借口。他会想尽一切办法完成公司交给的任务。

有责任心才有零缺陷的产品

被誉为全球质量管理大师、"零缺陷"之父的菲利普·克劳士比早在20世纪60年代初就提出了"零缺陷"思想。

克劳士比认为，"零缺陷"是追求完美，也就是追求客户百分之百的满意。若是品质出现百万分之一的缺陷，那么就意味着客户手中拿到的产品会有100%的缺陷。

面对竞争日益激烈的市场环境，企业必须建立顾客利益至上的观念，完全满足客户的需求和期望，这就要求任何公司产品的质量都不允许出现半点瑕疵。因为"差不多就好"，对产品质量进行妥协，可能会给顾客带来100%的损失，进而对公司信誉造成巨大的损害。

在我国企业中，海尔集团的"零缺陷"产品质量为其他企业树立了典范。海尔集团董事局主席、首席执行官张瑞敏常说："有缺陷的产品，就是废品！"去过海尔集团参观的人都知道，海尔展览馆里存放着一把大铁锤，海尔人认为这把大铁锤是海尔发展的功臣。

1985年，张瑞敏刚到海尔时，冰箱的供应量远远没有需求量那么大，所以有些生产出来的不合格产品都能轻松卖掉。1985年4月，一封用户的投诉书送到张瑞敏那里，投诉书中说海尔冰箱有质量问题。张瑞敏意识到了问题的严重性，随后对仓库进行检查，在这次检查中，发现有76台冰箱存在质量问题。

面对冰箱的质量问题，厂干部给出两种处理意见：一是送给本厂有贡献的员工，作为福利形式；二是送给工商局、电业局、自来水公司等经常来检查的人，作为公关手段。可张瑞敏却说："我要是允许把这76台冰箱卖了，就等于允许你们明天再生产760台这样的冰箱。"

后来，海尔为这76台劣质冰箱搞了两个大展室，以供全厂职工参观。参观完以后，张瑞敏把生产这些冰箱的责任者留下，他拿着一把大锤，照着一台冰箱就砸了过去，把这台冰箱砸得稀烂，然后把大锤交给责任者，把76台冰箱全都销毁了。

凡是在场的人当时都流泪了。一台冰箱当时要卖八百多元钱，但每人每个月的工资才四十多块钱，一台冰箱是很多人两年的工资。

海尔公司那时还在负债，并且那个时候冰箱的价格也很贵，再者说来冰箱没有太大的质量问题，只是外观有些划痕罢了。张瑞敏的这一行为在当时很多人看来，真的是很让人费解。但是，正是这一锤"砸碎"了过去陈旧的质量意识，"砸醒"了全体员工，这一锤让员工明白了：没有严格的立厂之道，就没有海尔的前途，在海尔，有缺陷的产品就等于废品。

此后，海尔全体员工的信念就是"精细化、零缺陷"。员工们一改以前对工作不负责任的态度，每一个人对待每一个生产细节都是尽心尽责。正是因为怀揣着这种"零缺陷"的经营理念，海尔赢得了消费者良好的口碑。

企业中每个人的岗位都是至关重要的，任何地方出现了疏漏，都会导致整个企业"沉船"，因此，我们应当对自己的工作认真地负起责任，绝不放过每一个可能在工作中出现的错误，确保结果"零缺陷"。

其实任何一件事情，无论它有多么艰难，只要你认真负责去做，全力以赴去做，就能够做好。我国神舟飞船试验的圆满成功就很好地说明了这一点。

我国于1956年10月8日建成第一个火箭、导弹研究机构。当时，国家对我国航天工作者提出了"严肃认真，周到细致，稳妥可靠，万无一失"的工作要求。

航天工程是一个非常庞大的工程，一旦哪个环节出了问题，不论问题大小，其后果都不堪设想。

从"神一"到"神七"，凝聚着我国无数航天人的汗水和心血，这正是我国科研人员责任心、凝聚力、协同力、创新精神的总体展示。

"神七"零部件就有几十万个，在从研制到发射的整个过程中，我们的科研人员就已经把千万种失败的可能排除在外，而要做到这一点，必须以强烈的责任心把握好每一个细枝末节。

中国载人航天工程飞船系统总指挥、"神七"试验大队大队长袁家军曾说："载人航天，人命关天，必须使每一个细节都要保证完美，因为任何一个小差错都可能导致毁灭性的后果。'零缺陷'的意识我们不仅要有，保证'零缺陷'的措施也是我们要提高的。"

在竞争日趋激烈的当今社会，产品质量关系着企业的存亡和兴衰。而责任可以保证完美无缺的结果，保证制造"零缺陷"的产品。

因此，无论在什么岗位上，我们都应当负起责任，我们要建立一种"不接受任何错误、不放过任何错误"的"零缺陷"心态，主动找差距才能进步，把问题一次性地解决在企业内部，不给客户制造任何麻烦，不留任何隐患。高起点才会有高成果、高效率和高效益。

智者寄语

其实任何一件事情，无论它有多么艰难，只要你认真负责去做，全力以赴去做，就能够做好。

把“责任”二字永放心间

“要有责任心”这个话题已经非常古老了。为什么说责任比黄金更珍贵？很简单的一个道理，我们想要做好任何事情的前提就是要百分之百地投入责任心。如果想做到更好，要求还要再高一步，你要时时刻刻牢记你的责任。

在大多数企业情形都差不多，有了出风头且难度又不大的任务，大家都抢着做，如果安排了又脏又累的活，那接到任务的员工不是消极应付就是推诿：“这事与我无关”“我没时间”。虽然有些人什么也不说，但是内心根本就没有想要把工作做好。这些员工，何来敬业可言？

叶丽一毕业就进入了一家建筑公司，同时招聘进来的还有好几个大学生，在老员工眼里，这群大学生被称为“草莓族”，因为他们青涩、幼稚，基本没有工作经验。

这群“草莓族”被分配到不同的岗位，大多数都在基层部门。叶丽被分配到公司做行政人员，实际上也就是打杂的职位，她却完全不像其他的“草莓族”同事，一面抱怨工资太少，一面躲在电脑前聊QQ。

叶丽分配到的工作非常枯燥，她每天上班的任务就是拆应聘信并翻译，量大枯燥，索然无味，却忙得四脚朝天。可是叶丽不急不躁，一直耐心仔细地做，有了空闲的时间，她还给老员工打下手，问问他们有什么要帮忙的。

年后，叶丽被提升为办公室副主任。升迁的原因是：一个名牌大学毕业的硕士生，每天不厌其烦地拆信、译信，并在几十封信中选出优秀者，坚持推荐给老外上司，将她出色的管理才能展示了出来，因而受到了赏识。

虽然升职了，叶丽依然是大家眼里最负责任的员工，她常常在工作中鼓励工人们学习和运用新知识，还常常自拟计划，自己处理一些业务上的事情，请大家给她提建议。每一次她都能圆满地完成上司交给她的工作任务。

总裁认为：叶丽始终忠于职守，把自己责任范围内的事情做得有声有色，这样的人是每个企业都渴望得到的人才。

就这样，叶丽通过勤奋工作抓住了一次次的机会，用了短短5年时间，便升迁到了公司副总经理的位置。而这时，和她一起进公司的同学最好的也只是公司里的小头目。

职场上，老板对员工的评价不是看他是不是新人以及是否具备相应的资历和年限，而是看他是否有责任心。如果你对承诺的事情认真负责，结果绝对不会令大家失望。当同事与你约定了工作任务，你能一一遵守，你就是大家眼中有责任心的员工。

对于员工而言，工作做不好的原因就是没有责任心，没有责任心会阻碍他们的潜力发挥出来。当今社会充满挑战，想要让自己脱颖而出，就一定要付出超出常人的努力，不能有一点懈怠，并勇于在工作中承担困难。

职场中那些取得成功的人，大多是养成尽职尽责工作习惯的人，而且还把这种习惯延续到生活之中去，比如许多人外出总要带上一只旅行杯，旅行杯的盖子一定要盖好、拧到位，否则杯里的水就会洒出来，旅行杯的盖子如果拧不到位，就等于没盖盖子。由此可见，工作中有哪个环节没做到位的话，就不会收到预期的效果，甚至所有的努力都会付之东流。

李利在某杂志的编辑部工作，他伶牙俐齿，文章写得也不错，人也很聪明，但是他也有不少和聪明人一样的毛病，对自己的工作马虎大意，而且喜欢狡辩。每次当主编指出他负责的稿件中"的""地""得"混淆的错误之后，他总说："这个不算什么大问题啊，你为什么不看我文章写得怎么样，老盯着这个？"主编看着他笑笑说："好吧，是不是要我重新给你上语文课？"

当主编第三次指出他的这个错误时，李利的"聪明才智"立即又体现出来："前几天我问过一个做出版的朋友，他说现在已经通用了。"主编耐着性子没有当场指出他的错误："那我们以市场为标准，让客户来评判我们的产品质量，如果有一个读者认为这是个错误，那我们以后就必须严格改正。"他愣了片刻，然后"哦"了一声，算是同意。

李利还没有等到读者对文章质量的反馈结果，老板就找李利单独谈了一次话，谈话内容是就他的工作态度来讨论他的去留问题。可想而知，老板一谈这个问题，李利还是大声说："我知道啊，但我觉得这些都是小事情，我写的文章，读者还是认可的。"然而，李利还有好多事不知道：他不知道主编已经在网上搜索出他的稿子是抄袭的；也忘记了他自己弄乱了工作流程，没有交给主编审核就送去排版的稿子；更不记得他们老板会定期重点研究谁的稿件是严重违规的。

李利就这样"被离职"了，但他并不担心，因为他已经做了准备，当他发现公司上下都对自己怨言相向时，就立即开始寻找新的工作，但是结果如何呢？

一个月之后，一家文学网站的一个项目总编在网上找到李利以前工作单位的主编，问他："前两天招聘进来的有个李利，文章写得不错，听说以前做过杂志，你不是在负责这本杂志吗？"

"是的。他以前是我手下的编辑。"

"为什么离开你们单位？"

"被解聘了。"

"哦？为什么？"

本着给年轻人多一点机会的心理，主编没有向这家网站透露李利的工作表现，但按李利一向的工作态度和原则，结果是可想而知的。

对于老板而言，他希望自己的每一个员工都是认真负责的。虽然他会赏识你出众的才华，但也绝对会反感你的投机取巧。每到年底，都会进行年终总结，当老板向大家询问"你对于工作是否努力"时，众人的回答都是"我已经努力地完成了工作"。然而，老板这里所指的努力，是超于及格的那种努力。在现实中，即便我们认为自己已经非常努力了，但是只要有一点疏忽，那么我们最终还是会在竞争中失败，自己之前已经付出的努力也将全部化为泡影。

在职场上，不论大事小事，都是自己的事，而不是老板的事。所以，你必须在工作中付出无人能及的努力，也就是说你必须时时刻刻都保持着责任心，不让自己有任何懈怠。当你需要开创一项新的事业或者捕捉到一个巨大机会时，责任心就起了大作用，责任心会促使你迅速果断地担负起责任，不仅能制定出未来目标，还能找出实现这个目标的有效方法和途径。

智者寄语

对于员工而言，工作做不好的原因就是没有责任心，没有责任心会阻碍他们的潜力发挥出来。当今社会充满挑战，想要让自己脱颖而出，就一定要付出超出常人的努力，不能有一点懈怠，并勇于在工作中承担困难。

锁定责任才可以锁住目标

我们天天喊提升执行力。要提升执行力,就要知道执行力的核心是什么。执行力的主要标准就是执行力的核心结果。那么,怎样才能锁定结果呢?要锁定结果首先要把责任放在心上,人有了责任感才会把事情做好。

曾经看过一个"提升降落伞品质妙方"的故事。这是一个发生在第二次世界大战中期,美国空军和降落伞制造商之间的真实故事。

当时,降落伞的安全度不够完善。经过厂商的努力改善,降落伞制造商生产的降落伞的良品率已经达到了99.999%,应该说这个良品率即使现在许多企业也很难达到。但是,美国空军对此公司说"NO",他们要求所交降落伞的良品率必须达到100%。于是,降落伞制造商的总经理专程去飞行大队商讨此事,看是否能够降低这个水准。因为厂商认为,能够达到这个程度已接近完美了,没有什么必要再改。美国空军仍然一口回绝,因为他们认为品质方面是容不得有丁点折扣的。

后来,军方要求改变检查品质的方法。那就是从厂商前一周交货的降落伞中,随机挑出一个,让厂商负责人装备上身后,亲自从飞行中的机身跳下。这个方法实施后,不良率立刻变成零。

锁定责任,是做任何事情的前提条件。当厂商负责人装备上身的时候,也就是责任锁定到人的时候,那么自上而下建立起的责任则有利于责任的层层分解。

如果质量关乎厂商负责人的生命,他肯定会让员工们不厌其烦地检查,实现100%的合格率。这样,通过一对一责任感的建立,层层分解,有利于高质量产品的诞生,也就可以使产品的不良率立刻变为零。

责任心决定工作结果。同样的设备,同样的人员配置,但有时工作质量千差万别,其问题的核心就在于责任心的差异。

进入一家公司,意味着你每天都要用结果来交换自己的工资,也要用结果来证明自己的价值。结果怎样,与旁人无关,只证明你是不是一名合格的员工或合格的管理者,证明你的个人价值。

责任心决定工作结果。作为一个有着强烈责任心的人,在工作中不仅仅是完成任务,更要提供结果,提供一个让大家都满意的结果。

追求结果,是一个人对工作认真负责的突出表现。对于结果的追求,不是想一想就了事,而是一定要做到。

在2006年第4期《销售市场》杂志上,登载了"中国管理培训七剑客"之一程社明先生的一个故事。

1986年8月,他到一家中日合资企业的制药公司担任推销员。在那里,他亲身感受到了日本企业是如何要求员工去追求结果、对结果负责的。

在一个小型会议上,公司经理问同样来自日本的经营科长:"我们在上海的市场开发工作做好了吗?"

科长说:"都做好了。医药公司已经同意进货,医院以及药剂科也同意买药,对医生和护士都进行了培训,他们愿意用我们的新药品。"

经理又问:"那为什么这些药还在我们的仓库里?"

科长说:"那是因为天津火车站没有车皮把我们的药运到上海,我也没有办法。"

经理听了,立即拍着桌子站起来吼道:"只要药没到患者手里,就是你的事情。你必须解决问题!"

于是,科长对程先生说:"咱们现在就到天津铁路局去调车皮。"

程先生想:铁路局又不是我们开的,哪能那么容易,想调就能调到。

科长似乎看出了他的心思,于是说:"经理说得对,只要药品没到患者手中,就是我们没有完成工作。我们去争取吧。"

后来,经过他们和铁路局的协商,车皮终于安排好了,药很快就被运到了上海。

通过这件事情,程先生明白了什么叫追求结果,真正对结果负责。

可以说,任何一个优秀的人一定是一个负责任的人。他们关注结果,追求结果,并想尽一切办法去获得结果。

责任心是情商的核心内容。那些富有责任心的员工更有效率,更容易成功。他们对工作过程和结果同样负责。锁定责任,才能锁住结果,没有责任心,对工作只是敷衍;有了责任心,才能尽心工作,才会有最好的结果和业绩。

智者寄语

责任心决定工作结果。同样的设备,同样的人员配置,但有时工作质量千差万别,其问题的核心就在于责任心的差异。

责任越大,机会越多

成功的机会总是藏在责任的深处,拥抱责任的人,实际是抓住机会的人;逃避责任的人,看似世事通达,实际是放弃机会的人。只有有责任心的人,才能够看到机会究竟藏在哪里。

作为员工,应该记住:责任和机会是成正比的。没有责任就没有机会,责任越大,机会越多;责任越小,机会越少。所以,拥抱责任就是拥抱成功的机会,要善于挖掘隐藏在责任之中的机会。

当你觉得自己缺少机会或职业道路不顺畅时,不要抱怨他人,而应该问问自己是否承担了责任。

汤姆在一次与朋友的聚会中神情激愤地对朋友抱怨老板长期以来不肯给他机会。他说:"我已经在公司的底层挣扎15年了,仍时刻面临着失业的危险。15年,我从一个朝气蓬勃的青年人熬成了中年人,难道我对公司还不够忠诚吗?为什么他就是不肯给我机会呢?"

"那你为什么不自己去争取呢?"朋友疑惑不解地问。

"我当然争取过,但是争取来的不是我想要的机会,那只会使我的生活和工作变得更加糟糕。"他依旧愤愤不平。

"能跟我说说到底是怎么回事吗?"

"当然可以!前些日子,公司派我去海外营业部,但是像我这样的年纪、这种体质,怎能经受如此的折腾呢?”

“这难道不是你梦寐以求的机会吗?你怎么会认为这是一种折腾呢?”

“难道你没看出来?”汤姆大叫起来,“公司本部有那么多的职位,为什么要派我去那么遥远的地方,远离故乡、亲人、朋友?这可是我生活的重心呀!再说我的身体也不允许呀!我有心脏病,这一点公司所有的人都知道。怎么可以派一个有心脏病的人去做那种‘开荒牛’的工作呢?又脏又累,任务繁重而没有前途……”他仍旧絮絮叨叨地罗列着他根本不能去海外营业部的种种理由。

他的朋友沉默了,终于明白为什么15年来汤姆仍没有获得他想要的机会。他还由此断定,在以后的工作中,汤姆仍然无法获得他想要的机会,也许终其一生,他也只能等待和抱怨。

成功者不善于也不需要编织任何借口,因为他们能为自己的行为和目标负责,也能享受自己努力的成果。缺少机会,往往是不愿意付出努力的人用来原谅自己的借口。

在极其平凡的职业中,在极其低微的岗位上,也时常蕴藏着巨大的机会。只要调动自己全部的智力,全力以赴,只要把自己的工作做得比别人更好,就能发现机遇,推开通往成功的大门。

进入21世纪,主动承担更多责任已经成为职场人必备的品质。只有勇于承担责任的人,才能得到领导的器重并被委以重任,才能让自己有机会迎接更多的挑战。

“机会在哪里?”这是很多员工经常挂在嘴边的一句话。他们不知道,承担责任,机会就在身边。很多时候,“责任就是机会”,或者说“责任等于机会”。

承担责任要有宽阔的胸怀,因为很多时候,承担责任无异于承担风险。承担责任要有顾全大局的“弃我”精神做支撑,只要为了整个团队的利益,勇敢地承担责任,解决了难题,化解了危机,自然就为自己创造出了晋升的机会。

一家生物制药公司的总经理曾抱怨说:“我们公司有些员工在工作时只想着如何做才不会让自己吃亏,凡是对自己有利就去做,稍微有些风险就害怕承担责任。”

这个总经理确实是有感而发。不久前,公司研发部根据计划准备开发一种新药,可是初步做了几次试验后发现存在一定的风险,眼看年底快到了,为了避免可能的研发失败而影响年终绩效考核和奖金,以及可能要承担的风险责任,研发部就写了份报告,说了一大堆理由,硬是取消了这个计划,其实这个计划是很值得做下去的。

我们必须深刻地认识到,责任并非许多人认为的麻烦事,更不是强加在我们身上的包袱,而是通向成功的阶梯。逃避责任的人,看似省得一时之事,却拒绝了发展,更远离了成功。

一个人承担的责任越多、越大,证明他的价值就越大。任何一个老板都清楚,能够勇于承担责任,能够真正负责任的员工对于企业的意义有多大。

一家公司有三个分厂,一分厂历来管理基础较好,但规模也较其他两个分厂小一些。一分厂的厂长姓石,正是在他的一手经营下,一分厂才有了良好的管理现状。

后来,董事长决定调石厂长到三分厂担任厂长。

三分厂是公司规模最大、设备最先进、管理却是最混乱的一个厂。之前已经有好几个厂长去了那里,然而都无功而返。因此,得知调动消息时,石厂长很矛盾,不去吧,董事长可能不高兴;去吧,一旦搞砸了,想再回一分厂都不行了。而且,由于多年管理一分厂,一切工作运作程序早就规范了,管理起来早已得心应手。

思量再三,石厂长还是答应调往三分厂,因为他意识到搞好三分厂这一重要责任的后面隐藏着巨大的机会:如果搞好了,就可以进一步证明自己的能力,就可以从所有分厂厂长中脱颖而出!

半年多时间过去了,原来最混乱、生产能力最低的三分厂,一跃成为整个公司的生产管理标杆,各项指标均占据首位。

责任就是机会,承担起责任的人,不一定马上得到回报,但总会得到应有的回报。此后,董事长决定把三分长的经营管理权下放给石厂长,并给他年薪40万元。

石厂长原来的工资,每月只有5000元!

石厂长不惧怕担当责任,为自己赢得了成功的机会。

在需要你承担责任的时候,勇敢地去承担,你才有望抓住机会。因为只有那些勇于承担责任的人,才能出色地完成工作,才能受到领导的赏识和重用。作为一名普通员工,只要具备了勇于担当责任的精神,他的能力就能够得到充分的发挥,潜力便能够不断地得到挖掘,同时前程也会一片光明。

智者寄语

作为员工,应该记住:责任和机会是成正比的。没有责任就没有机会,责任越大,机会越多;责任越小,机会越少。所以,拥抱责任就是拥抱成功的机会,要善于挖掘隐藏在责任之中的机会。

用感恩唤醒心中沉睡的责任感

在2004年的“感动中国人物评选”活动中,23岁的徐本禹榜上有名。这位华中农业大学的毕业生放弃了本来已经考取的研究生的学习机会,义无反顾地从繁华的大城市走进贵州山区农村去支教。当主持人问他为什么会做出这样的选择时,他一句简单的话感动了所有观众:“因为别人帮了我,我肯定要帮别人。”听了这句话,人们不禁热泪盈眶。毫无疑问,是感恩之心让徐本禹担负起了自己的社会责任。

在工作中,我们要学习徐本禹的这种感恩精神,让感恩之心唤起我们心中潜藏的责任意识。感恩犹如在我们的躯体内植入的责任感基因,它会迅速扩散至每一根神经,影响着我们的一举一动。只要我们心怀感恩,它就像定时闹钟一样,提醒我们要时刻保持谦卑的心态,对工作尽职尽责。

感恩之心让我们领悟到,如果没有企业,没有老板的信任和栽培,我们便无法获得工作的机会,获得一份让我们得以生存的薪水。既然老板对我们有恩,我们就应知恩图报,在自己的工作岗位上做出一番业绩,以不辜负老板的苦心和企业对我们的期望。而要在工作中做出成绩,自然离不开负责任的精神。由此看来,感恩之心正可唤醒我们心中那份沉睡的责任感。

一个心怀感恩的员工,对周围的一切都怀有善意。在工作中,即使遇到了不公正的待遇,他也不会心怀怨恨,而仍然在责任感的驱使下,尽心尽力地把工作做好。没有哪个老板不喜欢这样的员工,而这样的员工也迟早会在职场上打拼出属于自己的一片天地。

维尔是一家汽车公司的修理工。有一段时间,国内经济不景气,老板为了勉强维持企业的生存,不得不辞退了包括维尔在内的几个工人。其他同事在接到解聘通知书时,受不了这样的打击,又因早已对老板怀恨在心,他们就一起跑到老板那里大闹了一番,临走还踹破了公司的大门。

老板很理解这些失业者的心情,也不和他们过分计较。然而,令他感到奇怪的是,在解聘的人员当中,唯有维尔没来找他,于是他决定去看看维尔。

当他来到车间时,发现维尔正在认真地修理一台机器,仿佛什么都没发生过一样。老板问道:"维尔,你一点都不怨恨我吗?""哦,不,先生,我一直都很感激你,感激你给我提供了这个工作机会。你今天之所以这样做,我想是因为公司受到大环境的影响,你才迫不得已做出了这样的决定。对公司目前的处境,我感到很难过,也很理解你的做法。现在离下班还有半个小时,我得抓紧时间把手中的活干完再走。"说完,他又埋头干起工作来了。

老板听了维尔的一番话,非常感动,他沉默良久,对维尔说:"如果以后公司有了转机,希望你能再来这里工作。"

三个月后,仍在街头寻找工作的维尔接到了老板的电话,告诉他公司情况已经好转,如果他愿意可以马上回去上班。维尔非常兴奋地回到了公司,而原先和他一起被解聘的同事,还依然在人才市场上奔波。

维尔只是一名普通的修理工,但他对企业和老板的感恩之心,让他对工作有着高度负责的精神。在经济不景气的状况下,老板将他解聘了,他毫无怨言,甚至站在老板的立场上考虑问题,对他寄予了深切的理解和同情。维尔的感恩之心与责任感让他在自己的岗位上坚持到了最后一刻,也让他在不长的一段时间后,又重获曾经失去的工作机会。

我们时常会想:"我们工作的意义是什么?""我们为什么要工作?""我们在为谁工作?""我们这么辛苦地工作,到底值不值得?"心怀感恩的人,对上述所有问题的答案都了然于胸。我们生活在这个世界上,每个人都不是孤立的,或多或少都要接受别人的帮助和恩惠。为了更好地回报社会,把自己对社会、对他人的爱传递出去,唯有本着认真负责的态度,努力工作。

有些不懂得感恩的员工会认为,我给老板办事,老板给我薪水,这是很自然的事情,谁也不欠谁的。他们这种不知感恩的心态,必然会衍生出不负责任的工作态度。或许他们永远都不会想到,只有感恩才能唤醒我们心中那份沉睡的责任感,才能让我们担当起自己应负的那份责任。

懂得感恩就意味着要承担责任,而要想拥有较强的责任感,则首先必须要让自己拥有一颗感恩的心。"一粥一饭,当思来之不易",因为知道感恩,我们才会去负起责任。可以说,是感恩让我们从内心深处萌发出责任意识,让我们在工作中表现得更出色。我们也由此受到了人们的尊敬,我们的人生则会因自己肩负着的那份职责而充实和幸福。

智者寄语

只要我们心怀感恩,它就像定时闹钟一样,提醒我们要时刻保持谦卑的心态,对工作尽职尽责。

漠视责任,就是亵渎感恩

在这个世界上,没有卑微的工作,只有漠视责任、不知感恩的工作态度。如果一个人不珍惜自己的工作,把工作当成一种差事去应付,那么他就会把工作搞得一团糟,结果是损人不利己。要知道,任何一种工作都有它存在的价值,从事任何一种工作都是在为社会作贡献。工作没有高低贵贱之分，重要的是我们要对工作保持一颗感恩的心，担负起自己应负的职责。

在企业中，总有一些员工如驴子拉磨一般，做事慢慢吞吞、懒懒散散。他们缺乏工作的热情和积极主动的精神，不求有功，但求无过。长此下去，在老板的眼里，“无过”也会变成“有过”。这样的员工对自己的工作不知道感恩，自然谈不上对工作尽职尽责。

事实上，责任是我们每个人与生俱来、无法逃避的。有了责任，我们的人生才会变得有价值、有意义。在工作中，我们更要勇敢地承担起自己的职责，只有这样，我们才不至于愧对工作，愧对有恩于我们的企业和老板，愧对所有给予我们支持和帮助的人。尽管在承担责任的过程中，我们不可避免地要面对种种的困难和压力，但只要我们承担起了责任，就会成为职场中的强者。那些漠视责任的人，实际上已没有了感恩之心，而他们漠视责任的结果，只会被企业甚至社会抛弃。

窦涛大学毕业后，就职于一家大的集团公司。他很珍惜这个工作机会，进入公司后就一直努力工作，取得了骄人的成绩。老板非常欣赏他的才华，一有大客户就让窦涛出面洽谈。这给了窦涛很好的锻炼机会，他的能力不断得到提升，半年后，老板就让他做了销售部的经理，全面负责公司产品的销售工作。他的工资比一开始进公司时涨了两倍，不但如此，为了业务开展方便，老板还给他配了专用的小轿车。

窦涛很感激老板对他的栽培，在刚当上经理那阵子，他甚至比以前更加努力地工作了。可是，公司的其他同事和一些朋友都不断地挖苦他说：“你犯什么傻啊！你现在已经是经理了，还用得着那么尽心尽力的吗？再说了，老板又不会检查你做的每件事情，你适当地放松一下自己，他也不知道啊！”

这样的话听多了，窦涛的思想难免发生了动摇。他想：“自己有了这么高的职位，老板又这么信任我，即使有些工作不尽力，做得不到位，也不会有什么妨碍的，老板也不会察觉出来。”于是，在众人的挖苦和嘲笑中，窦涛也开始变得“聪明”了。他逐渐学会了投机取巧，学会了察言观色，在工作上再也不肯尽心尽力了。他已经变得很会揣摩老板的意图，当他认为老板对某件事情要过问时，就会把它做得很好，而当他认为某件事情老板没放在心上或是可能思虑不到时，就随便糊弄几下了事，甚至有时根本就不去做。

“常在河边走，哪有不湿鞋的”，在公司的一次中高层领导会议上，老板发现窦涛在工作中有很多疏漏，并隐瞒了很多问题，忍不住怒火中烧，当场就把他解雇了。

窦涛凭借自己出众的才华，本可在职场大有作为，但他却被眼前的荣誉冲昏了头脑。在别人的刺激下，感恩之心没有了，工作态度急转直下，由原先的兢兢业业、认真负责变成了使奸耍滑、敷衍塞责，最后被企业踢出门外，不得不以悲剧收场。

一个人如果漠视工作中的责任，没有基本的职业道德，那么即使他的来头再大，再有才华，也是对感恩之心的亵渎，他的行为终将为人所不齿，也不会有哪家企业愿意留用他。因此，在工作中，我们要想赢得老板和同事们的信任和尊重，就必须担负起工作中的职责，把每件事情都做到尽善尽美。这样即使我们没有良好的背景和优越的社会地位，也同样会得到他人的尊敬，获得应有的荣誉。

员工和企业之间，从法律角度讲，是一种契约关系，既然是契约，我们就有责任、有义务去履行契约规定的工作内容。而从情感角度来讲，企业是对我们有恩的，既然企业对我们有恩，我们就要知恩图报，用实际行动为企业创造出价值。这两者并不矛盾，因为感恩，我们才会自愿去践行自己的责任，而不打折扣地去践行自己的责任，则说明我们懂得感恩。任何漠视责任、不履行责任的行为，都是不懂得感恩的表现，都将导致契约关系的破裂。

感恩自己的工作,无须唏嘘流涕,只要有一颗感恩的心,对自己的工作认真负责,就已足够。要明白,我们在工作中的付出,只是回报工作给我们的馈赠而已,如果你自觉拥有一颗感恩的心,就请承担起工作中的职责。漠视责任,无疑是对感恩之心的最大亵渎。

智者寄语

任何一种工作都有它存在的价值,从事任何一种工作都是在为社会作贡献。工作没有高低贵贱之分,重要的是我们要对工作保持一颗感恩的心,担负起自己应负的职责。

有担当才能有机会

工作中如果缺乏责任感,难免就会失职。很多企业员工面对自己工作中的错误,总会寻找看似合理的理由来为自己开脱罪名,事实上,与其费尽心机地逃避责任,不如坦率地承认自己的失职。相对于那些总找借口溜之大吉的员工,老板反而会更加看重你勇于承担责任的诚实,甚至会度量你错误的大小,给你补过的机会。

没有谁能把工作做得尽善尽美,优秀的员工只会向着完美的结果去努力,这是一种积极的工作态度使然。因此,如何对待已经发生的问题,可以看出一个人是否能够承担起责任。有些员工在工作中经常找借口为自己开脱,这样做不仅不会得到理解,反而会更加有损于他的个人形象,让老板觉得你不但缺乏责任感,而且还缺少一个员工最起码的诚信。

无论哪个企业,责任感都是员工生存的根基。缺乏责任感的员工,不会以企业的发展为己任,不会为自己的所作所为影响到企业的利益而感到不安,更不会时时处处为企业着想,无论这个员工有多大的才华和自信,也不能堪当重任。

约翰和丹尼尔新到一家速递公司,被调配成工作搭档,他们工作一直都很勤奋、很努力。老板对他们的工作一直也都很满意,然而一件事却改变了两个人的命运。

一次,他们负责把一件大宗邮件送到码头。这是一件十分贵重的邮件,里面是一个古董,临行前,老板反复叮嘱他们要小心。到了码头,约翰把邮件递给丹尼尔的时候,丹尼尔由于反应稍慢而没能接住,致使邮包掉在地上,古董自然也被摔得粉碎。

老板对他们非常失望,盛怒之下对他们大加斥责。"老板,这不是我的错,是约翰不小心弄坏的。"丹尼尔趁约翰不注意,偷偷到老板办公室解释。老板点了点头,示意让丹尼尔先回去。随后,老板把约翰叫到了办公室。"约翰,到底怎么回事?"约翰就将事情的原委告诉了老板,最后约翰说:"这件事情是我们在工作中没有协调好,合作不力造成的,我愿意为此承担责任。"

结果,老板把约翰和丹尼尔叫到了办公室,对他们说:"其实,古董商已经看见了你们俩人在递接古董时的动作,他已经和我说了事件的经过。然而,面对错误,你们两个人却有完全不同的反应。按照规定,公司会给你们两个人相应的经济处罚。约翰,给你一个机会,留下来继续工作;丹尼尔,你回去反思一下吧,也许还会有更好的工作适合你!"

面对工作上的失误,很多员工总是习惯性地强调别人的过失,即使明知道自己也有失职的地方,也会一并推到别人身上,以此来削减自己理应承担的责任。与其这样,还不如静下心来想一想,该如何面对问题,将已经造成的损失降到最低点。事实上,每个老板都喜欢那些出现问题肯承担责任、有担当的员工,也更愿意把机会留给这些人。而那些惯于敷衍塞责的人,连正常工作中的失误都不能承担,又怎么能让人放心地把更重要的工作交给他去办呢?

很多人出现问题之后常见的借口是:"我并不十分清楚我的责任,所以才没有把工作做好。"因为不清楚所以才没有做好,听起来顺理成章。其实在这个借口的背后隐藏着一个非常简单的道理,那就是缺乏责任感。一旦在工作中缺乏了这种责任意识,失去的东西还会更多,比如工作的热情、态度以及对企业的忠诚度。所以,作为一个员工,首先应该清楚的就是个人的工作职责。

一个不肯负责的员工会找很多借口为自己辩解,从借口上加以分析,很容易将没有责任心的员工分离出来。而一个有责任感的员工则会时时以"责任面前无借口"来要求自己,只有这样的员工老板才更愿意给他改过自新的机会。因为他们懂得为公司负责,为工作负责实则就是在为自己负责,只有肩头有重量,职业步伐才会更加沉稳、有力。

智者寄语

有些员工在工作中经常找借口为自己开脱,这样做不仅不会得到理解,反而会更加有损于他的个人形象,让老板觉得你不但缺乏责任感,而且还缺少一个员工最起码的诚信。

善始善终体现责任心

工作是个人成就人生的一个站台,要想在工作中有所成就,就应该努力培养善始善终的工作习惯。善始善终是一种工作态度,也是对工作负责的体现,更是对员工进行考核时最基本的要求之一。

工作中处处都是责任。作为员工,始终都要保持一种善始善终的工作态度。工作不论大小,拥有正确的态度是关键。面对工作,最合适的态度是让借口远离责任,更不能让责任成为自身的一种精神负担,反过来影响工作的质量。一名优秀的员工,无论在工作中遭遇怎样的困难,都会以一种平和的心态,善始善终地将该做的事情做好。即使是最后一班岗,也要站好,以积极的态度将工作做完、做好。当你履行完这份职责时,才会意识到这份职责的分量与价值。

乔治和杰克同时在一家工厂里工作。第一天上岗,经理把他们带到车间生产流水线旁,让他们跟领班学习和熟悉工作岗位,并对他们说:"你们的试用期是一个月,一个月内看你们的表现决定你们的去留。"

开始的时候,他们的工作态度都很积极,虽然每天重复简单的劳动难免使人厌烦,而且上夜班的时候要适应突然更改的作息时间,使他们不仅要聚精会神工作,还要与不时袭来的瞌睡虫做斗争,尽管辛苦,但他们仍然做得很努力。

临到试用期快结束的最后几天,他们两个人对自己通过试用期都信心百倍。但试用期的最后一天恰好是夜班,经理却在晚饭后向他们宣布说:"真的很抱歉,通过公司人事部的考察,你们两人都没能通过公司的试用,上完这个夜班,你们就可以离开了。"说完,他把这个月的工资发给他们,就走了。

辛苦工作了一个月,没想到却是这种结果!两人都呆呆地站在那里,有点不知所措。乔治说:"该去上夜班了,我们走吧。"杰克说:"你傻吗?我们已经被解雇了!还管他们那么多干什么?反正工资也已经发给了我们!"

乔治说:"可是,如果我们都不去上夜班了,那厂里的生产线怎么办?"杰克说:"你想吃亏你就去吧,我反正不去了。"

杰克离开了，乔治决定继续去上夜班，他想：这怎么能算吃亏呢，公司给了自己一个月的薪水，自己虽然被解雇了，但那是明天的事，只要在职一天，就应该将工作负责到底。于是，他就像什么都没发生一样换上工作服，去上夜班了，在工作中，他也没有因为被解雇而显露出丝毫的马虎和懈怠。

第二天一早，当乔治收拾好东西走出车间，正想着又该去找工作了，没想到经理迎了上来，他说："恭喜你，你的试用期正式结束，明天到办公楼去接受新职位的安排吧！"

乔治大惑不解，经理说："你们两个人都很优秀，但我们只能留下一位，和你的同伴相比，你对待工作善始善终的负责态度才是我们更需要的！"

在其位，谋其事，每个员工都不要对工作有丝毫懈怠。员工的责任是对老板负责，对工作负责。身为员工，你的每一点付出，不光体现在你的业绩上，更会关系到企业的整体工作形象。

作为员工，你目前的工作作风与态度决定着你未来的发展，在工作中要培养善始善终的工作习惯，不可有丝毫懈怠。当你在安逸的工作中忘却了自我警醒，开始消极怠工时，危险也就离你不远了。

优秀的员工也是肯负责任、有始有终的员工。这样的员工，老板把事情交给他时才会放心，同事与他合作时才会安心。这样的员工在接受一个新任务后，头脑里马上会有一个清晰的印象，并尽职尽责地将其完成，而后干净利落地提交给领导。属于自己的责任，他们从不逃避，在利益面前也不会十分计较个人得失，一个员工只有具备这样完善的工作态度，才能够赢得老板的赏识，改变自己平庸的命运。否则，假如你不具备这一点，自然会有一个尽责的员工来替代你。

智者寄语

工作中处处都是责任。作为员工，始终都要保持一种善始善终的工作态度。工作不论大小，拥有正确的态度是关键。

莫以借口来推卸责任

寻找借口实际上就是在推卸责任。在工作的责任和借口之间，你选择哪一种，将会直接影响到你的工作态度和自身的品格。无论是在工作中，还是在日常生活之中，那些随时都在准备逃避责任的人，多半都性格懦弱，缺少担当。人的一生要解决的事情很多，有容易简单的，也有困难复杂的，如果人人都选择简单的事情，而对困难的事情百般逃避，那么由谁来担当起人生的重担呢？只有真正有担当的人，才能在正确的人生轨迹上一往无前，而那些总是在寻找借口推卸责任的人终将碌碌无为。

在工作过程中，那些从不推卸责任的员工会主动积极地完成任务，甚至还会超前完成任务。他们还会制订详细的工作计划，认真寻找能够提高效率的方法，他们从不会拖延时间，更不会为自己尚未完成任务寻找借口。不知你是否听过三只老鼠的故事：

有三只老鼠去偷油吃，它们找到了一只很大的油瓶。三只老鼠就偷油问题专门开了个会，会议的结论是：它们每一只鼠轮流到瓶子上面去喝油。于是这三只老鼠就一个踩着一个的肩膀开始往上爬，当最后一只老鼠刚刚爬到第二个老鼠的肩膀上面的时候，突然油瓶倒了，并且惊动了人，于是三只老鼠夺路而逃。

它们逃回鼠窝，开始讨论失败的原因。最上面的老鼠说：我还没喝到油，第二只老鼠就在下面抖动了一下，推倒了油瓶。第二只老鼠说：我是抖了一下，那是因为最下面的老鼠抖动一下。最下面的老鼠说：没错，我是抖了一下，那是因为似乎听到门外有猫的叫声。最后，三只老鼠终于找到失败的原因，长叹一声："啊……原来如此。"没偷到油吃原来责任在猫。

这则寓言告诉我们，无论在什么时候遇到什么事情，每个人的第一反应都是在自身之外寻找原因，将责任推给别人，而不是积极主动地分析问题到底出在哪里，怎样才能避免这样的事情再次发生。借口成了有些人的护身符，一旦事情办砸了，就会千方百计地寻找原因，并以此来换得别人的理解和同情。

在工作中，我们不能因为事情的简单而欣喜，也不能因为事情的复杂而懊恼。无论做什么事情都要本着一种负责的态度去做，发扬永不言弃的精神。

一个人对待生活、对待工作的态度决定了他是否能够出色地完成任务。要想成就自己，首先要改变自己面对问题时的态度，否则一切都将是空谈。

乔桑有一次因工作上的失误错发给一名请病假的女工全薪。发觉了自己的错误后，他立即通知那名员工，并解释说必须纠正这项错误，要求在下个月发工资时减去这次多付的工资。那名女工说，如果这样做，她下个月的生活就将很难维持，因此请求分期扣除多领的工资，但这样做必须得经过老板的批准。乔桑知道，老板知道真相后，一定大为不满，但这件事本身就是自己的错误，自己必须在老板面前承认。

乔桑走进老板的办公室，如实向老板作了汇报。老板大发脾气，说这应该是人事部的错误，但乔桑解释是他的错误。老板紧接着又指出是乔桑办公室中同事的错误，但乔桑仍然坚持说是他自己的错。最后，老板微笑着定睛看着乔桑说："我刚才是在故意考验你。好，既然是你的错误，就按你的方案解决吧！"

在这件事情中，乔桑没有回避责任，而是勇敢地承担了一切，从此老板更加器重他了。因此，员工在遇到错误时，不要抱着侥幸心理，要勇敢地说："这是我的错！"这才是弥补过失、追求完美的必由之路，这才是赢得尊严、提升品格的唯一选择。

如果我们做错了事，不再寻找借口，而是诚恳地承认错误，往往会获得老板的谅解。虽然他嘴上会责备你几句，事实上心里已原谅了你。因为聪明的老板总是坚持向前看，珍惜过去，更注重未来。他们知道肯承认错误，就是肯担当责任的开始，只有及时改正工作中的错误，为了减少损失而制订出更完善的方案，并在执行的过程中小心谨慎，才能避免再次犯错，而只有具备了这种勇敢的担当精神，错误才能转化为宝贵的工作经验。聪明的老板怎会惩罚这样的员工呢？

常言道"责任重于泰山"。那些堂而皇之地找借口来推卸责任、拖延工作的员工，也就是那些经常在工作时慢慢吞吞、得过且过的员工，待到考核工作时总会以各种各样的借口来推卸责任，蒙混过关了事。甚至有些员工在接受任务前就表现出这种情绪，他们经常挂在嘴边的话是"我完不成任务""我不会做""我尽量完成吧"，这样的员工在老板的眼里，只能减分。

面对自己的工作，无论喜欢与否，都要以一种平和的心态尽职尽责地将其完成。这不仅是对工作负责，而且也是对自己负责。任何的消极、懈怠、抱怨都不可取，唯有把工作当成不可推卸的责任担在肩头，全身心地投入其中，才能实现人生的辉煌！

智者寄语

无论是在工作中，还是在日常生活之中，那些随时都在准备逃避责任的人，多半都性格懦弱，缺少担当。

有责任心更能赢得尊重

责任心是个人成就的筹码。一个有责任心的人,不仅在工作中能够做到有条不紊,在同事相处中也更容易给人以信赖感,只有这样才会赢得别人的尊重,也为自己赢得尊严。如果你对每一件事情都能够负起完全的责任,你就是一个可托大事的人;反之,如果你习惯于敷衍塞责,应付了事,你在别人心目中的分量也会下降。

泰勒是一家大型汽车制造公司的车间经理,手下有100多位安装技工。有一次,他带着几名员工安装一辆高级小轿车,安装完毕后,恰逢总裁和他的几个朋友到车间巡视,其中有一位正好发现了这辆小轿车安装上的失误。因为总裁在场,泰勒害怕自己被斥责,当时就把责任推给了他的下属。没想到总裁听到泰勒这样解释,更加勃然大怒,当着全车间的人,狠狠训斥了他一顿。

因为这件事,下属也对他的行为感到羞耻,泰勒在他们心目中的分量骤然降低,并且开始鄙视起他的人格,不再像从前那样信任他了,并且在工作过程中,有意无意地排斥他的管理。而公司高级管理层也开始对他有所成见,他的工作再也不能像从前那样顺利开展了,不久他便因业绩问题被公司降职。

在职场中,一个人要想赢得别人的敬重,让自己活得有尊严,就应该勇敢地承担起责任。即使没有良好的出身、优越的地位,但只要能够勤奋地工作,认真、负责地将日常工作处理好,就一定会赢得别人的敬重和支持。反之,一个人即使高高在上,却不敢承担责任,那又怎能取信于他人,获得他人的尊重呢?

云南德宏傣族景颇族自治州陇川县景罕镇有一个以景颇族为主的半山村寨,名叫广宋。从2005年开始,这个紧邻毒源地“金三角”的村寨,渐渐变成了毒品和艾滋病的重灾区。

2005年,当地州、县政府投资15万元,把广宋村列为艾滋病综合防治试点村,建起一个集艾滋病宣传教育、咨询和村卫生室于一体的综合防治点。从此,该村村医尹祖鸾的身上也多了一项沉甸甸的任务——艾滋病的预防控制,她说:“由于当时的感染基数大,单靠疾控中心的工作人员肯定忙不过来,我作为广宋村的村医,应当承担起这项任务。”

她每天走家串户,耐心地对村民进行艾滋病知识的宣传,使村民们对毒品和艾滋病的危害有了逐步的认识,开始接受抽血检测。到2005年8月底,她管辖的7个村民小组15岁至50岁的在家村民抽血检测率达85%以上,吸毒人员、孕妇、经常外出青年的抽检率达100%。

尹祖鸾常常要走十几公里的山路,只为了把药送到每一个感染者家中,通过与感染者的多次接触,尹祖鸾以拉家常的方式向他们讲解艾滋病的有关知识和预防措施,她的工作使被感染的村民们备受感动。在她所负责的感染者中,竟没有一个漏服一次药、漏打一次针的,治疗效果均为良好。

尹祖鸾的努力没有白费,自从广宋村综合防治点建立以来,村里再没有出现一例新增艾滋病病例。广宋村的艾滋病防治工作也取得了突破性进展,为全州、全省乃至全国农村地区全面开展艾滋病防治工作提供了宝贵经验。

尹祖鸾以高度责任心和爱心赢得了感染者的尊重,他们与尹祖鸾成了生活中的好朋友。

黄昏时分,尹祖鸾告别病人,背着她的药箱,走在乡村的小道上,被记者问起今后工作的打算时,她指着面前的小道说:“我已经背着药箱在这条路上走了十四年,今后还要走下去。”

尹祖鸾认真负责的工作态度,使她获得了“2009年度贝利·马丁奖”的殊荣。英国贝利·马丁基金会把这一奖项颁发给她,以此来表彰她在艾滋病防治工作中所取得的成绩。基金会发起人马丁·哥顿先生在表彰会上说:“从尹祖鸾身上,我看到了中国在预防和控制艾滋病工作中所做的努力。”

在这个商业竞争日益激烈的社会里,人们越来越敬重那些有诚信、敢担当的人。如果缺少了这些,那么商业竞争也就只能沦为投机取巧的手段了。只有具备强烈责任意识的人才能赢得别人的认同,长期的合作才成为可能。一个公司如果有了肯负责的员工,就不会缺少创新的力量,公司的发展也就指日可待了。因此,每个员工在做事过程中,都要具备一种勇于负责的精神,只有这样,才能获得别人的敬重,赢得自身的尊严。

智者寄语

一个有责任心的人,不仅在工作中能够做到有条不紊,在同事相处中也更容易给人以信赖感,只有这样才会赢得别人的尊重,也为自己赢得尊严。

重要的是对结果负责

企业老板对员工都有一个共同的期盼:希望自己的员工对结果负责。他们常会为那些只会做表面文章的员工感到烦恼。在一个工作环节中出现的一个很小的失误,如果当场解决,可能只需花费1美元,假如这个失误影响到了结果的时候,造成的损失很可能是1000美元甚至更多。因此,领导总是喜欢那些做事利落、能对结果负责的员工,因为这些员工一旦认识到眼下的行为对结果的损害,就会迅速调整做事的方法。

每个人都或多或少地会遇到一些来自工作上的挑战。有时候,领导分配给你的工作根本不属于你的职责范畴,但是老板却非要你来做这件事,并且在那里殷切地等待着结果。在这种情况下,你切不可为没有达到预期结果而为自己开脱。在你逃避、排斥这样的任务之时,可曾想过,正是因为有这些责任的磨炼才会使你在工作中不断地成长,那些成功的执行人才,都是具有强烈责任感的人。因此,当责任来临的时候,请背负起责任,对结果负责。

三星对笔记本电脑的开发要比索尼公司晚得多。但是如今,三星的新产品却活力十足,新品不断,而索尼的新产品却是“千呼万唤始出来”。

当年,索尼的笔记本电脑因为设计精巧而在市场上很畅销。三星公司为了与索尼公司的经典产品一比高下,决心开发出比索尼更轻更薄的新款笔记本电脑。

于是,三星高层向内部研发人员下了一个艰巨的任务,决定按照比索尼公司同类产品“薄至少1厘米”的高标准进行研发。尽管这在当时看来是一个几乎不可能完成的任务,但是三星的研发人员却勇敢地接受了这个挑战,经过多次反复的实验与提高,终于还是完成了这个看似不可能实现的目标。

当时主攻技术创新的陈大济，带领研发团队接受了这项艰巨的任务。适逢全球经济不景气，其他企业纷纷减缩研发经费之际，而陈大济和研发人员们却勇敢地承担起责任，并没有因为任务的难度望而却步。

他们知道，如果不能实现比索尼产品“至少薄1厘米”这样的目标，三星笔记本电脑就只能跟在索尼的后面，三星今后要想实现强大真是难上加难！于是，三星的研发人员带着特有的责任感与使命感，不断地克服技术上的难题，成功地将“不可能”变成了“可能”。

当全球最大的计算机公司戴尔看到三星的这些产品后大为吃惊，急紧派人前往采购。为此，三星顺利地从戴尔手中得到了160亿美元的采购合约，使三星一跃成为全球高端笔记本最大的企业之一。

可见，对结果负责，就是对自己负责。只有肯为结果负责的人，才能最终在各自的工作领域中创造出辉煌的成就。

智者寄语

对结果负责，就是对自己负责。只有肯为结果负责的人，才能最终在各自的工作领域中创造出辉煌的成就。

拒绝任何借口

“拒绝任何借口”看起来似乎很绝对，却是完美执行力的表现。无论做什么事情，我们都要记住自己的责任；无论在什么样的工作岗位，都要始终保持做事业的使命感。

“拒绝任何借口”是西点军校奉行的最重要的行为准则，它强化的是每一位学员想尽办法去完成任何一项任务，而不是为没有完成任务寻找任何借口。

“拒绝任何借口”不仅仅是西点军校对所有学员提出的一个口号，更是我们整个人生需要奉行的一个重要的思想理念和行为准则，它体现的是一种完美的执行能力，一种服从、诚实的态度，一种负责、敬业的精神。

安妮是公司中上班路程最远的女职员，但她总是提前20分钟到办公室，几年来从未迟到过一次。有些同事曾暗示她住得远，又得到老板赏识，迟到也不要紧。她却说：“住得远不能成为我迟到的借口，因为这是我个人的问题；老板欣赏我，也不能成为我可以晚来的理由，他赏识的是我的工作表现。”后来，安妮成为公司高层管理人员。

公司老板这样评价她：“不管我交给安妮什么任务，她总是没有任何借口地完成，这样的员工我放心。”

工作就是不找任何借口地去执行，因为再美妙的借口都于事无补。在实际的工作中，我们每个人都应当贯彻这种“拒绝任何借口”的思想。

成功者不善于编制任何借口，他们总是毫不拖延、迅速行动，而不是寻找借口，犹豫不前；他们总是把每一项工作尽力做到超出客户的预期，最大限度地满足客户提出的要求，而不是寻找各种借口推诿；他们总是为自己的行为和目标负责，并能享受自己努力的成果。

但是，在生活和工作中，我们经常会听到这样或那样的借口。借口在我们的耳畔窃窃私语，有多少人把宝贵的时间和精力放在了如何寻找一个合适的借口上，而忘记了自己的职责和责任！

借口让我们暂时逃避了困难和责任，获得了些许心理的慰藉。但是，借口的代价却无比高昂，它给我们带来的危害一点也不比其他任何恶习少。

1968年墨西哥奥运会的马拉松比赛，坦桑尼亚选手艾克瓦里吃力地跑进了体育场，他是最后一名抵达终点的选手。

这场比赛的优胜者早就领了奖杯，庆祝胜利的典礼也早就已经结束，艾克瓦里依然努力地绕完体育场一圈，跑到终点——尽管他的双腿沾满血污，绑着绷带。

恰巧，享誉国际的纪录片制作人格林斯潘目睹了这一切。在好奇心的驱使下，他询问艾克瓦里为什么这么吃力地跑至终点。这位来自坦桑尼亚的年轻人坚定地答道："我的祖国派我来到墨西哥城，为的不只是让我起跑，而是要我跑到终点。"

没有任何借口，没有任何抱怨，职责就是他一切行动的准则。

"没有借口"看似冷漠，但它却可以激发一个人最大的潜能。无论是谁，在人生中，无须任何借口。因为，再妙的借口对于事情本身也没有丝毫的价值。

战场上，借口就是无情的子弹，找借口贻误战机就会饮弹亡命；商场上，借口是钱包的漏洞，找借口错过商机就会钱财尽失。

借口是拖延的理由。我们每个人都应当贯彻"拒绝任何借口"的思想。工作中多花时间去寻找解决方案、反复试验，相信总可以找到解决办法。

借口是无能的标点。工作中没有借口，人生中没有借口，总爱寻找借口的人注定失败。

让我们拒绝任何借口，勤勤恳恳地做好每件事，才能到达成功的彼岸。

"拒绝任何借口"行动计划如下：

(1)全力以赴去实现梦想，拒绝任何借口，振作起来，相信自己！

(2)认清你已经拥有的优秀品质，完善其他的品质，抛弃你一直以来背负的心理包袱，做自己人生故事的主角。

(3)依据自己的期望创造生活，放开那些被你拉来做挡箭牌的人，不要躲在他们背后，接受自己和自己所做的一切。

(4)要认识到，对自己的行为全权负责，你的心灵会更轻松。每当你发现自己在找借口，马上要转变思维，决不为自己找替罪羊！

(5)列出你用来逃避做决定或承担后果的借口，发誓再也不用它们，然后将清单丢掉。

智者寄语

"拒绝任何借口"是西点军校奉行的最重要的行为准则，它强化的是每一位学员想尽办法去完成任何一项任务，而不是为没有完成任务寻找任何借口。

全力以赴，执行到底

李嘉诚曾经在自传中写道："做生意不需要学历，重要的是一颗全力以赴的心。"我们常听到身边有些上了年纪的人感叹说："唉！我这一生真是一无所获，事业也无所成就。"人生最大的遗憾与折磨，莫过于到了一定的年纪，事业却毫无成就。年轻时，明明有十分的力气，却只使出了一分，由于疏忽、懒惰造成的巨大缺憾，连自己也无法向自己交代。

事实证明，一个人能够在工作中创造出怎样的成绩，关键不在于其能力是否卓越不凡，也不在于外界的环境是否优越，关键在于他是否竭尽全力，并坚持到底。只要我们全力以赴，执行到底，即使所从事的只是简单而平凡的工作，即使能力并不突出，即使外界条件并不优越，仍然可以在工作中创造出骄人的业绩。

就如同“世界第一 CEO”杰克·韦尔奇所说：“干事业，实际并非依靠过人的智慧，关键在于能否全心投入，并且不辞辛苦。现实中，经营一家企业不是一项脑力工作，而是体力工作。”可见，在我们的工作中，学历和能力并不一定是最重要的，如果不能全力以赴地投入工作，就无法在职场中立于不败之地。

锋士·隆巴第是美国橄榄球运动史上一位伟大的橄榄球队教练，在他的带领下，美国绿湾橄榄球队成为美国橄榄球史上最令人惊异的球队，创造了令人难以置信的成绩。

锋士·隆巴第的信条就是：“我只要求一件事，就是胜利。如果不把目标定在非胜不可，那比赛就没有任何意义了。不管是打球、工作、思想，一切的一切，都应该非胜不可。”

他常对自己的队员说：“如果你要跟我工作，你只可以考虑三件事：你自己、你的家庭和球队，按照这个先后次序。比赛就是不顾一切，你要不顾一切拼命地向前冲！接近得分线的时候，你更要不顾一切！你无须理会任何事、任何人，没有东西可以阻挡你，就是战车或者一堵墙，甚至哪怕对方有 11 个人在等着你，都不能阻挡你，你的唯一目标就是冲过得分线！”

正是有了这种坚忍的意志和顽强的信心，绿湾橄榄球队的队员们才拥有完美的执行力。在比赛中，他们的脑海里除了胜利还是胜利。对他们而言，胜利就是赛场上唯一的目标。为了目标，他们奋勇向前、锲而不舍，没有抱怨、没有畏惧，更没有退缩，不找任何借口，不强调任何理由。

工作中，绿湾橄榄球队就是我们的指向标。全力以赴，执行到底就是我们工作的终极目标。工作就是不找任何借口地去贯彻、执行。

借口是一个人成功路上的第一块绊脚石。懦弱的人寻找借口，想通过借口逃避责任中的挑战；失败的人寻找借口，想通过借口避免承担责任；平庸的人寻找借口，想通过借口欺骗自己，让自己心安理得。无论什么样的人，只要为自己找借口，就等于为自己开启了一扇通往失败的大门。

工作中，拖延是执行的顽疾，也是我们通往成功之路的第二块绊脚石。善于作战的拿破仑非常重视“黄金时间”，他知道，每场战斗都有“关键时刻”，把握住这一关键时刻就意味着战斗的胜利，稍不果断就会导致灾难性的结局。战场上的“黄金时间”在职场中同样奏效，工作中的有利机会往往稍纵即逝，能否抓住这些机会，不仅取决于是否具有敏锐的洞察力，更取决于我们能否立刻行动、决不拖延。

毕业于西点军校的美国前总统杰弗逊·戴维斯说：“战争中，你别无选择，奔逃的退路上一样布满陷阱，潜伏着敌人，退路往往比前进的道路更加艰难。”对美国西点军校的学员来说，在战场上他们没有退路，更不得拖延。拖延意味着失败，他们必须全力以赴，勇往直前，以生命确保任务的完成。向对困难，他们唯一的信念就是不惜一切代价把任务执行到底。

全心全意、尽职尽责是敬业精神的基础。这不仅是工作的原则，也是人生的原则。

比利时有一场著名的基督受难舞台剧，著名演员辛齐格几年如一日地在剧中扮演受难的耶稣。他高超的演技与忘我的投入，常常让观众不觉得是在看演出，而是真的看到了台上再生的耶稣。

有一天，一对远道而来的夫妇在演出结束之后来到后台，他们非常想拜见扮演耶稣的演员辛齐格，并与他合影留念。辛齐格欣然地答应了他们的请求。

合影后，丈夫忽然看见一旁摆放着一个巨大的木制十字架，这正是辛齐格在舞台上背负的那个道具。丈夫一时兴起，对一旁的妻子说："你帮我拍一张背负十字架的照片吧。"

他愉快地走过去，想把十字架拿起来放到自己的背上，可他用尽力气，十字架依旧像钉在了地板上一样纹丝未动。这时他才发现那个十字架根本不是一个简单的道具，而是一个用橡木做成的十分沉重的十字架。

连续几次"抓举"失败后，丈夫不得不气喘吁吁地选择放弃。他站起身，一边擦去额头的汗水，一边对辛齐格说："道具不应该是假的吗，你为什么要每天都自讨苦吃地扛着这么重的东西演出呢？"

辛齐格笑笑说："如果感觉不到十字架的重量，我就演不好这个角色。在舞台上扮演耶稣是我的职业，和道具没有任何关系。我的职责就是全力以赴地演好角色，没有任何理由和借口。"

职场中永远没有"道具"，如果想要负起自己的责任，就要付出百分之百的努力，将任务执行到底。

很多人工作没有做好，遭到上司批评时总是一副委屈的模样，说："我已经尽力了啊！"殊不知，做任何事情要想获得好的结果，就不能仅仅是尽力而为，必须全力以赴才行。

如果我们在工作中，无论做什么事情都力求尽善尽美，不给自己留有丝毫松懈的余地，那么无论我们做什么工作，身陷怎样的困境，处于怎样平凡、底层的岗位，都能在最短的时间内获得成长和发展的机会。

智者寄语

只要我们全力以赴，执行到底，即使所从事的只是简单而平凡的工作，即使能力并不突出，即使外界条件并不优越，仍然可以在工作中创造出骄人的业绩。

第五章

会说话，训练出众的社交技巧

好口才是人生的一种重要资本

美国著名的成功学大师戴尔·卡耐基曾说:“当今社会,一个人的成功,仅仅有15%取决于技术知识,而其余的85%则取决于口才艺术。”拥有好口才,已经成为现代人成功的必备条件之一。

有一位哲人这样说:“世间有一种能力可以使人很快完成伟业并获得世人的认可,那就是令人喜悦的语言能力。”语言是人们每天生活中都要用到的,它贯穿着人的一生,是每个人赖以生存的基本工具。而好口才不仅是人们日常社会交往中所要具备的一种能力,也是人们在事业上取得成功的一个举足轻重的先决条件。在人际交往日益密切的现代信息社会,一个人想要获得成功,的确需要掌握很多种技能,“嘴皮子”功夫就是其中的一项重要技能。

世界上没有任何一个正常人不需要讲话、不需要交流,也没有任何一种工作不需要和别人打交道,而人与人之间交流思想、沟通感情,最直接、最方便的途径就是使用语言。语表人意,言为心声。语言是有效的沟通工具,是人类表达思想的载体,是人类不可或缺的成功智慧。在生活中,出色的语言交流是人们维系亲情、建立友情、追求爱情最直接的方式;在事业上,好口才是人们维护各种利益关系、扩大交际领域、提升工作能力和办事效率的重要才能;在个人成长中,出色的语言表达能力又是人们获取知识、增加个人魅力、不断提升自我的有效手段。

好口才是人生的一种重要资本,一个人事业的成功离不开好的口才,而在生活中,不当的言谈则可能导致家庭不和睦。在社会上,一个人的谈吐如何,往往决定了别人是否愿意聘用他,是否愿意与之交往,是否愿意投之以信任或是否愿意与之合作。

当今社会是一个充满竞争与合作的信息化社会,说话不仅是人们日常生活之必需,也是直接影响个人事业成败的重要因素。生意场上有“金口玉言,利益攸关”之说,工作场合有“一言定乾坤”之说,生活中有“一言既出,驷马难追”之说。可见,在现代社会中,是否能说,是否会说,的确影响着一个人的成败得失。

列宁曾经指出:“一个鼓动家就是一个善于对群众讲话,善于用自己的热情之火激发群众,善于抓住说明问题的事实的人民演说家。”好的口才可以使你获得别人的帮助,受到他人的赞赏。有这么一句俗语:“一句话使人跳,一句话使人笑。”这是前人对口才重要性的感悟。在中国的历史上,善辩之士有许多:晏子使楚,名扬千秋;苏秦善辩,穿梭六国;解缙巧对,传为美谈等。

> 张仪是春秋战国时期一位出色的游说家。据传,他初到楚国当说客时,一天,碰巧相国家丢失了玉璧,主人一口咬定他是窃贼,将其严刑拷打后逐出府门。回家后,妻子叹着气说:“你若不读书、不游说,怎么会遭到这样的奇耻大辱呢?”谁知张仪并无愠怒之色,反而问道:“我的舌头还在吗?”他的妻子说:“还在。”张仪说:“够了。”因为他懂得,只要自己的舌头还在,自己就有希望。后来,他终于凭借自己的三寸不烂之舌扶摇直上,当上了“一人之下,万人之上”的相国。

好口才更是一种取之不尽、用之不竭的财富。当今世界,良好的语言表达能力已经成为人们必备的素质之一。口才不仅仅是一门学问,还是我们赢得事业成功和生活幸福的重要资本。好口才会给我们带来意想不到的运气和财气,所以,拥有好口才,能使难成之事圆满成功,在危急关头化险为夷;拥有好口才,就能在社会交往中游刃有余,轻松地说服他人,赢得与他人合作的宝贵机会;拥有好口才,就能在商战中左右逢源,永远抢占先机;拥有好口才,能使人们充分地展示出自己的风采,处处受到他人的欢迎和关爱,得到他人永久的支持;拥有好口才,能使一个人的事业一帆风顺、锦上添花，在人生的旅途上大踏步前进。

智者寄语

世间有一种能力可以使人很快完成伟业并获得世人的认可，那就是令人喜悦的语言能力。

会说话，成就一生的财富

美国人类行为科学研究者汤姆斯曾指出："'会说话'能使人身份显赫，鹤立鸡群。那些能言善辩的人，往往受人尊敬，受人爱戴，得人拥护。它能使一个人的才学得到充分的拓展，熠熠生辉，事半功倍，业绩卓著。"他甚至断言："发生在成功人物身上的奇迹，一半是由口才创造的。"

一个人如果在社交场合中出现语言障碍或者表达能力不强，通常会被他人贬低能力，甚至被他人扭曲形象。一个人即使思想深邃得如星星般光耀生辉，即使工作勤奋得如一头老黄牛般兢兢业业，即使知识渊博得像一部百科全书般无所不知，但若缺乏良好的语言能力，成功的机遇就会比其他人要少得多，也往往难以达到自己的目标，实现自己的理想。

一个人要想在社会交往中立于不败之地，必须要掌握说话的艺术，说出的话要让人感觉如沐春风。好口才是人生的一笔大财富，它能成就你无往不胜的人生。说出的话让人喜欢，是一件既容易又不容易的事。说容易，是因为我们每个人都会说话，都知道说话要做到讨人喜欢；说不容易，是因为把握别人的心理很难。

我国某集团公司领导人出访他国，同某国外财团谈判关于合资经营新型浮法玻璃厂的问题。对方以其技术设备先进的优势漫天要价，谈判一度陷入僵局。后来，该财团所在地的市商会邀请他发表演讲，他在讲话中若有所指地说："中国是个文明古国，我们的祖先早在一千多年前就将四大发明的生产技术无条件地贡献给了人类，而他们的后代子孙从未埋怨他们不要专利是愚蠢的，相反，却盛赞祖先为推进世界科学的进步做出了杰出的贡献。现在，中国在与各国的经济合作中，并不要求各国无条件地出让专利权，只要价格合理，我们一分钱也不少给。"

这场不卑不亢的精彩演讲，赢得了与会者的赞赏，更赢得了那个国外财团在谈判中的妥协与让步，致使双方的合作得以实现。

好口才常常会给一个人带来美好的人生，成就一个人一生的财富。美国人早在20世纪40年代就把"会说话、金钱、原子弹"看作是在世界上生存和发展的三大法宝；20世纪60年代以后，又把"会说话、金钱、电脑"看成是最有力的三大法宝。"会说话"一直独冠三大法宝之首，足以看出"会说话"的作用和价值。

一些人之所以能够成功，除了拥有睿智的头脑之外，还有一套"会说话"的本领，是这种本领帮助他们在取得财富的旅途中顺风顺水。

美国房地产巨商霍尔默先生一次承接了一笔令他烦恼的房地产生意。这块土地虽然靠近火车站，交通便利，但它紧挨一家木材加工厂，电锯的噪音干扰令人难以忍受，几次都因此而导致洽谈失败。

后来，霍尔默经过全方位严肃、细致的考察后，又找了一位想购买地皮的顾客。这次，他改变以往的做法，直截了当地向该顾客说明："这块土地处于交通便利地段，比起附近的土地,价格便宜得多。当然,这块土地之所以没有高价卖出,是因为它紧邻一家木材加工厂,噪音较大。"

霍尔默见顾客一言未发,就继续说:"除了噪音之外,它的交通地理条件和价格标准均与您的要求非常符合,确实是您理想的置业之所。"

没过多久,该顾客在霍尔默的带领下到现场参观调查,结果顾客非常满意。他对霍尔默说:"上次你特别提到有噪音问题,我还以为很严重,那天我去观察了一下,发现那种噪音对于我来说根本不算什么问题。我以前住的地方整天都有重型卡车来往不绝,可这里的噪音一天总共只有几个小时。总体上来说,我很满意。你这个人挺老实,要换上别人或许就会隐瞒这个事实。你这么如实相告,反而使我很放心。"于是,这项业务便轻松地谈了下来。

会说话是打开成功大门的一把金钥匙,可以给自己带来意想不到的效果。会说话的能力可以成就一个人一生的财富!

智者寄语

一个人即使思想深邃得如星星般光耀生辉,即使工作勤奋得如一头老黄牛般兢兢业业,即使知识渊博得像一部百科全书般无所不知,但若缺乏良好的语言能力,成功的机会就会比其他人小得多,也往往难以达到自己的目标,实现自己的理想。

会说话是成功的有力法宝

语言是人们交流思想和情感的主要工具,说话的方法可以决定人们彼此间交流和沟通的成效。因此,不论一个人所从事的工作是何种性质,说话的方法都是促成其事业成功的重要因素之一。一个人想成就人生的梦想,就不能不具备能说会道的本领,而不善言辞或尽说废话、空话、套话的人,必然不会有多大的成就。

在如今社会中,语言能力作为一项基本技能,不仅能起到传递信息的作用,还能够体现一个人的修养、知识、魅力等,所以说,我们应当掌握能说会道的方法和技巧。在人际交往中,掌握正确的说话方法,不仅能使我们准确地判断自己的想法是否合情合理,同时也能让别人对我们有一个深刻的印象。如此日积月累,自然能在人群中树立起自己良好的声誉,这和我们事业的成败有着密不可分的关系。

我们每天都要处理很多事情,或者这件事情和自己有直接关系,或者那件事情与自己的身边人有关,如果处理得不好,就会让我们的生活陷入被动的局面,如果拥有了良好的口才,这一切就会变得十分容易,会让我们的生活、工作、事业如虎添翼,锦上添花。

1940年,正是美、英、苏等国家共同抗击纳粹德国的关键时刻。英国处在欧洲反法西斯的最前线,由于黄金已经枯竭,根本无力按照"现购自运"的原则从美国手中获取军事装备。作为英国的重要盟友,罗斯福深知唇齿相依的道理。在反法西斯战争旷日持久的情况下,英国一旦被纳粹击溃,让希特勒得势,势必会严重威胁到美国的利益。美国全力支持英国也是理所当然的事情。

但是,美国国会一些目光短浅的议员们只盯着眼前的利益,丝毫不去关心反法西斯盟友和欧洲糟糕的战局。罗斯福认为应该说服他们,使《租借法》顺利通过,全力支持英国。为此,在12月17日,罗斯福特别举行了一个意义重大的记者招待会。

在这个招待会上，罗斯福在简要介绍了《租借法》以后，紧接着用浅显的比喻来说明了他的想法："尊敬的女士们、先生们！假如我的邻居家失火，在数百英尺外，我拥有一条浇花的水管，要是赶紧借给邻居拿去接上水龙头，就可能帮他灭火，以免火势蔓延到我家。但是，在借出前要不要跟他讨价还价？'喂，朋友，这条管子得花15美元，你得照价付钱的。'此时，十万火急，邻居哪能去找钱？我想，还是不要他15美元为好，只要他灭火之后原物奉还即可。如果灭火后水管还好好的，他会连声道谢；如果他把东西弄坏了，他得照赔不误，我也不会吃亏的。"

罗斯福总统的这一比喻，浅显易懂，顷刻间语惊四座，并经由新闻媒体报道，传遍全球。此番妙语不仅说服了议员们无条件支持《租借法》在全国顺利通过，而且还赢得了丘吉尔和斯大林等反法西斯国家首脑的高度评价。

很多时候，一项事业的成败，往往会在一次谈话中获得定论。如果我们出言不慎，那么，将不可能获得别人的同情、别人的合作、别人的帮助。无数成功者的事实表明，敢于当众讲话，善于说话，是成功事业的催化剂，它直接关系事业的成败。

加州储藏室设计改装公司的创始人尼尔·鲍尔特曾经碰到过这样一件事：

一天，他在公寓前拦下一辆出租车，坐上座位后，友善的司机便跟他攀谈起来。

"您住的这个公寓真的很漂亮。"司机说。

"嗯，是的。"尼尔·鲍尔特心不在焉地说。

"我敢打赌，您的储藏室很小。"他很有把握地说。

听他这么一说，鲍尔特顿时来了兴趣："你说得不错，它确实很小。"

"那您有没有听说过给储藏室进行重新改装呢？"司机问道。

"啊，我听说过。"

"事实上，开出租车只是我的业余工作，我真正的工作就是按照客户的要求为他们重新设计改装储藏室，以充分而有效地利用储藏室的空间。"

接着，司机问鲍尔特有没有想过对家里的储藏室进行改装。

"这倒没想过，"鲍尔特答道，"不过我确实希望储藏室的空间能再大点。我听说有一家著名的公司也在做这种生意。"

"您说的是加州储藏室设计改装公司吧，那确实是一家大公司。不过，他们能做的，我也一样能做，而且价钱还要比他们便宜得多。"他接着说："您可以打电话给加州储藏室设计改装公司，就说您需要对储藏室进行改装，他们会派人来进行估价。等他们估好之后，您让他们留一份设计图纸，他们一开始肯定不会同意，不过，您就说是把图纸给您的妻子看，以征求她的意见，他们就会给您留下设计图纸，然后，您打电话给我，我保证可以和他们做的一样，而且价钱要比他们便宜30%以上。"

"听起来真是太有趣了。这是我的名片，如果你愿意光临我的办公室，我们可以好好谈一谈。"鲍尔特笑着说。

司机接过名片一看，惊讶得差点把车开到路边的小河里。

"哦，上帝，"他惊叫道，"您就是尼尔·鲍尔特！加州储藏室设计改装公司的创始人！我曾经在电视上见过您。当初就是因为觉得您的计划和想法非常好，我才做起这一行的。

"我刚才就应该认出您的，真是对不起，鲍尔特先生，我刚才的意思并不是说你们公司的价格太贵，我也不是说……"

"别激动，我很喜欢你的风格和口才。你非常聪明，而且非常有进取心，我很欣赏这一点。你知道乘客都是你忠实的听众,因为他们不得不听你的宣传。这样做是需要很大勇气的。为什么不来找我呢?"

这位善谈的司机最后加入了鲍尔特的公司,并且还成为了公司最优秀的业务员之一。

俗话说,一手漂亮字,一口漂亮话,是人出门在外的两块"敲门砖"。要想提高人生质量,就需要提高说话水平。语言是人际交往中最重要的工具,更是人际沟通中最不可缺少的工具。提高说话水平,掌握语言艺术,已发展成为如今成功人生的必修课。

智者寄语

在人际交往中,掌握正确的说话方法,不仅能使我们准确地判断自己的想法是否合情合理,同时也能让别人对我们有一个深刻的印象。如此日积月累,自然能在人群中树立起自己良好的声誉,这和我们事业的成败有着密不可分的关系。

说话适宜,彰显个人魅力

有句俗话说:"话说得适宜,如同金苹果落在银网子里。"不论是谁说话,都要看场合、看环境,要说得恰到好处、恰如其分,这样才能起到好的作用,产生事半功倍的效果,这就叫会说话。不会说话的人,随心所欲地讲话,不注意环境场合,冒失开口,说话生硬,恨不得呛死人。人们常说,小事也能成大事,没事也能有事,那些不合宜的话就好比火上浇油、雪上加霜,让听见的人火气更旺或心里更凉。

说话是一门艺术,更是一笔财富。生活中,会说话的人能把普通、平常的话题讲得引人入胜,嘴笨口拙者即使讲的内容再好,听起来也会觉得索然无味;会说话的人能把某些建议一说就通,而不会说话者却连诉说的对象都没有。在某种情况下,好嘴确实能比好胳膊、好腿创造出更大、更多的价值。

有一次,齐宣王招贤纳士,号召天下人向他推荐德才兼备之人。一个叫淳于髡的人,在一天内居然向齐宣王推荐了七个人。一开始,齐宣王还很高兴,毕竟这充分显示出了自己的威严,他的号召受到了很多人的响应。不过高兴之后,齐宣王也对这些贤士产生了一些怀疑。于是,齐宣王就把淳于髡叫来,对他说:"先生,我想请教你一个问题。我听说,能在方圆千里的范围内找到一位贤人,那么贤士就如并肩而立一样多了;倘若百里就能出一位圣人,那么圣人也如接踵而至一样多了。可是仅在一天的时间里,你就向我推荐了七个贤人,如此看来,德才兼备的人岂不是遍地皆是了吗?"

淳于髡笑了笑,说道:"大王,请听我慢慢说。俗话说:'物以类聚,人以群分。'一样的鸟,总是栖息、聚集在一起;一样的野兽,也总是行走、生活在一起。如果我们走到低洼或潮湿的地方去寻找柴火、棉梗这些东西,别说是短短几天时间,就是一年半载或是花上几辈子的时间也不会找到;但是如果去山上找,那就多得不得了。万物皆有灵气,都是以同类相聚。我素来只和贤才为伍,所以我的朋友个个都是德才兼备、性情高尚、才智非凡的人。您要是在我的这条河里舀水,就好比是在火石上取火一样,轻而易举,取之不尽。今后向您推荐的又何止这七个呢?"

淳于髡的一席趣谈,既轻松地消除了宣王的疑团,又表明了自己贤士和伯乐的身份,从而增强了宣王对自己的信任,使人不能不佩服他的辩才。

说话是一门讲究技巧的学问，要根据对方的胃口“看人下菜碟”，遇到喜欢吃甜的人就稍微加点糖，喜欢吃辣的就来点辣椒，总之就是要看情况和场合酌量添加合适的味道。一个人在说话之前不仅要想好该怎么说，而且要考虑到说出来之后会产生怎样的效果。

无论一个人多么聪颖、接受过多么高等的教育、拥有多么雄厚的资产，如果他无法流畅地、恰当地表达自己的思想，也就无法真正实现自己的价值。懂得说话技巧的人，到处都会受人欢迎。他们能够使许多素不相识的人携起手来，成为朋友；他们能够为人们排忧解难，消除疑虑和误会；他们能够安抚人们烦闷的心灵，教会他人勇敢地面对现实；他们能够鼓励悲观厌世的人，使其微笑着迎接新生活。

语言交际的过程是一个信息交换和传递的过程，说话既简单，又复杂。说它简单，是因为刚学会说话的孩子也能表达自己的意思；说它复杂，是因为要想把话说得恰到好处，需要博学多识和敏锐的观察力，不仅要有自己独特的思想和见解，而且应该掌握语言交际中应用得最直接、最广泛、最普通的艺术技巧。

说话的人必须坚持“话由旨遣”的原则，始终瞄准目标，注意信息输出和反馈的情况，控制好自己的语言表达，一旦发现偏离目的或目的中途转换，就要赶紧控制和调整。有目的性和针对性，是说话取得成功的首要条件。夸夸其谈，天花乱坠，想通过自己的“口才”来刻意显示自己的身份，往往只会得到相反的结果。

智者寄语

人们常说，小事也能成大事，没事也能有事，那些不合宜的话就好比火上浇油、雪上加霜，让听见的人火气更旺或心里更凉。

练就语言表达能力，赢得辉煌人生

口才是人们左右逢源的法宝，是打开心灵之窗的金钥匙。优秀的语言表达能力是现代人所必须具备的素质之一，好的口才能为你带来一生的运气与财富。拥有好口才，就相当于拥有了辉煌前程的敲门砖。

一个人不会说话，不是因为他不够聪明，而是因为他不够善解人意，猜不出别人需要听什么样的话。如果你能够像一个侦察兵一样看透别人的心理活动，见到什么人就说什么话，就能够领略到说话的力量究竟有多大了！

早在春秋战国时期，口才便得到了前所未有的重视。那是一个诸侯争霸、连横合纵、英雄辈出的时代，更是一个练就一张巧嘴便能生存的时代。“三寸不烂之舌，强于百万之师”，就是从那个时候开始流传开来的。战国时期著名的纵横家苏秦与张仪之所以能够名垂千古，就是因为他们说话的水平超凡脱俗。

从事童军教育工作的爱德华·查利弗先生有一次为了赞助一名童军参加在欧洲举办的世界童军大会急需筹措一笔经费，于是他前往当时美国一家数一数二的大公司，拜会其董事长，希望董事长能解囊相助。在这之前，爱德华听说那位董事长曾开过一张面额100万美金的支票，后来那张支票因故作废，那位董事长还特地将它装裱起来，挂在墙上以做纪念。

爱德华一踏进那位董事长的办公室就要求参观一下这张装裱起来的支票。爱德华告诉他，自己从未见过任何人开过如此巨额的支票，很想见识见识，好回去讲给那些小童军们听。董事长毫不犹豫地答应了爱德华的请求,并将当时开那张支票的情形详细地说给爱德华听。董事长说完他那张支票的故事,未等爱德华开口,就主动问爱德华:“对了,你今天来找我,是为了什么事?”于是爱德华才一五一十地说明来意。

出乎爱德华的意料,董事长不但答应了他的请求,而且还同意赞助五名童军去参加该童军大会,并负责全部开销,另外还亲笔写了封推荐函,要求欧洲分公司的主管向他们提供所需的一切服务。

当时若非爱德华事前知道董事长的兴趣所在,一见面就投其所好,引他打开话匣子,事情恐怕就没那么顺利了。

练习口才、提高说话水平是每个人的必修课。随着传播手段的日益现代化、社会竞争的日趋激烈化以及人与人之间关系的复杂化,在社会生活的各个方面,说话的水平都起着举足轻重的作用。一个人的说话水平代表了他所拥有的力量,能说会道的人往往容易被人尊敬,而口才差的人则容易被人遗忘。说话是人的一种基本能力,而语言能力必须通过训练才能获得。

曹操的儿子曹植颇有才华,但在曹操认识到这一点之前,他已经立了另外一个儿子曹丕为太子。因此,曹操有心废了曹丕改立曹植为太子。

有一次,曹操无意中将此事向贾诩提起,贾诩听完后一言不发。

曹操见贾诩不说话,便问道:“对此,你有什么想法?”

贾诩回答:“我现在正在想一件事情。”

“什么事呢?”曹操接着问道。

贾诩答:“我是在想袁绍、刘表废长立幼而招致灾祸的事。”

话音刚落,曹操就哈哈大笑起来,立刻明白了贾诩的意思。之后,对于废除太子一事也就再也没有提起过。

贾诩是个聪明人,他知道如果直接反驳曹操,不仅可能改变不了他的想法,而且有可能为自己带来杀身之祸。因此,他说了另外一件废长立幼而招致灾祸的事,让曹操了解自己心中所想,既没有让曹操大怒,又达到了目的,一举两得。

一副好口才可以发挥巨大的作用。从谈判到合作,从竞争到妥协,从干戈到玉帛,再从对立到友善,这种种过程无不需要好口才的帮忙。不过,好口才的标准是怎样的呢?很简单:把握说话时的态度,调整表达时的情绪,有效地引出和结束话题,展示自己的风采和气度,给人留下良好的印象。

要想取得人生的成功,就必须努力提高自己的说话水平,掌握高水准的语言技能。任何人都不可能是天生的语言大师,所以说话技巧只能是在学习中不断提高,在实践中不断增强。只要掌握了其中的方法和技巧,任何人都可以自如地驾驭语言,成为真正会说话的人,从而得以潇洒、从容地与他人交流,通过说话的本领来为自己赢得人生的辉煌。

智者寄语

优秀的语言表达能力是现代人所必须具备的素质之一,好的口才能为你带来一生的运气与财富。拥有好口才,就相当于拥有了辉煌前程的敲门砖。

谈吐优雅,可以给人留下好印象

小说家亚诺·本奈曾说:“日常生活中大部分的摩擦和冲突都起因于恼人的声音、语调以及不良的谈吐习惯。”语言是社会交际的工具，是人们表达意愿、思想和感情的媒介和符号。语言也是一个人道德情操、文化素养的反映。在与他人的交往中，如果能做到言之有礼、谈吐优雅，就会给人留下良好的印象；相反，如果满嘴脏话，甚于恶语伤人，就会令人反感、讨厌。谈吐的缺陷可能导致个人事业的不幸或损及所属机构的荣誉与利益。

哈佛大学前任校长伊立特说过：“在造就一个有教养的人的教育过程中，有一种训练是必不可少的，那就是优美而高雅的谈吐。”谈吐作为一门艺术，是个人礼仪的一个重要组成部分，谈吐的基本原则是：诚恳亲切的态度、大小适宜的声音、平和沉稳的语调以及对他人的尊重。善于说话的人，不但能使不相识的人见了他们产生良好的印象，并且能广结人缘，到处受欢迎。

谈吐礼仪要求称呼和交谈内容得当；注意语言文明、语气诚恳、语调柔和、语速适中、吐字清晰；多用尊称、敬称，少用爱称、昵称、别称，尽量不要直呼其名。交谈内容要使对方感到自豪、愉快、擅长和感兴趣，要格调高雅、欢快轻松，不要涉及对方的弱点和个人隐私。许多人说话的本领不很高明，是因为他们不曾把谈话当作一门艺术，不曾在这门艺术上下过功夫。他们不肯多读书，不肯多思考。他们说话，宁肯随便用粗俗的语句，也不肯三思而后言，将自己的意思用文雅、优美的语言表达出来。

在社会生活中，会说话或不会说话的区别就在于说出的话中听不中听，所谓的“中听不中听”，很多时候就表现在说话是否文雅之上。同样一个意思，表达的方式不一样，得到的效果就可能会相去千里。

有这样一个故事：一对父子在街上卖便壶，父亲在南街卖，儿子在北街卖。在儿子的地摊前，有人嫌便壶大了些，儿子马上接过话茬：“大了好啊！装的尿多。”儿子的话让人听了觉得不顺耳，那人便扭头离去。

在南街，父亲也遇到有人嫌便壶大的情况。但父亲只要听到有人说便壶大，他就会轻声地接一句：“大是大了些，可您想想，冬天夜长啊！”顾客听了，都会意地点点头，一桩桩生意就这样轻松地做成了。

父子两人在一条街上做同一种生意，结果迥异，原因就在于儿子说出的话不中听，而父亲把原本隐秘的事婉转地表达出来，既无强卖之嫌，又富于启示性，拉近了自己与顾客之间的距离，自然会获得人们的认同。

现实生活中，一些人习惯与别人唱反调，不管别人说的有没有道理，他们都要反对，以显示自己的高明。其实，他们可能一点自己的意见都没有，不过他们的惯性思维就是：别人说“是”，我就要说“否”。这样得罪人的习惯，他们每天都在做，却因为少有反省而不自知。

会说话的人知道自己在任何时候都不能自以为是，不认为自己凡事都能而且应该占上风。没有人能在所有方面超过他人，就算自己真的在某些方面比其他人高明，但傲慢无理的态度也是要不得的。完全不考虑对方的感受，不给对方留一点余地，非要把对方逼到无路可走才善罢甘休的人，通常也是不能成功的。

很多人才华横溢，就因为一张嘴，处处出风头，事事不饶人，睚眦必报，导致了自己的才华被自己的一张管不住的嘴所掩盖。其实，说话需讲究措辞文雅，态度自然，同时还需要处处显示你的善意。唯有充满温暖的话语，才能够引起他人的注意；假使你说的话是冷淡而寡情的，则只会引起他人的反感。

要明白，生活中平常谈论到的话题绝大部分都没有绝对的评判标准，每个人对这些问题的看法都没有对错之分，所以，我们根本就没有权力把谁的观点“打入冷宫”“判死刑”，甚至与此人从此“老死不相往来”，即使有能力指出别人观点的不妥之处，也应该选择一种更加委婉的方式表达出来。

智者寄语

在社会生活中,会说话或不会说话的区别就在于说出的话中听不中听,所谓的"中听不中听",很多时候就表现在说话是否文雅之上。同样一个意思,表达的方式不一样,得到的效果就可能会相去千里。

说话要从对方角度出发

不少人在生活中常有这样的困惑:为什么有的人无论走到哪里,也无论在什么样的环境中,总能谈吐得体,赢得别人的好感;而自己与他人交谈,常是话不投机,有时甚至不欢而散?这其中的原因固然有多种,但有两个不可忽视的问题:交谈是否从对方角度出发?话语是否入耳入心?

一个人如果想让别人有兴趣和自己交谈下去,一个屡试不爽的技巧就是:谈论对方感兴趣的话题。因为每个人潜意识里都在寻找一种"自我重要感",当你和对方沟通的时候,谈论他感兴趣的事,他会有一种被认同的感觉,从而就会对你产生好感。

在交流的过程中,如果不注意谈话的方式,很容易陷入僵局。想在社会圈子里如鱼得水,必须注意说话的方式,在交流的时候避免夸夸其谈,在学会倾听的时候多站在对方的角度去想,不管是赞扬还是安慰都要换个角度。

有一次,正在为明天的会议做准备的比尔·盖茨突然收到一个邮件,邮件的内容是:"我们取消明天11点钟的会议吧,大家都想利用这段时间来准备星期二的会议,怎么样?"虽然盖茨很辛苦地把会议所要用的资料全部准备好了,但是考虑到星期一大家都比较忙,若是星期一开了会,那星期二的会议就会受到影响,于是他就很爽快地答应了:"就按照大家说的办吧!"发邮件者如果不是站在大家的角度思考,盖茨是不会这样轻易地答应的。

把话说到别人的心坎上,就会发现,当站在别人的角度上考虑问题时,说出的话会起到更好的沟通作用。

艾德华·海瑞曼退伍后,很想到范克豪斯的公司里去上班,但是,范克豪斯非常讨厌那些找工作的人。经过了解,海瑞曼发现范克豪斯最大的兴趣就是权力和金钱,而且他有一位很精明、严肃的秘书。在研究了那位秘书的兴趣和目标后,海瑞曼就直接去拜访她。见到范克豪斯的秘书后,海瑞曼诚恳地称赞她说:"在范克豪斯的成功中,你扮演着极具建设性的角色。"

海瑞曼投其所好的方式取得了效果,这句话让范克豪斯的秘书听了很受用。这之后,当海瑞曼告诉她,他有个建议要给范克豪斯,并且这个建议可能使范克豪斯在经济和政治上一举两得时,秘书更加感兴趣了,于是她很快就安排海瑞曼去见范克豪斯先生。

当海瑞曼一走进范克豪斯那硕大的办公室时,就决定不直接说出找工作的事了。

范克豪斯坐在一张雕刻的大桌子后面,对海瑞曼吼道:"什么事啊,年轻人?"海瑞曼回答说:"范克豪斯先生,我相信我能为您赚更多的钱。"范克豪斯马上站了起来,请海瑞曼到一张大沙发上坐下。海瑞曼一一地说出了他的构想、自己的条件和资历,而且说明这些对范克豪斯的事业和对自己的成功会有多大的贡献。经过对海瑞曼的了解，范克豪斯最终雇用了他。

让一个目空一切、特别讨厌那些找工作的人的大老板能够坐下来和一个一文不名的年轻人交谈，进而雇用了他，其原因就在于海瑞曼一开口就谈到了范克豪斯最感兴趣的话题，这起了决定性的作用。

许多人都习惯站在自己的角度、按照自己的思维说话，不去体察对方的内心，不去考虑自己说的话会给对方带来什么样的感受，这样即使并无恶意，甚至出于礼貌和好心，也可能"恶语伤人六月寒"。要想做一个让别人喜欢的、有魅力的人，就要记住，多谈论别人感兴趣的话题。

要让自己说出的话受人欢迎，令听者顺耳、顺心，不仅要注意说话的方式和口吻，而且要站在对方的角度，体察对方此刻的心境，考虑对方可能的感受，真正做到"良言一句三冬暖"。学会换位思考，总是站在别人的角度上说话，把说话的重点放在对方感兴趣的话题上，激起对方交谈的欲望，往往会令对方十分感动。这种说话方式不仅可以使一个人的语言更加富有感染力，也会让自己更快赢得他人的信任和好感。

智者寄语

一个人如果想让别人有兴趣和自己交谈下去，一个屡试不爽的技巧就是：谈论对方感兴趣的话题。因为每个人潜意识里都在寻找一种"自我重要感"，当你和对方沟通的时候，谈论他感兴趣的事，他会有一种被认同的感觉，从而就会对你产生好感。

多说对方得意之事

赞美是一门语言艺术，如果你想使自己的赞美深得人心，就一定要找到那把打开人心的钥匙。赞美的方式不止一种，钥匙也不止一把，其中，"多谈对方的成就和得意之事"这把赞美钥匙无疑是众多钥匙中最灵的一把。

人总是喜欢被赞美的。现实生活中，无论是与朋友还是与客户交谈，不妨多谈谈对方的得意之事，这样容易赢得对方的好感。每个人都有自己感兴趣的事物或话题，每个人也根据不同的人生阅历或多或少有一些成就。语言高手懂得寻找到他人的成就和得意之事，积极主动地以这些事作为话题，不动声色地夸人于无形。

心灵导师和成功学大师卡耐基说过一段很具启发意义的话："你要是真心地对别人感兴趣，两个月内你所交的朋友就能比一个光要别人对他感兴趣的人两年内所交的朋友还要多。"与人沟通，要善于寻找拉近彼此距离的话题，也就是寻找共同语言。有了共同语言，双方才能谈得起来，才有接触的兴致，进而达到沟通的目的。

美国著名的柯达公司的创始人伊斯曼捐赠巨款在罗彻斯特建造了一座音乐堂、一座纪念馆和一座戏院。为承接这批建筑物内的坐椅订单，许多制造商展开了激烈的竞争。但是，找伊斯曼谈生意的商人无不乘兴而来，败兴而归。在这样的情况下，"优美座位"公司的经理亚当森闻讯前来会见伊斯曼，希望能够得到这笔价值9万美元的生意。

伊斯曼的秘书在引见亚当森前，就对亚当森说："我知道您急于得到这批订货，但我现在可以告诉您，如果您占用了伊斯曼先生5分钟以上的时间，您就完了。他是一个很严厉的大忙人，所以您进去后要快快地讲。"亚当森微笑着点头称是。

亚当森被引进伊斯曼的办公室后，看见伊斯曼正埋头于桌上的一堆文件，于是静静地站在那里仔细地打量起这间办公室来。

过了一会儿，伊斯曼抬起头来，发现了亚当森，便问道："先生有何见教？"

秘书把亚当森作了简单的介绍后便退了出去。这时，亚当森没有谈生意，而是说："伊斯曼先生，在我等您的时候，我仔细地观察了您这间办公室。我本人长期从事室内的木工装修，但从来没见过装修得这么精致的办公室。"

伊斯曼回答说："哎呀！您提醒了我差不多忘记的事情。这间办公室是我亲自设计的，当初刚建好的时候，我喜欢极了，但是后来一忙，一连几个星期我都没有机会仔细欣赏一下这个房间。"

亚当森走到墙边，用手在木板上一擦，说："我想这是英国橡木，是不是？意大利的橡木质地不是这样的。"

"是的，"伊斯曼高兴得站起身来回答说，"那是从英国进口的橡木，是我的一位专门研究室内橡木的朋友专程去英国为我订的货。"

伊斯曼心情极好，便带着亚当森仔细地参观起办公室来了。

他把办公室内所有的装饰一件件地向亚当森作介绍，从木质谈到比例，从比例谈到颜色，从颜色谈到价格，然后又详细介绍了他设计的经过。

亚当森饶有兴致地微笑着聆听伊斯曼的讲解，并不时地点头附和，看到伊斯曼谈兴正浓，便好奇地询问起他的经历。伊斯曼便向他讲述了自己苦难的青少年时代的生活，母子俩在贫困中挣扎的情景，自己发明柯达相机的经过，以及自己打算为社会所作的巨额捐赠……

亚当森由衷地赞扬了他的成就和功德心。结果，亚当森和伊斯曼谈了一个小时又一个小时，一直谈到中午。

最后伊斯曼对亚当森说："上次我在日本买了几张椅子，放在我家的走廊里，由于日晒，都脱了漆。昨天我上街买了油漆，打算自己把它们重新油漆好。您有兴趣看看我的油漆表演吗？好了，到我家里和我一起吃午饭，再看看我的手艺。"

午饭以后，伊斯曼便动手，把椅子一一油漆好，并深感自豪。直到亚当森告别的时候，两人都未谈及生意。

最后，亚当森不仅得到了大批的订单，而且和伊斯曼结下了深厚的友谊。

心理学家证实：心理上的亲和，是别人接受你意见的开始，也是转变态度的开始。一个人一旦感觉到自己的价值被他人认同时，总会喜不自胜，在此基础上，别人再提出请求，他自然就会爽快地答应下来。由此可知，要想在求人办事的过程中取得成功，一个行之有效的方法就是给予对方真诚的赞美。

卡耐基说："即使你喜欢吃香蕉、三明治，也不能用这些东西去钓鱼，因为鱼儿并不喜欢它们。想钓到鱼儿，必须下鱼饵才行。"谈话，也要善于挑选"鱼儿"喜欢吃的"鱼饵"。人在潜意识里都希望自己能够成为众人瞩目的焦点，我们只要抓住人性的这一特点，在交谈中就很容易深得人心。

智者寄语

每个人都有自己感兴趣的事物或话题，每个人也根据不同的人生阅历或多或少有一些成就。语言高手懂得寻找到他人的成就和得意之事，积极主动地以这些事作为话题，不动声色地夸人于无形。

说话是社交的窗口

有人说,人的思想犹如禁锢在笼子里的狮子,而笼子的钥匙就是语言,不将它释放出来,就无法发挥其王者的力量。意思就是说人的思想需要表达,需要与别人交流。人与人之间交流的方式很多,可以是文字、表情、手势、动作,但更多更普遍甚至作用更大的则是语言。

当众说话的水平对个人价值的实现、人生取得成功的作用是难以估量的。管子说:“心司虑,虑必顺言,言得谓之知。”也就是说,心主管思想,思想由言语来表达,表达出来别人就知道了,这就是思想交流了。在这个熙来攘往的世界上,利益总是随着人的愿望和思想而流动,而表达愿望和思想的基本工具便是语言,那些说话水平高超的人大都伶牙俐齿、巧舌如簧,能把各种愿望和意思恰到好处地表达出来,能把各种利益顺理成章地聚拢到对自己有利的方向上来。

民谚有云:“与君一席话,胜读十年书。”生活在社会中的人,思想是千差万别的,对人、对事、对问题的认识,不可能都完全正确,通过语言这一工具,便可以与别人切磋、沟通、交换意见,在不断的修正中,获得正确的认识。这样,自己的思想就会进步,境界就会提高,同时,也能被他人充分地了解和认识,从而获得各种人生的良机。

列宁是一个善于与群众进行思想交流的人,《列宁传》中有这么一段记载:

1921 年,列宁来到高尔基城的一个小乡村,他走进了草房……然后开始和农民谈话。他们先是像朋友间那样风趣地谈日常琐事。这一切,作为题材,对他都是有用的。然后,列宁就势站起来开始用通俗的语言清楚地把新经济政策告诉给农民。农民之所以倾听,是因为他们看到这个人确实是为他们开辟了“一个新的未来,一个幸福的生活”。

列宁在同农民的交流中,使自己的思想得以表达,调动了农民革命生产的积极性,同时又获知了农民的要求,为制定更完美的经济政策提供了宝贵的实践资料。

1953 年 7 月,古巴革命领袖卡斯特罗率队攻打蒙卡达兵营失败而被捕,当年 10 月,他在为自己作的题为《历史将宣判我无罪》的长篇辩护中,慷慨激昂,有理有据,使审判者无言以对。结果,卡斯特罗反而从被告变成了原告。他结尾的那句“历史将宣判我无罪”,突显了自己生命的价值,成为了人们交口称颂的名句。

林肯说:“即使年纪一大把,经验一大堆,如果无话可说,也免不了要为此难为情。”语言是人类最重要的交际工具,它同思维有着密切的联系,是人类表达思想的手段,也是人类社会最基本的信息载体;它与人的社会生活息息相关,无处不在;它可以拉近人与人之间的距离,促使人们加深感情,增长知识,使生活更加充实、精彩。

语言是一种纽带。任何一种语言,除了具有表情达意的功能之外,都还能起到消除误会、拉近距离、增进相互了解的作用。语言还是一扇窗口,不同国家、不同民族的人们,通过互相学习语言,不仅能够走进彼此的心灵,而且能够掌握更多的知识,欣赏更多的美景,了解更为广阔的世界。

当今社会,口才已成为现代人必备的重要才能。将语言这门工具使用得游刃有余,必将使你在社会交往中如虎添翼、大显身手,由此创造出更精彩的人生。

练就好的口才不但可以提升你在众人心目中的地位和形象,使你在复杂的人际关系网络间游刃有余,更重要的是可以为你的工作提供帮助,使你在工作中得到晋升的机会,让你一步步达到事业的顶峰。

智者寄语

语言是一种纽带。任何一种语言,除了具有表情达意的功能之外,都还能起到消除误会、拉近距离、增进相互了解的作用。语言还是一扇窗口,不同国家、不同民族的人们,通过互相学习语言,不仅能够走进彼此的心灵,而且能够掌握更多的知识,欣赏更多的美景,了解更为广阔的世界。

找对话题,才能敞开心灵之门

人与人之间的交流是双方的沟通,最忌讳的是其中一方始终沉默不语。如何打开对方的话匣子,激起对方的谈话欲望,是有效沟通的基础。同陌生人说话,由于双方素不相识、互不了解,如果不注意讲话方式,交谈起来就会很困难。因此,找对合适的话题,激起对方的谈话欲望,就能使双方融洽自如。

乔治·盖洛博士有一句名言:"你向对方发问时,对方首先想到的事情是'为什么他想知道这件事?'"其实,人们正是通过提问来使得自己对别人的需要、动机以及正在担心的事情有了一定的了解,有了这样的答案,他人的心灵大门也就对你敞开了。

如此一来,无论问得对不对,总会引起对方的话题。问得对,可以依原题顺水推舟;问得不对,根据对方的解释又可急转直下,在对方的兴趣点上畅谈下去。

消除对方不安情绪的方法之一是设法转移话题。但是转移话题时,必须对即将转换话题的方向有所把握,并且要做得自然,不露痕迹。当然,最重要的是,你要对对方心理变化的过程有所了解。此外,还要了解自己的问话会使对方产生何种情绪,并切记问话不可超出话题。

一次,凤凰卫视的名嘴主持阮次山在《风云对话》中访谈新西兰新上任的年轻帅气的总理约翰·基,他是这样开始的:"听说您的手臂摔伤了,现在好些了吗?"

总理笑笑答道:"已经没事了,我当时是在一个庆祝中国牛年新年的活动中不小心滑了一下,用手撑地,就折了。他们给我打了石膏,后来这个石膏拍卖所获得的款项都已经捐给了慈善基金会。"

"您确定已经没事了呵。"

"哈哈,没事。"约翰还随手做了动作。

这种高端访谈原本是很具有严肃性、政治性的,但是阮次山却运用了这样一个关心身体健康的问题作为开始,既把双方都带入了一个轻松的环境,让对方放松,以便能有利于随后的访问,又让对方的回答能够表现出他对中国的友好和对慈善的关心与贡献。

与陌生人见面,还可以通过慷慨的给予或帮助来激发他们的谈话欲望。

一般说来,初次相见或不太熟悉时,没有谁愿意向有困难的陌生人施予什么帮助,因为他们怕不清楚对方的底细而帮出麻烦来。这种想法固然有一定的道理,但正是这"一定的道理"把自己结识别人的大好机会给赶跑了。善于交际的人是不会这么想的,他们认为,只有放下顾虑、慷慨解囊,才能赢得别人的感激与好感——这恰是一座沟通情感的桥梁。

交谈,就是互相交替谈话,而不是一方发表演说。现实生活中,有人很健谈,说起话来滔滔不绝、口若悬河,没有给对方说话的机会。这样的习惯是很不好的。既然是交谈,就不能一个人唱独角戏,只管自己说得痛快,让别人插不上嘴。当自己谈了对某一问题的看法时,就要有意地

“打住话头”，请对方谈谈有什么想法。这既是为了使谈话更为深入，也是对对方的尊重。

朋友相交，重在交流。由陌生人到朋友，需要通过深入的交流才会相互了解。要达到深入交流的效果，就要在掌握交谈艺术的同时激发对方的谈话欲望，只有这样才能彼此加深了解，从陌生走向熟悉，进而成为朋友。

智者寄语

其实，人们正是通过提问来使得自己对别人的需要、动机以及正在担心的事情有了一定的了解，有了这样的答案，他人的心灵大门也就对你敞开了。

用幽默营造友好氛围，缩短心理距离

幽默作为一种生活情趣，能反映一个人的修养和情调，从人格上对他人产生极大的吸引力，轻松地消除陌生人之间的心理敌意。无论是谁，都愿意和一个有幽默感的人交朋友，而不愿和一个整天板着脸、毫无趣味的人相处。不论在任何时候、任何场合，幽默都能帮助我们成功地打开沟通的大门。

在交谈中采取幽默的姿态，可以创造友好和谐的会谈气氛。双方轻松一笑的同时，也就缩短了心理距离，弱化了对立感。

在中美断交多年后，美国总统尼克松首次来华访问。周恩来总理前往机场迎接。在机场上，两人紧紧握手。周总理说：“你把手伸过了最辽阔的海洋来和我握手，二十多年没有交往了啊。”这句出色的外交辞令机智、得体，含义丰富而友好热情。尼克松此时则说：“我们都是同一星球上的乘客啊。”巧妙地表示了中美双方具有共同的利益基础。双方领导人友好的初次会面，为后面的谈判建立了良好的开端。

幽默，是谈判中的一种缓冲方法，能使原本困难的谈判变得顺畅起来，让对方在舒坦、宽松的氛围中接受信息。

一位顾客坐在高级餐馆的桌旁，把餐巾系在脖子上，经理对此很反感，叫来一个服务员说：“你要让这位先生懂得，在我们餐馆里，那样做是不允许的，但话要说得委婉些。”服务员走到这位顾客桌前，有礼貌地问道：“先生，您是刮胡子还是理发？”客人意识到了自己的行为不得体，于是立即从脖子上摘下了餐巾。

服务员说话绕了一个弯子，实现了交际目的，这就是幽默的口才艺术。

幽默对于谈判具有十分重要的作用。很多时候，谈判气氛形成后，并不是一成不变的，本来轻松、和谐的气氛可能因双方在实质性问题上的争执而突然变得紧张，甚至剑拔弩张，一步就跨到了谈判破裂的边缘。这时双方面临的最急迫的问题并不是继续争个鱼死网破，而是应尽快使谈判气氛缓和下来。在这种情况下，诙谐、幽默无疑是能派上用场的最好武器。幽默的语言既能为谈判双方和人际交往创造良好的气氛，又有助于协调人际关系，使各方都处于精神放松、心情愉快的良好状态。

一次董事会议上，众人对卡普尔的领导方式提出了许多责问与批评，会议顿时充满了紧张的气氛，似乎大家都已无法控制住自己的情绪。有一位女同事质问道：“公司在过去的一年中，用于福利方面的钱有多少？”“几百万美元。”“噢，我真要昏倒了！”听到如此尖刻的话语,卡普尔轻松地回答了一句:"我看那样倒好。"会场上意外地爆发出一阵难得的欢笑声,那位女董事也为此而笑了,紧张的气氛随之缓和下来。

卡普尔用恰当的口吻把近似对立的讽刺转化为幽默的力量,同大家一起度过了紧张的时刻,缓解了众人激动的情绪,心平气和地致力于问题的解决。

尤其在初次谈判的时候,双方都要寒暄一番以营造良好的谈判气氛,如果能像上面例子中的谈判者那样恰当地运用一些幽默语言,就可以为双方本来陌生的关系涂上一些"润滑剂"。

在谈判中,用幽默的说话方式化干戈为玉帛是一种最好的处理方法,在谈判中采用幽默姿态,可以缓和紧张形势,制造友好、和谐的气氛,从而缩短双方的距离,淡化对立情绪,让谈判顺利进行。

心理学认为,幽默感是一种捕捉生活中乖谬现象的认知能力,也是一种巧妙地揭露人际关系中矛盾冲突的发散思维能力。在人际交往中适时地、轻松幽默地开个玩笑,松弛神经,活跃气氛,营造出一个适于交际的、轻松愉快的氛围,这样的人常常受到人们的欢迎与喜爱。

智者寄语

无论是谁,都愿意和一个有幽默感的人交朋友,而不愿和一个整天板着脸、毫无趣味的人相处。不论在任何时候、任何场合,幽默都能帮助我们成功地打开沟通的大门。

说话要有分寸,把话说到对方心坎里

人与人之间沟通,懂得如何说话、说些什么话、怎么把话说到对方心坎里,都是很重要的。我们在与人交谈时,既要"投其所好",又要避人所忌。要想把话说到别人的心坎上,就要注意揣摩对方的心里在想什么,如果自己说的话与对方的心理相吻合,对方就乐于接受;反之,就会使对方产生排斥心理。

西汉初年,汉高祖刘邦打败项羽,平定天下之后,开始论功行赏。这可是相关后代子孙的万年基业,群臣们自然当仁不让,彼此争功,吵了一年多还吵不完。

汉高祖刘邦认为萧何功劳最大,就封萧何为侯,封地也最多。但群臣心中不服,私底下议论纷纷。

封爵受禄的事情好不容易尘埃落定,众臣对席位的高低先后又群起争议,许多人都说:"平阳侯曹参身受七十处伤,而且率兵攻城略地,屡战屡胜,功劳最多,应当排他第一。"

刘邦在封赏时已经偏袒萧何,委屈了一些功臣,所以在席位上难以再坚持己见,但在他心中,还是想将萧何排在首位。这时候,关内侯鄂君已揣测出刘邦的心意,于是就顺水推舟,自告奋勇地上前说道:

"大家的评议都错了,曹参虽然有战功,但都只是一时之功。皇上与楚霸王对抗五年,时常丢掉部队,四处逃避,萧何却常常从关中派员填补战线上的漏洞。楚汉在荥阳对抗的几年中,军中缺粮,也都是萧何辗转运送粮食到关中,粮饷才不至于匮乏。再说,皇上有好几次避走山东,都是靠萧何保全关中,才能顺利接济皇上的,这些才是万世之功。如今即使少了百个曹参,对汉朝有什么影响?我们汉朝也不必靠他来保全啊!你们又凭什么认为一时之功高过万世之功呢?所以,我主张萧何第一,曹参居次。"

说话言之有度,很普通的一句话,也会平添几许分量;话少又精到,给人感觉深思熟虑。正因为鄂君的这番话尺度拿捏得好,所以正中刘邦的下怀,刘邦听了,自然高兴无比,连连称好，于是下令萧何排在首位，可以带剑上殿，上朝时也不必急行。而鄂君因此也被加封为“安平侯”，得到的封地多了将近一倍。他凭着自己察言观色的本领，能言善道，舌灿莲花，享尽了一生荣华富贵。

言之有度的反面则是言语失度。一般说来，对人出言不逊，或当着众人之面揭人短处；或该说的没说，不该说的却都说了；或触及禁忌的话题，触及他人的承受底线，就是失度的表现，往往会产生不良的后果。

说话，要懂得什么时候说什么话；说了，还要为自己说过的话负责。一个人如果不是真材实料，如果没有真知灼见，从他嘴里说出来的话也许能一时吸引他人，却不能一世蒙蔽他人。在日常生活中，我们要与不同身份的人交际，针对不同的身份，所选的话题也应有所不同，即要选择与之身份、职业相近的话题；同时，我们在与别人交谈时，切勿鲁莽地随意提及别人的隐私。这样，别人就会觉得你遵循了人际交往的“礼貌原则”，因此，便会愿意跟你交谈和交往。反之，你若不顾别人保留隐私的心理需要，盲目触及“雷区”，不仅会影响彼此之间谈话的效果，而且别人还会对你产生不良印象，进而损害人际关系。

尽管我们天天都在说话，但要说好话，说得让别人爱听，真正表达自己并帮助自己，却并不是一件简单的事。如果说话的分寸、时机、言辞等掌控得稍有不当，便会出现不必要的麻烦，不仅使自己蒙受损失，也会给别人造成困扰。

我们在与人谈话的过程中，如果特别坚持自己的主张和观点，试图使自己彻底击溃对方而占得上风，那对方反而会加强防范、顽固对抗，结果就会适得其反；只有先顺应对方的意思，肯定对方的想法，再有意无意地以伪装过的说法表达自己想说的话，解除对方的防备心理，才能让对方在不知不觉间接受我们的观点。

智者寄语

要想把话说到别人的心坎上，就要注意揣摩对方的心里在想什么，如果自己说的话与对方的心理相吻合，对方就乐于接受；反之，就会使对方产生排斥心理。

恰如其分地赞美，才能博得对方好感

培根说：“即使是好心的赞美，也必须恰如其分。”所谓恰如其分，就是要实事求是，避免空洞、含混和过分地夸大。空洞的赞美不但没有任何意义，还会让对方觉得你是在敷衍他。赞美的话只有说得细致具体、符合实际，才能让对方感觉到你是在真心地关注他、真诚地赞美他。这样的赞美才能达到预期的结果，才能博得对方的好感，从而赢得友谊。

赞美也是要有原则的。有位名人说过这样一句话：“很多人都知道怎样奉承，却很少有人知道怎样赞美。”所以，赞扬一个人，不要乱说，过分夸大导致评价失衡，是难以起到赞扬的正面效应的。

赞美用语当然是越具体、翔实越好，这样可以说明你对对方非常了解，对他的长处和成绩很看重，可以让对方感到你的真挚、亲切和可信，你们之间的距离就会越来越近。

美国社会心理学家海伦·克林纳德认为：正确的赞美方法是将赞美的内容详细化、具体化。其中有三个基本因素需要明确：你喜欢的具体行为，这种行为对你有何帮助，你对这种帮助的结果有无良好的感觉。有这三个基本因素为依托，赞美的话才不会空泛、笼统，才能给人留下好印象。生活中总会有一些细小的事情发生，如果赞美别人就要说出具体的事实，尽量针对某人做的某件具体的事情，就事论事地赞美，这样不仅会让对方觉得十分得体，也会让对方感觉到你对他的关注，自然会产生良好的效果。

伟大的表演艺术家卓别林曾被英国的伊丽莎白女王封为爵士。在白金汉宫举行的封爵仪式上，女王赞美卓别林说：“我观赏过许多你的电影，你是一位难得的好演员。”

事后，有记者向卓别林问及当时的感想时，卓别林的回答是：“女王陛下虽然说看过我演的许多电影，并称赞我演得好，可是她没说出哪部电影的哪个地方演得最好。”当女王知道了卓别林的反应后，自己也感到非常遗憾。

赞美需要真情，而细微之中更容易显现真情。因此，深谙此道的人常常会抓住某人在某方面的行为细节，进行巧妙的赞美和感谢。俗话说：“一叶飘零而知秋，一叶勃发而见春。”一滴水也能折射出整个世界。为了达到赞美的目的，必须尽早发现对方引以自豪、喜欢被人称赞的地方，然后对此大加赞美。

20世纪60年代，时任美国总统尼克松举办宴会欢迎法国总统戴高乐访问美国，为了表示对客人的尊重，尼克松夫人花费了很多工夫布置了一个漂亮的鲜花展台：在一张马蹄形的桌子中央，用鲜艳夺目的热带鲜花衬托出一个精致的喷泉。

戴高乐将军走进宴会大厅，一眼就看出这是主人为了欢迎他而精心设计、制作的，他对尼克松夫人说：“夫人，您一定为举行这次正式的宴会，花了很多时间来进行这么漂亮、雅致的布置。”尼克松夫人听了，露出了欣慰的笑容。不失时机的赞美一下子拉近了双方的距离，营造出了友好的氛围。

用不起眼的小事去赞美别人，这样做是非常有道理的。事实上，对方之所以在细节上投入那么多的心思与精力，一方面是因为对方对此特别重视或偏爱，另一方面也说明对方渴望这一份努力能够得到别人的关注与赏识，能够得到应有的报偿与肯定。因此，我们在交际中应善于发现细微处的用意，不失时机地以赞美和感谢来回报对方的良苦用心，这不但会让对方获得巨大的心理满足，而且会加深彼此间的情感交流和心灵沟通。

人人都想被夸奖、被赞美，但要恰如其分地赞美别人是件很难的事。真正会说话的人非常懂得在赞美时控制好火候，他们能够将赞美他人的分寸拿捏得得体、得当，并表现得张弛有度、收放自如。所以，只有恰如其分、恰到好处地赞美，才会让人感觉良好，心情舒畅。

智者寄语

赞美的话只有说得细致具体、符合实际，才能让对方感觉到你是在真心地关注他、真诚地赞美他。这样的赞美才能达到预期的结果，才能博得对方的好感，从而赢得友谊。

真诚打动人心，才能征服别人

心理学研究指出，任何人的内心深处都有闭锁的一面，同时又有开放的一面，希望获得他人的理解和信任。不过，开放是定向的，即只向自己信得过的人开放。以诚待人，能够获得人们的信任，发现一个开放的心灵，经过努力得到一位用全部身心帮助自己的朋友，这就是用真诚换来真诚。如果我们在与人打交道时，去除防备、猜疑的心理，代之以真诚，那么就能获得出乎意料的好结果。

在人际交往中，人们难免会遇到一些困难和阻碍。面对这种情况，我们不应该灰心，而应该摆正心态，用执着的态度和真诚的话语去说服对方。

意大利物理学家伽利略年轻时立志在科学研究方面有所成就，可他的父亲十分反对他搞研究，因此他希望得到父亲的支持和帮助。

有一次，他对父亲说：“父亲，我想问您一件事，是什么促成了您同母亲的婚事？”

父亲回答说：“因为你的母亲十分吸引我。”

伽利略又问：“那您有没有娶过别的女人？”

父亲说：“没有，孩子。家人曾经给我介绍了一位富有的女士，可是我只对你母亲情有独钟。”

伽利略说：“您说的一点也没错，您不曾娶过别的女人，因为您爱的是母亲，可是您知道吗？我现在也面临同样的处境！除了科学以外，我不可能选择别的职业，因为我喜爱的正是科学！其他事物对我而言，都毫无用途与吸引力！难道我要去追求财富或是荣誉？科学是我唯一的需要，我对它的爱，就如同对一位美貌女子的倾慕。”

父亲说：“像倾慕女子那样？你怎么会这样说呢？”

伽利略说：“一点儿也没错！亲爱的父亲，我已经十八岁了！别的学生，哪怕是最穷的学生都会想到自己的婚事。可是，我却从没想过。因为别人都想寻求一位标致的姑娘作为终身伴侣，我却只愿与科学为伴。”

父亲不说话了，只是默默地听。

伽利略继续说：“亲爱的父亲，您有才干但没有力量，可是我却能兼而有之。为什么您不能帮助我实现我的愿望呢？我一定会成为一位杰出的学者的，并能获得教授身份。如此，我便能以科学为生，而且比别人生活得更好。”

父亲为难地说：“可是我没有钱供你上学。”

伽利略激动地说：“父亲，您听我说，很多穷学生都能领取奖学金，这些钱是公爵宫廷给的，我为什么不能去领一份奖学金呢？您在佛罗伦萨有许多朋友，交情也都不错，他们一定会尽力帮助您的。也许您能到宫廷去处理这件事，我们只需要请他们去问问公爵的老师奥斯蒂罗利希就行了，他了解我，知道我的能力！”

父亲被说动了：“嗯，你说得有理，这是个好主意。”

伽利略抓住父亲的手，开心地说：“父亲，求您尽力而为。我向您表示感激之情的唯一方式，就是保证自己成为一个伟大的科学家！”

伽利略凭借执着的毅力和真诚的话语最终说服了父亲，实现了自己的理想，成为了世界著名的科学家。

人的本性是真诚的，虚假是社会对人性的扭曲。由于经济与社会地位的高低不同，有些人以追求名利为唯一目的，当达到这一目的的方式在社会交往中表现出来时，就造成了虚假，它对被蒙骗的一方会造成较大的损害。

犹太法典上说：“温和与友善总是比愤怒和暴力更有力。”真诚是为人的根本。那些取得巨大成功的人都有许多共同的特点，其中之一就是为人真诚。如果你是一个真诚的人，人们就会了解你、相信你，不论在什么情况下，人们都知道你不会掩饰、不会推托，都知道你说的是实话，都乐于同你接近，因此也就容易获得好人缘。

人与人的感情交流具有互动性。一个人如果要想与别人成为知心朋友，首先得敞开自己的胸怀，要讲真话、实话，切忌遮遮掩掩、吞吞吐吐、令人怀疑，要以你的真诚去换取别人的真诚。人与人之间的感情是心的交流，肝胆相照，赤诚相见，才会心心相印。一个真诚的心声，能唤起一大群真诚的人。

精诚所至，金石为开！在人际交往中，执着的态度和真诚的话语是一笔无形的精神财富，将这笔财富运用到说服他人中,一定能得到意想不到的收获。

智者寄语

如果我们在与人打交道时,去除防备、猜疑的心理,代之以真诚,那么就能获得出乎意料的好结果。

说话要慎言,用心才能说好话

古人曾说:"十语九中未必称奇,一语不中,则愆尤骈集……君子所以宁默毋躁……"为人处世,不可不重视慎言。有心机的人不管在什么场合,都很注意自己的一言一行,而无心机的人说话不顾忌场合,面对别人总是乱讲话,甚至说话连大脑都不过。

我们经常需要向别人表达一些不太好说的意思,比如请求、谈判、批评等。这些话之所以不容易说出口,是因为人类具有自尊心,谁都不愿意遭到拒绝、指责和冷遇。一般人内心深处都有自高自大的想法,都认为自己应该是最好的,一旦现实与心愿不符合,不可一世的自尊就会受到挫伤,从而转变成伤悲、仇恨、鄙视、嫉妒等恶劣的情绪,并且早晚会表现出来。

语言具有多样化的特点,同样的意思可以用多样的话说出来。人们日常工作和生活中表达的方式有很多种,即使表达同样一个意思,用不同的方式表达,也会带来不同的表达效果。所以,为了有效沟通,应根据对方的实际情况选择最合适的表达方式,以保证收到最理想的效果。

英王乔治三世有一次到乡下打猎,中午感觉肚子有些饿,就到附近的一家小饭店点了两个鸡蛋充饥。吃完鸡蛋后,店主拿来账单,乔治三世瞄了一眼仆役接过来的账单,愤怒地说:"两个鸡蛋要两英镑!鸡蛋在你们这里一定是非常稀有吧?"

店主毕恭毕敬地回答:"不,陛下,鸡蛋在这里并不稀有,国王才稀有。鸡蛋的价格必然要和您的身份相称才行。"乔治三世听了不由得哈哈大笑,爽快地让仆役付了账。店主幽默的言辞不仅没有激怒英王,反而获得了超值的收入。

说什么固然重要,但怎么说更为关键,人的情绪常常会蒙蔽人的眼睛,使自己参不透语言背后的含义,而只能最浅薄地从对方的用语上来理解。因此,我们完全可以挑对方喜欢听的话说,而把真正意图隐藏在这些话里,话里有话,让对方心甘情愿地跟着我们的思路走。

每个人都有自己的思维方式和说话习惯,时间久了,其中必然掺杂不少可能导致不佳结果的方式和内容,但语言惰性形成以后很难改变,而一旦做出改变,换一种不同以往的说话方式,新的结果可能会给自己一个惊喜。

一位顾客看中了一家地毯商店中的一款地毯。

顾客问道:"这种地毯多少钱?"

店老板立即热情地接待了他,回答道:"每平方米 24 元 8 角。"

顾客听完这句话,什么都没说就走了。显然,他觉得价格有点高。

店老板的一位朋友在旁观察,他说:"你的推销方式太陈旧了,应该换一种方式。"于是他试着以营业员的口吻说:"先生,这地毯不贵。让您的卧室铺上地毯,每天 1 角钱就够了。"

老板大为不解,这位朋友忙解释道:"假设卧室地毯需要 10 平方米的话,要 248 元;地毯寿命为 5 年,计 1800 多天,每天不就是 1 角多钱吗?一支香烟的钱都不到。"

果然,换一种表达方式,地毯商店的生意就好多了。

现实中，很多人喜欢我行我素，直言不讳。虽然这样可以体现说话人的坦诚和真实，但却容易忽略接受方的心理感受，会让自己的诚意大打折扣，导致信息失真甚至曲解原意。如果能将信任和坦诚同时表达出来，将会减少很多矛盾和冲突。如果发现沟通有问题，不妨换一种说法试试，也许会更好。

智者寄语

每个人都有自己的思维方式和说话习惯，时间久了，其中必然掺杂不少可能导致不佳结果的方式和内容，但语言惰性形成以后很难改变，而一旦做出改变，换一种不同以往的说话方式，新的结果可能会给自己一个惊喜。

通过赞美激发他人的高尚动机

人和动物的一项重要差别，就是人类拥有寻求自重感的欲望。20 世纪奥地利著名的心理学家弗洛伊德说："我们所做的任何事，动机只有两种，即性的冲动和成名的欲望。"赢得别人对自己的赞许，是人类的一种本能需要。赞美的话说得恰到好处时，能够给他人巨大的鼓舞，这种鼓舞将会像火把一般点燃人们工作和生活的激情。

任何人都喜欢别人的赞美和肯定，通过赞美可以激发他人的高尚动机。适当地赞美对方，能够使其回以同样的热情。根据行为科学的理论，别人对待你的方式，大部分取决于你对他的态度。一个热情友好的赞美，总能换取对方同样的态度，从而为相互沟通开绿灯。

洛克公司承包了在休斯敦建立一幢庞大的办公大厦的工程，一切都照原定计划进行得很顺利。大厦接近完成阶段，突然，负责供应大厦内部装饰铜器的承包商宣称，他无法如期交货。如果真是这样的话，整幢大厦都不能如期交工，公司将承受巨额罚金。

长途电话、争执、不愉快的会谈，全都没效果。于是汤姆先生奉命前往纽约，当面说服铜器承包商。

"你知道吗？在布鲁克林区，有你这个姓名的，只有你一个人。"汤姆先生走进那家公司董事长的办公室之后，立刻就这么说。

董事长吃惊："不，我并不知道。"

"哦，"汤姆先生说，"今天早上，我下了火车之后，就查阅电话簿找你的地址，在布鲁克林的电话簿上，有你这个姓的，只有你一人。"

"我一直不知道。"董事长说，他很有兴趣地查阅电话簿，"嗯，这是一个很不平常的姓。"他骄傲地说："我这个家族从荷兰移居纽约，几乎有二百年了。"一连好几分钟，他继续说到他的家族及祖先。当他说完之后，汤姆先生就恭维他拥有一家很大的工厂，汤姆先生说他以前也拜访过许多同样性质的工厂，但跟他这家工厂比起来就差得太多了。"我从未见过这么干净、整洁的铜器工厂。"汤姆先生如此说。

"我花了一生的心血建立这个事业，"董事长说，"我对它感到十分骄傲。你愿不愿意到工厂各处去参观一下？"

在这段参观活动中，汤姆先生称赞他公司的组织制度健全，并告诉他为什么他的工厂看起来比其他的竞争者高级，以及好处在什么地方。汤姆先生还对一些不寻常的机器表示赞赏。这位董事长自豪地表示这些是他自己发明的，花了不少时间，并向汤姆先生说明那些机器如何操作以及它们的工作效率多么高。后来，董事长又坚持请汤姆先生吃午饭。直到这时，汤姆一句话也没有提到此次访问的真正目的。

吃完午饭后，董事长说："现在，我们谈谈正事吧。自然，我知道你这次来的目的。我没有想到我们的相会竟是如此愉快。你可以带着我的保证回到休斯敦去，我保证你们所有的材料都将如期运到。"

汤姆先生甚至未开口要求，就得到了他想要的东西。那些铜器及时赶到，大厦就在契约期限届满的那一天完工了。

用赞扬的方式开始，就好像牙医用麻醉剂一样，病人仍然要受钻牙之苦，但麻醉却能消除苦痛。要想改变一个人而不伤感情，不引起憎恨，应该学会从称赞和让对方感到满足着手。人们正是在别人的赞美声中认识到自己的存在价值，获得非常重要的社会满足感的。人在婴儿时期，就从父母的点头、微笑、拍手、抚摩等赞美性的动作中获得满足；成人以后，更多的是在别人、在社会舆论的赞许声中获得强烈的成就感。这在社会心理学上称为"社会赞许动机"。应该认识到，每一个人都有自己的优点和长处，这正是个人存在价值的生动体现。人们一般都希望他人能看到和肯定自己的优点和长处，从而肯定自己的价值，因此，诚恳的赞美之声，总是能够赢得对方的欢心，同时也能为自己打开局面创造良好的气氛。

智者寄语

赢得别人对自己的赞许，是人类的一种本能需要。赞美的话说得恰到好处时，能够给他人巨大的鼓舞，这种鼓舞将会像火把一般点燃人们工作和生活的激情。

寒暄要讲究分寸，适可而止

与在体育比赛之前运动员要做一些热身运动一样，见面时的寒暄也是使交谈顺利进行的一种热身运动。寒暄是双方见面时叙谈家常的应酬语言，它有助于人们互相了解，应当体现出对他人的真诚关切。寒暄进行得充分、得体，可以使双方都放松一些，营造出一种有利于交谈的氛围。

人们往往"听其言观其行"，与人寒暄时选择的话题，显示出一个人的修养、知识水平和社交技能。一般来说，一个聪明、高尚的话题，会衬托一个人的形象，而一个引起争端或者低级趣味的话题，则会毁坏一个人的形象。因此，要恰当地讲究闲谈的格调，要闲谈不"闲"，闲中有趣，既有高雅的情趣，又有轻松的调侃。

访友拜客或有求于人时要先寒暄几句，开门见山、单刀直入则会给人以"无事不登三宝殿"之嫌，最好还是先结合所处的环境就地取材引出话题。人际交往中，问候和寒暄虽然只是一些单调而简单的话语，但其作用却不可忽视。因为它是交谈的催化剂，能够在彼此之间架起一座沟通的桥梁，满足人们的亲和心理。

初次见面，说上几句得体的寒暄话，有助于增进彼此之间的了解，也是提高交际质量的基础。从心理角度上看，初次见面，双方都有一种想了解对方的愿望，此时，彼此都格外注意对方的言谈举止。因而，寒暄中的语言要体现出真挚、坦诚和热情。

在社交活动中，寒暄能使不相识的人相互认识，使不熟悉的人相互熟悉，使沉闷的气氛变得活跃。尤其是初次见面，几句得体的寒暄语，会使气氛变得融洽，甚至会使双方产生相见恨晚的感觉，这有利于顺畅地进入正式交谈。

在工作和生活中，如果遇到熟人，都需要说上几句寒暄的话，用以沟通彼此之间的感情，创造出和谐的气氛。寒暄虽然是人们相会时的见面语，但并不仅仅是几句废话，而是交往的前奏

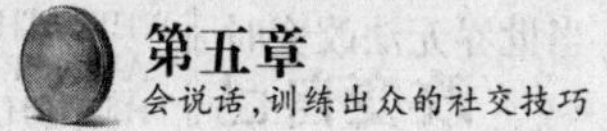

曲，具有抛砖引玉的作用，是人际交往中不可缺少的重要一环。

商业活动中，寒暄是正式交谈的前奏，调子定得如何，将直接影响着整个谈话的效果。寒暄时选择合适的方式、合适的语句是非常必要的，但这些还有赖于主动热情、诚实友善的态度。只有把三者有机地结合起来，寒暄的目的才能达到。双方要寻找共同语言，以求得心理上的接近。这样，寒暄对整个访晤活动来说，就是一座沟通的桥梁，只有桥搭好了，谈话才能自然地深入下去。

日本作家多湖辉所著的《语言心理战》一书中记述了这样一件趣事：被誉为“销售权威”的霍依拉先生的交际诀窍是，初次交谈一定要扬人之长、避人之短。有一回，为了替报社拉广告，他去拜访梅伊百货公司的总经理。一番寒暄之后，霍依拉突然发问：“您是在哪儿学会开飞机的？总经理能开飞机可真不简单啊。”话音刚落，总经理兴奋异常，谈兴勃发，一桩价值不菲的业务就这样一锤定音了。

作为一种社会交往的手段，寒暄也要讲究分寸，适可而止。寒暄时的语言要诚恳，不可虚情假意；要坦率，不可吞吞吐吐；要自然，不可卖弄做作。特别要由衷地关注对方的苦乐，急人所急，爱人所爱，并以相应的语言表达自己的真实情感。这样，才有利于创造越来越投机的和谐气氛。特别是带有恭维性的寒暄，更要慎用，否则将适得其反。恰当、适度的寒暄有益于打开谈话的局面，可以沟通感情，使交谈变得顺利、融洽。

智者寄语

一般来说，一个聪明、高尚的话题，会衬托一个人的形象，而一个引起争端或者低级趣味的话题，则会毁坏一个人的形象。因此，要恰当地讲究闲谈的格调，要闲谈不“闲”，闲中有趣，既有高雅的情趣，又有轻松的调侃。

说话要看对方身份，对什么人说什么话

战国时期著名的纵横家鬼谷子曾经精辟地总结出与不同身份的人交谈的方法：“故与智者言，依于博；与博者言，依于辨；与辩者言，依于要。与贵者言，依于势；与富者言，依于高；与贫者言，依于利；与贱者言，依于谦；与勇者言，依于敢；与愚者言，依于锐。”这段话用现在的语言来说就是：和聪明的人说话，要见识广博；和见闻广博的人说话，要有辨析能力；和善辩的人说话，要有理有据；与地位高的人说话，态度要轩昂；与有钱的人说话，言语要豪爽；与穷人说话，要动之以利；与好斗的人说话，态度要谦逊；与勇敢的人说话，不能稍显怯懦；与愚笨的人说话，可以锋芒毕露。

由此可见，说话一定要注意对方的身份，对领导要尊敬，对同事要礼貌，对下级要亲切，否则的话，会制造很多不必要的麻烦。

据说有一年全国人口普查时，一个青年普查员向一位70多岁的农村老太太询问：“有配偶吗？”老人愣了半天，然后反问：“什么配偶？”普查员解释：“就是你老伴。”老太太这才明白。

这位普查员说话不看对方的身份，难怪会陷入尴尬。所以，要想收到理想的表达效果，就应当看对象的身份说话，对什么人说什么话。如果不看身份说话，人们听起来就会觉得别扭，甚至产生反感，那势必会影响交际效果。

古人说：“知己知彼，百战不殆。”说话也一样，在开口之前，必须先了解对方，然后针对对方的身份，采取不同的会话技巧，只有这样才能把话说到别人心里去。否则，就会惹得对方不高兴，甚至惹出是非。

一位衣着个性的青年为是否购买一件时装而迟疑不决时，年轻的女营业员忙上前说："这件衣服不挑人，销路很好，今天早上就卖出好几件。"可那位青年听后立即走了。一会儿，一位中年妇女来了，准备买一件新潮的马甲，那位营业员接受了刚才的教训，便说："这件马甲很气派，一般人穿着还压不住它，从进货到现在还没有卖出一件，看来只有你最适合了。"这位中年妇女听了，也走了。

上面这位女营业员说话不看对方的身份，结果惹得顾客完全丧失了购买欲，自然不会买她的衣服。作为年轻人，追求与众不同的效果，如果自己穿的衣服满大街都能看到，那是有失品位的；而对于中年妇女，最怕别人都不穿了的衣服自己才穿，那说明自己已经老了，赶不上潮流了。可见，说话不看对方的身份，难免事与愿违。

在我们说话时，一定要注意对方的身份，然后才能有的放矢，收放自如。

有一位记者问一位离婚的名人是否再嫁，她答道："曾经沧海难为水，除却巫山不是云。"这样的回答不能说不好，但是没有一定中国古典文学修养的人就听不懂。同样的问题，赵丹的夫人、作家黄宗英以喻作答就通俗易懂："我已经嫁给大海了，再不能嫁给小溪，再嫁就嫁给汪洋。"

一般说来，不要对一个无职业的人去传播什么领导艺术；对一个普通农民摆出知识分子的架子，满口之乎者也，肯定让对方满头雾水，更别说会被接受了；要是遇见文化修养较高的人，也不能满口江湖气，那样容易引起对方反感，更无法获得交往的信任和好感；在学术会上，与会者都是专家教授，如果你仅仅是一个刚刚入门的初学者，却在会上夸夸其谈，班门弄斧，难免要跌跟头。

俗话说："秀才遇见兵，有理说不清""一把钥匙开一把锁"。我们在与人说话交流时，一定要根据对方的身份，用不同的说话策略，这样才能成为一个受欢迎的人。

智者寄语

古人说："知己知彼，百战不殆。"说话也一样，在开口之前，必须先了解对方，然后针对对方的身份，采取不同的会话技巧，只有这样才能把话说到别人心里去。否则，就会惹得对方不高兴，甚至惹出是非。

说话要顾及对方面子，不可口无遮拦

生活中有些人快人快语，有啥说啥，百无禁忌，口无遮拦。假如在一个熟悉的环境里，大家彼此比较了解，知道这是你的个性，可能这还算你的可爱之处；假如在陌生之地，不熟悉你的人中，不分场合地点，不分谈话对象，一律口对着心，心里想什么就说什么，这是万万不可的。由于多方面原因所限，你不能保证自己想的都对、说的都对，而且听话者的接受能力也不同。不分青红皂白、不讲究方式方法的直言快语，往往会带来不良后果。轻则使人下不来台，重则造成隔阂，遭人怨恨。

人际交往中的真诚不等于双方直接简单、毫无保留地交谈，它要求我们本着善意和理性，把那些真正有益于对方的东西系上美丽的红丝带送给对方。

舞蹈家邓肯是19—20世纪最富传奇色彩的女性，热情浪漫外加叛逆的个性，使她成为反对传统婚姻和传统舞蹈的前卫人物。据说她小时候很是纯真，常坦率得令人发窘。

圣诞节，学校举行庆祝大会，老师一边分糖果、蛋糕，一边说："看啊，小朋友们，圣诞老人给你们带来了什么礼物？”

邓肯马上站起来，严肃地说：“世界上根本没有圣诞老人。”

老师虽然很生气，但还是压住心中的怒火，改口说：“相信圣诞老人的乖女孩才能得到糖果。”

“我才不稀罕糖果。”邓肯回答。

老师勃然大怒，处罚邓肯坐到前面的地板上。

人无论身处什么样的位置，也无论是在哪种情况下，都喜欢听好话，喜欢受到别人的赞扬。一个人不论能力强弱、地位高低，都希望自己的努力能够得到他人和社会的承认，这也是人之常情。会办事的人，此时必然避其锋芒，即使觉得他做得不好，也不会直言相对。

即使在一些生活小事中，也要学会说话，照顾他人的脸面，维护好良好的气氛。

当你去拜访朋友，主人热情地拿出水果、零食招待你，而你却直言：“不吃，不吃，我从来就不喜欢吃零食，对这几样东西更是没有兴趣。”这样不仅让人扫兴，而且还伤了主人的自尊心。你应该体谅到主人的一片热情和好意，委婉地说：“谢谢，谢谢！多新鲜的水果，多高级的糖，只可惜刚吃完饭，没有胃口吃了，太遗憾了！”

在生活中，人与人之间交流是避免不了的，说话的双方都希望对方能对自己实话实说。但在某些特定的场合下，实话实说往往会令人尴尬、伤人自尊，因此，实话是要说的，但要婉转地说。

无论是在生活还是工作中，那种不顾别人感受、处处与人对着来的做法无疑是不受欢迎的。这时你不妨采取委婉的表达方式，既表达了自己的态度，又不会破坏别人的好心情。

1. 转移话题，制造轻松气氛

在交际场合中，如果某个较为严肃、敏感的问题弄得交谈双方都很尴尬，甚至阻碍交谈正常顺利进行时，我们可以暂时回避一下，通过转移话题，用一些轻松、愉快的话题来活跃气氛，转移双方的注意力，或者通过幽默的话语将严肃的话题淡化，使原来僵持的场面重新活跃起来。

2. 善意曲解，化干戈为玉帛

在交际活动中，交际的双方或第三者由于彼此言语之间造成误会，常常会说出一些让别人感到惊讶的话语，做出一些怪异的行为举止，从而导致尴尬和难堪场面的出现。为了缓解这种局面，我们可以采用故意“误会”的办法，装作不明白或故意不理睬他们言语行为的真实含义，而从善意的角度做出有利于化解尴尬局面的解释，即对该事件加以善意地曲解，将局面朝有利的方向引导转化。

3. 善用假设，巧避锋芒

有时，与师长、上级辩论，你认定自己的观点绝对正确，不想让步，可是出于礼貌或无奈不能僵持不下，在这两难境地，使用假设句可以说是很好的解围方式。比如一个学生和班主任争论男生能不能到女生宿舍串门的问题，老师一口咬定绝对不能。学生很长时间不能说服老师，又见老师似有怒意，为了结束争论，给老师一个台阶下，他巧妙地说：“如果老师说得正确，那我肯定错了。”这本是一句废话，它并没有肯定老师的观点，然而这位老师听了却不再争执了。

由于附加了假设的条件，使表达变得婉转，所以问话人、说话者和涉及对象都能接受。

无论是闲聊还是探讨问题，良好的氛围才能使谈话达成最终的目的。如果因口无遮拦而让谈话的对象颜面扫地、勃然大怒甚至心生怨恨，岂不是事倍功半、得不偿失？

智者寄语

无论是在生活还是工作中，那种不顾别人感受、处处与人对着来的做法无疑是不受欢迎的。这时你不妨采取委婉的表达方式，既表达了自己的态度，又不会破坏别人的好心情。

说话真诚，更能赢得他人信任

真诚是最受欢迎的品质，任何人都喜欢与真诚的人打交道，也希望自己和对方能真诚交流。美国一位心理学家做了一次前所未有的调查，他将500个描写人的形容词列在一张表中，让大学生们从中选出他们所喜欢的品质和所厌恶的德行。结果显示，排在第一位的性格品质是“真诚”。在八个评价最高的形容词中，有六个是直接与“真诚”相关的，分别为真诚的、诚实的、忠实的、真实的、信得过的、可靠的，而评价最糟糕的品质是撒谎、虚伪、作假和不老实。

由此可见，真诚是一种巨大的人格力量，一旦具备了真诚这种高尚的品质，你在别人的印象中就与守信、善良、美德结了缘。

很少有人知道，日本“松下电器”创始人松下幸之助挖掘的第一桶金是通过卖瓷砖挣的。他用真诚的开场白打动了厂家，把一个默默无闻的小商店发展成为世界闻名的松下集团。

松下的小商店最初是经营建材商品的，当时刚刚摆脱亏损的境地，怎样才能赚上一笔呢？恰在这时，松下从一个朋友那里得知，某瓷砖厂召开订货会议。这个牌子的瓷砖是名牌产品，在本地很畅销。可惜他店小资金薄，厂家根本看不上眼，更没发来邀请，因而无缘经销。但松下想，这次订货会一定要参加。

订货会开幕那天，松下想办法弄到了一张代表证。在订货会上，厂家照例要向经销单位征求产品质量及其他方面的意见。松下想，像自己这样的小店，厂家根本不会注意，得想办法引起厂家的重视。座谈会一开始，松下就第一个站起来发言。这一举动引起了厂家的注意。松下侃侃而谈，从瓷砖的性能到质量、品种到花色足足谈了二十分钟，最后如实相告：“我是个小店，资金不雄厚，名气也不大，我不请自来，一是仰慕贵厂的产品质量和良好的信誉，二是想求贵厂扶持一把。”

厂家一听松下的肺腑之言，深为感动。平常遇到的客户，开口自己的资金多么雄厚，闭口自己的名气在本地如何大。今天可算碰上了一个诚实用户，当下表示可以商量，最后达成协议：先发三万块砖，货到后半个月内付款；另外，再签订二十万块砖的经销合同。

松下幸之助就是用先声夺人的开场白，把自己的信誉和真诚推销出去，从而换得自己渴望已久的成功机遇。

在人与人的交往中，如果对方感觉不到你的真诚，他们则会下意识地觉得可能被欺骗，产生一种不确定性，本能地认为你会对他造成伤害。人最恐惧的不是一件不幸事件的发生，而是要随时担心一件事情发生。这种担心会使人长期处于高度自我防卫状态，并使人在主观上感到焦虑和不安。如果你无法给予对方真诚，对方则会一直担心你是否会对他进行欺骗并且造成伤害，并一直防备着你，最终导致交往无法继续。所以，人们高度期待“真诚”，而对于不真诚则高度拒绝。

有谚语说：“真诚贵于珠宝，信实乃人民之珍。”意思是：说话真诚的人，才能得到别人的信任。

北宋词人晏殊素以说话真诚著称。他14岁时参加殿试，真宗出了一道题让他做，晏殊看过试题后说：“我十天以前做过这个题目，草稿还在，请陛下另外出个题目吧。”真宗见晏殊这样真诚，感到他可信，便赐他“同进士出身”。晏殊在史馆任职期间，每逢假日，京城的大小官员常到外面吃喝玩乐。晏殊因为家贫，没有钱出去，只好在家里和兄弟们读书写文章。有一天，真宗点名要晏殊担任辅佐太子的东宫官，许多大臣不解。真宗对此解释说："近来群臣经常游玩饮宴，只有晏殊和兄弟们闭门读书，如此自重谨慎，正是东宫合适的人选。"晏殊向真宗谢恩后说："我也是个喜欢游玩饮宴的人，只是家里穷而已，如果我有钱，也早就参与宴游了。"真宗听了，越发赞赏他的真诚，对他更加信任。

大量事实证明，一个人说话的魅力并不在于语言的华丽、表达的流畅，而在于倾注了感情、表达了真诚。最能推销产品的人并不一定是口若悬河的人，而是善于表达真诚的人。当你用得体的话语表达出真诚时，你就赢得了对方的信任，建立起人与人之间的信赖关系，对方也就可能由信赖你这个人而喜欢你说的话。真诚，不论对说话者还是对听话者来说都非常重要。

智者寄语

真诚是一种巨大的人格力量，一旦具备了真诚这种高尚的品质，你在别人的印象中就与守信、善良、美德结了缘。

说话有魅力，交际不吃力

我们留给他人的印象如何，主要在于某一次接触中，对方从我们身上捕捉到一种怎样的信息，也就是说，他的眼睛看到了什么，耳朵听到了什么。在言谈举止中，突出自己的个性和素养，这是一个修炼的大方向。我们面临的下一个问题是：要表现自己的内在素质，我们的语言是否能够帮助我们树立良好的形象？

首先一点，语言都是排他的。比如在新加坡，尽管英语、华语、马来语等语言通行，英语却是行政和商业用语，就是问个路，用英语也更容易得到详尽的指点。

1939 年，李嘉诚一家辗转来到香港。他的父亲李云经认识到以前对李嘉诚的那套教育是完全不适应香港社会现实的，于是不再按四书五经的理论要求儿子，而是让李嘉诚"学做香港人"，从而适应并融入香港社会。

要真正融入这片土地，就得先过语言关。如果语言关都过不了，在香港生存都是问题，更不用说什么做大事、立大业了。过香港的语言关就是要会熟练地讲广州话和英语。

李嘉诚生长在潮州，只会说潮州话，潮州话属闽南方言。香港的大众语言是广州话，广州话属粤方言，与闽南方言彼此互不相通。可是在香港不会说广州话几乎寸步难行，所以是一定要学的。另外，英语曾是香港的官方语言，这是一种非常重要的沟通工具，也不容忽视。

功夫不负有心人，李嘉诚经过几年的苦心学习，终于熟练地掌握了广州话和英语这两门语言，这使得他在日后的商战风云中受益匪浅。

语言和经商绝对不是风马牛不相及的。试想，如果李嘉诚不懂广州话，不要说难以在商场自由驰骋，就是生存质量也要大打折扣，赚钱又从何谈起呢？

熟练的英语更给李嘉诚带来了无法估量的巨大财富，长江塑胶厂的创业便充分地说明了这一点。那时李嘉诚完全是凭借着一口流利的英语与外商进行商务洽谈的，从而为长江塑胶厂赢得了不少客户，接收了不少订单，把李嘉诚推上了"塑胶花大王"的宝座。至于说后来李嘉诚所经营的跨国规模商务，更是须臾离不开英语。

如果说李嘉诚自始至终都不懂广州话和英语，只会说潮州话，那么他的商业活动是根本无法达到今日的辉煌的，而合作伙伴也只会局限于潮州籍的商人们，就算他同样也取得了成绩，那有限的成功是无法与现在相比的。

语言的改变，就是生存方式的改变，它能使一个人以最快的速度从“边缘人”里突围，杜绝时间、金钱和精力的浪费。

除了语言之外，谈吐另有一层更为重要的标准，就是你的发声吐气、遣词造句是文雅的、得体的还是粗俗不堪的。优雅的谈吐就像整洁的仪表，会使人觉得十分愉快。如果你能习惯运用文雅的辞令，即使偶尔开个玩笑、说些俏皮话，对方仍旧能够感受到你内在的涵养、气质，而乐于与你交谈。

相反，如果你行为举止草率，满口粗语，则会让对方认为和你谈话是件辛苦的事，甚至是浪费时间。因此，平日应该练习谈话的技巧和优雅的谈吐，从而给对方留下良好的印象。

一个人所说的话是否有魅力，直接影响到他是否对对方具有吸引力，也关系到他是否具有良好的人缘，同时还影响到他能否自如地与别人说话，并表现出足够的自信。有关说话魅力的内容是十分广泛的，所说的内容，说话时的遣词造句，说话的语气、语调，说话时的身姿、手势、表情等，诸如此类的种种因素都可以反映出一个人说话是否有魅力。

当年泰国正大集团结束了与几个地方台的合作，转与中央电视台共同制作《正大综艺》。双方决定要挑选一位有本科学历的女大学毕业生做主持人，杨澜被推荐参加试镜。

说实话，杨澜并不被人看好，只是因为她的气质较佳，所以才能一路过关斩将杀入总决赛。据一位导演透露，虽然杨澜被视为最佳人选，但是当时有的人认为她还不够漂亮，所以是否用她尚不能确定。

最后确定人选的时候到了，电视台主管节目的领导也到场了，他们要在杨澜与另外一位连杨澜也不得不承认“的确非常漂亮”的女孩子中间选择一人，这将是最后的选择了，杨澜的好胜心一下子被激起，她想：“即使你们今天不选我，我也要证明我的素质。”

有一个考试题目是“你将如何做这个节目的主持人”，杨澜娓娓而谈：“我认为主持人的首要标准不是容貌，而是要看她是否有强烈的与观众沟通的愿望。我希望做这个节目的主持人，因为我喜欢旅游，人与大自然相亲相近的快感是无与伦比的，我要把自己的这些感受讲给观众听。”

杨澜一口气讲了半个小时，没有一点文字参考，她的语言流畅、思维缜密，所说内容富有思想性，很快赢得了诸位领导的赏识。人们不再关注她是否长得漂亮，而是被她的表现深深吸引住了。

当杨澜再次回到那个房间，中央电视台已经决定正式录用她了，这次面试改变了她的一生。

态度大方、谈吐优雅的人，身上仿佛有一种神奇的“气场”，即使初次见面的人，也会被他所吸引，而他本人也会因此拥有更好的舞台和更大的发展空间。

人生在社交中度过，话语交流伴随着人生的每一刻，每个人都时刻在实践着话语交往。优雅的谈吐不仅是你生活的调味剂，并且是你事业的推进器。

智者寄语

语言的改变，就是生存方式的改变，它能使一个人以最快的速度从“边缘人”里突围，杜绝时间、金钱和精力的浪费。

第六章

淡泊名利，控制内心的欲望

无休止的欲望，是一把令人痛苦的枷锁

人，都有欲望，这并没有错。一般人的欲望很简单，有一个温暖而舒适的小家，能够过上温饱的日子，有一份自己喜欢的工作，能找到一个合适的伴侣。但是如今随着社会生活水平的提高，一部分人开始有了更高一层的要求，他们希望自己所居住的蜗居能变成别墅，希望平日里上班骑着的两轮车换成四轮的宝马，希望枕边的人能变得更完美、更耐看，希望每日里的一日三餐更加丰盛，希望有一天能够升官发财。我们得到的东西越来越多，我们的欲望越来越多，我们的心也变得越来越累。

有一个人，在一家大型企业当业务部经理的助理，他的工作很认真，也帮助老板做成了几单大的生意，几年过后，他就由经理助理做到了经理的位置。但随着工作任务的加重，他却发现，自己越来越不快乐，甚至有了一种空虚的感觉。

于是，他来到一间寺庙，找到方丈大师，向他诉说自己的苦衷。他对大师说："想当年，我刚刚从大学毕业，有理想，有憧憬。我最穷的时候，身上只有五块钱，就靠着几个烧饼和清水度过了一周。但我感到很快乐，因为我找到了一份可以养活自己的工作，我看得到自己的前景，看得到心中的愿望。但是，现在不一样了。我有了不错的收入，有了事业，但我的心却依然不快乐。我总是沉溺在过去的时光当中，心中的各种欲望汹涌澎湃，我其实已经得到很多，但依然不满足，我觉得自己可以做得更好，但那些欲望却总是在折磨自己，让自己食之无味，不得安寝。"

大师微微笑了笑，轻轻地走到桌子旁边，他摊开卷绕在禅桌上的白宣纸，从竹笔筒上拿起一支毛笔，用慈祥的眼睛望了他一下，沉思了一会儿，神态自若地在纸上落下四个怡然自得的华文行草：心静欲止。

大师对他说："世人的占有欲总是很强盛，这与世人的生活所需有关系。凡尘中的人，活在这世上，就是需要这样才能达到目的，所以不断地疯狂掠夺。心底里埋藏着强大的欲望，受外界的人生世态炎凉所影响，将人心底里的原有欲望激发了，于是人世间处处充满欲壑难填和绞尽脑汁的巧取豪夺。欲想止心必先静。"

人生在世，一出生，就被欲望包围。婴儿的啼哭是为了获得更多的食物，孩子的撒娇是为了获得更多的关爱，成年后的拼命努力，是希望自己过得比别人再好一些。但这些都没有错，我们并不能否认欲望对人生的作用。没有欲望，世界就没有前进，人要是失去了欲望，就没有活下去的信心。一个人心里充满各种欲望，心里就充满了勇于拼搏进取的信心和劲头。有了信心，人就生气勃勃；心中有了信心，就有了寄托；心里有了寄托，就有了支撑着人的坚强不屈的意志；有了这些，就有了积极向上的进取精神。

欲望，从某个方面来说，是支撑着我们人生的动力。

曾经有一位母亲，在她病重的时候，她的儿子因为与人起了争执，最后被送进了监牢。这位母亲为了等待儿子出来，硬是创造了生命的奇迹。医生本来宣布她只有三个月的生命，她却硬是活着，等了他的儿子三年。

然而，正当全家人都在为这个奇迹感慨万分的时候，她的儿子出狱了。令人遗憾的是，在儿子出狱后的第二天，这位母亲，躺在自己的床上，带着微笑离开了人世。这就是欲望的力量，这就是一个母亲用爱的欲望创造的奇迹。她的欲望支撑了她的生命，值得我们赞扬。

适当的欲望虽能让我们的人生得以前进，而那些不适当的、无休止的欲望，却是一把令人痛苦的枷锁，会压得我们喘不过气。

在很久很久以前，在底格里斯河与幼发拉底河之间，住着强大的巴比伦人。巴比伦是那个时代最富裕、最强大的国家之一。巴比伦人是诺亚的后代。诺亚的后代繁殖得越来越多，遍布地面。那时候，人们的语言、口音都没有分别。他们在往东边迁移的时候，在示拿这个地方遇见一片平原，就在那里住了下来。因为在平原上，用作建筑的石料很不容易得到，他们就发明了制造砖的方法，用泥做成方块，再用火烧透，他们就拿砖当石头，又拿石漆当灰泥，建造起繁华的巴比伦城。

人们有了富足的食物、抵御强敌的城堡、华美的服饰和首饰，却依然还不满足。他们决定在巴比伦修一座通天的高塔，来传颂自己的赫赫威名，并作为集合全天下弟兄的标记，以免分散。因为大家语言相通，同心协力，阶梯式的通天塔修建得挺顺利，很快就高耸入云。

而上帝却是不允许凡人达到自己的高度的。他看到人们这样统一强大，心想，他们语言都一样，如果真修成宏伟的通天塔，那以后还有什么事干不成呢？上帝曾把希望具有他那样智慧的人赶出伊甸园，又用剑与火看守生命树上的果子，不让人分享。今天他要再一次制止人类接近自己的狂妄。上帝就离开天国到人间，变乱了人们的语言。人们各自操起不同的语言，感情无法交流，思想很难统一，就难免出现互相猜疑，各执己见，争吵斗殴。这就是人类之间误解的开始。

在一个深夜，巴比伦塔轰然倒下，巴比伦人也因为一场战争被分散到了世界各地。令人骄傲的巴比伦城，跟着通天塔一起，因为人们永不知足的欲望，被埋葬在了历史的尘嚣之中。

通天塔的故事，虽然发生在几千年前，发生在与我们毫无交集的异国。但令人永无休止的欲望，却像通天塔一样，终有一天，会成为给我们引来祸水的根源。欲望是我们生命的源泉，而贪念却是每一个人都应该戒除的精神毒药。

当我们的欲望永无休止，当我们的贪念愈来愈膨胀的时候，我们的内心难道不会感受到一种惶恐的不安吗？贪念，让我们的双眼看不清前方的道路，就像那些被人唾弃的贪官一样，在他们的欲望膨胀到令人无法忍受的地步之前，在他们低着脑袋接受世人的唾骂之前，他们每一个人都曾是我们普通人中的一员。如果我们的心中存有无休无止的贪念时，当我们在唾骂他们的时候，可曾想过，当我们坐在那个位置的时候，会不会比他的出手还要不留余地。

有一个漂亮又乖巧的小姑娘，她曾经单纯又善良。有一次，一个朋友带她去参加一个富家子弟的派对。在派对上，小姑娘看见了自己从未见过的盛大场面，她贪婪地望着金碧辉煌的大厅、令人垂涎欲滴的美食，还有其他姑娘们身上时尚又华丽的服装。她的眼神，被富家子弟看在了眼里。

第二天，富家子弟派人给她送来了一身衣服，约她去参加另一场派对。看着漂亮的礼服，姑娘犹豫了一下就答应了。她在心里对自己说："他看上去没有什么坏心，我要收下礼物，以免辜负了人家的好心。"

第三天，富家子弟又派人送来一条华美的项链给这个姑娘。姑娘的心开始怦然而动了，她接受了富家子弟的项链，情感的天平开始向富家子弟倾斜。

第四天，第五天……不到一周，小姑娘就好像变了一个人似的，她接受了富家子弟伸过来的"橄榄枝"，对他开始投怀送抱。

一个月之后，小姑娘发现自己怀有身孕，她惊慌失措地给富家子弟打电话。奇怪的是，那个平时熟知的电话号码，现在却怎么也打不通了。小姑娘没了希望，只得将富家子弟送给她的首饰拿去当铺，希望能换点钱，用来处理腹中的胎儿。没想到，当铺的老板却说出了一个令她感到晴天霹雳的消息。

当铺的老板看了看那些首饰，摇摇头，对她说："你送来的这些东西，全都是廉价的、不值钱的假货，根本当不了几个钱。"

因为被欲望蒙蔽了眼睛，像小姑娘一样上当受骗的人在这个世界并不算少数。当我们不断追求着心中的渴望时，便会忘记停下来看一看、想一想，去分辨这些欲望是否真的能实现，又或只是空中楼阁。我们常常会忘记，当实现这些欲望的时候，所付出的代价会不会高出这些欲望本身。因为贪念，我们不曾去看，不曾去听，不曾去想。而当我们终于冷静下来，发现自己正置身于一场无比的痛苦之中时，一切都已为时过晚。

你可曾听过这样一句话："饥饿并不是仅仅来自于肉体本身，而是来自于每个人的内心，更是来自于每个人心里永远也填不满的欲望。"一代枭雄拿破仑一生被权力、金钱、荣耀所包围着，但他却说："我的这一生，从来没有过一天快乐的日子。直到现在，我才发现，我最大的欲望就是想要快乐，但是我却永远都得不到了。"

或许，我们现在也正如拿破仑一样，眼睛直直地盯着前方，盯着前方的权力、荣誉、财富、别人的爱，我们为了这一切不停地奔跑，呕心沥血，直到再也跑不动了才发现，我们真正的欲望、最大的欲望是渴望快乐，可我们的贪念却阻止了我们获得永久的快乐。到那时，当我们眼望别人的欢笑，自己却再也无法获得。

所以，不要摒弃你的欲望，但也不要过分追求它。偶尔停下来，喘口气，试着做一个旁观者，欣赏这世界的繁华，凝听这世界的喧嚣，让自己独处世外，好好地放松一下吧！

智者寄语

适当的欲望虽能让我们的人生得以前进，而那些不适当的、无休止的欲望，却是一把令人痛苦的枷锁，会压得我们喘不过气。

善待欲望，让欲望成为你的奴隶

"对欲望不理解，人就永远不能从桎梏和恐惧中解脱出来。如果你摧毁了自己的欲望，可能也摧毁了你的生活。如果你扭曲它、压制它，你摧毁的可能是非凡之美。"印度20世纪伟大的哲学家、心灵导师克里希那穆提如是说。

繁华的都市总让我们充满着梦想和激情，我们为着心中的某个目标而奔波于高楼林立之间，一心想的是出人头地。从最初单纯的梦想，到越来越多的渴望，渐渐地被物欲所蒙蔽，忘记了最初单纯的目的，最终迷失在了纸醉金迷的霓虹之中。

放纵自己欲望的人最终只会失去自我，在人生道路上没了自我、没了梦想，最终只能留下一片空洞。很多漂亮的农村姑娘进城打工最后却自甘堕落的故事我们听过不少，然而这些是真实存在的，并不只是故事而已。最初的她们也只是抱着单纯的梦想，想要改变自己的命运，在这五光十色的都市里有一个安身之地。

小安是一个家庭境况不是很好的女孩子，和其他打工妹不一样的是，她是凭着自己的努力从山里考上大学的。然而，大学毕业后，小安却偏偏赶上了经济萧条期，一直找不到工作。当她寻觅许久，好不容易进了一家公司上班，收入却也只能勉强够生活。

正在此时，老板看上了漂亮的小安，开始找各种借口送她一些名牌衣服什么的，刚开始小安没有接受，但渐渐地，经不住诱惑的小安接受了老板的各种礼物，最后终于成为了老板的情人。

这样的故事早已不是什么新闻了。但对于故事中的女孩来说，她今后的人生从此却发生了巨变。在我们面前总是有两条路：一条狭窄悠长，但我们可以看到远方的广阔；另一条平坦宽阔，两旁果树似乎都果实累累，但前方却是陷阱重重。看到这些，我们往往被宽阔的道路两旁的累累果实吸引了视线而贸然踏上那条不归路。利欲熏心的人，只能看到眼前的利益而忽略了长远的利益，最终只能落个人财两空。

人有欲望是再正常不过的事情，有谁能真正做到四大皆空呢？合理的欲望是我们向成功的方向努力的动力，能驾驭欲望的人，往往能激励自己坚持不懈朝着一个目标去努力。然而如果你失败了，或成为了欲望的奴隶，那么只会盲目地追逐欲望，自以为聪明，而看不清楚前方危机重重，最终只会摔进别人设计好的陷阱。

在《菜根谭》中有这样一句话："此身常放在闲处，荣辱得失谁能差遣我；此身常放在静中，是非利害谁能瞒昧我。"意思是，经常把自己的身心放在安闲的环境中，世间所有的荣华富贵和成败得失都无法左右我；经常把自己的身心放在安宁的环境中，人间的功名利禄和是是非非就不能欺骗蒙蔽我。

适当地追求荣华富贵、功名利禄可以说是人的本性，也是社会前进的动力，本来也无可厚非。但是大多数人在追求的过程中迷失了本性，忘了自己追求这些东西的本来目的是为了过得更加幸福，然而欲望越来越大，于是就变成了欲望的奴隶。

年轻的时候，人们总向往着霓虹闪烁的大都市，穿梭于车水马龙的街道，而在这物欲横流的时代渐渐迷失了自己。欲壑难填，人的欲望永远不会得到满足，没有的时候想要，等有了则想要得更多。在不知不觉间，在追逐名利的道路上，我们往往成为了欲望的奴隶，失去了自我。当心被欲望蒙蔽的时候，我们不再自由。一旦失去了自由，失去了自我，得到再多又有什么用呢？

庄子告诉我们，过度的欲望使人烦恼，会给人带来灾祸。所以，我们即使做不到完全抛开荣辱得失、清心寡欲，也要用平淡做滚滚红尘的淡化剂，把很多事情看得淡一些，时刻想着荣华富贵、功名利禄只是生活的添加剂，而不是生活的全部。

其实，这和许多人出去旅游一样，他们往往上车就直奔目的地，在车上呼呼大睡，把宝贵的旅游时间白白地浪费在路上，千辛万苦到了目的地感觉也不过如此，于是大呼上当。其实我们应该细细地观赏沿途的风景，享受整个过程，而不是去看最后的景点。我们的人生也是这样，它是一个生命的过程而不是直奔一个目的。

人的欲望，最初可能就如同一根针一般，在你手指之间掌控自如。随着它慢慢地越来越长、越来越粗，当它最终变成一根巨大的金箍棒的时候，如果你不能让自己成为孙悟空，驾驭住它，那么终究会变成欲望的奴隶，被自己的欲望所压垮。当你已经无力承担你的欲望之重，断然地丢弃它吧，不要成为欲望的奴隶。

人都是有欲望的，但人与人之间不同的是：有人依靠欲望获得成功，有人却依靠欲望下到地狱。而其中的区别就在于：成功的人，懂得利用欲望，适可而止；而下到地狱的人，却变成了欲望的奴隶，踏进了欲望的陷阱。

智者寄语

放纵自己欲望的人最终只会失去自我，在人生道路上没了自我、没了梦想，最终只能留下一片空洞。

欲望太多会造成心灵贫穷

这是一个极具诱惑力的社会,这是一个欲望膨胀的年代,人们的心里总是塞满着欲望和奢求,追名逐利的现代人,总是奢求穿要高档名牌,吃要山珍海味,住要乡间别墅,行要宝马香车,一切都被欲望支配着。

法国杰出的启蒙哲学家卢梭曾对物欲太盛的人做过极为恰当的评价,他说:"十岁时被点心、二十岁被恋人、三十岁被快乐、四十岁被野心、五十岁被贪婪所俘虏。人到什么时候才能只追求睿智呢?"的确,人心不能清净,是因为欲望太多,欲望的沟壑永远填不满,人心永不知足,没有家产想家产,有了家产想当官,当了小官想大官,当了大官想成仙……精神上永无宁静,永无快乐。

人生的许多沮丧都是因为你得不到想要的东西。其实,我们辛辛苦苦地奔波劳碌,最终的结局不都是只剩下埋葬我们身体的那点土地吗?伊索说得好:"许多人想得到更多的东西,却把现在所拥有的也失去了。"这可以说是对得不偿失最好的诠释了。

其实,人人都有欲望,都想过美满幸福的生活,都希望丰衣足食,这是人之常情。但是,如果把这种欲望变成不正当的欲求,变成无止境的贪婪,那我们就无形中成了欲望的奴隶。在欲望的支配下,我们不得不为了权力、为了地位、为了金钱而削尖了脑袋向里钻。我们常常感到自己非常累,但是仍觉得不满足,因为在我们看来,很多人比自己的生活更富足,很多人的权力比自己更大。所以我们别无出路,只能硬着头皮往前冲,在无奈中透支着体力、精力与生命。

扪心自问,这样的生活,能不累吗?被欲望沉沉地压着,能不精疲力竭吗?静下心来想一想,有什么目标真的非让我们实现不可,又有什么东两值得我们用宝贵的生命去换取?朋友,让我们斩除过多的欲望吧,将一切欲望减少再减少,从而让真实的欲求浮现。这样,你才会发现真实的、平淡的生活才是最快乐的。拥有这种超然的心境,你就能做起事来不慌不忙,不躁不乱,井然有序。面对外界的各种变化不惊不惧、不愠不怒、不暴不躁。而对物质引诱,心不动,手不痒。没有小肚鸡肠带来的烦恼,没有功名利禄的拖累。活得轻松,过得自在。白天知足常乐,夜里睡觉安宁,走路感觉踏实,蓦然回首时没有遗憾。

古人云:"达亦不足贵,穷亦不足悲。"当年陶渊明荷锄自种,嵇康树下苦修,两位虽为贫寒之士,但他们能于利不趋,于色不近,于失不馁,于得不骄。这样的生活,也不失为人生的一种极高境界!

人生好像一条河,有其源头,有其流程,有其终点。不管生命的河流有多长,最终都要到达终点,流入海洋,人生终有尽头。活着的时候,少一点欲望,多一点快乐,有什么不好?

智者寄语

人人都有欲望,都想过美满幸福的生活,都希望丰衣足食,这是人之常情。但是,如果把这种欲望变成不正当的欲求,变成无止境的贪婪,那我们就无形中成了欲望的奴隶。

享受现实,远离虚荣

虚妄的名利带给人们的麻烦是有目共睹的,所以,我们要远离和扯掉那些华而不实的外衣,千万不要成为它们的奴隶。

我们如果有心留意一下现实的生活，就不难发现：初次见面的两个女人，在相互打招呼的瞬间，就会将对方从头到脚打量一遍，以确定对方的价值。比如对方的饰品、服装以及携带物，都是可以评估的对象。如果哪位身上佩戴着金项链或钻戒，那就会更加认真地“研究”一番，以确定它是真品还是赝品、价钱多少等。

一天，两位穿戴华丽的夫人，在豪华的商场珠宝行相遇了。一位夫人说：“你瞧，这颗蓝晶晶的钻戒真漂亮，我打算买下来。你呢，看中哪一款了？”“哦，那好啊。但我不打算买，并不是这些珠宝不够漂亮，我是看它们好像有些灰尘，一定是摆的时间太久了。”另一位夫人回答：“没关系，我家里有昂贵的法国红酒，买回去清洗一下就行了。”“哎哟！你还要用红酒来清洗呀？真是太麻烦了。我的珠宝只要一沾了灰尘，就扔掉了！”

这个故事生动地反映了两个女人爱慕虚荣的心理：一个用买钻戒来表现自己的富有，用昂贵的红酒清洗来炫耀自己奢侈的生活；而另一个则表示自己的钻戒沾了一点灰尘“就扔掉”来表明傲气与富有。可见，两人的“虚荣情结”是多么深刻。

心理医生告诉我们，预防虚荣行为，要及时进行自我心理纠偏。如果个人已经出现自夸、说谎、嫉妒等病态行为，可以采用自我心理训练。就是给自己施加一定的自我惩罚，如用套在手腕上的皮筋反弹自己，以求警示与干预作用。久而久之，虚荣行为就会逐渐消退。

虚荣给人们带来的麻烦是有目共睹的，所以我们要扯掉那一层华而不实的外衣，千万不要成为虚荣的奴隶。

克服虚荣的心理，首先应该提高自我认知，正确认识自己的优缺点，分清自尊和虚荣的界限。要懂得诚实、正直是做人最起码的要求，我们绝不能为了一时的心理满足而扭曲了心灵。而一个人只有做到自尊自重，才不至于在外界的干扰下失去人格。所以，我们要珍惜自己的人格，崇尚高尚的人格就可以使虚荣心没有机会占据上风。

人应该追求内心真实的美，不图华丽的虚名。一个人追求真实，就不会通过不正当的手段来炫耀自己，就不会徒有虚名、华而不实。很多人能在平凡的岗位上做出不平凡的成绩，就是因为有自己的理想。同时，要正确评价自己，既要看到自己的长处，也要看到自己的不足，时刻把实现理想作为主要的努力方向，就不会心有杂念。

此外，还要树立正确的荣辱观。对荣誉、地位、得失、面子要持有一种正确的认识。一个人活在世界上要有一定的荣誉与地位，这是心理的需要。每个人都应十分珍惜和爱护自己的荣誉与地位，但这种追求必须与个人的社会角色相一致，才不会出偏差。关于“面子”不可没有，也不能强求；如果“打肿脸充胖子”，过分追求荣誉来显示自己，就会使自己的生活过得很不舒服。

其次，要认识到虚荣所带来的危害。一些虚荣心很强的人，往往都意识不到自己的虚荣，不肯承认自己的虚荣行为，所以很难克服虚荣。要清楚虚荣是一种虚假的荣誉，它可能会让人得到一时的满足，填补一下内心的空虚，却解决不了根本问题。但你却会为它背上沉重的包袱，并时刻担心怕失去它，如此一旦失去，就会痛苦不堪。

还有，做人要脚踏实地，养成实事求是的作风。过于虚荣的人往往都情绪不稳，能满足虚荣心时就有很高的热情，一旦虚荣心得不到满足，情绪就会一落千丈。因此，克服虚荣心要从实际出发，踏实工作，培养锻炼自己的真才实学和良好的心理素质，才能挣脱虚荣的魔咒。

另外，攀比也是诱发虚荣的一个主要原因。如果一味地去跟他人比较，心理永远都无法平衡，反而会促使虚荣越发强烈。所以，要正确对待别人的评价，正确看待他人的优越条件，以此作为自己前进的榜样。要通过自己的实际努力来满足自己的需要。只有自信和自强，才能不被虚荣心所驱使,才能成为一个有高尚品格的人。

智者寄语

虚荣给人们带来的麻烦是有目共睹的,所以我们要扯掉那一层华而不实的外衣,千万不要成为虚荣的奴隶。

别为了满足虚荣心而苦了自己的生活

解决人类的虚荣心问题,其根本不在如何去取缔它,而在于如何去改善它,诱导它走向对人有用的方向。

不要随意放纵自己,不要轻易被各种诱惑所蒙蔽,坚持自己的方向与计划,管理好自己的人生,否则,你很可能因为贪图眼前的名利而损失掉生命中真正的财富。

追求名利常常成为虚荣者的生活目标。

所谓的虚荣,即表面上的光彩。虚荣心是指追求、爱慕表面上光彩的思想、心态、观念和意识。一个人如果只追求表面的光彩,虽然能得到一时的满足,却会将自己的心拖入永久的疲惫中。

很多虚荣的人,都认为工作一定要比别人好、工资要比别人高、人脉要比别人广、升职要比别人快、衣服要比别人贵、房子要比别人大、吃的要比别人讲究、用的要比别人高档……可是要样样都比别人好,就必须比别人付出更多的努力。如果一个人将所有的精力和时间浪费在没完没了的比较当中,带给他的只能是心情越来越紧张和焦躁,感觉越来越累,快乐也越来越少。

虚荣固然可以让我们荣耀一时,但是,你需要付出多少来为这一时的灿烂埋单呢?莫泊桑的小说《项链》描写了这样一个故事:

玛蒂尔德是一个漂亮的女子,但是出身贫寒。因为长得漂亮,所以她认为,只有王子、香水和昂贵的珠宝才能与她相匹配。然而,现实却捉弄了她,她最终嫁给了一个小职员。

但是,玛蒂尔德并不甘心,她对贵夫人的生活心驰神往,总是渴望自己能够穿上一件漂亮的长裙,再戴上一挂美丽的钻石项链,她认为,只要她拥有这些,完全可以使上流社会的小姐和夫人们黯然失色。

终于,她等到了一个绝佳的机会。有一次,她被邀请去参加公共教育部长和夫人举行的盛大晚宴。为了能让自己成为宴会的焦点,她的虚荣心疯狂地膨胀了起来。她买了件新衣服,化了精致的妆容,还特地从朋友莱斯蒂太太那里借来了一颗钻石项链。一切准备就绪,只等着晚会的时候大放光彩。

果然,她成为了晚会上最出众的女人。晚会后,她仍陶醉于被人仰望的快感之中,久久不能自拔。但当她对着镜子卸妆时,赫然发现脖子上的钻石项链不见了,怎么找也找不到。

后来,她和她的丈夫开始省吃俭用,辛苦工作,用了整整10年的时间才挣够了赔偿这条钻石项链的钱,而那晚光彩照人的玛蒂尔德早已变得苍老憔悴。

玛蒂尔德为自己一时的虚荣赔上了自己一生的青春和幸福,这是得不偿失的。可见,虚荣是人生的一大悲哀。人生很短暂,真正属于自己的快乐更是珍稀,为何还要为了迎合别人而改变自己呢?为什么不能为了自己真实而快活地活一次呢?而且,人的价值是靠实力来支撑的,并不靠靓丽的外表来体现。

美国文化精神领袖爱默生曾告诫年轻人:"幻想成功、追求名誉无可厚非,但更重要的是脚踏实地的精神。”他说：“当一个人年轻时，谁没有空想过？谁没有幻想过？想入非非是青春的标志。但是，我的青年朋友们，请记住，人总归是要长大的。天地如此广阔，世界如此美好，你们需要的不仅仅是一对幻想的翅膀，更需要一双踏踏实实的脚！”

智者寄语

所谓的虚荣，即表面上的光彩。虚荣心是指追求、爱慕表面上光彩的思想、心态、观念和意识。一个人如果只追求表面的光彩，虽然能得到一时的满足，却会将自己的心拖入永久的疲惫中。

看淡名利是一种从容生活的心智

自古以来，功名利禄就是一些人的奋斗目标。综观古今，在这个世界上，春风得意、踌躇满志的人毕竟还是少数，历史上留下来的更多的还是众多为名和利所困扰、所击败的悲剧。生活的道路本来是很宽阔的，人生的价值也并不全是能够用名和利来衡量的，因此，若想活得轻松自在些，就应该看淡名利，活出生活的本色。

如果一个人心中的欲望是很有限的，那么对于他来说，外界获得的东西是多是少都与自己无关，少了不足以产生内心的不平衡，而多了也不会助长他的欲望。而假若一个人心中时刻充满着无尽的欲望，那么他也永远不会有舒心的时候。名轻利少则一心想着往上爬、挣大钱，名成利收之后，欲望却又会再一次膨胀。如此循环下去，永远追求着名利，直至生命的尽头仍然不知满足。这样的生命还能有多大意义呢？

现代人面对着花花绿绿的精彩世界，更应当有淡名寡欲的思想，如此方能在纷繁的世界里，在众多的不公平中，在自己的心中，构筑一片宁静的田园。

要能够在纷繁的大千世界始终保持着平和的心态，就要有穷通达观的人生态度。所谓穷通达观的人生态度就是指“穷亦乐，通亦乐”：身处贫穷之中能够找到生活的乐趣，感到快乐；身处富裕之中也能够心态平和，享受生活之乐。说到底，在生活中，我们应该始终保持乐观的生活态度，采取一种顺应命运、随遇而安的生活方式，那么不管是处于顺境还是逆境，我们都能过快乐的、自由自在的生活而不会庸人自扰，不会羡慕那些有钱的大款和老板，不会抱怨自己的命不好。

一对夫妻年轻时共同创业，到了中年终于小有成就；公司净资产一千多万，而且发展势头良好，提起这对夫妻，商界的朋友都伸大拇指。然而就在他们的事业如日中天的时候，两人却隐退了，他们辞去了董事长、总经理的位置，将大部分股份卖给一个他们平时就很欣赏的企业家，将房子和车委托给好朋友照管，两个人潇洒地环游世界去了。消息传出后，大家都觉得太可惜，一些亲戚朋友也不理解，讽刺他们说：“年纪这么大了，办事却像小孩子一样，那么大的家业说丢就丢，放着好好的老总不做，偏要去环游世界！”

在一些人眼里，这对夫妻确实很傻，竟然抛下名利，从此以后，他们再也体验不到当老总前呼后拥的风光和大把大把赚钱的乐趣了。其实，这对夫妻自有他们对生活的理解和选择，他们抛弃了虚名浮利，恰是要感受生活的真正乐趣。

名望，是一种荣誉、一种地位。有了名望，通常可以万事亨通、光宗耀祖。名望确实能给人带来诸多好处，因而不少人为了一时的虚名所带来的好处，会忘我地去追求。

然而，沉溺于名望会让你找不到充实感，让你备感生活的空虚与落寞。尤为可怕的是，虚名在凡人看来往往闪耀着耀眼的光芒，引诱你去追逐它。尽管虚名本身并无任何价值可言，也没有任何意义，但是总有那么一些人为了虚名而展开搏杀。真正体会到生命意义、人生真谛的人都不会过于看重虚名。其实，实在没有必要为了得到一个毫无价值、毫无意义的虚名而去钩心斗角，弄得邻里打得头破血流，朋友反目成仇，兄弟自相残杀。

毋庸置疑，钱是一种财富，是让生活更加舒适的保证。有了钱，就可以住豪宅、开名车、吃大餐，在一些人眼里，金钱甚至是一种带有魔力的、可以让人为所欲为的东西。

然而任何事情都有相反的一面，金钱也会给你带来很多麻烦。比如有了钱以后，你就得为自己的安全担忧，谁知道哪个家伙是不是正打着“劫富济贫”的算盘；有了钱，你就会失去很多朋友，你可能会担心对方是不是冲着你的钱来的……

人的一生面临许多关卡，许多事情都是难以预料的。不管是名分地位还是财富，都不是自己所能决定的。或许高官厚禄、巨额钱财在顷刻之间就会离你而去，荣耀风光成为黄粱一梦；一些人老谋深算，为了争名夺利，不择手段地算计他人，可在突然之间却已被他人算计。人何必活得这么辛苦，又何必活得这么虚妄？因此，淡泊名利是人生幸福的重要前提。如果你渴望轻松，渴望真正地获得生命的意义，那么你从现在起，就把名利看得淡一些。

智者寄语

自古以来，功名利禄就是一些人的奋斗目标。综观古今，在这个世界上，春风得意、踌躇满志的人毕竟还是少数，历史上留下来的更多的还是众多为名和利所困扰、所击败的悲剧。

贪欲能囚禁一个人的心灵

在这个世界上，几乎每个人都是带着枷锁生活的。虽然看似很多人轻松自在地活着，但是实际上他们每天都活在欲望的追逐中，被自己的贪心主导了自己的思想、行为和意识。一个贪心或许还不足为惧，但是无数个贪心互相纠缠，就组成了一个粗壮的脚镣，而这条脚镣不仅能牢牢地拴住你的手脚，还能拴住你的心。当你的心被众多的贪婪所占据的时候，又怎会感受到轻松、快乐呢？

从前有一个农夫，虽然他过得十分清贫，但是十分快乐。每天清晨，他都哼着小曲，带着妻子给他做好的饭菜，扛着锄头下田。每个见到他的人，都会主动和他打招呼，因为每个人都想从他的身上沾染到些许快乐和活力。到了下午四五点钟的时候，农夫便会跑到山上捡柴。尽管这样的日子十分单调，但是农夫却觉得十分满足。因为他的妻子很贤惠，对他也很好，并且他的妻子将家里收拾得干干净净，而他的一双儿女也十分懂事，有时会跟着他下田、捡柴，十分温馨。虽然他们做得不多，但是小小年纪就懂得体谅家人的辛苦，这让农夫感到很欣慰。农夫以为自己在家里会一直这样幸福快乐地过下去，但是没想到这样美好的日子在某一天会被突然打破。

一天，农夫像往常一样，带着锄头和干粮下田，但是他在山里开荒的时候，却意外地挖到了一尊价值连城的金罗汉。这尊金罗汉被雕刻得栩栩如生，农夫的邻居知道了这件事情，都跑来观看这尊金罗汉，并向农夫道喜，认为农夫以后的日子一定会无忧无虑、吃喝不愁了。

但是此时，农夫感到自己开始烦恼起来。以前，他下田干活，虽然无法让家庭更加富裕，但是却能让家里人吃饱穿暖，无忧无虑地生活，可是自从他挖到这尊金罗汉之后，并没有想象中那样带给自己的家庭多少欢乐，改善家里的生活现状，反而让他吃不好、睡不稳，成了他的一块心病(害怕被盗等)。家里也因为多出来的这尊金罗汉而少了很多笑声。在这样的焦虑状态之中,不到一个月的时间,农夫就瘦成了皮包骨。

这个原本快乐的农夫之所以会变成皮包骨的样子,一方面是因为他日夜担心会有人惦记上这尊罗汉,从他家将这尊价值连城的金罗汉偷走;另一方面,也是农夫变得骨瘦如柴的主要原因,就是他一天到晚都在想:剩下的十七尊金罗汉在山上的哪个地方?仅仅一尊金罗汉就这么值钱了,如果凑齐了十八罗汉,不仅他这一代,就是子孙后代也不用为生活担心了。显然,正是因为农夫的这种贪心,使得他的心灵被戴上了枷锁,手脚被锁上了"铁链"。

从前,有一个小学童在私塾上学。有一天,他在上学的路上发现了一条奄奄一息的小白蛇,这条小白蛇通体雪白,没有一点瑕疵,双眼如同天上的星星那般黝黑深邃。由于小学童觉得小白蛇既可怜又可爱,所以就将它带到私塾里,放在自己的抽屉里养着。日子一天天过去,小白蛇慢慢长大,抽屉已经装不下它了,于是小学童便将小白蛇放到了私塾的后山上,继续喂养它。

经过了十年寒窗苦读,小学童长大了,成了一名秀才。在一年的科举中,他要到京城去参加考试。临走前,秀才到后山和小白蛇告别。经过了十年的时间,小白蛇也长成了一条长达一丈的巨蛇。听秀才说要离开这里,白蛇突然开口对秀才说:"主人,谢谢你养了我这么多年,当年要是没有你,我可能早就死了,哪能像现在这样活得这么健康,并且能天天听到朗朗的读书声,感受到天地间的正气呢?我现在没什么可以报答你的,但是如果哪一天你有困难了,就来后山找我,到了山顶,你大喊三声'小白蛇',我就会出现的。"

秀才进京参加考试后,果然考上了进士,在京城做了官。没过多久,皇上最心爱的女儿朝阳公主得了怪病,尽管宫里的御医想尽了办法,但仍然无法将公主治好。为了挽救自己心爱的女儿的生命,皇帝张贴皇榜,昭告天下说:"谁能够治好公主的病,就将朝阳公主嫁给他,封那个人为当朝驸马。"

皇榜一贴出,天下各种能人异士纷纷前来医治公主的怪病,但是没有任何一个人能够救得了公主。秀才也听说了这个消息,对于他来讲这是个平步青云的好机会,一旦当上驸马,他就是皇亲国戚,但是秀才怎么也想不出有什么办法能够救治公主。突然,他想到了小白蛇曾经说过的话,于是抱着"死马当作活马医"的心态,来到了书院后山的山顶上大喊了三声"小白蛇"。小白蛇果然出现了,秀才将情况对小白蛇一说,小白蛇沉思了一下,对秀才说:"我的胆可以医治世间百病,你进到我的肚子里割下一点胆就可以医好公主。"秀才听了非常高兴,找了一把刀进到小白蛇的肚子里割了一点蛇胆出来。小白蛇的胆果然可以医治世间百病,公主吃了蛇胆一下子就好了,而秀才也顺利地当上了驸马。

没过几年,皇后也得了怪病,皇上又张贴皇榜,宣布如果谁能将皇后的怪病治好,就将他封为宰相。秀才又取来了小白蛇的一点蛇胆,将皇后的病治好,并如愿成为了当朝宰相。不到两年,皇帝也染上了一种怪病,这次皇帝没有张贴皇榜,而是直接找到了宰相,对他说:"如果你能治好我的病,这天下我和你平分。"

于是,宰相找到小白蛇,在进小白蛇的肚子里取胆的时候,宰相心想:"治好了皇帝的病,自己也是皇上了。以后我要是也得了病,那么又有谁能够救我呢?"于是,他干脆将蛇胆全部割走,这样就不怕自己以后得病了。

小白蛇失去了自己的蛇胆,痛得满地打滚,对宰相说:"你这个贪婪的小人,我为了报恩三番两次地舍弃了我最珍贵的蛇胆,你却将我的蛇胆全部割走了。没有了蛇胆我活不了,你也别想出来了。"就这样,小白蛇死后,宰相再也无法出来,被活活地闷死在了蛇腹当中。

这就是“人心不足蛇吞相”的由来，后来人们在流传当中将“相”误认为是“象”，演变成了今天的“人心不足蛇吞象”。

这个故事告诉人们：不要因为过度贪婪而作茧自缚，最终使自己失去性命。人们的欲望、贪婪之丝会结成一个厚厚的茧子，而这个茧子就是人心的牢笼，是人一生的枷锁，也是人最难突破的东西。人们一旦被贪心所造成的茧子所束缚，就会失去心灵的自由空间，成为欲望的囚徒，不仅会给自己带来痛苦，还会给他人带来危害。

智者寄语

一个贪心或许还不足为惧，但是无数个贪心互相纠缠，就组成了一个粗壮的脚镣，而这条脚镣不仅能牢牢地拴住你的手脚，还能拴住你的心。

贪欲越大，被束缚得就越紧

花果禅师在深山里专心参禅20余载，但未能明了核心真谛。于是，他准备出游寻师访道。在出走的前一天晚上，他依旧和往常一样，专心打坐，突然他面前出现了一个童子，而童子的身后跟着一支队伍，吹拉弹奏全部齐全，一伙人同时簇拥着一朵莲花。童子走上前说道：“禅师，快上莲花，我们将会送你去该去的地方。”禅师心生疑惑，说道：“自己并未悟出特殊的禅理，根本无法达到修仙的水平，这不属于自己。”所以花果禅师没有理睬，只是自顾自地诵经念佛。童子催促道：“禅师，机会只有一次，如果你不把握住，将不会再拥有了。”花果禅师有点气恼地说道：“我不稀罕，因缘在天，欲壑难填。我的心量没那么大，只求按照自己的意志，一步一个脚印地走。”见童子等人依旧无动于衷，他无奈拿出自己的拂尘插在莲花台上，固执地诵经。

第二天一早，隔壁的邻居来敲门，花果禅师打开门，看见邻居手里拿着自己的拂尘。邻居开口道：“禅师，这是你的吧？我们这样的人家也没有这样的东西，但怎会在昨天夜里从我家母马肚子里生出来呢？”花果禅师感慨良多，若是自己贪得无厌，欲求快速成仙，那么今天势必已经成为邻居家的小马了。

花果禅师，在关键时刻头脑清醒，很有自知之明，不贪慕不属于自己的需求，不去思考那些本不该拥有的，从而避免了自己变成马崽的悲剧。他定力深厚，对于天降好运，不受迷惑。由于没有被欲望束缚住，所以他轻松自如，可以成功渡过自己的劫难，不至于越陷越深。

生活中可以存在欲望，但必须建立在健康、积极、向上的人生基础之上。一味地急功近利，放纵自己的欲望，不能让自己实现人生价值和理想，反而会让自己被束缚得越来越紧。

福伦萨在巴黎系统地学习了服装设计和制作，他学成归来后，本以为今后的生活将会一帆风顺，不料，一年过去了，他的服装店依旧和本人一样默默无闻。他没有赚钱的来源，穷困潦倒，只能靠着朋友的救济勉强生存下去。

他的欲望如此巨大，他希望一夜成名，名扬千古，他不能自已，每天都会想很多：想去找人投资，但害怕遭人拒绝；想扩大知名度，又没钱举办时装表演会。所以，最终他只能终日待在家里，一方面勾画其虚幻缥缈的欲望，一方面想那些杂七杂八的事物，限制自己的脚步。

福伦萨抑郁低沉，他的朋友实在看不过去，前来邀请他出去喝酒。低迷的福伦萨以酒消愁，但他瞬间被朋友的一番话语点醒了。朋友说：“你是一个有能力的人，但凡事欲求太多、计较太多,反而不能充分发挥你的优势,做不出你的特色。欲望越大,被束缚得就越厉害,切莫急功近利,而是要按部就班,踏踏实实地做事。忽视欲望,回归最本真的自我,顺应着自己的心去做,不要考虑得失,而是真正去品味艺术。你不妨试试看。"

福伦萨接受了朋友的意见,潜心研究服装设计和制作艺术。不管是服装大师还是草根师傅,他都虚心请教、学习、总结,具体到打蝴蝶结的手势他都会仔细揣摩,而且他还不断拓展自己的眼界,虽然窘迫,但他力图做到每场时装表演和展览都前去观看。在长时间的积累下,福伦萨早已沉浸在自己的艺术殿堂里,他忘却了贫穷和困苦,不去想世俗的金钱,不去想其他的杂念,集中精神探索服装的精华。

后来,福伦萨的服装店和人生都大获全胜。他设计的衣服风靡全球;全世界的达官贵人甚至好莱坞明星都前来购买他设计的衣服。而不管外在的虚名多么大,福伦萨依旧专心研究自己的工作,每天快乐地生活。

福伦萨之前眼高手低,欲望很大,却不注意对自己精雕细刻,以致他处处碰壁。但后期经过朋友的一番教诲后,他开始不去想虚名和其他事物,而是淡泊名利,不去想那些本不该纠结的事物。欲望如茧,想得越多就会被欲望束缚得越紧,而被欲望束缚的人大多了无生气。因为当一个人被欲望所辖制和指使时,想得越多,欲求越多,就会失去越多,而这样就会阻碍人们前进的脚步,循环往复,周而复始,倘若不及时改正,将会越陷越深,直至被淹没。无疑,这样的人又怎会获得成功呢?

智者寄语

生活中可以存在欲望,但必须建立在健康、积极、向上的人生基础之上。一味地急功近利,放纵自己的欲望,不能让自己实现人生价值和理想,反而会让自己被束缚得越来越紧。

贪婪是祸根,从容淡定才是真

有一年,玉帝派信使到人间送信,可能信使去时走得急了,送完信后感到一身乏力,所以就睡着了,醒来后不仅发现自己失去了法力,回不到天庭了,而且力气还不如普通人,根本没法种庄稼来养活自己,无奈之下,他只好在人间请求普通人的帮助。

他来到一户人家,告诉他们自己是玉帝派来送信的信使,没想到这户人家见他一身褴褛,像个叫花子,便对他说:"既然你说自己是神仙,那你给我们变出来一件礼物看看。"信使愁眉苦脸地说:"我正是因为失去了法力,才来向你们求助的。"最终,这户人家没有相信他的话。

接着,他又找到第二户人家,第三户……整个村子都被他跑遍了,却没有一个人相信他的话,都以为他是想借此骗取别人的钱财。而随后偏偏又下起了雨,没办法,他只好躲在村口那间破庙的屋檐下避雨。

这时,一个叫李进的人赶着一群羊来到了破庙里,见他可怜,等雨停后就把他带回了家,给他换了衣服,做了吃的。信使将自己的遭遇说给李进听,李进听后,笑着说:"即使你不是落难的神仙也没关系,要是你真的没地方落脚,不如就留下来跟我一起放羊吧。"

于是,信使便留在了李进家里,天天与李进去放羊,而过了一段日子后,信使忽然发现自己又恢复了法力,身子轻轻一纵就坐到了祥云上。直至此时,李进才知道原来他真是天上的神仙。为了报答李进的收留之恩,信使对李进说:"你想要什么,尽管说吧。"

李进想了想,说:"就要一大群羊吧。"

信使施了法术，李进便有了一大群羊。但刚刚过了一天，李进就发现自己比原来忙多了，也累多了，就去求信使收回这些羊，给自己盖间大房子算了。信使满足了他，但才过了半天，李进发现房子一大到处都是灰尘，收拾起来很麻烦，所以信使又把特大房子换成了一匹马，这样李进就可以到处去玩了。但当信使真的给他变出了一匹马后，李进却不知要去哪里，于是他只好把那匹马还给了信使。最后，信使问他要什么时，他想了半天后说："只要有现在这样的生活我就已经很满足了，我什么都不要了。"

信使觉得很奇怪，便问他："你难道不想做官，拥有很多很多的钱吗？人不是都有很多愿望吗？"

听罢此话，李进摇摇头说："我的心里是有很多愿望，可是这几天我发现，当一个愿望实现后就会生出第二个愿望，接着是第三个、第四个……永远不会知足，而这样下去，随着新的愿望越来越大，人就会感觉到越来越累，根本体会不到开心、快乐，所以我想来想去，还是决定什么都不要了。其实，我现在的生活就很好。"

显然，李进是个懂得知足的人。正因如此，李进才在信使满足他的愿望时不贪多，而且还能及时将自己心里的愿望像清除杂草一样清除掉，甚至最后什么东西都没要，使自己回归到了真正属于自己的生活中，从容淡定地过着属于他的快乐生活。

智者寄语

贪婪是祸根，我们要及时将自己心里的欲望像清除杂草一样清除掉，回归到真正属于自己的生活中，从容淡定地过着属于自己的快乐生活。

减少欲望，世界就会充满快乐

人赤条条地来到这世俗的尘世中，原本洁净的心却被尘世中的欲望和杂念所污染。世俗中欲望和杂念的尘埃包裹着我们的身体，让我们的心灵也因此而沉重。

快乐是无数人不停追求的目标，如何得到快乐？人们在不停追问。快乐其实很简单，降低你的欲望，快乐就不会太远。试着调节自己的心境，使自己能够坦然地面对现实，平静地对待目标，我们的心灵就不会再有负担。欲望低了，心事少了，快乐自然也就会来了。

美国著名心理学家赛利格曼提出了一个快乐的公式：总快乐指数 = 先天的遗传素质 + 后天的环境 + 你能主动控制的心理力量（即 H = S + C + V）。先天的遗传素质我们无法改变，后天的环境，我们则可以通过努力，得到有限度的改善，而关于快乐公式中最后一个部分心理力量，则是最能被我们所掌握的力量。想快乐吗？那么请控制自己的情绪，掌握自己的心理。

近年来，有人提出另外一个快乐的公式：快乐 = 现实/欲望。在这个公式中，现实往往是一个变化不大的定值。既然现实这个"分子"变化不大，那么只有降低欲望这个"分母"，才能提升快乐这个结果。即现实是个定值，则快乐和欲望就成反比例，要想提高快乐感就要降低欲望。

但现实中能明白这个道理的人很少，很多人往往被欲望虚荣所累。

凯瑟琳身材窈窕，容貌姣好。年轻而又有资本的她每天都有不同风格的打扮，或清纯，或时尚，或知性，或性感，同事都说凯瑟琳简直是美丽的化身，是百变美眉。在一片赞扬声中，凯瑟琳的虚荣心越发膨胀起来，为了打扮得更惹人注意，更增添品位，她不惜花大手笔去购置时尚名贵的珠宝、名牌服装、高档箱包……但是，作为一个普通小白领，凯瑟琳的收入有限，和强烈的物质欲望不成正比，甚至已经负债累累，信用卡公司一直催她还账。

一天，女友又夸凯瑟琳的手包漂亮，符合她的气质。凯瑟琳看到四周没人，就叹了一口气说其实自己的生活很累，别人看到的只是一个光鲜靓丽的外表，但实际已超出自己的承受范围，变得疲惫不堪。她曾经也反省过自己，那些昂贵的名牌物品并未真正让自己开心过，只是她喜欢听别人的夸奖，而欲望一旦打开，就让人欲罢不能。

女友开始并不知道凯瑟琳透支那么多用来买奢侈品，现在知道实情后，就真诚地说："凯瑟琳，你已经够美了，根本不需要修饰和点缀。"后来，两个人就欲望和快乐感聊了很多。她们发现，如果想要的太多，太要求完美，人会被欲望压得窒息，怎会有心情和时间去好好生活呢？但如果没有那么多欲望，让自己的节奏舒适有度，生活反而更美好、轻松。

是啊，当你能够不再妄想更多时，你就能珍惜你所拥有的一切，心里的不满与空虚就会随之消失。只要你不再抱怨自己还有很多东西没有得到，你的生活一定会其乐无穷。留心自己所拥有的，别让欲望笼罩了你的心，你就会发现生活其实很美好。

有一天，一个穷汉路过一家高级酒店，当他看到一群衣着华丽的人走进去时，他感叹着命运对自己不公平，并幻想着说："要是我能住上这样豪华的房子，吃上这样好的饭菜，那么我就知足了，什么也不奢望了。"

就在这时，命运之神突然降临在他的面前，对他说："我是命运之神，你刚才的抱怨我都听见了，现在我可以帮助你实现愿望，你愿意接受吗？"

"当然愿意！"

"这里有一个袋子，你打开它，你要将金子装在那个袋子里。但是你要记住，金子是不能掉到地上的，如果金子碰到了地面就会立刻变成垃圾，你将什么也得不到。你一定要记住，这个袋子已经很破旧了，可不能装得过多。"

穷汉做梦也不会想到命运会这样垂青于他，慌忙打开袋子。金子快速地流进了穷汉的袋子里，不一会儿，袋子就变得沉重起来。

"够了吗？"

"还差得远呢！"

"你的袋子会破的。"

"不会的，这么一点没关系。"

"现在已经够多了，这些够你花好几辈子的了。"

"再装点，就再装一点点。"

话还没说完，袋子"啪"的一声破了，金子撒得满地都是，但地上的金子一下成了一堆垃圾，命运之神也不见了。

物欲是个无底洞，而人的欲望也是没有尽头的，有些人永远不知道满足，于是便让自己陷在欲望的深渊里难以自拔，内心的平静也被打破，因此也就很难收获到生活中的快乐了。

被物欲污浊了心灵的人们，在物欲控制你之前，赶快摆脱它吧！生活不是无所事事，但可以很简单，可以让心灵更单纯。即使我们不富有、不年轻、不健全，但只要我们活着，就可以选择以快乐的方式生活。当你脱掉了物质的外衣，轻装上阵，在人生的旅途中所享受到的将是轻松和愉悦。

智者寄语

试着调节自己的心境，使自己能够坦然地面对现实，平静地对待目标，我们的心灵就不会再有负担。欲望低了，心事少了，快乐自然也就会来了。

贪婪的人更容易受到打击

人生本不需要太多的金钱和太高的职位，钱是生不带来死不带走的东西，房子再豪华也只能在一张床上睡觉。不要贪心，该是你的东西始终都是你的。幸福与否其实并没有严格的界限，全在于你用什么样的心态看待这个问题。只要能够坚强地活着，这本身就是很大的幸福。活着就会有希望，就会创造出属于自己的生活。很多时候，人们应该扪心自问到底在追求些什么东西，人生在世到底是为了什么。

1. 贪婪招致迷失自我

很多人总是不懂得满足，他们在贪婪中迷失了自己。他们追求太多不切实际的东西，无止境的贪婪最终会招致祸端，更有甚者，贪婪会毁灭一个人。

> 很久以前，有一个十分贫穷的人，他吃不饱穿不暖。他的家里什么都没有，甚至只能睡在地上。即便如此，他却十分吝啬，要是偶尔得到两个馒头，看到一个和他一样的穷人快饿死了，他都不肯施舍给别人——哪怕那个馒头已经快要变质了。他知道自己有这个毛病，却怎么都改不了。可是他每天都幻想着能够发财，他说："如果我拥有很多钱财，一定不像现在这样吝啬，一定十分慷慨。"
>
> 一个神仙听到了他的话，便想试探他一下，于是就给了他一个装钱的口袋，并对他说："这个袋子里有一个金币，当你从里面拿出来的时候里面还会有一个金币。但是你要是想花钱，只有把这个钱袋扔掉才可以。"
>
> 穷人欣喜若狂，他不断地从袋子里拿金币出来，一整个晚上都没有睡觉，他告诉自己："等到我拿出足够下半辈子吃喝的钱了，再把袋子扔掉。"他的房子里面到处都是金币，这些钱早就够他花费了，但是当他考虑扔掉袋子的时候又舍不得了，于是他就一直不停地往外拿金币。屋子里到处都是金币，可是他还是对自己说："我不能把袋子扔了，让我的钱再多一些吧，那么我就可以把袋子扔掉了。"
>
> 就这样，他不停地往外拿金币，直到最后，他虚弱得已经没有力气了，但是他还是不肯把袋子扔掉，最后他终于死在了钱袋旁边。他身旁的金子已经堆成了一座小山。神仙出现了，看见这个情景，他摇了摇头，说："都是贪婪作祟啊！"

贪婪就如同杂草一般在人的心中滋长，贪婪的人总是渴求更多的东西，直到某一天受到严重打击的时候才会觉得一切都是徒劳。杂草一旦在心中蔓延开来，就会一发不可收拾。人在一生中如果只是一味地想着自己没有的而不珍惜拥有的，又何尝会快乐？即便你拥有的再多，却不能让自己的心感到平静和宽容，那么得到的东西对你来说又有什么意义？

2. 知足常乐，无欲则刚

一个人如果无法在情感上得到放松，想要的东西越多，那么心中的压抑感也会越强。人们所追求的目标总是被经济社会的浪潮一再拔高，就像上面故事中的穷人一样，不停地追求更多的钱财，欲望变得无止境。永无止境的欲望让人更加贪婪，更加不满足，心情也变得糟糕起来。

其实每个人都是独特的，何必要与别人相比。要知道：人比人，气死人。即使我们的某一方面比别人差，那么也应该学会从别的方面找到平衡。也许我们的另一方面比别人优秀，而更重要的是，要学会做好自己的事情。

贪婪会把人带向罪恶的深渊，让人失去理智。贪婪让人与人之间的关系变得险恶起来，让人与人之间相互欺诈，让最好的朋友反目成仇。在股票市场上，人的贪婪一览无余，人们往往赚了还想赚得更多，于是，最终贪婪让他失去了全部。在生活中，人们应当学会克制自己的欲望，贪字头上一把刀，贪婪的人往往得不到好下场。

贪婪会让一个人失去自我，世人大都贪图享乐，殊不知最后会被享乐所吞没。人的一生要学会知足，只有这样才可以快乐地生活，如果贪得无厌，只会让自己感到烦恼。贪婪与烦恼是成正比的。贪图一时的快乐是人的致命要害，禁受不住诱惑而身败名裂的大有人在，为了能够平静地生活，我们应该拥有正确的得失观，不可因小失大。

知足常乐、无欲则刚就是这个道理，美好的生活应该用自己的双手去创造，而不是贪念别人所拥有的东西。不劳而获的东西取之容易用之难。无论做什么事情都要有个度，要懂得分寸，懂得适可而止的道理，总想贪小便宜的人最终会失去更多。一个人如果过于贪财，失去的不仅仅是名声和金钱，甚至连本性都会迷失。

智者寄语

只要能够坚强地活着，这本身就是很大的幸福。活着就会有希望，就会创造出属于自己的生活。

欲望越少，生活越幸福

当人所追求的东西无法得到时，内心就会产生烦闷、忧虑和痛苦。痛苦来源于人的欲望，凡尘中的人都是无法避免的，很少有人能做到清心寡欲，能做到的人恐怕只有神仙、死人和看破红尘之人。经历过人生的起起落落之后，人才会明白富贵其实就是南柯一梦，生活中欲望越少反而越幸福。

1. 放下欲望，寻找心灵的平衡点

当理想和现实发生矛盾的时候，当人的欲望得不到满足甚至遭受压抑的时候，就会出现不同的追求幸福的人。有的人选择了努力争取，明知不可为而为之，结果弄得身疲力竭，狼狈不堪。另一种人选择了回避，他们在生活的暗处独自忍受着生活所带来的创伤，这种人生活也不会幸福。还有一种人选择放下欲望，知足常乐。这种人总能找到自己心灵的平衡点，他们并不积极争取生活中跟风的东西，也不消极地面对生活。用知足的心态去面对生活中的种种困境，顺其自然，这种人才是最幸福的。

有一次，柏拉图想知道爱情到底是什么，就去问他的老师苏格拉底。老师就叫他到麦田去，摘一颗他认为最大、最金黄的麦穗。但是他只能摘一次，并且不能回头，要一直走到尽头，然后把麦穗带回来。

柏拉图便照着老师的话去了麦田。但是最后，他什么也没有摘到就出来了。老师问他原因，他说：“因为我只能摘一次，并且不能回头，即使我看见一颗长得又大又金黄的麦穗，但总想着前面还会有更好的麦穗，我就没有摘。但是走到前面我又发现没有刚才的麦穗好。原来麦田里最大、最金黄的麦穗我已经错过了，所以我什么也没有摘到。”

于是苏格拉底告诉他，这就是爱情。后来柏拉图又问老师什么是婚姻，老师便叫他去树林中砍一颗最好看的松树回来做圣诞树。有了上次的经验之后，柏拉图很快就回来了，他这次回来只带回来一颗非常普通的松树。枝叶不算茂盛，树干也并不强壮，只能勉强凑合。老师又问他原因，他说：“有了上一次的经验之后，我走到大半路还是两手空空，于是我就把一颗看起来还算差不多的树砍倒就回来了。这样我就不会错过什么，也不会弄到最后两手空空。"老师笑着说："这就是婚姻。"

人的一生中爱情和婚姻都是如此，而生活又何尝不是这样呢？人的欲望总是无法满足的，当我们不再抱怨自己为何会有那么多欲望的时候，就找到了生存的基础。顺其自然地释放人的天性是必要的解放，并且能够缓解人们面对生活的压力。所以，当很多东西我们无法得到的时候，应该减少自己的欲望，让生活变得更加美好起来。欲望越少，则越容易拥有幸福。

欲望也是人类生存的基础，没有欲望，人也就失去了生存的依据，但是欲望多了又会让我们陷入一个无法自拔的境地，而且欲望的多寡我们并不能很好地控制。但是当我们在顺着欲望的河流往前走的时候，要知道自己的欲望不能超出社会道德规范和法律的边缘。很多东西是我们无法得到的，有些欲望是无法实现的。只有看破了这其中的一切，才能够拥有平静的生活，才会在生活中获得快乐。

2. 幸福与欲望成反比

欲望能让原本是好友的两人因为某个东西或某件事而互相撕破脸，让祝福变成诅咒，让原来本可以双赢的事情变得不可收拾。幸福与欲望是成反比的，欲望越多的人越难得到幸福，欲望少的人最幸福。人类所要求的终极目标就是能够获得人生的幸福，但是很多人每天都忙忙碌碌地活着，被自己心中所涌出的种种欲望所迷惑，给自己套上了紧紧的枷锁，忘记了人的一生到底是在追求什么。

有一个外国商人，他坐船到了西班牙海边的一个渔村，他在码头上看见了一个西班牙渔夫从海里划着一艘小船靠岸，船上有好几尾大鱼。外国商人对渔夫能抓到这么多大鱼表示赞叹，然后问他："您每天要花多少时间就可以抓到这么多鱼？"渔夫说："一会儿工夫就抓到了。我不用费多大力气。"

商人说："为什么你不再多抓一会儿，这样就可以抓到更多的鱼了。"西班牙渔夫觉得不以为然，他说："这些鱼已经够我一家人一天的生活了，我为什么要抓那么多呢？"商人又问："那么你只是花一小会儿的时间抓这些鱼，剩下的时间你怎么打发呢？"渔夫说："我每天的事情很多啊，我睡到自然醒，然后出海抓几条鱼，回去和孩子们玩一玩，再睡个午觉。黄昏的时候到村子里找几个朋友喝点酒，再弹会儿吉他。这日子也很充实。"

商人听了摇了摇头，并且帮他出主意："我可是美国著名大学的博士，我给你出一个主意可以让你挣大钱。你应该多花一些时间去抓鱼，然后攒钱买条大些的船。到时候你就可以抓更多的鱼，再买渔船，你就可以拥有一个渔船队。你直接把鱼卖给工厂，这样可以挣更多的钱，然后你还可以开一家罐头厂。这样你就可以离开渔村，到城市里去做有钱人。"

渔夫问："我要达到这些目标需要花多少年的时间呢？"

商人说："大概十五年到二十年。"

"然后呢？"

商人说："然后？然后你就会更加有钱，你可以挣好几个亿呢！"

"再然后呢？"

商人说："那你就可以退休了，可以搬到海边的小渔村去住，享受清新的空气，每天睡到自然醒，然后出海抓几条鱼，回去和孩子们玩一玩，再睡个午觉。黄昏的时候到村子里找几个朋友喝点酒，再弹会儿吉他。"

渔夫听完，非常不解，他说："难道我现在的生活不就是这个样子吗？那为什么我还要花那么多的时间去折腾呢？"

商人无话可说。

其实人生所追求的不外乎如此,如果你已经感到十分幸福了,何必还要去奢求那些不切实际的妄想?常常心存感激地生活就会感到快乐,放下自己的欲望,心中才会充满幸福。幸福并不是你获得的越多越好,而是要拥有健康平和的心态,懂得知足,少一些欲望。

智者寄语

人的欲望总是无法满足的,当我们不再抱怨自己为何会有那么多欲望的时候,就找到了生存的基础。

欲望无止境,顺其自然为最真

生活是颜料,有红也有蓝,有绿也有黄;生活是多味瓶,有香也有甜,有苦也有辣;生活是四季风,有冷也有热,有刚也有柔。生活中人们在追求一些东西时,欲望也就跟着而上,此时一定要牢记,凡事不可求,顺其自然为最真。

顺其自然就是让你在生活遇到困难的时候,不要为难自己,苛刻自己;同样,在顺利的时候,也不必放纵自己。面对人生就是要面对生活,要面对冷热、面对酸甜,懂得自我调节,取悦自己,开阔心境,永远乐观。

顺其自然者不会奢望太高,弄得自己欲壑难填,他们知足常乐,淡然名利;他们因势利导,靠自己去改变现状,创造美好生活;他们不巧取豪夺,不损人利己,宽容待人;他们光明磊落,脚踏实地……

1. 顺其自然,从容生活

活在世俗社会,处在滚滚红尘,难免会夹带些生活情绪,有快乐必然有苦恼,这些并不可怕。走在人生旅途中,我们要懂得淡然生活,处在世俗的喧嚣中,我们就要学会从容以对,不为鲜花与掌声而活,而是为生命中那一份平静和平静下面的从容而活。

有一个老太婆,有一间破陋的房屋,一个盛鱼的大木盆,还有一位一直深爱着她的老伴。虽然每天过得很清贫,有时候连吃顿饱饭都成为一种奢望,但是老太婆并没有为此而苦恼。每天吃过饭,老头子都会陪她看看星星、拉拉话常、谈谈梦想,平静中有着一种和谐美。然而,这种和谐却被一件事打破了。

一天,老头子出海打鱼,打到一只会说话的小鱼,小鱼为了保住自己的性命,答应帮助他或家人实现三个愿望,无论什么都可以。老头子为此感到困惑,把这件事情告诉了老太婆,老太婆却为此感到兴奋。

老太婆在欲望中沉沦了,在追寻中开始苦恼,她不知道自己到底想要什么。她把自己孤立起来,在孤独中开始追寻,她不知道自己在追寻什么,但是她却不能自拔,在梦想中越过越上瘾。老太婆想完了豪宅,想金屋,想完了金屋想女王,想完了女王又想着去做那些小鱼的掌管者。终于,她走到尽头,她的一切都没有了,包括老头子的那颗爱心。

人可以有愿望,但不能把这种愿望当作一种难平的沟壑。拥有了就要学会满足,要的越多你付出的就会更多。什么事情看似表面是自己收获,其实背后都会有付出,平等的付出,平等的收获,但是如果付出小于收获,那么收获自然就会不存在,但你依然想要,就会一步一步陷于绝境。

活在世人,人们应顺其自然,从容生活。从容是一种心境,一种平淡之中应有的坦然,不为自己而喜而悲,万事看开些,有你生存的空间,你就有着自己的作用。石子不如大山逶迤,但也能为大地增添色彩,为大地铺路搭桥;小草不如大树伟岸,但也能滋润一方土地。花总要凋谢,太阳总要落山,所以生命不是活给别人看的,该是你的就是你的,不是你的也不要强求,顺其自然才会活出一份快乐!

从容是一种平凡者的坦然、乐观者的热情。它是一种心境、一种精神、一种风度、一种追求。拥有了从容,我们才能放宽心思,欣赏生命,领略人生,活出真色彩。

2. 顺其自然,平凡生活

在生活中,并不是每一个人都能得到幸运,并不是每一个人都能得到满足,有了这个还想要那个,但是命无此福,我们又何必强求?外表再好不过是皮肉而已,老了还是长满皱纹;财富再多不过是身外之物,死了还是空有躯壳。心灵磨灭了,那么就什么都没有了,所以我们要爱护自己的内心世界,不要让外界的欲望折磨心灵。

有一只小狗,不停地绕着自己的尾巴转圈,精疲力竭地躺在地上喘气。

一只大狗走过,询问它发生了什么事,小狗说:“朋友,告诉我,假若我可以追到自己的尾巴,我便会永远幸福和快乐,所以我才追逐自己的尾巴,结果弄得精疲力竭。”

大狗叹了口气说:“在我年轻的时候,也听过别人说同样的话,我也跟你现在一样弄得精疲力竭。当我追逐幸福和快乐的时候,它永远不在我前面。当我不刻意追逐,一切顺其自然之时,才发觉幸福和快乐在后面日夜跟随我!”

幸福和快乐本来就是我们生活的一部分,就看我们是否懂得欣赏。许多人每天都在追逐幸福和快乐,其实顺其自然,幸福与快乐就在身边。

3. 顺其自然,自得其乐

顺其自然是生活,它指引着所有的生命走上自己的轨道,就像小草春来发芽秋来枯,却仍然勃勃生机一样,就像小鸟春回北方秋飞南,虽然路远却很有乐趣。顺其自然是活着的时候认真地生活,垂老的时候乐观去面对。

有一天,小和尚来到院子里找师父,发现师父院子里那片草地一处枯黄,就对师父说:“师父,快撒草籽吧,这草地太难看了。”

“不着急,什么时候有空了我就去买一些,草籽什么时候都能撒,可是来的人却不可能每天都会听我说佛道。”师父答道。

中秋的时候,师父把草籽买了回来,交给小和尚:“去吧,把草籽撒在地上。”起风了,那些草籽被风吹得满地都是。小和尚很着急:“不好,许多草籽都被吹走了!”

师父说:“没关系,吹走的多半是空的,撒下了也发不了芽,不用担心。随性!”

就在这时候,一群小鸟飞来了,把刚刚撒在地上的草籽吃了。小和尚惊慌地跟师父说:“不好了,草籽都被小鸟吃了!”

师父又说:“没关系,草籽多,小鸟是吃不完的。你就放心吧,明年这里一定有小草!”

小和尚一直为今天的事不高兴,夜里他听到了雷声,外面下起了大雨,他的心中更急了,暗暗担心自己种了一天的草籽,到最后什么也没有了。第二天早上,他来到院子里一看,果然地上一颗草籽都没有了,他连忙冲进师父的房里:“师父,昨晚下了一场大雨把地上的草籽都冲走了,怎么办啊?”

师父不慌不忙地说:“不用着急,草籽被冲到哪里,就在哪里发芽。随缘!”

不久,许多青翠的草苗果然破土而出,原来没有撒到的一些角落居然也长出了许多青翠的小苗。

小和尚高兴地对师父说:“师父,太好了,我种的草长出来了!”

师父点点头说："随喜！"

小草有小草的生命规则，只要有水有土就能发芽，只要你撒下了草籽，就不必担心小草不会发芽。我们要顺其自然，不必刻意强求，如果你过于担心，只能影响你的生活与工作。凡事都有我们不明白的理，与其百般思量，不如顺其自然，这样才能看到自己想要的结果。

上天给了你生命，你却不知道珍惜，在有生之年随意荒废，那么你就永远不会快乐。有了生命就应该活出它的价值，有了人生就应去努力生活，顺其自然就是顺着自己的生命轨迹去探索：今天就是今天，明天就是明天。不必想明天是怎么样，明天到的时候再去思考；昨天已经过去，就不要拿今天的时间去悔悟昨天的东西，而是认真地对待今天的生活，思考今天怎么活才能活得快乐！

智者寄语

顺其自然就是让你在生活遇到困难的时候，不要为难自己，苛刻自己；同样，在顺利的时候，也不必放纵自己。面对人生就是要面对生活，要面对冷热、面对酸甜，懂得自我调节，取悦自己，开阔心境，永远乐观。

淡泊名利，保持内心平静

人的一生总是五光十色，充斥着各式各样的诱惑：金钱、名誉、权力，各式的诱惑都难以让人内心平静，在这样的情形下，要想做到淡泊名利确实不是一件容易的事情。

到底何为"淡泊"呢？是"采菊东篱下，悠然见南山"的闲适，还是"事理通达心气和平，品节详明德行坚定"的随和？其实这个问题没有一个确定的答案，淡泊名利之人能将个人的得失置之度外，面对利益的诱惑能保持平和的心态及清廉的操守，正如俗话所说的"不羡黄金罍，不羡白玉杯，不羡朝入省，不羡暮登台，千羡万羡西江水，曾向竟陵城下来"。

追逐名利是一种贪欲，淡泊名利则是人们常常向往和追求的一种境界，"宁静致远，淡泊明志"常常被人们视为内心的最高境界，但真正能做到的人却很少。不过淡泊名利者并非没有，古今中外，很多智者都能将名利视为尘土，为了生命的自由、洒脱，活得逍遥自在。

战国时期，惠施做了梁国的宰相，庄子听说了，想去见见这位老朋友。有人知道后，急忙跑去告诉惠施："庄子说是来看你，其实是想取代你宰相的位子。"惠施听了也很恐慌，他要阻止庄子到梁国，于是他派人在国内搜捕庄子，一直搜了三天三夜。

没想到，三天后，庄子很从容地来拜见惠施，并且说："南方有一种鸟，名叫凤凰，不知您是否听说过？这凤凰展翅而起，从南海飞向北海，不是梧桐它不歇息，不是竹子的果实它不吃，不是甜美如醴的泉水它不喝。一只猫头鹰正津津有味地啃着一只已经腐烂的老鼠，这时，凤凰恰好从猫头鹰的头顶飞过，猫头鹰急忙护住自己的食物，并且仰头看着凤凰喊：'吓！'现在您也是想用您的梁国来吓我吗？"惠施听后十分羞愧。

一天，庄子在濮水边垂钓，楚王听说后，派两位大夫去请庄子："楚王久闻先生贤名，想要麻烦先生帮忙处理楚国的国事。"庄子举着钓竿没有回头，只是平静地说："我听说楚国有只神龟，被杀死时已经三千岁了。楚王将其珍藏于竹箱中，并且在竹箱上盖上了锦缎，供奉在庙堂之上。请问两位大夫，这只龟是愿意死后留下骨头来彰显它的富贵呢，还是宁愿活着在泥水中摇尾而行呢？"两位大夫回答说："当然是愿意活着在泥水中摇尾而行！"庄子说："那两位大夫请回吧！我也宁愿在泥水中摇尾而行！"

庄子不贪慕名利，不贪恋权势，愿意为自由而放弃身外的名利，真可以说是洞悉人生真谛的高人。

《圣经》中提到："每个人降临到这个世界时，手都是合拢的，好似在说：'世界是我的。'每个人离开世界时，手是张开的，仿佛在说：'看，我什么都没带走。'"一个人，如果在今天抵挡不了面前利益的诱惑，那么明天就会失去幸福。要知道名利就如同过眼云烟，不具备永恒性，人在生命终止后，身前的种种都带不走。意识到这一点，你的内心就会平静，你也会看淡名利。当然，凡事都要讲求度，有些时候，过于淡泊名利反而会滋生惰性，影响正常的工作。

淡泊名利的精神境界并不容易达到，它需要一个人经历磨难、经受挫折，从而获得一种心灵上的感悟，一种精神上的升华。相较于名利而言，生命才是最美好的，快乐才是最珍贵的。要想让你的心灵远离尘世的喧嚣，就一定要活得潇洒，过得快乐，欣然享受自在的美好时光，这样你才会感受到生活的快乐与惬意。

智者寄语

追逐名利是一种贪欲，淡泊名利则是人们常常向往和追求的一种境界，"宁静致远，淡泊明志"常常被人们视为内心的最高境界，但真正能做到的人却很少。不过淡泊名利者并非没有，古今中外，很多智者都能将名利视为尘土，为了生命的自由、洒脱，活得逍遥自在。

远离贪婪，知足才能享清福

在日常生活中，我们经常会听到人们说起"享清福"，但真正能够明白和做到"享清福"的人却是寥寥无几。这是因为世人很容易被名利蒙蔽自己的眼睛，而且在贪婪和欲望的支配下很容易迷失自我，不懂得珍惜自己眼下所拥有的，最后非但没有享受到什么"清福"，反而因为追名逐利而吃尽了苦头。

南朝时有个叫鱼弘的人，他跟随梁武帝南征北战多年，可谓是功不可没。后来，梁武帝做了皇帝，念其功，封其为一郡之守，并赐给他一座山林，还有二十顷良田。战争平息了，原本他可以守着家人享享清福了，不想他却整天闷闷不乐。

一天，夫人便问他："夫君，为何终日郁郁寡欢啊？"

鱼弘愤愤地说："一个君王一定要做到赏罚分明，而我追随君王多年，没想到到头来却仅仅做了个郡守，拿这么一点点的俸禄。"

夫人劝道："我们要那么多钱做什么？你每年都有俸禄，而且君王不是还赏赐给了我们很多良田吗？这足够我们一家人生活了。"

没想到鱼弘根本听不进去夫人的话，倚仗着皇帝对自己的信任，到处勒索钱财，这还不够，他还让人从深山里砍来了很多珍贵的树木，运来了许多漂亮的花岗岩，为自己修建了一座富丽堂皇的郡守府。

从此，鱼弘过起了极度奢侈的生活。据说，他出行的车马都不用一般的布匹，而是选用江南的锦缎丝绸，伺候他的侍妾竟然有百余人。

私下里，他的心腹都知道，鱼弘做官有几句座右铭。用鱼弘的话说："我做郡守，郡中一定要做到四尽——山中野兽尽，水中鱼虾尽，田中谷米尽，村中女人尽。人生在世嘛，就是要享受。"最终，这个贪婪的郡守因纵欲过度早早便死了。

鱼弘的放纵与私欲的膨胀，既害了自己又连累了他的夫人。原本，作为跟随皇帝征战的近臣在得到封赏和信任后，理应感恩于皇帝的赏赐，满足于当下自己所拥有的一切，在自己任官期间安心为民办事，或是抽身而退，隐身乡里，以享天年。可是，鱼弘却没有明白这一点，与其说他是因过度糜烂的生活而死，不如说他是被自己贪婪的欲望枉送了性命。

世上很多人虽不似鱼弘那般贪婪，却不一定就懂得什么是人间的清福。

以前，有一个人十分信奉佛祖，每晚都要在香房里跪拜佛祖。他整整跪拜了四十年，无论风雨从没间断过，并且他很乐于去帮助别人。终于，这个人的虔诚感动了佛祖。在一天夜里，佛祖降临到了这个人的家里，他很高兴，跪在那里头也不敢抬。

佛祖说："抬起头来吧，念你多年的诚心，想必你一定有什么事想求我，不用害怕，有什么要求，只管讲来吧。"

这个人依然没敢抬起头来，他低着头想了想才说："佛祖，其实我没什么要求，我只希望在我剩下来的这些年的生活里，能够不愁吃、不愁穿，晚年也不要再受什么苦，不要得什么大病。死的时候能够无疾而终，这样我就知足了。"

佛祖笑道："看来你求的是清福，此为上仙之福。如果你向我求的是世间的功名富贵，这都好办，但是你求的这些，我却并不能给你……"

这个人一直虔诚地跪在那里，半天却没有了佛祖的声音，他抬头一看，佛祖早已不见了。这个人以为自己的诚心还不够，于是越发虔诚地跪拜起佛祖来，而最终他不仅做到了无疾而终，而且一直活到了一百多岁。

这个一生信奉佛祖的人，求了一辈子，也见到了佛祖，却没有得到佛祖的应允。其实，并不是佛祖吝啬，不肯将清福赐给他，而是这个人一直没有明白，他因为信奉佛祖而每晚都要按时到香房里去跪拜，却因此躲过了一个又一个雷雨天里出现的霹雷、塌方等灾难。而他的一生里，本来就从没有缺过吃穿，也没得过病，一直就生活在知足常乐里。显然，这本身不就是在享受清福吗？佛祖还需怎么给他呢？

在美国的一个小镇上住着一位老夫人，在她过92岁生日时，小镇上的很多人都来向她祝寿。老夫人很开心，对前来为自己庆祝寿辰的人说："谢谢大家的光临，看来我是这个小镇上最富有的人了。"

不想这事被传到了一位新来不久的主管税务的办事员耳中，他查了一下本地的税收记录，奇怪的是他却没有发现一张关于这位老夫人的税收记录，而她又自称是小镇上最富有的人，难道这么多年来她一直在逃税？为了弄明白这件事，他找到了这位老夫人，好奇地问："老夫人，听说您自称是小镇上最富有的人，您能够确定您真的是吗？"

老夫人听了之后，爽朗地笑了起来："没错，您听到的一点不假，我就是整个小镇上最富有的人了。"

这名办事员看了看老夫人的住处，这是一间极为简单的木屋，家具也很简单，这让他怎么也无法将老夫人与富有两个字连在一起，于是他继续问道："老夫人，那么您能具体谈一谈你所拥有的财富吗？"

"当然可以了。"老夫人指着自己说，"这第一项财富呢，就是我的身体，虽然我已经九十多了，但我每天还能够走两英里的路，而且我很少生什么病。"

办事员讷讷地看看老人，又问："除了这一点，您还有其他的财富吗？"

老夫人耸耸肩，说："当然了，我还有一位十分疼爱我的丈夫，他虽然比我小两岁，却无微不至地照顾了我六十多年，可惜他刚才出去了，不然您就可以见到他；我还有几个孩子，他们也都有了孩子，并且他们对我们都很好；再有，就是生活在这个小镇上的所有人，他们和我一起走过了这么多年，并且还要继续走下去。所有这些，都是我所拥有的财富。”

办事员感觉有点发蒙：“亲爱的老夫人，除了这些之外，您还有别的什么财富吗？比如房产、珠宝，或者你是否在其他地方有着什么生意？”

老夫人纳闷地摇摇头说：“不，我已经拥有了这么多的财富，先生，您看我还需要那些吗？”

办事员看着老夫人的样子，说道：“我想您是不需要的。但是有一点我也想在此告诉您，就像您说的一样，虽然您是小镇上最富有的人，但是我敢向您保证：您的财富谁也拿不走，并且您也不需要缴财产税。”

显然，老夫人自称的富有，其实就是一个人难得能够享受的清福。而很多人之所以无法享受到清福，一来是被物欲蒙蔽了双眼，过于看重物质上的追求与享受，而忘记了人类与生俱来的感恩之心，自然就无法做到知足常乐，又怎么可能真正地享受清福呢？就像那位九十多岁的老夫人，一生都住在简单的小木屋里，过着简单的生活，却时刻也没有忘记那些与自己风雨同舟一起度过了数十年的小镇上的人，并且把他们的友谊当作了自己所拥有的财富。由此我们可以看出，老太太十分珍惜自己所拥有的一切，而这使她内心里充满了感恩与知足。因为她心存感恩与知足，所以她生活得很快乐，而这种快乐其实就是她所享的清福。

智者寄语

世人很容易被名利蒙蔽自己的眼睛，而且在贪婪和欲望的支配下很容易迷失自我，不懂得珍惜自己眼下所拥有的，最后非但没有享受到什么“清福”，反而因为追名逐利而吃尽了苦头。

远离贪欲，淡然看待金钱权势

贪是人的本性之一，每个人都有贪的欲望。但是，人与人是不同的，有的人可以克制住自己的贪欲，知足常乐；而有的人却贪得无厌，从不知足。

人生中，知足常乐，可以生活得更加幸福，而贪得无厌必定会自食恶果。

在A城，有一个腰缠万贯的亿万富翁，仅仅因为他的股票下跌了一个百分点，便孤注一掷，把全部财产用来买股票，结果输得一贫如洗。当他一无所有时，只好投河自尽结束了自己的生命。他曾经仅用了1万元，买了一份股票，转眼间就变成了亿万富翁，可他还不满足，继续买股票。终于有一天，他输了，股票下跌了一个百分点，他本可以收手不干，但他却因不甘心，最终反赔上了自己的性命。可以说，正是贪欲害了他，他也为自己的贪欲付出了生命的代价。

同样在A城，有一对卖烧饼的夫妇，因为刚卖完烧饼，数了数钱，发现比平常多卖了2元人民币，就高兴得合不拢嘴。他们用这2元钱，多买了一些烧饼的原料。就这样，过了几年，他们成了A城的烧饼大王，成了百万富翁。可是，他们把一些钱捐给慈善组织，仍然继续卖着他们的烧饼，尽管已经拥有了全国几百家连锁店，可他们还是喜欢自己在街上卖烧饼，价格仍然是5角钱一个，丝毫不多卖一分钱，他们想为人民更好地服务。他们对着夕阳微微笑着，觉得活着就已经十分有意义了。

切记，不要贪得无厌，小心自己的贪欲，不要一直不满足，知足是上天给予你的财富，一定要好好珍惜！

洛克菲勒在创业初期勤劳苦干，人们都夸他是一个好青年，可是当他富甲一方后，却变得贪婪冷酷，宾夕法尼亚油田的居民身受其害，对他恨之入骨，甚至他的兄弟也不齿他的为人，而把儿子的坟墓从洛克菲勒基地迁出，说："在洛克菲勒的土地上，我儿子将无法得到安息。"53岁那年，他疾病缠身。医生向他宣布：他必须在"金钱、生命、烦恼"中选择一个。这时，他领悟到，是贪婪的恶魔控制了他的身心，于是他开始了另一种生活。

密歇根湖畔一家学校因资不抵债即将倒闭，洛克菲勒马上捐了数百万元，促成了芝加哥大学的诞生。北京著名的协和医院也是洛克菲勒基金会赞助的。最终，洛克菲勒以98岁的高龄得享天年。

我们没有必要像洛克菲勒一样，走一生的弯路去寻找生命的真谛，我们只要远离贪婪，不做金钱的奴隶就可以了。

有一句智者的话："人不能把钱带进坟墓，但钱却可以把人送进坟墓。"这句话是多么发人深思！

魔鬼的两板斧是这样使用的：左板斧用贪婪来欺骗我们，让我们进入虚空的圈套，使人绝望、痛苦地煎熬，然后自杀送命；右板斧用贪婪来诱惑，让不知足来煎熬我们，好让人拼命耗损精力，缩短寿命，使人在不知不觉中慢性自杀。

魔鬼的最终目的是让人尽快地结束生命，更快地到地狱里去报到。贪婪贪心的本质，就是让我们轻看原本最重要的东西——生命，转移了我们注重的目标，注重本来并不重要的物质。

耶稣讲过一个财主的故事：

有一个财主田产丰盛，自己心想："我的财产没有地方收藏，怎么办呢？"他想："我要这么办，把我的仓房拆了，另盖更大的，在那里好收藏我的一切粮食和财物，然后要对我的灵魂说：灵魂哪，你有许多财物积存，可作多年的费用，只管安安逸逸地吃喝快乐吧！"神却对他说："无知的人哪，今夜必要你的灵魂，你所预备的要归谁呢？"

这就是一个典型的重视物质而忽视生命的例子。

还有一个类似的故事：

有个守财奴毕生勤奋努力，积蓄了三十万块银元。终于有一天，他决定要享受一年豪华快乐的生活，然后再决定下半生怎样过。但是也就在他开始不去奔波挣钱的那一天，死神已经慢慢向他靠近，要取回他的生命。守财奴费尽唇舌用尽了一切本领，劝请死神改变主意。最后他说："多赐给我三天吧，我会给你所有财富的三分之一。"死神无动于衷，继续动手收回他的生命，他再说："如果你让我在这世上多活两天，我立即给你二十万块银元。"死神仍然没有理会，甚至后来他用三十万块银元交换一天的生命也不成。守财奴没有办法，只好说："那么请你开恩，给我一点点时间，写下一句话留给后人吧。"死神应允了他的请求。守财奴便用自己的鲜血写道："人啊，记住——你所有的财富都买不到一小时的生命。"

生命好比是1，财富是0，如果只有财富，那么，不管有多少财富，都只是虚空，只有有了生命，你的财富才会有意义、有价值。"人如果赚得全世界，而赔上自己的生命，那又有什么益处呢？还能拿什么换生命呢？"我们不要到最后才这样清醒，要把生命看得比某些东西更为重要。

人的贪欲是一种客观存在，只是隐显强弱不同罢了。我们如果能适度地控制它，转移欲望的目标，才是上策。不为物役，远离贪欲，自己才能更好地主宰自己。多读点书，书可以丰富我们的学识，净化我们的灵魂。愿我们都心清如水，知足常乐！

智者寄语

人生中，知足常乐，可以生活得更加幸福，而贪得无厌必定会自食恶果。

别让欲望吞噬了你

动物界有这样一种动物，它们常常不是死于自己的天敌，而是死于自己的欲望，它们就是北极熊。在北极圈里，北极熊没有什么天敌，但是因纽特人却可以轻易地逮到它。

因纽特人的方法很简单，他们先把北极熊最爱的食物——海豹杀死，然后把它的血倒进一个水桶里，用一把两刃的匕首插在血液中间。因为北极地区气温很低，所以海豹血液很快就能凝固，匕首就被冻在血中间，像一个巨大的棒冰。随后，因纽特人把棒冰倒出来，丢在雪原上。

嗜血如命是北极熊的一个特性。就算几公里以外有血腥味，北极熊依然能用鼻子嗅到。当它闻到因纽特人丢在雪地上的血棒冰的气味时，就迅速赶到，并开始舔起美味的血棒冰。舔着舔着，它的舌头渐渐麻木，但是无论如何，它也不愿意放弃这样的美食。忽然，血的味道变得越来越好，那是更新鲜的血、温热的血。

原来，那正是它自己的鲜血：当它舔到棒冰的中央部分，埋在中央的匕首划破了它的舌头，温热的血冒了出来。此时，它的舌头早已麻木，没有了感觉，而鼻子却很敏感，知道新鲜的血来了，于是不停地舔下去，这样舌头伤得越来越严重，血流得越来越多，最后它因为失血过多，休克昏厥过去。就这样，因纽特人不必花什么力气，就能将它捕获。

生活中，几乎没有人想做嗜血而亡的北极熊，但在物欲面前，许多人就像北极熊一样，因为那么一点点的贪念而被自己的鲜血引诱，从而欲望大增，最终被自己所舔舐的“棒冰”刺杀。

那么，面对这些诱惑，我们该怎么办呢？要搞清楚，我们是没有能力让这些诱惑消失的，唯一的办法就是控制自己，让自己在诱惑面前保持清醒的头脑，认清潜在的危险。

陈小列是一家服装公司的设计师，得过几个奖项，在当地也算是小有名气。

在一次时装发布会的筹备过程中，有一家竞争公司的老总暗地里接洽陈小列，说非常欣赏他的才华，并且表示如果陈小列愿意到他们那里工作，可以成为首席设计师，而且薪水也会比现在的公司高两倍。

成为首席设计师一直是陈小列的梦想，更何况还有那么高的薪水，陈小列苦苦挣扎后，知道了对方不是单纯地冲自己的能力而来，应该是为了得到公司这一次的设计图。

权衡以后，陈小列断然拒绝了对方公司的笼络，并将此事告知了老板，严密防范对方窃取机密。而陈小列也因为这件事得到了老板的赏识，经常把一些重要的设计交给他完成，一年后公司的首席设计师跳槽了，老板让陈小列当上了该公司的首席设计师，薪水也增加了不少。

如果陈小列一时没能克制住自己的贪欲，而选择跳槽，那么当对方把所求之事办成之后，他的价值也将一落千丈，更严重的是，恐怕这行里的人都会知道他是一个出卖公司利益的人，再没有人敢与他合作或聘用他。

因此，当一个诱惑出现在你面前的时候，我们要保持清醒的头脑，看看自己是否有能力把这个好东西物尽其用，如果不能，就断然放弃，否则，就会像北极熊那样被自己的欲望所刺杀。

很多人就是被过多的欲望所诱，结果总是跟在欲望后面跑来跑去，两手空空地走完自己的一生。知足者能够认识到无止境的欲望带来的痛苦。由于太贪婪、欲望太强，而其能力又有限，这必然会导致可怕的后果。

托尔斯泰曾经说过：“欲望越小，人生就越幸福。”人生最大的苦恼，不在于自己拥有得太少，而在于自己向往得太多。向往本身不是坏事，但向往得太多，而自己的能力又达不到，就会构成长久的失望与不满。

因此，不管我们做什么，都要适可而止，把握有度。能力所及的事，不要过于强求自己，放弃那些无止境的沉重的欲望，这样才不会徒增烦恼与压力，才能轻松享受生活，稳步取得成功。

智者寄语

要搞清楚，我们是没有能力让这些诱惑消失的，唯一的办法就是控制自己，让自己在诱惑面前保持清醒的头脑，认清潜在的危险。

拨开欲望的迷雾

欲望似迷雾，能遮住双眼。

佛经中说："欲生诸烦恼，欲为生苦本。"这里的"欲"就是欲望，是幸福的最大障碍。心中有欲望，想追求的东西就会越来越多，可是现实是残酷的，注定要让我们即使付出了努力，也无法获得，诸多的不快乐就这样产生了。

曾经有一个寓言故事，讲的是一个国王总觉得生活缺少快乐，于是决定去寻找世上最快乐的人。他首先想到的是有钱的商人，国王问他："你是最快乐的人吗？"

商人摇摇头，愤恨地回答："现在的商界变化无穷，我随时都可能变成一个穷光蛋，我根本就快乐不起来。"

之后，国王又问有权的大臣："你是最快乐的人吗？"

大臣大惊失色，说道："我不是，微臣官位小，稍有不慎，就有被罢官的可能。所以我得努力向上爬，为百姓效力，没有时间去想快乐的事。"

最后，国王听说了有一个乞丐活得最快乐，于是就去问乞丐："你为什么觉得自己是最快乐的人？"乞丐笑脸洋溢，兴奋地回答："因为我不用挣钱买食物，不用亲手做饭，吃了饭还不用刷碗，想睡哪里就睡哪里。所以，我觉得自己最快乐。"

你也许会纳闷：生活条件越来越好，为什么有人反而幸福感下降；文明程度越来越高，为何有的人脸上的笑容却越来越少。难道拥有幸福就真的那么难吗？怎么才能获得真正的幸福？到底是什么夺走了我们的幸福。

说到底，还是我们的欲望在作怪。欲望蒙蔽了我们的双眼，造成了心理贫穷，让我们感觉不到简单的幸福。

有一个小男孩，住在山脚下的一幢大房子里。他喜欢动物、跑车与音乐，他会爬树、游泳、踢球。他从小有很多梦想，希望有一天能够实现。

突然有一天，他对上帝说："我想了很久，终于知道自己今后想要什么样的生活了。"

上帝问："你想要什么？"

他回答："我要在城里有一栋大房子；我要娶一个高挑、美丽的女子为妻，她长着黑黑的长发，性情温和，有一双蓝色的眼睛，她唱起歌来很能打动人；我要有三个健康的孩子，我们可以一起游泳、踢球，他们长大后，一个当科学家，一个做医生，一个做律师；我要成为一个冒险家，并在途中救助他人；我要有一辆红色的法拉利汽车，而且永远不需要搭送别人。"

上帝笑了笑,说:“你的这些梦想真美妙,希望你长大后都能实现。”

长大后,他出了一次车祸,腿瘸了,从此,再也不能登山、爬树、航海了。后来,他学了商业经营管理,专门经营医疗设备。再后来他娶了一位美丽的女孩,有黑黑的长发,个子却不高,眼睛不蓝,也不会唱歌,但却做得一手好菜,画得一手好画。

后来,他在城里买了房子,不大却够全家人生活。他没有儿子却有三个美丽的女儿,她们都非常爱自己的父亲。有时,他们会一起在公园里嬉戏玩耍。

他没有红色法拉利,而且还要经常去取一些并不是他的货物。在一天早上醒来,他突然想起了许多年前的梦想。于是,他很难过地对周围的人不停诉说、抱怨他的梦想没能实现。他认为这一切都是上帝同他开的玩笑,妻子和朋友们的劝说他一句也听不进去。最后,他因为过度悲伤而住进了医院。

到了晚上,他又跟上帝提起他的梦想:“你还记得在我还是个小男孩时,对你讲述的那些梦想吗?”

上帝回答:“记得,那都是一些美妙的梦想。”

“那你为什么不让我实现呢?”他伤心地问道。

上帝回答:“我只是想带给你惊喜,给了你一些没有想得到的东西。一个好妻子、一份好工作、一处舒适的住所,这是多么搭配的组合。还有三个可爱的女儿……”

“是的。”男人打断了上帝的话,接着说,“但是我以为你会把我真正想要得到的东西给我。”

上帝回答:“我也以为你会把我想要的东西给我。”男人没想过上帝也会有想要的东西,于是轻声问:“你希望得到什么?”

“我希望你能因为我给你的东西而感到快乐。”上帝温柔地答道。

他在黑暗中想了一夜,他想到了一个新的梦想。他的新梦想就是有一份好的工作、住在能看到大海的公寓中、妻子会做菜和画画、有三个可爱的女儿。而这些,就是他现在所拥有的。

在这之后,他过得非常快乐。他明白:快乐从未离开过他,只是以前的自己羞于满足,才没发现手中所拥有的快乐。

正当的欲望都是合理的,但是如果追求过多,那无疑是给生活上了一把锁。一个丧失心灵自由的人谈何快乐?所以,不要让欲望把心装得太满。究竟如何掌握这个度,对于金钱,够用就行,实在没有必要为了金钱而失去了大把快乐的时光。

那么,生活中我们该如何克制自己的贪欲呢?

首先,对需求进行分类,把想要的东西分为“必需品”和“身外物”。

其次,学会享受克制欲望的自控感,比如经常去商店观赏一件喜欢而超过支付能力的东西,其实比真正买回来的快乐更持久。

最后,如果贪欲来自对别人的羡慕,就要告诉自己:虽然自己没有他人拥有的东西,但是我拥有的东西他也没有。

记住,生命是一叶舟,载不动太多的欲望,要想使船在抵达彼岸时不至于在中途搁浅或沉没,就必须轻载,只取需要的东西,把那些不需要的东西统统都舍弃掉。

智者寄语

心中有欲望,想追求的东西就会越来越多,可是现实是残酷的,注定要让我们即使付出了努力,也无法获得,诸多的不快乐就这样产生了。

第七章

拥有好心态，才能达到最高境界

心态决定命运

这是一个事实:在这个世界上,成功卓越者活得充实、自由、潇洒,失败者、平庸者过得空虚、艰难、猥琐。事实上,人与人之间只有微小的差距,可这微小差异却造成了人生命运的巨大差别。有的人成功,有的人失败,而决定这种命运的却是人的心态。

1. 不同的心态有不同的命运

有一家服装厂,由于经济效益不好,决定让一批工人下岗。第一批下岗人员里有两位女性,她们都是40岁左右,一位是大学毕业生,工厂的工程师,另一位是普通女工。这位工程师的学识肯定超过那位普通工人,不过后来她们的命运却恰恰相反。

在常人看来,普通工人下岗很普遍,但连工程师也下岗了,这个事成为厂里的热门话题,人们纷纷议论着、嘀咕着。对于这一突然而来的打击,女工程师深怀怨恨,她愤怒过、骂过,也吵过,但都无济于事。工厂的情况还在恶化,更多的人员下岗了,其中也不乏工程师。不过,这些都不能使女工程师感到心理平衡,在她心里,始终觉得下岗是一件丢人的事。失去了工作,她的心态也越来越差,从开始的愤怒转化成抱怨,接着又由抱怨转化成了内疚。她整天心情抑郁地待在家里,不愿出门见人,更没想过要重新规划自己的人生,孤独而忧郁的心态控制了她的一切,包括她才能的发挥。女工程师本来身体就不是太好,还有高血压,忧郁的心态总是把她的注意力集中到下岗这件事上。虽然下岗的事已成定局,但她内心始终拒绝接受这一变化,她无法解脱。就这样,在本该大有所为的年纪,她却带着忧郁的心态和不俗的学识孤寂地离开了人世。

而那位普通女工的心态却和她大不一样,她很快就从下岗的阴影里解脱了出来。她想:又不是我一个人下岗了,既然别人能活,我也肯定能生活下去。而且,下岗还使她还萌生了一个信念:一定要比以前活得更好!于是,她不再有抱怨和焦虑,而是平心静气地接受了下岗的现实。说来也怪,平心静气的心态让她变得聪明起来,发现了自己以前从来没有认真注意过的长处,她对烹调非常在行。于是,她就东挪西借,开起了一家小饭店。因为发挥了自己的长处,她经营的饭店生意十分红火,在短短一年时间里,就还清了借款。如今,她的饭店规模早已扩大了几倍,成了当地小有名气的餐馆,她也确实过上了比在工厂上班时更好的生活。

一个是高学历的工程师,一个是普通的女工,她们都曾面临着一个同样的困境——下岗。可她们的命运为什么差别这样大呢?原因就在于她们各自的心态不同。

虽然女工程师的学历很高,可在面对生活的变化时,恰恰是心态阻碍了其学识的发挥。而且,消极的心态反而使她的学识在埋怨和忧郁的方向上发挥出了威力,换句话说,她的学识越高,她的抱怨就越深,她的忧郁就越有分量。反过来看那个普通女工,她虽然没有学历,可积极的心态不仅使她重拾生活的勇气,而且还起到了积极的作用,最后,她以自己的特长获得了成功,过上了比以前更好的日子。

正如一位心理学家所说:“心态是横在人生之路上的双向门,人们可以把它转到一边,进入成功,也可以把它转到另一边,进入失败。”

总而言之,不同的心态决定了人不同的命运,只有积极的心态才能促使人向着成功的方向迈进。

2. 心态决定命运

有一位成功人士曾经说过：一个人能否成功，关键在于他的心态；成功人士与失败人士的差别在于成功人士拥有积极的心态，而失败人士则反之。

在人生中，心态能使我们成功，也能使我们失败。积极的心态是一个人走向成功的第一步，即：你不能改变事实，但你可以改变心态；你不能改变环境，但你可以改变自己；你不能改变过去，但你可以改变现在。心态由你自己主宰，只有拥有积极的心态，才能具备成功的条件。

他出生在美国，叫雷·克洛。他从一出生就经历了很多坎坷，他出生的时候，恰逢西部淘金热结束，一个本来可以发大财的时代与他擦肩而过。照常理，他可以像其他孩子一样读完中学再读大学，但1931年的美国经济大萧条使其囊中羞涩而和大学无缘。走入社会后，他想在房地产上做一番事业，好不容易才打开局面，不料第二次世界大战烽烟四起，房价急转直下，结果血本无归。那时候，他不得不为了生计四处求职，曾做过急救车司机、钢琴演奏员和搅拌器推销员。在雷·克洛人生的前几十年，低谷、逆境和不幸始终伴随着他，命运一直在捉弄他。

尽管屡遭挫折，雷·克洛热情不减，执着追求。这一年，在外面闯荡半辈子的他回到老家，卖掉家里少得可怜的一份产业做生意。经过一段时间观察，他发现迪克·麦当劳和迈克·麦当劳开办的汽车餐厅生意很红火，他确认这种行业很有发展前途。那个时候的雷·克洛已经52岁了，普通人已经是准备退休的年龄，可这位门外汉却决心从头做起，到这家餐厅打工，学做汉堡包。后来，他又抓住机会，在麦氏兄弟的餐厅转让时毫不犹豫地借债270万美元将其买下。这也成了雷·克洛人生的转折点，经过多年的苦心经营，麦当劳现在已经成为全球最大的以汉堡包为主食的速食公司，在国内外拥有1万多家连锁店。据相关部门统计，全世界每天光顾麦当劳的人至少有数千万，年收入高达数十亿美元。而他的创始人雷·克洛，因此也被誉为“汉堡包大王”。

心态决定命运，想成功什么时候都不算晚，雷·克洛的奋斗历程给人以深刻的启迪。不管处于什么样的境地，只要有眼光、有勇气、有热情，起步永远不晚。成功从来都倾向于那些自强不息、审时度势的人。

有人曾说过这样一段话：播下一种心态，收获一种思想；播下一种思想，收获一种行为；播下一种行为，收获一种习惯；播下一种习惯，收获一种性格；播下一种性格，收获一种命运。这充满哲理的话语，也更加深刻辩证地解释了“心态决定命运”这样一个道理。

思想家培根说：“许多事情，只需要时间和好的心态。”成败得失，更多的时候近在咫尺，仅一步之遥，而许多人之所以功败垂成，往往是没有好的心态，最终绝望并放弃。

智者寄语

事实上，人与人之间只有微小的差距，可这微小差异却造成了人生命运的巨大差别。有的人成功，有的人失败，而决定这种命运的却是人的心态。

拥有空杯心态，随时从零开始

想要做好一件事，前提是先要有好心态，如果想学到更多学问，想提升职业能力，先要把自己想象成“一个空着的杯子”，而不是骄傲自满，故步自封。

1. 清除心灵污染，定期给自己复位归零

美国哈佛大学校长来北京大学访问时，曾讲过一段自己的亲身经历：

这一年，他向学校请了三个月的假，然后告诉自己的家人，不要问我去什么地方，我每个星期都会给家里打个电话，报个平安。实际上是因为厌倦了日复一日重复的工作，于是，他只身一人去了美国南部的农村，趁着假期去尝试着过另一种全新的生活。在那里，他做了各种各样的工作，到农场去打工，给饭店刷盘子。和农民们一起在田地里做工时，背着老板躲在角落里抽烟，或和工友偷懒聊天，都让他有一种前所未有的愉悦。

他还说到了他遇到的一件最有趣的事，他最后在一家餐厅找到一份刷盘子的工作，只干了四个小时，老板就把他叫来，给他结了账。饭馆老板对他说：“可怜的老头，你刷盘子太慢了，你被解雇了。”于是，这个“可怜的老头”重新回到哈佛，回到自己熟悉的工作环境后，却觉得以往再熟悉不过的东西都变得新鲜有趣起来，工作成为一种全新的享受。这三个月的经历，像一个淘气的孩子搞了一次恶作剧一样，新鲜而刺激。并且重点在于，有了这次经历之后，一切在他眼里就如同儿童眼里的世界，一切都充满乐趣，他不自觉地清理了原来心中积攒多年的“垃圾”。

现代社会，生活节奏是飞快的，于是伴随而来的是人们生存压力的不断加大。所以，在人生的某些时期或阶段，人们总会自然而然地感受到一种难以摆脱的压抑和烦躁，主动地寻求排解和减压是很正确的做法。

有一位作家曾经说过：冠冕，是暂时的光辉，是永久的束缚。一个人只有走出成功的光环，并摆脱成功的束缚，才能不断地迈步向前。

说起篮球，不能不提乔丹。当年，在连得三届 NBA 总冠军后，神话般的飞人乔丹也未能免俗，当他发现已经没有什么需要他证明的时候，他感到了空虚和茫然，于是选择了退役，改行去打小时候就很喜欢的棒球。结果不但反应太慢，而且脚步不够灵活，勉强在芝加哥白袜队混了个板凳队员。每天有大批的球迷涌进棒球场，他们不是来看棒球的，而是喊着排山倒海的口号，请求乔丹回去打篮球的。尽管成绩不好，可乔丹依然很快乐，他对朋友说：我需要换一种方式前进。直到公牛队面临着连续两年失利的关头，乔丹才像个贪玩的孩子一样回到球队。在归队的那一天，克林顿在白宫早会上说：截至今天，我们今年总计创造了 60 万个就业岗位，现在是 60 万零 1 个——乔丹回来了！随着一句简单的“I'm back”，乔丹重返 NBA。回归之后，与伙伴们一鼓作气，乔丹又取得了一个三连冠，成就了 NBA 历史上一个遥不可及的王朝。

漫步在尘世这个大环境，心灵也难免会沾染尘埃，学会定期给自己复位归零，你会发现：原本枯燥、缺少激情的生活和工作原来是那么美好。

2. 拥有空杯心态，从零开始才能进步

所有的事情都是有因果的，外在的放手来自内心的割舍，而内心的割舍，恰恰又是最不容易做到的。

在古代，有一个佛学造诣很深的人，听说某个寺庙里有位德高望重的老禅师，便去拜访。老禅师的徒弟接待他时，他态度傲慢，心想：我是佛学造诣很深的人，你算老几？后来老禅师十分恭敬地接待了他，并为他沏茶。可在倒水时，明明杯子已经满了，老禅师还不停地倒。他不解地问："大师，为什么杯子已经满了，还要往里倒？"大师说："是啊，既然已满了，干吗还倒呢？"禅师说："你就像这只杯子一样，里面装满了自己的看法和想法，如果不把杯子空掉，叫我如何对你说禅呢？"

这个故事告诉我们：若想学到更多学问，先要把自己想象成"一个空着的杯子"，而不是骄傲自满。想接受新东西，只有将心倒空了，才会有外在的松手，才能拥有更大的成功。所有想求发展的人，都必须拥有这个重要的心态。

一个杂志上有一则故事：一个落魄的篮球明星来到一家洗车店里打工。经理要求他在擦车时摘下冠军戒指，以免将车划伤，但遭到了他的拒绝。这个篮球明星说："这枚戒指是我剩下的唯一荣耀，如果把它拿走，我就会崩溃。"结果可想而知，他失去了这份工作，被洗车店解雇了。

这个篮球明星就是因为没有归零心态，所以才失去了工作。海尔集团首席执行官张瑞敏曾说："我们主张产品零库存，同样主张成功零库存。"只有把成功忘掉，才能面对新的挑战。作为一个世界名牌，海尔年销售额数百亿元，张瑞敏从未有一丝飘飘然的感觉，相反，时时处处向员工灌输危机意识，要求大家面对成功始终保持一种如履薄冰的谨慎。

成功永远只能代表过去，一个人若是长久沉迷于以往成功的回忆，那他就再也不会进步。对于有远大志向的追求者来说，成功永远在下一次。保持"归零"心态，才能不断发展创造新的辉煌。足球史上的伟大球王贝利在接受记者采访时，被问及哪一个进球是最精彩、最漂亮的，他的回答永远是"下一个"！

从零开始，其实就是一种虚怀若谷的精神。有了这种精神，人才能够不断进步，企业才能不断发展。如果你一味沉浸于以往的成功、荣誉、辉煌、掌声或成绩，就难免会迷失自我。同样的道理，如果你太过于在意昔日的失败、无能、平庸或污点，也会导致裹足不前。尤其是在企业中，这种现象极为常见，一些在公司取得过很高成绩的员工，或是刚刚从其他企业较高职位转入新公司时，这些人的工作态度都很难达到归零心态。还有很多企业员工，总是沉湎于过去的失败，面对工作中的挑战望而却步，以至于总是无法提高工作效率。

这种现象的存在，不管是对个人还是企业，都是很不利的。

皮特是一个刚参加工作不久的年轻人，他找到一位著名的企业家，希望向他请教有关成功的秘诀。企业家先是让皮特介绍一下自己，于是他长篇大论地讲述自己的良好品质以及所取得的成就。

当这位企业家针对皮特的实际情况提出有关工作态度和职业方向的建议时，他却并不愿意接受，他觉得自己有一个更好的主意，因为自己其实已经取得了一些成绩，只不过这些成绩是在其他领域。皮特相信，自己的经验肯定也可以运用到这家企业。所以，不管企业家说什么，他总是有一个"更好"的主意在那儿等着。

这时，企业家拿起一个装满白酒的玻璃杯，请皮特拿在手上，然后自己又从旁边提来一壶酒，慢慢地往玻璃杯中倒。就这样一直倒着，直到溢出的酒沿着杯壁流到了地上。但企业家好像还没有停止的意思，直到皮特惊讶地喊出来："您别倒了，再倒就都浪费了！"

终于，企业家将酒瓶不紧不慢地收回，说道："你的话正是我想说的。这壶酒和我想教给你的东西是一样的——都是浪费。你已经像这个杯子一样装满东西了。"皮特问道："我现在的经验难道毫无价值吗？"企业家回答道："你的思维方式使你成为现在的样子，并且拥有了现在的东西。按照同样的方式思考下去，你不会达成自己所希望的目标。你走吧，等你放弃了这一切之后再回来。到那时候，我的东西才能够教给你”。

现实生活中，常怀归零心，才能够接受更新的思想。蛇类每年都要蜕皮才能成长，蟹只有脱去原有的外壳，才能换来更坚固的保障。旧的思想如果不舍弃，新的思想就不会诞生。

昨天的成功，不代表明日的辉煌，过去的失败，也不代表将来不能成功。

智者寄语

若想学到更多学问，先要把自己想象成“一个空着的杯子”，而不是骄傲自满。想接受新东西，只有将心倒空了，才会有外在的松手，才能拥有更大的成功。所有想求发展的人，都必须拥有这个重要的心态。

消除厌职心态，找到生活乐趣

现实生活中，也许我们不得不做一些令人厌烦的工作。这时候就有可能会产生厌职情绪，就算是给你一个很好的工作环境，可若总是一成不变，任何工作都会变得枯燥乏味。举个例子来说：很多在大公司工作的员工，他们拥有渊博的知识，受过专业的训练，有一份令人羡慕的工作，拿一份不菲的薪水，但是他们中的很多人对工作并不热爱，视工作如紧箍咒，只是为了生存而不得不出来工作。于是，面对工作，他们精神颓废、未老先衰，工作对他们来说毫无乐趣可言。

1. 厌恶自己的工作，就不会有所成就

失败时，有些人常常喜欢说他们现在的境况是别人造成的。事实上，你的境况不是周围环境造成的，怎样看待人生、把握人生由你自己决定。

东天是一家汽车修理厂的修理工，从进厂的第一天起，他就开始喋喋不休地抱怨：“修理这活太脏了，瞧瞧我身上弄的”“累死人了，我简直要崩溃了，太讨厌这份工作了”“凭我的本事，做修理这活太丢人了”！

每天，东天都是在抱怨和不满的情绪中度过。他常常认为自己在受煎熬，在像奴隶一样做苦力。因此，东天每时每刻都窥视着师傅的眼神、举动，稍有空隙，他便偷懒耍滑，应付手中的工作。

几年过去了，与东天一同进厂的三个工友，各自凭着自己的手艺，或另谋高就，或被公司送进大学进修了，独有东天，仍旧在抱怨声中，日复一日地做着他蔑视的修理工。

不管你是为了什么目的而从事现在的工作，要想获得成功，就要对自己的工作充满热爱。若你也像东天那样鄙视、厌恶自己的工作，对它投注“冷淡”的目光，那么，就算你正从事最不平凡的工作，同样不会有任何成就。

所以，一件工作能否做得有声有色，取决于你的看法与心态，对于工作，你可以做好，也可以做坏。面对一份工作，你可以选择高高兴兴和骄傲地做，也可以愁眉苦脸和厌恶地做。怎样选择，这完全在于你自己。

作为员工，你有责任去热爱你的本职工作，即使这份工作你不太喜欢，也要尽一切能力去转变、去热爱它。因为只有你去热爱了，才能发掘出你内心蕴藏着的活力、热情和巨大的创造力。付出和结果永远是成正比的，你对自己的工作越热爱，决心越大，工作效率就越高。

当你全身心地投入一份工作时，上班就不再是一件苦差事，工作就变成了一种乐趣，就会有许多人愿意聘请你来做你更热爱的事。而且，有了这种热爱，你就不会再去抱怨，不会再感到空虚，你就会从中获得巨大的快乐。

2. 消除厌职心态，人生充满希望

所谓心态，就是人们的心理态度，即人的各种心理品质的修养和能力。具体地讲：心态就是人的意识、观念、动机、情感、气质、兴趣等心理素质的某种体现，对人的思维、选择、言谈和行为动作具有导向和支配作用。也正是由于积极心态的导向和支配作用，才决定了人们事业的成败。

看了下面这个案例，你就会明白消除厌职心态，同时用积极的心态去面对工作是多么重要：

杜克在这个公司已经两年了，却始终没有什么进步，一直在原地踏步。于是，他心生抱怨："我只拿这点钱，凭什么去做那么多工作。我为公司干活，公司付我一份报酬，等价交换而已。我只要对得起这份薪水就行了，多一点我都不干。又不是我自己开的公司，说得过去就行了。"在杜克眼里，工作只是一种简单的雇佣关系，抱着这种"我不过是在为老板打工"的想法，做多做少，做好做坏，对自己意义不大，达到要求就行了。

杜克在这家贸易公司工作了两年，由于不满意自己的工作，他不满地对朋友说："我在公司里的工资是最低的，老板也不把我放在眼里，我现在都快受不了了，若是再这样下去，总有一天我要跟他拍桌子，再递上一封辞职书。"

朋友问他："你在这家贸易公司这么久了，你把业务都弄清楚了吗？做国际贸易的窍门完全弄懂了吗？"

杜克说："还没有！"

朋友说："君子报仇十年不晚！我建议你先静下心来，认认真真地工作，把他们的一切贸易技巧、商业文书和公司组织完全搞通，甚至包括如何书写合同等具体细节都弄懂了之后，再一走了之，这样做岂不是既出了气，又有许多收获吗？"杜克听从了朋友的建议，一改往日的散漫习惯，开始认认真真地工作起来，甚至下班之后，还常常留在办公室里研究商业文书的写法。

时间很快又过了一年，那位朋友偶然又遇到杜克："现在你大概都学会了，快辞职了吧？"

杜克说："但我发现近半年来，老板对我刮目相看，最近更委以重任，又升职、又加薪。说实话，不仅仅是老板，公司里的其他人都开始敬重我了！"

正是因为消除了厌职心态，杜克才真正找到了自己的位置，也实现了人生价值。事实上，在成功这件事情上，学历、能力、运气、财产是不起决定性作用的，最重要的决定性因素是积极的心态。

有了积极的心态，就有工作的热情；有了积极的心态，就有了端正的态度；积极的心态，将使你的人生充满希望！

智者寄语

心态就是人的意识、观念、动机、情感、气质、兴趣等心理素质的某种体现，对人的思维、选择、言谈和行为动作具有导向和支配作用。也正是由于积极心态的导向和支配作用，才决定了人们事业的成败。

心态积极，你的世界就不会有绝境

无论遭遇什么样的困境都不要绝望，因为在每一个困境后面，总会有另类的美好。也许，在困难的旁边，上帝早已为你准备了机遇，只看你有没有能力去发现。

在工作中，如果你请求一个喜欢拖拉的人办事，最有效的办法就是不停地催促他。人很多时候是和命运在较量，而命运就是一个喜欢拖拉的东西，你不急命运也不急，因此要将积极心态注入到你的命运中，让你拥有奋斗不止的能量。所以在心态积极的人眼里，世上没有什么让他遗憾的事，更没有所谓的绝境。因为他们知道，命运从来都是公平的，不会让一个人在绝境中死去，除非这个人自己绝望。因为上帝关上一扇窗，必为你打开一道门。失败的人只会为关上的那扇窗而悲伤，在悲伤中失败；成功的人会为打开的那道门而欢喜，并且在欢喜中成功。所以，一个人能不能获得足够的成功能量，关键在于他眼里“有个门”还是“没了窗”。

在一次海难中，两位幸存者被海浪冲到了一个荒岛上。

荒岛上长满了野果。甲满怀信心对乙说：“太好了，我们至少不会饿着肚子来等待救援了。”于是开心地品尝着野果。

乙满脸忧虑，他对鲜美的野果没有任何食欲，而是悲观地说：“冬天就要到了，没有野果了，我们迟早会被饿死的。”

很快，荒岛上野果越来越少了，乙绝望极了，开始给家人写遗言。而甲搭了一个小茅屋准备过冬，并开始储存食物。

每天，他们都希望经过的船只能看见他们并搭救他们，可是一天天过去了，很少有船只经过，即使有一两艘货船从远方驶过，但无论他们怎么呼喊，可就是没有人发现他们。

一天，当他们找食物回来时，发现刚建好的小茅屋起火了，所有的食物都被烧毁了。

刹那间，乙的精神彻底崩溃了，一下子晕倒了，再没有醒过来。

甲也显得很沮丧，但他相信，救援的船只可能在看到这滚滚浓烟后会来救他。

第二天早上，轮船的声音唤醒了甲，这艘船是来营救他的。

“你们一定是看到了浓烟才知道我们被困在这儿的吧?”他问营救者。

“是的，我们看到了浓浓的烟，便一刻不停地往这边赶来了。”营救者们回答。

果然，那场几乎让他绝望的大火救了他。

就这样，返航的救援船多了两个人：一个乐观者和一个悲观者，只不过一个是活人，一个是尸首。

人生没有绝境，很多时候，上帝在给你关上一扇窗的同时，会为你打开一道门。就像故事中的两个遇难者，遭遇海难，但是会有避难的小岛；虽然只是荒岛，但岛上有供他们充饥的野果；当一切都没有的时候，就会来一艘救援的船。所以，我们没有必要为自己所遭遇的困境而伤心。因为人生没有让你绝望的路，只有让你绝望的心。无论遭遇什么样的境遇，只要你保持积极的心态，凡事往好处想，就能够从中发现新的契机，从而走出困境。

智者寄语

失败的人只会为关上的那扇窗而悲伤，在悲伤中失败；成功的人会为打开的那道门而欢喜，并且在欢喜中成功。所以，一个人能不能获得足够的成功能量，关键在于他眼里“有个门”还是“没了窗”。

凡事多往好处想

世上那些不够美好的、经常带给我们不快的事物，本身并没有什么畸形的表象，而它丑陋的形象和灰暗的色泽都是我们赋予的。

很多人在遇到事情的时候总是往坏处想，结果是越想越对生活感到悲观失望。还没起床，就担心上班会迟到；上司还没交代任务，就害怕做不好；还没下班，就开始想路上会遇到小偷……往往这些还没有发生的事情，都是你强加给自己的，困难也是在自己的心灵放大镜下变得那么难以逾越。事实上，凡事都往好处想，用积极的心态战胜悲观，阳光就会洒满整个心房，成功也会随之而来。一个人要是没有一个乐观的心态，就会总往坏处想，这样，必然和成功无缘。凡事往好处想，心情就会不一样。比如，当你因悲观而感到焦虑时，不妨去想象成功后的景象，你将很快化解焦虑与不安；如果你在内心把事情的结果都想象得很坏，就会沉溺在痛苦之中不能自拔。

生活中，有很多人会给自己做一些假设：我这个月的业绩是不是最差的；老板会不会开除我……也许这些想法是有一定道理的，但是却没有必要。过度的担心只会让你的心灵更加沉重不堪，从而使原本美好的生活偏离正常的轨道。

埃文丝在一家企业担任公关部经理，最近埃文丝变得异常焦虑。

原来，公司精简人员，人事部正在制定裁员方案，在埃文丝的脑海里，满是自己失业后落魄的样子。她对丈夫说："我在这家公司工作了6年，从最初的小职员到现在的人事部经理，我付出了很多努力。可是，现在公司也遭遇了金融危机，决定裁员。我真的很害怕自己被裁掉，我已经33岁了，如果被裁掉还得重新找工作，金融危机下的工作肯定不好找，就算找到了，我又怎么和那些朝气蓬勃的年轻人竞争呢？"

这样没日没夜地想着最坏的结果，心神不宁的埃文丝状态越来越差，工作也经常出现纰漏，甚至耽误了公司一些很重要的会议，本来不在被裁之列的她，最后真的被裁掉了。

遇到困难，与其这样胡思乱想，给自己带来精神上的困扰，不如认认真真地做好自己的本职工作，安安心心地过好生活的每一天。很多人也会遭遇到公司裁员，那么，你是不是也和埃文丝一样，总是往坏处想呢？告诉你，在事情没有发生之前，要怀着一颗积极的心去面对，你就能获得积极的力量。

一天，一位农夫赶着马车过桥时，不小心连人带车都掉进深水中。众人正在惊慌之余，突然看见农夫从水里冒了出来。人们忙伸手将他拉了上来。上岸后，农夫竟然没有惊恐和悲哀，反而"哈哈"大笑说："太好啦，太好啦。"人们惊奇，以为他被吓傻了。

"掉进河里，车也毁了，马也没了，连你都差点没命了，你还觉得高兴，你没有什么事儿吧？"有人好奇地问他。

"高兴？当然值得高兴！"农夫停住笑声，"从这样高的桥上掉到河里，我不仅没有淹死，而且连皮毛都没伤着，我还活着，而且完好无损地活着，难道不值得高兴吗？"

是呀，世上没有比活着更值得庆幸的事情了。只有明白这个道理，你的人生才会充满力量。当你一味地去想最糟糕的结果，自然会消沉；但是如果给自己的心灵换上新鲜空气，让你的大脑运转在美好的事物上,那么,积极的力量就不会离开你。

智者寄语

事实上,凡事都往好处想,用积极的心态战胜悲观,阳光就会洒满整个心房,成功也会随之而来。一个人要是没有一个乐观的心态,就会总往坏处想,这样,必然和成功无缘。凡事往好处想,心情就会不一样。

不管发生什么,用平静心态对待生活

达观是一种大境界,是用一种完全不同的眼光来审视人生,从而获得一种前所未有的从容和乐观,它让我们用平静的心态对待生活的起起落落。我们要始终保持从容乐观的心态。在困难面前不低头,在挫折面前要从容面对。许多人认为身体不好是一个不能克服的巨大障碍,但下面的故事一定会告诉你一些道理。

莱恩一家生活在英国的一个小农场里,虽然莱恩凭借健康的身体每天起早贪黑地工作,但仍然不能使农场生产出比他的家庭所需要的更多的产品。这样的生活年复一年地过着,直到莱恩患了老年全身麻痹症,卧床不起,几乎失去了生活能力。

凡是认识他的人都确信,他将永远成为一个失去自由和希望的病人,他不可能再为这个家做些什么了。可是,莱恩却不这么想,他的身体是不能动弹了,但是他的心态并没有受到影响。他在思考、在计划。他要用另一种方式供养他的家庭,他不想成为家庭的负担。

他把他的计划讲给大家听,他说:“我很遗憾,再也不能用我的身体劳动了,所以我决定用我的头脑从事劳动。如果你们愿意,你们每个人都可以代替我的手、脚和身体。我的计划是把我们农场的每一亩地都种上玉米;再用所收的玉米喂猪;当我们的猪还幼小时,就把它们宰掉,做成香肠,然后把香肠包装起来,取一个我们自己的名字,送到零售店出售。”他低声轻笑,接着说道:“也许这种香肠会在全国像热糕点一样出售。”

莱恩说出了一句最成功的预言。这种香肠确实出售了!几年后,“莱恩乳猪香肠”竟成了家庭生活的日常用语,成了最能满足人们胃口的一种食品。他躺在床上看到自己成了百万富翁很高兴,因为他是一个有用的人。

莱恩以自己的经历撰文,给那些因为生理残障而绝望的病人,其中有这样一句话:如果人生交给我们一个问题,它也会同时交给我们处理这个问题的能力,而绝不会使我们陷入窘境。每当我们受到阻碍不能正常地发挥我们的能力时,我们的能力就会随之变化。即使你的身体处于一种极不好的状态中,只要你的心态是好的,你仍然可以过着对社会有用的幸福生活。

身体的残疾不是最可怕的,最可怕和最危险的是一个人的心态失衡。以前有句俗语,身体是革命的本钱,现在应该说:心态是“革命”的本钱。一个各方面都健康的人,如果他不能以“健康”的心态去面对生活,坏心态很容易将他打垮,就像下面故事中的保罗:

保罗有一个温暖的家、温柔的妻子和高薪的工作,然而他的情绪却非常消沉。他总是感到呼吸急促、心跳加快,喉咙也像长了什么东西一样有种梗塞感。医生劝他在家休息,暂时不要工作。他反而认定自己身体的某个部位有病,快要死了,甚至为自己选购了一块墓地，并为他的葬礼做好了准备。一段时间之后，并没有更坏的事情发生，但是由于恐惧，他仍然心神不宁，体重骤减，甚至感到所有的病症更加明显。这时他的医生命令他到海边去度假。

由于带着心里的死结，海滨之旅使他的恐惧感有增无减。一周后他回到家里，开始静等着死神降临。

保罗的妻子也对他的样子充满了疑问，但她不愿意莫名其妙地等待，于是将他送到了一所有名的医院进行全面的检查。医生笑着告诉他："你的身体壮得像头牛，你的症结是吸入了过多的氧气。"面对令保罗瞠目的诊断结果，他将信将疑地问："我该怎么办呢?"医生说："当你再感觉到这种不适时，可以暂时屏住气，或拢起双手放到嘴前向掌心呼气，也可以用这个。"医生递给他一个纸袋，他就遵医嘱行事。结果他所有的症状都不复存在了，离开医院时他已是一个非常愉快的人。

当他重新坐到办公桌前时，他不知道应该感谢自己的妻子还是医生，但有一个答案是确凿无疑的：好身体难敌坏心态。

一个身体完全健康的人如果没有良好的心态，整天疑神疑鬼，不但影响正常的工作，而且很可能毁了自己的生活。反之，一个身体虽然有某些缺陷，但自始至终拥有积极心态的人，不但自己生活充实，而且还能做出有益社会的事情。

月有阴晴圆缺，人有悲欢离合。从容乐观是一种对人生的透彻把握，不管是谁，要以平和心态面对一切，也只有这样，才能善待自己，善待生活，善待人生，善待生命。

智者寄语

我们要始终保持从容乐观的心态。在困难面前不低头，在挫折面前要从容面对。

平常心是道

马祖道一禅师经常说："平常心是道。"这种道没有被妄想和执念侵蚀，没有计较分别，没有是非取舍。

真正做到以一颗平常心对待是何其不容易。遇到逆境，不要怨天尤人；处在顺境，也不要欣喜若狂。真正具有平常心的人，在各种情况下都能保持平和的心态，能够做到"不以物喜，不以己悲"，安然自若，怡然自得。

清朝初期，摄政王多尔衮飞扬跋扈，不可一世。多尔衮对于王权的执着追求，真可谓煞费苦心，无所不用其极。在皇太极死后，多尔衮虽表面上拥立福临为帝，但内心十分不服气，把入主中原的所有战功都归于自己的身上，内心蠢蠢欲动。他贪得无厌，胃口越来越大。孝庄太后为安抚多尔衮的野心，让福临封多尔衮为皇叔摄政王，但这并没有阻止住多尔衮夺权的趋势。他在私底下制作龙袍，又命令苏克萨哈等大臣联名上书，加封其为"皇父摄政王"，凡是奏章均呈现给皇父摄政王批阅。多尔衮是清朝众多摄政王、辅政王中唯一一个被授予"皇父摄政王"殊荣的人，地位尊贵无比。

许多文武大臣都十分不解，就连邻里友邦也十分费解。大家私下里议论纷纷，更有甚者纷纷传言：清朝有两个皇帝。

多尔衮死后半个月，朝堂上那个压抑已久的小皇帝一反以往对其百般听从的态度，大肆夺取多尔衮手中的权力，并抄家没收其全部家当，随后又命礼部侍郎把封赏的册子全部收回，例数多尔衮十宗罪名公之于世，削他爵位，平毁坟墓。

多尔衮最终得到这样的下场，不得不说是由于贪婪自私、目光如豆，只看得见眼前的利益，看不到真正的危机所造成的。倘若他能够及时醒悟、淡泊名利、安分守己，以一颗平常心来对待，最终也就不会落得名誉扫地、被刨坟毁墓的境地。平常心为道，才是人生值得参考的标准。

人生在世，不求其他，只愿坚守在自己应坚守的位置上，以最平常的心态去对待任何事，淡而处之。

有一次，美国总统罗斯福家被盗。他的家里被翻得乱七八糟，所有值钱的东西都被洗劫一空。在得知这样的恶劣消息后，罗斯福的很多朋友都前来相劝，试图说服他不要悲伤难过，不要太在意这些财产。谁知罗斯福听到这样的话以后，反而大笑起来："我亲爱的朋友们，谢谢你们的宽慰，我知道你们很担心我，为我伤心，可是你们为何要伤心呢，我现在非常好。我要感谢上帝。"大家都十分不解。罗斯福随后说道："因为，第一，我还活着，偷东西的人只是偷了我的东西，并没有伤害我的生命；第二，偷东西的人只是偷了我部分物质上的东西，精神上的灵魂他永远也偷不走；第三，多么值得庆幸，是他在偷东西，而不是我。"

也许只有罗斯福在面对家中横祸的时候，才能够笑着说出这些话吧。对常人来说，无故被盗取所有财产，无异于晴天霹雳。而罗斯福以豁达的心态去看待这件事，以一颗平常心来乐观冷静地对待这件事。可以说，把自己的心境放在什么位置，心安之处就是你的故乡。以泰然处之的心态去看待那些好的和不好的得意和失意之事，这就是道。佛门之人推崇此道，世间众人更应推崇才是。

苏轼好交朋友，曾经真挚相交的一位友人叫王定国，而此人家中有一歌女，定国为其取名柔奴。柔奴眉目隽秀，身姿曼妙，性情开朗，她家也世代都居住在京师。但后来王定国迁官到了岭南地区，柔奴一直陪伴左右。

过了很多年，王定国再次回到京城与苏轼相邀喝酒，恰巧也带着柔奴。苏轼关切地问柔奴："岭南那边住的可还好？你从未离开过京城，在那片偏远落后的地方住着是否还习惯呢？"不料柔奴浅浅地笑了笑，回答道："此心安处是吾乡。"苏轼听后，心中一时间感慨万千，洋洋洒洒大笔一挥填写了一首词。这首词的后半部分就是这样写的："万里归来年愈少，微笑，笑时犹带岭梅香。试问岭南应不好？却道，此心安处是吾乡。"

在苏轼感性意识中，那荒芜落后的岭南确实不是一个什么好地方，更何况对于一个从未离开过京城的小女子而言呢。那句"此心安处是吾乡"，道出了柔奴在任何环境下都能保持一颗平常心，都能像待在自己故乡一样处之安然。而从柔奴的气色上看，正因为她这良好的心态，所以日渐年轻了，笑容也更加明媚动人了。这是随遇而安、保持平常心态、安心随缘的结果。若柔奴没有这样积极乐观的心境，来到岭南后，发觉自己身处异乡，自怜自艾，对周遭的环境又不熟悉，恐怕终日都会郁郁寡欢，更不会有苏轼词下描绘的"年愈少"了，就算再次见面时有笑容，那也是带着飘零和迷离，夹杂着一路奔波的风霜。

"此心安处是吾乡"，只此一句话可以劝慰、鼓励、启迪多少人的心灵！尤其是那些身在异乡的学子异客们，唯有抱着随其缘分的态度，无论身处何种境况，都以平常心对待，安之若素，才可心无烦忧，一心去做自己应做或想做之事。

如此之例不胜枚举，但这些鲜活的例子都是在说明一个道理：唯有以其平常之心才可铸就人生的丰碑。事事平常而又不平常，平常心却实不平常。

智者寄语

真正做到以一颗平常心对待是何其不容易。遇到逆境，不要怨天尤人；处在顺境，也不要欣喜若狂。真正具有平常心的人，在各种情况下都能保持平和的心态，能够做到"不以物喜，不以己悲"，安然自若，怡然自得。

本来无一物，何处惹尘埃

在《士兵突击》中，吴哲常常将平常心挂在嘴边。那么，究竟什么是平常心呢？其实，平常心就是道，就是以一颗淡泊、安宁的心处于世，如此一来，人才可以立于不败之地。道家讲究无为之治，实际上是在无为中有为。也就是说，平常心就是要人们顺其自然，顺流而下，不要逆势而行。这样人们便可以得到心灵上的宁静，而宁静可以致远。一个拥有平常心的人，他的世界是没有边际的，在他的世界里，所有的东西、所有的情感应有尽有。所以，尽管"平常心"只有这简简单单的三个字，但是在生活中，平常心却是人们很难跨越过的一道坎，因为许多人不懂得什么是真正的平常心，也不懂怎么样才能保持自己平常心的状态，更不懂得如何利用自己的平常心让自己放下心中的不甘、怨怼、烦恼、忧愁等。

人们要拥有一颗平常心，首先要明白平常心是一种心境，它不仅能反映出人们对于周围的环境是否能够做到"不以物喜，不以己悲"，更要求人们能够对周围的人或者事做到"宠辱不惊，去留无意"的境界，只有这样才能让人们的生活平添一份祥和与宁静。

其次，平常心是"本来无一物，何处惹尘埃"的超脱物外、超越自我的境界，这样的境界正是对平常心最好的解释。达到这种境界的人并不是看破"红尘俗世"，更不是消极的暂时逃避，而是一种积极心态的表现，一种以入世的姿态出世的平常心。用这样的心态看尽人生百味、体会世事无常的人常常是无心挂碍，没有任何事情能够羁绊住他们，成为他们的烦恼、障碍。

一个拥有聪明才智的人，他的成功往往比别人得来得更容易一些，但是在他们拥有聪明才智的同时，其思想也比较复杂，考虑的事情较他人更多，因此他们显得更加谨慎、小心，在处理事情的时候，他们直到将一切布置周全后才会开始行动。也正是因为如此，他们比别人拥有更多的欲望和野心，对成功更加执着，所以，他们也更难以拥有一颗平常心。这时候，这些聪明人往往因为自己的复杂思想，过于执着的欲望和野心，而迷失了自己人生的方向，忘记了做人做事的根本，此时聪明不但没有成为他们的助力，反而成为一种阻碍、一种慢性毒药，而这也就是人们常常说的"聪明反被聪明误"。正是因为他们在成功的驱使下失去了平常心，不懂得放下自己过多的欲望和野心，导致自己越来越贪婪，前方的道路也被迷雾所笼罩，才会遭受失败。

有一天，百兽之王老虎要出远门，但是它担心自己不在的这段时间山林里会出什么事情，因此它需要一个助手在它外出的这段时间来代理山中的事务。老虎思来想去，最后认为猴子聪明机灵，既不像狐狸那般狡猾也不像狼那般好战，应该可以将山林里的事情处理得很好。因此，它将猴子叫来，对猴子说："我外出不在山林的这段时间，山上的一切都交给你管理吧。"

猴子一听让自己做代理大王，感到有些困难，但是百兽之王的话又不能不听。猴子想：

自己平时在山上自由自在地游荡惯了,喜欢四处攀爬,和自己的同伴们一起戏耍,现在要让自己做代理大王,一时间真的很难找到老虎那种威严的感觉。所以,这只猴子便开始想办法。后来,它想到自己虽然不能变成老虎,但是至少可以模仿老虎的神态和举止,揣摩老虎的心理,尽量让自己显得十分威严,让其他动物在自己的震慑下能够踏踏实实地按照山中的规矩生活。

猴子的这种办法的确很有效。不久,它就将老虎的神态、说话的口吻以及那种威严的感觉模仿得十分相像了。以前和它一起玩耍的猴子都对它敬重有加,并推举它做猴子中的大王。它对自己的状态也十分满意,因为森林中的动物见了它,没有一个不诚惶诚恐、放低姿态。猴子不禁感慨道:"做大王的感觉真好啊!"

过了一段时间,老虎办完事情回来了,猴子开始苦闷起来,它发现从前围绕在它身上的光环全部不见了,自己又变成了一只平凡的猴子,无论它怎么努力也变不回从前的样子了。同伴们也开始讨厌它、疏远它,因为它总是端着一副大王的架子,对伙伴们呼来喝去,并显得颐指气使、喜怒无常。

平凡的猴子感到十分孤独和痛苦,它对自己的同伴说:"你们为什么不能理解我、不能尊重我呢?不管怎么说我也曾经做过大王的。只是现在让我一下子恢复到从前的状态实在是太难了。我这种痛苦,你们是不能理解的!"这时,一只小猴子天真地说:"你说这些话的时候,还真是像大王呢!"

看了这个故事,你会不会认为故事中的猴子很可笑呢?但是在你取笑这只猴子之前,请先检讨一下自己:你有没有因为一时的风光、一时的成功就得意忘形、恃才傲物,不将任何人放在眼里,忘记自己是谁了呢?你有没有因为一时的荣誉就开始翘尾巴,摆上领导的架子,衣食住行都要领导的派头了呢?

如果你没有,那么恭喜你,你还保持着一颗平常心,这颗平常心会让你在今后的道路中保持着冷静和理智。如果有,那么请记住,不管你现在取得的成就有多大,你都需要保持一颗平常心,保留一份质朴、谨慎和求实的精神,抛弃欲望、贪求、烦恼、自负、自大等不良因素,始终以诚恳的姿态面对所有帮助你的人,这是一个人一生的资本。

智者寄语

其实,平常心就是道,就是以一颗淡泊、安宁的心处于世,如此一来,人才可以立于不败之地。道家讲究无为之治,实际上是在无为中有为。也就是说,平常心就是要人们顺其自然,顺流而下,不要逆势而行。

心态平和,生活始终美好

我们所面对的万事万物都有其两面性,关键就在于怎样去看待。正确的对待方式是:对不利于自己的方面也不要抱怨不公,更不要去迁怒于人,要正视现实,尊重真理。

让我们来看下面这个故事:

有一个人因为琐碎的小事和邻居争吵了起来,争得面红耳赤,谁也不肯让谁。最后,那个人气呼呼地去找牧师,牧师是当地最有智慧、最公道的人。

"牧师,您来帮我评评理吧!我那邻居简直是一堆狗屎!他竟然……"那个人怒气冲冲，一见到牧师就开始了他的抱怨和指责，正要大肆指责邻居的不是，被牧师打断了。

牧师说："对不起，正巧我现在有事，麻烦你先回去，明天再说吧。"

第二天一早，那人又愤愤不平地来了，不过，显然没有昨天那么生气了。

"今天，您一定要帮我评出个是非对错，那个人简直是……"他又开始数落起那人的劣行。

牧师不紧不慢地说："你的怒气还是没有消除，等你心平气和后再说吧！正好我的事情还没有办好。"

一连好几天，那个人都没有来找牧师了。有一天，牧师在路上遇到了那个人，他正在农田里忙碌着，他的心情显然平静了很多。

牧师问道："现在，你还需要我来评理吗？"说完，微笑着看着对方。

那个人羞愧地笑了笑，说："我现在已经心平气和了！现在想想也不是什么大不了的事，不值得生气的。"

牧师仍然不疾不徐地说："这就对了，我不急于和你说这件事，就是想给你时间消消气，记住，不要在气头上轻易说话或者行动。"

在现实生活中，我们有很多时候会因为某些小事而生别人的气，并指责别人的不是。其实，仔细想想，这些事根本是不值一提的。你因某人某事而生气的时候，不妨告诉自己：等一等再说。等到你真正的心平气和时，你会发现自己的动怒是多么不值得。

生活中不如意、不顺心的事情有很多，单纯地抱怨发怒并不能够解决实际的问题，面对不如意、不顺心，与其抱怨发怒，不如学着去释然。

在现实的工作与生活中，有时候，我们是可怜的"受气包"和无奈的"变形金刚"，忍无可忍也须容忍，改变自身以求容身。正如法国思想家卢梭所说的那样："忍耐是痛苦的，可它的果实是甜蜜的。"

同样，杯子里只有半杯水了，一个人看见会说："哎，只有半杯水了。"而另外一个人则说："啊，还有半杯水呢！"

其实，万事万物都有两面性，关键就在于我们怎么去看待。对待生活中的那些不顺心愿的事情，也不要去抱怨命运的不公，更不要去迁怒于别的人与物。实际上，所谓的宿命论只不过是懦夫的借口，我们每一个人的命运都是掌握在自己手中的。

的确，一个人面对不顺心的事情所持的心态往往能够决定他一生的命运。积极的心态有助于一个人克服困难，使他看到人生的希望，保持进取的旺盛斗志。消极的心态使一个人沮丧、失望，使他对生活充满了失望甚至是绝望，自我封闭，限制和扼杀自己的潜能。

人生有太多坎坷，在生活的五味瓶里，除了甜，没有什么再是人们向往的了，可酸咸苦辣又是生活中不可或缺的，它们能够丰富我们的人生。人生需要苦难的洗礼，正是因为那些折磨，我们才能在挫折中找到自己的不足，才能逐渐地完善自己。

一时的困难，不会成为你一生的障碍。因此，即使面临困境，你也不可以怨天尤人，不可以逃避，坚持一下，风雨过后总会有彩虹。生命，是苦难与幸福的轮回。只要我们在困难中也能坚守自己，再苦也能笑一笑，再委屈的事情也能用自己博大的胸怀容纳，那么，人生就没有过不去的坎儿。

当我们通过自己的拼搏与努力走出了生活的阴霾，用乐观的心重新打量这个世界的时候，就会发现，原来生活不是不美好，而是我们一直在抱怨中扭曲了生活。我们应该试着去做一个淡然的人，学会与人分享，学会在残缺中品味快乐，在逆境中感受幸福。

没有人不向往一个公平公正的世界，但每个人的出生、社会背景、能力各有不同，即使国家搭建了一个公平公正的平台，在生活中，你还是会遇到各种各样不顺心的事情，抱怨与发怒不可能让你获得别人的认可与尊重。面对挫折、不公，与其抱怨与动怒，不如感恩，感谢这些困境，然后发奋图强，相信付出总会有回报。

智者寄语

生活中不如意、不顺心的事情有很多，单纯地抱怨发怒并不能够解决实际的问题，面对不如意、不顺心，与其抱怨发怒，不如学着去释然。

用积极的态度面对生活

只有对生活抱有希望的人，才会从生活中汲取奋进的动力，也只有用积极的态度面对生活的人，才能享受到生活给他带来的快乐。

伟大的心理学家阿尔弗雷德·安德尔通过深入研究人类行为和人类潜能后说："人类的一个最奇妙特征，就是具有把负变正的能力。"

美国联合保险公司业务部有个叫艾伦的人，他一心想成为公司的王牌推销员。

有一天，他买了一本杂志回来阅读，一篇《化不满为灵感》的文章令他非常振奋。文中作者教导读者，如何利用积极的态度实现自己的梦想。艾伦仔细地反复阅读，并在心中默念着，或许有一天可以将这个观念灵活运用在工作中。

那一年的冬天，艾伦在工作上遭遇困难时，正巧让他有了试验这个观念的机会。

在寒风刺骨的冬天里，艾伦正在威斯康星市区里沿街拜访，然而，运气不好的他，全都吃了闭门羹。心情烦闷的艾伦，这天晚上回到家后，用餐时间什么东西也吃不下，烦恼地翻看着手上的报纸。

忽然间，一个突来的念头闪过脑际，他想起了《化不满为灵感》这篇文章，于是兴冲冲地将剪报找了出来，仔细地重温其中的要诀，接着他告诉自己："明天我一定要试一试！"

第二天，他到公司向其他同事报告昨天的情况。当他报告时，其他与他遭遇相同的同事，个个都表现出垂头丧气的模样，只有艾伦精神饱满地说明昨日进度。

最后艾伦做了这么一个结语："放心好了，今天我还要再去拜访昨天那些客户，今天的业绩我一定会超越你们！"

不知道是幸运之神听见了他的呼唤，还是文章里的秘诀真的有效，艾伦真的实现了他的诺言。他又来到昨天到过的那个地区，再度拜访了每一位客户，结果，他一共签下了66份新的意外保险单。

积极的态度，让艾伦为自己创造了辉煌的纪录，更让他重新燃起自信心。

这是许多卓越人士所具备的心态，他们常说："采取积极的行动，才能化危机为转机。拥有积极的心态，才能看准机会。"

生活态度积极的人，内心必定充满活力，即使是突然下起的暴雨，他也认为是上天赐予的甘霖；再大的困难他都不以为然，因为事情再麻烦，他也会笑着说"没关系，小事一件"。

任何问题都会有积极的一面，都包含着创造辉煌的机会。

如果你在工作中遭遇到了问题，不要把它当成是坏事，或者忙不迭地把它推给上司或其他同事去解决。冷静地判断问题可能产生的影响，思考问题发生的原因以及以前是否出现过类似问题。研究导致问题的环境因素，弄清楚这些因素是如何随着时间变化的。对问题作一个前瞻性的预测，看前景会向好的还是坏的方向发展。然后，开动脑筋思考如何才能把问题转变成一个积极的机会。

智者寄语

只有对生活抱有希望的人，才会从生活中汲取奋进的动力，也只有用积极的态度面对生活的人，才能享受到生活给他带来的快乐。

心归宁静，痛苦释然

有些时候，我们抱怨自己的一些失意和上帝的不公，其实，多数是因为我们的孤陋寡闻，当我们了解了社会，回顾了历史，放眼一下世界，就会发现，我们现在的生活竟如此的幸运。

在相同的环境中，面对同样的压力或遭受同样的挫折，在不同的人身上会反映出不同的态度和结果，这中间的差异及结果演绎的过程很复杂，但原因却很简单，即在于不同的人面对同一问题所表现出的态度是不同的，仅此而已。

美国著名的心理学家威廉·詹姆斯说："我们这一代人最重要的发现是，人能改变心态，从而改变自己的一生。"的确，人的一生幸福或坎坷、快乐或悲伤，有相当一部分是由自己的心态决定的。

把人世间发生的事都看得很坦然，你就会活得很坦然，但如果凡事都要求最好，凡事都要按着自己的愿望去发展，便会感到生活得很痛苦。

有这样一个故事：

有位老太太找了一个油漆匠到家里粉刷墙壁。油漆匠一走进门，看到她的丈夫双目失明，顿时流露出怜悯的目光。可是男主人开朗乐观，所以油漆匠在那里工作的几天，他们谈得很投机，油漆匠也从未提起男主人的缺陷。

工作完毕，油漆匠取出账单，老太太发现比原来谈妥的价钱打了一个很大的折扣。她问油漆匠："怎么少算这么多呢？"油漆匠回答说："我跟你先生在一起觉得很快乐，他对人生的态度，使得我觉得自己的境况还不算最坏。所以，减去的那一部分，算是我对他表示的一点感谢，因为他使我提高了对生活的满足度。"

油漆匠的称赞，使她感动得流下了眼泪，因为她还看到了这位慷慨的油漆匠只有一只手。

残疾者尚能对生活如此满意，我们正常人呢？其实，生活中每个人都可能遇到这样或那样的不幸，诸如亲人不幸离去、朋友分手、面临失业，但你需要知道的是，这一切对你都不重要，也都是其他人时常所面临的情况，别人的情况也不比我们好多少，而人最致命的弱点来自自己心灵的绝望，相对于健康的心灵来说，一切外来的打击和影响都无所谓，因为它们都不足以影响我们对生命价值的追求，对事业的热爱和向往。

一位哲人说过：态度就像磁铁，不论我们的思想是正面的还是负面的，都受它的牵引。而思想就像轮子一般，使我们朝特定方向前进。虽然我们无法改变人生，但可以改变人生观；虽然我们无法改变环境，但可以改变心境。

让心境变得单纯一些、超然一些，如此，我们的人生将不会有任何不如意的感觉，也会快乐一生。

智者寄语

把人世间发生的事都看得很坦然，你就会活得很坦然，但如果凡事都要求最好，凡事都要按着自己的愿望去发展，便会感到生活得很痛苦。

敞开心扉，让生活充满阳光

心理学家认为：心态是一个人真正的主人。这正如一位伟人所说："要么你去驾驭生命，要么生命驾驭你。你的心态决定谁是坐骑，谁是骑士。"有些人总是比其他人更容易成功，拥有更多的机遇、财富、社会资源，享有高品质的人生，似乎他们得到了成功的特别垂青。其实，人与人之间并没有太大的区别，决定成败的关键在于人的"心态"。

成功是一种心态，心态决定一切。英国著名文豪狄更斯说："一个健全的心态，比一百种智慧都更有力量！"每个人成功的机会都是均等的，但心态的好坏则直接支配并决定着最后的成与败，应该学会用健康的心态和智慧改变你的一生，为你的生命增光添彩。

在现实生活中，很多人都在感慨内心充满阴暗，竭力寻找阳光，但却忘记了开启心中那扇门。打开心中封闭已久的那扇门，才能迎入阳光，一扫心中的阴霾。

有这样一个案例：

> 一对年幼的兄弟，由于卧室的窗户整天都密闭着，他们认为屋内太阴暗，如果能进来一点灿烂的阳光就太幸福了，于是兄弟俩就商量说："我们可以一起把外面的阳光扫一点进来。"
>
> 兄弟俩拿着扫帚和畚箕，到阳台上去扫阳光。等到他们把畚箕搬到房间里的时候，里面的阳光就没有了。这样一而再再而三地扫了许多次，屋内还是一点阳光都没有。
>
> 正在厨房忙碌的妈妈看见他们奇怪的举动，问道："你们在做什么？"他们回答说："房间太暗了，我们要扫点阳光进来。"妈妈笑道："只要把窗户打开，阳光自然会进来，何必去扫呢？"

只要打开窗户就能迎来阳光。快乐也如同阳光一样，只要我们敞开心扉，生活中就会时时充满快乐。

拥有阳光心态，它可以驱散你内心的孤独、寂寞，消除与人沟通的魔障，让你感受世间的温暖。

百度有个孤独吧，孤独吧中的孤独驿站写着这样一段欢迎词："因为同一种感觉，我们相聚在一起，即使你的心感觉冰冷，无数颗孤独的心灵碰撞在一起，产生的火花也是惊人的，足够温暖每一颗心灵。我能够体会大家孤独的心需要温暖，需要交流，需要找到彼此能够珍惜的缘分……"这段文字真挚感人。想一想，为什么会有孤独者？人们又为什么来到了"孤独驿站"呢？人是社会型动物，社会交往是人的本能，远离了这片人群，就势必还要回到另一片人群中。我们不可能离开人群，我们要做的就是适应人群，让自己的生存空间充满阳光。

人人都可能会有孤独、不快的时候。真正的孤独，并非一个人的独处，还包括经常的独来独往或者孤身一人远在他乡。真正的孤独往往是身在人群之中，却无法与人进行思想和感情的交流。

其实，每个人的内心或多或少都有些自卑，如果你过度放大，自卑就会占据你心灵的全部，而使你内心充满阴暗，人生不再乐观。

有一位女士，小的时候胖乎乎的，聪明可爱。但是自从上学以后，她胖乎乎的特征就开始被一些人取笑。再后来，她长得更胖了。

成年后她的体重竟超过了200斤。朋友们客气地说她“富态”，医生说她患有“肥胖症”，也常有路人说她“肥”。这位女士听到这些话，很受伤。于是，她找到了避开尖刻评论的方法——整天待在家里。

结婚25周年的日子到来了，好心的丈夫安排了一个浪漫的夜晚，他要带妻子外出吃饭。丈夫知道这很难，因为在妻子的思维里，最糟糕的事就是去公共场所用餐。经过丈夫的一再邀请和劝说，这位女士同意了丈夫的安排。为了让自己不再整天为日益逼近的晚宴烦恼，妻子决定亲自缝制一件时髦的新上衣。

那个重要的夜晚终于来临了。丈夫选的就餐酒店的确很好，那里的灯光很温馨，气氛很浪漫，服务十分周到，菜肴也是美味诱人。遗憾的是，还是有些顾客在那里窃窃私语，妻子设法不理睬那些议论。但是，她却没办法忽视坐在对面桌边的一个小女孩，因为小女孩的眼睛自始至终就没有离开过她。后来，小女孩站起来，竟向女士的桌子走过来。女士慌乱了，经验告诉她，这个小孩子可能会让她十分难堪。

小女孩睁着天真的大眼睛，一点点靠近女士，并在她身边停住脚步。小女孩伸出一个手指，怯生生地碰触着女士深蓝色的天鹅绒上衣。“你又柔软又光滑，就像我的小兔子一样，真想抱一抱。”小女孩说话了。

女士屏住呼吸，任那只小手轻轻抚摩她的衣袖。“你真是漂亮极了！”小女孩甜甜地笑了，然后走回自己的座位。

这只是一句简短的赞美，仅此而已。但是，这次的“奇遇”却改变了女士的后半生，转变了她的视角。从那以后，这位女士每当看到人们盯着她看时，不知怎么，她就会立即想起那个“小天使”用手指抚摩她的样子。于是她确定，人们只不过是羡慕她的服饰罢了。每当有人在背后窃窃私语时，她都会立即听见那个小天使的声音提醒她：“你真是漂亮极了。”于是她认定，人们的悄悄话全都是奉承话。

“现在我听见的只有赞美，”女士说，“闲言碎语再也伤不到我了。”

打开心扉，让阳光充满内心，用阳光心态丰盈你的精彩人生！

智者寄语

有些人总是比其他人更容易成功，拥有更多的机遇、财富、社会资源，享有高品质的人生，似乎他们得到了成功的特别垂青。其实，人与人之间并没有太大的区别，决定成败的关键在于人的“心态”。

进行积极的心理暗示

不要小看自我暗示，有的人能忍受严重的挫折而不灰心，有的人仅仅遇到一点困难就意志消沉，巨大的差别就在小小的心理暗示上。成功人士往往能够在失意时迅速地调整自己，使自己始终保持最佳状态。

自我暗示就是自动暗示,是人的心理活动中意识的发生部分与潜意识的行动部分之间的沟通媒介。它是一种启示、提醒和指令,它会告诉我们注意什么、追求什么、致力于什么和怎样行动,因而它能支配影响我们的行为,是每个人都拥有的一个看不见的法宝。

自有人类以来,很多思想家和教育家都一再强调信心与意志的重要性,但他们都没有明确指出:信心与意志是一种心理状态,是一种可以用自我暗示诱导和修炼出来的积极的心理状态!成功始于觉醒,心态决定命运!

南京南禅寺以前住着一位老太太。她下雨天哭,晴天也哭,成年累月神情懊丧,面容愁苦,大家都叫她"哭婆"。南禅寺的和尚问她:"你怎么总是哭呢?"她边哭边回答:"我有两个女儿,大女儿嫁给了卖鞋的,小女儿嫁给了卖伞的。天晴的日子,我想到小女儿的伞一定卖不出去;下雨的天气,我又想到大女儿的鞋一定没人买,我怎么能不伤心落泪呢?"和尚劝她:"天晴时,你应该去想大女儿的鞋一定生意兴隆;下雨时,你应该想到小女儿的伞一定卖得很多。"老太太当即"顿悟",破涕为笑。此后,她的生活内容没变,但由于观察生活的角度变了,便由"哭婆"变成了"笑婆"。

故事中那位和尚的建议就是两种不同的心理暗示,它会带来两种截然不同的情绪和行为。

大多数人的生活境遇,既不是一无所有,也不是事事如意。这种一般的境遇相当于"半杯咖啡",不同的人面对这半杯咖啡,内心产生的念头是不一样的:消极的自我暗示是因为少了半杯而不高兴,情绪消沉;而积极的自我暗示是庆幸自己已经获得了半杯咖啡,那么就好好享用,因而精神振作,行动积极。

由此可见,心理暗示具有积极和消极的一面,不同的心理暗示必然会有不同的选择与行为,进而导致不同的结果。有人曾说:"一切的成就,一切的财富,都始于一个意念。"还可以说得浅显全面一些:一个人习惯于在心理上进行什么样的自我暗示,就是自己贫与富、成与败的根本原因。因而,我们必须强调,发展积极心态、走向成功的主要途径就是坚持在心理上进行积极的自我暗示,去做那些我们想做而又怕做的事情,尤其要把羞于自我表现,惧于与人交际,转变为敢于自我表现,乐于与人交际。

自我暗示的两种不同作用具有两种不同的力量,它会让我们鼓起信心和勇气,抓住机遇,采取行动,去获得财富、成就、健康和幸福,也同样会让我们排斥和失去,因此关键就在于我们选择使用哪一面。

威廉·丹佛斯是布瑞纳公司的总经理,据说他小时候长得瘦小羸弱,而且志向不高。因此,每当他面对自己瘦弱的身体,信心就完全丧失了,而且心中还经常感到不安。直到有一天,他遇见了一位好老师,人生观才从此改变。

上课的第一天,老师便把威廉找来,对他说:"威廉,我从你的自我介绍中发现,你有一个错误的观念:你认为你很软弱,如果你这样认为,就会变得越来越软弱。今天老师告诉你,其实你是一个非常强壮的孩子。"

小威廉听到老师这么说,惊讶地问道:"是吗?怎么可能呢?我怎么可能是强壮的孩子?"

老师笑着说:"当然是了。来,你站到我的面前!"

只见小威廉乖乖地站到老师面前,并听着老师的指示:"你看看你的站姿,从中就可以看出,在你心中只想着自己瘦弱的一面。来,仔细听老师的话。从现在开始,你脑海里要想着‘我很强壮’,接着做收腹、挺胸的动作,想象自己很强壮,也相信自己任何事都能做到,只要你真的去做,并鼓起勇气去行动,很快你就会像个男子汉一样!”

当小威廉跟着老师的话做完一次后,全身忽然间充满了力量。

如今,他已经85岁了,依然活力十足,因为他一直遵循着老师的教诲,数十年来从未间断。

进行积极的自我暗示,既可以给自己灌输正面的意识,在改变自己的同时,也可以更加了解自己,对自己更有信心。就像故事里的小威廉,老师的引导唤起了他内在的勇气与活力,使他相信,只要“挺直腰”,世界就已经掌握在自己的手中。

深吸一口气,我们一定能感觉到身上一股潜在能量正在隐隐发威。唯有相信自己的无限可能,才能真正地超越自己,提早看见成功的未来。

某报刊登了这样一个故事,说的是作者去拜访一个有名的特级教师,恰遇教师正在为他孙子的学习成绩不好而着急。作者对教师安慰地说:“孩子还小,以后会有许多机会的。特别是小男孩,小时候的成绩并不能反映问题,干吗要这么着急呢?”

教师对作者说:“他的学习成绩不好,这本身其实并不重要,我搞了近四十年教育工作,有丰富的经验,待他上了高中以后,我拼命给他补补课,考上大学还是不成问题的。关键是他现在的成绩总是‘二流’,时间长了,他会在心里产生人也是‘二流’的感觉,这就是大问题了。”

事实就是这样,一个人如果在各个方面长期比别人差,久而久之,就会觉得自己真的比别人差,使自己产生人也是“二流”的心理。反之,一个人如果在许多方面长期比别人强,他就会认为自己就是强者,自己就是“一流”的,在以后的学习和生活中,就会继续保持自己的“一流”心态,从而使自己变得更加优秀。

著名特级中学教师魏书生老师,他就要求他所教的每一个学生书桌里必放一本伟人传记,有时上课还让学生集体进行“精神充电”,即全体起立,在意念上想象自己最崇敬的人,想这位伟人是如何面对学习、面对工作的。接着想自己进入最崇敬的人的角色,自己就是这个人,就像演员饰演伟人一样,自己来扮演伟人的角色。自己的音容笑貌、举手投足、为人处世,都和自己最崇敬的人一样。想得越逼真、越形象、越生动、越细致,精神充电就越成功。正因为魏书生老师懂得积极自我暗示的重要性,所以他要求学生必须学会自我暗示,并贯穿在他们的学习过程中,因此,取得了很大的成就。

学会积极的自我暗示,让“放弃、不可能、办不到、没办法、成问题、行不通、没希望……”这类愚蠢的字眼从自己的字典里彻底消失,让“我能行、我能赢、我是最优秀的”这类字眼紧紧陪伴在自己身边。

德国最近有一研究发现,从生理学角度进一步印证了医学上的安慰剂效应,即心理暗示对于病人潜在的积极影响。从心理学角度讲,暗示是指以言语或非言语的、简单的或复杂的方式,含蓄地、间接地,也可能是直接地对别人的心理和行为产生影响。当暗示发生时,虽然我们只能看到生理或化学反应,但首先是人的心理反应或精神性反应,然后基于这个反应才引起生理的反应。积极的暗示可帮助被暗示者稳定情绪,树立自信心,战胜困难和挫折,消极的暗示却能对被暗示者造成不良的影响。

当人们了解心理暗示的功能后,就应该相信心理暗示在很大程度上是可以自我调控的。因为经常进行积极的心理暗示,长期坚持,就能自动进入潜意识,影响意识。

科学研究和众多的实例表明,坚持心理上积极的自我暗示,对个人的成长和成功都是非常重要的。所以在日常生活中,我们要放弃那些不必要的忧虑,并时常给自己进行积极的心理暗示,只有这样才能拥有快乐而成功的人生。

智者寄语

进行积极的自我暗示,既可以给自己灌输正面的意识,在改变自己的同时,也可以更加了解自己,对自己更有信心。

遇事要有积极的心态

一个积极乐观的人看到的永远是成功的一面,而悲观失望的人看到的总是失败的一面;积极乐观的人总是看到阳光明媚,而沮丧的人只能看到阴霾和暴风雨。

一个人如果总是有饱满的热情和积极向上的心态,他会用非常开放的心态去看待生活,在工作中也就容易得到更多的机会,在尝试其他职业的时候也不会感到恐惧和不适应,而且具备这种心态的人从事新职业往往会获得更大的收获。

从某种程度上说,具备了积极心态,我们的生活就会像明媚的阳光,自己也会振奋并充满活力,可以充分释放蕴含在体内的能量,我们的潜能就能得到最大化的发挥。所以说,积极心态与一个人的成功有很大关系。

在推销员中,广泛流传着这样一个故事:两个欧洲人到非洲去推销皮鞋。由于炎热,非洲人向来都是赤脚。第一个推销员看到非洲人都赤脚,立刻失望起来:“这些人都赤脚,怎么会要我的鞋呢?”于是放弃努力,失败沮丧而回。另一个推销员看到非洲人都赤脚,惊喜万分:“这些人都没有皮鞋穿,皮鞋市场大得很呢!”于是想方设法,引导非洲人购买皮鞋,结果发大财而回。

同样是非洲市场,同样面对赤脚的非洲人,由于一念之差,一个人灰心失望,不战而败;而另一个人信心满怀,大获全胜,这就是心态的巨大力量。

卡耐基曾经讲过这样一个故事,对我们每个人都有启发:

塞尔玛陪伴丈夫驻扎在一个沙漠的陆军基地里,丈夫奉命到沙漠里去军事演习,她一个人留在陆军的小铁皮房子里,天气热得受不了,在仙人掌的阴影下也有50多摄氏度。没有人和她谈天,只有墨西哥人和印第安人,而他们不会说英语。她太难过了,就写信给父母,说要丢开一切回家。她父亲的回信只有两行,这两行信却永远留在她心中,完全改变了她的生活。那就是:“两个人从牢中的铁窗望出去,一个看到泥土,另一个却看到星星。”

塞尔玛一再读这封信,觉得非常惭愧。她决定一定要在沙漠中找到星星。

塞尔玛开始和当地人交朋友,他们的反应使她非常惊奇,她对他们的纺织、陶器充满兴趣,他们就把舍不得卖给观光客人的纺织品和陶器送给了她。塞尔玛研究那些引人入迷的仙人掌和各种沙漠植物,又学习有关土拨鼠的常识。她观看沙漠日落,还寻找海螺壳,那些海螺壳是几万年前还是海洋时留下来的……原来难以忍受的环境变成了令她兴奋、流连忘返的奇景。

是什么使这位女士内心有了这么大的转变?沙漠没有改变,印第安人也没有改变,是她自己的念头改变了，心态改变了。一念之差，使她把原先认为恶劣的情况变为一生中最有意义的冒险。她为发现新世界而兴奋不已，并为此写了一本书，以《快乐的城堡》为书名出版了。她从自己造的牢房里看出去，终于看到了星星。

人生中有很多困难和挫折是容易解决的，只需要我们换种角度，换个心态，就会有另外一种光景。面对人生的烦恼与挫折，最重要的是摆正自己的心态，积极面对一切。纳粹集中营的一位幸存者维克托·弗兰克尔说过："在任何特定的环境中，人们还有一种最后的自由，就是选择自己的态度。"

成功人士与失败人士的差别在于：成功人士有积极的心态，他们始终用积极的思考、乐观的精神和辉煌的经验支配和控制自己的人生；而失败人士面对人生则运用消极的心态，他们受过去的种种失败与忧虑所引导和支配，他们空虚、悲观失望、消极颓废，最终走向了失败。因此，成功学大师拿破仑·希尔说："一个人能否成功，关键在于他的心态。"

保持一种积极心态，可以在很大程度上激发一个人的潜能。

个人的潜在能力是无限的，一般人只是发掘了一部分而已。比如说一个文盲，如果他能保持一种积极的心态，就会开始学习一些文化知识，开始读一些书；如果他曾经读过一些书并能保持积极心态，就能学到一些科学知识。也可能是一个技术工人，如果他一直保持这种积极心态，就会读更多的书。也可能是一个高级技工或管理者，比如工程师、医生、经理或市长，到最后，如果他掌握了足够的知识，就可能是一个对国家举足轻重的科学家。

相反，如果一个对国家举足轻重的科学家，他的心态是消极的甚至是颓废无为的，那么他就不可能做出对国家、对社会有用的贡献。长此以往，就会成为一个对社会无用的人，社会也将抛弃这种人，到最后，他的生活可能就比不上那个一直保持积极心态的文盲。

积极的心态能挖掘一个人的潜能，而消极的心态能埋没一个人的才能。一个人要想让自己生活得更好，首先就得让自己的心态处在一种积极活跃的状态。

因此，我们在平时要注意培养自己的积极心态，这样不仅可以使我们摆脱过分的忧虑，还能挖掘自己的才能，早日实现人生的理想。

智者寄语

一个积极乐观的人看到的永远是成功的一面，而悲观失望的人看到的总是失败的一面；积极乐观的人总是看到阳光明媚，而沮丧的人只能看到阴霾和暴风雨。

笑对人生每一天

萨克雷有一句名言："生活就像一面镜子，你对它笑，它就对你笑；你对它哭，它也会对你哭。"其实，人的一生也是如此。

1. 笑对人生，死神也会却步

人生之不如意事十之八九，只要活着，就必须随时面对人生道路上这样或那样的挫折。人的生命只有一次，既然选择了生活，就要好好度过，让自己的生活充满阳光，与不幸与苦难做抗争，让生命呈现顽强与乐观；精神不倒，身体不倒，始终相信自己，相信明天会更好。就像有位作家说过的一句话："应该笑着面对生活，不管一切如何。"

事实也的确如此，"笑对生活"透着坚强乐观，散发出不屈生命的勃勃激情。笑代表着乐观,乐观心态在某个特定时候能决定一个人的生命。

王大爷70多岁了,一段时间头部不适,经肿瘤医院检查为脑癌,大夫建议手术治疗。王大爷人很精明,家里人知道无法隐瞒,便告知实情。王大爷听后格外镇定,说:"我不做手术,也不住院,送我至农村老家,回去自己调养。"家里人想到老人身体较弱,经不起手术折腾,不如遂了老人愿。王大爷在老家随心所欲,想吃什么吃什么,想玩就玩,有人陪着聊天休闲,从来不提病,不去医院,不吃药,王大爷说:"现在多活一天都是赚的。"整天谈笑风生,不亦乐乎。说来也怪,半年以后,王大爷胖了许多,脸色红润,丝毫不像个病人,家里人接回城里到医院再做CT,肿瘤竟无影无踪,大夫奇怪了,老人高兴了,你说什么药治好了他,那就是良好的心态。

雨飞是一个出租车司机,身强力壮,按常规体检,查出胃部有一肿瘤,被确诊为肝癌。自从知道得了癌症后,他的精神马上垮了下来,没几天走路都需要人搀扶,唉声叹气,卧床不起,手术没有几个月就撒手人寰。事实上,夺走雨飞生命的一半是疾病,一半是他自己的悲观心态。

笑对人生,死神也会害怕。生命如此,事业也是一样,可见你的心态是你真正的主人,要么你去驾驭生命,要么是生命驾驭你,心态的不同必然导致人格和作为的不同,最终导致命运的不同。

两个年轻人到一家大公司应聘,经理把第一位应聘者叫到办公室,问道:"你觉得你原来的公司怎么样?"应聘者面色冰冷地回答:"唉,那里环境太差了。同事们尔虞我诈,钩心斗角,部门经理粗野蛮横,以势压人,整个公司暮气沉沉,生活在那里令人感到十分压抑,所以我想换个理想的地方。"

第二个应聘者也被问到同样的问题,他是这样回答的:"我们那儿挺好,同事们待人热情,乐于互助,经理们平易近人,关心下属,整个公司气氛融洽,生活得十分愉快。如果不是想发挥我的特长,我真不想离开那儿。""你被录取了。"经理面带笑容地说。

其实,人与人之间的差别是很小的,但就是这细微的差别却有着极大的不同。这点差别体现在思维方式上,极大的不同之处在于所采取的思维方式究竟是积极的还是消极的。在失败的人当中,十有八九其实是自己放弃了成功的希望,并不是被打败的。

就是这样,当你笑对人生时,生活也会对微笑;当你笑对人生时,就会有一种力量;当你笑对人生时,也许成功就离你不远了!

2.笑对人生,你就拥有了幸福

智者曾经说过:"生性乐观的人,懂得在逆境中找到光明;生性悲观的人,却常因愚蠢的叹气,而把光明给吹熄了。当你懂得生活的乐趣,就能享受生命带来的喜悦。"

一位小有成就的喜剧演员,曾慕名去拜访一位著名的喜剧大师。他问:"我如何才能够使自己的表演水平有更大的提高呢?"听了他的问题,那位大师微笑着问:"你会笑吗?如果你会笑,那你肯定没有问题。"

这句话看似答非所问,实际上却包含着一个深邃的人生哲理:笑对生活,是一种坦然、豁达和真诚的生活姿态。

有一个美丽的童话:有一个名叫可可的小女孩,因为面容长得丑陋,她内心非常自卑,别人很少能够从她脸上见到笑容。于是,幸福女神决定帮助她,使可可快乐起来。

有一天，幸福女神来到了她身边，带她去参观两座玫瑰庄园。当她们走进第一座玫瑰庄园时，里面阳光明媚，鸟语花香，随处可以听到朗朗的笑声。所到之处，人们都会热情地跟她们打招呼，并且送给她们一个真诚的微笑。逛完之后，幸福女神就问她："你喜欢这里吗？"

可可点了点头说："喜欢呀，这里的人很热情、很亲切，就像家里人一样。"

随后，幸福女神又带可可走进第二座玫瑰庄园。那里面死气沉沉的，天空阴郁，地上长满了蒿草，玫瑰花也开得无精打采，有好多都已凋零了。她们见到的每一个人，都面带忧郁和冷漠的神情，更没有一个人主动跟她们打招呼。从这里出来之后，幸福女神又问可可："现在比一比，你愿意生活在哪一座玫瑰庄园里呢？"

可可毫不犹豫地回答说："当然是在第一座玫瑰庄园里了。"接着，幸福女神继续问她："为什么第一座庄园里的玫瑰花开得那么美丽，人们生活得那么快乐呢？"

可可思索了一会儿，说："因为他们每个人脸上都挂着笑容。"

幸福女神拍了拍可可的头说："是啊，当你笑的时候，也就拥有了一座健康的玫瑰庄园。同时，你也就把自己的幸福分享给了身边每一个人，他们也会被你引入第一座玫瑰庄园。"

可可终于明白幸福女神的用意。此后，她学会了笑对生活。别人都称赞她是一个快乐、善良、懂事的好女孩。

成功学大师戴尔·卡耐基曾说："如果我们有着快乐的思想，我们就会快乐。如果我们有着凄惨的思想，我们就会凄惨。如果我们有着害怕的思想，我们就会生病。"因此，即使生活再不幸、再困苦，我们依然要笑着面对，让心灯常亮。这样一来，你就会发现生活中的无穷乐趣，当面临困难、挫折和不幸时，就不会失去生活的信心，从而笑看人生，笑对生活！

不管到什么时候，要坚信：总有一扇门是为你敞开的！笑对生活吧，活出精彩；笑对自己，无怨无悔；笑对人生，拥有幸福！

智者寄语

"笑对生活"透着坚强乐观，散发出不屈生命的勃勃激情。笑代表着乐观，乐观心态在某个特定时候能决定一个人的生命。

少计较，多发现美好

我们总是很难发现自己拥有了多少快乐，因为我们总是觉得生活中的快乐那么少，其实可能是我们计较得太多。只要用心去体验，就会发现我们拥有了大把的幸福和快乐，它们就隐藏在普通的生活中。

如果你能够有一双发现美的眼睛，减少对生活中各种事物的苛求，很容易就能够发现快乐其实就在身边。快乐不是你拥有了多少财富，拥有了多少房产，拥有了多少被人艳羡的珠宝，而是你能够对平常的任何事物都有感触，这种感触存在于你生活的每一部分，它们点亮了你的生活。

有位青年，厌倦了生活的平淡，感到一切只是无聊和痛苦。为寻求刺激，青年参加了挑战极限的活动。活动规则是：一个人待在山洞里，无光无火亦无粮，每天只供应5千克的水，时间为整整5个昼夜。

第一天，青年颇觉刺激。

第二天，饥饿、孤独、恐惧一齐袭来，四周漆黑一片，听不到任何声响。于是他有点向往平日里的无忧无虑。他想起了乡下的老母亲不远千里地赶来，只为送一坛韭菜花酱以及小孙子的一双虎头鞋。他想起了终日相伴的妻子在寒夜里为自己掖好被子。他想起了宝贝儿子为自己端的第一杯水。他甚至想起了与他发生争执的同事曾经给自己买过的一份工作餐……渐渐地，他后悔平日里对生活的态度：懒懒散散，敷衍了事，冷漠虚伪，无所作为。

到了第三天，他几乎要饿昏过去。可是一想到人世间的种种美好，便坚持了下来。第四天、第五天，他仍然在饥饿、孤独、极大的恐惧中反思过去，向往未来。

他责骂自己竟然忘记了母亲的生日；他遗憾妻子分娩之时未尽照料义务；他后悔听信流言与好友分道扬镳……他这才觉出需要自己努力弥补的事情竟是那么多。可是，连他自己也不知道，他能不能挺过最后一关。此时，泪流满面的他发现：洞门开了。阳光照射进来，白云就在眼前，淡淡的花香，悦耳的鸟鸣——他又迎来了一个美好的人间。

青年扶着石壁蹒跚着走出山洞，脸上浮现出了一丝难得的笑容。五天来，他一直用心在说一句话，那就是：活着，就是幸福。

幸福就是这么简单，人在困境中，才会发现自己的想法，才知道自己以前的苛求是那么多，才发现自己的人生是那么肤浅。以往那些对利益的追逐，在困境中都比不过对于生命的追求，对于亲情的渴望。这些是多么简单的事情，却总是被人们所忽略，一味的追求让人们蒙蔽了双眼。

其实，快乐就简单地存在你的生活中，只要你少去计较自己的收入高低，少去计较自己的容貌是不是姣好，少去计较你的生活环境是不是舒适，少去计较你伙食的好坏，学着用一双发现美的眼睛去看待生活，你会发现除了我们所看到的生活中极不和谐的一小部分，大部分的生活都充满了快乐。那么，你又何必抓住那小小的一点不和谐而让自己变得不快乐呢？为什么不让自己开始学着少去计较，多发现美，让自己和生活成为很好的朋友而不是敌人呢？

如果为了小事而斤斤计较，就会让自己忘了初衷，变得不可理喻，最后只会在这种情况下伤人伤己，让你无法静下心来去品味生活，更让你无法静下心来去拼搏、去创造。总是在小事上看自己的人生，那么眼光就会越来越局限，丧失掉远大的理想，最后也只能碌碌无为、满腹抱怨地过一辈子。

对于一些小事，不如一笑而过，这些没什么大不了。人的一生太过短暂，既然实现理想的时间都很紧张，又怎么有时间浪费在斤斤计较上呢？敞开心扉，你会发现更多的快乐，拥有更多的幸福。

智者寄语

快乐不是你拥有了多少财富，拥有了多少房产，拥有了多少被人艳羡的珠宝，而是你能够对平常的任何事物都有感触，这种感触存在于你生活的每一部分，它们点亮了你的生活。

第八章

战胜挫折和苦难，人生将更精彩

走出挫折的沼泽地

人生免不了挫折和失败,年轻时受一点苦或者受一点挫折都没有关系,因为这只会让我们多一点阅历,长一点见识,并因此而坚强起来。要知道,生命只有经历过挫折,才能绽放出绚丽无比的彩虹。

痛苦、失败和挫折是人生必须经历的。受挫一次,对生活的理解加深一层;失误一次,对人生的领悟便增添一级。从这个意义上说,想获得成功和幸福,想过得快乐和充实,首先就得真正领悟失败、挫折和痛苦的意义。

在生活中,挫折是不可避免的,但是只要我们正确地看待挫折,敢于面对挫折,在挫折面前无所畏惧,克服自身的缺点,在困难面前不低头,顽强的精神力量就可以征服一切。挫折不会让你失去什么,只会让你更强大。

富兰克林·罗斯福毕业于哈佛大学,不久之后,他便开始了政治生涯。1909 年,罗斯福参加纽约州参议员竞选并成功获胜。1912 年,罗斯福积极为威尔逊获得民主党总统候选人的提名和竞选总统出力奔走。由此开始,罗斯福的仕途之路一路平坦。

威尔逊当选总统后,便任命罗斯福为海军助理部长。1914 年 7 月,第一次世界大战爆发,罗斯福请假三周与民主党党阀支持的詹姆斯·杰拉尔德竞争联邦参议员职位,结果党内提名遭到失败。1917 年,美国对德宣战,宣布站在协约国一方参加第一次世界大战。为了增加实战经验,作为海军助理部长的罗斯福于 1918 年赴欧洲战场考察,目睹战争给人民造成的生命和财产损失,这次考察给他留下了终生难忘的印象。1920 年,在总统选举中,他被任命为民主党副总统候选人,结果被共和党候选人柯立芝击败;同年,罗斯福决定回到纽约重操律师旧业,暂时退出了政坛,准备积蓄力量,以东山再起。

可是天有不测风云,就在这个时候,一场意外降临到了罗斯福的头上。1921 年 8 月 10 日,罗斯福不幸患上了小儿麻痹症,一场严峻的考验摆在了 39 岁的罗斯福面前,对他来说,这比生死的考验更为残酷,也更叫人难以忍受。

一开始,罗斯福竭力相信病情能够好转,但实际情况却在不断恶化,一直到他的两条腿完全麻痹,并且瘫痪的症状向上身蔓延时,他终于认识到,恢复的希望已经彻底破灭了。接着,罗斯福出现了更为严重的症状,他的脖子开始僵直,双臂也失去了知觉,最后连膀胱也暂时失去了控制。他的背部和腿疼痛难忍,好像疼痛放射到全身,肌肉像剥去皮肤暴露在外的神经,稍一触动,就难以忍受。

当然,与精神上的摧残比起来,这些肉体上的折磨根本不算什么。试想,一个有着伟大理想和光辉前程的人,竟一下子变成了一个卧床不起、事事需要别人照料的残疾人,他所承受的痛苦可想而知。

罗斯福几乎绝望了,以为"上帝把他抛弃了"。但罗斯福不愧为一代伟人,在身体状况最不堪的时候,他还可以理智地控制自己,以平时那种轻松活泼的态度和妻子开玩笑。他不希望把自己的痛苦、忧愁传染给妻子和孩子们。

罗斯福告诉自己:"我不相信这种娃娃病能够整倒一个堂堂男子汉,我一定要战胜它!"为了转移自己的注意力,罗斯福学会了拼命地思考问题,他不断地回想自己所走过的那些路,逐步地进行反思;他回想起那些曾经接触过的政治家,判断谁是可以学习的对象,谁是卑劣的骗子；他还想到人民，想到那次考察，想到那些饥寒交迫的社会下层人。

在想这些问题的时候，罗斯福甚至忘记了自己是个卧床不起的残疾人。“至少我的头脑还没有瘫痪！”罗斯福对此感到十分庆幸。从那时起，他开始看书、学习、总结经验，他比较系统地阅读了大量有关美国历史、政治的书籍，阅读了许多世界名人传记及大量的医学书籍，几乎有关小儿麻痹的书籍他都看了，并且和医生们进行了详细的讨论。到了后来，罗斯福简直成了这方面的权威。

这样的不幸可以压垮一个人，也可以造就一个人，关键就在于处于苦难中的人如何面对他所面临和忍受着的苦难。罗斯福面对病痛一直是乐观和理智的，虽然这并不能减轻他所遭受的苦痛，但乐观的态度让他变得更加生机勃勃，他甚至相信当这场病痛过去之后，他可以重返政治舞台。

他明白，要想抵抗病情，就必须进行艰苦的锻炼。为了使两腿伸直，他不得不打上石膏，然后像在中世纪的酷刑架上一样，把两腿关节处的楔子打进去一点，以使肌腱放松些。他就是这样每天坚持着锻炼，勇气给了他力量，不久之后他就出现了病情好转的迹象。最后，他的手臂和背部的肌肉逐渐强壮起来，最后竟能坐起来了。

为了重新走路，罗斯福叫人在草坪上架起了两根横杠，一条高些，一条低些。每天，他接连几个小时不停地在这两条杠子中间挪动身体。他给自己定的第一个目标就是能走到离这里1.4英里远的邮政街。他还让人在床正上方的天花板上安装了两个吊环，靠这两个吊环坚持锻炼。到第二年开春，他已经日见好转，甚至能够走到楼下在地板上逗孩子们玩，或者坐在沙发上接见客人了。

1922年2月，医生第一次给罗斯福安上了用皮革和钢制成的架子，这副架子他以后一直戴着。架子每个重7磅，从臂部一直到脚腕。架子在膝部固定住，这样，他的两腿就像两根木棍一样。借助于架子和拐棍，罗斯福不仅可以凭身体和手臂的运动来“走路”，而且还能站立起来讲话了。但做到这一步也不容易，开始时经常摔倒，夹着拐棍的两臂也经常累得发疼，尽管如此，他仍然以顽强的毅力和乐观的态度坚持锻炼。

经过艰苦的锻炼，罗斯福的体力增强了。1922年秋天，他重新回到病前任职的信托储蓄公司工作。开始，他每周工作2天，又慢慢增加到3天，最后每周4天。他的日程排得很满，每天早晨8点半在床上会见他的顾问路易斯·豪和其他来访者，这样他就开始了一天的工作。工作完回到家后，他会活动一下身体，然后又开始接见来访者。不久之后，罗斯福的名字重新打响了。

当他再一次出现在公众视线中时，给人的印象是一个完完全全健康的人。同时，他面对病痛所表现出来的超人勇气和乐观态度，以及那种生机勃勃的自信，都赢得了别人更多的尊敬和信任。

1933年又是总统选举年。民主党由于上届总统选举失败，所以迫切需要罗斯福出来竞选，重振士气。罗斯福表示：“在甩掉丁字形拐杖走路以前我不想竞选。”但他决定出席民主党全国代表大会，以发出他本人重新返回政界的信息。在儿子的协助下，他拄着拐杖走上讲台，这时全场响起雷鸣般的掌声。罗斯福巧妙地控制着讲演的节奏，完全把听众吸引住了。他呼吁大家团结起来，这时听众全都起立。他充满激情地号召大家：要牢记亚伯拉罕·林肯的话：“对任何人都不怀恶意，对所有的人都充满友善。”

虽然长时间的演讲让他架子上的双腿麻木了，而他撑在桌子上的双手也不停地痉挛，但他全然不顾，因为台下除了他那浑厚有力的声音外，他还感到人们对他所表示出的一种少有的敬意。

罗斯福最终赢得了这次选举，他的胜利在于他那非凡的毅力和超人的意志。苦难并没有使他绝望，相反，他坚强地“站”了起来，“走”了出来，并最终得到了民众的一致认可。

如果说挫折是一座大山，想要欣赏山另一面的风景就要爬过它；如果说挫折是一片沙漠，想要见到绿洲，就得走出它；如果说挫折是一道海峡，想要登上陆地，就要越过它。

既然挫折和不幸是人生的必经阶段，我们就只有鼓足勇气去面对它、挑战它，只有经受过苦难的人，才能知艰辛、知苦痛、知冷暖、知足满足、知福惜福。只有经受过苦难的人，才能懂得生命的可贵，懂得人生的可贵，懂得自由的可贵，从而才能知发愤、知苦斗，才能兢兢业业为世界创造出丰富的物质和精神。

智者寄语

如果说挫折是一座大山，想要欣赏山另一面的风景就要爬过它；如果说挫折是一片沙漠，想要见到绿洲，就得走出它；如果说挫折是一道海峡，想要登上陆地，就要越过它。

苦难成就美好

用勇气驱赶苦难，用理智战胜苦难，阴云终会散尽，雷雨终会停。

俄国作家列夫·托尔斯泰说：“人生不是一种享乐，而是一桩十分沉重的工作。”月有阴晴圆缺，人有旦夕祸福。人生在世，不会一帆风顺，总会遇到各种各样的苦难和不幸。要想摆脱不幸，逃避不是办法，关键是要面对和战胜它。

然而苦难当头，有的人只会自怨自艾，意志消沉，从此一蹶不振；有的人则不屈不挠，始终与苦难作斗争，因为他们是生活的强者。

强者视不幸为垫脚石，视它为一笔财富；弱者视苦难为绊脚石，最终被它压垮。其实，不幸是财富，更是人生的沃土，是磨炼我们意志的试金石。不经三九酷寒，哪来傲雪梅香？司马迁如果没有突来横祸，遭受宫刑的不幸，又怎么能写出举世不朽的《史记》呢？没有曹雪芹贫困潦倒的磨难，哪里会有《红楼梦》的诞生。苦难从古至今都是人生的一笔宝贵财富，勇者在苦难面前永远都不会低下高贵的头。

一个叫米歇尔的美国青年，在一次偶然的车祸中，全身大面积烧伤，面目恐怖，手脚变成了不可分辨的肉球。等他从这场噩梦中醒来时，面对镜子中难以辨认的自己，内心极度痛苦，竟吓得晕倒过去。然而，米歇尔并没有就此沉沦，他勇敢地对自己说：“想要摆脱不幸，就要想办法战胜不幸！”

米歇尔很快从痛苦中解脱出来，身残志坚的他几经努力，白手起家，终于变成了一位百万富翁。米歇尔并没有因为这些许成功而感到满足，他还要用肉球似的双手去学习驾驶飞机。结果，飞机突然发生故障，他从高空摔了下来。当人们找到他时，发现他的脊椎已是粉碎性骨折，将面临终身瘫痪的现实。

家人、朋友都为他的不幸命运感到悲伤，但他却说：“这是无法逃避的现实，我必须乐观地接受。我的身体虽然不能行动了，但我的大脑依旧是健全的，我还有一张嘴可以帮助别人。”这样的他，躺在医院的病房里，用自己的智慧和幽默去鼓励病友战胜疾病。他成了医院的奇迹，几乎走到哪里，笑声就在哪里荡漾。

在他病重之时，一位天使来到了他的身边，她就是护士学院毕业的金发女郎。当米歇尔第一眼看到她时，就断定自己找到了梦中情人。他将自己的想法告诉了家人和朋友，大家都劝他："这是不可能的，万一人家拒绝，那你多难堪啊！"可他却说："不，你们错了，万一成功怎么办？万一她答应了怎么办？"

米歇尔不相信不幸总是降临在自己身上，于是决定孤注一掷，抓住哪怕只有万分之一的可能，勇敢地向那位金发女郎示爱。两年之后，那位金发女郎嫁给了他。

米歇尔的坚韧不拔和挑战不幸命运的勇气，使他成为美国人心目中真正的英雄。他最终成为一位国会议员，并坐在轮椅上演讲和主持公务。米歇尔虽然起初被不幸包围，但是最终，他还是战胜了不幸，摆脱了不幸，并赢得了成功。

人生就是一场没有硝烟的战役。当你身处战场、兵临城下时，后退，无疑只能做逃兵或俘虏，其后果大抵如此。不妨来点破釜沉舟的气概，就算是四面楚歌、危机重重，也要冷静地在最短的时间内将作战局势分析清楚，尽最大的可能把问题解决掉，就算不一定能赢，但是有此一搏，也定会有所收获，至少还能证明，我们面对人生的不幸不会无所适从。

因此，当人生的路程中不小心邂逅不幸时，一定要摆出一个"战胜"的姿势，先让自己从心灵里强大起来。要想摆脱不幸，就只能去战胜它、克服它，把它变成不幸中的大幸。

"经营之神"松下幸之助从不向命运低头。9岁时，天降大祸，他的家境由此变得贫困，年幼的他不得不辍学，外出赚取生活费。他要远赴大阪谋职，母亲含着泪为他准备好行囊，并送他到车站。临行前，母亲饮泣向同行的人诚恳地拜托："这个孩子要单独去大阪，请各位在旅途中多多关照。"当时，母亲悲凄和不舍的背影给他留下了深刻的印象。

松下幸之助来到大阪后，到一家火盆店当学徒，从此开始了艰苦的谋生。小小年纪，远离亲人，在那个陌生的世界里他感到孤单无助，几乎丧失了生活的信心。

有一次，店主叫住他，递给他一枚五钱的铜币，说这是薪水。松下幸之助吃惊极了，他从来没有见过五钱的白铜货币，这对穷人家的孩子来说，是一个相当可观的数目。从那时起，小小的报酬激起了他工作的热情，正是那枚钱币让他认识到自己是可以摆脱不幸的，只要肯努力。

靠着不可思议的欲望的支持，松下幸之助变得更加坚强。他不辞辛苦地打杂、磨火盆，有时一双手被磨得皮破血流，连提水打扫的活都干不了，但他仍旧咬牙挺了下来。靠着这样的努力，松下幸之助重新掌握了自己的命运，开创了自己的一番事业。

上天永远是公平的，它在把不幸撒向人间的同时，往往准备好了同等的回报。当不幸不期而至时，我们要视苦难为财富、为机遇，向它宣战。当你成功地征服它之后，就能得到上天的回报，从而摆脱不幸，真切地感受到生活的甘甜和价值。

因此，要有足够的心理准备，学着用乐观、向上的心态去战胜失败和挫折，将不幸统统踩在脚下，不给它一丝喘息的机会。唯有在生活中积累经验，提高自己的抗挫能力，才能摆脱不幸，从人生的低谷中走出来。

智者寄语

强者视不幸为垫脚石，视它为一笔财富；弱者视苦难为绊脚石，最终被它压垮。其实，不幸是财富，更是人生的沃土，是磨炼我们意志的试金石。

面对不如意，一笑而过

俄国诗人普希金说过："假如生活欺骗了你，不要悲伤，不要心急，忧郁的日子里需要镇静，相信吧，快乐的日子将会来临。"每个人来到这个世界上，都有太多的不如意，也许我们不够漂亮，也许我们不够健康，也许我们不够富有，也许我们的日子很苦很累，但至少我们还有生命。

生命对每个人来说都是平等的，只有一次，那么该如何把握生活、享受生命呢？就用微笑来面对吧！有微笑就能苦中作乐，这样即使在寒冷的冬天也会感到生活的温暖，漆黑的午夜你也能看到希望的曙光。用微笑来面对生活，用微笑来面对每个人、每件事，你就会看到阳光灿烂，迎接你的必定是一路的鸟语花香。

有个名叫艾莉的小女孩长得有点丑，其实问题并不是因为她的五官长得不好看，而是搭配有点偏离正常比例。艾莉为此十分自卑，时常在心里抱怨上天的不公、自己的不幸，因此从来没见她露出过笑容。

艾莉逐渐长大，这种自卑感越来越强，母亲看在眼里疼在心里。一天，为了帮助女儿摆脱心理困境，她把女儿拉到照相馆，一定要为女儿拍一组照片。照相馆中，母亲的要求很奇怪，她让女儿在拍照片时保持微笑，不让照相师拍她的整张脸，而是逐一对眼睛、鼻子、耳朵、嘴巴等五官单独拍特写。帮女儿拍完照片后，她又拿出美国著名女星玛丽莲·梦露的头像，让照相师翻拍，同样要求照相师把五官一一分开。

几天后，等照片冲洗出来，母亲就把女儿的五官照片和著名女星玛丽莲·梦露的五官照片一一对照贴到女儿卧房的墙上。

母亲拉过女儿，让她看着那些被分割的照片，并对她说："和世界上最著名的美女比较一下，你哪个地方比她差呢？"女儿迷惑地看了看母亲，将信将疑。后来，她把自己的这些照片指给那些闺中密友看。密友在不知名的情况下，有的说她的眼睛比梦露的眼睛迷人，有的说她的嘴巴更性感。渐渐地，她相信了母亲的话，真觉得自己并不比玛丽莲·梦露丑了，于是，她慢慢地开始微笑着对待别人、对待自己、对待生活，自信也随之而来，更不觉得不幸了。

这个世界没有完美的人，每个人都存在这样或那样的缺陷，当你换个角度来看时，这个缺陷并不致命，甚至完全可以忽略不计。从生理上来说，世上很难找到十全十美之人。人有生理缺陷当然遗憾，但它既已存在，我们就该泰然处之，微笑待之。

其实，上天关上一扇门的同时，总会为你打开另一扇窗。我们不必为自己的平庸和丑陋感到自卑，只要善于发现，完全可以从这些自认为丑陋的缺陷中找到有价值的一面。只要我们能以一种平和乐观的心态来笑对人生，自己所有的缺陷看起来都是微不足道的。

人活着就需要有一种"笑面人生"的心态，微笑着面对纷繁的世俗，做到宠辱不惊，正视自己生存空间里的很多尴尬与不幸。当你把生命中一切遭遇都看作是或圆满或凄美的风景，用一种看风景的心情来笑看人生旅途时，一切都会归于淡然和美好。

有诗人说："笑是午夜的玫瑰，是人类的春天。"的确，笑在玫瑰般的优雅中挥洒青春的博大与宽容。笑，是人类最生动的表情。"度尽劫波兄弟在，相逢一笑泯恩仇"，这一笑，包含了多少沧桑和宽容；这一笑，流露出张扬的个性、自信的精神；而弥勒佛那"笑口常开，笑天下可笑之事”的胸怀则让芸芸众生佩服得五体投地。

笑就要笑出一种风格,周瑜会笑,在赤壁大战中大获全胜,因此他畅怀大笑,这种笑不免带有一种自豪和得意,因此我们敬重;曹操也会笑,即便败走华容道犹能大笑,这一笑,无疑是一种超然的、强烈的自信,是一种藐视万难的气度,他笑出了强者的风范,因此我们除了敬重,更有一种五体投地的佩服。

现实生活中不会有太多的得意与骄傲,但我们仍然应该笑口常开,即使面临的是无尽的不幸与失意。笑会让我们保持一颗乐观的心,本着笑对人生的原则来走人生之路,这样才能笑口常开。

因此,无论成功与失败,都请抬起头,让笑容之花在脸颊灿烂开放,让所有的不幸与磨难,随着眼角的波动一笑而过。

智者寄语

用微笑来面对生活,用微笑来面对每个人、每件事,你就会看到阳光灿烂,迎接你的必定是一路的鸟语花香。

挫折能激发你的潜能

人潜能的激发,往往来源于他人对你的折磨。修行者有句名言:“不吃苦,就不能成佛祖。”这句话提醒我们,唯有经过层层的考验与磨炼,我们才能苦尽甘来,安稳地享受我们应得的成果。

爱迪生小时候曾被学校的老师认为愚笨,而失去了在正规学校受教育的机会。老师的评论对爱迪生和他的母亲是一个巨大的打击,可是他的母亲并没有因此而放弃对爱迪生的教育,她认为,把自己的孩子教育成功是对那些认为爱迪生愚笨的人的最好回击。因此,在母亲的悉心帮助下,经过独特的心脑潜能开发,爱迪生最终成为了世界上最著名的发明大王,一生完成2000多种发明创造。他在留声机、电灯、电话、有声电影等许多项目上进行了开创性的发明,从根本上改善了人类生活的质量。

每个人自身都是一座宝藏,都蕴藏着大自然赐予的巨大潜能和无限潜力。美国学者詹姆斯根据其研究成果指出:“普通人只开发了自己身上所蕴藏能力的1/10,与应当取得的成就相比较起来,每个人不过是半醒着的。”由于很多人生在平和的环境里,使得很多人没有将内在的潜能淋漓尽致地发挥出来。在我们身上没有得到开发的潜能,就犹如一位熟睡的巨人,一旦受到激发,便能发挥“点石成金”的力量。而人潜能的激发,往往来源于他人对你的折磨。

通常情况下,大多数人都习惯安于现状,习惯了按部就班的生活,习惯于从事那些让自己感到安全的事情,习惯于展示自己所熟悉、所擅长的本领,不愿意去改变自己的生活及探索未知的领域。那么,自身的潜在能力也就始终得不到挖掘,所有的潜能也都在机械的操作中埋没,并随着年龄的增长、肌体的变化渐渐消失了。在我们的日常生活中,只有那些把折磨变成动力的人,才能激发内在蕴藏的能力,从而比他人更容易获得成功。

有这样一个在城市打拼的农民工,他在经过一栋写字楼时,看见一群西装革履的年轻人手里提着黑色皮包经过。相比自己寒酸的样子,这两者巨大的反差强烈地刺激着他。他在痛苦的同时更情不自禁地感慨说:“将来有一天,我也会像他们一样,活得比他们还精神,活得比他们还成功。”

于是,这位年轻人开始努力地工作和学习,他不再为贫穷的家庭环境而整日愁眉不展,而是梦想有一天他也可以出人头地,最终有一个辉煌的人生。但由于生活环境的限制,在两年的努力之中,这位年轻人并没有达到自己的目的,没有取得成功。

在这期间,他吃了不少的苦,烧过锅炉,当过保安,只要是能养活自己的活他几乎都去做了。就这样,这位年轻人没有在事业上取得丝毫的进展,他只是做了一件事,就是在这段时间里所挣的钱只够养活自己。三年后的一天,他和一位朋友去听了一场关于成功励志方面的精彩演讲。在演讲大师那抑扬顿挫、绘声绘色、口若悬河的演讲中,他开始认识到自己的不足,从那以后他开始自学,不断地改变自己。

12 年后,令人吃惊的事发生了,原来在人们眼中一无是处的穷小子摇身变成了一位身价过亿的大富翁,成了一位街头巷尾人们谈之不尽的人物。

由此可见,一个人的成功就在于能利用外界的刺激把自己的潜能激发出来,这样自己才有鞭策力,使自己有企图心。世界顶尖潜能大师安东尼·罗宾说:“并非大多数人命里注定不能成为爱因斯坦式的人物,任何一个平凡的人,只要发挥出足够的潜能,都可以成就一番惊天动地的伟业。”其实,这种最佳的“激发”,往往就是来源于他人对你的折磨。

成功的“秘诀”并不在于那些成功人士的大脑内部比起其他人有多么与众不同,而是无论你正陷于人生的低谷时期,还是沉浸在他人怀疑、否定的苦涩之中,都不要怀疑自己的能力,以积极的心态加上勤奋努力,你就一定能激发生命的潜能,创造出人生的奇迹。

智者寄语

在我们身上没有得到开发的潜能,就犹如一位熟睡的巨人,一旦受到激发,便能发挥“点石成金”的力量。而人潜能的激发,往往来源于他人对你的折磨。

小事的折磨是你成功的台阶

每一个人所做的工作都是由一件件小事组成的,但人们不能因此而忽视工作中的细节。职场的优秀者和平庸者最大的区别就是:优秀者从不认为自己所做的事是简单的小事。很多时候,一件看起来微不足道的小事,或者一个毫不起眼的细节,却能起到关键的作用。

希尔顿饭店的创始人、世界旅馆业之王康·尼·希尔顿就是一个非常注重小事的人。他经常这样要求他的员工:“大家牢记,万万不可把我们心里的愁云摆在脸上!无论我们饭店遭到何等的困难,希尔顿服务员脸上的微笑永远是顾客的阳光。”正是这小小的微笑,让希尔顿饭店获得了极佳的声誉。

饭店的服务员每天的工作就是对顾客微笑、打扫房间、整理床单等小事,快递员每天的工作就是送递邮件。他们是否对此感到厌倦、毫无意义而提不起精神?但是,这就是你的工作,你必须做好它。

一个年轻的女工进入一家毛织厂以后一直从事织挂毯的工作,做了几个星期之后她再也不愿意干这种无聊的工作了。

她去向主管辞职,无奈地叹气道:“这种事情太无聊了,一会儿要我打结,一会儿又要把线剪断，这种事完全没有意义，真是在浪费时间。”

主管意味深长地说：“其实，你的工作并没有浪费，虽然你织出的只是很小的一部分，但是它是非常重要的一部分。”

然后主管带着她走到仓库里的挂毯面前，年轻的女工呆住了。

原来，她编织的是一幅美丽的百鸟朝凤图，她所织出的那一部分正是凤凰展开的美丽的羽毛。她没想到，在她看来没有意义的工作竟然这么伟大。

可见，工作中无小事，每一件小事都可以算是大事，要想把每一件事做到完美，就必须固守自己的本分和岗位，付出自己的热情和努力。

职业道德要求每一个员工对待小事和对待大事一样认真。许多小事并不小，那种认为小事可以被忽略、置之不理的想法，只会导致工作不完美。

美国标准石油公司曾经有一位小职员叫阿基勃特。他在出差住旅馆的时候，总是在自己签名的下方写上“每桶4美元的标准石油”字样，在书信及收据上也不例外，签了名，就一定写上那几个字。他因此被同事叫作“每桶4美元”，而他的真名倒没有人叫了。

公司董事长洛克菲勒知道这件事后说：“竟有如此努力宣扬公司声誉的职员，我要见见他。”于是，洛克菲勒邀请阿基勃特共进晚餐。

后来，洛克菲勒卸任，阿基勃特成了第二任董事长。也许，在我们大多数人的眼中，阿基勃特签名的时候署上“每桶4美元的标准石油”是小事一件，甚至有人会嘲笑他。可是这件小事，阿基勃特却做了，并坚持把这件小事做到了极致。那些嘲笑他的人中，肯定有不少人才华、能力在他之上，可是最后，只有他成了董事长。

可见，任何人在取得成就之前，都需要花费很多时间去努力，不断做好各种小事，才会达到既定的目标。

一个人的成功，有时纯属偶然，可是谁又敢说，那不是一种必然呢？

恰科是法国银行大王，每当他向年轻人谈论起自己的过去时，他的经历常会令闻者肃然起敬。人们在羡慕他机遇的同时，也感受到了一个银行家身上散发出来的特质。

还在读书期间，恰科就有志于在银行界谋职。一开始，他就去一家最好的银行求职。一个毛头小伙子的到来，对这家银行的官员来说太不起眼了，恰科的求职接二连三地碰壁。后来，他又去了其他银行，结果也是令人沮丧。但恰科要在银行里谋职的决心一点儿也没受到影响。他一如既往地向银行求职。有一天，恰科再一次来到那家最好的银行，“胆大妄为”地直接找到了董事长，希望董事长能雇用他。然而，他与董事长一见面，就被拒绝了。对恰科来说，这已是第52次遭到拒绝了。当恰科失魂落魄地走出银行时，看见银行大门前的地面上有一根大头针，他弯腰把大头针拾了起来，以免伤人。

回到家里，恰科仰卧在床上，望着天花板直发愣，心想命运为何对他如此不公平，连让他试一试的机会都没给。在沮丧和忧伤中，他睡着了。第二天，恰科又准备出门求职。在关门的一瞬间，他看见信箱里有一封信，拆开一看，恰科欣喜若狂，甚至有些怀疑这是否在做梦，他手里的那张纸是银行的录用通知。

原来，昨天就在恰科蹲下身子去拾大头针时，被董事长看见了。董事长认为如此精细谨慎的人，很适合当银行职员，所以改变主意决定雇用他。正因为恰科是一个对一根针都不会粗心大意的人，他才得以在法国银行界平步青云，终于有了功成名就的一天。

于细处可见不凡，于瞬间可见永恒，于滴水可见江河，于小草可见春天。上面说的都是一些

"举手之劳"的事情,但不一定人人都愿"举手",或者有人偶尔为之却不能持之以恒。可见,"举手之劳"中足以折射出人的崇高与卑微。

智者寄语

很多时候,一件看起来微不足道的小事,或者一个毫不起眼的细节,却能起到关键的作用。

失败:人生的另一种财富

失败、错误在成功路上是不可避免的,当它们降临之后,我们要做的不是去逃避、推诿,而是以百倍的勇气去挑战失败。主动承担责任,是一个人品格真诚的魅力体现。更重要的是,我们应努力追根溯源,找出失败的原因和错误的缘由:工作能力不足?准备不充分?客观条件不成熟?等等。把类似的这些问题都搞清楚了,在今后的工作中就能对症下药,避免重蹈覆辙。所谓"吃一堑,长一智"就是这个道理。

美国的大发明家爱迪生曾说:"失败了一千次并不可怕,最起码我知道这一千次的努力都是不可行的,于是我就会作出第一千零一次努力……"许多人遇到错误与失败,总是一味地逃避,不愿看到自己身上有伤口,失去了及早清理的机会,最后为伤口所累而追悔莫及。

在现场直播过程中,主持人遇到的最大困难是很多事情无法预料。因此,就会出现各种束手无策的情况,那种尴尬、无奈真是令主持人难堪。

有一年,倪萍专门为几对金婚的老年朋友举办一期《综艺大观》,他们都是我国各行各业卓有成就的科学家。其中有一位是我国第一代气象专家,曾多次受到毛主席、周总理的亲切接见。

在直播现场,当倪萍把话筒递给这位老科学家时,她顺势就接了过去。对于直播中的主持人来说,如果把话筒交给采访对象,就意味着失职,因为你手中没有了话筒,现场的局面就无法掌握了。更严重的是,对方如果说了不应该说的话,你就更被动!但那时众目睽睽,倪萍根本无法把话筒再要回来。

"我首先感谢今天能来到你们中央气象台!"这位老专家第一句话就说错了。全场观众大笑。倪萍伸出手去,想把话筒接回来,但老专家躲开了。后来倪萍又两次伸出手去,但老专家还是没将话筒还给她。舞台上出现了倪萍和老专家来回夺话筒的情况。台下的导演急得直打手势,倪萍更是浑身出汗。

直播结束后,不少观众来信批评倪萍:"不应该和老科学家抢话筒,要懂得尊重别人……"倪萍认真地检查了自己,她知道这是她作为节目主持人的失职。面对上亿观众,她绝对不应该抢话筒,更不应该随便打断别人的讲话,更何况是年轻人对长者。但观众们又何尝知道,直播节目的时间一分一秒都是事先周密安排的。如果这位长者占了太长的时间,后面的节目就没法连接了。

问题发生后,倪萍没有刻意去推脱责任,而是主动承担了这次失误的责任。接着,她仔细回忆了当时的情景,试图从中找到失败的原因。人不怕犯错误,就怕接连犯相同的错误。她经过反复的思考和总结,得出了这样的体会:如果自己在直播前和这位长者多交流交流,了解她的个性,掌握她的说话方式,那天就不会出现这类尴尬的场面。

社会文明程度越来越高,人们对生活质量的要求也就越来越高,观众对主持人的要求和批评也随之增多，倪萍对此都能一一正确地对待。她知道，只有接受批评、承担责任，然后再丰富自己、勇于突破，她的艺术生命才会越来越长。相反，害怕批评，裹足不前，那么作为主持人，在失去观众的同时，最终也失去了自己。通过对“抢话筒事件”的总结，倪萍逐渐养成一种习惯，无论是谁做嘉宾，只要在她的节目中出现，她都会提前到他们的住处进行采访，了解一些资料，体验对方那一份感情。在以后的主持生涯中，类似的情况再也没有发生。

在现实生活中，一个人不可能永不犯错误，如果你真的错了，那就要以高昂的斗志挑战失败，把失败当作磨炼意志、增长才干的好机会。只有大胆地接受现实，才可能坦诚地分析、探究失败的根源，重新赢得获取成功的机会。因此，可以说，失败就是我们人生中的一种财富。

智者寄语

在现实生活中，一个人不可能永不犯错误，如果你真的错了，那就要以高昂的斗志挑战失败，把失败当作磨炼意志、增长才干的好机会。

苦难就是机遇

在你面对困难的时候，往往也是你增长见识、增加能力、增长成功概率的良好时机。因为这种困难是达到结果的必经程序，没有这样的困难你就永远不能富有。在某种意义上说，困难往往与机会同在，它会为你带来财富。

正如温斯顿·丘吉尔说过的一句话：“苦难就是机遇。”

塞万提斯写《唐·吉诃德》，是在他被困在马瑞德狱中的时候。那时他贫困不堪，甚至无钱买纸，在将完稿时，把皮革当作纸张。有人劝一位西班牙巨商去接济他，那位巨商回答说：“上天不允许我去接济他，因为唯有贫困，才能使得他的世界丰富！”

牢狱往往能唤起高贵的人心中已经熄灭的火焰。《鲁滨孙漂流记》是在狱中写成的，《天路历程》是在彼特福特牢狱中写成的。拉莱在他13年的幽囚生活中，写成了《世界历史》。大诗人但丁被判死刑，过着流亡的生活达20年，而他的作品就是在这段时期中完成的。

犹太人自有史以来备受欺凌，甚至惨遭杀戮，每时每刻都可能面临妻离子散、背井离乡。然而犹太人却仿佛总是同巨额财富携手而来。当今世界几乎所有的金融领域，都有犹太人的身影，这不能不说是一个奇迹。

被人誉为“乐圣”的德国作曲家贝多芬一生遭到数不清的磨难、贫困、失恋甚至耳聋。贝多芬并未一蹶不振，而是勇敢地向“命运”挑战！贝多芬在两耳失聪、生活最悲痛的时候，写出了最伟大的乐章。正如他给一位公爵的信中所说：“公爵，你之所以成为公爵，只是由于偶然的出身，而我成为贝多芬，则是靠我自己。”

许多人在困难面前总是愈挫愈勇，不战栗，不退缩，胸膛直挺，意志坚定，敢于蔑视任何厄运，嘲笑任何逆境。因为忧患、困苦不足以损他毫厘，反而会加强他的意志、力量与品格，促使他坚定地向自己的目标结果进发。

日常工作中，也必然会出现一些困难。例如，忽然有一天，老板将一份非常棘手的工作交给你，你会有怎样的感想？你可能会想：“老板真是不公平，把这么麻烦的事情交给我，而同事小李却每天清闲自得，他比我拿的薪水还多呢！”也许这样想有你的道理，但是，你不如像这样说服自己：“在老板的心目中，我比小李优秀。即使是老板有意优待小李，那么如果我把问题解决了，老板也会心知肚明的。”如此，你的心态就会非常开朗，你的努力也就不会白费，你离成功也就不再遥远了。

智者寄语

在你面对困难的时候，往往也是你增长见识、增加能力、增长成功概率的良好时机。因为这种困难是达到结果的必经程序，没有这样的困难你就永远不能富有。在某种意义上说，困难往往与机会同在，它会为你带来财富。

以乐观心态面对命运赋予的磨难

每个人都有过踌躇满志的时候，当然，也有无法实现理想而气馁的时刻。当我们的人生走入低谷时，该如何面对呢？答案是选择退一步。当然，这里的退却，不是后退，也不是懦弱，而是更积极的进取，是先凭借着自己的力量做好力所能及的准备，做好当下要做的事情。

秦良玉是我国历史上唯一被载入《正史·将相列传》的女英雄。秦良玉幼年时接受儒家教育，父亲教导她要有忠臣刚烈之心，要有舍身为国之情。父亲对儿子和女儿的教导是一样的，她从小便和兄长、弟弟一起读典籍、习骑射。

秦良玉禀赋极高，父亲曾感慨说：“可惜我的女儿是女流之辈，不然定能封侯拜将。”良玉激扬慷慨地说：“若女儿得掌兵柄，应不输平阳公主和冼夫人。”秦良玉后来嫁给了石柱土司马千乘，夫妻俩伉俪情深。

万历二十七年(1599 年)，播州地区的土司杨应龙造反，马千乘率领三千石柱兵跟随四川总督李化龙出征讨伐叛军。秦良玉为解国难，也集结了五百精兵，自己配备军粮马匹，和副将周国柱一起在邓坎把守险要地势，抵御敌人的进犯。为此，李化龙还命人为她打造了一面上书“女中丈夫”的银牌。

后来，明朝大军连连获胜，便以为叛军不足畏惧。于是，上到将军统帅，下到士兵小卒，全部轻敌，摆设宴席庆祝获得胜利。但是，秦良玉因熟读兵法，预料到叛军一定会趁着夜深人静的时候来偷袭大营，于是，她一再告诫马千乘管好手下的兵将，不许掉以轻心，并吩咐那些人不许饮酒，持枪把守险恶地带。果不其然，深更半夜，当明朝大军大部分醉醺醺入睡的时候，叛军突然发起了偷袭行动，睡梦中酒未醒透的明军被杀得四处乱窜，幸好，被早有安排的秦良玉夫妇解了围。叛军被突然从天而降的大军杀得到处奔逃，秦良玉夫妇奋起直追，直抵叛军的老巢桑木关下。

之后，明军经过休整全部到达桑木关，这时候，秦良玉夫妇率领自己的手下与当地士兵配合，一举攻破险关，明军大举进入。叛军首领杨应龙无奈，白缢身亡。这场叛乱才得以平息，而秦良玉夫妇也因此被封为“南川路战功第一”，并受到了朝廷的重赏。

十几年后，秦良玉的丈夫马千乘被人陷害死在狱中。但秦良玉并没有因此而对朝廷产生叛逆之心，而是含悲忍泪把丈夫埋葬，然后毅然接任了丈夫石柱土司一职，恪尽职守。

万历四十四年(1616 年)，努尔哈赤不断向明朝发起进攻，当时明军战斗力相当薄弱，根本无法抵挡这支来自草原的大军，节节败退，溃不成军。

闻讯后的秦良玉，急忙派自己的哥哥秦邦屏和弟弟秦民屏率领数千兵作为先头部队，她在后方集结粮草，以保后勤的供应。可是，前去的人马终因寡不敌众伤亡惨重，秦良玉的哥哥也战死疆场。

噩耗传来，秦良玉并没有因此退缩，她命人赶制了一千多件棉衣，分给在辽地的石柱兵，然后，自己亲自率领精兵奔赴山海关，死死地把守着满军旗人入关的咽喉。因为秦良玉等人的英勇奋战，使得清军无法进一步获得胜利，只得向后退兵。

京城解围之后，崇祯皇帝亲自在今北京平台召见秦良玉，对其进行赏赐。

秦良玉的一生，即使是男子，也难以企及。不论是丈夫身亡之后含悲忍泪，继续为国分忧，还是其兄长死于战场后，依旧奋力抵抗清军之举，都让人倍加赞叹。而几次面对朝廷的重赏，她都没有喜形于色，而是淡然处之。

人的一生很漫长，既有春风得意之时，也有落魄潦倒的时刻。顺境时，人们当安于内心的宁静，不张扬、不骄傲；困境时，更要拥有一颗泰然处之的心，不急不躁，放下悲苦仇怨，努力做好当下的事情。

汉宣帝刚刚继任的时候，下诏想把祭祀汉武帝的“庙乐”升格。没想到却遭到了光禄大夫夏侯胜的反对，朝廷的王公大臣们一阵惶恐，谁敢反对皇帝的诏书？于是，群臣弹劾夏侯胜“大逆不道”之举，顺便把不肯在上面签字的丞相长史黄霸也以“不举劾”的罪名一起报给了皇帝。因此，二人双双被判下狱，处以死刑，等待处决。

夏侯胜是当时出了名的大儒，对《尚书》尤为精通，而且此人性情耿直，从不会溜须拍马，此番受到奇耻大辱，心里不免郁郁寡欢。想到皇上的无情，世事的无常，心灰意冷。好在牢中也不算寂寞，还有那个更冤枉的黄霸陪着，两人可以聊聊天。黄霸是一个生性乐观的人，他早就非常仰慕夏侯胜，只是没有机会与他亲近，没想到现在两人同被关进一间牢房。他想以前整天忙碌，现在有时间了，面前又有这样一位良师，可以趁此机会好好学习。于是，黄霸便将请教之意说给了夏侯胜，夏侯胜听罢甚觉可笑：“咱们现在犯了死罪，很快就会被处死，现在还学什么经书啊！”黄霸说：“孔子曰：‘朝闻道，夕死可矣。’人应该活在当下，学有所得，心有所悟。此刻是快乐的，管它明天怎样？”夏侯胜听了这话心中一动，马上答允了黄霸的请求。从此，每天夏侯胜都用心教授黄霸《尚书》，黄霸也是极其认真地学习，两人一教一学日子过得倒也很快乐，兴起时还会击掌大笑，狱卒们常常被二人弄得很糊涂，搞不懂临死之人为什么还能如此快乐。

有人请求皇上早一些将二人处决，于是，宣帝派人去狱中看看两人是否悲伤难过，有悔改之意，去的人回来报给皇上说二人整天以读书为乐，看不到有哀伤之意。宣帝听了之后虽然很生气，但感念二人的贤良，还是没有杀掉他们，此案一直拖延着。

不知不觉两年过去了，二人在狱中决意活在当下，所以认真学习研究，使得学问日益长进，精神更加充实。一天，汉宣帝宣布大赦天下，二人出狱，汉宣帝又把他们二人召回朝廷，任命夏侯胜为谏大夫，黄霸为扬州刺史。后来，夏侯胜以博学被任命为太子的老师，90 岁去世。为了感谢恩师，太子为他穿了五天的孝服，令天下儒生极为感动。而黄霸也因精明强干后来做了丞相，史书评价他治理百姓“以霸为首”。

二人曾经经历过的人生转折可谓非常之大，从朝廷命官一下子沦为阶下囚，但是二人能够在狱中以豁达的心态活在当下，认真研究学问，使得他们的这场牢狱之灾变成了人生的又一个新起点，创造了未来人生的辉煌。

人生的路途十分漫长，谁也不知道会遭遇怎样的挫折和不幸，而人生最大的悲哀、恐慌莫过于面对死亡，一般人面对死亡到来时，因为对未来失去了憧憬会一下子垮掉，生命对于自己已经没有了任何意义。可是,豁达的智者会选择活在当下,因为每一分钟都是生命的一部分,用一种积极的心态去面对,一定好于忍受死亡的脚步逼近的折磨。

安心当下,过好每一分属于自己的时光,做好眼下应该做好的事情,不气馁,不烦躁,以豁达乐观的心态面对命运赋予自己的一切,生命会有不一样的感受。今天是未来的铺垫,做好今天,未来一定会有一天给你意外的惊喜。

智者寄语

人生的路途十分漫长,谁也不知道会遭遇怎样的挫折和不幸,而人生最大的悲哀、恐慌莫过于面对死亡,一般人面对死亡到来时,因为对未来失去了憧憬会一下子垮掉,生命对于自己已经没有了任何意义。可是,豁达的智者会选择活在当下,因为每一分钟都是生命的一部分,用一种积极的心态去面对,一定好于忍受死亡的脚步逼近的折磨。

在苦难中追寻人生境界

人生路上,有欢笑和快乐,但更多的是痛苦和磨难。对某些人来说,苦难是学校,不幸是老师。苦难能激发一个人的斗志,把蕴藏的潜力尽情地释放,把人生的不幸转变成一个人奋发进取的动力。古语说得好:“自古英雄多磨难,从来纨绔少伟男”“忧劳可以兴邦,逸豫足以亡身”。

有一个女孩,很小的时候就有一个梦想,做一名出色的滑雪运动员。然而,不幸的是她竟患上了骨癌,为了保住生命,她被迫锯掉了右脚。后来,癌症蔓延,她又先后失去了乳房及子宫。

人生的不幸接二连三地降临到她的头上,却从来没有使她放弃心中的梦想,她一直都告诫自己:“我要对自己的生命负责,绝不轻言放弃,我要向逆境挑战。”

她没有被病魔打倒,相反,她以顽强的斗志和坚韧的毅力,排除万难,成为滑雪运动员,还为国家创下多项世界纪录,其中包括1988年冬奥会的冠军,并在美国滑雪锦标赛中先后赢得29枚金牌。后来,她还成为攀登险峰的高手。她就是美国运动史上极具传奇色彩的著名滑雪运动员——戴安娜·高登。

任何一个生命都是一个从初始到终结的艰苦历程。苦难中能够保持镇静,是常人很难达到的一种人生境界。直面苦难,不怨天尤人,不牢骚满腹,将苦难看作生命中的一种磨砺,无疑需要很大的勇气,也能彰显一个人的伟大。一旦我们超越了苦难,战胜了苦难,所获取的必定是面对生活重新微笑的机会。

在一次大陆和台湾的十大杰出青年的座谈会上,台湾第37届“十大杰出青年”之一,一家专门生产消防器材公司的厂长赖东进向大家讲了他的故事:

他的父亲是个盲人,母亲也是个盲人且弱智,除了姐姐和他,几个弟弟妹妹也都是盲人。盲人的父亲和母亲只能当乞丐,住的是乱坟岗里的墓穴。他一生下来就和死人的白骨相伴,能走路了就和父母一起去乞讨。

他9岁的时候,有人对他父亲说:“你应该送儿子去读书,要不他长大了还是要当乞丐。”父亲就送他去读书。为了供他读书,才13岁的姐姐就到青楼去卖身。照顾父母和弟妹的重担落到了他单薄的肩上——他从不缺一天课,每天一放学就去讨饭,讨饭回来就跪着喂父母。后来,他上了一所中专学校并且获得了一个女同学的爱情,可是未来的丈母娘却说“天底下找不出他家那样的一窝人”,把女儿锁在家里,用扁担把他打出了门……

故事讲到这里,他提高了声音:“可是,我要说,我对生活充满感恩的心情。我感谢我的父母,他们虽然瞎,但他们给了我生命,直到现在我都还是跪着给他们喂饭;我也感谢我的丈母娘,是她用扁担打我,让我知道要想得到爱情,我必须奋斗,必须有出息……我还感谢苦难的命运,是苦难给了我磨炼,给了我这样一个与众不同的人生。”

不妨换一种心情,感激上天给你阳光,给你空气,也给你好运,让你在茫茫人海中遇见了生命中的知己;感激他人给你帮助,给你友情,给你智慧,也给你温暖,就算你面临着巨大的压力,也要先看到这世界美好的一面。

每个人的一生中都充满了苦难,人是从苦难中成长起来的,唯有把苦难当作良药,乐观奋斗,才能得到人生中最珍贵的财富。

当你有坏情绪产生时,可以走到小河边,看头上的天空怎样在水里倒映得蓝盈盈;看河边嫩绿的小草,怎样嫩得可以挤出水来;看水中的石头,怎样有灵气得仿佛在讲述一个故事。再想想,你的一生注定了要永远痛苦、永远愤怒、永远错过这样的天与地、水与石吗?上天赐予我们生命,赐予我们幽美的环境,赐予我们亲情、友情、爱情,赐予我们勤劳和智慧,是想让我们这样忌恨别人而生活在烦恼里吗?

其实,所有的苦难都无法阻拦住一颗纯真、淳朴而快乐的心灵。懂得生活,了解生活的艺术,倾心于美的、有意义的工作,最后,生活本身就变成了艺术!把生活当成艺术,用一颗艺术的心灵去对待生活,善于采撷生活中点点滴滴的情趣,生活会把美好的一面回馈给你。

智者寄语

直面苦难,不怨天尤人,不牢骚满腹,将苦难看作生命中的一种磨砺,无疑需要很大的勇气,也能彰显一个人的伟大。一旦我们超越了苦难,战胜了苦难,所获取的必定是面对生活重新微笑的机会。

在生活挫败中学会从容

有的人错误地以为宽恕就是无限度地纵容,是对他人的一种纵容,是一种软弱、一种妥协。这便误解了宽容的概念。不管是宽容的还是被宽容的人,心中都有自己的处世尺度。任何人一旦超越那个尺度,就会变成生活中彻底的失败者。一朵紫罗兰会把香气留在践踏它的人的脚上,这种大度才是宽容,可是如果紫罗兰敞开胸怀欢迎别人来践踏,那就是愚蠢的纵容了。

有一个女子向心理医生求诊,她明显患了忧郁症,但是什么原因造成她的忧郁呢?只有知道这一点才能对症治疗。

原来,她的丈夫很喜欢喝酒,一喝醉就会动手打她。因为酗酒,她的丈夫没有一个工作是能维持长久的,所以她不得不到外面工作赚钱,来贴补家用。每天回到家里,她还要做所有的家务,包括三个孩子大大小小的事情都需要她来处理。这使她身心俱疲,然而丈夫不仅不能给她任何帮助,还常常殴打她,使她时时处于家庭暴力的恐惧之中,她还担心这样的生活会给孩子们造成不良影响。

医生问道:“你的公婆对此有何意见?”

“他们都站在我丈夫那边。”女子无奈地说。公公婆婆偏袒自己的儿子，开始的时候她受到丈夫的殴打就会去请公婆做主，但公婆却反过来指责她没把事情处理好，才会激怒丈夫。而妯娌姑嫂们，也都是自扫门前雪，谁也不帮她。到头来，她变成了一切问题的核心，明明是受害者，却必须负担“不要让丈夫生气”的责任。她不断受到伤害，却还要不断地受到别人的指责。而且，“所有人都要我宽恕他们。大家都说只有宽恕他们我才能够活得快乐。可是说真的，我真的很难做到去宽恕那些伤害我的人。”女子几乎崩溃了。

医生问：“那你曾经报复过他们吗？”

“我想去报复，但是又不敢。而且我也会觉得困惑，难道真的是因为我的错，才导致丈夫打我？是不是因为我不好，才遭受这样的问题？我很担心自己是不是疯了。”

“你仔细想一想，是关心你的人多，还是伤害你的人多？”医生慢慢引导着她。

女子想了很久，回答：“其实还是关心我的人比较多。”

“那么你花了多少心思在那些关心你的人身上？”医生问。

她一下愣住了。

“这就是问题的核心。”医生说，“你被丈夫伤害，也被婆家伤害，你一心寻求所谓的正义，但又没有办法证明自己是对的。所以你什么事情都不能做，这就是你既焦虑又忧郁的主因。但是伤害你的人就那么几个，关心你的人却很多，可你却老是花时间讨好那些伤害你的人，而把爱你的人弃之不顾。这难道合理吗？看看最爱你的人是谁？是你自己。围绕在你身边的、关心你的人又是谁呢？是你的朋友。你得在心中提升他们的地位。你应该多为自己和朋友们着想，而把伤害你的人在心中降级。你无须去追问他们为什么这样对你，也无须去讨论他们到底好不好，这些事情你想不明白，就不用去想。你要做的，就是降低他们在你心中的比重。丈夫想打你，你就去申请保护令，不然就跑。公婆喜欢指责你，你就不要让他们有开口的机会，他们一骂你你就借故离开，要不然就各说各话，不理睬他们的指责埋怨。”

她怯怯地说：“可是这样，会被骂死的。”

“你又来了，你又在关心那些伤害你的人了。而且，说实在的，你就算配合他们，他们就会对你有好评吗？”

“我明白了。”女子想了想，又开始犹豫，“可是这样做不是违背了宽恕的真意吗？我不是应该去原谅他们吗？”

医生微笑道：“不要着急，几个月之后你就会知道我为什么要你这样做了。”

一个月之后，女子来复诊。她的脸上开始有笑容了。几个月后，她再来的时候，整个人都变了样子：衣着亮丽，声音畅亮，一举一动看起来都很有朝气。乍看之下，很难想象这就是几个月前那个几乎崩溃的女子。

“这几个月来怎么样？”医生问。

“简直是奇迹。我照着您说的话去做，我才发现，原来我身边有这么多人在默默地关心我！我的邻居、同事、朋友，甚至我的小姑们也是。我以前都没有注意过他们，而且也根本不在意他们。我真的把全部注意力都放在我丈夫身上了，而偏偏他伤害我最大！我干脆就不去理他。现在他一喝醉，我就躲开，让他连想打我也没机会。结果他竟然去打我婆婆，我婆婆气坏了，开始骂他。

“我现在除了必要的工作，其他事情都不管了。我把自己的时间放在和朋友们交际上，而且还去做义工，我还报名参加了才艺班。我要多学些东西。最令人高兴的是，这些日子我的心情越来越好，我的小孩也仿佛感染了我的情绪似的，越来越开朗了。”她神采飞扬地说。

"那你现在明白什么是真正的宽恕了吗?"医生微笑道。

"我不懂。"一丝阴霾浮现在她的脸上,"我现在还是偶尔会担心,我这样是不是太自私了?"

"是该告诉你答案的时候了。"医生说,"你觉得你丈夫为什么会打你?"

"我发现他很缺乏自信,小时候被父母保护过度,又不懂得怎么表达自己的意愿。当他发现自己得不到想要的东西时,就会把愤怒直接发泄出来,而我就成了他的出气筒。"

"所以你过去挨打,其实是在帮助他继续恶化,让他永远没机会学习正确处理事情的方法。"

"以后不会了。"女子尴尬地笑笑,"说实话,我觉得他这样很可怜。我想帮他,但又不知道该怎么做。"

"你需要的是知识和方法。这些你可以在一些书籍和义工的工作中学习到,你也可以重回校园。还有其他问题吗?"

"等等,我还是不知道什么是真正的宽恕啊。"

"刚刚你就已经回答出来了啊。"医生笑道。

宽容也需要遵循一定的原则,没有批判性的宽容就是纵容。纵容是懦弱的表现。这种行为不仅无法体现人文和谐,反而是一种精神的堕落与悲哀,而宽恕则是勇敢的表现。所以,宽容之前尚需三思。一个人如果学不会爱自己以及爱所有爱自己的人,那他就不会有足够的力量去抵抗懦弱,反而有意无意地帮助对方伤害自己。事实上,只有当你内心的力量比对方更强大的时候,你才有资格、有勇气去宽恕别人。

智者寄语

一朵紫罗兰会把香气留在践踏它的人的脚上,这种大度才是宽容,可是如果紫罗兰敞开胸怀欢迎别人来践踏,那就是愚蠢的纵容了。

经受挫折才能展翅高飞

人们都希望自己的生活能够少一些痛苦,多一些快乐。可是命运却似乎总爱捉弄人,总是给人们带来更多的失落、痛苦和挫折。人的一生就是在不断克服前进中的种种阻力,不断达到既定目标的过程,因此,挫折对任何人来说都是正常的现象。从另外一个角度来说,挫折也是另一种财富,是走向成功的入场券,因为战胜挫折所取得的经验是走向成功的礼物,在与挫折斗争中积累和激发的坚强是人生奋进的食粮。逆境成才就是这个道理。好钢总是需要锻炼,温室里的花儿无法漂洋过海走四方。

现实生活中,每个人都会面临各种各样的挑战和挫折,这时候你能承受挫折的能力大小,就是你未来命运的好坏。成功不是一个海港,而是一次埋伏着许多危险的旅程,人生的赌注就是在这次旅程中要做个赢家,成功永远属于不怕失败的人。

有一天,一个博学的人遇见上帝,他生气地问上帝:"我是个博学的人,为什么你不给我成名的机会呢?"上帝无奈地回答:"你虽然博学,但样样都只尝试了一点儿,不够深入,用什么去成名呢?"

那个人听后便开始苦练钢琴,后来虽然弹得一手好琴却还是没有出名。他又去问上帝:"上帝啊!我已经精通了钢琴,为什么您还不给我机会让我出名呢?"

上帝摇了摇头说:"并不是我不给你机会,而是你自己没有抓住机会。第一次我暗中帮助你去参加钢琴比赛,你缺乏信心,第二次缺乏勇气,又怎么能怪我呢?"

那人听完上帝的一番话后,又苦练数年,建立了自信心,并且鼓足了勇气去参加比赛。他弹得非常出色,却由于裁判的不公正而被别人占去了成名的机会。

那个人心灰意冷地对上帝说:"上帝,这一次我已经尽力了,看来上天注定我不会出名了。"上帝微笑着对他说:"其实你已经快成功了,只需最后一跃。""最后一跃?"他瞪大了双眼。

上帝点点头说:"你已经得到了成功的入场券——挫折。现在你得到了它,成功便成为挫折给你的礼物。"

这一次那个人牢牢记住上帝的话,他果然成功了。

如果将幸福、欢乐比作太阳,那么,不幸、失败、挫折就是月亮。人不能只企求永远在阳光下生活,在生活中从没有失败和挫折是不现实的。挫折是成功的入场券,能使人走向成熟,取得成就,但也可能破坏信心,让人丧失斗志。对于挫折,关键在于你怎么看待。一个人只有经过不懈的努力、勤奋地工作,保持勇于争先的精神,随时准备把握机会,以展现自己超乎别人的工作能力,才有可能登上成功的最高一级台阶,才会感到真正的幸福与快乐。

山里住着一户人家。父亲是个经验丰富的老猎手,在山里闯荡了几十年,猎获野物无数,走山如履平地,从未出过事。然而有一天,因下雨路滑,他不小心跌落山崖。

当两个儿子把父亲抬回破旧的家的时候,他已经快不行了,弥留之际,他指着墙上挂着的两根绳子,断断续续地对两个儿子说:"给你们两个,一人一根。"还没说出用意就咽了气。

掩埋了父亲之后,兄弟二人继续打猎生活。然而,猎物越来越少,有时出去一天连个野兔都打不回来,俩人的日子艰难地维持着。一天,弟弟与哥哥商量:"咱们干点别的吧!"哥哥不同意:"咱家祖祖辈辈都是打猎的,还是本本分分地干老本行吧。"

弟弟没听哥哥的话,拿上父亲给他的那根绳子走了。他先是砍柴,用绳子捆起来背到山外换几个钱。后来他发现,山里一种漫山遍野的野花很受山外人喜欢,且价钱很高。从此,他不再砍柴,而是每天背一捆野花到山外卖。几年下来,他盖起了自己的新房子。

哥哥依旧住在那间破旧的老屋里,还是过着打猎的生活。由于常常打不到猎物,生活越来越拮据,他整天愁眉苦脸,唉声叹气。一天,弟弟来看哥哥,发现他已经用父亲留给他的那根绳子吊死在房梁上。

有的人在困难面前选择了坚强,有的人选择了退缩。幸福永远都不会同情弱者,在挫折面前倒下的人也只有死路一条。

人的一生不可能一帆风顺。挫折失败,是人生中必然的过程与代价。当失败挫折来的时候,一定要选择坚强,永远要记着"失败是成功之母",挫折是成功的入场券。遇到挫折时要咬紧牙关,坚韧自强,逆境便会过去,就会雨过天晴,前程一片光明。只有经过挫折的考验,人才能展翅高飞,走向成熟。

智者寄语

现实生活中,每个人都会面临各种各样的挑战和挫折,这时候你能承受挫折的能力大小,就是你未来命运的好坏。成功不是一个海港,而是一次埋伏着许多危险的旅程,人生的赌注就是在这次旅程中要做个赢家,成功永远属于不怕失败的人。

坎坷与磨难更能锻炼人

人之所以痛苦，是因为追求了错的东西，所以说人的痛苦都是自己一手造成的。其实，人生短暂，何必执意地追求错的东西，执意地追求痛苦呢？

人生就是痛苦和幸福的综合体，每一个人都摆脱不了痛苦。痛苦是一种折磨，同时又是一种力量。舒适、悠闲远不如坎坷与磨难更能锻炼人，更能发挥人的长处。痛苦造就人的禀赋，痛苦也磨炼人的禀赋，痛苦更能教人靠耐心和韧劲，从苦难之海中顽强跋涉出来。

有一个男孩，家住在沙尘风暴地带。他的父母，一生都在为生存而与风暴及干旱抗争。

自从他的父母过世之后，男孩便担负起全家的生活重担。直到有一天，他和妹妹实在到了山穷水尽的地步，没有农作物可以收割，农仓里一无所有，他们就要饿肚子了。男孩只能眼望着农舍屋顶上的落尘默默地发呆。忽然，他8岁的小妹妹开门走进来，身旁还跟着她的一个好朋友。

"哥哥，你可以给我10美分吗？"她渴望地问道，"我们想到店里去买些饼干吃。"

男孩子久久说不出话来——因为他想不出一个理由来拒绝妹妹的请求。他搜遍了全身的口袋也找不到妹妹要的10美分。

"妹妹，非常对不起。"他温和地说道，"我没有10美分。"当天晚上，男孩子翻来覆去睡不着觉，因为他永远也忘不了妹妹脸上失望的表情。有生以来，他经历过不少打击：双亲去世、工人离职、沙尘暴的袭击……但没有一次像今天这样——他居然没有10美分可以满足自己年幼的小妹妹……这么微小的要求……难道自己连这么一点要求也无法满足她吗？男孩子想了许久，就在天色将亮的时候，他终于下定了决心，并想好了整个计划。

男孩子一直想当一名教师。但是自从双亲过世之后，他以为自己最好留在家里，以担负起农场的工作。但是，眼见农场一次又一次地受到沙尘暴的摧残，他不得不考虑从事其他的工作。于是第二天，他到镇上给自己找了一份临时工作，从那时起，他借来许多书，每天都认真研读到深夜，以准备有朝一日能得到他真正想要的工作——当一名教员。他后来终于在一间乡村学校找到教职。由于他不懈努力，不但终能如愿以偿，也赢得了邻居的赞美与尊敬。

苦难是一种财富，危机就是转机，若没有苦难，我们会骄傲；没有挫折，成功不再有喜悦；没有沧桑，我们不会有同情心。因此，不要幻想生活总是那么圆满，人生四季不可能总是春天。重要的是面对人生的挫折和烦恼，摆正心态，积极面对一切。

美国巴拉州有一个叫杰森的小男孩，他10岁患了脑癌，已经动过三次大手术并进行了数十次电疗。主治医生认为他的病情不容乐观，但是杰森却勇敢面对他的绝症。他喜欢画画，即使在病床上，他也坚持作画，他的作品曾经数次获得全国大奖。为了在生前开第一次也许是最后一次个人画展，他每天都抽出4个小时绘画。他说："我一定要坚持活下去。贝多芬不是在耳聋后，仍创作出美妙的《月光曲》吗？"

经过多次化疗后，杰森的视力持续衰退，耳朵开始溃烂，但是他的画展依然如期开幕了。杰森因为手术无法亲临现场，只能请一位同学代念了一封他写的信。他在信中是这么说的："我会好起来的，我相信我一定会好起来的。痛苦虽然很可怕，但我现在已经学会习惯它了。正是痛苦让我知道了人生的宝贵,我将努力珍惜以后的时光。”

勇敢的杰森已直接在脑袋上开过三次刀。他在第三次手术时,主动要求不要麻醉药,因为癌症带来的痛苦远超过开刀的痛苦。面对坚强的杰森,不由得让人肃然起敬。

人一旦超越了痛苦,痛苦就不再是牵绊,而是一种伟大的力量。

高尔基一生历经坎坷,吃了不少苦,也收获了不少人生阅历,充实的人生经历为他的成就打下了基础。回顾往事的时候,高尔基说道:“一个人如果没有他吃不了的苦,那么就没有他做不成的事情。”人如果能正视苦难,是一种人生的豪迈。善待苦难,苦中作乐,是一种人生的乐趣!

一天,一棵小树上有一只茧蠕动,正巧被一个小孩看到了。好像有飞蛾要从里面破茧而出,小孩觉得很好奇,于是他饶有兴趣地停下来,准备见识一下由蛹变飞蛾的过程。

但随着时间一点点过去,飞蛾在茧里奋力挣扎,却一直不能挣脱茧的束缚,似乎是再也不可能破茧而出了。小孩子变得不耐烦了,心想,我干脆帮它个忙吧。于是,他就用一把小剪刀,把茧上的丝剪了一个小洞,让飞蛾摆脱束缚容易一些。果然,不一会儿,飞蛾就从茧里很容易地爬了出来,但是它身体非常臃肿,翅膀也异常萎缩,耷拉在两边伸展不起来。

小孩想看着飞蛾飞起来,但那只飞蛾却只是跌跌撞撞地爬着,怎么也飞不起来,又过了一会儿,它就死了。

这是因为飞蛾在由蛹变成幼虫时,翅膀萎缩,十分柔软;在破茧而出时,必须要经过一番痛苦的挣扎,身体中的体液才能流到翅膀上去,翅膀才能坚韧有力,才能支持它在空中飞翔。不经历痛苦的洗礼,飞蛾脆弱不堪。人生没有痛苦,就会不堪一击。正是因为有痛苦,所以成功才那么美丽动人。

智者寄语

人生就是痛苦和幸福的综合体,每一个人都摆脱不了痛苦。痛苦是一种折磨,同时又是一种力量。舒适、悠闲远不如坎坷与磨难更能锻炼人,更能发挥人的长处。痛苦造就人的禀赋,痛苦也磨炼人的禀赋,痛苦更能教人靠耐心和韧劲,从苦难之海中顽强跋涉出来。

勇于把困难踩在脚下

很多人都不能适当地控制自己的情绪,或乐极生悲,或郁郁难解,使得自己被情绪影响了判断力。例如,当天气不好的时候,有的人就会情绪低落,做什么事情都没有干劲;当到了一个陌生的环境时,有的人就会紧张无措,防卫过度,或者消极逃避;当际遇不如意时,有的人就会落寞消沉,难以振作,甚至还会自怜自艾,把所有的不幸都归结于命运。

1864年9月3日,寂静的斯德哥尔摩市郊,突然爆发出一连串震耳欲聋的巨响,滚滚的浓烟霎时间冲上天空,一股股火苗直往上蹿。仅仅几分钟时间,一场惨祸发生了。当惊恐的人们赶到出事现场时,只见原来屹立在这里的一座工厂已荡然无存,无情的大火吞没了一切。火场旁边,站着一位30多岁的年轻人,突如其来的惨祸和过度的刺激,已使他面无血色,浑身不住地颤抖着——这个大难不死的青年,就是后来举世闻名的大化学家诺贝尔。

诺贝尔亲手创建的硝酸甘油炸药的实验厂在他眼前化成灰烬。人们从瓦砾中找出了五具尸体,其中一个是他正在大学读书的弟弟,另外四人是和他朝夕相处的亲密助手。五具烧得焦烂的尸体,令人惨不忍睹。诺贝尔的母亲得知小儿子惨死的噩耗,悲恸欲绝。年老的父亲因受刺激引起脑溢血,从此半身瘫痪。

惨案发生后,警察当局立即封锁了出事现场,并严禁诺贝尔恢复自己的工厂。人们像躲避瘟神一样避开他,再也没有人愿意出租土地让他进行如此危险的实验。但是,这些失败和巨大的痛苦以及一连串挫折并没有使诺贝尔退缩。几天以后,人们发现,在远离市区的马拉仑湖上,出现了一艘巨大的平底驳船,驳船里并没有什么货物,而是摆满了各种设备,一个青年正全神贯注地进行一种神秘的实验。他就是在大爆炸后被当地居民赶走的诺贝尔!

大无畏的勇气往往会令死神也望而却步。在令人心惊胆战的实验中,诺贝尔没有连同他的驳船一起葬身鱼腹,而是经过多次实验发明了雷管。雷管的发明是爆炸学上的一项重大突破。随着当时许多欧洲国家工业化进程的加速,开矿山、修铁路、凿水道、挖运河都需要炸药。于是,人们开始亲近诺贝尔了。他把实验室从船上迁到斯德哥尔摩附近的文尔维特,正式建立了第一座硝酸甘油工厂。接着,他又在德国的汉堡等地建立了炸药公司。

一时间,诺贝尔生产的炸药成了抢手货,源源不断的订货单从世界各地纷至沓来,诺贝尔的财富与日俱增。

然而,获得成功的诺贝尔并没有一帆风顺,不幸的消息接连不断地传来:在旧金山,运载炸药的火车因振荡发生爆炸,火车被炸得七零八落;德国一家著名工厂因搬运硝酸甘油时发生碰撞而爆炸,整个工厂和附近的民房变成了一片废墟;在巴拿马,一艘满载着硝酸甘油的轮船,在大西洋的航行途中,因颠簸引起爆炸,整个轮船全部葬身大海……

一连串骇人听闻的消息,再次使人们对诺贝尔望而生畏,甚至把他当成瘟神和灾星,如果说前次灾难还是小范围,那么这一次他所遭受的已经是世界性的诅咒和驱逐了。

诺贝尔又一次被人们抛弃了,人们不知道诺贝尔的发明究竟是人类发展进程的福音,还是上帝借他的手做出的惩罚。面对接踵而至的灾难和困境,诺贝尔没有被吓倒,没有被压垮,更没有一蹶不振。他身上所具有的毅力和恒心,使他对已选定的目标义无反顾,坚韧不拔。在奋斗的路上,他已习惯了与死神朝夕相伴。

炸药的威力是那样不可一世,然而,大无畏的勇气和矢志不移的恒心最终激发了他心中的潜能。他最终征服了炸药,吓退了死神。诺贝尔把困难踩在了脚下,赢得了巨大的成功,他一生共获专利发明权355项。他用自己的巨额财富创立的诺贝尔奖,被各界视为一种至高无上的荣誉。

大多数时候,一个人生活得是否幸福,不在于他是否富有,而在于他是不是有勇气面对生活的艰难,是不是能以平和、乐观的心态来包容生活中的挫败。

桑兰在面对人生中如此重大的变故时表现出来的乐观使人们为之感动。

1998年7月21日晚,在纽约友好运动会上意外受伤之后,默默无闻的17岁中国体操队队员桑兰成了全世界最受关注的人。

这确实是个意外。当时桑兰正在进行跳马比赛的赛前热身,在她起跳的那一瞬间,外队一教练"马"前探头干扰了她,导致她动作变形,从高空栽到地上,而且是头先着地。

这个笑容甜美的姑娘来自浙江宁波,1993年进入国家队,个性温顺,但在遭受如此重大的变故后却表现出难得的坚毅,她的主治医生说:"桑兰表现得非常勇敢,她从未抱怨什么,对她我能找到表达的词就是'勇气'。"就算是知道自己再也站不起来之后,她也绝不后悔练体操,她说:"我对自己有信心,我永远不会放弃希望。"

因为她的坚强、乐观,美国院方称她为"伟大的中国人民光辉形象",而那么多美国普通人去看她，并不只是因为她受伤了，而是为她的精神所感染。

时任国务院副总理钱其琛在看望桑兰时说："中国领导人和中国人民都知道这位勇敢的女孩的事。"美国总统克林顿、前总统卡特和里根都曾给桑兰写过信，赞扬她面对悲剧时表现出来的勇气。

心境平和、乐观、有勇气的人，面对现实的态度是冷静的、客观的、主动的。他们在困难面前不会屈服，挫折也不会使他们失去信心。相反，他们总是能够在困难和挫折之中寻找到生活的一点光明，发现生活的快乐。

智者寄语

大多数时候，一个人生活得是否幸福，不在于他是否富有，而在于他是不是有勇气面对生活的艰难，是不是能以平和、乐观的心态来包容生活中的挫败。

正视坎坷的人生

许多年前，有一个名叫海菲的人。他恳求老板改变他地位低下的生活。因为他爱上了一位美丽的姑娘，而姑娘的父亲却富有而势利。

不想他的恳求获得了老板——大名鼎鼎的皮货商人柏萨罗的恩准。为了验证他的潜力，柏萨罗派他到一个名叫伯利恒的小镇去卖一件袍子。然而，他却失败了，因为出于一时的怜悯，他把袍子送给了客栈附近一个需要取暖的新生儿。

海菲满是羞愧地回到皮货商那里，但有一颗明星却一直在他头顶上方闪烁。柏萨罗将这种现象解释为上帝的启示，于是，他给了男孩10道羊皮卷，那里面记载着震撼古今的商业大秘密，有实现男孩所有抱负所必需的智慧。

海菲怀揣着这10道羊皮卷，带着老板给他的一笔本金，走向远方，正式开始了他独立谋生的推销生涯。

若干年后，这个男孩成了一名富有的商人，并娶回了自己心爱的姑娘。他的成就在继续扩大，不久，一个浩大的商业王国在古阿拉伯半岛崛起……

熟悉以上这段文字的人都明白，这是一部奇书的故事梗概，它的名字叫《世界上最伟大的推销员》。作者奥格·曼狄诺，1924年出生于美国东部的一个平民家庭。28岁以前，他读完了学校，有了工作，并娶了妻子。但是后来，由于自己的愚昧无知和盲目冲动，他犯了一系列不可饶恕的错误，最终失去了自己一切宝贵的东西——家庭、房子和工作，几乎一贫如洗。于是，他开始到处流浪，寻找自己，寻找赖以度日的种种答案。

两年后，他认识了一位受人尊敬的牧师，解答了他提出的许多困扰人生的问题。临走的时候，牧师送给他一部圣经；此外，还有一份书单，上面列着11本书的书名。它们是《最伟大的力量》《钻石宝地》《思考的人》《向你挑战》《本杰明·富兰克林自传》《获取成功的精神因素》《思考致富》《从失败到成功的销售经验》《神奇的情感力量》《爱的能力》《信仰的力量》。

从这一天开始，奥格·曼狄诺就依照牧师开列的书单，把11本书一一找来细细地阅读。渐渐地，笼罩在心头那一片浓重的阴云退去了，似有一抹阳光照射进来，他激动万分，终于看到了希望。

人是自然界最伟大的奇迹，一旦曼狄诺意识到自己的潜力，便焕发出前所未有的生活热情和勇气。他遵循书中智者的教诲，像一位整装待发的水手手中有了航海图，瞄准了目标，越过汹涌的大海，抵达梦中的彼岸。

在以后的日子里，曼狄诺当过卖报人、公司推销员、业务经理……在这条他所选择的道路上，充满了机遇，也满含着辛酸，但他已不可战胜，因为他掌握了人生的准则。当遇到困难甚至失败时，他都用书中的语言激励自己：坚持不懈，直至成功！终于，在35岁生日那一天，他创办了自己的企业——《成功无止境》杂志社，从此步入了富足、健康、快乐的乐园。

奥格·曼狄诺的成功为他带来了巨大的荣誉，成为美国家喻户晓的商界英雄。

曼狄诺没有就此止步，开始著书立说。1968年，他写出了《世界上最伟大的推销员》一书。该书一经问世，即以22种语言在世界各个国家出版，不仅仅是推销员，还包括社会各个阶层人士，都被这部作品充满进取力的风格深深吸引，人们争相阅读，截至1998年，该书在全球总销量达到1800万册。

凡读过此书并对作者有所了解的人，都不难看出，海菲其实就是曼狄诺本人的化身，而牧师赠给他的11本书，则是那10道充满神秘色彩的羊皮卷。曼狄诺的人生经历使人感慨，如果他没有早年的坎坷，就不会有后来的成就，不平凡的经历是成功的一笔财富，而如果他没有彻悟人生，不是对生活充满热情，并勇敢面对，也不会克服重重困难，成就他辉煌的人生。

智者寄语

若一个人没有早年的坎坷和苦难，就不会有成功。只有面对苦难迎难而上，并且积极克服，才能成就非凡人生。

持之以恒挑战挫折必定成功

一个人想干成任何大事，都要能够坚持下去，坚持下去才能取得成功。说起来，一个人克服一点儿困难也许并不难，难的是能够持之以恒地做下去，直到最后成功。

1832年，林肯失业了，这显然使他很伤心，但他下决心要当政治家，当州议员。糟糕的是，他竞选失败了。在一年里遭受两次打击，这对他来说无疑是痛苦的。

接着，林肯着手自己开办企业，可一年不到，这家企业又倒闭了。在以后的17年间，他不得不为偿还企业倒闭时所欠的债务而到处奔波，历尽磨难。

随后，林肯再一次决定参加竞选州议员，这次他成功了。

他内心萌发了一丝希望，认为自己的生活有了转机："可能我可以成功了！"

1935年，他订婚了。但离结婚还差几个月的时候，未婚妻不幸去世。这对他精神上的打击实在太大了，他心力交瘁，数月卧床不起。1836年，他得了神经衰弱症。

1838年，林肯觉得身体状况良好，于是决定竞选州议会议长，可他失败了。1843年，他又参加竞选美国国会议员，但这次仍然没有成功。

林肯虽然一次次地尝试，但却是一次次地遭受失败；企业倒闭、情人去世、竞选败北，要是你碰到这一切，你会不会放弃——放弃这些对你来说是重要的事情？

林肯没有放弃，他也没有说："要是失败会怎样？"1846年，他又一次参加竞选国会议员，最后终于当选了。

两年任期很快过去了，他决定要争取连任。他认为自己作为国会议员表现是出色的，相信选民会继续选举他。但结果很遗憾，他落选了。

因为这次竞选他赔了一大笔钱，林肯申请当本州的土地官员。但州政府把他的申请退了回来，上面指出："做本州的土地官员要求有卓越的才能和超常的智力，你的申请未能满足这些要求。"

接连又是两次失败。在这种情况下你会坚持继续努力吗？

你会不会说"我失败了"？

然而，林肯没有服输。1854年，他竞选参议员，但失败了；两年后他竞选美国副总统提名，结果被对手击败；又过了两年，他再一次竞选参议员，还是失败了。

林肯尝试了11次，可只成功了2次，他一直没有放弃自己的追求，他一直在做自己生活的主宰。1860年，他当选为美国总统。

亚伯拉罕·林肯遇到过的敌人我们都曾遇到，他面对困难没有退却、没有逃跑，他坚持着、奋斗着。他根本就没想过要放弃努力，他不愿放弃，所以他成功了。

智者寄语

一个人想干成任何大事，都要能够坚持下去，坚持下去才能取得成功。说起来，一个人克服一点儿困难也许并不难，难的是能够持之以恒地做下去，直到最后成功。

不要把挫折当成成功的绊脚石

天才诗人拜伦曾说过："逆境是达到真理的一条通路。"不懂得在痛苦中丰富和提高自己的人，多半是愚蠢和懦弱的。对人生中遇到的麻烦和问题，既不回避，也不沮丧，而是多想办法，这样才能使自己与智慧结下缘分，成为生活的强者。

1. 逃避挫折者，只有失败

有句话说：苦难是人生的老师。的确如此，没有经过长夜痛哭的人往往不懂得什么叫真正的人生，虽然这一次你痛哭了，但下一次再面对人生的时候，你一定会微笑。人生之路上难免遭遇到挫折和失败，正视挫折，接受挫折，方能远离挫折。

晓枫告别朋友、亲人，踏上了寻找成功的旅途。他跋山涉水，历尽千辛万苦，身上的衣衫被路上的荆棘划破了，脚板也被鞋底磨出了水泡。他很疲累，但他依然不停地走，向着成功的方向。他经过一片森林和一条河流，一个叫挫折的青年挡住了他的去路并笑着说："……只要你想寻找成功，就必须从我这里经过，就必须经历挫折。"

"不行，"晓枫说，"我要的是成功，我不需要挫折。"他又翻了无数座山，蹚过了无数条河，却始终没有找到成功。渐渐地，他灰心丧气起来。一天，他碰到一位智者。他问智者："你知道成功在哪里吗？"智者沉思了一会儿。"就在这里，"智者用手指向前方，"每一个人要寻找的成功都在自己的前方。"

"不！"晓枫叫道，"前方我遇到的只有挫折。""挫折是在前方，但成功也是在前方呀，你为什么不坚定地向前方走去呢？成功在最前方呀！"晓枫愕然，智者叹息。

世上人大多如此。他们看到挫折在前方，却忘了成功也在前方。放弃了向前走的机会，便也失去了获得成功的时机。就算会遭遇挫折,依然要坚定地向前走去,因为成功也在前方,不要让挫折遮住你的双眼。

是啊,在挫折面前,逃避者只能被淘汰,恐惧者只能更懦弱,只有正视挫折者,才能获得最后的成功!

被誉为"蝴蝶总理"的加拿大前总理让·克雷蒂安,出生在一个普通工人家庭,他先天生理缺陷,左脸偏瘫,左耳失聪,嘴角畸形,讲话和微笑时嘴总是歪向一边。为了矫正自己的口吃,他嘴里含着小石子讲话。看着嘴巴和舌头被石子磨烂了的儿子,母亲心疼地哭了,他却说:"妈妈,书上说,每一只漂亮的蝴蝶都是自己冲破束缚它的茧之后才变成的,我也要做一只美丽的蝴蝶。"先天不足的挫折丝毫不能阻挡他的努力,就这样,凭着惊人的毅力和勤奋,他不但能流利地讲话了,而且取得了优异的成绩。他三次当选国家总理,被人们亲切地称为"蝴蝶总理"。

天生的东西,是我们无法改变的,比如低微的门第、丑陋的相貌、痛苦的遭遇等,这些都是我们生命中的"茧"。不过,你要记住,生命中还有些东西是人人都可以选择的,比如自尊、自信、毅力、勇气,它们是帮助我们穿破命运之茧、化蛹为蝶的生命之剑。

2. 化挫折为动力

挫折有时就是成功的开始,就好像蘑菇都喜欢与潮湿为邻一样,希望也偏爱跟挫折为伴。因此,就算身处挫折中,也不要心存恐惧,还是把它当成你的邻居一样去善待吧,要知道,黑夜的邻居是白昼,绝望的隔壁是希望!

巴西是一个足球之国。在1954年的世界杯上,所有人都认为巴西队能获得冠军,但天有不测风云,巴西队在半决赛却意外败给了德国队,球员们悲痛至极,他们想,去迎接球迷的辱骂、嘲笑和汽水瓶吧。不过,当归来的飞机徐徐降落在首都机场的时候,映入他们眼帘的却是另外一种景象,总统和两万多球迷默默地站在机场,他们看到总统和球迷共举一个大横幅,上书:失败了也要昂首挺胸……就是因为有了这么多的理解和支持,成就了巴西队以后的崛起和成功!

人生中,挫折常常是成功的开始。因此,如果你渴望成功,请牢记这句话:挫折是人前进的第一站,你应该善待挫折,化挫折为动力,它将是你成功的阶梯。

有一位成功的推销员,曾说起他当初的创业经历:看着八楼最南边的那个亮着乳白色灯光的窗户,心里嘀咕:"上,还是不上?"他知道自己今天要再上就是第五次登上这八层楼了,前四次虽然每次都满头挂着汗珠跨进那家的门槛,但得到的回答都是同样一句话:"今天我没空,请改日再来!"他清楚地感到那家主人是有意搪塞、敷衍,便后悔自己不该对他说自己是下岗职工,是靠推销商品混日子的,是来求教上门推销商品经验的,但他又觉得不平:你凭什么神气,你原先不也是下岗职工吗,不也是靠推销商品混日子吗,这几年发了,办了公司,当了老板就看不起别人了!当那家主人第二次说"今天我没空,请改日再来"之后,他就下决心不再登这八楼了。但当他转来转去,累得腰酸腿痛,说得口干舌燥也销不了几瓶"去油污精"时,便不知不觉地转到了这幢楼下。

最后他还是下定决心再试一次。当他拎着装满"去油污精"的大提包登完八层楼梯,第五次按门铃时,主人出乎他意料地开门把他让进屋,但还是说:"你三番五次来我家够辛苦的,为了不让你太失望,我今天买两瓶'去油污精',但仍没空和你谈别的,待以后再说。"

但他想到主人要买他的"去油污精",能让他挣几个钱,心里已有些慰藉,取不到经挣到钱也罢。接下来,他从包中取出来产品,要主人随意取一瓶开塞,先在厨房排油烟机上做试验,当看到一处油渍转眼消逝,主人当即夸赞:“这东西灵验,我买10瓶。”他却说:“一下买10瓶不行,这东西有效期短,过期会失效,你先买两瓶,以后我会及时再来。”“好,就听你的,这次先买两瓶。”这家主人随即掏口袋付钱。从此之后,他便和这位主人建立了良好的关系。

人生几十载,不如意者十之八九!在我们看似平坦的路上,充满了种种荆棘,往往使人痛不欲生。挫折来到时,不要悲观消沉,而应直面挫折,笑对挫折,把它们转化成我们行动的动力!聪明的人经历过挫折,会使自己变得强大,明白了这个道理,挫折与成功一样对你都无比重要。与挫折战斗,战胜挫折,超越挫折,就会使你获得更大的成功,而这种成功又是无比坚固的。

智者寄语

对人生中遇到的麻烦和问题,既不回避,也不沮丧,而是多想办法,这样才能使自己与智慧结下缘分,成为生活的强者。

笑对困难,磨炼自己的意志

“不会在欢乐时微笑,也要学会在困难中微笑。”面对困难时,没有人会露出自己的微笑,因为困难只会给人带来痛苦,而痛苦的滋味难以想象。但是如果眼前的困难没有发展到一发不可收拾的地步时,一定不要只想到痛苦,痛苦会让你想到放弃。特别是在你与困难势均力敌的对峙中,没有人能预料到谁是最后的胜出者,所以不妨多坚持一分钟,微笑着面对困难,这样的坚持不仅仅是对你意志力的磨炼,也是你笑对人生、选择快乐的根本,也许下一分钟,你就能战胜眼前的困难。

卡瑞尔是世界著名的卡瑞尔公司的负责人,他开创了空调制造行业,而且他本人就是一位工程师。他有一套解决问题的好办法,而这套办法被称为“卡瑞尔万能公式”。

这套方法也是来自于卡瑞尔先生的工作实践。卡瑞尔先生年轻时,曾经在纽约州水牛城的水牛钢铁公司做事,一次他到密苏里州水晶城的匹兹堡玻璃公司的下属工厂安装瓦斯清洗器。那种瓦斯清洗器是一种新型机器,卡瑞尔先生和他的同事们经过一番精心的调试,总算让机器运行了,但是机器运行后,性能的测试却没有达到他们预期的指标。

为了能将机器的性能调整到预期的水平,卡瑞尔先生尝试了很多方法,但是一次次的失败让他无法面对,眼前的困难曾经一度让卡瑞尔失眠,但是最终卡瑞尔成功了,他的成功正是因为他具有处理问题的良好心态。

卡瑞尔先生是这样说的:“当我意识到自己的忧虑根本无法解决问题时,我想到了一个好办法,这个办法十分有效,并且一用就是30年,这个方法非常简单,对任何人都适用,那就是遇到问题分三个步骤来想:

“第一步,我告诉自己要坦然对待我将要面对的最不好的结果。如果结果是仍旧达不到预期指标,那么我的老板将损失20000美元,而我很可能因此丢掉工作,但是不会有人将我关进监狱,也不会有人把我枪毙了,这一点毋庸置疑。

“第二步,我鼓励自己勇敢去接受这个最不好的结果。我告诉自己说,这样的结果会在我工作的经历上画上一个污点,但我仍旧可以找到新的工作。而我的老板,他完全付得起20000美元,权作他为此交了实验费。

“接受了我所能想到的最坏的结果后，我感觉轻松了许多，内心有了许多天来不曾有过的平静。

“第三步，我投入了自己所有的时间和精力去改变这一最坏的结果。我想了很多的补救办法，以期减少损失的程度，几次试验后，我发现如果花费5000元购置一些辅助设备，之前的问题很容易就能解决。果然，在我这样做了以后，公司不但没损失那20000美元，反而赚了15000元。”

卡瑞尔没有因为眼前的困难而退缩，他在发现事情没有想象中顺利后，首先做的是接受了最坏的结局，并且在事情还没有结束前不言放弃，仍旧尽自己的努力去将事情往好的方向推动。如果卡瑞尔从一开始遇到困难就退缩，那么他的能力很难得到体现，面对困难的忧虑和不自信会让他思维混乱，不能将精力集中在需要解决的问题上。

面对困难，一定不能怕输。不怕输，胜利的天平就会偏向你；怕输，胜利的天平就会直接向困难倾倒。卡瑞尔将自己从面对困难而产生的恐惧情绪中拽出来，用乐观的心态对待眼前的困难，将困难看成一个磨炼意志、提高工作能力和丰富自己实践经验的好机会。

人在面对困难时，会接触到很多平日难以接触到的东西，困难会让人变得成熟、勇敢、乐观，困难会让人的意志得到磨炼和提升。将困难看成垫脚石的人，会从困难中感受到快乐和幸福；而将困难看成绊脚石的人，只会从困难中体会到悲哀和失败。

记住，人生中的任何磨砺都是有益的，都是给了你一次自我选择的机会，何不笑对困难，接受困难的挑战，让你自身的能力得到多一次的锤炼？

智者寄语

面对困难，一定不能怕输。不怕输，胜利的天平就会偏向你；怕输，胜利的天平就会直接向困难倾倒。

面对挫折，坚信美好未来

没有人的人生之路是一帆风顺的，在经历逆境、面对挫折时，你是怎么做的？是逃避、放弃，还是坚强面对，告诉自己未来一定是美好的？诺曼·文森特·皮尔说过：“逆境，要么让人变得更加伟大，要么让人变得无比渺小，没有人在经历逆境后还会保持原样。”

的确，逆境中的挫折会将一批批逃避者打趴下，也会让一批批坚强的人找到自己追求的东西。有的人会成功，并不是因为他们有比常人好多少的机遇，只是因为他们会在逆境和挫折中逆流而上，他们不怕经历磨难，不会因为痛苦而放弃自己的梦想，他们坚信美好的未来。

在美国，李·艾柯卡是个家喻户晓的人物，他最初是美国福特汽车公司的总经理，后来他离开福特公司，成为克莱斯勒汽车公司的总经理。而对于他一生的经历，他自己用“苦乐参半”这个词语进行了总结。

艾柯卡于1902年随父亲尼古拉从意大利移民到美国，那时候意大利的移民在美国很受歧视，可是艾柯卡非常有骨气，他在学校的成绩总是很优异。毕业后，史柯卡在福特汽车公司找到了一份见习工程师的工作，但是他对这份工作并不感兴趣，他喜欢与人打交道，哪怕是陌生人，他也能很快与之熟络起来，他想着，只要他还继续留在福特公司，那他就会有机会成为一名优秀的汽车推销员。

经过努力,艾柯卡终于成为一名汽车推销员,但是一开始的业绩却让他频受打击。在宾夕法尼亚州的13个小区中,艾柯卡的销售情况最糟糕,为此他情绪非常低落,而他的经理查利不但没有批评他,甚至宽慰他说:"为什么要垂头丧气?总会有人是最后一名,何必为此烦恼呢?但是你要记住,绝对不可以连续两个月都是最后一名!"

有了查利的激励,艾柯卡坚信自己一定能在第二个月摆脱最后一名的阴影,他决定迎难而上,战胜挫折。经过摸索,他想出了一个增加汽车销量的绝妙办法:如果要购买1956年型的福特汽车,那么顾客可以选择先付20%的货款,其余的货款从购车后的次月开始,每月付56美元,分三年付清。这样,购买福特汽车的人群有了大幅的增长。艾柯卡把这个办法称为"花56元钱买五六型福特车"。艾柯卡将这一方法付诸实践后,他所负责的小区的销售量从原来的末位扶摇直上,一跃而居榜首。

怀着对未来的美好期盼,艾柯卡当上了福特公司的总经理。然而好景不长,1978年7月13日,史柯卡被大老板亨利·福特开除了。此时的艾柯卡已经在福特工作了32年,还当了8年的总经理,但是他却在毫无准备的情况下失业了。

失业之初,艾柯卡非常痛苦,他再一次对自己失去了信心,有一段时间,自己觉得自己彻底崩溃了,但他最终没有倒下去,他相信自己面对的只是暂时的挫折,美好的未来还在等着他,于是他决定接受了一个新的挑战——到濒临破产的克莱斯勒汽车公司出任总经理。

艾柯卡就任之初,克莱斯勒汽车公司秩序混乱、纪律松散,公司的现金周转不灵,公司的副总经理不称职,其他管理人员各自为政,没有人指挥调度,公司生产的车型缺乏吸引力,车辆的安全性能不足。

艾柯卡怀着对未来的期望,用自己的智慧、胆识和魄力,大刀阔斧地对克莱斯勒汽车公司进行了整顿、改革。他曾经向政府求援过,也与国会议员进行过舌战,最终他拿到了巨额贷款,克莱斯勒汽车公司有了重振雄风的资金。

在克莱斯勒最黑暗的那段日子里,艾柯卡始终保持着乐观,他坚信自己的努力会有回报,最终他成功了。他领导研发的K型车一经推出,克莱斯勒便有了起死回生的转机。此后,在艾柯卡的努力下,克莱斯勒公司名副其实地成为美国国内仅次于通用汽车公司、福特汽车公司的第三大汽车公司。

面对挫折,艾柯卡没有放弃自己对美好未来的憧憬,一次次的努力后,艾柯卡战胜了挫折,迎来了人生中最辉煌的时刻。

艾柯卡的成功并不是偶然的,他的成功之路上铺满了失败和痛苦,别人看到的只是他成功后的光辉和荣耀,但只有他自己看得到,在他走过的通往成功的路上,那一地的荆棘、泪水和血汗。

没有人的生活会一帆风顺,每个人在人生路上都不可避免地要面对各种挫折,当然,结果有成功,也有失败。但一时的成败得失并不能说明一切,最后的胜利者总是能将挫折变成力量,在生命的任何阶段都不会泄气,都满怀希望期盼着美好的未来。不因挫折而放弃,微笑着面对挫折,人生的快乐可以选择,选择了快乐就是选择了成功!

智者寄语

有的人会成功,并不是因为他们有比常人好多少的机遇,只是因为他们会在逆境和挫折中逆流而上,他们不怕经历磨难,不会因为痛苦而放弃自己的梦想,他们坚信美好的未来。

第九章

正视舍得，把握好所有的一切

一舍一得是人生

人一旦有了成见，就会固守自己的思维模式，再也听不进别人的看法，也就无法再进步。所以，要想公正看待一些事物或接受新的事物，就必须舍得改变已有的思维模式。人自从呱呱坠地开始，就如一个空杯，你会自觉或不自觉地给这只空杯装进一些东西，例如知识、经验、技能、价值观、个性、习惯等，它们融入你的思想中，逐渐构成了你的思维模式。

你往自己的空杯子里放入了什么，就决定了你将拥有怎样的思维方式，而这种思维方式又决定了你或富有或贫穷，或失败或成功，或幸福或不幸等。于是，贫穷者有贫穷者的思维模式，富有者有富有者的思维模式；成功者有成功者的思维模式，失败者有失败者的思维模式；幸福者有幸福者的思维模式，不幸者有不幸者的思维模式……

"一千个人眼里有一千个哈姆雷特"，这正是因为一千个人有一千个思维模式。思维模式的不同，就决定了人们对事物的认识角度和取向的不同。不论我们站在哪种角度都很难说对方的观念是错的，但你有怎样的观念，必然会有相应的行为，从而带来某种结果。

那么，思维模式是一成不变的吗？当然不是，有的人之所以成功，正是因为之前一千次的失败，在经历一千次失败之后，失败者终于学会了转变思维模式，于是迎来了成功。这就是说，失败者不会永远是失败者，不幸者不会永远都是不幸者，只要他们舍得改变自己的思维模式。

在奥斯维辛集中营，一个犹太人对他儿子说：现在我们唯一的财富就是智慧，当别人说一加一等于二时，你应该想到大于二。纳粹在奥斯维辛毒死 50 万人，父子俩却活了下来。

1946 年，他们来到美国，在休斯敦做铜器生意。一天，父亲问儿子："一磅铜的价格是多少？"儿子答："35 美分。"父亲说："对，整个得克萨斯州都知道每磅铜的价格是 35 美分，但作为犹太人的儿子，你应该说 3.5 美元，你试着把一磅铜做成门把看看。"

20 年后，父亲死了，儿子独自经营铜器店，他做过铜鼓，做过瑞士钟表上的簧片，做过奥运会的奖牌。他曾把一磅铜卖到 3500 美元，这时他已是麦考尔公司的董事长。

然而，真正使他扬名的，是纽约的一堆垃圾。

1974 年，美国政府为清理给自由女神像翻新扔下的废料，向社会广泛招标。好几个月过去了，没人应标。正在法国旅行的他听说后，立即飞往纽约，看过自由女神像下堆积如山的铜块螺丝和木料，未提出任何条件，当即签了字。

纽约许多运输公司对他的这一愚蠢举动暗自发笑。因为在纽约，垃圾处理规定严格，弄不好会受到环保组织的起诉。就在一些人要看这个得克萨斯人的笑话时，他开始组织工人对废料进行分类，他让人把废铜熔化，铸成小自由女神像，他把木头等加工成底座，废铅、废铝做成纽约广场的钥匙，最后，他甚至把从自由女神身上扫下的灰尘都包装起来，出售给花店。不到三个月的时间，他让这堆废料变成了 350 万美元现金，每磅铜的价格整整翻了 1 万倍。

在犹太人的眼里，这个世界充满商机，四处是财富。在瑞士人眼中，我们无法改变原料的本质，而我们却可以提高原料的价值。很多时候，我们冥顽不灵、行事偏激、不懂得变通，结果就是再怎么努力也达不到既定的目标，要舍得放弃固执的坚持，才能改变现状。

"舍得"一词，出于明人袁了凡的《了凡四训》，而舍得的奥义则是出自佛家。佛家认为，一切习气都舍掉，智慧便到达空明的境界，整个人生也随之转化。

"舍得"的道理其实非常简单，在人生这只空杯子里，无论你装进什么，如果一切不舍，结果将会是怎样？里面的东西会变得陈旧、腐朽，最后发出阵阵恶臭。只有把旧的东西不断舍掉，不断补充新鲜事物，你的思维才会与时俱进。但应该如何舍弃、如何填新，这就需要有所选择了。有的东西永远不能舍弃，比如梦想、信念、美德、真知等；还有一些东西永远不能填新，比如谬论、偏见、错误的观念等。

聪明人知道应该舍去什么，也知道应该填充什么，这样的人才能随时为自己的思想寻求新的模式。

一舍一得之间构成了一种新的思维模式，命运的轨迹也随之改变。因此，人生要舍得改变，舍得改变，就能获得生机；舍得改变，就能开辟一片崭新的天空。

智者寄语

只有把旧的东西不断舍掉，不断补充新鲜事物，你的思维才会与时俱进。但应该如何舍弃、如何填新，这就需要有所选择了。

舍得变通，才有出路

世事无绝对，宇宙万物莫不在变幻之中。穷则变，变则通，通则久。虽然说“人贵在坚持”，但在做事情的时候，方法上舍不得变通是绝对不行的。条条大路通罗马，此路不通何必非要死守，从其他的地方，也一样可以通向成功。很多人懂得这个道理，却往往因为自己付出了太多而舍不得放弃或改变，于是拒绝其他通往成功的可能性。

过于固执的人往往在生活中容易四处碰壁。当你在一件事情上付出了相当大的努力却没有收获的时候，就应该停下来认真反思一下，看是不是自己太过于固执，是不是该换一种方式进行。

人生不是一道判断题，只有“是”和“否”两个答案。我们要懂得，人生是一道多选题，不止一个答案是正确的。很多时候，我们在成功的道路上最缺乏的东西，不是坚持或执着，而是灵活的方式和创造性的思维。

美国弗吉尼亚州的一个农夫，出巨资买下了一片农场之后发现，这块地既不能种水果，也不能养猪，能够生长的只有树和响尾蛇。

农夫为此而痛悔自己的决定，但他并不打算就此放弃，于是他日思夜想，怎样才能把损失降到最低。最终他想到了一个好主意，要把这块地的价值利用起来，那些响尾蛇是关键。于是，在别人诧异的眼光中，这位农夫开始做起了响尾蛇生意。

几年后，农夫的响尾蛇生意已经做得非常大了，每年到他农场来参观的人高达几万人次。他从所养的响尾蛇上取出蛇毒，运送到各大药厂去做蛇毒的血清；把响尾蛇的皮以很高的价钱卖给厂商去做鞋和皮包；把响尾蛇的肉做成蛇肉罐头进行销售。由于他独到的眼光和天才的贡献，他所在的村子现在已经改名为响尾蛇村。

农夫花巨资却买下了一块种什么不长什么的薄地，这对一般人来说都是个不小的打击。可是农夫并没有把眼光拘泥于种地上，而是另辟蹊径，想方设法地转换方向，寻找出路，终于获得了成功。当你在投资一笔大生意上惨遭失败时，是否会觉得自己走了冤枉路而无法回头呢？当你觉得骑虎难下、无力回天时，是否会像农夫一样，肯想换个方向来为自己找条出路呢？

为了达到目标，暂时绕道走一走看起来与理想相背驰的路，其实正是智慧的表现。事实上，人生旅途中是没有几条便捷的路径可走的。我们必须把目标暂时淡化，而耐心地去做披荆斩棘、逢山开路、遇水搭桥的工作，在尝试很多条看来非常晦暗无望的道路之后，才能发现距离目标近了一点。

在遇到挫折时，不要意气用事，逞匹夫之勇，不妨运用你的智慧和耐心，多绕几条路。暂时屈就一下不利局面又何妨，就算暂时走进一片黑暗涵洞，只要你时刻知道这一切都仅仅是手段，而不是你的终极目的，就不必灰心和难过，也用不着去关心周围的人对你的评头论足、说长道短。

法国作家勒农说："你不要着急！我们所走的路是一条盘旋曲折的山路，要拐许多弯，兜许多圈子，时常我们觉得好似背向目标，其实，我们总是越来越接近目标。"接近目标的方法不止一个，当我们在遇到一个障碍的时候，第一反应往往是考虑怎样去克服它，却从没想过是否可以通过另一种方式去绕开它。

在一次展览会上，一个推销员正在卖力地推销公司新生产的一批不怕摔的钢化杯。当推销员对围观的顾客解说完毕后，便拿起一个杯子重重地摔在地上来给大家做示范，谁知道他偏偏拿到了一只质量不过关的杯子。杯子被推销员猛地一摔就碎了，顾客哄堂大笑，推销员先是愣了一下，但马上故作镇定，随即说道："这就是一般市面上的杯子，大家可以看到，一摔就碎了，现在来看看我们的新产品！"说着又拿起另一只杯子摔到地上，没有碎。推销员通过自己的随机应变完满地化解了这一次的尴尬，同时也保住了公司的名誉。

可见，任何方案计划都是死的，我们随时会遇到计划之外的情况。但是，人的思维是活的，我们无法预测事情的发展动向，却可以把计划按实际情况的发展略作修改，从而发挥更大的效用。如果只死守着一种规律或是一个计划来实施，只会让我们在面对危机的时候手足无措。

比如在几何题中，两点之间无疑直线最短，然而在生活中却未必如此。因为在生活中我们要考虑的不仅仅是距离问题，还有方法问题，距离最短，到达的方式不一定最简单。如果我们在生活中只贪图距离上的远近，而忽略其他问题，反而会遇到更大的困难。

一味地向前走却舍不得变通，那么你永远不会成功，因为你总有体力不支的时候。遇到苦难，不妨变通一下，绕过眼前的障碍，这样就算不是大力士也可以轻松地走到成功的彼岸。

智者寄语

条条大路通罗马，此路不通何必非要死守，从其他的地方，也一样可以通向成功。很多人懂得这个道理，却往往因为自己付出了太多而舍不得放弃或改变，于是拒绝其他通往成功的可能性。

舍得面子，得到实在

所谓面子，很多时候是指一个人的自尊心、虚荣心等，人皆有之。好面子，既是维护自身的自尊心，也是满足自己的虚荣心，这点无可厚非，但凡事有度，如果这种维护超越了限度，就极易演变为陷阱，令人深陷其中难以自控。

生活中，很多人就会经常掉进这种过度虚荣的陷阱，为了面子而自己给自己找罪受。最后招致别人的反感，甚至给自己造成了困扰。

出身平凡的张燕，嫁给了一个化工厂临时工，婚礼举办得很寒酸。因为丈夫的贫穷，张燕的父母甚至与她断绝了关系，这让自尊心极强的张燕发誓一定要把自己的面子给挣回来。

几年后，丈夫成了一名身价千万的地产商。丈夫有了出息，张燕觉得应该是挣回面子的时候了。她对丈夫说："咱们结婚的时候，婚礼办得太寒酸了，我一直在人面前抬不起头。你要是真想给我挣回面子，就给我补办一个风风光光的婚礼！"丈夫二话没说，一一答应。张燕随即就在一家豪华大酒店补办了一场隆重气派的婚礼。父母也终于放弃了成见，满面春风地出席了女儿的婚礼。

这些风光大大刺激了张燕的虚荣心，她要求当了房地产开发商老板的丈夫每盖一片楼，都要留下一套自住宅。短短四五年的时间，他们就拥有了十一套住宅。每次和朋友一起聚会时，张燕都慷慨地埋单，给服务员的小费一出手就是四五百。很快，张燕一掷千金的豪爽大方引得众人的惊羡，也为她自己赢得"富贵侠女"的"美誉"。

张燕越来越膨胀的虚荣心渐渐令丈夫感到反感，终于导致了他们婚姻的破裂。几乎是在一夜之间，张燕突然销声匿迹，她的豪宅和名车也都已易主。她就这样突然间一贫如洗。

为了面子弄得自己家破财空，实在不值。仔细想想，这样的虚荣有何用呢？只是自己给自己徒增烦恼罢了。满足虚荣之后，自己却食无米、穿无衣、住无所、行无鞋，困兽一般憋在角落里，何苦呢？其实，真正有钱的人未必如此大手大脚。

一个身价上亿的企业家，和朋友出去吃饭，他基本都是随便点几个菜，几杯清茶，他的衣着也很普通，并非大富大贵，但是干净利索；坐驾也不是什么豪车，连奔驰都不开。这么一个简洁朴素的人，却把偌大的公司经营得非常好，家庭也幸福美满。

这样的人在亿万财富面前依然能保持不被虚荣所累，其实就是舍得放下面子，舍得放下虚荣。这样的人活得更真实、更自在。

人们之所以这样过度爱面子，根本原因还是在于怕别人瞧不起自己，内心总是惶恐不安。可是要知道，面子有时只是一张唬人的面具，为了这样一张毫无意义的面具而让自己痛苦，岂不很可悲。

因此，我们要学会舍得，摘下那些不必要的虚荣面具，让自己活得更真实。那么，如何才能舍掉面子呢？

首先，形成正确的价值观和人生观。自我价值的实现不一定非要靠虚荣来满足，除了不脱离社会现实的需要，还必须把对自身价值的认识建立在社会责任感上，正确理解权力、地位、荣誉的内涵和人格自尊的真实意义，把自己的价值放置在更高更远的位置上。

其次，不盲目从众。虚荣心理可以说正是从众行为的消极作用所带来的恶化和扩展。比如，大家都吃喝讲排场，玩乐讲高档，住房讲宽敞，那些做不到这样的人就经常会受到鄙视和讥讽，为了免遭他人讥讽，有些人便不顾自己的客观实际，盲目跟随，最终弄得自己负债累累，这完全是一种自欺欺人的做法。从众行为既有积极的一面，也有消极的一面。好的我们可以跟随，不好的自然就要尽量避免。

最后，正确认识虚荣。虚荣心人皆有之，可一旦过了头就会造成危害。虚荣心过于强的人，在思想上极易养成自私、虚伪、欺诈等不良品质，甚至不惜弄虚作假。他们对自己的不足想方设法遮掩，不喜欢也不善于取长补短。不敢袒露自己的心扉，以致给自己带来沉重的心理负担。

法国哲学家帕格森说道："一切恶行都围绕虚荣心而生，都不过是满足虚荣心的手段。"可见虚荣心对人们的影响之大。所以虚荣面前，记得提醒自己：面子固然要，但适当时候也要学会放弃！

智者寄语

生活中，很多人就会经常掉进这种过度虚荣的陷阱，为了面子而自己给自己找罪受。最后招致别人的反感，甚至给自己造成了困扰。

舍弃是一种智慧

舍弃是一种智慧。“明者远见于未萌，智者避危于无形”，只有学会舍弃，才能使自己变得更宽容、更睿智。舍弃不是愚昧，不是委屈，更不是失去，而是一种拾级而上的从容、闲庭信步的淡然。

他在一家工厂里打工，日子过得紧巴巴的。每天，他都要面对繁重的流水线工作，但最令他头疼的还是他每天得步行40多分钟去上班。他做梦都想拥有一辆自己的汽车，可微薄的薪水总是让他的希望一次次地破灭。

后来，有朋友给他出主意：“去买彩票试试运气吧。”

于是，他拿出10美元买了彩票。惊喜的是，他买的彩票居然中了大奖！他马上用这笔钱买了一辆汽车，从此，他开始驾着自己的车子去上班，而不用再早起步行上班了。

他对自己的车十分爱惜，里里外外都保养得很好。他陶醉于每一个开车上班的日子，驾着自己心爱的车子，享受着众人羡慕的目光，他觉得这种生活才是自己所追求的。但有时候，命运就喜欢开玩笑，忽然有一天，他的爱车被人偷了！那天之后，他又得像往常一样早起步行上班了。朋友们知道后，都替他惋惜，同时也担心他因为丢车而变得消沉、一蹶不振。几个朋友劝他说：“一辆车子而已，丢了就丢了吧，以后有机会再买，你别太伤心了。”

“我为什么要伤心呢？”他淡然一笑。

朋友们对他的反应很不解。

“如果你们当中有谁丢了10美元，会伤心吗？”他一本正经地问大家。

“才10美元，当然不会！”

“我也不会！”他笑着说，“我丢的就是10美元嘛！”

朋友们你看看我，我看看你，想一想：可不是嘛，那辆车子确实是他用10美元换来的！大家都释然地笑了，对这位豁达的朋友心生敬意。

如今，那位心态豁达的打工仔已是美国加州15家连锁超市的老板了，他就是被美国商界津津乐道的商业巨子——本·罗伯森。

智者寄语

舍弃不是愚昧，不是委屈，更不是失去，而是一种拾级而上的从容、闲庭信步的淡然。

得失寸心知

在人生中，成败得失与烦恼快乐随时都会伴随着我们。无论是成功还是失败，是得到还是失去，我们都应当以乐观的心态来对待，以一颗平常心来对待，这样才能活出人生的精彩。

在大山里住着一位以砍柴为生的樵夫，人很勤劳。他整日辛苦劳作，终于在小镇上给自己盖了一间小木屋。有一天，他外出的时候房子起火了，邻居们纷纷来帮忙救火。但是由于风很大，房子又是木头造的，根本就来不及扑灭，大家只能眼睁睁地看着他的小木屋被烧毁。

当樵夫回来看到这一切后，他并没有如众人所料的那样悲恸欲绝，反而安慰起众人来：“我真幸运，如果当时我在家，不被烧死也会被烧伤。”当大火熄灭后，樵夫拿着一根棍子，跑到灰烬中去翻找,邻居们以为他是在找什么宝贝,就在旁边默默地看着他。当樵夫满脸炭灰地从废墟中走出来时,邻居们看到他手里拿着的是一柄砍柴的刀,他笑着说:"你们看,只要有这柄柴刀,我还可以建造一间更好的屋子。"

樵夫的乐观印证了中国的一句老话:留得青山在,不怕没柴烧。樵夫知道,房子被烧了,这已经是无法改变的现实,必须面对;他也知道,悲伤是无济于事的,倒不如抓住关键,找到柴刀才是最重要的。面对生活,只有乐观才不会被它打倒。樵夫有乐观的心态和坚定的决心,所以他一定能再次建起自己的房子。

有一个年轻人,自小就被人夸很聪明,但他并没有自满,仍然很努力地学习。他很想在各方面都超过别人,尤其想成为一位大学问家。他学习了很多门功课,爱好十分广泛。可是,许多年过去了,他的学业却仍没有什么长进,于是他决定去向一位智者请教。

智者听完他的遭遇后,说:"我们登山吧,到山顶你就知道该怎么做了。"

爬山的路途中,一路上都有许多晶莹的小石头,非常漂亮。年轻人捡起来后爱不释手。智者给了他一个袋子,每当年轻人见到喜欢的石头,智者就让他装到袋子里背着。很快,他就吃不消了。

"再背,别说到山顶了,恐怕我连动一动的力气都没有了。"他抬头望着智者说道。

智者微微一笑:"该放下啦,背着石头怎么可以登上顶峰呢?"

年轻人忽觉心中一亮,向智者道谢后走了。后来,他放弃了众多爱好,一心做一门学问,进步得非常快。

其实,人要有所得,必然会有所失,想什么都拥有是不可能的,只有当你舍弃一些东西的时候,才会得到你最想要的东西。

得失寸心知。我们怕的不是得到些什么,也不是失去些什么,怕的是得到的不是自己想要的,失去的却是自己最在乎的。

智者寄语

其实,人要有所得,必然会有所失,想什么都拥有是不可能的,只有当你舍弃一些东西的时候,才会得到你最想要的东西。

会舍去才会活得潇洒

生活中,很多人认为,本来是自己的东西,或者自己本可以得到的东西,失去了是一种吃亏,很难接受。

在人生旅程中,的确有很多东西都是靠努力打拼得来的,因其来之不易,所以我们不愿意放弃。比如让一个身居高位的人放下自己的身份,忘记自己过去所取得的成就,回到平淡、朴实的生活中去,肯定不是一件容易的事情。但是有时候,你必须放下已经取得的一切,否则你所拥有的反而会成为你生命的桎梏。有时候,我们不要执着于某个目标,不要为求一点而失掉一面。因为你只有一个,而目标却可以是很多个。

有一位凡事放得下的老人,一心只想施舍、尽力付出,他与世无争,过着逍遥自在的人生!

一天,国王出城巡游。他乘坐在高大的白马上,一群随从围绕其身旁。途中,国王从远处看到一位白发苍苍的老人过来;他生怕这位老迈的长者受到惊吓,即吩咐身边的随从:“停下来!停下来!”让老人能慢慢地走过来。

这位老迈的长者远远看到国王时,也稍微停下了。他望见随从的队伍也停下时,才放心地继续向前走。当长者走到这群人的面前,国王以慈祥、轻柔的声音呼唤他说:“老人家!看你白发苍苍,好像年纪不小了吧!”

老人仰头看着国王,展露天真的笑容,并伸出四个手指头对国王说:“我才四岁。”

国王很怀疑地说:“你四岁?”

老人坚定地说:“对!我才四岁。因为,我在四年前所过的生活,是很糊涂、懵懂的人生,那不是真正的人生。

“而这四年来我凡事都放得下,一心只想去帮助别人,在我有生之年尽力去付出。在这当中,我体会到付出是多么欢喜、快乐的事,不与人计较是如此自在!由此,我了解到心无烦恼,才能身轻心安!

“这四年来,我过得很逍遥自在,这才是真正的人生。所以,我真正会做人的年龄才四岁。”

国王听了欢喜地说:“老人家,人生确实要放得下、舍得付出,与世无争,这才是最逍遥的人生。我很羡慕你!虽然你这样做才四年,但你的人生已经很有价值了。”

有些人常有自我的主见,以为谦让会使自己吃亏;或认为身旁事物都是恒常、坚固的,所以不愿让步。这些见解如同用一条绳子将自己绑住,真是苦不堪言!如果我们不将过去的凡夫心赶快放下,又如何能学圣贤行迹呢?

其实,要学会付出、放下,不是很困难,要达到身轻心安的境界,也很容易。只是大家太执着于眼前利益的追逐,才会这么辛苦。

生命的整个过程不会总是一帆风顺,成与败,得与失,都是这个过程的装饰,一路走来繁花锦簇也好,萧瑟凄凉也罢,终究会成为过眼云烟,重要的是自己心里的感受。

生活中,很多人舍不得放下所得,这是一种视野狭隘的表现,这种狭隘不但使他们享受不到“得到”的幸福与快乐,反而会招来祸事。秦朝的李斯曾经位居丞相之职,一人之下,万人之上,荣耀一时,权倾朝野。虽然当他达到权力地位顶峰之时,曾多次回忆起恩师“物忌太盛”的话,希望回家乡过那种悠闲自得、无忧无虑的生活,但由于贪恋权力和富贵,所以始终未能离开官场,最终被奸臣陷害,不但身首异处,而且殃及三族。李斯是在临死之时才幡然醒悟的,他在临刑前,拉着二儿子的手说:“真想带着你哥和你,回一趟上蔡老家,再出城东门,牵着黄犬,逐猎狡兔,可惜,现在太晚了!”

事实上,全身而退是一种智慧和境界。为什么非要得到一切呢?活着就是老天最大的恩赐,健康就是财富,你对人生要求越少,你的人生就会越快乐。对于我们这些平凡人来说,能怀一颗平常善良之心,淡泊名利,对他人宽容,对生活不挑剔、不苛求、不怨恨,富不行无义,贫不起贪心,就是一种人生的练达。

人生征途上,要懂得追求,也要学会放弃,特别是在人生的节骨眼上举重若轻,拿得起,放得下,敢于吃这样的亏,才能拥有美丽幸福的人生。

智者寄语

其实,要学会付出、放下,不是很困难,要达到身轻心安的境界,也很容易。只是大家太执着于眼前利益的追逐,才会这么辛苦。

舍弃眼前诱惑，赢得最后辉煌

为了工作，我们可以牺牲娱乐；为了孩子，我们可以牺牲睡眠；为了保全生命，我们可以抛弃身外之物。当遇到比生命更宝贵的事物时，也许要牺牲生命。

1846 年 10 月，多纳尔家族一行 87 人在前往加州的路上被大雪阻隔，他们被困在关口里。40 天后，有一半的人陆续死于饥饿和疾病。

最后，终于有两个人决定出去求援。他们在徒步可以到达的范围之内，很快就到达了一个村庄，并带回一个救援队，使其他幸存者得以获救。

你是否觉得好奇，在面临饥饿和死亡的状态下，他们为什么等待了 40 天，才决定放弃那个地方？为什么没有人愿意冒险出去求援？原因很简单——他们不愿意放弃身边的财产。

他们曾试图把马车和财物拖走，结果搞得筋疲力尽却徒劳无功，只好作罢。就这样，任由大雪围困在关口，直到耗尽所有的食物和供给。

想想看，我们是否也经常陷入这种"关卡"呢？由于害怕失去既有的社会地位、丰厚的收入、漂亮的办公室以及握在手中的权力，多少人放弃了新工作的挑战，宁可守着一份并不喜欢的工作，虚度数十年的光阴。当你的生命越是往前走，就聚积越多的包袱和负担——财产、名位、习惯、人际关系、应该做的、必须做的，不断地增加，于是更加依恋这熟悉的一切，舍不得放下。由于害怕失去拥有的一切，多少人不愿意冒险、恐惧突破，不敢离开那种一成不变的生活，以致平凡无趣地走完一生。

这也就是为什么有那么多人宁可留在熟悉的地狱，也不愿走进陌生的天堂；为何有那么多人把自己困在无形的牢笼内，而无法走出生命中的"多纳尔关口"。

《左传》云："肉食者鄙，未能远谋。"现代医学又早已证明，吃太饱、喝太足会让人萎靡不振。

大名鼎鼎的日本东芝公司在 20 世纪六七十年代曾有过不良记录，当时经济萧条，日本局势风雨飘摇。偏偏这时，东芝公司高层的某些人不思进取，整日困于酒食，饱食终日，无所事事，业绩一落千丈。高层的行为影响全公司，整个东芝一时弥漫着一股奢靡腐朽的死亡气息。土光敏夫改革东芝的主要手段便是"撤其酒食"，强行命令下属戒掉贪图享受、不思进取的恶劣风气。东芝由此才又慢慢走上正轨。

此事非常值得中国一些企业与企业家借鉴，很多人在赚了一笔小钱后马上去挥霍享受，完全一副暴发户的没出息样。不改掉这一恶习，就难有成就。

智者寄语

当你的生命越是往前走，就聚积越多的包袱和负担——财产、名位、习惯、人际关系、应该做的、必须做的，不断地增加，于是更加依恋这熟悉的一切，舍不得放下。

舍与得互为因果

"舍得"本意是讲万丈红尘扑朔迷离，人生在世总会有获得有舍却。所以智者说："舍与得互为因果,往与复本来是自如的,如果领略其中奥义,自然可以打破分别之心……无分别心。无分别心,即无烦恼挂碍,心境圆融通达,万象归于一乘,人生有限之生命就会融入无限的大智慧中。"

有这样一种民间说法:人死后,要离开阳界到阴界接受阎王爷重新发落。如果这个人在世时,好事做得多,允许转世仍然为人;好事做得少,只能托生为动物;做过坏事的,不能转世,只能在阴界做鬼;坏事做得太多的,不但不能转世,就是在阴界当鬼都不行,要放在油锅里煎熬,以示惩处。

有两个人离开阳界,来到了阴界,战战兢兢地站在阎王爷前等待发落。阎王爷拿起《功过簿》翻了翻,说:"你们俩在世时没有做过什么坏事,准许转世仍然为人。"这俩"人"听说转世为人,非常高兴。"不过,"阎王爷又说了,"有两种人间生活,供你俩选择。一种是'舍',一种是'得'。""'舍'就是放弃、付出。'得'就是索取、得到。"其中一个想,"得"好啊!别人都给予我。他把手一举说:"阎王爷,我要过'得'的生活。"阎王爷看一看另一个,说:"你只好过'舍'的生活了,要放弃,要付出。"另一个说:"只要能转世为人,我愿意。"阎王爷嘿嘿一笑,说:"好了,你俩投胎转世为人去吧!"于是这两个阴界的"人",又成为阳界的人,一个过上了"舍"的生活,一个过上"得"的生活。这两个人过上了什么样的人间生活?先说"得"的生活,是索取、得到,别人都给予他,是乞丐。那么,"舍"的生活呢?是放弃、付出,给予别人,是富人,乐善好施。

世界本来就是舍与得的世界。做学问要有取舍,做生意要有取舍,爱情要有取舍,婚姻也要有取舍,实现人生价值更要有取舍……正如孟子所说:"鱼,我所欲也;熊掌,亦我所欲也。二者不可得兼,舍鱼而取熊掌者也。"人生即是如此,有所舍而有所得,在舍与得之间蕴藏着不同的机会,就看你如何抉择。倘若因一时贪婪而不肯放手,结果只会被迫全部舍去,这无异于作茧自缚,而且错过的将是人生最美好的时光,即使最后能获得什么,那也是一种得不偿失!

舍与得的问题,多少有点哲学的意味。舍得舍得,先有舍才有得,不舍不得,小舍小得,大舍大得,舍即是得。舍是得的基础,将欲取之,必先予之,因而人生最大的问题不是获得,而是舍弃,无舍尽得谓之贪。贪者,万恶之首也。领悟了舍得之道,对于做人做事都有莫大的益处。做人,应该抛弃贪婪、虚伪、浮华、自私,力求真诚、善良、平和、大气。做事,应该有所为有所不为。舍与得之间的抉择是一种生活的艺术,亦是一种人生哲学。

智者寄语

舍与得的问题,多少有点哲学的意味。舍得舍得,先有舍才有得,不舍不得,小舍小得,大舍大得,舍即是得。舍是得的基础,将欲取之,必先予之,因而人生最大的问题不是获得,而是舍弃,无舍尽得谓之贪。贪者,万恶之首也。

得一物得一忧,丢一物丢一愁

在日常生活中,很多人感到压力很大,几乎喘不过气来,每天面对的就是烦恼,有人甚至不明白整天到晚忙个不停究竟是为了什么,答案很简单——欲望。因为许多愿望没有得到满足,如为了提高自己的物质享受、为了追求更多的声誉等。

“欲望无止境”，的确如此，在人生如马拉松的旅途中，你或许要比有些人跑得慢一点。既然如此，何不放慢脚步，抛弃一些欲望，留给自己一点时间去欣赏沿途的美妙风景呢？如果你能够这样做，就会发现生活是如此轻松、如此自在。

当然，说得容易做到难。面对各种诱惑，谁又抵挡得住呢？一个人要想做到知足常乐、清心寡欲确实不容易，必须有极强的自我克制能力。在这一点上，晚清的曾国藩是我们学习的榜样，他在《不求诗》中明确地表明了自己的观点。

曾国藩身居要职而能保持心静，他曾写过一首《不求诗》，是于同治九年(1870年)六月赴天津之前写给两个儿子的，这首诗反映了作者知足勿贪、干事少求、豁达宽容的人生观。在他的教育下，这两个孩子都各有所成。长子曾纪泽后来成为一名学贯中西的外交官，为了祖国的利益与俄国人据理力争，对保卫祖国的领土完整做出了很大贡献。次子曾纪鸿精通数学，为同辈人所折服。我们在读这首《不求诗》时，也可以从中汲取一些有益的养分。

知足天地宽，贪得宇宙隘。
岂无过人姿，多欲为患害。
在约每思丰，居困常求泰。
富求千乘车，贵求万钉带。
未得求速偿，既得求勿坏。
芬馨比椒兰，磐固方泰岱。
求荣不知餍，志亢神愈汰。
岁燠有时寒，月明有时晦。
时来多善缘，运去生灾怪。
诸福不可期，百殃纷来会。
片言动招尤，举足便有碍。
戚戚抱殷忧，精爽日凋瘵。
矫首望八荒，乾坤一何大！
安荣无遽欣，患难无遽憝。
君看十人中，八九无倚赖。
人穷多过我，我穷犹可耐。
而况处夷涂，奚事生嗟忾。
于世少取求，俯仰有余快。
俟命堪终古，曾不愿乎外。

前四句总括个人应该持有的人生态度：人要知足，这样就会觉得周围的空间十分广阔；如果对周围一切都很贪婪，那么你就会感到世间是多么狭小。每个人当然都有各自的长处，但欲望太多对个人来说实在是个祸害。接下来作者叙述了贪婪的各种表现：一个人在生活简单的时候总想着日子要过得丰盛些，家庭在拮据的时候总是希求宽裕一些。当然，这些想法倒还有情可原，但人的欲求并非到此为止，因为富裕了就进一步企望更多的荣华富贵，在没有满足要求之前只想快快得到，在满足了欲望之后又想长久保持。如此这般，一个人的欲望永远都是无法完全满足的，好了还想更好，芬芳香馨要用椒兰来比，牢固坚实就与泰山相比，追求荣华富贵从不知道满足，贪婪日益增多，越来越追求奢侈。难道所有这些都满足了之后，人生就能一帆风顺、风平浪静了？实际上并非如此，作者笔锋一转，着力叙述人生道路之坎坷不平、艰险莫测：季节温暖的时候也会出现寒冷，太阳明媚的时候也会产生黄昏。大自然的规律与人生道路也差不多,时运降临到你头上时就会有很多好事,而不走运的时候到处都是灾难。倒霉之时,一句话、一个举动都可能招致灾祸,这样一来,就会整天满怀忧虑,日久生病了。

由此可见,欲望过多不仅不可能完全实现而且危害不浅,还会招来灾祸,实在是很不值得。然而,人世遭际纷繁复杂,用什么样的态度来看待其中的得失呢?

曾国藩告诫两个儿子:一个人的心胸一定要宽大,抬头看看世界,多么广阔,何必把自己的眼光停留、局限在狭小的细枝末节上去呢?有了荣华富贵不要高兴得不得了,艰难困苦也不必怨恨得受不住。最后,作者用几句话表达自己的人生态度,同时也是对上面的观点进行总结:"于世少取求,俯仰有余快。俟命堪终古,曾不愿乎外。"对世上的东西不是要求太多,一举一动都会感觉到很愉快,随遇而安,就能永葆安乐。

曾国藩的这首《不求诗》表达了他克制自己的欲望、心胸宽广、豁达处事的风格,很值得大家学习。淡泊名利、少欲的人都会有相同的感觉:粗茶淡饭,吃得香甜;陋屋木床,睡得安稳。自己的欲望少了,生活中的烦恼也就少了。生活中没有了烦恼事,就会因此变得悠闲自在起来。

名利,从古至今都是人们拼命追求、争夺的东西。人们为了得到它想尽一切办法,用尽一切手段,甚至不惜伤害他人性命。所以,很多人在名利场上尔虞我诈、你争我抢、埋伏陷阱。在这种环境里,他在伤害别人的同时,也使自己受到很大的伤害。其实,对于这些人来说,失去名利不是吃了大亏,因为名利往往成了人生不堪重负的枷锁,失去了反而会开开心心生活。

智者寄语

"欲望无止境",的确如此,在人生如马拉松的旅途中,你或许要比有些人跑得慢一点。既然如此,何不放慢脚步,抛弃一些欲望,留给自己一点时间去欣赏沿途的美妙风景呢?如果你能够这样做,就会发现生活是如此轻松、如此自在。

最大的舍就是最大的得

1805年,拿破仑在奥斯特利茨击败俄奥军队。1807年弗里德兰战役中,俄军又战败,实力大为减弱。刚登基的亚历山大一世为积蓄力量,使用了新的斗争策略,以卑微的言辞讨好对方,处处表示退让的姿态。同时,为了对付英国,拿破仑也极力拉拢俄国,亚历山大一见到他就投其所好:"我和你一样痛恨英国人,如果你要对他们采取什么措施,我将是你的一名助手。"1808年秋,拿破仑邀请亚历山大在埃尔富特举行第二次会晤。这次会晤,是拿破仑为了避免两线作战,以法俄两国的友谊威慑奥地利。消息传到俄国宫廷,激起一片抗议声。皇太后在给亚历山大的信中说:"切切不可前往,你若去就是断送帝国和家族的荣誉,悬崖勒马,为时未晚,不要拒绝你母亲出于荣誉感对你的要求。我的孩子,我奉劝你,及时回头吧!"

亚历山大却认为,当时俄国的力量还不足,必须佯装同意拿破仑的建议,应该"造成联盟的假象以麻痹之,争取时间妥善做好准备,时机到了,再从容不迫地促成拿破仑垮台"。

抵达埃尔富特后,亚历山大恭言卑词,在两个星期的会晤中,与拿破仑形影不离。有一次看戏,当女演员念出伏尔泰《俄狄浦斯》剧中的一句台词"和大人物结交,真是上帝恩赐的幸福”时，亚历山大装模作样地说：“我在此每天都深深感到这一点。”一天，亚历山大有意去解腰间的佩剑，发现自己忘了佩带，拿破仑见状便把自己的宝剑赐赠给亚历山大。亚历山大假装很感动，热泪盈眶地说：“我把它视作你的友好表示予以接受，陛下可以相信，我将永不举剑反对你。”

1812年，俄法之间的利益冲突已经十分尖锐，这时，亚历山大认为俄国已做好准备，于是借故挑起战争，打败了拿破仑。后来亚历山大说：“拿破仑认为我不过是个傻瓜，可是谁笑到最后，谁笑得最好。”

生活中，失去一样东西，必然会在其他地方有所收获。关键是，你要有乐观的心态，相信有失必有得。要舍得放弃，要正确对待你的失去，失去才能得到，有时舍弃不过是获得的第二张脸。

大舍大得，小舍小得，最大的舍就是最大的得。人生的心态只在于进退适时、取舍得当。就像亚历山大一样，他用最大程度的舍才笑到了最后。

沙漠中，一群旅行者沉默地前进着，夜晚来临时，疲惫不堪的他们正准备安营扎寨，忽然被一束耀眼的光芒所笼罩，神出现了。旅行者们满怀期待，恭候着来自上苍的重要旨意。

神说话了：“你们要沿路多捡一些鹅卵石，把他们放在你们的马褡子（马背上的口袋）里。明天晚上，你们会非常快乐，但也会非常懊悔。”

说完，神就消失了。旅行者们非常失望，他们原本期盼神能够给他们带来财富和平安，没想到神却吩咐他们去做这样一件毫无意义的事。不过，那毕竟是神的旨意，他们虽然有些不满，但是仍旧各自捡拾了一些鹅卵石，放进他们的马褡子里。

就这样，他们又走了一天，当夜幕降临，他们开始安营扎寨时，忽然发现他们放进马褡子里的鹅卵石竟然变成了钻石。

他们高兴极了，同时也懊悔极了，后悔没有捡拾更多的鹅卵石。

这则寓言意在说明，人性是复杂的，获得时总会懊悔，不满足于自己已经得到的一切，而失去时才知道珍惜，又生后悔之意。

要想采一束清新的山花，就得放弃城市的舒适；要想做一名登山健儿，就得舍弃娇嫩白净的肤色；要想永远拥有掌声，就得舍弃眼前的虚荣。梅、菊放弃安逸和舒适，才能得到笑傲霜雪的艳丽；大地舍弃绚丽斑斓的黄昏，才会迎来旭日东升的曙光；春天舍弃芳香四溢的花朵，才能走进硕果累累的金秋；船舶舍弃安全的港湾，才能在深海中收获满船鱼虾。

俗话说：“万事有舍必有得。”舍与得就像小舟的两支桨、马车的两个车轮，相辅相成。舍弃是一种痛苦，但也是一种幸福。

智者寄语

人性是复杂的，获得时总会懊悔，不满足于自己已经得到的一切，而失去时才知道珍惜，又生后悔之意。

该舍而不迷恋，该得而不错过

人的一生中有很多事情需要作出类似的选择。舍弃应该舍去的，你便是智者；舍弃不该舍去的,你就是愚夫。

鸣蝉奋力地甩掉了外壳,因而获得了高空自由的歌唱;壁虎勇敢地挣断了尾巴,因而在危难中保全了它弱小的生命;算盘若填满自己的空位,变得座无虚席,将丧失自己的运算功能。对那些不该拥有的东西,应当弃则弃。

现实生活是复杂的,而我们的承受力有限。如果大脑是一个仓库,不管仓库多大,一种东西充斥其中时,另一种东西必定无法进入。比如读书,当我们痴醉于金庸、古龙、梁羽生的刀光剑影中,又怎能专注于复杂的几何方阵,怎能用心于浩繁的英语单词呢?

高尔基在他的房间失火时,没有顾及家具、财产、衣物,甚至没有顾及生命,从熊熊大火中救出了几箱书。他舍弃了凡夫俗子眼中的财富,守住了那些启迪心智、净化心灵的真正财富。而有些人,终身抱着"人为财死,鸟为食亡"的信条,追逐着金光闪闪的财宝。

为了庸俗的追求,他们舍弃人格和道德,舍弃人性中的真善美。错误的舍弃,使他们的一生龌龊卑鄙。正确的舍弃,往往需要青松秋菊般的高尚风格、决断的果敢和名臣武将的勇气。对于那些应该拥有的东西,我们要努力争取,应该丢掉的包袱,要尽力割舍。

英国皇家学院张榜公开为大名鼎鼎的教授戴维选拔科研助手,这让年轻的装订工人法拉第激动不已,他赶忙到选拔委员会报名。但在选拔考试的前一天,法拉第被取消了考试资格,因为他是一个普通工人。

法拉第气愤地赶到选拔委员会同委员们理论。委员们傲慢地嘲笑说:"没有办法,一个普通的装订工人想到皇家学院来,除非你能得到戴维教授的同意!"法拉第犹豫了。如果不能见到戴维教授,自己就没有机会参加选拔考试。但一个普通的书籍装订工人要想拜见大名鼎鼎的皇家学院教授,他会理睬吗?法拉第顾虑重重,但为了自己的理想,他鼓足勇气去找戴维教授。

第一次敲门后,门内没有声响,当法拉第准备第二次叩门的时候,门"吱呀"一声开了。一位面色红润、须发皆白、精神矍铄的老者正注视着法拉第。

"门没有闩,请你进来。"老者微笑着对法拉第说。

"教授家的大门整天都不闩吗?"法拉第疑惑地问。

"干吗要闩上呢?"老者笑着说,"当你把别人闩在门外的时候,也把自己闩在了屋里。我才不当这样的傻瓜呢!"

开门的老者就是戴维教授。他将法拉第带到屋里坐下,聆听了这个年轻人的叙说和要求后,写了一张纸条递给法拉第:"年轻人,你带着这张纸条去告诉委员会的那帮人说戴维老头同意了。"

经过严格而激烈的选拔考试,书籍装订工法拉第出人意料地成了戴维教授的科研助手,走进了英国皇家学院那高贵而华美的大门。

正如法拉第一样,与其接受不公的命运,倒不如努力地去争取,不战而败如同运动员在竞赛时弃权,是一种极端怯懦的行为。作为一个有理想、有坚持的人,就必须具备执着的信念和积极进取的精神,以及"即使失败也要努力争取"的勇气和胆略。

成就大事的人之所以能成功,是因为他们明白该做什么,不该做什么;什么应该去坚持,而什么又该舍弃。名利富贵这东西,生不带来,死不带去。所以对其执着不忘,实在不宜。

人生的高度应是一份知足的恬然,生命的高度应是能取能舍、当取则取、当舍则舍、善取善舍的那份安然。很多时候,人们向往取得,并且认为多多益善,然而,"取"的前提必定是先

“舍”，只有“舍”才能“得”。

智者寄语

现实生活是复杂的，而我们的承受力有限。如果大脑是一个仓库，不管仓库多大，一种东西充斥其中时，另一种东西必定无法进入。

越怕失去，就越容易失去

生命进程中，当痛苦、绝望、不幸和灾难向你逼近的时候，你是否还能顾及享受一下野草莓？只有那些在绝境中仍能抓住一丝快乐的人，才能领悟人生快乐的真谛。其实，人免不了要遭受不幸和痛苦，痛苦对人也有用处。这就像没有大气的压力，我们的身体就要爆炸一样，人如果没有艰难和不幸，一切的需要都能满足，我们又会成为什么样子呢？所以，只要你怀着好的心情，在任何情况下，遭受的痛苦越深，随之而来的喜悦也就越大。

正如一位哲人所言：“一个人，既要承受痛苦，也要享受生活，这才是生活的完美和有价值的人生。”

有一位曾在越南战场上受伤的士兵，当他从麻醉手术台上醒来的时候，军医对他说：“你再休息一会儿就会痊愈了，唯一遗憾的是，你失去了一只脚。”没有想到这位士兵大声抗议道：“不对，我这只脚不是失去的，而是被我遗弃的。”

士兵那种毫不沮丧地接受悲剧事实的勇敢心理，值得我们敬佩。他把失去的改称为遗弃的，显然表示他已经越过绝望的深渊。

不管“失去的”也好，“被遗弃的”也罢，反正已经失去了。人生本来就不完美，也没有一个人是完美的。这种情况下，我们为什么不把那些失去的当作被遗弃的东西，而砸碎捆绑心灵的镣铐呢？

著名演员佛雷·亚当斯于1933年第一次去试镜时，米高梅公司的试镜导演在备忘录上写着：“不会表演，有点秃头，只会跳一点舞。”亚当斯一直把这段评语放在家中的壁炉上。同样，一位专家提到某著名球星时说：“他只有一点足球常识，缺乏推动力。”更有人说爱因斯坦：“他不穿袜子，忘了理发，很可能是白痴。”而苏格拉底则被视为“不讲道德，专事败坏年轻人心智的人”。所有这些故事最好只讲给那些有消极心态的人听，因为这样他们会知道，他们的缺点不算什么。这样，他们才能勇敢地去努力。

对于许多人来说，失去了自己的东西，是一个无法改变的事实。不过，如果你认为它是失去的东西，那么，你的意志与感受便会不断地反映在那件失去的事物上，内心一定会万分惋惜，甚至还会想不开；相反，如果你把它想成是被遗弃的东西，那就表明这是一种废物。在这种情况下，你将会以轻松的心情来了结它，而对它不再眷恋。

在我们的人生中，失去的东西不计其数。然而，只要我们把那些东西当作被遗弃的废物，沮丧的感觉就会减轻许多。由此可见，面对着同样的悲痛事实，一念之差，前后的心情就截然不同。

因此，一定要记住：不要为失去的而烦恼，这是抛开忧虑、轻松生活的前提。

我们总是喜欢朝着自己既定的目标奋力拼搏，但不是每个人的愿望和理想都能实现。那些搏击一世却未获成功的人，会不会是因为他生命中真正精华的部分被自以为“不是最好的”，而从未得以展示呢？

放弃是精神上的量力而行,明知得不到的东西,何必苦苦相求,明知做不到的事,何必硬撑着去做呢?放弃需要明智,该得时你便得之,该失时你要大胆地放弃。有时你以为得到了,可能失去了更多;有时你以为失去了,却有可能获得更多。

智者寄语

在我们的人生中,失去的东西不计其数。然而,只要我们把那些东西当作被遗弃的废物,沮丧的感觉就会减轻许多。由此可见,面对着同样的悲痛事实,一念之差,前后的心情就截然不同。

必要的"舍"是为了更好的"得"

"舍"和"得"是一对很有意思的反义词,"舍"就是放弃,"得"就是得到,但是,有时候"舍"的结果却是另一种"得",这就是事物的辩证原理。被迫的"舍"很多时候不会得到任何的东西,相反还可能失去更多的东西;主动的"舍"才能"得"到一些原本看似得不到的东西。这就是选择的魅力。

苏格拉底的"如何寻找最大麦穗论"就是教我们如何选择的:在一块麦田里先走上三分之一的路,观察麦穗的长势、大小、分布规律,在随后的三分之一的田地里选定一个相对最大的,然后从容走完剩下的三分之一。即使在这三分之一里面还有更大的麦穗,按照规律来说也不至于令你太过遗憾了,总比一上来就匆匆选定,或者行程快结束了才胡乱抓一个更具有科学性,更能使人心安理得。

苏格拉底的"寻找最大麦穗理论"是选择的技巧,也是放弃的智慧。有时候你的目标太多,不妨扔掉一些,这样选择对你而言才会是快乐而不是苦恼的。

一个不成功的人,往往并不是没有目标,而是目标太多。这样的人不懂得放弃那些不切实际的目标,他们什么都想要,但因为精力和时间有限,结果什么都没有做好。在物欲横流的今天,如果不懂得选择,那就意味着你放弃了自己成功的机会。所以,舍弃是必要的,必要的"舍"往往能换来更大的得。

2000年初,一个生意人老李发现了一个赚钱的商机:生产IP拨号器。因为整个机器成本才五十块钱左右,可是因为是新生事物,所以当时的市场价却高达一千多元。其实,IP拨号器的技术原理很简单,基本是电话机原理,只不过多了块控制芯片而已。

老李了解到这一行情后,马上行动,买来了数万元的生产调试设备,并招聘了一批技术人员,日夜兼程地设计、生产、调试。很快,产品便推向市场。老李的分析也得到了市场验证,他因此而大赚了一笔。就在别人以为他会立即扩大生产规模时,他却来了个急刹车,放弃了这一生意。他卖掉了设备,辞退了技术人员,转租了厂房。

很多人对此很不理解,有的人甚至说老李是个十足的傻瓜,放弃了这么好的赚钱机会。但只有老李自己最清楚这样做的原因。他清醒地认识到,IP拨号器利润是超高的产品,竞争对手肯定会纷纷跟进,而且其中好多都是实力雄厚的电话生产厂商和大通信公司。他们一旦介入,自己的产品就毫无优势可言。与其到时候灰溜溜地被别人打败,还不如自己先撤退,所以他明智地选择了放弃。老李的放弃又一次得到了市场的验证。

老李的放弃是为了更好的前进。没有放弃就没有收获,人的精力就那么多,当你把精力放在了势头渐衰的事情上时,自然没有精力去做势头正盛的事情,可想而知,你的人生之路也会随之势头渐衰。

有些人就是不能做到知足知止，贪心不已，他们的人生永远在选择，在追逐更好的东西，以便壮大自己的名望、地位，他们从来就没有想过放弃，放弃那些不足取的东西。因此，他们的人生永无宁静，永无快乐。

没有放弃的勇气和胆识，你就无法比别人看得更远，无法比别人走得更远。我们的时间和精力都是有限的，在一个时间段内，我们也许能做好一件事情，但不可能同时做好几件事情。

著名歌唱家帕瓦罗蒂在回顾自己的成功之路时，曾讲过这样一个故事：他小时候很喜欢唱歌，在这方面也表现出了一定的天赋，但他同时也是一所师范院校的学生，学习成绩也不错。师范毕业时，他很苦恼，是继续学习唱歌还是做一名教师？他想边做教师边用业余时间唱歌。但他父亲说："孩子，如果你想同时坐两把椅子，你只会掉到椅子中间的地上，在生活中，你必须学会放弃一把椅子。"于是帕瓦罗蒂为自己选择了一把"椅子"。他说："选择和放弃是一件痛苦的事情，但却是成功的前提。"

其实，放弃并不一定意味着失去。放弃贪婪，就得到了轻松；放弃痛苦，就得到了快乐；放弃患得患失，就得到了洒脱；放弃阴霾的昨天，就得到了晴朗的今天。

一位老禅师坐在快速前进的马车上，一不小心掉了一只刚买的新鞋子。由于急着赶时间，也来不及停车去拾取了。

他身边的小沙弥叹了口气说："师父，好可惜呀，那是刚买的新鞋子啊。"

没想到老禅师迅速地把另外一只鞋也扔了出去，小沙弥惊讶地问："师父，您这是做什么呀？"

老禅师微笑着说："这一只鞋无论怎样，对我而言已经没有用了。如果有谁能捡到一双鞋子，说不定他还能穿呢！"

这是禅的智慧，是深悟的哲学。我们很多人常常患得患失，很多时候面对于自己而言已经失去作用的事物却一直耿耿于怀，不能放下。其实一旦放下，放眼长空，不仅可以使自己释怀，更多时候还能使他人获益，一举多得。

人生中，必要的放弃不是失败，而是智慧；必要的放弃不是削减，而是升华。所以，我们说必要的"舍"是一种理智，是一种智慧，是一种升华，因为这样的"舍"是一种更高层次的"得"，正所谓"舍得舍得，有舍才有得"。

智者寄语

一个不成功的人，往往并不是没有目标，而是目标太多。这样的人不懂得放弃那些不切实际的目标，他们什么都想要，但因为精力和时间有限，结果什么都没有做好。

成功就是正确的舍得

多年来，成功学者研究人生成功的方法，发现很多人的成功或失败并不决定于他懂不懂或知不知道什么方法。方法固然重要，但真正决定成败与否的根源，其实是他的选择，是他的决定。

有一位心理学家说过，一个人平均每小时会有 6 次选择，扣除掉 8 小时睡眠时间，一天就要面临96次选择,一年则有35000次选择的机会。当然不完全是重要或决定大事的选择,其中包括一早闹钟响了,你选择起不起床;吃饭时间到了,你选择吃不吃饭,吃什么等。成功的人总是做正确的选择,有挑战性的选择,会产生效益的选择,甚至是长远的选择,人与人最大的差异就是当你面临选择的时候所下的决定。

如果把成功比作一条路,那么每一次正确的选择就好比是路下面的一个个坚固的基石。只要基石是持久坚固的,那么路的寿命就会比较长。而如果其中有一个基石不坚固,出现了问题,那么相应的那块路面就可能发生塌陷,这条路的寿命也就可以就此宣告终结了。在人生的道路上,成功是一个持续不断的过程,一次正确的选择可以成就一次小小的成功,但要想获得更大的成功,我们就要不断地做出正确的选择,同时,还必须降低做出错误选择的概率,减少做出错误选择的风险。可以说,人生的道路是很漫长的,但紧要的就那么几步。如果一个人在这紧要的几步上选择错了,那么他很可能面对即将到来的失败。能不能实现飞跃,能不能实现自己的梦想,选择的正确与否是至关重要的。而连续正确的选择,则是一个人走向成功的保证。

很多人之所以在取得一点小小的成功后就停步不前、不思进取,乃至身败名裂,原因就在于他们不能连续地做出正确的选择。一个人从白手起家开始,他选择了勤劳、节俭、踏实、谦虚、好学、上进……这个正确的选择使得他在奔向成功的道路上,尽管可能有一段走得很艰难,但是目标没有变,方向没有错,脚步虽然慢了,可是没有停,最终能够取得成功就是必然的结果了。在取得阶段性的成功后,他面临着两个选择:继续努力,去取得更大的成功;停下来,好好享受成功的果实。选择前者的人会在之前成功的基础上,再加上技术、人才、信息等选择,不断强化和拓展已有的成功,使之能够成倍数增加,甚至是几何数增加。选择前者的人是在前一个成就成功的正确选择的基础上,连续做出了又一个正确选择。有的人则会选择后者,他觉得自己之前那么辛苦才取得成功,吃了那么多的苦,遭了那么多的罪,自己多不容易,现在成功了,就要好好享受成功的滋味。于是,开始抵挡不住花红柳绿的各种诱惑了,很多的选择一下子摆在了他的面前。他要么在众多的选择中迷失了自己,要么就是做出了错误的选择,不但不能继续取得成功,相反还葬送了自己已经取得的成功。

一次正确的选择就可能成就一次成功,而一次错误的选择不但不能带来成功,反而会断送成功。而正确的选择来自于思想的成熟、对生活的理解和理智的判断。当我们面对选择时,一定要放弃固执、盲目、冲动,要开阔思维、放远目光、权衡利弊、正确判断,因为人生所走的每一步都是在选择中完成的。一次又一次的选择叠加成了命运,选择的不同导致了命运的迥异。

今天的生活源于我们昨天的选择,明天的发展源于今天的选择。

我们今天的家庭、事业、成就、人际关系都是我们一连串选择的结果。选择正确,结果就一定正确。我们都希望自己成功,拥有更多的财富。可这一切并不是通过梦想就可以轻易得到的,我们需要付出比别人更多的精力、时间和汗水,我们可以经由这些因素取得成功。但关键是,选择必须正确,把事情做对并不难,难的是选择做对的事情,一旦选择有错误,成功将离我们越来越远,因为选择比努力更重要。正如一位成功学家所说:一个正确的选择可以把一个平凡的人生过渡到精彩的彼岸,走错了一步,则全盘皆输。人生要如彩虹绽放七彩,要如瀑布飞溅美丽浪花,那就请走好你的每一步。

智者寄语

如果把成功比作一条路,那么每一次正确的选择就好比是路下面的一个个坚固的基石。只要基石是持久坚固的,那么路的寿命就会比较长。

明智地放弃好过盲目执着

做一件事情，只要认准了方向就要坚持，这并没有错。但是如果这种坚持已经失去了意义，那就要果断地放弃，切不可钻牛角尖。否则，无异于浪费时间和精力，有时候还可能给自己带来更大的伤害。

坚持是一种可贵的精神，但是如果前方的路已经行不通，那就要马上放弃这种无意义的坚持，而改变行进的方向。有的时候，如果你的能力还达不到，那就不要执着于渴望已久的荣耀和地位。因为，即使你得到了，也无法保住它，它很快还会失去。那么，明智的放弃就是一种高瞻远瞩的智慧，等到你真正有能力掌握它的时候，它才能真正属于你。

柏林爱乐乐团是享誉世界的著名乐团，也有“世界第一交响乐团”之称，而它的首席指挥也素有“世界第一指挥”之称。很显然，能够在这样世界最顶尖的乐团当指挥，那该是多么荣耀的事啊！很多世界著名的指挥家都梦想有一天自己能够站在柏林爱乐乐团的指挥台上，演绎出一幕幕人生的华美乐章。这个幸运降临到了英国著名指挥家西蒙·拉特尔头上。

那是在1989年，享誉世界的柏林爱乐乐团首席指挥赫伯特·冯·卡拉扬突然逝世，乐团的正常演出无法进行，于是乐团决定聘请英国著名指挥家西蒙·拉特尔担任首席指挥。当众人仰慕的一纸聘书拿在西蒙·拉特尔手中的时候，他感到了无比的兴奋，恍惚间他觉得自己的梦想就要实现了。但他很快就冷静了下来，经过考虑，他拒绝了这个绚丽的舞台，而拉特尔就这样轻易地放弃了千载难逢的机会。连来送聘书的负责人也感到很惊讶，但是，拉特尔的一席话让他不得不佩服。拉特尔说：“柏林爱乐乐团是以演奏古典音乐而闻名于世的，而我对于古典音乐这门神圣的艺术理解还不够透彻，如果我接受你们的邀请，恐怕不能带领柏林爱乐乐团迈上一个台阶，反而会起到阻碍作用。”

拉特尔的话是发自内心的，他了解自己的能力。尽管这个机会真的很难得，但是如果自己坚持去了，却不能够作出成绩，反而有损于双方的声誉，与其这样，还不如明智地选择放弃。由于西蒙·拉特尔的执意拒绝，柏林爱乐乐团只好请了另一位著名的指挥家克劳迪奥·拉巴多做了首席指挥。

他的拒绝在当时影响很大，很多人不理解。有些英国人认为拉特尔不敢接受挑战，丢了英国人的脸。英国的《太阳报》上发表了一篇文章，标题是“拉特尔没能为英国人民带来荣誉”，对此拉特尔并不介意。他说：“再好的机会，如果你没有能力把握，那么还是放弃为好。”拉特尔虽然拒绝了柏林爱乐乐团的邀请，但是他并没有就此放弃努力。之后，他默默地去学习研究古典音乐。经过十年的努力，拉特尔以对古典音乐的不懈追求和透彻理解及自己精湛的指挥和表演一次次取得了成功，令听众倾倒。

柏林爱乐乐团又一次向拉特尔发出了邀请，这一次他没有再拒绝，也没有丝毫犹豫，而是欣然接受了邀请。他说：“我现在准备好了，我有信心把柏林爱乐乐团带到一个新的高度。”于是，当卡拉扬的继任者拉巴多光荣退休之后，拉特尔站在了柏林爱乐乐团的指挥台上，登上了“世界第一指挥”的宝座，他以自己出色的指挥带领柏林爱乐乐团创造了音乐史上一个又一个奇迹，带领柏林爱乐乐团迎来了一次又一次辉煌。他成为柏林爱乐乐团的骄傲，也成为全英国人的骄傲。2002年6月，在一次演出之后，在场的英国首相布莱尔对拉特尔说："你的两次选择都是无比正确的，你是英国人的骄傲。"

著名国学大师林语堂说过：明智的放弃胜过盲目的执着。一个人有多大的能耐，就做多大的事，否则，一味执着和坚持只会给自己增加更多的压力，根本于事无补。所以，我们要正确地估量自己，不要去做自己力不从心的事情。该放就放，当止则止，才能在轻松快乐的节奏中收获真正属于自己的那份成功。

为了事业的成功，我们可以放弃消遣的时光；为了纯真的爱情，我们可以放弃金钱的诱惑；为了庄严的真理，我们可以放弃利禄乃至生命。我们应该保留生命中最有价值、最必需、最纯粹的部分，而放弃那些人生的附庸和累赘。过分的固执坚持，是一种愚蠢，是一种失败。而学会明智的放弃则是我们开启人生新篇章的开始，是选择另一种辉煌的开端。

智者寄语

坚持是一种可贵的精神，但是如果前方的路已经行不通，那就要马上放弃这种无意义的坚持，而改变行进的方向。

丢掉包袱，适当放弃

适当的放弃，是对捆绑自己的背包的一次清理，丢掉那些不值得你带走的包袱，拿走拖累你的行李，你才可以简洁轻松地走自己的路，才可以登得高、行得远，看到更美更多的人生风景。

华裔科学家、诺贝尔奖获得者杨振宁和崔琦的成功，也是因为他们勇于放弃。杨振宁于1943年赴美留学，受"物理学的本质是一门实验科学，没有科学实验，就没有科学理论"观念的影响，他立志搞一篇实验物理论文。于是，由费米教授安排，他跟有"美国氢弹之父"之誉的泰勒博士做理论研究，并成为艾里逊教授的6名研究生之一。在实验室工作的近20个月中，杨振宁成为艾里逊实验室流行的一则笑话的主人公："凡是有爆炸(出事故)的地方，就一定有杨振宁！"杨振宁不得不正视自己：动手能力比别人差！

在泰勒博士的关怀下，经过激烈的思想交锋，杨振宁放弃了写实验论文的打算，毅然把主攻方向调整到理论物理研究上，从而踏上了物理界一代杰出理论大师之路。假如他一条道走到黑，恐怕"杨振宁"至今还是一个籍籍无名的符号。

而1998年的诺贝尔奖得主崔琦，在有些人眼里简直是"怪人"：远离政治，从不抛头露面，整日浸泡在书本中和实验室内，甚至在诺贝尔奖桂冠加顶的当天，他还如常地到实验室工作。更令人不敢置信的是，在美国高科技研究的前沿领域，崔琦居然是一个地地道道的"电脑盲"。他研究中的仪器设计、图表制作，全靠他一笔一画完成。而一旦要发电子邮件，也都请秘书代劳。他的理论是："这世界变化太快了，我没有时间赶上！"放弃了世人眼里炫目的东西，为他赢得了大量宝贵的时间，也就为他赢得了至高无上的荣誉。

人的一生很短暂，有限的精力不可能方方面面都顾及，而世界上又有那么多炫目的精彩，这时候，放弃就成了一种大智能。放弃其实是为了得到，只要能得到你想得到的，放弃一些对你而言并不必需的"精彩"，又有什么不可以呢？

从前有个孩子，伸手到一只装满榛果的瓶里，他尽其所能地抓了一把榛果，当他想把手收回时，手却被瓶口卡住了。他既不愿放弃榛果，又不能把手缩出来，不禁伤心地哭了。这时一个旁人告诉他："只拿一半，让你的拳头小些，那么你的手就可以很容易地拿出来了。"

贪婪是大多数人的毛病，有时候只抓住自己想要的东西不放，就会为自己带来压力、痛苦、焦虑和不安。往往什么都不愿放弃的人，结果却什么也没有得到。

有人在想："放弃"就是丢弃，它是懦弱的表现，怎么会是智能呢？不尽其然。尽管你的精力过人，志向远大，但时间不容许你在一定时间内同时完成许多事情，正所谓："心有余而力不足。"这就如把眼前的一大堆食物塞进嘴里，塞得太满，不仅肠胃消化不了，连嘴巴都要撑破了。所以，在众多的目标中，我们必须依据现实，有所放弃，有所选择。这样才能选出适合自己的营养食品，然后慢慢咀嚼，细细品味，直到完全吸收，我们不就又有充沛的精力了吗？

适当地放弃，如果在放弃之后，烦乱的思绪梳理得更加分明，模糊的目标变得更加清晰，摇摆的心铸就得更加坚定，那么放弃又有什么不好呢？世上没有绝对的放弃，只有永远的放弃。人生总要面临许多选择，也就要做出一些放弃，要学会选择，首先要学会放弃。放弃是为了更好地调整自我，准备良好的心态向目标靠近。特别是在现代社会中，竞争日趋激烈，每个人的生存压力也越来越重。于是每个人都身不由己地变得"贪心"，追求的太多，其失望也愈深。所以一定要保持一个清醒的头脑，不要做那个抓满榛果哭泣的孩子，因为毕竟我们已经不再是小孩了！

放弃，是一种睿智，是一种豁达，它不盲目，不狭隘。放弃，对心境是一种宽松，对心灵是一种滋润，它驱散了乌云，它清扫了心房。有了它，人生才能有坦然的心境；有了它，生活才会阳光灿烂。

智者寄语

适当的放弃，是对捆绑自己的背包的一次清理，丢掉那些不值得你带走的包袱，拿走拖累你的行李，你才可以简洁轻松地走自己的路，才可以登得高、行得远，看到更美更多的人生风景。

大胆舍弃也是一种更好的选择

人生要懂得伺机而行，适当的时候大胆舍弃一些应该舍弃的东西，才能拥有更多。

从前有两个年轻人，一个叫小山，一个叫小水，他们住在同一村庄，成为最要好的朋友。由于居住在偏远的乡村谋生不易，他们就相约到远地去做生意，于是同时把田产变卖，带着所有的财产和驴子到远地去了。

他们首先抵达一个生产麻布的地方，小水对小山说："在我们的故乡，麻布是很值钱的东西，我们把所有的钱换取麻布，带回故乡一定会有利润的。"小山同意了，两人买了麻布，细心地捆绑在驴子背上。

接着，他们到了一个盛产毛皮的地方，那里也正好缺少麻布，小水就对小山说："毛皮在我们故乡是更值钱的东西，我们把麻布卖了，换成毛皮，这样不但我们的本钱回收了，返乡后还有很高的利润！"

小山说："不了，我的麻布已经很安稳地捆在驴背上，要搬上搬下多麻烦呀！"

小水把麻布全换成毛皮，还多了一笔钱。小山依然有一驴背的麻布。

他们继续前进到一个生产药材的地方，那里天气苦寒，正缺少毛皮和麻布，小水就对小山说："药材在我们故乡是更值钱的东西，你把麻布卖了，我把毛皮卖了，换成药材带回故乡一定能赚大钱的。"

小山拍拍驴背上的麻布说："不了，我的麻布已经很安稳地在驴背上，何况已经走了那么长的路，卸上卸下太麻烦了！"小水把毛皮都换成药材，还赚了一笔钱。小山依然有一驴背的麻布。

后来，他们来到一个盛产黄金的城市，那充满金矿的城市是个不毛之地，非常欠缺药材，当然也缺少麻布。小水对小山说："在这里药材和麻布的价钱很高，黄金很便宜，我们故乡的黄金却十分昂贵，我们把药材和麻布换成黄金，这一辈子就不愁吃穿了。"

小山再次拒绝了："不！不！我的麻布在驴背上很稳妥，我不想变来变去呀！"小水卖了药材，换成黄金，又赚了一笔钱。小山依然守着一驴背的麻布。

最后，他们回到了故乡，小山卖了麻布，只得到蝇头小利，和他辛苦的远行不成比例。而小水不但带回一大笔财富，还把黄金卖了，成为当地最大的富豪。

面对机会的来临，人们常有许多不同的选择方式。有的人会单纯地接受；有的人抱持怀疑的态度，站在一旁观望；有的人则如同骡子一样，固执地不肯接受任何新的改变。而不同的选择，当然导致截然迥异的结果。许多成功的契机，起初未必能让每个人都看得到深藏的潜力，而起初抉择的正确与否，往往决定了成功与失败的结果。

在人生的每一次关键时刻，审慎地运用你的智慧，做最正确的判断，选择属于你的正确方向。同时，别忘了随时检查自己选择的角度是否产生偏差，适时地加以调整。

时刻留意自己所执着的意念，是否与成功的法则相抵触；追求成功，并非意味着你必须全盘放弃自己的执着，而来迁就成功法则。只需你在意念上做合理的修正，使之切合成功者的经验及建议，即可走上成功的轻松之道。

放掉无谓的固执，冷静地用开放的心胸去做正确抉择，正确无误的选择将指引你永远走在通往成功的坦途上。

智者寄语

人生要懂得伺机而行，适当的时候大胆舍弃一些应该舍弃的东西，才能拥有更多。

舍弃精神决定人生命运

从前，在一座山上有一位以采草药为生的老者。这位老者从小就生活在这座大山中，他非常熟悉大山的环境。除此之外，这位老者还是个懂医术的神医，方圆十里的人们都会找这位老者来看病，而老者并不会收取这些病人的医药费用，只要给予少量的粮食即可。所以，这位老者在当地的口碑非常好，许多人都很仰慕这位老者。

这年夏天，老者像往常一样来到山中采集草药，此时正是采草药的最佳时期。虽然此时的山中危机四伏，但是老者还是坚持进山采药。因为一个被毒蛇咬伤的孩子还在等着他的救治，如果不能找到这种草药，孩子的生命就会有危险。然而，老者在山中找了很久也没有发现他所需要的草药。这令老者感到非常沮丧，在空地上休息的时候，老者忽然想起小时候父亲和他讲过的关于这种草药的传说。据说这种草药非常稀有，五十年才生长一次，但是在另外一座山上却有很多这样的草药，不过想要去另外一座山可不是一件容易的事情，因为那座山不仅地形复杂，而且在山上还生长着很多毒虫，人一旦被这些毒虫咬伤，就必须要截肢，否则会危及自身的生命安全。虽然这是个传说，但是多年来还是没有人敢去那座山上采集草药。

此时，这位老者心里只有一个想法，只要能把被毒蛇咬伤的孩子医治好，舍弃再多的休息时间、面对再多的困难也要努力找到草药。于是，老者决心去另外一座山上采集草药。这座山上没有路，老者完全是凭借自己的力气一点一点爬上去的，当他气喘吁吁地爬到山顶的时候，天色逐渐暗了下来，为了能及时给孩子治病，老者加快了寻找草药的速度。当看到一片草丛的时候，他停下了脚步，发现这里有很多他要的草药，此时老者非常高兴，连忙向前去采集草药。然而，就在这个时候，他觉得右胳膊上疼了一下，老者意识到肯定是被传说中的毒虫咬了一口，不一会儿，他的右胳膊开始流血。此时的老者虽然害怕，但是头脑非常清醒，他明白，如果不及时把这条胳膊截肢，自己的生命安全会受到影响，于是老者果断地把右胳膊砍了下来。虽然截肢非常痛苦，但是只有这样才能保住性命。

当老者回到家的时候，天已经完全黑了下来，他忍住被截肢的疼痛，来到被毒蛇咬伤的孩子家中，给这个孩子服下了草药。此时，这个孩子已经摆脱了生命危险，可老者却晕倒在孩子的床边。好心的人们看到老者的胳膊断了一条，都流下了伤心的眼泪，因为他们深知老者是为了给孩子治病而被毒虫咬伤，失去了胳膊。于是，很多人都来照顾老者，为他祈福着，希望他能够好起来。当老者醒来的时候，人们围坐在他的身旁，一名上了年纪的人拉着老者的手哭着说道："谢谢您，神医，您为了救我的孙子而失去了一只手臂，下辈子做牛做马我也要报答您。"说完，这个孩子的家人都跪倒在老者的身旁，感谢老者的救命之恩。

这件事在当地被传开以后，县令亲自到老者的家中进行慰问。县令被老者的这种精神所打动，拉着他的手说道："您是一个为了救助别人而敢于舍弃自己利益的人，您的这种精神令我等感到无限敬仰，我将向朝廷奏请，让黎民百姓都来认识像您这样具有舍弃精神的神医。"不久以后，这位老者就接到圣旨，皇帝召其进宫做了一名御医。

人的命运虽然不同，但是决定人命运的关键点就在于是否具有舍弃精神。如果没有舍弃精神，人生的命运就不会发出光彩；而如果对人或对事总是具有一颗舍弃的心，那么自己的人生命运也将会被改写。所以说，命运的选择在于是否懂得舍弃。

智者寄语

人的命运虽然不同，但是决定人命运的关键点就在于是否具有舍弃精神。如果没有舍弃精神，人生的命运就不会发出光彩；而如果对人或对事总是具有一颗舍弃的心，那么自己的人生命运也将会被改写。

舍得成就美丽人生

人们常说："愈放下路愈宽，在舍得之间成就美丽人生。"然而，在现实生活中，很多人在这一点上做得并不理想，他们不能把握好舍与得之间的关系，导致他们在人际交往上存在一定的缺憾。国内有位著名心理学家曾经说过："无论企业还是个人，只有懂得舍与得之间的关系，并能够把心态放平、放宽，才能在舍得中获取成功，实现自己的理想。"

乔治·布朗经营着一个农场，在农场发展过程中，他总会善待农场中的员工。在薪金待遇方面，他会充分考虑员工的意见和建议。在员工们看来，他就是一个懂得舍与得的好老板。乔治·布朗认为，懂得舍与得是人的一种精神境界，更体现出一个人的品德修养。

为此,他经常给员工讲这样一个故事:

在阿尔卑斯山脚下,住着一户富裕的人家,家中有三位漂亮的女儿,户主由于年事已高,决定让家中的孩子们出去闯荡。于是把三个女儿叫到身边说道:“你们每个人都去做一件最有意义的事情,谁做得最有价值我就把财产都留给她。”说完他给了每个人一些盘缠后,三个女儿便上路了。

半年的时间转眼间过去了,他的孩子们都陆续回来了,户主让三个女儿讲述了自己的经历。大女儿说道:“此次出行我收获了很多。我来到了一个小镇,而与我同行的还有一名老者,在此期间我们建立了非常深厚的友谊。为了表示他对我的信任,他把他的水牛交给我来照顾,我欣然接受了这个请求。谁知,几天过后,这个老者与世长辞了。为此,我千辛万苦地找到他的家人,并把水牛交给了他的家人。之后,我才踏上回家的路,我认为此事是我经历的最有意义的事情,所以我应当得到家产。”

“这算什么有意义的事情呀?和我的比起来,你还差一些呢。”二女儿跳着说道,“当我路过一个发生灾害的地方后,发现这个小镇有许多吃不饱饭的人,于是我把带的粮食都给了他们,临走的时候我还把身上的钱也全部给了他们,帮助他们渡过难关。”

最后轮到三女儿了,三女儿有些不好意思,她深知自己是最后一个回到家的人,但是她还是忍不住说道:“相比大姐和二姐,我花费的时间最长,也是最后一个回到家的,但是我做了人生中最有意义的事情。当我走到一个小镇的时候,看到这个小镇的人们生活非常贫困,对此我感到非常震惊,我立志要帮助他们改变这种贫困的面貌。有一天,当我走到一户人家田地的时候,发现他们的庄稼秧苗非常弱小,依据我的判断是由于他们的庄稼中出现了害虫,当时我只想凭借自身的力量来帮助他们消灭害虫,让庄稼茁壮成长。可是,消灭害虫是一件非常辛苦的事情,每天我都会和那里的人们很早就起床,我来指导他们消灭害虫的方法,经常会被炙热的太阳照得睁不开眼。在不到一个月的时间里,我的皮肤已经被晒得发黑,但是我并没有退缩,反而认为这是我经历的最有意义的事情。当我帮助他们消灭完害虫的时候,他们极力想把我留下当他们的村长,无奈之下,我趁他们不在的时候偷偷溜了出来,所以才会花费这么长时间回到家中。”

其他两个姐妹听后都不禁大笑起来,此时这位户主转过身来对三个女儿说道:“大女儿用自己的行动履行了自己的诺言,二女儿用一颗善良的心帮助了别人,而三女儿虽然没有像两位姐姐那样按时回家,但三女儿以无比仁爱的胸怀帮助了这些村民,并懂得舍得精神。这是最可贵的,也是人最崇高的品德,所以三女儿将获得全部家产。”

美国一所著名的少儿成长培训机构曾经培养孩子们舍得的精神,他们主张把舍得摆在第一位。他们认为,人的一生是一段曲折而复杂的过程,每走一步都可能会遭遇到不顺心的事情,意想不到的烦恼也会困扰着我们,这个时候表现最多的就是人们无端的指责与谩骂,甚至会有大的冲突等,如果每个人都不懂得退让、不懂得取舍,必然会使自己每天的生活都处于高度紧张的状态,人生也会失去许多应有的快乐。所以,学会以舍得的心态去面对这些事情,你会发现自己是最快乐的人。

该培训机构认为,孩子舍得性格的培养完全取决于是否能拥有一个民主、懂得如何取舍的家庭,如果孩子们能在这样的环境中长大,必然会形成对人、对事取舍得当的性格。家庭生活中,家长不要把自己的意愿强加于孩子身上,因为他们有自己独特的性格与想法,要耐心听取他们的意见,做到取舍有道。对于出现考试成绩不好的情况,家长不要打骂孩子,更不要当着很多人的面批评孩子,要和孩子认真沟通,一起找出成绩不好的原因。父母要把孩子当成生活上的朋友,充分尊重孩子们的意愿,这样孩子才会有一颗懂得舍得的心。

可以说,舍得是一种人生的智慧,更是一种仁爱的表现。只有舍得对别人释放光芒,才能为自己照亮前程,而懂得舍得的人才能获取到人生的幸福。

美国哲学家杜威曾经说过:“舍得是人类最好的美德,更是人生的一种修养。具有舍得精神的人往往能感染更多的人,从而使世界变得更加和谐与完美,并成就自己美丽的人生。”

智者寄语

舍得是一种人生的智慧,更是一种仁爱的表现。只有舍得对别人释放光芒,才能为自己照亮前程。而懂得舍得的人才能获取到人生的幸福。

舍弃背后是更大的收获

史蒂文森和大卫是学生时代的同窗好友,他们的专业都是法律学,毕业之后他们想到英国一家法律机构工作,于是他们给一家法律公司发了简历。幸运的是,他们两个人都接到了法律公司面试的电话。史蒂文森和大卫接到面试通知后非常兴奋,他们一起到百货公司购买了西服,还特意把简历做得更加漂亮。第二天,他们都早早地来到了法律公司,等待面试。

这家法律公司招聘人员的方式非常独特,招聘官会通过一些测试来对前来面试的人员予以观察。这天,他安排公司一位人员故意到公司的大门口乞讨,并装作生病的样子。而当史蒂文森和大卫来到这家法律公司门口的时候,发现了“乞丐”,只见他满脸痛苦地捂着肚子,此时两人都走了上去。

大卫问道:“请问需要帮忙吗?”

“乞丐”没有力气回答,只是痛苦地呻吟着。

“我们还是不要管他了,还要参加面试呢,不然就晚了。”史蒂文森说道。

“那怎么行,既然我们看到有人需要帮助就一定要帮助他。”

“这次面试可关乎到咱俩未来的前程,还是先去参加面试吧。”史蒂文森劝说道。

“你先走吧,我要把这个乞丐送到医院去。”

“那好,耽误了面试时间可别怨我没提醒你啊。”史蒂文森转身走了。此时,大卫把这名“乞丐”搀扶起来,并将其送到了医院。等大卫从医院出来后便急忙赶往面试的地点。

接待面试者的是法律公司业务部的总监,史蒂文森是第一个参加面试的人,法律公司业务部的总监向史蒂文森问了一个问题:“当有人遭遇困难的时候,你首先要做的是什么?”史蒂文森回答道:“当有人遭遇困难时,假如我有约在身就一定会准时赴约,而不是先帮助有困难的人。”总监听完对方的回答后,说道:“非常高兴你对法律公司的热爱,你刚才所说的似乎没有错,但法律公司的企业文化似乎与你不符。”史蒂文森听出了其中的意思,非常沮丧地转身离开了。

此时的大卫知道自己失约了,离规定的面试时间已经超过了一个小时,起初他想放弃这次面试,但还是叩响了业务部总监的门,他来到法律公司业务部的总监面前,首先面带微笑地向对方解释了一下迟到的原因,然后在得到对方的许可后才坐下。当时,业务部总监也向大卫问了相同的问题,大卫这样回答道:“我对贵公司的了解及关注已经有一段时间了，我对贵公司的企业文化非常认同，而且我也了解了贵公司的发展史。事实上，一个公司能快速发展肯定离不开良好的企业文化。如果真如您所说的那样，当有人遇到困难的时候，我会全力以赴去帮助别人摆脱困境，因为我觉得人在遭遇困境的时候是最需要别人来帮助的，我帮他一把的话，也许他就能继续站立起来。但是，如果我选择逃避，这个人会得不到及时的帮助与关怀，从而使他失去对生活的渴望，或许会给他带来更深的困苦。"业务部总监认真地听完大卫的回答后，他在本子上似乎记录着什么，站起来对大卫说道："谢谢你对法律公司的赞誉，法律公司一定能做得更好。我非常高兴地通知你，你被公司录用了。"

大卫似乎没有回过神来，问道："之前面试的史蒂文森比我优秀，您为什么没有录用他呢？"业务部总监笑着说道："法律公司需要的是敢于负责任的员工，而不是为了工作而工作、凡事想要逃避的人。通过在大门口你帮助乞丐的表现来看，你是个责任感很强的人，并在乞丐需要帮助的时候帮助了他，使他摆脱了困境，你是个懂得舍弃的人。所以，我有理由相信你一定会把工作当成自己的事业一样去用心经营，这就是我录用你而没有录用史蒂文森的真正原因。"

梅里是一艘豪华客轮的一名服务员，大学毕业后因为有良好的教育背景与姣好的相貌被学校推荐至一艘豪华客轮。这艘豪华客轮客服部经理接待了梅里，并向她提出了问题："你认为豪华客轮服务员的主要工作职责是什么？你觉得你凭借什么能把工作做好？"梅里不假思索地回答道："豪华客轮服务员的主要工作是为了更好地为乘客服务，对顾客要懂得舍弃的精神。我对这份工作十分有信心，并相信通过我的努力一定可以让乘客满意。在为乘客服务的过程中，我会坚持微笑面对乘客，耐心细致地帮助乘客解决问题。更愿意用我真诚的服务感动每一名乘客。"

客服部经理听完梅里的话后非常感动，她勉励道："梅里，我相信你会把工作做好，更希望你能通过自身不断的努力来提高自己。如果工作上有什么棘手的问题，要及时和我沟通，我会给你做指引。"就这样，梅里正式开始了服务员的职业生涯。

为了能尽快熟练掌握业务本领，梅里每天很早就来到了船舱备餐处，开始检查餐台、控制台的情况，把旅客座椅的数量及配餐的情况都记录在小本子上，其他服务员都是按照工作时间来工作，可梅里舍弃了休息时间，想更加熟练地掌握为客人服务的技能。

就这样，梅里通过自己的努力，舍弃了大量休息时间，在不到3个月的时间内就从一名普通的服务员晋升到领班经理的职位。可以说，这与她具有的舍弃精神是分不开的。正是凭借这种舍弃的精神，梅里得到了快速发展，在她加入到公司一年之际，她的这种精神被上层领导所赏识，很快就把她提升为客服经理。

由此可见，虽然人在一生发展过程中会舍弃一些东西，但是这些舍弃的背后换回来的是收获，正如人们所说的那样——有舍才有得。

智者寄语

虽然人在一生发展过程中会舍弃一些东西，但是这些舍弃的背后换回来的是收获，正如人们所说的那样——有舍才有得。

第十章

放低自己，也是一种达观处世的人生哲学

把自己放低才能容纳一切

海纳百川，有容乃大。江海之所以伟大，是因为身处低下，方能成为百川之王。要想拥有百川的事业和辉煌，首先要拥有容得下百川的心胸和气量。

一个失望的年轻人，千里迢迢来到法门寺，对释家学者法明说："我一心一意要学丹青，但至今仍没能找到一个令我满意的老师。"

法明笑笑，问："你走南闯北十几年，真没能找到一个自己的老师吗？"年轻人深深叹了口气说："许多人都是徒有虚名啊，我见过他们的画，有的画技甚至不如我呢！"法明听了，淡淡一笑说："我虽然不懂丹青，但也颇爱收集一些名家精品。既然施主的画技不比那些名家逊色，就烦请施主为老僧留下一幅墨宝吧。"说着，便吩咐一个小和尚拿来笔、墨、砚和一沓宣纸。

法明说："我的最大嗜好，就是爱品茗饮茶，尤其喜爱那些造型流畅的古朴茶具。施主可否为我画一个茶杯和一个茶壶？"

年轻人听了，说："这还不容易？"于是调了浓墨，铺开宣纸，寥寥数笔，就画出一个倾斜的水壶和一个造型典雅的茶杯。那水壶的壶嘴正徐徐吐出一脉茶水来，注入茶杯中去。年轻人问法明："这幅画您满意吗？"

法明微微一笑，摇了摇头。他说道："你画得确实不错，只是把茶壶和茶杯放错位置了。应该是茶杯在上，茶壶在下呀。"

年轻人听了，笑道："大师为何如此糊涂？哪有茶壶往茶杯里注水，而茶杯在上茶壶在下的？"

法明听了又微微一笑说："原来你懂得这个道理啊！你渴望自己的杯子里能注入那些丹青高手的香茗，却总把自己的杯子放得比那些茶壶还要高，香茗怎么能注入你的杯子里呢？正如江海河谷把自己放低，才能吸纳融汇百川，成汹涌之势啊。"

年轻人听罢，顿时有所领悟。

待人接物，我们首先要学会把自己放低，才能容纳一切。

宽容待人，就是在心理上接纳别人，理解别人的处世方法，尊重别人的处世原则。我们在接受别人的长处之时，也要接受别人的短处、缺点与错误，这样才能真正地和平相处，社会才显得和谐。俗语讲，眉间放一字"宽"，不但自己轻松自在，别人也舒服自然。容纳是一种豁达的风范，对于人生，也许只有拥有一颗容纳的心，才能面对自己的人生。

容纳就是在别人和自己意见不一致时也不要勉强。从心理学角度看，任何想法都有其来由，任何动机都有一定的诱因。了解对方想法的根源，找到他们意见提出的基础，就能够设身处地为对方着想，提出的方案也更能够契合对方的心理而得到接受。

容纳更是一种财富，拥有宽容，便拥有一颗善良、真诚的心。这是易于拥有的一笔财富，它在时间推移中升值，把精神转化为物质。它是一盏绿灯，帮助我们在工作中通行。选择了容纳，便赢得了财富。

智者寄语

宽容待人，就是在心理上接纳别人，理解别人的处世方法，尊重别人的处世原则。我们在接受别人的长处之时，也要接受别人的短处、缺点与错误，这样才能真正地和平相处，社会才显得和谐。

多低头，少生气

低头是一种能力，它不是自卑，也不是怯弱，而是清醒中的嬗变。学会低头，你才能顺利地走过一段坎坷路；学会低头，你的人生路才会更加精彩。

很多成功人士都懂得低头、懂得自谦，最后才登上常人无法攀登的高峰。

梅兰芳当时经常在各个戏院演出，而他的每场演出无不获得喝彩。这天，他在一家戏院里演《杀惜》，演至精彩处，戏院内喝彩声不绝于耳，大家都在不停地叫好。但当众人的叫声停止后，只听到有一个老人很平静地喊了一声："不好，不好！"

大家都循声看了过去，梅兰芳也不由得朝老人看了一眼，只见那是一个衣着朴素的老人。梅兰芳在台上暗暗地记下了他。

待戏结束之后，梅兰芳找人用专车把老人接到自己的住处，对他待如上宾。等老人坐定喝完一杯茶时，梅兰芳才恭恭敬敬地说："说我不好者，吾师也。先生说我不好，想必您老人家定有高见，请您赐教，学生决心在此亡羊补牢。"

老者先是觉得梅兰芳之所以请自己来一定是要与自己争执一番，没想到他却对自己如此谦恭。于是，老人便认真地说："惜娇上楼与下楼之步按《梨园》规定，应是上七下八，而你为何在表演时上八下八？"

梅兰芳听过仔细一想，顿时恍然大悟，不仅为自己的疏漏感到羞愧，也为老先生观看得仔细深感佩服。想至此他低头便拜，称谢不止。

老人无不感慨地说："我没想到你能在我这样一个糟糠老人面前低头。"

梅兰芳认真地说："不，能给我指正的人都是我的老师，都值得我向他们低头请教。谢谢您能知无不言，您从此就是我敬重的老师。"

老人激动地说："你这样的态度一定会在艺术上取得更大的成就。但有一点你要知道，那就是表演无小事，你的举手投足都马虎不得。"

梅兰芳听后对老人感激不尽，以致以后每每演出，必请老者观看指正。

就是这样的谦虚大度，就是这样肯在过失面前低头的态度，使梅兰芳最终成了一代名家。肯低头不仅使他的艺术造诣更进了一步，还使自己的德行更胜人一筹。他这样的态度怎能不受人尊敬？这样成功的艺术大师都能如此，我们又有什么不可的呢？

在人生的征途中，我们常常因光彩的事物而迷失了方向，自以为是，结果却在生气中输掉了自己。所以，用平和的心态，学会低头，能做到低头的人，才能更好地站起来，才能走得更快、更稳。

因此，在生活中不要总是心高气盛，恃才傲物，以为自己是鸿鹄，别人都是燕雀，眼睛总是高高向上，根本不把周围的一切放在眼里。要学会低头，学会对自己更好地认知，这样你的人生才会走得更顺利，你也才能更快地出头。

智者寄语

在人生的征途中，我们常常因光彩的事物而迷失了方向，自以为是，结果却在生气中输掉了自己。所以，用平和的心态，学会低头，能做到低头的人，才能更好地站起来，才能走得更快、更稳。

在降低标准中完善自己

人往高处走，水往低处流，人生总是向上的，这是人们的认识，也是人生的理念，更是众生的普遍心理。

然而事实上，就是这种“人往高处走”的理念，毁了许多人，坑了许多人。客观地讲，人生一世，是不可能总往高处走的，沉浮起落，坎坷挫折，下坡路的时候是很多的，我们不能不走。这正如《贤愚经》中所说的：“常者皆尽，高者必堕。合会有离，生者皆死。”

有钱人变为没钱人，局长降为处长，老板变成小工，昨天的名人沦为今天的无名鼠辈……诸事不如前的现象每个人都经历过。每当这时，往日的标准都会被大打折扣。由此看来，人生不可能总是守在一个高标准上。高标准本身就是一种完美主义的化身，其中包含着对周围事物和对自己的苛求，结果是自己累垮了，周围人也受不了。

更何况，人生总有不顺的时候，诸如单位不景气，事业陷入困境，家庭遭受变故……跟随而来的便是内在和外界的标准一同降低。如果这时谁还保持一种高标准的心理期待，还是一味地“人往高处走”，就会遭遇打击，饱尝痛苦，陷入烦恼的境地。于是，这时降低标准便成为唯一而正确的人生选择。尤其在当今这个充满竞争的社会，“高标准”往往是靠不住的，极易被动摇。学会降低标准，反而成了人们解决人生难题的一把钥匙。

我们所说的降低标准，并不是要你退缩，更不是要你消极，而是一种心理调理和应对。人生是不确定的，外在的事物总在不断变化，好与坏、顺与不顺定会接踵而来。不管是在心理上，还是在客观上，过高的标准都会使人时时处处面临着一种高度的威胁。有时候，甚至使人变得灰心丧气，破罐子破摔。

一味地高标准，不但会伤害自己，同时也会伤害别人。现实社会中，许多人之所以不适应新的环境，之所以会痛苦烦恼，就是因为守着一个高标准不放。他们认为自己只能上升，不能下降。因此，高标准在很多时候反而成了极端片面的害人理念。

某公司被兼并了，几百名员工一同下岗，他们一蹶不振，而老李却挽起袖子，到一家小餐馆做了一名跑堂。某企业倒闭了，人们丧气到了极点，老张却在第二天下楼修起了鞋子。老黄是某事业单位的领导，单位解散后，不但官职没了，吃饭也成了问题，他什么也没说，到一家公司做了一个保安。

降低标准，不仅要降低生活的标准，还要降低位置，放下架子，不顾面子，甚至还要放弃内心的追求与以往美好的向往。

由此可见，降低标准，是人生的一种快乐良方，只是这种快乐良方，并不是每个人都能接受。但纵观我们的一生，不管你是主动的还是被动的，降低标准却是随时存在着的。降低自己的身份，降低自己的名誉，降低自己的头衔……我们是否能够放下，同样需要英雄般的气概。

肯不肯降低标准，有时反而成了一个人能否生活下去的必要条件。说严重点，很多人都是病在、倒在、败在、死在了这个环节上。

许多伟人，许多大人物，其实都不是一味守着高标准不放的人，而是能在降低标准中完善自己，从头再来。为了能够活得好一些，并时时快乐着，降低标准有时会是我们最明智的选择。

智者寄语

一味地高标准，不但会伤害自己，同时也会伤害别人。现实社会中，许多人之所以不适应新的环境，之所以会痛苦烦恼，就是因为守着一个高标准不放。他们认为自己只能上升，不能下降。因此，高标准在很多时候反而成了极端片面的害人理念。

多一分恭敬，就会多一些收获

一个谦卑、恭敬、高尚的人，待人恭敬和虔诚，他就会受到别人的尊敬和景仰。有人说：谦卑是智慧的开始，恭敬是快乐的源泉。此言不差。

在梵授王统治的波罗奈国有四个富商。他们各有一个儿子，都长得风流英俊，且喜欢结伴而行，共闯江湖。有一天，四位商人之子又一起出城，中途坐在路边休息，互相交谈自己近来的所见所闻。这时，有一位猎人打猎回来，车上装了许多猎物，其中有不少鹿。猎人驾着马车疾驰而来，准备进城卖掉这些猎物。

四个年轻人看到满载猎物的马车驶来，其中一个迅速从地上站起来，说道："我向猎人要块肉去。"话音刚落，他已经走到马车前，很不礼貌地说："喂！打猎的，割块肉给我！"猎人见这个年轻人如此傲慢无礼，便不卑不亢地回答："向人索要东西，怎么能以这样的口气呢？要和气换和气才对呀！我不会拒绝你的要求，但是会按照你的言辞来决定给你哪一块肉。"说完这番话，猎人便念了一首偈语：

"公子所要肉，出言欠和逊；

按君言粗鲁，只配得筋骨。"

第一位商人的儿子拿着猎人给他的鹿骨，悻悻地退回原来坐的地方。第二位商人的儿子也站了起来，说道："我也向猎人要块肉。"他来到猎人面前，和颜悦色地说："大哥，能给我一块肉吗？"猎人笑着说："当然可以。我也会按照你的言辞来决定给你哪一块肉。"接着，猎人扶着车把，也念了一首偈语：

"人说尘世中，兄弟手足情；

按君言辞和，送君鹿腿肉。"

第二位商人的儿子拿着猎人给他的鹿腿，高兴地回到路边。第三位商人的儿子也站了起来，说道："你们都向猎人要了肉，我也去。"他来到猎人面前，满脸笑容，用温和、尊重的语调说道："老爹，请给我一块肉好吗？"猎人也报以一笑，很爽快地说："我会按照你的言辞决定给你哪一块肉的。"说完这话，他又念了一首偈语：

"呼一声爹，为父心头颤；

按君言辞敬，赠君心头肉。"

第三位商人的儿子拿着猎人给他的鹿心，愉快地回到年轻的朋友们身旁。第四位商人的儿子迎着他站起身来，说道："我也去向猎人要肉。"他来到猎人面前，含着亲切的微笑，诚恳而又尊敬地说："朋友，打猎辛苦了。能否赏我一块肉？"猎人也礼貌地微微颔首道："没问题，朋友，我将会按照你的言辞来决定给你哪一块肉。"第四次念起偈语：

"村中若无友，犹孤居森林；

按君言辞美，赠君倾我车。"

猎人恐怕年轻人没听清楚，再次强调："朋友，上车来吧！我要将这整车猎物都送到你家里去。"第四位商人的儿子也不客气，让猎人驾车把满车鹿肉送回自己家。他吩咐仆人卸下肉后，让厨子马上烹煮，热情招待猎人。俩人边饮酒边交谈，吃喝了整整一夜，尽兴而散。

向同一位猎人索要鹿肉,因为态度不同,结果也大不相同。态度傲慢、言语不敬的年轻人得到的只能是筋骨;和颜悦色、以父辈相称的年轻人得到的是鹿腿;满脸笑容,用温和、尊重的语调相称的年轻人得到的是鹿心;真诚、恳切,把对方视为朋友的年轻人得到的是满车鹿肉。从这个故事中我们可以看到,以恭敬的态度对人,取得的效果是不一样的。对人多一分恭敬,自己则收获一份福慧。在人际交往中也是如此,谦卑和恭敬能够产生重要的作用。我们要想获得更多的福慧,就要努力做到以恭敬的态度对人。

智者寄语

以恭敬的态度对人,取得的效果是不一样的。对人多一分恭敬,自己则收获一份福慧。

低调做人才会有高调反响

对于一个行事低调的人而言,他的人生价值在于为社会做了多少贡献,而不是留下了多少美名。而事情必有因果,当他一心做贡献的时候,他的美名也被人们默默流传。一个人只要为社会做出了真正的贡献,给人民带来了利益,即使不树碑建馆,不高调宣扬,也会永远留在人们心中。

马克思逝世后,年迈的恩格斯独自肩负起指导国际工人运动的责任。他以火一般的热情为国际无产阶级解放事业操劳到生命的最后一刻,赢得了国际先进工人的衷心爱戴和敬仰。在巨大的荣誉和声望面前,恩格斯从未沾沾自喜,始终保持着谦虚谨慎的作风,反对以任何形式推崇和颂扬他个人。

1893年秋,恩格斯去瑞士、奥地利和德国做旅行和访问。这些国家的工人群众出于对他的热爱,纷纷举行了盛大的欢迎会。恩格斯再三说:“这完全不适合我。”在苏黎世、维也纳和柏林,他不得已到集会上讲话时,总是指着悬挂在会场上马克思的像说,他只是作为马克思的战友来接受大家的欢迎,分享马克思的荣誉。在谈到他自己时,他说:“如果说我在参加运动的五十年中的确为运动做了一些事情,那么,我并不因此要求任何奖赏。我的最好奖赏就是你们!到处都有我们的同志:在西伯利亚的监狱里,在加利福尼亚的金矿里,直到澳大利亚……这使我感到骄傲!”

1890年11月下旬,在恩格斯七十寿辰前夕,贺信和贺电雪片似的从欧美各国向伦敦瑞特琴公园路122号飞来。倍倍尔和李卜克内西等打算专程从柏林来向他祝贺。恩格斯一再表示这完全是不必要的,他无论如何不能接受。倍倍尔再三坚持,并说明来伦敦还要会见英国工人运动的领导人,恩格斯才勉强同意他们来参加他的家宴,并表示只此一次。马克思的幼女、英国工人活动家爱琳娜在《德国社会民主党人》月刊上发表了一篇祝贺他寿辰的文章,恩格斯看了很不高兴,批评她不该“过分地颂扬我”,说要对她“训一训”才好。

第二年冬,伦敦德意志工人共产主义教育协会歌咏团为恩格斯七十一寿辰准备了一场音乐晚会,邀请恩格斯出席。恩格斯当天才得知此事,他为自己未能及时阻止而感到不安,便立即给歌咏团写了一封信,找了一个托词谢绝了他们的邀请,并告诉他们:“马克思和我从来都反对为个别人举行任何公开的庆祝活动,除非这样做能够达到某种重大的目的。我们尤其反对在我们生前为我们个人举行庆祝活动。”

恩格斯生前反对人们以任何形式推崇他个人,也“从不考虑死后的荣誉”。他在晚年曾经多次表示,自己作为马克思的一个不太出色的战友和助手,得到了过多的荣誉和过高的评价。他对梅林说："历史最终会把一切都纳入正轨，但到那时我已幸福地长眠于地下，什么也不知道了。"他不需要后人为他树碑建馆。他曾经表示，希望他故乡自有的房屋有朝一日能成为党的印刷厂厂房。

其实，越是真正伟大的人物，越是取得巨大成就的人，为人越是低调、不求名利，他们更加受人尊敬。反之，一些只是小有成就却自视甚高的人，却在到处炫耀、四处吹嘘，也因此招来别人的嘲讽和讥笑。

智者寄语

越是真正伟大的人物，越是取得巨大成就的人，为人越是低调、不求名利，他们更加受人尊敬。

低姿态是领导收服人心的资本

作为领导，如果能够放低自己的姿态，把自己置于人人平等的氛围中，那么，便多了一份收服人心的资本。因为人是感情动物，他们希望看到你身上的平民气质，而不是金钱和地位。越是谦和的人，越容易受人拥戴。

战国时，齐国的孟尝君、赵国的平原君、魏国的信陵君、楚国的春申君都非常好客，各养门客数千，其中，真正尊士识士的要算魏国的信陵君。

信陵君，魏国公子，名无忌，是魏昭王的小儿子。魏昭王死后，无忌之兄安厘王继位，封无忌为信陵君。信陵君为人仁而下士，因此，即使在数千里外的士人也争来投靠他，宾客有三千人之多。当时，各诸侯国正是因为信陵君贤而多客，才不敢加兵于魏。

信陵君卑身虚心待士最脍炙人口的故事，是他和隐士侯嬴的结交。侯嬴，是大梁夷门的看门人，年纪已70岁了，是个隐居的贤士。信陵君听说他是个贤才，便亲自前往拜访，并送给他厚礼。侯嬴不肯受礼，说："我修身洁行数十年了，决不因穷困而受公子财。"

信陵君特意为侯嬴摆了丰盛酒宴，并请了很多宾客。同时，他空着车上左边的座位，自己赶车前往迎接侯嬴。侯嬴上了车，毫不谦让地坐在上座，想以此试探公子的态度。这时，他见公子赶车更恭敬了。车骑经过一段路，侯嬴对公子说："我有一位朋友在市场里，想顺道去看看他。"

于是，公子赶着车进入了闹市，侯嬴下车去会见自己的朋友朱亥，故意长时间地跟他谈话，斜眼看着公子的表情，而公子却和颜悦色，非常耐心地等着。

这时，魏国的将相宗室宾客已坐满堂，正等着公子来举酒。市人都观看公子为侯嬴执辔赶车。随从人员都在暗中骂侯嬴。侯嬴见公子颜色始终不变，才向朱亥告辞上车。

等到了家里，公子把侯嬴请到上坐，介绍给宾客，宾客都很惊讶。酒过三巡，公子起身向侯嬴祝寿。侯嬴对公子说："今天我太烦劳公子了。我不过是夷门的看门人，而公子亲自为我赶车迎接，不该停留公子也停留了。可是，我却是想给公子带来一个好名声，所以让公子长时间站在市中。人们都把我当作小人，而认为公子是个礼贤下士的明主。"他又说："我所访的朱亥也是个贤者，他隐居于屠间，世人不知道。"

侯嬴这样做，不仅是试探公子能否尊士，也是为宣传公子尊士的声誉，而途中访朱亥也使公子能与贤者结交。信陵君的礼贤下士，收服了人心，后来侯嬴与朱亥这两个人窃符救赵，为信陵君立下了汗马功劳。

为了收服人心，很多领导者都不惜放下身段。

某公司的王总为了挽回失去的人才，也是亲自出马，“低声下气”劝其回心转意。

一天，原来在某公司担任部门领导职务的有才干的年轻人张松，因为和公司的副总发生了一点口角，突然辞职走了。王总经理得知他是被聘到一家酒店做经理，就决定亲自出马，找他回来。副总不同意，他觉得这样做太“跌份”了，王总却坚持要去，于是王总经理找到了那家酒店。原先的老板主动来喝酒，这使刚辞职的张松深感意外。但他想躲开已经来不及了，只好笑脸相迎，请王总喝酒，他在一旁陪着。

两个人细饮慢说，王总笑容可掬，情绪不错。他与这位过去的手下闲扯起一些一起创业过关斩将的往事，讲得眉飞色舞。随后，才谈到张松的近况，他兴致勃勃地问：“很好吧？是不是干得很顺手？”张松当然要把其现状好好描绘一番：很受老板的赏识，当上经理以后，手下协作也不错，初步估算，在年内可以赢利 50 万元，一边说一边觉得很畅快。王总淡然一笑，说：“50 万吗？我认为太少了。”“就这么个小小的酒店，一年赚这么多已经很不错了……”张松小声地辩解道。

王总一本正经地说：“照我看，你的才能一年应该赚几百万，你太不自信了，在这个小地方藏不下你这条蛟龙，所以我看你在这儿是大材小用啊！还是回去跟我干，怎么样？”

张松感到非常意外：“王总，你不是开玩笑吧？我刚出来，你还要我回去……”王总慢悠悠地说：“我想问题和做事情向来都是认真的。至于你和副总的不愉快，我都知道了，他也很后悔，正盼着你能回去呢！”

张松为难地苦笑：“我连公司的房子都退了，回去还有位置吗？”王总道：“你错了，我们公司的一贯做法是人走了房子留给他，你在小酒店里太屈才，所以留下这句话：你愿不愿来，我都等着你。”

张松果然返回公司，一年后，经过东拼西杀，为公司获利几百万。

信陵君放低姿态为自己赢得了声誉，而王总放低姿态为公司挽回了精英人才。高明的领导者在如何驾驭人才上办法各异，但不管怎样，“降低姿态，收服人心”这条策略都被他们一致认同。

智者寄语

作为领导，如果能够放低自己的姿态，把自己置于人人平等的氛围中，那么，便多了一份收服人心的资本。

低头屋檐下，为的是挺立院中

有一句俗语叫：“人在屋檐下，不得不低头。”有的人认为，其中的“不得不”三个字道出了“屋檐”之下人的无奈和悲哀，流露出的是一种强烈的悲观情绪。但是低调的人却不会这么认为，他们觉得，低头“屋檐下”，并不是表示臣服人前，屈居人下，而是一种韬光养晦的策略，是一种暂时的退让，是为了能够走出“屋檐”、挺立院中积蓄力量。唐太宗李世民就是如此，在与太子李建成和齐王李元吉斗争的初期，他就曾经低头“屋檐”下。

唐高祖李渊建立唐王朝后，太子李建成和齐王李元吉勾结，多次迫害立有大功的秦王李世民，兄弟间一场生死拼杀在所难免。

李世民身边的文臣武将屡次进言，劝李世民早作打算，抢先动手。李世民每到这个时候，便会面带苦容，叹息不止，说："我们乃是一母同胞的兄弟，纵使是他们的不对，我又怎么忍心呢？还是委屈一下吧，时日一长，他们也许会知错而改，一切会烟消云散。"

别人都十分着急，深怪他心有仁念，坐失良机。李世民对此如若罔闻，暗中却把他的心腹将领尉迟敬德等人找来，对他们说："你们的好心，我岂能不知？不过现在我们安排未妥，事无头绪，又怎能草率行事呢？事若不密，为人察觉，只怕我们先得人头落地了。还望各位详作筹划，切勿泄露。"

李世民边忍边动，加紧布置。由于他表面上处处示弱，一再忍气吞声，李建成、李元吉果真被欺骗，暗中得意。他们以为只要假以时日，不愁大事不成了。

不久，有报说突厥兵犯境，李建成便保举李元吉为帅，带兵迎敌。齐王请求李渊把秦王李世民的兵马归他指挥，李渊答应了他的要求。李世民和他的文臣武将一眼便看穿了他们的阴谋，李世民见群情激愤，故作痛苦的模样安抚众人说："皇上既已同意，看来我只能束手待毙了。这是天意，我又能怎么样呢？"

众人见此，信以为真，不禁泣泪苦劝；有的还要告辞而去，以示抗议。只有几个知情者以目示意，不露声色。

这时又有人进来密告李世民，说太子与齐王早已定下计谋，只等李世民等人给齐王出征送行时，便要密伏勇士，趁机全部杀光，然后太子登位，封齐王为太弟。

众人听此，皆发怒大喝，情绪更为激动。李世民见火候已到，这才长叹一声，对众人说："我是被逼如此，各位都是明证。事已至此，只有先发制人，我们才能铲除强敌，保全性命。"

李世民分兵派将，伏兵于玄武门。第二天，李建成、李元吉上朝在此经过，伏兵齐出，他们二人猝不及防，李建成被李世民射死，李元吉被尉迟敬德砍杀。

没过多久，李渊便让位李世民。李世民登基为帝，终于实现了他的梦想。

李世民这种表面受气、暗中动手的策略，可谓一箭双雕：一是麻痹了李建成和李元吉；二是激起了手下大臣武将的义愤情绪，待时机一到，自然一举成功。倘若明着与之对抗，不但要大大损耗自己的力量，也会因此招来非议，于名声有害。

当时机未到，力量不足之时，屈居屋檐下，未尝不可。尽管人在"屋檐"下，势必要躬身曲腰，但是也会免受日晒雨淋。一旦时机成熟，便会有势不可挡的气势，成功也就是顺理成章的事情了。

低头并不代表屈服，退让也并不代表认输，只不过是一种迂回前进的方式。

智者寄语

低头"屋檐下"，并不是表示臣服人前，屈居人下，而是一种韬光养晦的策略，是一种暂时的退让，是为了能够走出"屋檐"、挺立院中积蓄力量。

低调为人，化怨气为和气

和气的人际关系是一个人立足社会的根本。低调的人总是以和为重，从不感情用事，更不暴躁行事。当他们与滋事的人相遇时，也总能平静地化戾气为和气，在心平气和中解决问题。

大家大概都知道"完璧归赵"和"渑池之会"的故事，在秦、赵这两次重大的外交斗争中,蔺相如甘冒生命危险保全赵国的尊严,未使赵国陷入被动的局面,功劳很大。为此,赵王拜他为上卿,位置比廉颇还高。廉颇很不服气,到处跟人说:“我为赵将,有攻城野战之大功,蔺相如徒以口舌为劳,而位居我上,且相如素贱人,吾羞,不忍为之下。”还说如果碰见了他,必定要当面侮辱他。在廉颇看来,只有武将的刀枪拼战才算功劳,文臣的智谋勇敢算不了什么。所以,他屡次向蔺相如挑衅。

听说了廉颇的不满,每次蔺相如驾车出门,远远地看见廉颇,就早早地躲开了。这样时间一久,连蔺相如的门客从人都觉得他太窝囊,忍受不了。一天,他们对蔺相如说:“我们背井离乡,不远千里投到您的门下,是因为仰慕您的为人。如今,您的官位比廉颇要高,反倒这样惧怕他,真不知是什么原因。您这样胆小懦弱,连我们都感到羞耻,还是让我们回家算了。”

蔺相如不慌不忙地问众人:“各位看廉将军与秦王比起来,哪个更可怕?”众人都奇怪地说:“廉将军当然没有秦王可怕!”蔺相如又说:“这就对了。试想秦王那么强大,各国诸侯都畏之如虎,我却敢在朝廷上当众责骂他。我蔺相如虽然没有什么大本领,还不至于如此惧怕廉将军。只是我考虑到,强横的秦国之所以不敢来侵犯我们赵国,其原因就在于我们两人能够同心协力地对付秦国。如果我们两人争斗起来,那就必定给秦国造成可乘之机。我之所以这样对待廉将军,是以国家的安危为重,不计较个人的私仇啊!”

这些话很快就传到了廉颇的耳朵里。廉颇听后恍然大悟,既感动又惭愧。于是,到蔺相如门上“负荆请罪”。从此“将相和”,两人相互理解尊重,结成生死之交。

蔺相如是一个具有远见卓识的政治家,面对廉颇的多次羞辱,能够理智地克制自己的情绪,一再退让,低调行事,终用一片至诚化解矛盾,求得相睦,留下了一段“将相和”的千古美谈。

同僚之间为了利益分配不均,常常是怨气不休。邻里之间也是一样,也会因为一些微小利益而互生怨愤,吵闹不休,要想有一个和谐的邻里关系,互相宽容、低调处理也是一个有效的解决之道。

清朝乾隆年间,郑板桥正在外地做官。忽然有一天,收到在老家务农的弟弟郑墨的一封来信。老弟兄俩经常通信,然而这一次却非同寻常。原来弟弟想让哥哥出面,到当地县令那里说说情。这一下子弄得郑板桥很不自在。郑墨粗识文墨,原本不是个好惹是生非之徒,只是这次明显受人欺侮,心里的怨恨实在咽不下去。原来,郑家与邻居的房屋共用一墙。郑家想翻修老屋,邻居出来干预,说那堵墙是他们祖上传下来的,不是郑家的,郑家无权拆掉。其实,这契约上写得明明白白,那堵墙是郑家的,邻居借光盖了房子,这官司打到县里,尚无结果,双方都难免求人说情。郑墨自然想到了做官的哥哥。想来有契约在,再加上哥哥出面说情,官官相护,这官司就必赢无疑了。郑板桥考虑再三,觉得自己在朝为官,如果以势压人,虽然官司打赢了,与邻居家的和气肯定是要被破坏了,得不偿失。与其这样,不如就低调一些,谦让一些。于是,他给弟弟写了一封劝他息事宁人的信,同时寄去了一个条幅,上写“吃亏是福”四个大字。同时又给弟弟另附了一首打油诗:

“千里告状为一墙,让他一墙又何妨;

万里长城今犹在,何处去找秦始皇。”

郑墨接到信,羞愧难当,当即撤了上诉,向邻居表示不再相争,那邻居也被郑氏兄弟一片至诚所感动,表示也不愿继续闹下去。于是两家重归于好,仍然共用一墙。这在当地一直传为佳话。

在这场争墙纠纷中,郑板桥虽然身为官吏,却没有以势压人,因为那样将会使两家永结仇恨,实在不是上策。为了化解两家的怨气，他让弟弟退让一步，最终终于换来了两家的和睦相处。

实质上，人与人之间相处，即使你再谨慎小心，也有可能会触及到别人的利益，使人心生怨气。在这种情况下，不管你有理无理，都不要与对方针锋相对，最好的办法就是低调处理，要谨记这样一个原则：万事以和为贵。

智者寄语

和气的人际关系是一个人立足社会的根本。低调的人总是以和为重，从不感情用事，更不暴躁行事。当他们与滋事的人相遇时，也总能平静地化戾气为和气，在心平气和中解决问题。

低调是把保护伞

做人要低调，即使你自认为才华横溢，能力强，也要学会藏锋芒。枪打出头鸟，如果一个人过分地显露自己的才能和智慧，只会招来祸患，尤其会受到小人的攻击，低调做人则是一种爆发前的磨砺和积蓄，既是最沉稳的中庸术，也是最智慧绝妙的保身术。

曾国藩能够顺利升迁，与他低调做人不无关系。他的为官处世之道还被后人研究，毛泽东与蒋介石都很佩服曾国藩。

曾国藩，清朝三百年第一名臣，被认为是升官最快、做官最好、保官最稳之楷模，他的为官从政之道深受后人追捧。

曾国藩是一个懂得人情世故的人，他十年连跃十级，在清朝独一人；他政声卓著，治民有言，历尽官海风波而安然无恙，荣宠不衰。他研习古书，深知官场规则，因此，虽然屡升官职，但是一直保持低调，在同僚中常葆藏锋内敛之心，以避免树敌。

曾国藩是中国传统文化人格精神的典范式人物，他从少年起，就“困知难行，立志自拔于流俗”，时常反省，教导自己。他豁达大度，待人谦恭自抑，一生朋友众多，非常受人尊敬；他三让同学的故事让人们传为佳话；他深知“水满则溢，月盈则亏”的道理，所以夹着尾巴做人，昂首挺胸做事。

道光时期，曾国藩升官极快，37岁就做到了礼部侍郎，官至二品。但曾国藩颇为钝拙，仍在同辈大夫中“属中等”。按规定，升为正三品后轿要由蓝色转为绿色，护轿人也要增加两人，而且可以配备引路官。但是曾国藩却令百官诧异，他升为三品官后除了身边不得不增加两名护卫外，轿前不仅没有引路官，连扶轿的人也省去了，而且仍乘蓝轿。没多久，曾国藩又升为了二品大员。按清朝官职，四品以下官员准乘四人抬的蓝轿，三品以上官员准乘八人抬的绿轿，俗称八抬大轿。但这并非硬性规定，官员如达到品级而收入不丰者，可以量力而行。曾国藩的下人就为他推举了四名轿夫，要把四人大轿换为八抬大轿。但是，曾国藩对于可摆可不摆的架势，可坐可不坐的大轿，一律是不摆不坐。虽然，曾国藩因乘蓝轿而被下级官员欺侮，但京城三品以上的大员出行，都知道向护轿的官员交代一句：“长点眼睛，内阁学士曾国藩大人坐的可是蓝轿。”

曾国藩守拙，善于藏巧。城府很深，又有心机，在宫廷政治斗争异常激烈的晚清时期也相安无事。曾国藩为官多年，从不与朝中权贵拉帮结派，但是又与朝中掌握生杀大权的官员保持着密切的联系，在道光朝依靠穆彰阿、咸丰朝依靠肃顺、同治朝依靠恭亲王奕䜣等，而且形迹显然。但是穆彰阿、肃顺后来都不得善终，奕䜣也受尽磨难，而曾国藩却官照升，银子照拿，宦海浮沉似乎与他无缘。

低调做人是做人的一种手段。曾国藩为人处世低调，官至二品能做到不矫揉、不造作、不招人嫌、不招人嫉、不卷入是非，难怪人们要说“从政要学曾国藩”了。他的处世哲学成为从政人员学习的经典。树大招风风撼树，人为高名名丧人。很多时候，要想得到别人的尊重就必须藏锋，能隐藏自己才能的人才是有大智慧之人。

智者寄语

做人要低调，即使你自认为才华横溢，能力强，也要学会藏锋芒。

放低自己，也就抬高了别人

适当地把自己放得低一点儿，也就等于是把别人抬高了许多，使对方感到自己被尊重，自然就容易拉近双方的距离。如果总是一副高高在上的样子，只能让别人对你敬而远之。“水能载舟，亦能覆舟”，要想成就大事，就必须要凝聚人心，让人心甘情愿地追随自己。

在适当的时候，保持适当的低姿态，绝不是懦弱和畏缩，而是不显山露水的自我肯定，是聪明的处世之道，是人生的大智慧。有一定身份地位的人，放下身段和大家平和相处，非但不会让人觉得低微，反而更能得到大家对他的尊重。

美国第16任总统亚伯拉罕·林肯，是美国首位共和党籍总统，也是历史上首名遇刺身亡的总统。他与乔治·华盛顿、富兰克林·罗斯福被公认为是美国历史上最伟大的三位总统。英国《泰晤士报》组织了8位英国顶尖国际和政治评论员组成的一个专家委员会对43位美国总统分别以不同的标准进行了排名，在最伟大总统排名中林肯名列第一。

在林肯任期内，美国爆发了内战，史称“南北战争”，林肯击败了南方分离势力，废除了奴隶制度，维护了国家的统一，为美国在19世纪跃居世界头号工业强国开辟了道路，使美国进入经济发展的黄金时代，被称为“伟大的解放者”。

林肯不仅是一位伟大的总统，也是人民的亲密伙伴，他从来不把自己看得高人一等，而是总能站在他人的立场上，设身处地地为他人着想，甚至还为自己的错误向下属道歉。

美国南北战争初期，联邦军遭受到了严重的挫折，这让林肯很恼火，常常发脾气。一天，一位受了伤的团长从前线回来向林肯请假，说要去看望他生命垂危的妻子。林肯一听“请假”，还不等人把话说完就训斥道：“你作为一个军人，难道不知道现在是什么时期吗？我们被战争、苦难和死亡压迫着，家庭的感情在和平的时候会使人们快活，但现在它没有任何余地了。”那位团长很失望，但是，他什么也没说，仍站在那里认真地听着总统的“教训”，待林肯说完话后行了个军礼，便回去休息了。

第二天天还没亮，团长还在睡觉，就听到有人敲门，他披了件衣服就赶紧开门，一看是林肯，不禁大吃一惊。林肯总统一见团长，便用双手紧紧握住他的手诚恳地说：“亲爱的团长，我昨天对你的态度实在是太粗鲁了，我很抱歉。我们对那些献身国家的人，特别是家庭有困难的人，应当关心体贴。我昨天懊悔了一夜，一直不能入睡，现在，特来请你原谅。”团长紧紧握住林肯总统的双手，感动得热泪盈眶。这让团长对林肯更加尊敬了。

放低姿态，并不会使高贵者变得卑微，相反，却更能增强人们对他的崇敬之情，拉近人与人之间的距离。林肯不把自己当高高在上的总统，而是当一个普通人看待，即使自己犯了错误也要向下属认错，这就是他人格的伟大之处。在名利的巅峰，敢于俯下身子来做普通人，这难道不是一种风度、一种智慧、一种做人的最佳姿态？越是伟大的人越不会因为自己身份的高贵而自命不凡，相反，他们会时刻鞭笞自己，谦虚做人，谨慎处事。

山不解释自己的高度，并不影响它耸立云端；海不解释自己的深度，并不影响它容纳百川；地不解释自己的厚度，没有谁能取代它孕育万物的地位……做人不需要解释，便成为智者的选择。低头做人，是一种姿态、一种修养、一种胸襟。卑微时，安贫乐道，豁达大度；显赫时，持盈若亏，不骄不狂。才大而不气粗，居功而不自傲，这样不仅可以让自己更好地融入社会，而且可以韬光养晦、暗蓄力量，在夹缝中悄然潜行，在不显山不露水中成就事业。

智者寄语

在适当的时候，保持适当的低姿态，绝不是懦弱和畏缩，而是不显山露水的自我肯定，是聪明的处世之道，是人生的大智慧。

花要半开，酒要半醉

西方有一句格言：“越是喜欢被别人夸奖的人，越是没有本领的人。”我们也可以反过来说：本领越大的人，越不需要被夸。中国也有句古话：“君子要聪明不露，才华不逞，才能任重而道远。”你是否聪明、是否有才，能让别人夸才算得上真正的有能力，自己夸自己那叫自吹自擂，骄傲自大。

自大与自傲是人类的通病，尤其是年少气盛的年轻人，往往因自己才华横溢而目空一切，取得一点小成就就沾沾自喜，认为“凡事我最大”，总把自己太当回事。这样的人往往树敌众多，很少有好的结局。

祢衡是东汉末年的辞赋家，性格刚毅，傲慢，目空一切，好侮骂权贵，在重武不重文的三国乱世依然不改高傲的姿态，最后落得个英年早逝的下场。

祢衡与孔融是好友，他虽出生布衣却心气极高，什么都看不起。为了寻求发展的机会，祢衡从荆州来到人文荟萃的许昌后，为求进用，曾写好了一封自荐书，但因为看不起任何人，结果自荐书装在口袋里，字迹都被磨得看不清楚了，也没派上用场。有人劝他结交名士陈群、司马朗等，可祢衡却看不上眼，说：“我怎么可以和杀猪、卖酒的人在一起呢？”劝他投靠荀攸、赵稚，他又说“荀某白长一副好面孔，如果吊丧可借他的脸来用一下；赵某是酒囊饭袋，只好叫他看厨房。”孔融与杨修是他的好友，他则对别人说，孔融是他的大儿子，杨修是他的小儿子，其余碌碌之辈不值一提。

汉献帝初，孔融将祢衡推荐给了曹操，曹操此时招贤纳士、求才心切，接收了祢衡，哪知祢衡却看不起曹操，不但托病不见曹操，而且出言不逊，把曹操臭骂了一顿。曹操自然是很生气，但是为了自己的名声还是给他封了个击鼓的活，也想借此羞辱他一番。一天，曹操大宴宾客，让祢衡击鼓助兴，祢衡却在众宾客的面前把衣服脱了个精光，让宾客们讨了个没趣。

曹操对祢衡恨之入骨，但又不愿意因为杀这么个无名之辈坏了自己的名声，就把祢衡推荐给了荆州牧刘表。刘表早就听说祢衡的才气，很佩服他的才气，就把他奉为上宾，让他掌管文书。有一次，祢衡不在，有一份文件需要起草，刘表就叫其他的门人共同起草，等他们好不容易写好了，祢衡回来却给撕了，说写得太烂，自己又重新写了一份。虽然得到了刘表的赏识，却把其他同僚给得罪完了，甚至到了最后连刘表他也不放在眼里，说话常常带刺。刘表也容忍不了祢衡的无礼，但他也不愿担恶名，就把祢衡打发到江夏太守黄祖那里去了。

到了黄祖那里，黄祖也让祢衡干起草文书之类的活——因为文采很受黄祖的赏识，但是祢衡却仍改不了那一身傲气，总是出言不逊。

有一次，黄祖在战船上设宴会，祢衡的老毛病又犯了，当着众宾客的面，尽说些刻薄无礼的话！黄祖呵斥他，他还骂黄祖"死老头，你少啰嗦"！当着那么多人的面，黄祖哪能忍下这口气，于是命人把祢衡拖走，吩咐将他狠狠地杖打一顿。祢衡还是怒骂不已，黄祖于是下令把他杀掉。黄祖手下的人对祢衡早就憋了一肚子气，得到命令，便立时把他杀了。时为建安元年(公元196年)，当时祢衡才26岁。

祢衡文才颇高，桀骜不驯，本有一技之长，可以一展才华，受人尊重，但是他却没有因为自己的才能而得到重用，总是走到哪里树敌到哪里。他恃一点文墨才气而看轻天下人。殊不知，一介文人，在世上并没有什么了不起，赏则如宝，不赏则如敝屣。祢衡似乎不知道一个人就算才能再高、能力再强，如果不懂得为人处世的道理，那也是无济于事，尤其是身处乱世，更应该低调自保，可他却孤身居于权柄高握的虎狼群中放浪形骸，无端冲撞权势人物，最后因狂纵而被人宰杀。

"花要半开，酒要半醉。"年轻人，即使是才高八斗也不要全部亮出来，要巧妙地磨去棱角，锋芒不露，还要克服骄傲自大的病态心理，不要太张狂、太咄咄逼人。谦虚的人更受人尊敬。

智者寄语

自大与自傲是人类的通病，尤其是年少气盛的年轻人，往往因自己才华横溢而目空一切，取得一点小成就就沾沾自喜，认为"凡事我最大"，总把自己太当回事。这样的人往往树敌众多，很少有好的结局。

张扬易惹祸端

关于如何做人，有一本书写道：过于张扬，烈日会使草木枯萎；过于张扬，滔滔江水将会决堤；过于张扬，好人也会变得疯狂；疯狂就会使人跌入万丈深渊。细细想来真是这样，做人不要太张扬。太张扬的人容易招人嫉妒，招人白眼，甚至会在不知不觉中引来不必要的麻烦。

姜太公因为功高，周王把齐国封给姜太公。齐国有一个叫华士的人，为人十分清高，不向天子称臣，也不与诸侯交往，太公命人去召他为国效力，连去了三次，华士都拒绝了，太公便叫人杀了他。周公问姜太公："华士是齐国的杰出人物，你怎么杀了他呢？"太公说："这个人不向天子称臣，不与诸侯交往，难道我还能希望他向我称臣，并且和我友好交往吗？肯定是不可能的，这种人是可以放弃的人，也是自我放纵的人。如果不杀这种人，反而纵容他，那么全国的民众都会仿效他，谁还会知道君王是谁呢？"

少正卯和孔子是同一个时代的人，孔子的门人三盈三虚，都是少正卯在蛊惑。孔子当了大司寇以后，便立即诛杀了少正卯。子贡对孔子说："少正卯是鲁国十分有名的人物，先生却杀了他，不觉得有些不妥吗？"孔子说："没有什么不妥的，人有五恶，只要得其一，君子就要诛杀之，而少正卯却是五恶兼而有之，是小人中的小人，所以不得不杀。”

华士和少正卯之所以被杀，最主要的原因是为人高调，喜欢孤芳自赏，自命清高。姜太公和孔子杀了这两个人并没有掩盖他们自己的光辉，反而使得他们的形象更加高大，后人称赞两人做事有魄力。而华士和少正卯两个人却逐渐被人遗忘，几乎没有人同情他们。

不要高调，无论是做人还是做事。如果为人高调，又和别人私人关系较好，或许别人会在一段时间内纵容，但心中已不愉快了，迟早会招来祸患。如果为人高调，又喜欢标新立异，自诩不和别人“同流合污”，那么肯定也不能和别人相处长久，而且过得不愉快。

为人高调，很难找到朋友。虽然大多数人喜欢和比自己聪明优秀的人交朋友，但是人们不喜欢和显得比自己聪明优秀的人交朋友，二者并不矛盾。比自己聪明优秀是自己由衷钦佩的，而显得比自己聪明优秀其实并不是心悦诚服的。正如一位哲人所说：如果你想多一些朋友，就表现得比别人笨一些；如果你想多一些敌人，尽可能地表现比别人聪明些。为人高调的人是表现得比别人聪明的人，是很难交到很多朋友的。

智者寄语

如果为人高调，又喜欢标新立异，自诩不和别人“同流合污”，那么肯定也不能和别人相处长久，而且过得不愉快。

学会韬光养晦

在时势未到的时候，人一定要学会韬光养晦，待时而动。那些很贫穷的人家要将地都打扫得干干净净，而那些穷人家的女儿也要把头梳得整整齐齐，这样的话，虽然并没有十分奢华的陈设和美丽的装饰，却能透露出一股自然朴实的风雅。其实对于有才的君子来说，绝对不应该为了一时的穷困忧愁或者际遇不佳而自暴自弃。

人要明白对于自己来说最重要的是什么，绝对不是奢华的陈设和美丽的装饰，而是自己的生存根本。一个人要牢牢掌握自己的生存之本，有了它，就不用担心自己将来没有发展。

人要学会韬光养晦，待时而动。“青梅煮酒论英雄”是历史上最为著名的一段韬光养晦的故事。

曹操灭掉吕布以后，把刘备也带回了许都。刘备为防受害，每天以种菜度日。

不久，许田围猎，曹操过于猖狂，居然挡在皇上面前接受群臣对陛下的称颂。关羽动了杀机，刘备急忙制止，刘备隐隐感觉到有事情会发生。

果然没过多少日，曹操便派了一大队人来请刘备过府。刘备心里十分惶恐，一见曹操，曹操便冷言对他说：“看你在家做的好事！”刘备大惊。幸亏曹操随即说：“你在家种菜园不容易吧！”刘备这才放宽了心。曹操就是这种人，生性多疑，喜欢诈人，在平时的言语中这种性格也表现得淋漓尽致。幸亏刘备反应有点迟钝，而曹操也把刘备当为上宾，不想让他尴尬。

曹操邀刘备过府是请他喝酒的。曹操很久没有见过刘备了，探子回报说刘备在家种菜园，他不信。世人都说刘备是何等英雄，怎么会甘于去种菜园呢？正好府中梅子青青，于是决定以青梅煮酒来请刘备过府一聚。刘备得知原来是喝酒，心便宽了许多。

曹操想了想，没有多少话题可说，总不能老提吕布，吕布都已经是陈年往事了，不提也罢，而且提到吕布会让刘备想起徐州，好不容易他自甘堕落在家种菜园，让他想起徐州来干什么？于是就决定和刘备论一下天下英雄，也正好借这个机会看一下刘备是否真的沦落为种园人。

当曹操说到"天下英雄只有你和我"时，刘备吓了一跳，筷子掉到了地上，正好这个时候有一个响雷打过，掩饰了他慌张的神情。曹操看了一眼刘备，很是不解，刘备慌忙解释说自己怕打雷。曹操没有多想，随口很轻蔑地说："大丈夫会怕打雷吗？"刘备谢天谢地，果然让曹操消除了对自己的疑虑。

曹操像吞了只死苍蝇一样，对自己认定刘备是英雄感到好笑，这种人连打雷都害怕，怎么可能是英雄呢？真是好笑。世人对他的评价太高了、太虚了，他连刘表都不如。

刘备心里明白，自己并不怕打雷，而是不想让曹操知道自己有野心，因为刘备知道如果自己有野心，曹操会害怕的。曹操认为刘备怕打雷无所谓，只要能够保住性命就行。

其实是英雄也罢，不是英雄也罢，在任何时候，最关键的还是要学会保护自己，要求得自身的安全，如果自己性命都丢了，还谈什么英雄，还平什么天下。

智者寄语

人要明白对于自己来说最重要的是什么，绝对不是奢华的陈设和美丽的装饰，而是自己的生存根本。一个人要牢牢掌握自己的生存之本，有了它，就不用担心自己将来没有发展。

学会低头，拥有谦逊

大凡英雄豪杰，胸怀大志，打算干一番轰轰烈烈事业的人，都能屈能伸。这就好比一个矮小的人，要登高墙，必须要寻找一个梯子作为登高的台阶，假如一时寻找不到梯子，那么，即使旁边有一个马桶，未尝不可利用作为进身的阶梯。假如嫌它臭，就爬不到高墙上去。

人们在制定理想目标时，往往在实践过程中都会遇到这样或那样的困难和挫折，致使你气愤、胆怯、自卑、情绪冲动、灰心丧气、意志动摇等，立志愈高，所遇到的困难就愈大，"猝然临之而不惊，无故加之而不怒"，这就是大丈夫能屈能伸、乐观坚毅精神的表现。

苦难是一种前兆，也是一种考验，它选择意志坚韧者，淘汰意志薄弱者。要成就任重道远的伟业，必须具有远大的志向和极端坚韧的品质。

一场大雪过后，树林子出现了有趣的现象，只见榆树的很多枝条被厚厚的积雪压得折断了。而松树却生机盎然，一点儿也没有受到伤害。原来榆树的树枝不会弯曲，结果冰雪在上面越积越厚，直到将其压断，实在是备受摧残。而松树却与之相反，在冰雪的负荷超过自己的承受能力时，便会把树枝垂下，积雪就掉落下来。松树树枝因能向下，使雪易滑落，所以枝干依旧挺拔，巍然屹立。能屈能伸，刚柔相济，正是这种气度和风范使松树经受了一场暴风雪的洗礼。

人世间的冷暖是变化无常的，人生的道路是变化无常的，当你在遇到困难走不通时，或许退一步就会海阔天空；当你在事业一帆风顺的时候，一定要有谦让三分的胸襟和美德，应该把功劳让与别人一些，不要居功自傲，更不要得意忘形。该进则进，该退则退，能屈能伸。

富兰克林小时候到一位长者家里拜访，去聆听前辈的教诲。没料到，他一进门头就在门框上狠狠地撞了一下。身材高大的富兰克林疼痛难忍，不停地用手指揉着自己头上的大包,两眼瞪着那个低于正常标准的门框。出门迎接的长者看到他那副狼狈不堪的样子,忍不住笑起来:“年轻人,很痛吧?”这位长者语重心长地说:“这可是你今天来这儿的最大收获。”

一个人要想在世上有所作为,“低头”是少不了的。低头是为了把头抬得更高、更有力。现实世界纷纭复杂,并非想象得那么一帆风顺,面对人生旅途中一个个低矮的“门框”,暂时的低头并非卑屈,而是为了长久的抬头;一时的退让绝非丧失原则和失去自尊,而是为了更好的前进。缩回来的拳头,打出去才有力。只有采取这种积极而且明智的方法,才能审时度势,通过迂回和缓而达到目的,实现超越。对这些厚重的“门框”视而不见,傲气不敛,硬碰硬撞,结果只能是头破血流,成为摆在风车面前的“唐·吉诃德”。

富兰克林终身难忘前辈的忠告,将“学会低头,拥有谦逊”作为自己生活的准则和座右铭,并且身体力行,后来终成大器,卓有建树。

智者寄语

人们在制定理想目标时,往往在实践过程中都会遇到这样或那样的困难和挫折,致使你气愤、胆怯、自卑、情绪冲动、灰心丧气、意志动摇等,立志愈高,所遇到的困难就愈大,“猝然临之而不惊,无故加之而不怒”,这就是大丈夫能屈能伸、乐观坚毅精神的表现。

低调为人,高调做事

孔子说:“邦有道,危言危行;邦无道,危行言孙。”南怀瑾先生是这样解释的:“社会、国家上了轨道,要正言正行;遇到国家社会乱的时候,自己的行为要端正,说话要谦虚,不然则会引火上身。”译成白话,我们就可以知道孔子是在告诫我们要注意说话,行事要小心,做人要低调。

这种低调做人的哲学透镜,折射出一种朴素的平和,并在出世与入世的平衡中,向我们提供了低调做人的终极启示。

可是低调归低调,在做事上我们却应该向高标准看齐。

张廷玉是清朝有名的重臣,雍正初大学士,后兼任军机大臣。张廷玉虽身居高官,却从不为子女们谋求私利。他秉承父亲的教诲,要求子女们以“知足为诫”,其代子谦让一事即为突出的例子。

张廷玉的长子张若霭在经过乡试、会试之后,于雍正十一年(1733 年)三月参加了殿试。诸大臣阅卷后,将密封的试卷进呈雍正帝亲览定夺。雍正帝在阅至第五本时,立即被那端正的字体所吸引,再看策内论“公忠体国”一条,有“善则相劝,过则相规,无诈无虞,必诚必信,则同官一体也,内外亦一体也”数语,更使他精神为之一振。雍正帝认为此论言辞恳切,“颇得古大臣之风”,遂将此考生拔置一甲三名,即探花。后来拆开卷子,方知此人即大学士张廷玉之子张若霭。雍正帝十分欣慰,他说:“大臣子弟能知忠君爱国之心,异日必能为国家抒诚宣力。大学士张廷玉立朝数十年,清忠和厚,始终不渝。张廷玉朝夕在朕左右,勤劳翊赞,时时以尧舜期朕,朕亦以皋、夔期之。张若霭秉承家教,兼之世德所钟,故能若此。”雍正帝还指出,此事“非独家瑞,亦国之庆也”。为了让张廷玉尽快得到这个喜讯,雍正帝立即派人告知了张廷玉。

张廷玉得知此事后,要求面见雍正帝。获准进殿后,他恳切地向雍正帝表示,自己身为朝廷大臣，儿子又登一甲三名，实有不妥。没容张廷玉多讲，雍正帝即说："朕实出至公，非以大臣之子而有意甄拔。"张廷玉听罢，再三恳辞，他说："天下人才众多，三年大比，莫不望为鼎甲。臣蒙恩现居官府，而犬子张若霭登一甲三名，占寒士之先，于心实有不安，倘蒙皇恩，名列二甲，已为荣幸。"张廷玉是深知一、二甲的差别的，但是为了给儿子留个上进的机会，他还是提出了改为二甲的要求。雍正帝以为张廷玉只是谦让，便对他说："伊家忠尽积德，有此佳子弟，中一鼎甲，亦人所共服，何必逊让？"张廷玉见雍正帝没有接受自己的意见，于是跪在皇帝面前，再次恳求："皇上至公，以臣子一日之长，蒙拔鼎甲。但臣家已备沐恩荣，臣愿让与天下寒士，求皇上怜臣愚建。若君恩祖德，佑庇臣子，留其福分，以为将来上进之阶，更为美事。"张廷玉"陈奏之时，情词恳至"，雍正帝"不得不勉从其请"，将张若霭改为二甲一名。不久，在张榜的同时，雍正帝为此事特颁谕旨，表彰张廷玉代子谦让的美德，并让普天下之士子共知之。

可喜的是，张廷玉之子张若霭十分理解父亲的做法，而且不负父亲的厚望，在学业上不断进取，后来在南书房、军机处任职时，尽职尽责，颇有乃父之风。其父能秉低调做人之原则，而其子又不负众望，能行高标之事，实在是两代贤臣。

一个人刚进入一个环境，最重要的就是要适应，保持谦虚与低调，同时知道积极主动进取。

智者寄语

一个人刚进入一个环境，最重要的就是要适应，保持谦虚与低调，同时知道积极主动进取。

以低姿态化解他人的嫉妒

拿破仑曾经说："有才能往往比没有才能更危险，人们不可能避免遇到轻蔑，却更难不变成嫉妒的对象。"真正聪明的人懂得以低姿态为自己筑起一道防止嫉妒的有效堤坝，不会让自己惹祸上身，因为凭特殊才能或特殊贡献而获得赏识的人，往往容易成为众人打击的对象。

如果你不能有效化解别人对你的嫉妒，很可能会在不知不觉中失去本该属于自己的天空，所以，必要的时候低一下头，给别人的嫉妒心留出点空间，是你不得不做出的让步。当你一旦发现别人嫉妒你时，可以采取以下几种方法化解：

第一，向对方表露自己的不幸或难言之痛。当你获得成功的时候，有人可能会因此感到自己是个失败者，这构成了嫉妒心理产生的基本条件。此时，你若向嫉妒你的人吐露自己往昔的不幸或目前的窘境，就会缩小双方的差距，并且让对方的注意力从嫉妒中转移出来。同时，会使对方感受到你的谦虚，减弱对方因你的成功而产生的恐惧，从而使其心理渐趋平衡。

第二，求助于嫉妒你的人。一方面，你可以在那些与自己并无重大利害关系的事情上故意退让或认输，以此显示你也有无能之处。另一方面，在对方擅长的事情上求助于他，以此提高对方的自信心和成就感，并让对方感到你的成功对他并不是一种威胁。

第三，赞扬嫉妒你的人身上的优点。你的成功使嫉妒你的人身上的优点和长处黯然失色，于是一种自卑感在其内心油然而生，以至于自惭形秽。这是嫉妒心理产生并且恶性发展的又一条件，因此，适时适度地赞扬嫉妒你的人身上的优点，就容易使他产生心理上的平衡。当然，对嫉妒你的人的赞扬必须实事求是，态度要真诚，否则对方会觉得你在幸灾乐祸地挖苦他，结果不但达不到消除其对你嫉妒的目的，还可能挑起新的"战火"。

第四，主动出击，接近嫉妒你的人。嫉妒常常产生于缺乏相互帮助又缺少交流的人中间。大凡嫉妒心强的人，一般社交范围都很小，视野不开阔。只有投入人际关系的海洋里，嫉妒心强的人才能逐渐消除自私、狭隘的嫉妒心理，才会增强容纳他人、理解他人的能力。因此，主动接近嫉妒心强的人，增进双方的感情，就会逐渐消除他对你的嫉妒。傲慢不逊的大人物是最易招人嫉妒的，如果一个大人物能利用自己的优越地位，来维护下属的正当利益，那么他就能筑起一道防止嫉妒的有效堤坝。

第五，让嫉妒你的人与你分享欢乐。在取得成功和获得荣誉的时候，不要居功自傲、自以为是，真诚地邀请大家(其中包括嫉妒你的人)一起来分享你的欢乐和荣誉，这样有助于缓解彼此关系的紧张气氛。当然，如果嫉妒你的人拒绝你的善意，则不必勉强，一切顺其自然。

总之，“退一步海阔天空”，以低姿态化解别人对你的嫉妒，不仅是灵活处理问题的表现，更体现了一种内涵和宽容，它可以消除人与人之间的壁垒。能引起别人的嫉妒，说明你有才华；能有效地化解这种嫉妒，则说明你有智慧和美德。

智者寄语

以低姿态化解别人对你的嫉妒，不仅是灵活处理问题的表现，更体现了一种内涵和宽容，它可以消除人与人之间的壁垒。

抬头不如低头，高调不如低调

当今社会，与人相处，只要稍有点处理不当，就会招致不少麻烦。轻则，工作不愉快；重则，影响职业生涯。因此，与人相处，关键的一点是要学会低调。

为人过于直率，不知隐藏，激情冲动往往是幼稚、肤浅所致，我们应要求自己做到不管是在顺境还是在逆境时，都能以稳重、低调的态度对待。

一个人在得意时越是夸耀自己，别人越会回避你，越会在背后谈论你的自夸，甚至可能会因此而怨恨你。

在一般情况下，忍住显示自己才智的欲望，可以获得更多才能，保持不自满的心态的同时也可以避免因为炫耀自己的才能，而招致他人对自己的妒忌、诋毁、攻击、陷害。

过于显露自己的才能和智慧，过分地招摇，首先会招致对自己的损害。历史上的名人、能人、英雄豪杰都身怀绝技，但他们也都知道“山外有山，天外有天，能人背后有能人”的道理，所以要想赢得胜利，后发制人，就要保持低调，不轻易地暴露和表现自己的才能。

西汉时的韩信，曾经家里贫穷，没有事干。曾有个人欺侮韩信说：“你虽然又高又大，喜欢佩带剑，其实内心怯懦。”并且当众辱骂韩信说：“你若不怕死，就刺我一剑；如果怕死，就从我裤裆下钻过去。”韩信仔细看看，想了一下，俯身从那人裤裆下爬了过去，全街的人都笑韩信怯懦。

后来，滕公向汉高祖刘邦说起韩信，开始时刘邦不知道他，于是韩信就逃走了，萧何亲自追他，并对高祖说：“韩信是无双的国士，你要争得天下，非要韩信不可。要拜请他，选一个日子，要斋戒、设立坛位、完备礼教才行。”刘邦答应了，拜韩信为大将军。到刘邦取得天下之后，韩信被封为齐王，位列淮阴侯。

真正聪明的人，不会自以为是，他们为人处世，以谦虚好学为荣。常以自己的无知或不如人而惭愧,能够得到更多的学习机会,向别人求教,丰富和完善自我是他们的目的。即使自己确有才智,也不会四处出风头,不去刻意地炫耀或展示自己,往往会克制和忍耐住自己争强好胜的心理。

低调作为一种做人智慧,特别是对于许多普通人来说,是绝对不可缺少的。

学会低调做人,就要不喧闹、不矫揉、不造作、不故作呻吟、不假惺惺、不卷进是非、不招人嫌、不招人嫉,即使你认为自己满腹才华,能力比别人强,也要学会低调。而抱怨自己怀才不遇,那只是肤浅的行为。

人要在社会上有所作为,必须具备许多条件,例如高深的学问、恢宏的志气、宽阔的心胸等,这些都是艰难人生旅途中最大的助力。其中“低调”更是不可少的修养,低调并不是退缩,而是用平常心去对待人间一些不平的境界。

低调做人,是一种品格、一种姿态、一种风度、一种修养、一种胸襟、一种智慧、一种谋略,是做人的最佳姿态。欲成事者必要宽容于人,进而为人们所容纳、所赞赏、所钦佩,这正是人能立世的根基。根基既固,才有枝繁叶茂,硕果累累;倘若根基浅薄,便难免枝衰叶弱,不禁风雨。而低调做人就是在社会上加固立世根基的绝好姿态。低调做人,不仅可以保护自己,使自己融入人群,与人们和谐相处,也可以让人暗蓄力量、悄然潜行,在不显山不露水中成就事业。

智者寄语

当今社会,与人相处,只要稍有点处理不当,就会招致不少麻烦。轻则,工作不愉快;重则,影响职业生涯。因此,与人相处,关键的一点是要学会低调。

学会向生活适时低头

在风中低伏的草,其实是饱经风霜,能经得住时间考验的坚韧的草。人生何尝不是如此呢?我们应该向韧草一样学会适时低头弯腰,保护自己,强硬只能夭折得更快。

现实生活中,每个人不可能永久挺进在顺利中,这就需要我们适时退却,适时屈从。虽然敢于碰硬不失为一种壮举,但是,以卵击石只能是无谓的牺牲。当此之时,我们要做的就是用另一种方法来迎接生活,那就是适时地低头。

有人曾问苏格拉底:“据说你是天底下最有学问的人,那么我想请教一个问题:请你告诉我,天与地之间的高度到底是多少?”

苏格拉底笑着说:“三尺!”“瞎说,人都有四五尺高,要是天与地之间的高度只有三尺,天不会被我们戳出许多窟窿吗?”

苏格拉底还是微笑说:“所以,身高三尺以上的人,要能够长久立足于天地之间,就要学会低头呀!”

有句谚语说得好:“低头是稻穗,昂头是稗子。”这就是说,越成熟、越饱满的稻穗,头垂得越低。而把头抬得高高的,到处招摇的,只有那些穗子里空空如也的稗子。

因此,若要想抬头,必须要先学会低头。若不如此,只能被撞得头破血流,甚至为此而失去性命。智者懂得低头的智慧,一般不会贪图富贵安逸,他们会选择适当的时机,主动退出舞台,以保全自身。这就是要适时地向生活低头,才能让自己不为名利所累。低头的智慧让弱者得以保全自己,使强者更加适应形势。

如果你是一名强者,当你进入弱者的势力范围时,也许会因为面子问题不舍得“低头”。其实，此时的你处于一种错误的思维中，你犯了一个很严重的错误，即人具有本能地排斥“非我”的本性。他们即使表面上会因害怕你的威力而不敢反抗，但是在他们内心深处，会与你产生不良的抵触情绪，这对你是非常不利的。所以，最明智的做法就是给对方以“礼”，这样既不失你的面子，又会让对方觉得你很亲切。

倘若你的对手与你实力相当，你更要谨慎行事，一定不要有马虎和忽视的心态。要清晰地认识到，如果关系处理得不好，就很容易激怒对方，使他成为你的竞争对手或潜在的对手。而且，在你不激怒对方的同时，也千万别伤害对方的自尊心。此时，最好的办法就是动之以情，晓之以理，并主动提出与他友善合作。这样，你不仅给了他面子，满足了他的自尊心，还给了他物质利益，这样他会考虑与你合作。其实，为了自己的长远利益，他不可能弃你而不顾，因为你们有着共同的目标。

总之，不论你是强者还是弱者，在别人的屋檐下，一定要学会审时度势，学会在合适的时候低头，主动同对方保持一定的合作和默契，要表现出无奈和勉强，也不要靠别人提醒才肯低头，这种低调和谨慎会为你赢得很多好处：

首先，你不会因为自己的强硬而被碰破头。屋檐是客观存在的，阻力也是客观存在的，无论你承不承认，或者是看没看到，它都是存在的，你只有接受和认识它，并自觉地低下头，才不会被碰破头，并且顺利地通过对方的势力范围。

其次，由于你非常自然地低下了头，反而不会成为对方注意的目标。生活中，那些强出头或昂头冲撞者都会引起对方的高度警觉，而对方一旦将你锁定，就会增加你前进的阻力，所以这样的结局往往得不偿失。

最后，因为有这个屋檐，你可以避免风吹雨打。事实上，离开并不是不可以，只是此时此刻你正需要这个屋檐。若是你只为了争口气而去淋雨，这样做值得吗？况且当你离开后，再想返回时，就不是一件容易的事情了。

因此，当你处于别人的屋檐下时，一定要运用你的智慧，在必要的时候舍得低头，这样可以让自己与环境更加和谐。把你和对方的摩擦降低到最小可能，可以减少你前进的阻力，同时也可以保存你自己的实力，从而使你获得更长远的利益。

俗话说：虎落平阳被犬欺，龙游浅水遭虾戏。可见，一旦进入别人的势力范围，稍有抬头，便有被碰的危险，还要不时面临别人挑衅的眼光或担心随时被人吃掉。如果你不想面临这样的危险，不想头破血流，必须要审时度势，甚至要肯低下你高贵的头颅。

智者寄语

现实生活中，每个人不可能永久挺进在顺利中，这就需要我们适时退却，适时屈从。虽然敢于碰硬不失为一种壮举，但是，以卵击石只能是无谓的牺牲。当此之时，我们要做的就是用另一种方法来迎接生活，那就是适时地低头。

放低姿态，谦逊做人

瑞典首相帕尔梅是十分受人尊敬的领导人。他当时虽贵为政府首相，但仍住在平民公寓里过简朴的生活。他的信条是：“我是人民的一员。”除了正式出访或参加特别重要的国务活动外，帕尔梅去国内外参加会议和私人活动，进行访问、视察，一向很少带随行人员和保卫人员，只是在参加重要国务活动时才乘坐防弹汽车，并有两名警察保护。

有一次，他去美国参加一个国际会议，人们发现他竟独自一人乘出租车去机场。1984年3月，他去维也纳参加奥地利社会党代表大会，也是独自前往的。当他走入会场的时候，还没有人注意到他，直到他在插有瑞典国旗的座位上坐下来，人们才发现他。对他的举动，与会者都啧啧称赞。

帕尔梅从家到首相府，每天都坚持步行，在这一刻钟左右的时间里，他不时同路上的行人打招呼，有时甚至与同路人闲聊几句。在工作之余，他还经常帮助别人，毫无首相的派头。帕尔梅一家经常到法罗岛去度假，和那里的居民建立了密切的联系，那里的人都将他看作朋友。他常常在闲暇时间独自骑车闲逛、铡草打水、劈柴生火、帮助别人干些杂活，以此来联系和接触群众，使彼此之间亲如家人。帕尔梅喜欢独自"微服私访"，去商店、学校、厂矿等地，与店员、学生、工人进行平等融洽的交流，同时还虚心听取他们的意见。他从没有首相的架子，谈吐文雅，态度诚恳，也从不愿出行时前呼后拥。这些都使他深受瑞典人民的爱戴。帕尔梅平易近人，他同许多普通人通过信件建立了友谊。他任首相时平均每年收到15万多封来信，其中1/3来自国外，为此他专门雇用了4名工作人员及时拆阅、处理和答复，做到来者皆阅，来者均复。对于助手起草的回信，他要亲自过目，然后才能签发。

这一切都使他的形象在人民心目中日益高大。帕尔梅首相府也永远是人民的服务处，首相府的大门永远向广大人民开放。在瑞典人民的心目中，帕尔梅是首相，又是平民；是领导人，又是兄弟、朋友。他是人们心目中的偶像。

放低姿态谦逊做人，绝不会使高贵者变得卑微，反倒能增加人们对他的尊敬之情，同时，也能够使周围的人心悦诚服地以他为榜样，向他学习。

古希腊的著名哲学家苏格拉底，不但才华横溢，著作等身，而且广招门生、奖掖后进，运用著名的启发谈话启迪青年智慧。每当人们赞叹他学识渊博、智慧超群的时候，他总谦逊地说："我唯一知道的就是我自己的无知。"

被人们称颂为"力学之父"的牛顿是一位有多方面成就的伟大科学家，发现了万有引力定律，确定了冷却定律。在数学上，他提出了"流数法"、二项定理，和莱布尼兹几乎同时创立了微积分学，开辟了数学上的一个新纪元。对于自己的成功，他谦虚地说："如果我看见的比别人要远一点，那是因为我站在巨人肩上的缘故。"他还对人说："我像一个在海边玩耍的小孩子，有时很高兴地拾到一颗光滑美丽的石子，却还是没有发现真理的大海。"扬名于世的音乐大师贝多芬，谦虚地说自己"只学会了几个音符"。科学巨匠爱因斯坦也说自己"真像小孩一样幼稚"……

在这些伟大的人物看来，自己的"无知"正是探索未知世界奥秘的动力。季米特洛夫说："自负会毁灭一切艺术，是可怕的不幸。"正因为人们始终对未知领域充满好奇心，所以才能不断有新的发现，从"不知"变为"知之"。当一个人清楚地知道自己"不知道什么"时，才是真正的智者。

谦虚，如同冷水，让我们清楚地认识自己，只有清楚地认识了自己，才能有颗包容别人的心。包容了他人，才有自己的位置。

智者寄语

放低姿态谦逊做人，绝不会使高贵者变得卑微，反倒能增加人们对他的尊敬之情，同时，也能够使周围的人心悦诚服地以他为榜样，向他学习。

第十一章

活在当下，才能知足于眼前的一切

活在当下,珍惜眼前

每个人都对自己不曾拥有的东西充满了无限的向往,有些东西能得到固然是好,可如果为了一些得不到或者已经失去的东西而烦恼,那就是极大的悲哀了,为何不回头看看自己已经拥有的?人活在当下,需要面对的是现在,能够享受的也只有现在,所以不管摆在你前方的是什么,都不要错过你眼前的美好,都应该珍惜你眼前所拥有的一切。

曾经有一位心理医生说,他遇到过各式各样的患者,但是有一种类型的患者最多,这类患者的一生总是在不断追求着更多的东西,但是他们从不回头看看自己所拥有的东西,这类人总是会说:"如果我的心愿得以实现,我一定会得到满足。"可是每当应该满足的时候,他的脑中就会冒出一个新的心愿,于是这类人就只能活在自己为自己设置的怪圈中。

财富和权力是大多数人希望得到的,但当你身家上亿后,又会后悔自己没有珍惜曾经的年少时光,很多东西以后总会得来,但眼前所拥有的才是你最大的财富。

一个年轻人总是埋怨自己时运不济,没有发财的机会,所以整天愁眉不展。

一天,一位须发皆白的老人经过时看到了这位年轻人,老人问道:"年轻人,干吗不高兴啊?"

年轻人回答说:"我不高兴是因为我不明白自己为什么总是这么穷。"

"穷?我觉得你很富有。"

"这从何说起?我身无分文,也没有一份好的事业,怎么能说是富有呢?"年轻人疑惑地问道。

老人没有正面回答,却反问道:"假如现在我要斩掉你的一根手指头,然后给你一千元作为补偿,你愿不愿意?"

"当然不愿意。"年轻人坚定地答道。

老人继续问:"假如现在我要斩掉你的一只手,然后给你一万元作为补偿,你愿不愿意?"

年轻人略带愤怒地回答:"当然不愿意!"

老人没有理睬年轻人的怒气,继续问:"假如我让你马上变成八十岁的老人。然后给你一百万作为补偿,你愿不愿意?"

年轻人愤怒地回答:"不愿意!"

这时老人温和地说道:"你看,你拥有上百万的财富,还在抱怨自己的贫穷吗?"

年轻人听后茫然地望着老人,若有所悟。

很多人因为对不曾拥有过的东西投注了太多的精力,所以一路上都在忙碌着,一路上都是快步疾行,但是只要忙碌就能拥有更多的东西吗?答案是不确定的,唯一确定的是你错过了眼前的美好。

因为你不曾拥有,所以会无端地将其描绘得很美好。其实无论多么美好的东西,只要你不懂得珍惜,总有一天,它会像现在你所拥有的东西一样被束之高阁。

懂得知足的人,不会去算计不属于自己的东西,而是会珍惜自己所拥有的,然后最大程度地去享受。多看看你所拥有的,因为只有知足的人才能感受生活的幸福与满足!

智者寄语

人活在当下,需要面对的是现在,能够享受的也只有现在,所以不管摆在你前方的是什么,都不要错过你眼前的美好,都应该珍惜你眼前所拥有的一切。

知足是一种平和的生活态度

知足是一种心境，是一种平和的生活态度。生活中如果能保持处处知足、事事常乐的心态，就会给自己减少很多无谓的烦恼。知足是精神上和物质上的恬淡、宽宏和满足，一个懂得知足的人会活得快乐、充实、满足。

人生要学会知足，知足就是要看到自己现在所拥有的，并且感受到它给自己带来的快乐。

一群游客到海边游玩，恰巧有几个人在岸边垂钓，其中一名垂钓者将鱼竿一扬，钓上了一条大鱼。

见到这一场景，游客们都围过来，只见这条鱼有一尺多长，被垂钓者甩上岸后，依旧跳蹦不止。可是这时垂钓者却解下鱼嘴内的钓钩，并顺手将鱼扔回大海。

他的行为引来围观游客的一片惊呼，游客们都认为这位垂钓者对这条鱼并不满意，一定是希望钓到更大的。就在游客们议论的时候，这位垂钓者又是一扬鱼竿，这次上钩的鱼跟上次差不多大，也是一条一尺左右长的鱼。钓者仍旧不看一眼，顺手扔进海里。

当垂钓者第三次扬起鱼竿时，游客发现，钓线末端钩着的不过是一条几寸长的小鱼。游客们一致觉得这位垂钓者一定会将这条鱼放回。怎知道，垂钓者将鱼解下来，小心地放到自己的鱼篓中。

游客们百思不得其解，于是有个人上前与垂钓者聊天，他问道："您为什么不要钓到的大鱼反而留下小鱼呢?"

垂钓者回答说："哦，因为我家里最大的盘子也只有一尺长，鱼太大钓回去也没法装盘，不如小的方便。"

这位垂钓者懂得知足，能够舍大取小，选择适合自己的东西，他能这样做完全是因为他有知足常乐的心态。

如今的社会，舍小取大的人越来越多，人们不懂得知足，更多的人变得贪婪起来。要知道，人的贪欲是无止境的，即便一时欲望得到了满足，时间长了依旧会贪求厚利，永远不知道满足。

但是懂得知足的人心胸开阔，不一味追求名利，他们会寻找自己的快乐，懂得让自己精神愉悦，而他们的快乐都是因为知足而获得的。

在贪婪与知足之间，知足永远是明智的选择，知足能让人心地坦然，用平和的心态面对一切。我们应学会知足，不以物喜，不以己悲，不要成为功利的奴仆，也不要被尘世的烦恼所左右，坚守自己的精神家园，珍惜所拥有的一切，执着地追求自己人生的目标!

智者寄语

人生要学会知足，知足就是要看到自己现在所拥有的，并且感受到它给自己带来的快乐。

走好当下的每一步路

过去的已然逝去，不要太在意曾经的失败，也不要过多地留恋以往的辉煌与成就，我们要做的就是把全部精力放在现今该做的事情上。

立足当下,珍惜眼前的幸福,我们才能在纷繁芜杂的环境中得到宽慰,在颠沛流离的旅途中享受精彩的瞬间,在不离不弃的感情道路上感受爱与包容。

一位年逾古稀的老太太曾对一位德高望重的禅师讲述自己的故事:丈夫年轻的时候有过外遇,然后离开了这个家庭,只剩下自己一个人艰难地抚养尚未成年的孩子。后来,贫病交加的丈夫被赶了回来,无处容身。她不忍心丈夫流离失所,便把他带到医院悉心照顾,没想到他不仅不领情,反而对她粗暴打骂。

“不管怎么样,我就是不想和他离婚。”老太太一边掉泪,一边说。

一番交谈之后,禅师知道老太太最大的痛苦是不得不照顾她的丈夫,然而心中的那口气却又难以咽下。在禅师的宽慰下,老太太向禅师问道:“要怎么样才可以将心中的怨气消散呢?”

禅师听完,笑着说道:“您看,如今您虽然已经到了古稀之年,却仍旧耳聪目明,这多好;现在您还愿意悉心照料自己的丈夫,这份心意有多好;您的孩子在您的抚养教育下也全部事业有成,这多好。就您的一生来说,还有比现在更美好、更令人欣慰的吗?”

老太太听完禅师的话,原本愁苦的面容舒展开来,然后静静地体味着这些话。禅师进一步向老太太说道:“如同现在一样,这一刻比任何时刻都显得更好!”

此后,当老太太的丈夫再次向她恶语相向的时候,她就想起了禅师的偈语,心中的怨气也就逐渐减少了。

后来,当再次面对禅师的时候,她感慨万分地说:“现在感觉好多了,因为我不再计较丈夫的所作所为了,就人生而言,确实是没有比当下更加美好的了。”

心念一旦得到改变,磨难终会结束,幸福的花朵也会盛开。不久,老太太的丈夫终于走到她的面前,哭着说道:“我对不起你!”

老太太眼含泪水,轻声说道:“对于你所做的一切,我都已经原谅了。因为禅师曾经告诉过我,就人生来说,没有比此刻更为美好的了。”

说完,两位垂下泪滴的老人双手握在了一起,他们终于愿意让彼此回到当下,重新过日子,安享晚年。

老人在大悟中参透了生活的哲理:就人生而言,确实是没有比当下更加美好的了。夫妻的感情如此,其他诸事皆然。

《静思语》中讲到“前脚走,后脚放”,意思是说:昨天的事就让它过去,把心神专注于今天该做的事。人的一生是短暂的,岁月如匆匆过客一般,转瞬即逝。我们若能把该放下的都放下,让自己在当下生活中过得快乐而又充实,这才能真正领悟到生活的真谛。

不要过多地回忆过去的荣辱得失,有时回忆只能带来忧伤与颓废,还有可能消磨人的意志。年轻人喜爱梦想未来,所以才有奋发的动力;老年人都习惯回忆自己的过去,所以才会颓唐惋惜。未来虽然是人们最喜欢憧憬的,然而又是最不实际的。用平常心对待人生每一个阶段的人,才会活得更自在、更舒心。

在一档电视节目中,主持人曾经用同一个问题问了很多人:多少岁才是生命中最好的年龄呢?

一个小女孩说:“两个月,因为两个月大时会在大人怀抱中得到其他人的爱和照顾。”

另一个小孩说:“3 岁,因为不必去上学,不用做大量的作业。可以玩耍,可以吃很多东西。”

一个少女说:“16 岁,那时就可以把自己打扮得更漂亮了。”

一个少年说:“18 岁,那时高中已经毕业,就可以和朋友们去任何想去的地方。”

一个男人说："25 岁，因为那时自己的活力是最强盛的。"

一位女士说："45 岁，因为这个年龄段的人已经完成了抚养子女的义务，可以享受一下含饴弄孙的乐趣了。"

一个男士说："65 岁，因为到了那时，自己悠闲的退休生活就已经开始了。"

最后一个接受访问的老人说："其实每个年龄都是最好的，好好享受并珍视你现在的年龄吧。"

确实，每个年龄都是最好的。儿童有少不更事时的天真无邪，中年人有其奋进中的稳重踏实，老年人有经历世事沧桑后的淡定与闲适。

然而在现实生活中，有人却看不到这些，总是觉得自己所处的年龄是最差的。正如史威福所说："没有人活在现在，大家都活着为其他时间做准备。要么是回忆过去的美好时光，要么为了将来苦思冥想、疲于奔命，独独忘了要把握现在，活在现在。"

对人们而言，只有现在的自己才是最真实的。走好当下的每一步路，向人们敞开自己的心扉，让满足与包容充实自己疲惫的心灵，让欢乐跳动于自己生活的每一个地方，珍惜自己眼前的幸福，就能活出不一样的人生来。

智者寄语

立足当下，珍惜眼前的幸福，我们才能在纷繁芜杂的环境中得到宽慰，在颠沛流离的旅途中享受精彩的瞬间，在不离不弃的感情道路上感受爱与包容。

人生路，不回头

人们都想成为一个快乐的人，但这不是轻易就能实现的。想要变得快乐，最重要的一点就是要忘记过去的愁苦、悲伤、幽怨以及愤恨。激情饱满地面对今天和将来，才能获得快乐，享受美好人生。

在现实生活中，有些人常常因为以前的错误和过失不停地自我埋怨、自我谴责，致使内心充满了痛苦、内疚与懊恼。这种不良情绪一旦得不到化解，就会使人精神颓废，甚至失去对生活的信心。因此，我们要学会控制这些负面情绪，不能让它们妨碍我们的身心健康及追求美好明天的信念。

台湾作家刘墉曾经说过："我们可以转身，但是不必回头，即使有一天，发现自己错了，也应该转身，大步朝着对的方向去，而不是一直回头埋怨自己错了。人生路，不回头。"

当我们用今天的眼光与标准来评判以往的事物时，就会发现其中有些错误和过失还有补救的可能，但更多的则是难以弥补了。假如我们成天生活在后悔与遗憾中，痛苦、内疚与懊恼定然会占据自己的全部心灵，使得内心饱受煎熬。

不要慨叹、悔恨你已经失去的，忘掉该忘记的，珍惜现在所拥有的，把握住现在的一切，那么你的生活定然会发生改变。

一位精神病医生有着丰富的临床经验，他在退休后编写了一本专门医治心理疾病的著作。这本一千多页的书籍记载了各种病情及其治疗办法。

一次，他接受邀请去一所大学讲学。在课堂上，他指着这本著作向台下的听众说道："这本书有一千多页，有三千多种治疗方法并描述了一千多种药物。但所有的内容就只有这四个字：如果、下次。"

他指出，造成人们精神消损与折磨的全是“如果”这两个字：“如果我再提前几分钟开展工作”“如果我能当机立断做好这件事”“如果我没有这个失误”……治疗精神疾病的方法有千种万种，然而最好的办法却只有一种，那就是将“如果”改成“下次”：“下次我不会放弃这种机会”“下次我肯定会早到的”……

世事变化难测，人们都希望平安幸福。若是身处逆境，我们就需要去积极面对，总结曾经的失误与过错并接受教训。悔恨不能总是萦绕于心中，因为一切伤感、悔恨都不能改变现状，只能徒增心里的负担罢了。假如一直背负着沉重的包袱，为往事伤感不已，那样不仅精神遭受了折磨与消损，大好光阴也会被白白地浪费掉，一味沉溺于过去的回忆，也就意味着放弃了当下与将来。

莎士比亚说过：“明智的人永远不会坐在那里为他们的损失而悲伤，却会很高兴地去找出办法来弥补他们的伤痕。”在生活中，我们永远不缺少历练与成长的机会，即使在身心遭受重大打击之时，也是展现自我的大好机遇。

杰克·邓普赛曾是一名重量级拳王。一次拳击比赛中，在进行到第十回合时，他就已经体力不支。他的脸被打肿了，两只眼睛根本就睁不开。不久，他看见裁判员举起对手的手。这时，他意识到自己已经不再是世界拳王了。此后，他虽然又进行了几场比赛，但仍旧无济于事。杰克·邓普赛感到他的拳击生涯已经彻底结束了。

这件事对邓普赛来说是一个异常沉重的打击。昔日的荣誉和地位一下子都没有了，他感觉自己已经坠入了万丈深渊之中。然而，当意识到自己情绪空前低落时，他觉得不能让自己永远生活在这种状态中，一定要承受住这次打击，不管怎么样也不能让这个打击再把自己打倒。

于是，邓普赛在百老汇开设了一家餐厅和旅馆，积极安排、宣传各项拳击比赛，并且举办有关拳赛的各种展览活动。他让自己忙于新事业，以至于根本没有时间再去为过去的失败而烦恼。他说：“过去这几年的生活，比我当世界拳王时的生活还要美好。”

有竞争的地方就有成败。邓普赛曾经取得的辉煌，只会随着时光的流逝而变成历史。而未来是一段完全不同的旅程，假如他背负着失落、颓丧的包袱上路前行，就不会走得更远，甚至有可能在痛苦悔恨中迷失自己。

悔恨过去，失掉的是现在；失掉了现在，就不会有未来。俗话说：为误了头一班火车而懊悔不已的人，肯定还会错过下一班火车。因此，如果你想要成为一个快乐幸福的人，最关键的一点就是要记得随手关上身后的门，忘记以往的错误、过失，不要懊恼，不要悔恨，要往前看。

学会忘却，生活才能阳光明媚，才能欢乐愉快。若整天沉浸在痛苦和悔恨之中，生活也就不会有任何光彩。忘却过去，积极地面对今天、明天、后天，这样才能使自己享受更快乐、更美好的人生。

智者寄语

我们可以转身，但是不必回头，即使有一天，发现自己错了，也应该转身，大步朝着对的方向去，而不是一直回头埋怨自己错了。人生路，不回头。

活在当下没烦恼

烦恼多数都是自己找来的，据统计，一般人的忧虑有40%是关于过去的，有50%是关于未来的，只有10%是关于现在的。关于过去的，就让它成为过去吧，就算怀念，也得离开，生活还在继续，只有你不想放的，没有你放不下的；关于明天，太阳东升西落，你所熟悉的人和事就有可能从此与你永别，所以没必要提前烦恼；把握当下才是人生的关键，也只有当下是你真正能够把握的。

下面有两个故事，第一个故事是关于“过去”的：

南唐后主李煜在做太子时，就是一个才华横溢的艺术家。他善诗词歌赋，天性浪漫，每天吟诗作画、对酒当歌，身边聚着一群艺术家。但是当他当上一国之君后，并没有面对自己身份的转变，不愿担负起自己对国家的责任，而是选择逃离现实，活在过去的世界里，依然过着“艺术家”的生活。很快，他就被宋太宗赐毒酒终结了生命。虽然李煜的诗画艺术成就非凡，但仔细品味，却都是悲伤的艺术。这些作品流传千古，也让世人记住了这个只愿活在过去的李煜——一个不快乐的人。

第二个故事是关于“将来”的：

有一对很相爱的夫妇，他们住在一个简陋的小屋里，尽管日子过得紧巴巴的，但非常温馨。每天她都会在他的怀抱里醒来，他都会在她做的喷香的晚饭中消散一天的疲劳。

有一天他们忽然想，如果有一栋海边的大房子该多好，可以夜晚听着海浪声相拥睡去，清晨听着海浪声苏醒，看彼此惺忪的睡眼，还要有一张大大的、铺满玫瑰花的床。他们想，如果拥有这些，生活应该会更幸福吧。

于是，像很多在城市中为了将来打拼的夫妇一样，她把心思全放在了事业上，家里变得凌乱不堪；他在外面做事不顺利，回家也免不了脾气暴躁。后来他有了一个到国外发展事业的机会，一去就是五年。

这五年里，他们渐渐疏远。好在婚姻这样跌跌撞撞，也维持了三十年。直到两人白发苍苍，银行的存款真的足够去买一栋海边的大房子了，他们却早已不睡在同一张床上了。他们为了一个所谓的“将来”，折磨了自己三十年——本来可以很幸福的三十年。

这不仅是两个故事而已，有多少人，不是在“过去”的时光中不能自拔，而是为着一个莫名其妙的“将来”，如五年后的职称、十年后的年假、二十年后的退休计划、三十年后的环球旅行，说服自己选择一个默默忍受的现在！

智者寄语

关于过去的，就让它成为过去吧，就算怀念，也得离开，生活还在继续，只有你不想放的，没有你放不下的；关于明天，太阳东升西落，你所熟悉的人和事就有可能从此与你永别，所以没必要提前烦恼；把握当下才是人生的关键，也只有当下是你真正能够把握的。

忘记昨天，珍视现在

每个人都希望有一个美好的未来。为了实现这个愿望，我们从很早的时候就开始准备了。我们带着对明天美好的愿望而快步疾行，因此错过了今天的美好，也错过了眼前的景致。可是，忙碌的我们就一定能有一个美好的未来吗？未必。

未来是什么？它是什么样子的？我们谁也不知道。尽管我们习惯于在思想里把它描绘得很美好，可是它始终并未发生，所以我们需要面对的是现在，能够享受的也只有现在。

一个年轻人拿起了一本书，看到了一句对他前途有莫大影响的话。他是蒙特瑞综合医科学校的一名学生，平日对生活充满了忧虑，担心通不过期末考试，不知该怎样生活。

这位年轻的医科学生所看见的那句话，使他成为当代最有名的医学家，他创建了全世界知名的约翰·霍普金斯学院，成为牛津大学医学院的教授——这是学医的人所能得到的最高荣誉。他还被英国王室册封为爵士，他的名字叫威廉·奥斯勒。

下面就是他所看到的——托马斯·卡莱里所写的一句话，帮他度过了无忧无虑的一生："最重要的就是不要去看远方模糊的事，而要做手边清楚的事。"

40年后，威廉·奥斯勒爵士在美国耶鲁大学发表了演讲，他对学生们说，人们传言说他拥有"特殊的头脑"，但其实不然，他周围的一些好朋友都知道，他的脑筋其实是"最普通不过了"。

那么他成功的秘诀是什么呢？他认为这无非是因为他活在所谓"一个完全独立的今天里"。在他到耶鲁演讲的前一个月，曾乘坐着一艘很大的海轮横渡大西洋，一天，他看见船长站在船舱里，按下一个按钮，发出一阵机械运转的声音，船的几个部分就立刻彼此隔绝开来——隔成几个完全防水的隔舱。

"你们每一个人，"奥斯勒爵士说，"都要比那条大海轮精美得多，所要走的航程也要远得多，我要奉劝各位的是，你们也要学船长的样子控制一切，活在一个完全独立的今天，这才是航程中确保安全的最好方法。你有的是今天，断开过去，把已经过去的埋葬掉。断开那些会把傻子引上死亡之路的昨天，把明日紧紧地关在门外。未来就在今天，没有明天这个东西。精力的浪费、精神的苦闷，都会紧紧跟着一个为未来担忧的人。养成生活上的好习惯，那就是生活在一个完全独立的今天里。"

奥斯勒博士接着说道："为明日准备的最好办法，就是要集中你所有的智慧、所有的热忱，把今天的工作做得尽善尽美，这就是你能应付未来的唯一方法。"

奥斯勒博士的话值得我们每个人珍视。其实，人生的一切成就都是由你"今天"的成就累积起来的，老想着昨天和明天，你的"今天"就永远没有成果。只有珍惜今天，你才能有好的未来！成功学大师曾说："当我读历史和传记并观察一般人如何度过艰苦的处境时，既觉得吃惊，又羡慕那些能够把他们的忧虑和不幸忘掉并继续过快乐生活的人。"无论你昨天过得有多糟糕，我们都无法重新来过。同样，无论想象中的明天有多么美好，那都不过是我们的梦境。我们能够把握的就是现在，而应该被我们所珍视的也正是当下的时刻。

一个老人在池塘中种了一片莲花，莲花盛开的时候，引来众人驻足，啧啧称赞。突然一夜狂风暴雨，第二天池塘里的莲花不再，留下一片狼藉，惨不忍睹。围观的人们纷纷感叹，无比惋惜。有好心人安慰老人，说："天公不作美，没有体恤你种植的辛苦，真是太可怜了。"老人却宽心一笑，说："这没什么遗憾，更谈不上可怜，我种莲花是为了种植的乐趣，乐趣我早已得到，而莲花的衰败是迟早的，何必为此感伤呢？"众人闻言无语。

是啊，做人需要几分淡泊，只有如此才能豁达地面对人生的得失。说到淡泊，那是一种境界，是一种从容不迫的生活态度。有时候现实中的失去或者追求的目标因能力所限而无法达到，并不代表真的没有获得或距离成功很远，只要思想达到了，结果就是一样的。坦然地面对生命中的荣辱、得失、进退，其实才是人最可贵的品格。大师说过，淡泊不是一种消极，而是一种主观，是一种积极向上的主观。我们所看到的世界，被我们染了内心的色彩，如果我们先把内心描绘得五彩缤纷，世界就是光明和美好的。

人生贵在淡泊，古往今来，多少名士终其一生都向往淡泊。"采菊东篱下，悠然见南山"，陶渊明算得上是个淡泊者；"一箪食，一瓢饮，不改其乐"，凭着淡泊，颜回成了安贫乐道的典范；钱钟书学富五车，闭门谢客，静心于书斋，潜心钻研，著书立说，留下旷世名篇；齐白石晚年谋求画风变革，闭门十载，破壁腾飞，终成国画巨擘。

拥有淡泊的人是幸福的，淡泊使人心更加宁静，更加自由，没有羁绊。淡泊是不慕名利，远离喧嚣和纠缠，走向超越；淡泊是遭受挫折时仍有与花相悦的从容；淡泊是别人都忙于趋本逐利时仍然保持恬静。只有淡泊，才可以使你真正享受人生，在努力中体验欢乐、充实自己。

淡泊的人生是一种享受，守住一份简朴，不再显山露水，认识生命的无常，时刻保持一种既不留恋过去又不期待未来的心态。宠辱不惊，去留无意。走一程，蓦然回首，你会发现，其实幸福离你只有一个转身的距离。淡泊人生，并非消极逃避，也非看破红尘或甘于沉沦。淡泊是一种境界，要做到真正的淡泊，没有极大的勇气、决心和毅力是不行的。

拥有淡泊的心境，不是做现实主义的逃避者，而是在工作和学习之余，多一分清醒，多一分思考。在人的生命历程中，轰轰烈烈是暂时的，大部分的时间都在平淡中度过。只要怀有淡泊的心境和一生一世永不放弃的追求，就一定能获得生活馈赠的那份幸福和快乐、成功赋予的那份慰藉和乐趣。

一切随心而为，嬉笑怒骂皆自由才是生活的本意。

智者寄语

无论你昨天过得有多糟糕，我们都无法重新来过。同样，无论想象中的明天有多么美好，那都不过是我们的梦境。我们能够把握的就是现在，而应该被我们所珍视的也正是当下的时刻。

知足的生活最快乐

知足是一种精神：不知足者贪，由贪生恶，算计一生，享得一世福，却终日不欢；知足者善，无欲无求，满足于一念之间，笑口常开，才能自得其乐。

1.满足人生，活出平常之心

仁者乐山，智者乐水。每个人的喜好都有所不同，在不同的喜好中做着不同的事，所以不必为别人的成功感到眼红，不必为别人的骄傲感到自卑，懂得好好爱护自己，满足人生。

人生世上，就要懂得知足，懂得去满足自己的人生。

有一次村里参加画画比赛，要求画一条很逼真的小蛇，很多画家都争相观摩，里面有一个画家画得比较不错，他在画好自己的画时，发现别人画得也别有风味，就照着把别人的优点融进到自己的画里。

他的想法非常好，把自己画得不好的地方改掉，可是当他画好后，又想出与别人不同的地方，于是就在蛇的下部添出四只脚，画是画好了，可是一交上去惹得大家哄堂大笑。蛇有脚吗？本来他的画是最好的，可是自己不满足，非要在画上再添四只脚，使得自己的画比别人的难看，当然这次参赛他落选了。

由于自己的不知足，导致适得其反。人生也是一样，不管在什么位职上，都要懂得满足，不要看着别人的工作就觉得比自己的好，而应该静下心来试想一下，如果自己真的处于那个位置，会真的干得那么开心吗？

我们应当把自己的喜欢当成一种享受，在工作中享受着那一份独有的娴静与清雅，享受着工作之后的成就感，享受着工作过程中的那一种满足。岁月如流，我们要乐天知命，而不是因为不满足弄得干什么事都没有情调、提不起劲来,那样生活就没有意义了。

把生活看淡一些,活出一种平常之心,那么人生就会很容易满足,当你满足了你的事业,满足了你的家庭,就没有心思去和别人较真、攀比了,这时你的心会被自己的这一份满足占满,满脑子都想着上班的事情、下班的甜蜜,天天乐在其中。

2. 满足生活,活出大度之心

生活中为了一点小事就大吵大闹,工作上因为一点失误就怕这怕那,到最后是离婚协议拿左手,离职通知拿右手。看着两手空空,何不大度一点满足生活?看到一些不顺眼的事就包容一下,看到错误就大度一点,认真改过,把自己放低一点,把别人抬高一点,也许你会拥有更多的快乐。

有一个公司经理,他对工作兢兢业业,对家人关怀备至,但就是有一点太过自私,看到一点不顺眼的事就会鸡蛋里挑骨头,要是有人小声抗议一下,他就会把此人严训一番,然后再施以小惩,使得很多下属都不喜欢他,什么话都不对他说。

他回到家,虽然也帮妻子收拾点家务,但总是觉得这也不顺眼那也不顺眼,为此总是跟妻子吵架。特别是妻子外出办事回来,他总是怀着一种不放心的口气质问妻子。

一次公司推行民主选才意见,公司里很多员工都写了"太差"两个字。而他的妻子也因为受不了他这种疑神疑鬼的做法,提出与他离婚。他一下陷入了痛苦中,后来还是想不通自己做错了什么:对妻子关心,可是却换来妻子的离婚;对工作敬业,却得到下岗待业的通知。

多么幸福美满的人生被他的自私、不够大度夺去了一切,他如果能看开一些,在工作中对别人施以恩惠,晓之以理,动之以情,也许他现在是所有人的模范、公司人人爱戴的经理了。他要是把对妻子的这种自私的关心发扬到体贴之中,给妻子以信任和包容,那么两个人肯定会恩爱一生。

对什么都太在乎,所以就会自私地什么都想占有,对所拥有的东西严加看管,容不得半点瑕疵。如果大度一点,把一切看得很平淡,为得到赞美而感恩生活,为得到关怀而知足常乐,那么人生就不会出现许多不如意的事了,伴随着的将是笑声与快乐。

3. 乐天知命,活出人生精彩

现代社会有很多人都不满足于自己所拥有的,于是就抱怨上天对自己不公,却不知道比自己不如意的人有很多,如果自己不懂得知足,那么又怎么去创造未来的生活呢?只有先知足,认清现实,才能脚踏实地地干出成就,然后获得满足与快乐。

有一个国王,总是郁郁寡欢,于是他就派一名使者四处寻找一个快乐的人。这位国王命令道:"等你找到那位快乐的人,就把他带回来。"使者找了好几年,也没找到一个快乐的人。终于有一天,使者走进一个最穷的国家的贫困地区时,听到一个人放声歌唱。循着歌声,他找到一位正在田间犁地的人,他问犁地人:"你快乐吗?"

"我没有一天不快乐。"犁地人答道。

于是,使者就把他此次的使命告诉了犁地人。

犁地人不禁大笑起来,说道:"我曾因没有鞋子而沮丧,直到我在街上遇见一个无腿的人。"

所谓众生平等,不管干什么,只要能知足常乐,看轻一切名和利,不去为一些小事情执着悲观,那么在生活中就会感到快乐。

智者寄语

仁者乐山,智者乐水。每个人的喜好都有所不同,在不同的喜好中做着不同的事,所以不必为别人的成功感到眼红,不必为别人的骄傲感到自卑,懂得好好爱护自己,满足人生。

第十二章

容人容事，才能容得下自己

把心放宽，恕人之过

人生在世，谁没有几个小小的过失呢？你可能因为一件小事、一句不注意的话，无意中得罪了别人或被人误解，别人也可能一时间做错了什么事让你受到了伤害，这时候，把心放宽，用一个淡淡的微笑、一句轻轻的安慰谅解别人，以律人之心律己，以恕己之心恕人，你就不会纠结。

有一则公益广告：拥挤的公共汽车上，一位男子不小心把一位姑娘的脚踩了。女子不依不饶，男子也不甘示弱，俩人吵得不可开交。这时，一位老者说："算了，算了，年轻人，把心放宽就不挤了！"是啊！把心放宽，恕人之过，这样相互之间的关系就不至于弄僵，你谅解了别人也就得到了快乐。

把心放宽，恕人之过，绝对不是面对现实的无可奈何，更不是软弱无能的表现，这是一种气度、一种胸怀、一种伟大的人格。宽恕别人，其实就是快乐自己。宽恕有助于身体健康，有助于赢得友谊，有助于家庭和睦，有助于事业成功。

古人云："壁立千仞，无欲则刚，海纳百川，有容乃大。"是的，生活的快乐之源是宽容。当你十分努力地去做一件事，但无法得到别人的认可，内心万分沮丧时，请别忘了：宽容是快乐之源，它能包容一切，也能化解一切。很多时候，睚眦必报会把事情弄得越来越糟，但如果把心放宽，容人之过，你会发现快乐就在眼前。

有这样一对婆媳，儿媳妇一进夫家门，婆婆就摆起家长的大架子，像使唤仆人一样使唤她，自己则打牌、逛街，什么都不管。时间一长，儿媳妇难免心里难受，泪水只能往肚子里咽。她百思不得其解，自己几年如一日操持家务，冬天为婆婆洗被子，夏天为婆婆抹席子，饭菜都端到跟前来，时不时还给婆婆买身新衣服，这样的努力为何还得不到婆婆的爱呢？媳妇心生恨意，决定报复婆婆。

几天后，这位婆婆换下了一大堆衣服、被子扔给儿媳妇洗。儿媳妇看都不看一眼，并且每天吃完饭就上邻居家聊天，不再多管任何家务事。家庭氛围越来越僵硬，她的老公变得不爱回家，远远躲避着这场没有硝烟的战争。

一天，儿媳妇从报纸上看到一篇文章，说的是"宽容别人，也是解脱自己；计较别人，对自己来说也是自寻烦恼；硬碰硬是不会有好结果的"。媳妇觉得说得挺有道理，自己这么多年都坚持下来了，婆婆年龄也大了，和她计较有什么意义呢？再说让做儿子的夹在中间也为难，这样下去，一家人就没有幸福可言了。

于是，儿媳妇赔着笑脸给婆婆认了个错，一切又都烟消云散。婆婆也终于有所省悟，帮助操持家务事，而媳妇比以前忙得更欢了。久违的快乐又回到了这一家人的身边。

可见，把心放宽，不纠结了，快乐也就回来了。如果这位儿媳妇硬和婆婆顶下去，非要斗个你输我赢，这个家庭也就没有和睦了。但是这位儿媳妇没有这样做，她选择的是宽容，退一步海阔天空，她包容了婆婆的不是，用大度化解了一切，最终婆婆有所悔悟，而快乐又回到了这个家庭。

是的，仇恨如牢笼，心怀怨恨，伤人亦伤己。如果你执意要为他人的错误而惩罚自己，斤斤计较，寸土必争，那么带来的后果只能是无法获得生活的幸福，永远失去心灵的快乐。而宽恕则如和煦的春风，春风所到之处，将吹走一切不快，让我们的心灵获得自由。把心放宽，恕人之过，既可以让生活更轻松愉快，也可以让我们收获更多的亲情和朋友。

美国《时代周刊》上曾经刊载过这样一个感人的故事：

一对老夫妇20岁的儿子被一个酒后驾车的年轻人撞死了。这对夫妇得知他们的独子被撞死后，心中充满痛楚、伤心和愤怒。但是在那年的圣诞节，他们几经挣扎，还是怀抱宽恕之心，到监狱探视了凶手。因为他们了解到凶手也是个年轻的孩子，他们不想用仇恨的态度来影响他一生。老夫妻轮流拥抱了他，如同拥抱自己的儿子一样。年轻的孩子很愧疚地哭了，向他们表示歉意，并表示出狱后要替他们的儿子尽人子之责。

相信看过这个故事的人都会深深感动。是的，"得饶人处且饶人"，宽容比仇恨更能打动人心。与其将仇恨记在心里，让它毒害自己的灵魂，倒不如将它清除，这样在给别人一个机会的同时，也让自己的心灵得到了一份快乐。

智者寄语

把心放宽，恕人之过，绝对不是面对现实的无可奈何，更不是软弱无能的表现，这是一种气度、一种胸怀、一种伟大的人格。

心宽一寸，人生将快乐三分

生活像一团乱麻，有许多解不开的疙瘩。像学业无成、家庭变故、事业挫折、经济拮据、人际是非、命运转变，都会给人带来忧愁、苦闷、烦恼。特别是现代生活节奏越来越快，竞争越来越激烈，更容易使人产生烦闷浮躁的情绪，以至于许多人总是感叹身心苦累，感叹人生绝望。

何苦让自己活得这么累呢？生活的烦恼是无法回避的，与其时时把它放在心上，让自己痛苦不堪，倒不如放宽心，任由它去。只有心宽，你才能保持精神的愉悦、心理的健康，才能使痛苦与压力远离，让快乐与轻松常伴；只有心宽，你才不会向困难与厄运低头，才不会在泥泞荆棘中彷徨，才不会被生活的风风雨雨摧垮；只有心宽，你才不会小肚鸡肠地待人，才不会心眼如豆地对事，才不会为鸡毛蒜皮之事而耿耿于怀。心宽一寸，你就能做到平和豁达，从容洒脱，不刻薄，不猜疑，不气恼，这样人生将快乐三分。

崇明近来遭遇了一连串倒霉的事：单位精简人员，他下岗了；老婆和一个有钱人跑了；上五年级的孩子近来因成绩下降，老师频频地打来电话。一连串的麻烦加在一起，让崇明十分悲观，他觉得这个世界上充满了太多的无奈和不公，嘴里有说不完的埋怨。为了排遣内心的苦闷，他决定到山上的寺庙中找一个大师开导一下。

在山上小住了数日，有一天寺院的盐用完了，大师派崇明下山去采购食盐。

将近中午的时候，崇明担着盐，气喘吁吁地回来了。大师吩咐他抓一把盐放入一杯水中然后喝一口。大师问："味道如何？"崇明边吐舌头边回答道："哇，师父，这杯水咸得发苦。"

大师笑了笑没有说什么，领着崇明来到河边，吩咐他把剩下的盐撒进河里，然后说道："再尝尝河水。"

崇明把盐撒进河里等一片刻，舀了一碗尝了尝。

大师问道："什么味道？"

"纯净甜美。"崇明答道。

大师又问："尝到咸味了吗？"

崇明吧唧了一下嘴答道:“师父,这次一点也没有咸味。”

大师微笑着对崇明说:“生命中的痛苦是盐,它的咸淡取决于盛它的容器。”

崇明凝视河水,恍然大悟。经过大师的点拨后,他如释重负,回到家中,快乐地开始了新的生活。

“生命中的痛苦是盐,它的咸淡取决于盛它的容器。”同样,一个人快乐与否,是由他的心胸决定的。一把盐放在杯中,咸得让人难以下咽,如果放在河里,就一点咸味也没有了。生命中的痛苦是那一把盐,如果你心胸狭窄,只有一杯水那样的容量,那么痛苦会让你觉得不堪承受;如果你心胸开阔,把人生的不幸看成是一把盐撒在河水中一样,那么痛苦在你的心中也就消失得不见踪影了。

心是个无形的容器,有的人心中只能装下一滴水,有的人心中却可以容纳无边无际的大海,这就是小肚鸡肠和海量的差别。海量的人不一定都能成大气候,但小肚鸡肠的人一定成不了大气候。如果你能看淡人生的痛苦,把心放宽,做一个海量的人,就会发现人生的不幸只是一个短暂的过程,风雨过后,会赢来更绚丽的彩虹。

他是一个优秀的计算机编程人员,在一家不错的软件公司工作,待遇优厚,工作轻松。他原以为生活可以一直这样一帆风顺,然后退休,拿着优厚的退休金颐养天年。然而,不幸的事情发生了,在他工作的第八年,这家公司倒闭了,他成了失业人员。此时,他的第三个儿子刚刚降生,生活的开支越来越大,他迫切地感受到重新寻找一份工作的必要。

于是,每天他都奔波在人才市场和中介公司之间,他的生活凌乱不堪,每天的事就是找工作。除了编程,他一无所长。一个月过去了,他仍然没有找到一份适合自己的工作。

后来,他终于惊喜地在报纸上发现了一则消息,是一家软件公司要招聘程序员,待遇不错。他满怀信心地揣着资料赶到公司。但是一到场他的心就凉了一截,因为应聘的人数超乎想象,很明显,竞争将会异常激烈。经过和接洽人员交谈后,公司通知他一个星期后参加笔试。

笔试的知识包罗万象,但他凭着过硬的专业知识,过五关,斩六将,被轻松录取,两天后面试。他对自己八年的工作经验无比自信,坚信面试不会有太大的麻烦。然而,考官的问题十分古怪,是关于软件业未来的发展方向的。对于这个问题,他可是从来没有认真思考过。于是他落选了,这个结局是他始料未及的。

虽然应聘失败,可他感觉收获不小,他觉得这次经历让他学到了很多知识,公司对软件业的理解让他耳目一新,有必要给对方写封信,以表感谢之情。于是他立即提笔写道:“贵公司花费人力、物力,为我提供了笔试、面试的机会,虽然落聘,但通过应聘使我大长见识,获益匪浅。感谢你们为之付出的劳动,谢谢!”

当这封与众不同的信传到公司的时候,在公司引起了不小的轰动,一个落聘的人没有不满,毫无怨言,竟然还给公司写来感谢信,真是闻所未闻。于是这封信被层层传递,最后送到总裁的办公室。总裁看了以后,一言不发,把它锁进了抽屉。

几个月后,新年来临,一张精美的新年贺卡寄到了他的手上,上面写着:“尊敬的先生,如果您愿意,请和我们共度新年。”贺卡是他上次应聘的公司寄来的。原来,公司出现空缺,他们首先想到了他。

这家公司就是现在举世闻名的美国微软公司,那位应聘者便是现在的公司副总裁史蒂文斯先生。

史蒂文斯先生成功的秘诀是什么?那就是他遭遇失败和挫折以后,没有怨天尤人,而是选择放宽心，以一颗感恩的心包容一切。他以宽阔的胸怀、高尚的品性，感化和打动了世界，从而走出了生活困境，迎来了自己的快乐人生。

史蒂文斯先生的成功对我们的生活应该有所启示。生活中，有些人遇到一点微不足道的小磨难就感觉天要塌下来，整天为一些芝麻小事抱怨命运的不公，闷闷不乐，甚至由此看轻自己的生命。而有些人却能对生活的苦难、打击泰然置之，以一种乐观的心态在逆境中坚强，在快乐中生活。他们的区别在哪里？前者的心胸仅仅是一只小小的杯子，而后者的心胸却像大海那样宽广！

所以，我们要学会看开一切，要学会知足常乐。当我们平安地生活、工作的时候，要意识到：这就是一种快乐。我们要做一个心宽的人，抬头能看到海阔天空，低头能看见平坦大道，即使偶有路过的浮云或者是硌脚的石子，我们也要宽容一笑，轻松地把它清除。如果你这样想又这样做了，你会发现，生活中时时刻刻都有快乐。

智者寄语

心宽一寸，你就能做到平和豁达，从容洒脱，不刻薄，不猜疑，不气恼，这样人生将快乐三分。

不容忍别人，也难以得到别人的容让

容忍谦让可以说是建立在双赢的原则基础之上的。这话听起来很拗口，可是在当今世上，确实是这样的，你不能容忍谦让别人，别人怎能容忍你呢？

杰西属于上班一族，但他的性格属于小肚鸡肠、凡事斤斤计较的那种。他最近跟朋友说公司的人都不愿意接近他，说他太让他们不能容忍，有时因为一件小事也耿耿于怀，他想辞职。朋友劝他最好还是待下去，因为现在工作不好找，把自己的性格改变一下就行了，不要总是跟别人斤斤计较。几天后，杰西打电话说“形势”有些好转了。

在日常生活里，经常会出现一些关系紧张化。一旦出现这样的情况，我们必须用冷静的头脑去容忍别人。如果你不能容忍别人，别人就不会容忍你，就像我们买东西那样，你不付钱，东西能白给你吗？真诚地给予，才能得到丰厚的回报。

不能容忍别人的人，只能成为孤家寡人，只能在孤独和失败中过完平平庸庸的一生。

杜鲁门这个名字可说是无人不知、无人不晓。作为美国总统，1950 年的最后几个月里，是杜鲁门执政生涯中最难挨的时期，中期选举受挫，美军在朝鲜半岛溃败，与麦克阿瑟将军矛盾激化，最亲近的新闻秘书突然去世……就在此时，他那酷爱歌唱艺术的宝贝女儿玛格丽特，又火上加油，引出了令民众不能宽恕的一封信。

那天，杜鲁门和第一夫人走进演出大厅，里面 3500 个座位早已座无虚席。玛格丽特走上舞台，她身穿粉红色的绸缎服装，显得容光焕发，当她向总统包厢鞠躬时，杜鲁门微笑着向她鼓掌致意。

“宝贝女儿”唱的都是轻快的曲子，包括舒曼、舒伯特的选曲以及莫扎特的《费加罗的婚礼》中的一个咏叹调。她的表演赢得了阵阵掌声，而且谢幕达四次之多。

第二天，华盛顿《时代先驱报》发表赞美性的评论。但是，观众中的一些人认为她的演出不够标准。

早晨 5 点半，在布莱尔大厦，杜鲁门打开了《华盛顿邮报》，在第 2 部分第 12 版上看到音乐评论家保罗·休姆的一篇评论文章,评论开头说:“女高音玛格丽特·杜鲁门昨晚在宪法大厅演唱。杜鲁门小姐是美国的一位奇才,她悦耳的嗓音音量很小,音质尚好。她在台上极有吸引力。然而,杜鲁门小姐无法唱得很好。她在大量的时间里唱得平淡,昨晚甚至比过去几年来我们听到过的任何一次都更加平淡……几乎没有什么时刻能使人感到轻松……杜鲁门小姐的水平没有提高……并且要付出听世界上最优秀歌唱家演出一样多的门票……”由于杜鲁门正处在紧张状态下以及他的悲痛,因此这篇文章引得他大发雷霆。

在布莱尔大厦的书房里,他在一本白宫便笺上,写下了一封激昂万分的给保罗·休姆的信,并让白宫的收发员塞缪尔把信放在街上的邮筒里。

虽然休姆和《华盛顿邮报》的编辑决定不刊登总统的信,但信件显然被复印了出来,而且很快就全文出现在小报《华盛顿新闻晚报》的头版上。

信上他指责“在我看来你是一个灰心丧气的老头(休姆34岁)”,还说休姆是一个捡破烂者等。杜鲁门的这些不能容忍一篇评论的做法,激起了民愤。美国民众纷纷表示谴责,对总统的这一举动表示遗憾,他们不能容忍一国总统对一篇评论这样耿耿于怀。信件纷纷进入白宫,杜鲁门直到临终也很遗憾。

杜鲁门不能容忍,以致给他自己带来了终身遗憾,也因此受到了民众的谴责。

是啊,你不能容忍别人,别人怎么会容忍你呢?

在人际交往中,如果想得到别人的容忍,自己首先要学会容忍别人,这样才能有个好人缘,使你顺利达到成功。

智者寄语

不能容忍别人的人,只能成为孤家寡人,只能在孤独和失败中过完平平庸庸的一生。

宽以待人,利人利己

我们在与人相处时要随时体谅他人,在温和且不伤害他人的前提下,适宜地帮助别人。孔子曾说过:“严于律己,宽以待人。”以苛刻斥责的态度对待别人,即使是好意,也容易招致他人的怨恨,如此一来反而无法达到目的。避免遭受无益的困扰的关键,在于宽容他人。

生活中发生的一些事情,越是急于调查真相,反而愈搞不明白,欲速则不达。不如放宽心思,理清头绪,任其自然发展,慢慢再查个水落石出,若是强行调查,操之过急,强行破坏他人的生活规律,就会引起别人的愤怒和反感。同样,在指使别人时,若是巧施心机强欲操纵,反而会引起对方不满,所以不如顺其自然使对方心悦诚服地遵从。

宽以待人,也是处理好人际关系的重要法则,说起来容易,做起来很难。

汉代的班超出使西域,一路上遍播大汉的国威,取得了不错的效果。在这些国家中,只有龟兹恃强不从。班超便去结交乌孙国。乌孙国王派使者到长安来访问,受到汉朝友好的接待。使者告别返回,汉章帝派卫侯李邑携带不少礼品同行护送。

李邑等人在护送过程中,途经天山南麓,来到于阗,传来龟兹攻打疏勒的消息。李邑害怕,不敢前进,于是上书朝廷,中伤班超只顾在外享福,拥妻抱子,不思中原,还说班超联络乌孙,牵制龟兹的计划根本行不通。

班超听说了这件事情以后,叹息说:“我不是曾参,被人家说了坏话,恐怕难免见疑。”

他便给朝廷上书申明情由。

汉章帝也不糊涂，他相信班超是一个值得信赖的人，派人送书信责备李邑说：“即使班超拥妻抱子，不思中原，难道跟随他的一千多人都不想回家吗？”诏书命令李邑与班超会合，并受班超的节制。汉章帝又诏令班超收留李邑，与他共事。李邑接到诏书，无可奈何地去疏勒见了班超。

班超宽宏待人，没有和李邑计较，反而很好地接待李邑。他改派别人护送乌孙的使者回国，还劝乌孙王派王子去洛阳朝见汉帝。乌孙国王子启程时，班超打算派李邑陪同前往。

这正是个报复李邑上次诽谤自己的好机会，因此有人建议班超说：“过去李邑毁谤将军，破坏将军的名誉。这时正可以奉诏把他留下，另派别人执行护送任务，您怎么反倒放他回去呢？”

班超十分生气地对那个人说：“如果把李邑扣下，的确是可以报复他，那就气量太小了。正因为他曾经说过我的坏话，所以让他回去。只要一心为朝廷出力，就不怕人说坏话。如果为了自己一时痛快，公报私仇，把他扣留，那就不是忠臣的行为。”

李邑听到班超的这番话后，对班超十分感激，同时也十分羞愧，从此再也不诽谤他人。

由此看来，在处理复杂的人际关系时，宽容不失为一剂利人亦利己的良药。

人，总是这样，在事情发生后，总是能清楚地指出别人的缺点，却暗于自见，容易忽视自身的缺点，而严厉地指责对方。这样很容易引起别人的厌恶和反感，甚至树敌。所以，我们要尽量给对方留面子，要有体贴之心，要保护别人的自尊。

智者寄语

以苛刻斥责的态度对待别人，即使是好意，也容易遭致他人的怨恨，如此一来反而无法达到目的。避免遭受无益的困扰的关键，在于宽容他人。

宽恕别人最能快乐自己

宽容是一种心理成熟的表现，是一种充满智慧的心理。“以恕己之心恕人则全交，以责人之心责己则寡过”，就是说我们对己要严，对人要宽。宽恕别人其实就是善待自己。

韩国总统金大中正式就职后，在总统府招待了曾经迫害过他的四位前任韩国总统。他以具体行动化解了政治仇恨，展现了伟大的恕人之道。在轰动一时的光州大审中，他曾被政府判处死刑，当时他曾立下遗嘱，要求他的家人和同志不要报仇，让政治迫害到此为止。他宽广的心胸、伟大的情操令无数世人尊敬。

原谅是一种风格，宽容是一种风度，宽恕是一种风范。给人一点宽恕，它将带给人一个重新获取新生的勇气，去直面他人生中的另一个幸福时刻。

一天中午，埃德蒙先生刚到厅门，就听见楼上的卧室里有轻微的响声，那种响声对他来说太熟悉了，是阿马提小提琴的声音。

“有小偷！”埃德蒙先生一步冲上楼，果然，一个大约13岁的陌生少年正在那里摆弄小提琴。

他头皮蓬乱，脸庞瘦削，不合身的外套里面好像塞了些东西。毫无疑问，他是一个小偷。埃德蒙先生用结实的身躯挡在了门口。

这时，埃德蒙先生看见少年的眼里充满了惶恐、胆怯和绝望，那是一种非常熟悉的眼神。刹那间，埃德蒙先生想起了往事……愤怒的表情顿时被微笑所代替。

他问道："你是丹尼尔先生的外甥琼吗？我是他的管家。前两天，丹尼尔先生说你要来，没想到来得这么快！"

那个少年先是一愣，很快就回应说："我舅舅出门了吗？我想先出去转转，待会儿再回来。"

埃德蒙先生点点头，然后问那位正准备将小提琴放下的少年："你也喜欢拉小提琴吗？"

"是的，但拉得不好。"少年回答。

"那为什么不拿着琴去练习一下，我想丹尼尔先生一定很高兴听到你的琴声。"他语气平缓地说。少年疑惑地望了他一眼，但还是拿起了小提琴。

临出客厅时，少年突然看见墙上挂着一张埃德蒙先生在歌德大剧院演出的巨幅彩照，身体猛然抖了一下，然后头也不回地跑远了。

埃德蒙先生确信那位少年已经明白是怎么回事，因为没有哪一位主人会用管家的照片来装饰客厅。

那天黄昏，回到家的埃德蒙太太察觉到异常，忍不住问道："亲爱的，你心爱的小提琴坏了吗？"

"哦，没有，我把它送人了。"埃德蒙先生缓缓地说道。

"送人？怎么可能！你把它当成了你生命中不可缺少的一部分！"埃德蒙太太有些不相信。"亲爱的，你说得没错。但如果它能够拯救一个迷途的灵魂，我情愿这样做。"

看见妻子并不明白他说的话，他就将经过告诉了她，然后问道："你觉得这么做有什么不对吗？"

"你是对的，希望真的能对这个孩子有所帮助。"妻子缓缓地说道。

三年后，在一次音乐大赛中，埃德蒙先生应邀担任决赛评委。最后，一位叫里特的小提琴选手凭借雄厚的实力夺得了第一名！评判时，他一直觉得里特似曾相识，但又想不起在哪里见过。颁奖大会结束后，里特拿着一只小提琴匣子跑到埃德蒙先生的面前，脸色绯红地问："埃德蒙先生，您还认识我吗？"埃德蒙先生摇摇头。

"您曾经送过我一把小提琴，我一直珍藏着，直到有了今天！"里特热泪盈眶地说，"那时候，几乎每一个人都把我当成垃圾，我也以为自己彻底完了，但是您让我在贫穷和苦难中重新拾起了自尊，心中再次燃起了改变逆境的熊熊烈火！今天，我可以无愧地将这把小提琴还给您了……"

里特含泪打开琴匣，埃德蒙先生一眼瞥见自己的那把阿马提小提琴正静静地躺在里面。他走上前紧紧地搂住了里特，三年前的那一幕顿时重现在埃德蒙先生的眼前，原来他就是"丹尼尔先生的外甥琼"！埃德蒙先生的眼睛湿润了，少年没有让他失望。

宽恕不是姑息别人的错误，也不是自己软弱的表现。宽恕是一种理解、一种涵养；宽恕是当别人说出伤你心的话、做出伤你心的事时，你认为他是无意的；宽恕既是一种气质，也是一种风度，更是一种美德；宽恕不是简单的宽容加饶恕。马克·吐温对宽恕作了最好的诠释："紫罗兰把她的香气留在了那踩扁了自己的脚踝上，这就是宽恕。"

智者寄语

原谅是一种风格，宽容是一种风度，宽恕是一种风范。给人一点宽恕，它将带给人一个重新获取新生的勇气，去直面他人生中的另一个幸福时刻。

学会宽容，忘掉仇恨

古希腊神话中有一位大英雄叫海格里斯。一天他走在坎坷不平的山路上，发现脚边有个袋子似的东西很碍脚，海格里斯踩了那东西一脚，谁知那东西不但没有被踩破，反而膨胀起来，加倍地扩大。海格里斯恼羞成怒，操起一条碗口粗的木棒砸它，那东西竟然长大到把路堵死了。

正在这时，山中走出一位圣人，对海格里斯说："朋友，快别动它，忘了它，离它远去吧！它叫仇恨袋，你不犯它，它便小如当初，你侵犯它，它就会膨胀起来，挡住你的路，与你敌对到底！"

我们生活在茫茫人世间，难免与别人产生误会、摩擦。如果不注意，在我们产生仇恨之时，仇恨袋便会悄悄成长，最终会导致堵塞了通往成功之路。

如果所有美德可以自选，我们就先把宽容挑出来吧。也许平和与安静会很昂贵，不过拥有宽容，我们就可以奢侈地消费它们。宽容能松弛别人，也能抚慰自己，它会让我们把爱放在首位，万不得已才动用恨的武器；宽容会使我们随和，把一些别人很看重的事情看得很轻；宽容还会使你不至于失眠，再大的不快，再激烈的冲突，都不会在宽容的心灵里过夜。于是，每个清晨，我们都会在希望中醒来。一旦我们拥有宽容的美德，将一生收获笑容，收获别人的爱。

一个真正有爱心的人，懂得用一颗宽容的心对待周围的人和事。宽容不但是做人的美德，也是一种明智的处世原则，是人与人交往的"润滑剂"，是一种表达爱的特殊方式。常有一些所谓厄运，只是因为对他人一时的狭隘和刻薄，而在自己的前进路上自设的一块绊脚石罢了；而一些所谓的幸运，也是因为无意中对他人一时的恩惠和帮助，拓宽了自己的道路。

我们生活在一个越来越功利的环境里，但倘若太吝惜自己的私利而不肯为别人让一步路，这样的人最终会无路可走；倘若一味地逞强好胜而不肯接受别人的一丝见解，这样的人最终会陷入世俗的河流中而无以向前；倘若一再地求全责备而不肯宽容别人的一点瑕疵，这样的人最终宛如凌空高的山顶，会因缺氧而窒息。

曾有人把人比喻为"会思想的芦苇"，因为弱小易变，因为情绪的波动，随时都在改变对事物的正确了解。人非圣贤，就是圣贤也有一失之时，我们何以不能宽容自己和别人的失误？宽容并不意味着对恶人横行的迁就和退让，也非对自私自利的鼓励和纵容。谁都可能遇到情势所迫的无奈、无可避免的失误、考虑欠妥的差错。所谓宽容，就是以善意去宽待有着各种缺点的人，因其宽广而容纳狭隘，因其宽广显得大度而感人，犹如水一样，以自己的无形而包容一切的有形。

智者寄语

一个真正有爱心的人，懂得用一颗宽容的心对待周围的人和事。宽容不但是做人的美德，也是一种明智的处世原则，是人与人交往的"润滑剂"，是一种表达爱的特殊方式。

理解宽容，获得更多

世界上最宽阔的是海洋，比海洋更宽阔的是天空，比天空更宽阔的是人的胸怀。心胸宽阔的人往往能够得道多助，终成伟业。

拿破仑在长期的军旅生涯中养成了宽容他人的美德。作为全军统帅，批评士兵的事经常发生,但每次他都不是盛气凌人,而是能很好地照顾士兵的情绪。士兵往往对他的批评欣然接受,而且充满了对他的热爱与感激之情,这大大增强了军队的战斗力和凝聚力,从而成为欧洲大陆一支劲旅。

在征服意大利的一次战斗中,士兵们都很辛苦。拿破仑夜间巡岗查哨。在巡岗过程中,他发现一名巡岗士兵倚着大树睡着了。他没有喊醒士兵,而是拿起枪替他站起了岗,大约过了半个小时,哨兵从沉睡中醒来,他认出了自己的最高统帅,十分惶恐。

拿破仑却不恼怒,他和蔼地对他说:“朋友,这是你的枪,你们艰苦作战,又走了那么长的路,你打瞌睡是可以谅解和宽容的,但是目前,一时的疏忽就可能断送全军。我正好不困,就替你站了一会儿,下次一定小心。”

拿破仑没有破口大骂,没有大声训斥士兵,没有摆出元帅的架子,而是语重心长、和风细雨地批评士兵的错误。有这样大度的元帅,士兵怎能不英勇作战呢?如果拿破仑不宽容士兵,那后果只能是增加士兵的反抗意识,丧失他本人在士兵中的威信,削弱军队的战斗力。

只要理解了宽容的意义,我们会收获很多东西。

首先,宽容意味着不再心存疑虑。

穿梭于茫茫人海中,面对一个小小的过失,常常一个淡淡的微笑、一句轻轻的歉语,就可以带来包涵谅解,这是宽容;在人的一生中,常常因一件小事、一句不注意的话,被人不理解或不信任,但不苛求任何人,以律人之心律己,以恕己之心恕人,这也是宽容。

在日常生活中,当没有缘分的“对手”,出于内心的丑恶,在我们背后说坏话做错事时,此时我们想伺机报复还是宽容对待?当我们亲密无间的朋友,无意或有意做了令我们伤心的事情,此时我们想从此分手还是宽容?冷静地想一想,还是宽容为上,这样于人于己都有好处。

有人说宽容是软弱的象征,其实不然,有软弱之嫌的宽容根本称不上真正的宽容。宽容是人生难得的佳境——一种需要操练、需要修行才能达到的境界。

心理学家指出:适度的宽容,对于改善人际关系和身心健康都是有益的。这种宽容,指的是对于子女或别人在生活、工作、学习中的过失、过错采取适当的“羞辱政策”,有效地防止事态扩大而加剧矛盾,避免产生严重后果。大量事实证明,不会宽容别人,亦会殃及自身。过于苛求别人或苛求自己的人,必定处于紧张的心理状态之中。由于内心的矛盾冲突或情绪危机难于化解,极易导致肌体内分泌功能失调,诸如使儿茶酚胺类物质——肾上腺素、去甲肾上腺素过量分泌,引起体内一系列劣性生理化学改变,造成血压升高、心跳加快、消化液分泌减少、胃肠功能紊乱等,并可伴有头昏脑涨、失眠多梦、乏力倦怠、食欲不振、心烦意乱等症候。紧张心理的刺激会影响内分泌功能,而内分泌功能的改变又会反过来增加人的紧张心理,形成恶性循环,损害身心健康。有的过激者甚至失去理智而酿成祸端,造成严重后果。而一旦宽恕别人之后,心理上便会经过一次巨大的转变和净化过程,使人际关系出现新的转机,诸多忧愁烦闷可得以避免或消除。

其次,宽容意味着不拿别人的错误惩罚自己。

气愤和悲伤是追随心胸狭窄者的影子。生气的根源不外是异己的力量——人或事侵犯、伤害了自己(利益或自尊心等),一言以蔽之,认定别人做错了,于是勃然作色,恶从胆边生;咬牙切齿,怒从心头起。凡此种种生理反应无非在惩罚自己,而且是因为他人的错误!显然不值。

宽容地对待我们的敌人、仇家、对手,在非原则的问题上,以大局为重,我们会得到退一步海阔天空的喜悦、化干戈为玉帛的喜悦、人与人之间相互理解的喜悦。要知道,我们并非踽踽单行,在这个世界里,我们各自走着自己的生命之路,纷纷攘攘,难免有碰撞,所以即使心地最和善的人也难免会伤别人的心,如果冤冤相报,非但抚平不了心中的创伤,而且只能将伤害者捆绑在无休止的争吵中。

再次，宽容意味着不再患得患失。

宽容，首先包括对自己的宽容。只有对自己宽容的人，才有可能对别人也宽容。人的烦恼一半源于自己，即所谓画地为牢，作茧自缚。

芸芸众生，各有所长，各有所短。争强好胜失去一定限度，往往受身外之物所累，失去做人的乐趣。只有承认自己某些方面不行，才能扬长避短，才能不让嫉妒之火吞灭心中的灵光。

宽容地对待自己，就是心平气和地工作、生活。这种心境是充实自己的良好状态。充实自己很重要，只有有准备的人，才能在机遇到来之时不留下失之交臂的遗憾。知雄守雌，淡泊人生是耐住寂寞的良方。轰轰烈烈固然是进取的写照，但成大器者，绝非热衷于功名利禄之辈。

如果一语龃龉，便遭打击；一事唐突，便种下祸根；一个坏印象，便一辈子倒霉，这就说不上宽容，会被百姓称为"母鸡胸怀"。真正的宽容，应该是能容人之短，又能容人之长。对才能超过自己者，也不嫉妒，唯求"青出于蓝而胜于蓝"，热心举贤，甘做人梯，这种精神将为世人称道。

宽容的过程也是"互补"的过程。别人有此过失，若能予以正视，并以适当的方法给予批评和帮助，便可避免大错。自己有了过失，亦不必灰心丧气，一蹶不振，同样也应该宽容和接纳自己，并努力从中吸取教训，引以为戒，取人之长，补己之短，重新扬起工作和生活的风帆。

最后，宽容意味着我们有良好的心理外壳。

宽容，对人对己都可成为一种无须投资便能获得的"精神补品"。学会宽容不仅有益于身心健康，且对赢得友谊、保持家庭和睦、婚姻美满，乃至事业的成功都是必要的。因此，在日常生活中，无论对子女、对配偶、对老人、对学生、对领导、对同事、对顾客、对病人……都要有一颗宽容的爱心。宽容，往往折射出为人处世的经验、待人的艺术、良好的涵养。学会宽容，需要自己吸收多方面的"营养"，需要自己时常把视线集中在完善自身的精神结构和心理素质上。否则，一个缺乏现代文明阳光照射的人，会被人们嗤之以鼻，不屑一顾。

当然，宽容绝不是无原则地宽大无边，而是建立在自信、助人和有益于社会基础上的适度宽大，必须遵循法制和道德规范。对于绝大多数可以教育好的人，宜采取宽恕和约束相结合的方法；而对那些蛮横无理和屡教不改的人，则不应手软。从这一意义上说，"大事讲原则，小事讲风格"，乃是应取的态度。

智者寄语

世界上最宽阔的是海洋，比海洋更宽阔的是天空，比天空更宽阔的是人的胸怀。心胸宽阔的人往往能够得道多助，终成伟业。

心胸宽阔，以诚待人

曾经，有人说过这样一句话："人生是一串由无数烦恼组成的念珠，达观的人是笑着数完这串念珠的。"

在人的一生中，可能会遇到许多烦恼，像失败的挫折，有些人因此而颓废，这时，我们需要宽以待人。生活中常有这种情况：你认为不顺心的事，别人却感到很得意；你认为事情这样办可能会更好些，别人却认为那样做更好。因此，在不涉及原则的情况下，就需要以诚待人，大度一点，放弃一些利益，这本身就是一种宽容。

宽容他人也就是以诚待人,大度宽容。这一点看似简单,然而真正做起来是很难的。这就需要我们从生活中去发现,从实践中去搜索。他人是自己的影子,就是另一个自己。所以说,善待他人,也就是善待自己。在你学会宽以待人以后,你的生活将不再烦恼,不再忧愁。

大家都知道"人"这个字是怎么写的,但又有几个人能明了其中的内涵呢?那一撇一捺,一半是自己,一半是他人。芸芸众生的世界,其实就是两个人的世界。黎巴嫩作家米哈依勒·努埃曼在《你是人》中说:"如果没有你,便没有我之为我;如果没有我,便没有你之为你;如果没有我们,便没有他之为他,更没有广阔世界中的任何一个人。"

世界就是你中有我、我中有你的一个整体,人与人之间的关系便是唇齿相依的关系。当爱的露珠洒向他人时,平凡的人生也就会因此显得充实而有意义,我们的内心更是充满了温馨。那种"拔一毛以利天下而不为",却认为遗世独立就能生活得更好的想法是非常荒谬的;而那种总是感叹自己吃亏多、享受少,贡献大、报酬少,恨不能将天下的金银财宝都据为己有而后快的人,更是缺乏爱心、贪得无厌的人,他们在这个世界上,只看到自己而从来不看他人。

善待他人吧,真诚地去帮助别人,这样你才会得到快乐和温暖,你才会感到发门内心的一种亲切感:这样活着真好,自己身边充满友爱和和平。善待他人是一种美丽,你的人生也会因此而美丽起来。只要芸芸众生都能善待他人,那么,不管命运之舟将驶向何方,都能逢凶化吉,遇难呈祥。

有两个村庄,之间是一片茫茫的沙漠。从一个村庄到另一个村庄,如果绕过沙漠走,至少需要马不停蹄地走上二十多天;如果横穿沙漠,那么只需要三天就能抵达。但是,横穿沙漠实在是太危险了,许多人试图横穿沙漠,结果无一生还。

有一天,一位智者经过这里,他让村里人找来了几万株胡杨树苗,从这个村庄一直栽到了沙漠那端的村庄,大约每半里一棵。智者告诉大家说:"如果这些胡杨有幸成活了,你们可以沿着胡杨树来来往往;如果没有成活,那么每一个走路的人经过时,要将枯树苗拔一拔、插一插,以免被流沙给淹没了。"

果然不出所料,这些胡杨苗栽进沙漠后,很快就全部被烈日烤死了,成了路标。沿着"路标",这条路大家平平安安地走了几十年。

有一年夏天,村里来了一个僧人,他坚持要一个人到对面的村庄去化缘。大家告诉他说:"你经过沙漠之路的时候,遇到要倒的路标一定要向下再插深些;遇到要被淹没的路标,一定要将它向上拔一拔。"僧人爽快地点头答应了,然后就带了一皮袋的水和一些干粮上路了。他走啊走,走得两腿酸累,浑身乏力,一双草鞋很快就被磨穿了,但眼前依旧是茫茫黄沙。遇到一些就要被尘沙彻底淹没的路标,这个僧人想:"反正我就走这一次,淹没就淹没吧。"他没有伸出手去将这些路标向上拔一拔。遇到一些被风暴卷得摇摇欲倒的路标,这个僧人也懒得伸出手去将这些路标向下插一插。

但就在僧人走到沙漠深处时,寂静的沙漠突然飞沙走石,有些路标被淹没在厚厚的流沙里,有些路标被风暴卷走了,没有了影踪。这个僧人像没头的苍蝇似的东奔西走,却怎么也走不出这个大沙漠。在气息奄奄的那一刻,僧人十分后悔:如果自己能按照大家吩咐的那样做,那么即使没有了进路,还可以拥有一条平平安安的退路啊!

是的,给别人留路,其实就是给我们自己留路。善待他人,关爱他人,实际上就是善待自己,关爱自己。

曾经有这样一个故事:

那是在一场激烈的战斗中,上尉忽然发现一架敌机向阵地俯冲下来。按照常理,发现敌机俯冲时要毫不犹豫地卧倒。可上尉并没有立刻卧倒，他发现离他四五米远处有一个小战士还站在那儿。他顾不上多想，一个飞身鱼跃猛地将小战士紧紧地压在了身下，此时一声巨响，飞溅起来的泥土纷纷落在他们的身上。上尉拍拍身上的尘土，抬头一看，顿时惊呆了：刚才自己所处的那个位置被炸了两个大坑。

故事中的小战士是幸运的，但更加幸运的是上尉，因为他在帮助别人的同时也帮助了自己！在我们的人生大道上，肯定会遇到许多为难的事，但我们是不是都知道，在前进的道路上，搬开别人脚下的绊脚石，有时恰恰是为自己铺路。

19世纪中叶，在一个冬季里，有一个少年流浪到了美国南加州的沃尔森小镇，在那里，善良的杰克逊镇长收留了这个少年。冬季的小镇雨雪交加，镇长杰克逊家花圃旁的那条小道变得泥泞不堪，行人纷纷改道穿花圃而过，弄得里面一片狼藉。看到这些，被镇长收留下的少年心里很不忍，因此他便冒着雨雪看护花圃，让行人仍从那条泥泞的小路上走过。此时，镇长挑来了一担炉渣，将那条小路铺好了，于是行人就不再从花圃中穿行了。镇长对少年说："关照别人不就是关照自己吗？"

"关照别人不就是关照自己吗？"虽然这只是普通的一句话，却让少年的心灵受到很大震撼和启迪。他就此悟出：关照别人虽然也需要付出，但同样也能得到收获。镇长的一句话，成为这个少年终生享用不尽的巨大财富，他后来成了石油大王，他就是哈默。

与人为善，说起来很简单，做起来却是非常不容易的：关心他人，在朋友遇到困难的时候主动伸出友谊之手；尊重他人，不去探究他人的隐私，不在背后议论他人；善于和别人沟通、交流，善于和那些与自己兴趣、性格不同的人交往；承认别人的价值，负起自己该负的责任。

要学会善待他人，用理性、善意、爱心和责任去面对平凡的生活。只有善待他人，你才能把自己融入集体之中，获得友谊、信任、谅解和支持；只有善待他人，你才能调整自己失衡的心态，解脱孤独的灵魂，走出无助的困境；只有善待他人，你才能在人生的道路上，拥有充满快乐的感觉，踏入充满机遇的境界，走向充满希望的未来。

以诚待人，必须要有一个广大宽阔的胸怀。人心之胸，多欲则窄，寡欲则宽。假如一个斤斤计较个人得失之人，把精力集中在针芥般的琐事上，肯定是做不出什么大事的。像《三国演义》中的周瑜，年少英俊，儒雅善谋，具有卓越的军事才能和政治手腕，20多岁便当上东吴的主帅。可是，他心胸狭窄，器量极小，刚愎褊狭，骄而好胜，不能容人，最终经不住打击，气愤含恨而死。他临死前还在埋怨："既生瑜，何生亮？"

宽容待人是一种传统美德，同时也是一种良好的道德修养，也是人一生追求的真谛。海是宽广的，因此可以容纳百川，做人也应该有海一样的胸怀。做人要大度，宽厚平和。一个人，只要能够真正做到宽容待人，就会拥有一个成功的人生。

讲宽容，爱心是根本，也是最重要的因素。原谅那些曾经伤害过我们的人，这确实不是一件容易的事，但我们这样去做了，就会从中体验到宽容的快乐。尽管随时会产生不顺心的事，如果能宽以待人，他便拥有了快乐的一生，那就是人生的幸事。所以，我们应尽量以愉快的心情处理生活上的各种问题，即使忍无可忍，也应依靠理智来抑制情绪，最终使大事化小、小事化了。

金无足赤，人无完人，退一步海阔天空，忍一时风平浪静。宽容就是要具有一个宽阔的胸怀，宽容有错误的人、有缺点的人、曾冒犯过我们的人。其实，我们生活在社会这个大群体里，人与人之间是避免不了一些磕磕碰碰的，也常常会困一时的疏忽，或者冒犯了他人，或他人冒犯了我们。正确的做法应该是冒犯者主动真诚地道歉，被冒犯者理当宽容大度，道一声"没关系"，让一切误会在“对不起”和“没关系”中烟消云散，使彼此重归和睦和友善。而如果待人处世少了宽容，很容易使矛盾激化，使本来的小事变成大事，说不定还会酿成大祸，以致最后抱憾终生。

宽容是一种积极的心态，一种不苛求、不极端、不任性的健康心理，它需要我们去学习、去体会、去感悟，需要拿出一点勇气和智慧，去想、去做、去生活……在短暂的生命历程中，学会宽容，意味着你的生活将会充满幸福，有更加美好的前景。

心胸宽阔是一种修养，人人都能够成为心胸宽阔之人。人尽皆知，不是学问越大，官就越大，度量也越大，也不是小小百姓就成不了心胸宽阔之人。生活需要我们端正态度，摒弃私心与杂念，经常做一做“阔胸”运动，我们自然会变得大度起来。

智者寄语

在人的一生中，可能会遇到许多烦恼，像失败的挫折，有些人因此而颓废，这时，我们需要宽以待人。生活中常有这种情况：你认为不顺心的事，别人却感到很得意；你认为事情这样办可能会更好些，别人却认为那样做更好。因此，在不涉及原则的情况下，就需要以诚待人，大度一点，放弃一些利益，这本身就是一种宽容。

相互包容，为人生添彩

一个人如果心胸开阔，他面前的生活之路自然显得坦荡。“能容物者，物也能容”，以一颗宽厚之心去包容别人，则会把天使的善良召回魔鬼的心中。一条路摆在眼前，不同的人会有不同的走法，不要抱怨世界，而应多多反省自己。如果世界使你难堪，那是因为你使这个世界难过。世界不为你而存在，世事不因你而更改，包容接纳，能为黯淡的人生增添一分光彩。

人生如云，岁月如风，一切都是过眼烟云。互相宽容，我们的人生才会更加精彩有趣，才会珍重感情，才能善待与我们有缘的一切生命。退一步海阔天空，它是快乐人生的灵丹妙药。有时候谁对谁错根本就不必分得那么清楚，对也好错也罢，其实都不是最重要的，重要的是人情。

有这样一个故事：

> 在苏联一次政府会议上，赫鲁晓夫声色俱厉地指责斯大林所犯的一些错误。突然间，听众席上有人打断了他的讲话。“你也是斯大林的同事，”诘问者大声嚷道，“为何你当时不阻止他呢？”
>
> “是谁在这样问？”赫鲁晓夫怒吼道。
>
> 会议厅里一片寂静，根本没人敢动弹一下。最后，赫鲁晓夫轻声地说道：“现在你该明白缘由了吧？”

其实，许多事在心静下来之后，才会发现它的不应该，那我们为什么不在当初手下留情呢？

古人说：“宰相肚里能行船。”宰相尚能如此，那作为现代的我们，特别是在当今这样一个人际关系相当复杂的社会里，就更应当学会宽宏大量了。退一步想，就可以使你站得高、看得远，使你更清醒地认识自己，使你找回业已失去的信心，使你抛弃许多不必要的烦恼，使你战胜一个又一个困难，取得一次又一次的成功。退一步海阔天空，如果你遇到一些不顺心的事，如果你遭受到别人的讥讽嘲笑，不妨退一步想一下，它可以让你每天都拥有一个好心情。

在生活当中也有类似的事情出现，像开车上路，并道拐弯出巷口，也许经常就会发生抢行互不相让的局面。但你若慢行半拍，礼让在先，对方会感激地点头抬手致意，两下愉快，各奔东西。

何必为那几秒钟而搞得双方怒目相视，造成交通阻塞甚至酿成不必要的事故呢？

再反过来想一下，如果他们采取“打架”这种最野蛮、最原始的方式，那么，和谐社会将会永远只是人类的一个美好梦想而已；而如果双方都能够胸怀大局，后退一步，文明一些，理智一些，设身处地地为对方着想，那么这一退、一时之忍，换来的必将是海阔天空。只有这种办法，我们的生活才会少一些风浪与纷争，多一些祥和与安宁，我们所构建的和谐社会才会梦想成真。

有一幅“忍”字图，很多人都爱将其贴在墙上，上面写有这样两句话：“忍一时风平浪静，退一步海阔天空。”这是智者的教诲，是颇有见地的警世良言。历史上的韩信忍受“胯下之辱”，最终成为了汉朝的一代大将，这便是最好的见证。

当今社会，可以说是一个纷繁复杂的矛盾统一体，人们在日常的工作、学习或者生活的相互交往中不可能不产生这样或那样的矛盾和冲突。当这些矛盾与冲突乃至一些委屈或令人伤感之事突然降临到你面前时，能否做到“忍一时”“退一步”，往往决定着这些矛盾或冲突的处理结果是否能“风平浪静”，你今后的工作、学习或生活是否能继续“海阔天空”。

人们常说的一句是“忍字头上一把刀”，忍一时之气，免百日之忧，所以说，凡事都要学会忍。在现实的生活当中，那些忍不住自己、容易感情冲动的人，十之八九是一些脾气暴躁、年龄虽然成熟但理智尚不成熟的成年人，和一些涉世不深、做事不计后果的未成年人，而且这些忍不住自己、容不下别人的人，动不动就暴跳如雷，大打出手，他们常常会与别人的关系紧张，且常常是非不断，甚至官司缠身。

在暑假期间，有一个青年学生，随妈妈一起去市场里买鱼。由于奸诈的女摊主缺斤少两，在秤头上做一些手脚，而且还多收了他妈妈一元钱，在妈妈与女摊主理论的时候，他飞起一脚，将对方的脾脏踢破裂，致使对方被迫行脾脏切除术。最后，这个一时冲动的学生锒铛入狱，因故意伤害罪被判处有期徒刑五年，刚刚接到的大学录取通知书只得束之高阁，大好前程被葬送；同时，父母还赔偿了对方两万元钱的手术费用以及营养费用。

类似这样事情的发生，主要是因为不能做到“忍一时”“退一步”，从而导致悲剧。这些任由自己性子来的当事人当初自以为“解恨”“痛快”，可他们的“解恨”和“痛快”却是建立在给他人造成侵害，给自己及其家庭留下无可挽回的损失基础之上的，其教训大都是相当惨重的，甚至有的是让人终生难忘。一旦悲剧发生了，人们常常去悔恨，去痛哭流涕，但世上没有卖后悔药的，事后的忏悔除了提醒自己“吃一堑，长一智”以及给他人起点警示作用之外，可以说对已发生的悲剧是于事无补的。

忍是一个人成熟与有理智、有涵养的表现，并不是懦弱的代名词。我们提倡“忍一时”和“退一步”，并不是无原则性地一味忍让，一味地任人欺侮，而是要在矛盾和冲突乃至一些委屈或者令人伤感的事情突然之间降临到自己头上时，能始终保持清醒的头脑，理智地处理这些问题，并拿起法律的武器，切实维护自身的合法权益；而不是像前面提到的那位学生，由着自己的性子，动不动就与人争吵，甚至是大打出手。

宽宏大量是生命从容的结晶，是为人处世的良方，是沙漠中的一块绿洲。既然这样，我们就要学会宽宏大量，用“忍一时风平浪静，退一步海阔天空”来勉励自己，努力去做一个快快乐乐的人，它将会使我们受益终身。

世上没有什么不可以解决的事情，凡事都要退一步去想，走极端，或往死胡同里钻，就会使自己陷入一个更深的困境。

陀思妥耶夫斯基说过一句话：“人之所以不幸，其实也就是由于不晓得自己如今很幸福。”他因为某事被卷入案件后，蒙受冤枉，被判处死刑，当他在刑场就要被处以枪决时，终于等到了减刑的通知，得以死里逃生。但是，如果他当初想到自己的不幸遭遇，而放弃生还的希望，或绝食，或自尽，做出一些傻事来，那么他就不可能重新享受人生的乐趣。

生命是一种轮回，退一步想问题，也并不全是坏事。有时候，在人生的历程中，厄运甚至是一种幸运，是一种难得的契机，它并不致命，也不会长久存在。在我们生命的旅程当中，大部分人都希望自己能够出人头地、出类拔萃，可是，人生中的许多东西并不是我们所能控制的，因此要学会用妥协这种生存的方式。愿望无法满足时，那么就试着学会放弃，学会退一步。得不到满足是一种遗憾，而不能掌握生存的本领却是一种失败。

退一步海阔天空，要想进，就不得不学会退，该放弃时，一定要把某种感情割舍，这也是明智的选择。人世间有许多事，常常都不能够如你所愿那样顺利、那样完美，可这中间的爱恨情仇往往都是打着死结的，及时放弃死结，才能够真正地找到属于自己的一片蓝天。

其实，每一秒钟世界都在不断地改变，世界上的事都能变得更加完美，只是往往人们都错过了那一次可以让它变得完美的时机，让本应该完美的事变得残缺，而又充实了回忆。当你面对进退两难之境时，先退一步，仔细地思考一下，即使你不能得到圆满，然而在别人的记忆中却是久久难以忘怀的。凡事都要退一步：当与别人在生活中有分歧时，退一步；与别人在事业上有分歧时，退一步；与别人在看法上有分歧时，退一步。相信结果一定会是圆满的。

两个小男孩，正在进行一场激烈争吵，原因是都认为自己少吃了半张饼。虽然这件事最终在父亲的建议下得到了很好的解决，然而设想一下，如果他们每一个人都愿意退一步，谦让一点，那么还会为这么点小事争吵吗？显然是不会的！小孩不懂事，可以原谅，对于成人，一定要懂得退一步，这样才会海阔天空。

在我们这个复杂的社会中，大多数人都是为了满足自身的利益而不择手段，在他们内心深处，或许自身的利益超越了所有的一切。多少年来，多少“壮士”在追求自身利益的道路奉献出了宝贵的生命。

有些人是为了图一时之快，不惜为芝麻大的事情而与别人吵得天翻地覆，更有甚者出手伤人，结果不是你伤就是我残，当事情发生后，双方都在后悔，当初可以很好地解决，何必弄成这样呢？只要各自退一步、忍一时，“退避三舍”不就风平浪静了吗？

退一步是为人处世的一种方式，更是一个人宽容心理的体现。在成功的要素中，胸怀是第一位的。有时，放弃进攻的言辞，放弃愤怒的冲动，放弃报复的欲念，其实本身就是一种宽容与豁达的表现。

总而言之，你也不可能因为给别人一个美丽的微笑而丧失什么，因为它终究会回到你的脸上。但是，给人不好的印象却是久久挥之不去的。退一步，给别人的行动以方便，同时也是给自己一个广阔的世界，那么成功就会在路口等待着你。

智者寄语

人生如云，岁月如风，一切都是过眼烟云。互相宽容，我们的人生才会更加精彩有趣，才会珍重感情，才能善待与我们有缘的一切生命。

宽恕别人等于善待自己

宽恕别人，就是善待自己。仇恨只能够让我们的心灵永远禁锢在黑暗之中；而宽恕，却能让我们的心灵获得自由，获得解脱。

1994年9月的一天，在意大利境内的一条高速公路上，一对美国夫妇带着年仅7岁的儿子尼古拉·格林正驾车向一个旅游胜地进发。突然，一辆菲亚特轿车超过他们，车窗内伸出几支枪管，一阵射击之后，他们的儿子中弹身亡。

这对夫妇本应该十分痛恨这个国家，因为在这块土地，他们失去了爱子。可是悲伤过后，他们做出一个令人震惊的决定：把儿子健康的器官捐献给意大利人！在意大利，即使是正常死亡的本国公民自愿捐献器官也是极为罕见的。

于是，一个15岁的少年接受了尼古拉·格林的心脏，一个19岁的少女得到了尼古拉·格林的肝脏，一个20岁的妇女换上了尼古拉·格林的胃，另外两个孩子分别得到了尼古拉·格林的两个肾。5个意大利人在这份生命的馈赠中都得救了。这件轰动一时的事足以令所有的意大利人汗颜。

1994年10月4日，意大利总统斯卡尔法罗将一枚金奖章授予这对美国夫妇，因为他们拥有容纳百川的胸怀以及忘记恩怨、悲世悯人的情操，还有以德报怨的人生境界。

仇恨带给人们的灾难太深重了，应该怎样把这种仇恨化作一种美好呢？这对美国夫妇为人们做了一个很成功的榜样。他们的爱子在异国无辜暴死，可他们的理智却抑制了仇恨的烈焰，并依然做出了惊世骇俗的决定，使5个年轻人获得了重生，使冤死的儿子永远活在意大利人的心中。

其实，宽恕别人的过错，得益最大的是我们自己，它能够让我们的身心变得健康，生活变得轻松愉快。

荷兰一所著名大学的研究人员组织了一批志愿者，做了一项有关“宽恕”的实验。

自愿者们被要求想象他们被人伤害了感情，并反复去“回忆”被伤害时的情景。

研究人员发现，此时的志愿者在身体上和精神上的压力同时加大，伴随着血压升高，他们的心跳加快、出汗，面部表情扭曲。之后，研究人员又要求他们停止想自己被别人伤害的事情，虽然没有刚才的生理反应大，但是某些生理症状依旧存在。最后，志愿者被要求想象已经原谅了自己的“假想敌”，这时，志愿者感到身心放松并且非常愉快。

这样，研究人员得出结论：宽恕别人，不意味着为犯错的人找借口，而是将目光集中在他们好的方面，从而把自己从痛苦中拯救出来。这正应了那句话：不要拿别人的错误来惩罚自己。

现实生活中的各种事例也证明，一个人心中的怨气太多，不但无法感受到快乐，还缺乏对理想的执着与追求，使得事业成功遥遥无期。所以，愚蠢的人任由自己的怨气膨胀，一生在仇恨中过活；而聪明的人则懂得以宽恕待人，不让怨气破坏了自己的美好生活，毁了自己的大好前途。

人生善待自己最好的方法就是宽恕别人，忘掉恩怨和仇恨，一个成熟的、快乐的人，是懂得宽恕别人的过错的人。

很多人只知道“以牙还牙、以眼还眼”的原则，而舍弃“以善相待”“以德报怨”的为人之道，总以为把对方搞得吃不香、睡不好，才是人生快事。实际上，这种人在害了对方的同时也害了自己。真正善于做人的智者，总是敞开大度的胸怀，不计前嫌，放下恩怨，与人和气相处，然后把心思集中在自己所要做的大事上。

人活着难免会受到伤害或者是欺骗，通常情况下我们会伤心、难过，同时，我们在不经意间也往往会伤害了他人。因此，在气愤、伤心之后，更重要的是我们要尽量放宽自己的心胸，以宽容的心态去包容他人，如此，对我们自己和他人都是一种解脱。宽恕是解除怨气的最好办法。不懂得宽恕的人，只能让心中充满仇恨，痛苦而无为地度过一生，而以宽恕之心待人的人，则总是能把自己的人生过得快乐而有意义。

想开一些吧！人不过是时间之河中小小的一粒沙子，在时间面前，我们很渺小。在这很短暂的人生之河当中，何必要让仇恨陪伴我们一生呢？忘记仇恨，宽恕自己，心放宽一些，没有什么事情过不去。

智者寄语

人生善待自己最好的方法就是宽恕别人，忘掉恩怨和仇恨，一个成熟的、快乐的人，是懂得宽恕别人的过错的人。

豁达一些，生活会更美好

有一个人动不动就爱生气，有一次，竟然因为连续几天的倾盆大雨而生气。他最后忍无可忍，站在院子中央，指着天空大骂："你这老糊涂、不长眼睛的老天爷，下这么多雨可把我给害惨了。衣服洗了，屋顶漏了，粮食潮了，柴火湿了……让我这么倒霉，你能得到什么好处吗？你还不停，还不停……"

邻居听到他的大声咒骂，跑出来对他说："嘿！你骂得这么带劲，自己被雨淋也不知道，老天一定会被你气死的，就是气不死也再不敢随便下雨了。"

"哼，老天爷要是能听到就好了，可实际上一点用都没有。"骂天者气呼呼地埋怨道。

"既然如此，那你为什么还在那儿白费劲呢？"邻居问。

这人顿时语塞，邻居继续说："你与其在这里咒骂老天，不如抓紧时间修好屋顶，找些干燥的柴火，烘干湿透的衣服和粮食。再说，又不是天天下雨，我们为何不趁这难得的下雨天做些平时没时间做的事情呢？"

骂天者顿悟。

在生活中，很多时候，我们之所以生气并不是因为这件事可气，而是我们不够豁达、想不开。结果，当我们了解事实后，又会为生气而懊恼。何必如此呢？就像事例中的骂天者一样，与其骂天不如顺天。邻居说得对，既然没有能力去改变什么，倒不如改变一下自己的心态，只要把事情看开一点，多包容一点，很多让我们生气的事情，便都将烟消云散。

因此，不管有怎样的烦恼，我们必须明白，每个人都是为了追求快乐、幸福来到这个世上的，既然目的都一样，那为何不把事情看得开一点。生气不但不能帮助我们解决任何问题，反而会损害我们自身的健康，消耗我们的幸福。

一个教授对他的学生演讲时表示，他所学到的最重要的一课是一个曾在钢铁厂里做事的德国老人教给他的。那个德国老人跟其他的一些工人发生了争执，结果被那些工人丢到河里。当老人走进教授的办公室时，浑身都是泥和水。教授问他对那些工人说了什么，他却回答说："我只是笑一笑。"

泰戈尔说得对："当人微笑时，世界爱上了他；当他大骂时，世界便怕了他。"微笑可以化解一切争端，能够消除冲突；它能平息我们的怒火，有效缓解心中的闷气。

一次，有一位学者去访问原美国海军陆战队的一位将军。这位将军是所有统领过美国海军陆战队的人中最多姿多彩、最会摆派头的将军。学者对将军的处世作风作了尖锐的批评，并将批评文章刊登在报纸上，但将军却是一副满不在乎的样子。

将军说："我了解，买了那份报纸的人大约有一半不会看那篇文章；看到那篇文章的人中，又有一半会把它只当作一件小事情来看；而真正注意到那篇文章的人中，又有一半会在几周之后把那件事情全部忘记。一般人根本就不会想到我们，或是关注批评我们的什么话，他们大部分时间会想到他们自己，无论是早饭前或是早饭后，还是一直到午夜时分。他们对自己的小问题的关心程度，要比有关你或我的大消息多出一百倍。所以，我们还有必要去解释吗？"

这位将军的态度非常值得我们学习。我们虽然不能阻止别人对我们所做出的任何不公正的评价，却可以做出一件更重要的事，即决定自己是否受到那些不公正批评的干扰。当然，不为无谓的争执付出更多时间的解释，并不是说拒绝一切批评，我们只是不去理会那些不公正的批评罢了。

面对失败和挫折，一笑而过是一种乐观自信，然后重整旗鼓，这是一种勇气；面对误解和仇恨，一笑而过是一种坦然宽容，然后保持本色，这是一种达观；面对赞扬和激励，一笑而过是一种谦虚清醒，然后不断进取，这是一种力量。

我们每天接触的人和事不计其数，有一两件不愉快的也是很正常的。这时应该怎么处理它们呢？大发雷霆，跟使你不愉快的人打架？如果是这样，那你的心情可能会因此跌入低谷，不会因为赢了对方而高兴。那本来心存愧疚的一方经过这一番折腾可能就会对你记恨，这样你就结下了一个仇家。不必为那些无影的事过分担忧，试着对过去的事一笑而过。其实，一笑而过是一种大智慧。用这种智慧指导自己的人，比一味辩解的人更容易得到他人的谅解、理解与敬重。

凡事想开一点，用豁达的心胸看待事物，才能走出自我设限的框框，心情自然就会开朗。其实，很多生气的根源都是起因于自己的想法，假如我们不把它放在心上，就不会轻易受别人的影响。

智者寄语

生气不但不能帮助我们解决任何问题，反而会损害我们自身的健康，消耗我们的幸福。

胸怀大度，成就大业

古人说："江海所以能为百川王者，以其善下之。"古往今来，大凡志存高远、胸怀韬略的明达贤者，都能够保持一种平和的心态，从容不迫地处理各种难题，淡定一笑容，纳世间百事。

官渡之战是我国历史上以少胜多的经典战例，当时，袁绍占尽优势，率七十万大军，兵多将广，且粮草充足；而曹操区区七万兵马，仅为袁兵十分之一，且粮草乏困，几欲断绝。然而，世事造化弄人，曹操竟最终以少胜多，以弱克强，反败为胜。

大战之后，曹操从袁绍遗下的东西中拣出书信一束，全是他军中之人与袁绍的暗通之书。左右都劝曹操按信逐一点名杀之，以解不忠之恨。但曹操却将信札付之一炬，不予计较，微微一笑说："请你们想想，当时袁绍的力量那么大，连我都感到不能自保，何况大家呢？"他以己之心，度他人之腹，足见其宽厚仁爱的性格。

曹操知道关羽刚烈忠勇，是一位难得的将才，因此极希望将关羽纳入麾下。于是，曹操对关羽百般示好，不仅答应了关羽所谓的"降汉不降曹"的要求，而且还赠以锦袍、赤兔马，授予关羽"汉寿亭侯"之爵位。关羽不为之心动，竟自"挂印封金"而去。曹操的手下得知后想要追杀他，曹操却阻止了手下的行为："彼各为其主，勿追也。"这除了说明关羽忠义之外，也显示了曹操的大度。以至于后来的史学家这样评说曹操："曹操如果没有称王称霸者的胸怀和肚量，做事情哪会达到这样的境界呢？"

曹操的这种大度，还体现在他对待毕谌的问题上。曹操在做兖州牧时，曾任命东平人毕谌为别驾。张邈叛变时扣押了毕谌的家小，曹操慰问他并且让他到张邈那里去，以免他的家人遭灾。毕谌见曹操如此体恤他，感动得流下了眼泪，接着就真的离开了曹操去依附了张邈和吕布。后来曹操打败了吕布，毕谌被俘，大家都担心毕谌有杀身之祸，曹操却说："孝顺父母的人难道会不忠于君吗？这正是我们所要寻找的人啊！"并任命毕谌为鲁国相。

如果说这些还不够具有代表性，那么，曹操对待仇人的态度足见其成大业者的胸怀。公元197年，曹操率军南征宛城张绣。张绣的谋士贾诩听说曹操来攻，便劝谏张绣前去投降。曹操同意了张绣的投降请求，便引兵进入宛城屯扎。但曹操未曾想到的是张绣假意投降，举兵谋反，曹操被打了个措手不及，逃跑途中被乱箭重伤，自己的长子曹昂、大将典韦都被杀。对此，曹操痛心不已。按理来说，曹操与张绣一定结下了不共戴天之仇，他定是要将张绣置于死地而后快，可是事实并非如此。一个如此仇深似海的对头，曹操照样容得下，后来又允许他投降，并封为扬武将军。而在这种情况下，张绣还敢去降，说明曹操胸能容人已天下皆知。

还有建安七子之一的陈琳，公元210年那篇著名的《为袁绍檄豫州文》，就出自陈琳之手。陈琳在檄文中历数曹操多项大罪并且揭露曹操的隐私，说曹操祖父当年与徐璜并作妖孽，伤风败俗，鱼肉百姓。骂曹操的父亲曹嵩，话更难听："因赃假位，舆金辇璧，输货权门，窃盗鼎司，倾覆大器。"骂曹操本人："操赘阉遗丑，本无懿德，好乱乐祸。"大意是：曹操这个宦官的后代一天到晚只会捣乱，从未做过好事。这样的遗丑，天下人都应该来消灭他。

被这样骂一通，丑扬天下，实在让人不能忍受。陈琳被俘时，曹操问他："骂人骂我一个也就行了，怎么连我的祖宗也骂上了？"陈琳说："箭在弦上，不得不发。我文章写到了那个地步，只有写下去了。要杀要剐随你了。"

曹操听了笑了笑，不再计较，还是让他做文书工作。

曹操用他的豁达大度成就了自己的一番霸业。

智者寄语

古往今来，大凡志存高远、胸怀韬略的明达贤者，都能够保持一种平和的心态，从容不迫地处理各种难题，淡定一笑容，纳世间百事。

淡泊得体，学会宽容

水至清则无鱼，人至察则无友。一个人必须具有包容一切善恶贤愚的态度，才能够宽容他人。

林肯竞选总统前夕在参议院演说时，曾遭到一位议员的羞辱，那位议员说："林肯先生，在你开始演讲之前，我希望你记住自己是个鞋匠的儿子。"

"我非常感谢你使我记起了我的父亲，他已经过世了，我一定记住你的忠告。我知道我做总统无法像我父亲做鞋匠那样优秀。"林肯回答道。参议院陷入了一片沉默，他继续对那位傲慢的议员说："据我所知，我的父亲以前也为你的家人做过鞋子，如果你的鞋子不合脚，我可以帮你修好它。虽然我不是伟大的鞋匠，但我从小就跟我的父亲学会了修鞋子的技术。”然后，他又对所有的参议员说：“对参议院的任何人都一样，如果你们穿的哪双鞋是我父亲做的，而它们需要修理或改善，我一定尽可能地帮忙。但有一点可以肯定，他的手艺是无人能比的。”

说到这里，所有的嘲笑都化作了真诚的掌声。

有人批评林肯对待政敌的态度：“你为什么试图让他们变成朋友呢？你应该想办法打击他们，消灭他们才对。”

“我们难道不是在消灭政敌吗？当他们成为朋友时，政敌就不存在了。”林肯温和地说。这就是林肯消灭政敌的方法——将敌人变成朋友。

也因此，他曾两度被选为美国总统。

心理学家也曾指出：“适度的宽容，对于改善人际关系和保持身心健康都是有益的。过于苛求别人或苛求自己的人，必定长期处于紧张的心理状态之中。”宽恕别人，自己在心理上也会有所转变和净化，忧愁、烦闷便可得以避免或消除。

有一位老禅师，一日晚上在禅院里散步，见墙角边有一把椅子，他一看便知寺内有和尚违反寺规越墙出去玩了。老祥师并不声张，而是走到墙边，移开椅子，就地蹲下。不一会儿，果真有一个小和尚翻过墙来，黑暗中他踩着老禅师的背脊跳进了院子。当他双脚着地时，才发觉刚才踩的不是椅子，而是自己的师父。小和尚顿时惊慌失措、张口结舌。但出乎小和尚意料的是，师父并没有厉声责备他，只是以平静的语调说：“夜深天凉，快去多穿一件衣服。”淡淡的一句话，震撼了小和尚的心灵，从此他再没违反过寺规。

宽容是一种博大，它能包容人世间的喜怒哀乐；宽容是一种境界，它能使人举止大方、行为磊落。只有宽容，才能“愈合”不愉快的创伤；只有宽容，才能消除烦恼，为人生增添色彩。

智者寄语

宽恕别人，自己在心理上也会有所转变和净化，忧愁、烦闷便可得以避免或消除。

用宽恕治愈伤口

无论人生的路有多难走，无论社会有多复杂，无论人与人之间有多大距离，只要你拥有宽容之心，你的人生就会变得容易、简单。

有一个男孩脾气很坏，父亲给了他一袋钉子，并且告诉他，每当他发脾气的时候就钉一个钉子在后院的围栏上。第一天，男孩钉下了 37 个钉子。慢慢地，每天钉下的数量减少了，他发现控制自己的脾气要比钉下那些钉子容易许多。终于有一天，男孩觉得自己再也不会失去耐心、乱发脾气了。他告诉父亲这件事情，父亲只是淡淡地点点头，并让他从现在开始，每当他控制了自己的脾气的时候，就拔出一根钉子。过了很多天，男孩告诉父亲，他终于把所有钉子都拔出来了。

父亲拉着他的手来到后院说：“你做得很好，我的孩子，但是看看那些围栏上的洞。这些围栏将永远不能恢复到从前的样子了。你生气的时候说的话就像这些钉子一样，会留下疤痕。如果你拿刀子捅别人一刀，不管你说多少次对不起，那个伤口都将永远存在。话语的伤害就像真实的伤痛一样，令人无法承受。”

有时候，人与人之间会因为一些小小的矛盾而造成永远的伤害，如果我们都能从自己做起，宽容地对待他人，也许会有许多意想不到的结果。为别人开启一扇窗，也能让自己看到更完整的天空。

第二次世界大战期间，一支部队在森林中与敌军发生激战，两名战士与部队失去了联系。两人在森林中艰难跋涉，互相鼓励、安慰。十多天过去了，他们仍未与部队联系上，幸运的是，他们打死了一只鹿，依靠鹿肉他们又可以多过几日了。可这以后，他们再也没看到任何动物。这一天他们在森林中遇到了敌人，两人巧妙地避开了敌人。就在他们以为自己已经安全时，只听到一声枪响，走在前面的年轻战士中了一枪，子弹打在了他的肩膀上。后面的战友惶恐地跑了过来，害怕得语无伦次，抱起战友的身体泪流不止，赶忙把自己的衬衣撕下，包扎战友的伤口。

晚上，他们都以为自己的生命即将结束，身边的鹿肉谁也没动。天知道他们怎么过的那一夜。没想到就在第二天，部队救出了他们。

30 年后，那位受伤的战士说：“我知道谁开的那一枪，就是我的战友。他去年去世了。在他抱住我时，我摸到了他发热的枪管，但当晚我就宽恕了他。我知道他想独吞我身上带的鹿肉活下来，但我也知道他活下来是为了他的母亲。此后 30 年，我装着根本不知道此事，从未提及。战争太残酷了，他母亲还是没有等到他回来，我和他一起祭奠了老人家。他跪下来，请求我原谅他，我没让他说下去。我们又做了二十几年的朋友，我没有理由不宽恕他。”

很多时候，我们很难容忍别人对自己的伤害。但唯有以德报怨才能让世界少一些不幸，回归温馨、友善与祥和，才是宽容的至高境界。

智者寄语

有时候，人与人之间会因为一些小小的矛盾而造成永远的伤害，如果我们都能从自己做起，宽容地对待他人，也许会有许多意想不到的结果。为别人开启一扇窗，也能让自己看到更完整的天空。

记人之善，忘人之过

生活中，也许朋友偶尔的一句话，冒犯了你；一个要求，惹恼了你；一个行为、一个思想，令你怒发冲冠。于是，你耿耿于怀甚至于想断绝交往，从此不相往来，更有甚者想利用各种方法报复以解心头之恨……当我们遇到这种情况的时候，多想想《三国志》中记载着一段经典的话：“记人之善，忘人之过。”

人活一生，不能只注意别人不好的地方，要懂得发现和欣赏别人的闪光之处，包容别人的过失，给别人以赞美和鼓励，使彼此的关系更加融洽。所以，你不要试图去揭人之短，只看到别人的弱点，用别人不好的地方侮辱人，或让他人有失人格尊严。那样，即使他当时不予还击，日后，定会记恨你一辈子，甚至令你为此而付出沉重的代价。

学会包容别人，就要做到不只注重别人不好的地方。如果别人有生理缺陷，就不要当众拿此类的话题来开玩笑；别人的绰号，在朋友之间是无所谓的，但在正式场合切不可用此作称呼；如果别人屡试不成，你就不应该当众问他此类的问题，让他难堪。

不在众人面前注意别人的不好之处，不仅是对人的尊重，更是一个君子包容心态的表现。如果朋友和你反目成仇，你还能包容朋友的短处，那你一定是个真君子；相反，如果在这个时候，你经常谈到朋友的坏处，还经常当众揭人之短，透露他的隐私，甚至无中生有，捏造事实中伤朋友，那么，不仅表明了你是一个小人，而且你终将受人唾弃，失去许多朋友。

富兰克林说：世界上有两种人，他们的健康、财富以及生活上的各种享受大致相同，结果，一种人是幸福的，而另一种人却得不到幸福。他们对物、对人和对事的观点不同，那些观点对于他们心灵上的影响因此也不同，苦乐的分界也在于此。

一个人无论处于什么地位，遭遇总是有顺利和不顺利的地方。无论在什么交际场合，所接触到的人物和谈吐，总有讨人喜欢的和不讨人喜欢的；无论在什么地方的餐桌上，酒肉的味道总是有可口的和不可口的，菜肴也是烧得有好的有坏的；无论在什么地带，天气总是有晴有雨；无论什么政府，其法律总是有健全的，也有不健全的，而法律的施行也是有好有坏；天才所写的诗文有美点，但也总可以找到若干瑕疵。每一个人都有他的长处和短处。

在这些情形之下，上面所说的两种人注意的目标恰好相反。乐观的人所注意的是顺利的际遇、谈话之中有趣的部分、精制的佳肴、美味的好酒、晴朗的天气等，同时尽情享乐。悲观的人所想的和所谈的都是坏的一面，因此他们永远感到怏怏不乐，他们的言论在社交场所不但大煞风景，个别的还得罪许多人，以致他们与别人格格不入。如果这种性情是天生的，对这些怏怏不乐的人倒是应该怜悯了。但是那种吹毛求疵令人厌恶的脾气，也许根本是从模仿中而来，在不知不觉中养成了习惯。

假如悲观的人能够知道，他们的恶习对于一生的幸福有着不良的影响，即使恶习已经到了根深蒂固的程度，也还是可以矫正的。希望这一点忠告，可以对悲观的人有所帮助，促使他们去除掉恶习。这种恶习实际上虽然只是一种态度、一种心理行为，却能造成终生的严重后果，带来真正的悲哀与不幸。他们得罪了众人，就不会再有人喜欢他们，至多以极平常的礼貌和敬意跟他们敷衍，有时甚至连极平常的礼貌和敬意都谈不上。

他们常会因此而气愤，引起种种争执。如果他们想改变地位或增加财富，别人也不会希望他们成功，没有人肯为成全他们的抱负而出力或出言。如果他们遭受到公众的责难或羞辱，也没有人肯为他们的过失辩护，给予原谅；许多人还要夸大其词地同声攻击，把他们说得体无完肤。如果这些人不愿矫正恶习，不肯迁就，不喜欢一切别人认为可爱的东西，而总是怨天尤人，自寻烦恼，那么大家就会避免与其交往。因为这种人总是难以和人相处，一旦你发觉自己被牵扯在他们的争吵中时，将会感到极大的烦恼与痛苦。

有一位研究哲学的老人，由于饱经世故，时时谨慎、留神，避免和这种人亲近。老人善于利用他的两条腿：一条腿长得非常好看，另一条却因意外事故而呈畸形。陌生人初次和他见面，如果对他的丑腿比对他的好腿更为注意，他就有所猜忌。如果此人只谈起那条丑腿，不注意那条好腿，这就足以使老人决定不再和他进一步交往。这样的"大腿仪器"并非人人都有，但是只要稍微留心，那些有吹毛求疵恶习行迹的人，大家都能看出来，从而可以决定避免和他们交往。因此，劝告那些性情苛酷、怨愤不平和抑郁寡欢的人，如果希望受人尊敬而自得其乐，那就不能只是去注意人家的丑腿了。

下面这个故事或许会对我们有所启示：

在一条比较繁华的街道上，一位僧人看到有个画家的生意出奇好。画摊周围聚集了很多人,而其他画摊边的人却寥寥无几。

一天,僧人也挤进了人群想探个究竟。

"给我也画一幅!"一个小伙子抢先坐到小木墩上。他衣着邋遢,尖嘴猴腮,看起来很讨厌。僧人暗忖,这模样还当众画像,简直就是出丑!

画家上上下下打量着小伙子,旁若无人,异常专注,然后又示意小伙子调整眼神的位置和方向,认真揣摩。准备就绪后,画家便提笔作画,几分钟后,一幅画交到小伙子的手上。

大家纷纷凑过来一睹为快。哇!像极了!这也的确是人们的第一印象:小伙子有几分像日本影星高仓健,而画中人面容棱角分明,双目炯炯,更把小伙子的特点突出出来。小伙子拿着画端详了老半天,眉开眼笑,十分满意。他绝对没想到,形象丑陋的自己,在画家笔下竟会有如此神韵。

接下来,一个模样圆滑势利、大腹便便的商人,在画家笔下,变得慈眉善目、笑容可掬;一个凶神恶煞的彪形大汉则变得豪放耿直,像梁山好汉一般令人敬畏……

这时,僧人已恍然大悟。这位瘦小画家的高明之处就在于:他总能用心捕捉到所画对象最美好的气质,然后发扬光大,所以,他的画受到大家的欢迎。

生活中没有十全十美的人,也没有十恶不赦的人。如果我们用一颗宽容的心去对待身边每个人,一定能寻觅到他们身上的闪光点,感到世界的美好。

良好的人际关系,不仅能给人生带来快乐,而且能助人走向成功。而包容的品质则是建立良好人际关系的基石,在相互包容谅解中求得共同的发展和进步是一种良好的愿望。一个人只有具备了包容的品质,才会懂得理解和尊重他人,才会有爱人之心,有容人之量,成为识大体、顾大局的人。所以,在生活中,我们要多懂得欣赏别人的优点和长处,多包容别人的短处和不足,少注意别人不好的地方,只有这样你才能赢得更多的朋友,获得真正的友谊。

智者寄语

不在众人面前注意别人的不好之处,不仅是对人的尊重,更是一个君子包容心态的表现。

用大度和涵养收获一生笑容

宽容是一种胸怀,"宰相肚里能撑船"说的就是宽容。一个有着博大胸怀的人,不会斤斤计较个人得失,不会为生活工作中的小摩擦而耿耿于怀,不会为世间繁杂的恩怨是非纠缠不清。泰山不辞抔土,方能成其高;江河不择细流,方能成其大。一个善良、乐观、博爱的人,总是会保持一种谦逊和豁达。他能够理解他人,善待人和事,他会把自己与周围的人和事协调地统一起来,从而达到契合。这种心态和胸怀或者说是品格,能造就一个众人敬仰的形象,能造就一番不朽的事业。

宽容是一种智慧。宽容别人就是善待自己,宽容自己就是善待生命。宽容别人不但给了他们新的机会,也会取得别人的信任和尊敬,能够与他人和睦相处。宽容自己,不要把暂时的成败放在心上,不要因为一时的人生低谷而改变自己努力的方向。要明白,人情冷暖、功名利禄,不过是人生中毫无重要意义的附属,就像一棵树,只有不断削去旁枝末叶,才能够专心长主干,才能够成材。

宽容,是一种智慧,是一种洒脱、一种超然、一种豁达,非淡泊无以明志,非宁静无以致远,之所以能够看开世事纷扰，是因为看得更高、更远。一个有着宽容之心的人，即使在阴云密布的天气，也会看到阳光灿烂的笑容；即使在漆黑的夜里，也知道光明就要来到；即使北风凛冽，他的心也是暖的。

有容乃大，是时代最珍贵的人性品格，是时代成功者必须锻造的一种人性。宽容是以辽阔的胸襟容纳各种智慧，是辉映创造性的文化品格。宽容是一种与人相处的素质，一种时代崇尚的品德，更是吸纳他人长处、充实自我、创造自我价值的良好思维品质。

利比里亚的女总统瑟利夫，在未当上总统之前，由于政变等原因，曾经三次流亡几内亚。每一次走在流亡的路上，她都在想，有朝一日必将卷土重来，搞垮她的政敌，使曾经让她饱尝艰辛的人也尝一尝颠沛流离的滋味。但一次不平凡的经历改变了她的想法。

那是十多年前的事情了。那一天，当她带着她的随从靠近一个村落的时候，突然从一棵大树后响起枪声。训练有素的贴身护卫维撒猛地把她扑倒，她获救了，但这颗罪恶的子弹夺去了维撒年轻的生命。后来她才知道，开枪的是维撒的邻居，一个叫阿撒的小伙子。阿撒被她的对手收买，一直在伺机暗杀她。十多年后，瑟利夫再次来到这个村庄，竟然发现维撒的妈妈去给阿撒的妈妈送粮食。她问维撒的妈妈为何要这样做，维撒的妈妈回答："阿撒逃走后，十多年来杳无音信，阿撒独身的妈妈穷困潦倒，现在又病了，家里揭不开锅……"瑟利夫不禁提醒这位善良的老妈妈："他们不是我们的敌人吗?"老妈妈的回答再次让她吃惊："那都过去了，以怨报怨，只能增加更多的怨恨。"

那一刻，她被震撼了。老妈妈的话，深深地教育了她：以仇恨面对仇恨，对立的双方将永远无法摆脱仇恨。饱经战乱的利比里亚需要的不是仇恨，更不是战争，它需要的是宽恕！只有宽恕才能化解矛盾，只有宽恕才能消除隔阂，只有宽恕才能获得理解，也只有宽恕才能赢得支持。

从那以后，瑟利夫不但以宽恕的心态来面对过去的对手，而且号召人民忘掉仇恨，以宽容、和解治愈历史的创伤。瑟利夫的举动，赢得了利比里亚人民的理解和支持，并通过选举把她推上了总统宝座，使她成为非洲历史上第一位民选女总统。

瑟利夫正是凭借着对别人的宽容，赢得了利比里亚人民的理解和支持，最终成为一位有名的女总统。

宽容是一种博大的胸襟，在处事中对不同的观点或行为，要予以理解和包容。宽容是一种力量，它使人清醒，使人明智，使人坦然，使人明辨是非。它可以让人着眼于一生一世，而不是一时一事。宽容使软弱的人觉得整个世界都是自己的支点，使坚强的人觉得这个世界永远有温柔的港湾。沙漠中，宽容就是绿洲；悬崖上，宽容就是绳梯；绝望时，宽容就是新的希望、新的力量。

宽容了别人，自己必定也会受益无穷。只有拥有宽容，才能戒除烦忧焦虑，抑制悔恨憎恶，平息各种纠纷与争吵，避免人与人之间的猜疑与妒忌。这是一种积极的生活态度，也是一种高尚的道德观念。它不仅体现了仁爱的观念，更表达了一种智慧的技巧，它是做人所必须具有的大度和涵养。一旦你拥有宽容的美德，你将拥有一生的智慧，收获一生的笑容。

智者寄语

一个善良、乐观、博爱的人，总是会保持一种谦逊和豁达。他能够理解他人，善待人和事，他会把自己与周围的人和事协调地统一起来，从而达到契合。这种心态和胸怀或者说是品格，能造就一个众人敬仰的形象，能造就一番不朽的事业。

用宽容抚慰幼弱的心灵

宽容可以通过语言等显性因素来表达,也可通过细节等隐性因素来表达,有时候这些细节或许连自己都未意识到,却被善于感知的心灵接纳了。宛如获得了最温暖的心灵触摸,这些纤弱的心也蓬勃生长。

有位中学老师写过这样一篇文章:有一天晚上,是这位老师值班。照例他要到操场上去转转,操场在教学楼的后边,周边是零星的几盏路灯,有极淡的一点光晕射出来。他带着手电出来,开始沿着跑道往里走。学生们大都回宿舍睡觉去了,到操场转转的目的,无非是怕有的学生还没有回去,毕竟在这样一个春末的晚上,清新的空气以及舒爽宜人的温度是让人留恋和眷顾的。如果还有别的目的的话,那就是看看还有没有男女生在操场上——提防有早恋的学生。

果然,再往夜色更深处走,这位老师看到了两个人的背影,那是一个男生和一个女生。他踌躇了一下,快走几步,赶上了他们,假装欣赏夜色,他说:“今晚的月亮真美,风也很轻柔……你们说是不是?对了,明天6点起床,你们不怕明天起不来吗?”两个学生嗫嚅着,说不出话来。听他们的气息,显然被吓坏了,声音中透着紧张的惶恐。老师面对他们站着,但通过暗淡的光,还是不能辨清他们的面目。

这位老师问了他俩的班级和姓名,便让他们回去了。虽然感觉他们是在早恋,也想跟他们的班主任谈谈,但后来无意中便把这事忘了。

之后,过了好几年,一封来自珠海某公司的信飞至这位老师的案头。原来,信是那个女生寄来的。信里边谈及的内容,也是关于那个晚上的。她说:“李老师,那个晚上,被您撞见后,我很害怕,其实我们在一起走的时候一直担心着一件事情,就是手电筒。我怕突然有一束光毫不留情地照在我俩的脸上,如果这样,我们一定会无地自容,以后也不会有好的心态去学习。但是您并没有拧亮手电筒,虽然您也有这么一把。这些年,我一直忘不了这件事情,今天给您写去这封信,我要郑重地对您说声:谢谢您。”

这个老师最后写道:“我在那个晚上,心底里并没有感觉到亮不亮手电会对那件事产生多大的意义。然而,就是这样一个细节,对于一个孩子,对于一个犯了错误的孩子,是多么大的尊重。这件事情之后,我开始更多地注意生活中的一些细节了,比如,把愤怒的姿势换成握手,让一句厉声的呵斥变得温和,轻拍对方的肩膀,给仇怨一个宽容的眼神,用心倾听卑微的人的话语等。我不想从这些细节中得到什么回报,但我知道,这些细节一定会碰上一颗善于感知的心灵。实际上,这已经足够了,就像阳光照耀大地万物的时候,它并不会在意一朵花是否会散发出幽香和芬芳一样。或许,它所在意的是,光线的每一个细微的部分,是不是给了花瓣最温暖的触摸。”

正是无意中的一次宽容,无意中的一个细节,却产生了意料不到的效果:给了学生一个坦荡的胸怀,一个光明的前途。所以说,一分宽容胜于十分责备。

有位老师发现一名学生上课时不专心听讲,时常低着头在笔记本上画些什么。有一天他走过去拿起学生的笔记本,发现上面画满了自己的漫画,形象夸张怪诞。学生紧张极了,害怕老师责罚自己。但是老师没有发火,只是微微一笑,要学生以后多练习,画得更神似一些。从此那名学生上课时再没有画画，开始专心听讲，而是利用课余时间学习绘画，后来他成为颇有造诣的漫画家。

通过上面的例子，设想一下，除去其他因素，归集到一点：主人公后来有所作为，与当初老师的宽容不无关系，可以说是宽容唤起的自尊心，纠正了他们的人生之舵。

宽容不仅需要"海量"，更是一种修养促成的智慧，事实上，只有那些胸襟开阔的人才会自然而然地运用宽容。

智者寄语

宽容可以通过语言等显性因素来表达，也可通过细节等隐性因素来表达，有时候这些细节或许连自己都未意识到，却被善于感知的心灵接纳了。

宽容是解决问题的最好途径

宽容是理解和尊重的体现，是修养和美德的象征，代表着关心，蕴含着信任。它不仅能够感化别人，同时也会为自己赢得广阔的空间。

宽容是解决问题的最好途径。待到你的勇敢战胜了一个个困难，你的慎重一再避免了失误，你的真情融化了别人心头的坚冰，你的灵活使人们化险为夷、转危为安，你的让步给双方带来了广阔的天地，你的赞美得到了公众一致认可，人们便会更加理解你、信任你。

有一位部门经理，在一次外出时，手提包被盗，里面除了常用的钱物外，还有公司的公章。当她既内疚又担心地站在总经理面前讲完所发生的事情后，总经理笑着说："我再送你一只手袋好吗？你前段时间的工作一直非常出色，公司早就想对你有所表示，但一直没有机会，现在机会终于来了。"

那位没有暴跳如雷的总经理，用宽容的态度处理了这件事，使部门经理心怀感激，后来任凭其他公司有多么优厚的待遇聘请她，她都不为之所动。这就是宽容的力量。

在人生的道路上，我们总会遇到曲曲折折、坎坎坷坷。灿烂的阳光下，也有阴暗的角落；风和日丽的天空，也会有乌云飘来的时候；巨轮航行在大海上，经常会遇到狂风恶浪的挑战；车辆奔驰在大地上，经常有高山大河的阻碍。在人与人相处的过程中，也会遇到形形色色的人，或善解人意，知书达理；或心胸狭窄，蛮不讲理；或愤世嫉俗，感情用事；或宽容大度，冷静沉着。宽容是一种博大的胸怀，是一种崇高的美德。公共汽车上人多，一位女士无意间踩疼了一位男士的脚，便赶紧红着脸道歉说："对不起，踩着您了。"不料男士笑了笑："不不，应该由我来说对不起，我的脚长得也太不苗条了。""哄"的一声，车厢里立刻响起了一片笑声，显然，这是对优雅风趣的男士的赞美。而且，身临其境的人们也不会怀疑，这美丽的宽容将会给女士留下一个永远难忘的美好印象。

一位女士不小心摔倒在一家整洁的铺着木板的商店里，手中的奶油蛋糕弄脏了商店的地板，便歉意地向老板笑笑，不料老板却说："真对不起，我代表我们的地板向您致歉，它太喜欢吃您的蛋糕了！"于是女士笑了，笑得挺灿烂。而且，既然老板的热心打动了她，她也就立刻下决心"投桃报李"，买了好几样东西后才离开了这里。

这就是宽容，它甜美、温馨、亲切！宽容不仅给别人带来了快乐，也为自己赢得了更广阔的空间。

宽容本身也是一种沟通、一种美德。假如生活中，我们受到了不公正待遇或自己身边的人做错了什么，千万不要生气愤怒，而应学会宽容。生气愤怒是人类最坏的毛病之一，它是在用别人的过错惩罚自己，是一种徒劳的、于己于人无益的活动。

然而，要想做到宽容并不容易，需要有广阔的胸襟。当你的真诚被视作幼稚，你的勇敢被视作鲁莽，你的灵活被视作滑头，你的让步被视作软弱，你的慎重被视作保守，你的赞美被视作讽刺……你怎么办？凄凄惨惨地躲起来哭？哭不能改变别人的看法，伤心的还是自己。喋喋不休地为自己申辩？那只能成为人们茶余饭后的笑料。羞羞答答地按照别人的看法来改变自己？那更会使自己失去自信，失去自我。在没有被理解的地方，会激发出自尊的力量。不要乞求理解，不求理解，你就没有不被理解的烦恼；不求理解，你才有更加坦荡的胸怀和义无反顾的勇气。只有学会宽容，能够容纳不同的意见，让风和雨交织在一起，才能看到美丽的彩虹；让爱和恨缠绕在一起，才懂得真情的可贵；把赞美和批评留在心底，才能够塑造完整的自我，保持自己的良好品性。

人需要宽容，一个国家的进步也需要宽容。在中国的历史上，宽容是有目共睹的。党的历史上，中国共产党为了团结一切可以团结的力量，战胜强大的敌人，先后多次和自己的对手——国民党携手，开展了声势浩大的北伐战争和抗日战争，并最终推翻了封建社会，赶走了帝国主义，建设了新中国。在社会主义事业建设中，中国共产党与其他党派肝胆相照，荣辱与共，共创美好未来。中国成功地收回了香港和澳门，并保持了繁荣和稳定，是因为实行了“一国两制”的创举。在爱国主义的大旗下，容纳很多非社会主义的内容。

对别人宽容不是纵容，不是没有原则，不是因为心慈手软才网开一面。对自己宽容，不是放纵自己的欲望，不是娇惯自己的任性，不是得过且过、放任自流、毫无追求。宽容，就像熬汤，只有火候合适，掌握好度，才可以使尴尬的局面变得轻松，使迷途的浪子痛改前非，使事业多一分从容，使生活多一分美好。一个微笑、一个拥抱往往是宽容的肢体语言，但宽容在更深层次上是一种心态、一种价值观、一种理念。

智者寄语

宽容是解决问题的最好途径。待到你的勇敢战胜了一个个困难，你的慎重一再避免了失误，你的真情融化了别人心头的坚冰，你的灵活使人们化险为夷、转危为安，你的让步给双方带来了广阔的天地，你的赞美得到了公众一致认可，人们便会更加理解你、信任你。

宽容他人，可使其与你共进退

人们常说：“将军额上能跑马，宰相肚里可撑船。”一个人的气度可以决定他做事的风格，领导者的气度决定他用人的风格。我们在工作和生活中，要不断地和人打交道，不论是朋友还是同事，或者是客户和竞争对手，每个人都有着自己的个性、爱好和生活方式。生长环境不同，受的教育程度不同，生活习惯也不相同，不可能所有人都是同一个节拍，也不可能都随顺我们的心意。如果因为看不惯哪个人，就与他断绝一切往来，那用不了多久就会成了孤家寡人。

大凡鼠肚鸡肠、睚眦必报的人都容易走极端，只言片语也会耿耿于怀，这使得他们别说是成就大事，就连一般小事都做不好，因为人际关系实在是太差了，谁也不会愿意帮助他的。

不走极端，有气度，可以使自己赢得别人的信任，也可以使自己不受一时得失的影响，保持对人对事正确的判断。

1974年的一天，一个中年人走进托马斯·约翰·沃森的儿子小沃森（IBM第二任总裁）的办公室，他瞧了一眼小沃森，便毫无顾忌地嚷道："我没什么盼头了，销售总经理的差事肯定要没了，现在干着没人干的闲差……"

这个人叫伯肯斯托克，是IBM公司未来需求部的负责人。他是刚刚去世的IBM公司第二把手柯克的好友。因为柯克与小沃森是对头，伯肯斯托克心想：柯克一死，小沃森肯定不会放过他。与其被人赶走，还不如主动辞职。伯肯斯托克知道小沃森与他的父亲一样，脾气暴躁，也很要面子，假若有职工敢当面向他发火，其结果不言而喻。奇怪的是，小沃森却显得很平静，脸上还有一丝笑意。

伯肯斯托克有点紧张了，不是因为害怕，而是有点儿纳闷了。

"如果你真行，不管你是在柯克手下，还是在我父亲和我的手下都能成功。如果你认为我不公平，那么你就走。否则，你就应该留下，因为这里有许多机遇。"

"如果我是你，现在的选择就是留下来。"小沃森说。

伯肯斯托克诧异地问："我刚才的话你没有听见？"

小沃森没有回答，好像真的没有听见。

按正常的情况，小沃森实际上是无法忍受他的，但他在关键时刻把握住了自己说话的分寸，为的是尽力挽留面前这个人。

伯肯斯托克是个不可多得的人才，在促使IBM从事计算机生产方面，他的贡献最大。当小沃森劝说老沃森及IBM其他高级负责人赶快投入计算机行业时，公司总部里的支持者相当少，而伯肯斯托克是这少数人中的一个。

伯肯斯托克对小沃森说："打孔机注定要被淘汰，假如我们不觉醒，尽快研制电子计算机，IBM就要灭亡了。"

小沃森相信他的话是对的。小沃森联合了伯肯斯托克的力量，为IBM立下了汗马功劳。

伯肯斯托克是幸运的，他得到了小沃森的宽容。也正是这种宽容，才造就IBM不断向前发展。小沃森在他的回忆中曾写下这样一句话："在柯克死后挽留伯肯斯托克，是我成名以来所采取的最出色的行动之一。"

智者寄语

生长环境不同，受的教育程度不同，生活习惯也不相同，不可能所有人都是同一个节拍，也不可能都随顺我们的心意。如果因为看不惯哪个人，就与他断绝一切往来，那用不了多久就会成了孤家寡人。

用忘怀填平伤害的洼地

在日常生活中，我们可能会遭受一些伤害，但不是所有的伤害都要记住，以至于睚眦必报，要学会忘记并善于忘记。宽容大度者不仅会将怨愤忘得一干二净，而且还会用热诚去填平生活中的洼地。

在这个充满竞争的时代，遭受伤害是不可避免的。智力成果被他人夺走，取得的成就被刻意贬低，感情出现裂痕，关系突然破裂……数不清的烦恼与阴谋让我们的所有努力付之东流，换回的是悲痛与伤害。若与那些伤害过自己的人“冤冤相报”，便会让自己陷入功名利禄以及感情争斗的恶性循环之中。

在智者看来，一切皆是浮云，人们应当学会忘却，不必对所有事情都耿耿于怀。伤害导致了怨恨，一味地憎恨只会徒增烦恼与痛苦，使人们失去生活的乐趣，无论有多少正当的理由，憎恨总是一味于人于己都没有好处的毒药。

“春有百花秋有月，夏有凉风冬有雪。若无闲事挂心头，便是人间好时节。”记住该记住的，忘记该忘记的，让人生活得洒脱，内心没有任何困惑，美好的生活才能展现于你的面前。

正如智者所说：“把别人带给自己的痛苦与伤害刻在沙滩上，让它们在潮起潮落瞬间变得了无痕迹；将别人的关心与爱护刻在石头上，任凭风雨打永不消退。”这就是包容别人的一份情怀。

阿里是一个著名的阿拉伯作家，某次他和两位朋友吉伯、马沙一起外出旅行。当三个人经过一处山谷的时候，马沙一不小心失足滑落，眼看就要坠入山谷。吉伯急忙一把拉住了他，将他救起。于是，马沙便在山谷附近的大石头上刻下了一句话：某年某月某日，吉伯救了马沙一命。

之后，三人便继续前行。几天以后，当他们赶到一处河边时，吉伯与马沙为了一件不起眼的小事争吵起来。一气之下，吉伯竟用力打了马沙一耳光。于是马沙跑到沙滩上又写了一句话：某年某月某日，吉伯打了马沙一耳光。

当他们旅行结束之后，阿里对马沙的行为感到不解，便试着询问马沙：为何要将吉伯救他的事刻在石上，而将吉伯打他的事却写在沙滩上呢？马沙答道：“吉伯救了我的命，我会永远铭记于心。至于他打我的事情，就如同沙滩上逐渐消失的字迹一样，我已经忘记。”

记住别人带来的恩惠与宽容，忘掉别人带给你的毁伤与仇怨，马沙做到了，这也说明了他胸襟的开阔以及做事的光明磊落。世事变化，让诋毁与误会随风消逝，让理解和宽容永远铭刻在人们的心中。包容天地万物，我们也能和马沙一样拥有辽阔无边的心灵世界。

包容就是一种忘却。每个人都会经历痛苦与忧伤，若不能忘却痛苦与忧伤，身心的伤害就永远难以愈合。忘却职场上的是非，忘却情感上的打击，忘记别人的指责与谩骂，让他们随风而去。纪伯伦说：“忘记是自由的一种形式。”忘记那些曾经令你受伤的人和事，怀着一颗包容的心，试着将它们消散于美好的心灵之中，这样就会使你达到一种自由的境界。

一天，古希腊哲学家苏格拉底与一位老朋友正在雅典城里一边散步，一边闲谈。忽然一个不知从哪里冒出来的年轻人用棍子打了苏格拉底一下，然后急忙逃走了。朋友见状，马上就要找那个人算账。苏格拉底却忙将朋友拉住，不让他去报复。

朋友觉得难以理解，生气地说：“难道你惧怕这个人吗？”苏格拉底说：“当然不是。”朋友追问：“那么他毫无缘由地打你，你怎么不还手呢？”听完朋友的怨言，苏格拉底笑着说：“我的朋友，难道一头驴子踢了你一脚，你也要非踢它一脚不可吗？”

苏格拉底的话虽然有些尖刻，却让人们领会了谦忍退让的道理。忘掉不快，让心灵变得更自由，苏格拉底才会有后来的伟大思想成就。

而在现实生活中，怨恨、不快和委屈是经常会出现的事。假如我们不懂得谦忍退让，不学会遗忘，只是一味地针锋相对，寸步不让，那么怨恨就会像病毒一样传播得越来越广。可见最好的选择就是不念旧恶与新怨，以一颗包容与理解的宽广胸怀，做到得饶人处且饶人，甩掉身上沉重的包袱，轻装前进，自己的心灵就会变得纯净，自己的生活也会变得轻松而愉悦。

当我们与他人之间有误会与纷争之时，不必总是耿耿于怀，怀有一颗放松及宽容的心态，别去计较那些不值一提的恩怨，珍惜那些值得珍惜的，你就会发现人与人之间更多的是和谐和融洽。至少，忘却自己的不幸，你的生命就会呈现别样的风采。所以，该记取的时候记取，该忘却的时候一定要忘却，千万不要让怨恨充斥了心灵。

智者寄语

忘记那些曾经令你受伤的人和事，怀着一颗包容的心，试着将它们消散于美好的心灵之中，这样就会使你达到一种自由的境界。

及时原谅别人的错误

世界上如果没有宽容和信任，一切亲情、友情、爱情都将失去存在的基础，每个角落都是尔虞我诈的欺骗，社会将毫无温情可言。当然，人非圣贤，要去爱我们的敌人也许真的有点强人所难，但出于自身的健康与幸福，学习宽恕敌人，甚至忘了所有的仇恨，也可以算是一种明智之举。有句名言说："无论被虐待也好，被抢掠也好，只要忘掉就行了。"原谅伤害过自己的人并不等于窝囊，也并非一味地纵容对方的恶意举动，而是尊重对方的自尊心，是一种有意为之的高尚。

畅销书作家托尼·希勒获得过美国侦探小说家大师奖。他的作品之所以深受读者的欢迎，与他个人的成长经历是密不可分的。他第一次打工就上了生动的一课。当时他是做农场雇工，这次打工经历不仅使他赚得了人生第一笔收入，而且受益匪浅。

他在14岁时，英格拉姆先生敲响了他们农舍的门。这个老佃农住在马路那头大约一英里的地方，想找人帮助收割一块苜蓿地。托尼欣然同意，于是这就成为他得到的第一份有报酬的工作，1小时12美分，要知道这在1939年已经很不错了，当时还属于经济大萧条时期。

一天，英格拉姆先生发现一辆装有西瓜的卡车陷在自家的瓜地中。而原本整齐的瓜地里此刻却一片狼藉，瓜秧被毁坏，西瓜都被摘掉了。显然，有人想用卡车偷走这些西瓜，却没有料到客车陷进去拉不出来。这时，环顾四周不见一个人影。看到这种情景，英格拉姆先生并没有勃然大怒，反而非常平静，只是说车主很快就会回来的，让托尼在那儿看着，长点见识。此时，托尼也在思索，英格拉姆先生到底会用什么方式来对待这几个前来偷盗的人呢？果然没过多久，正如英格拉姆先生所料，一个在当地因打架和偷窃而臭名昭著的家伙带着两个体格粗壮的儿子出现了。他们看起来非常恼火。

英格拉姆先生见到这几个来势汹汹的人，没有质问他们，却用平静的口吻说道："哎，我想你们要买些西瓜吧？"

那个男人显然没有料到，他们处心积虑要偷窃的主人会用这种方式来应对。他回答前沉默了很久："嗯，我想是的。你要多少钱一个？"

"25美分一个。"

"好吧，你帮我把车弄出来吧，我看这价格还合适。"

于是，英格拉姆先生以宽容的心态，巧妙的处事艺术，化干戈为玉帛。双方本来剑拔弩张，英格拉姆先生居然用寥寥几句话使双方达成了一致，顺利完成了一笔交易。而且，这笔交易成了他们夏天里最大的一笔买卖，而且还避免了一场危险的暴力事件。等他们走后，英格拉姆先生笑着对他说："孩子，如果不宽恕敌人，就会失去朋友。"这句话使托尼回味良久，透过这句话他明白了英格拉姆先生处事的哲理。

事后，托尼对于英格拉姆先生的话印象深刻，这句话甚至影响了他一辈子，因为这句话使他明白了要学会包容。试想，如果当初英格拉姆先生针锋相对地揭穿对方的偷窃真相，这个偷窃事件肯定会演变成暴力事件，双方都会受到伤害。并且，这次前来偷窃的父子可能今后还会变本加厉地继续此类不良的行为。

在现代社会中，我们在处理很多事情的时候，是不是也应该像英格拉姆先生那样，用一种宽容的智慧，委婉地去解决呢？宽容是一种双赢的人生法则。

生活不同于战争，它没有战争那么残酷，时时都要面对生命的威胁。所以，生活中的人，大多不会将对方逼到"不是你死就是我活"的地步。生活里的那些摩擦，通常都是不经意的，比如：陌生人在地铁里挤到了你，同事因为不小心打碎了你的玻璃杯，朋友不经意地说了你不爱听的话……

宽以待人是一门艺术，但也不像我们想象得那么高深，这需要我们在点滴的生活中慢慢磨炼，逐渐培养。正确的处事方式是不为着自己的一时快意而伤害别人。一个人要想获得成功，自己不仅要有宽广的胸怀，还应该注意维护别人的自尊。一个人如果损失了金钱，还可以再赚回来，一旦自尊心受到伤害，就不是那么容易弥补的，甚至可能因此而多了一个敌人。掌握了这门艺术，你也许会获得意想不到的收获。

"得理且让人"就是要照顾他人的自尊，不要轻易受到环境和对方坏情绪的感染，不论什么时候，都要懂得控制自己的情绪，不要让愤怒爆炸，因为那不仅会"炸伤"自己，还会伤及无辜。

智者寄语

人非圣贤，要去爱我们的敌人也许真的有点强人所难，但出于自身的健康与幸福，学习宽恕敌人，甚至忘了所有的仇恨，也可以算是一种明智之举。

用包容熄灭仇恨的怒火

有首打油诗写道："占便宜处失便宜，吃得亏时天自知。但把此心存正直，不愁一世被人欺。"内心正直、胸怀雅量，才能包容万物，才能以美好、善良之心看待万物。

人都是有感情和尊严的，需要体谅他人，也需要他人的体谅。有了彼此间的谅解，就能清心降火，在任何情况下，都能拥有平静的心境。

这是一场惨烈的战争，几乎所有的士兵都丧命于敌人的刀剑之下。命运将两个地位悬殊的人推到一起：一个是年轻的指挥官，一个是年老的炊事员。他们在奔逃中相遇，两个人不约而同地选择了相同的路径——沙漠。追兵止于沙漠的边缘，因为他们不相信有人会从那里活着出去。

"请带上我吧，丰富的阅历教会了我如何在沙漠中辨认方向，我会对你有用的。"老人哀求道。指挥官下了马，他认为自己已经没有了求生的资格，望着老人花白的双鬓，心里不禁一颤：由于我的无能，几万个鲜活的生命从这个世界上消失，现在只剩下这最后一名士兵，我对他有责任。于是，他扶老人上了战马。

在这茫茫的沙海中，到处是金色的沙丘，没有一个标志性的东西，使人很难辨认方向。“跟我走吧。”老人说。指挥官跟在他的后面。灼热的阳光将沙子烤得炙热，他们没有水，也没有食物。

老人说：“把马杀了吧！”年轻人怔了怔，唉，要想活着也只能如此了。

“现在，马没了，就请你背我走吧！”年轻人又一怔，心想：你有手有脚，为什么要人背着走，这要求着实有点过分，但连日以来，他都处在深深的自责之中，老人此时要在沙漠中逃生，也完全是因为他的不称职。他此刻唯一的信念就是让老人活下去，以弥补自己的罪过。于是他就这样背着老人一步一步地前行，大漠上留下了一串深陷且绵延的脚印。

一天，两天……十天，茫茫的沙漠好像无边无际，到处是灼热的沙砾，满眼是弯曲的线条。白天，年轻人是一匹任劳任怨的骆驼，晚上，他又成了体贴周到的仆从。然而，老人的要求却越来越多，越来越过分。他会将两人每天总共的食物吃掉一大半，会将每天定量的马血喝掉好几口。年轻人从没有怨言，他只希望老人能活着走出沙漠。

他俩越来越虚弱，直到有一天，老人奄奄一息了。“你走吧，别管我了。”老人愤愤地说，“我不行了，你还是自己去逃生吧。”

“不，我已经没有了生的勇气，即使活着我也不会得到别人的宽恕。”一丝苦笑浮上了老人的面容：“说实话，这些天来难道你就没有感到我在刁难、拖累你吗？我真没想到，你的心可以包容下这些难堪的待遇。”

“我想让你活着，你让我想起了我的父亲。”年轻人痛苦地说。老人此刻解下了身上的一个布包：“拿去吧，里面有水，也有吃的，还有指南针，你朝东再走一天，就可以走出沙漠了，我们在这里的时间实在太长了……”老人闭上了眼睛。年轻人非常诧异，不明白老人为何在生命垂危之际才说出求生的捷径。

此刻年轻人还是坚持要带老人出去，几乎哀求道：“你醒醒，我不会丢下你的，我要背你出去。”老人勉强睁开眼睛：“唉，难道你真的认为沙漠这么漫无边际吗？其实，只要走三天，就可以出去，我只是带你走了一个圆圈而已。我亲眼看着我两个儿子死在敌人的刀下，他们的血染红了我眼前的世界，这全是因为你。我曾想与你同归于尽，一起耗死在这无边的沙漠里，然而你用胸怀融化了我，我已经被你的宽容大度所征服。只有能宽容别人的人，才配受到他人的宽容。”老人说完，永远地闭上了眼睛。

老人因丧子之痛，难以平复心中的怒火，想方设法地刁难这位指挥官。在缺少食物、缺少饮用水的炙热沙漠里，折磨他人、发泄心中怨恨的同时，自己也在承受心理上的煎熬，然而，最终老人还是被指挥官的宽容所打动，幡然悔悟，并把生的希望留给了年轻的指挥官。老人的举动使指挥官深感震惊，仿佛又经历了一场战争，一场人生的战争。在这场没有硝烟的战争中，指挥官之所以赢的原因竟然来自于自己不经意之间的宽容。此时他才明白：武力征服的只是人的躯体，只有靠爱和宽容大度才能赢得人心。

如果始终抱有报复他人的心态，以一颗狭隘的心折磨他人，只能是暂时获得发泄怨恨的畅快，但此时自己的心其实也是处于焦灼、愤恨的状态。换句话来说，这也是自我折磨的过程。放别人一条生路，其实也就是给自己一条放松心灵的生路。

智者寄语

人都是有感情和尊严的，需要体谅他人，也需要他人的体谅。有了彼此间的谅解，就能清心降火，在任何情况下，都能拥有平静的心境。

以德报怨，路会越走越宽

“以牙还牙，以眼还眼”，可能是有史以来大多数人对待对手最容易采取的手段和方式了。古往今来，在漫漫的历史长河中，人类演绎了太多的冤冤相报和世代为仇的历史悲剧。

回望历史，冤冤相报给人类造成太多的痛苦和悲剧，留下无数遗恨和灾难。诚然，许多悲剧性事件的发生往往都具有复杂的原因，但争端无不起源于双方的互不相让。

如果人们在面对仇恨时能够保持平和心态，宽以待人，放弃不必要的争斗，以德报怨，许多悲剧是完全可以避免的，甚至历史都可能会呈现出一种别样的美丽。

春秋时期的齐桓公就是这样一个充满睿智的伟人。他在与公子纠争夺王位时曾挨过政敌管仲的一箭，差点要了他的性命，应该说齐桓公与管仲之仇不共戴天。

可是，当他登上国君之位后，却以政治家的敏锐，意识到齐国的发展需要管仲这样的人才，于是听从了师傅鲍叔牙的劝说，以博大的胸襟包容并重用了管仲。

由于齐桓公以毫无芥蒂的重用回报当年的一箭之仇，深深地感动了管仲，从此，管仲便尽心效力国事，鞠躬尽瘁，最终助齐桓公实现富国强兵，“尊王攘夷”，率先登上春秋霸主之位，成就了彪炳千秋的历史伟业。

历史上还有很多这样的佳话。秦汉时期，功成名就的韩信没有杀掉当年让他受胯下之辱的青年，使此人感激涕零，愿意终生为他效劳；三国鼎立时期，孟获的叛乱严重危害了蜀国的稳定，但诸葛亮在讨伐南中时，却一次次放走对手，最后使桀骜不驯的孟获心悦诚服，从此效忠蜀汉，听命于诸葛亮的调遣，成为蜀国巩固后方的基石……

齐桓公的不计前嫌，韩信的宽宏大量，诸葛亮的以德服人，无不让我们看到历史上智者的容人肚量和仁者的博大胸怀，看到人类真善美的瑰丽动人。原来，用宽仁来回报伤害，用仁德来回报怨恨，可以让我们的世界呈现化干戈为玉帛的祥和。

记得佛家曾记录过这样一个故事：师父问弟子：“如果别人把口水吐到你的脸上，你该怎么办？”弟子回答说：“把它擦干。”师父说：“应该让它自己干。”这是多么高的思想境界啊！西方的基督耶稣也曾说过：“如果有人打了你的右脸，那么，你就把自己的左脸也伸过去让他打。”为什么东西方的智慧竟会这么不约而同地用如此过激的语言告诫人们以德报怨呢？

当那个吐别人口水、打别人脸的狂妄无理之徒，面对这样宽厚仁德的回报该会受到怎样的震撼呢？或许，他满腔的怒火会霎时化为一汪宁静的秋水，他眼中灰暗阴冷的世界会瞬间变得春光灿烂。

以德报怨是不容易做到的，它需要一颗宽容之心。大肚能容天下难容之事，小肚鸡肠是万万不行的。以德报怨需要人具有“打落牙齿和血吞”的忍耐，还不能让人觉察到你的丝毫不满。你想的不是怎样去报复对方，而是去原谅他，然后思考如何用你的宽容、真诚感化对方，让他自省。

智者寄语

如果人们在面对仇恨时能够保持平和心态，宽以待人，放弃不必要的争斗，以德报怨，许多悲剧是完全可以避免的，甚至历史都可能会呈现出一种别样的美丽。

第十三章

勇于创新，成功路越走越广

开拓创新，追求更大发展

创新就是要不断地开拓，它可以是一个产品，也可以是一个过程，同样还可以是一种思想，它要求人们不断地向外开拓。创新不一定是开发对于这个世界来说的新东西，更多的是开发对于我们自身来说一种新的东西。

创新要求具有一定的沟通能力、学习能力、知识基础、工作经验、勇气胆量、开拓潜质、敏感度以及永不满现状、追求目标不停地变动的态度等。创新不在求同，而在存异。

创新使企业更加有生机，可以让企业不断进步，不断壮大。在《赢》一书中，杰克·韦尔奇写道："开创新事物是企业成长最有效的途径。""在商界，最令人激动的事情之一就是从旧事物中开创新事物，例如，启动新的生产线、新型的服务，或者进军新的海外市场。这不仅是令人愉快的，而且还是企业成长的最有效的一条途径。"企业如此，人也如此。创新精神是每个走向成功者所必须具备的能力。创新具有强大的生命力，它能给你的生活注入活力，赋予生活意义，创新是你转变命运的唯一希望。

社会在前进，它每前进一步，历史就会翻开新的一页，留下人类创新的脚印。创新是财富的源泉，无数的例子告诉我们：创新，也只有创新，才是成功的第一要素。比尔·盖茨有句名言：我的企业离破产只有12个月。他的意思是说，如果企业无法不断地创新进步，也许在一年后就不会存在了。正是因为他从无到有、不断地开创新的新产品和新业务，才把企业培养成今天的参天大树。

创新的过程常常是一个很艰辛的历程，它不仅仅需要清楚的目标、执着的精神，而且更需要能承受别人冷落的心理素质。此外，还必须勇于冒风险，不怕失败挫折，要有一种对成功的无比渴望、对工作的无比热爱和对自己的无比自信。

海尔的企业文化最核心的内容是价值观，而价值观的核心就是不断创新，只有创新才能使企业成功和发展。海尔在创业的初期，由于产品存在着一些问题，产品积压卖不出去，其根本原因就是因为质量差，没有开发新产品，生产管理、质量管理都存在很多问题。在海尔集团总裁张瑞敏的领导下，砸碎不合格的产品，这种做法对员工产生了很大的触动，产品只有不断创新，质量有所保证，企业才能生存下去。

海尔集团的生存观永远是"战战兢兢，如履薄冰"，安全生产更是如此。海尔培训班的墙上，写有一行警句——"优秀的产品是优秀的人干出来的"，这话千真万确。海尔转变落后的观念和意识，提倡管理创新、技术创新、质量创新，利用新技术、新工艺、新产品，提高供电设备的安全生产，抵御各种自然灾害，保证安全供电，进而使企业的经济效益明显增长，职工收入越来越多。

海尔的OEC管理法是很值得我们去学习的，即：全方位，每人、每件、每天，控制，清理，归纳为"日事日毕，日清日高"。总账不漏项，人人都经营，事事都创新，管事凭效果，管人凭考核。提倡海尔的质量观：高标准、严要求、精细化、零缺陷，有缺陷的产品就是废品。贯彻到生产实践中去，就是全方位安全生产，层层负责，责任到人，当天事当天处理，不留后患。

在实际的检修或者工程施工中，严格贯彻海尔的质量观，高标准、严要求，认真按工艺标准施工，同时要有新工艺、新方法，既科学又安全，又能提高质量，减少反复施工、重复停电，减少经济损失，多出优质工程，为安全生产打下坚实基础。

海尔的创新原则不仅仅体现在生产质量上，更主要的体现在人才方面，给人才搭建施展才华的舞台，公平、公正、公开，以机制创新为重点，氛围创新为前提，观念创新为先导，

“人人是人才，赛马不相马”。海尔的领导确信部下中大有人才，每个人都是可以造就的，发掘不出来人才是管理者的失误，“兵随将转，无不可用之兵”。因此，海尔认为每一个人都可能成为某种“人才”，这就要求我们平时要加强对职工的一些技术、业务、安全等方面的培训，从理论到实践去提高全体人员的素质。

海尔公司的创新观念，十分规范，有文化创新、质量创新、管理创新、人力资源创新、技术创新、服务创新等。

谈到创新观念，美国纽约就有一家“组合式鞋店”的老板，可以说是鞋业创新的一位楷模。在长期的经营实践中，这个店的老板发现，一个商品即使再好，也不能赢得顾客百分之百的满意，特别是一些服装、鞋帽之类的商品更是众口难调。一方面厂家花了大量的力气做广告宣传，但是产品投放到市场，即使畅销也是“昙花一现”，难以形成长久效应；另一方面，消费者花了不少钱，但却没买到合意的产品，只好勉强将就着使用，顾客的遗憾让这家鞋店的老板看在眼里记在心上，他试着在消费环节上采取了创新的手段，即为顾客让出一部分经营环节和利润，他采取了半成品的组合式销售方式。比如在他的鞋店里，一改给顾客提供成品鞋的做法，取而代之的是用6种规格不同的鞋跟，8种质地各异的鞋底以及黑色和白色为主的鞋面和80多种颜色的鞋带摆上了柜台，通过这些半成品，组合出来的鞋的款式可达100多种，与一般的销售成品鞋店不一样，消费者可以把自己的意愿和想法融入这些半成品，任意地在柜台区选择出自己中意的“零部件”，然后交给店里的工作人员进行“组合”。顾客只要等10分钟，便可以获得款式称心如意的新鞋，与批量生产的成品鞋相比，这种现场“组合”的鞋子，不但质量和成品鞋差不多，有些还比成品鞋便宜。由于消费者们的需求得到了很大限度的满足，组合店开业以后，便门庭若市，产品供不应求。

“组合式鞋店”受到广大消费者们的青睐，从一个侧面反映出一个技术产品的成功，并不在于多么复杂、多么新颖，而在于在多大程度上满足了消费者的需求，与消费者愿望相一致的创新，一定会赢得市场、赢得财富。

一个世纪以前，有一位叫海曼的画家，专门依靠在街头卖画为生，由于街头人很多，画稿也非常纷乱，经常找不到橡皮，后来他灵机一动，将橡皮用铁皮固定，绑在了铅笔的另一端，于是世界上第一支带橡皮的铅笔就这样诞生了，后来海曼把这个专利卖给了一家铅笔厂，他为此获利55万元。

产品都是需要创新的，生产技术也是需要创新的，实践证明，科学技术才是最大的生产力。

沈阳有一个下岗工人叫杨东明，下岗之后以卖芝麻酱为生，由于芝麻酱用料讲究，产品纯正，因此他卖的商品常常供不应求。而传统的芝麻酱是以石磨研磨而成，存在种种弊端：速度慢、效率低、费人力，石磨每天不停地转，但生产出来的芝麻酱仍满足不了市场需求。这可急坏了杨东明，怎么办？只能对着石磨进行一系列的革新，杨东明后来经过反复的实验，竟然做出了一个和石磨原理一样的，但体积却小得多、外形是不锈钢的电动磨灌机。

这种新的磨灌机诞生了，成本只需要几千元。它可帮了杨东明一个大忙，只要把芝麻扔进机器上面的漏斗，通上电，机器就会自动把芝麻磨成芝麻酱，这样不但提高了效率，还为杨东明创造了可观的利润。磨灌机诞生之后，在业内反响强烈，有人出30万元要买杨东明的专利，但杨东明没有答应，现在沈阳市的大小超市卖芝麻酱的柜台上，经常会看见用磨灌机现场制作的芝麻酱。

其实创新并不难，有时候就是比别人多做点事，多动一些脑子。我们每天都生活在创新的世界里，然而，我们似乎没有注意到，也没有深刻认识创新的意义。创新与发展的关系究竟如何呢？

第一,创新发展,永无止境。企业成功发展壮大的一个很重要的原因,在于企业的领导者是个有头脑、善于动脑筋、有创新意识的企业家。如具有70多年历史的道康宁,由于持续创新,而成为了引导硅材料潮流的世界级公司,它的成长发展就是一个创新的历程。

第二,学习是创新和发展的基础。创新有两个要素,一是继承,二是突破。在所有行业,没有知识,就不会有所突破。学习之外,交流也是一种重要的方式,相互交流,相互合作,才能得到创新的灵感和意识。

第三,创新和发展需要胆略和魄力。企业的主要领导者必须带头考虑创新,创新发展要有新思路。同时,创新不能一味模仿,跟着别人后面走,否则只能永远在人家的后面追行。创新与发展本身就是一对孪生兄弟,创新离不开发展,发展必须创新,创新是发展之源泉,也是我们民族昌盛振兴的原动力。

第四,创新要注重人才的培养和使用。创新要以人为本,尊重人才、发现人才、用好人才是创新的基础。

第五,技术创新要自主开发与引进相结合。这就是说,提倡自主开发,但也要引进先进技术,节省时间。

创新与发展是一个大的课题。一个地区、一个企业的发展创新是关乎这个地区和企业命运的大问题。

世界上原来没有化学工业,化学最早出现于欧洲是人们的兴趣使然。有人发现在瓶子里放进不同的药水,药水居然会变色,这便是染料的开始,这就是创新之初。

美国当时在开始发展化学工业的时候,已经远远地落后于欧洲了,追是追不上的,但美国人在化学的基础上又派生出了另外一个学科,叫作化学工程。因此,现在大学里有两个系:化学和化学工程系。从欧洲与美国的化学史可以看出,独特的思维方式是十分重要的。

农药是有毒的,然而农药在世界上却是不能没有的,所以我们要研究无害的农药;现代化学工业是建筑于石油产业之上的,但石油早晚会取尽,到那时该怎么办;稀土是工业味精,是我国的重要战略物资,我国已提出相关的立项研究。这些具体的项目都不是按照一个规律去完成的,而是我们以独特的视角和独特的思维方式考虑得来的。

总体而言,凡是世界上成就大业者,都是以创新的独特视角、独特思维、独特方法取得成功的,并不断发展壮大。有创新才有发展,没有创新,思维和行动就会在原地踏步。

创新不仅需要智慧,更需要勇气。因为它要向传统挑战,向主流挑战,向权威挑战,向权力挑战。创新者在初期总是孤立的,因为不容易得到众人的理解。千万别害怕这种孤立,因为没有众人的反对就很难赢得众人的拥护。

在现实中,我们每天都在创新,在不断改变我们对世界的看法。创新能力不一定开发出对于这个世界来说新的东西,它更多的是开发出对于我们自身来说新的东西。每一棵橡树都会结出许多橡树种子,但说不定只有一两颗种子能长成橡树,因为松鼠会吃掉大部分的橡树种子。有志者,事竟成,这是创新思维的根本。而传统的想法则是创新成功计划的头号敌人。传统的想法会冻结你的心灵,阻碍你的进步,干扰你进一步发展。你真正需要的是创造性能力。

创新不需要天才,只需要找出新的改进方法。任何事情的成功,都是因为能找出把事情做得更好的办法。

美国有个牧童叫杰福斯,他的工作是每天把羊群赶到牧场,并监视羊群不要越过牧场的铁丝到相邻的菜园里吃菜。

有一天,小杰福斯在牧场,不知不觉睡着了。不知过了多久,他被一阵怒骂声惊醒了,只见老板怒目圆睁，大声吼道："你这个没用的东西，菜园被羊群搅得一塌糊涂，你还在这里睡大觉！"小杰福斯吓得面如土色，不敢回话。

这件事发生后，机灵的小杰福斯就想，怎样才能使羊群不再越过铁丝栅栏呢？他发现，那片有玫瑰花的地方，并没有更牢固的栅栏，但是羊群从不过去，因为群羊怕玫瑰花的刺。"有了，"小杰福斯高兴地跳了起来，"如果在铁丝上加上一些刺，就可以挡住羊群了。"

于是，他先把铁丝截成了5厘米左右的小段，然后把它结在铁丝上当刺。结好之后，他再放羊的时候，发现羊群起初也试图越过铁丝网去菜园，但每次都被刺疼后，惊恐地缩了回来，被多次刺疼之后，羊群再也不敢越过栅栏了。

小杰福斯成功了。半年后，他申请了这项专利，并获批准，后来这种带刺的铁丝网便风行全世界。

也许小杰福斯的创意最初只是为了弥补过失或偷懒——不用老盯着羊群，也能看好羊群。这也说明创新的动机越直接、越简单，创新就越容易成功。

安全刀片大王吉利，未发明刀片以前是一家瓶盖公司的推销员。他从20多岁时就开始节衣缩食，把节省下来的钱全用在发明研究之中。过了近20年，他仍然一事无成。

在1985年夏天，吉利到休斯敦市去出差，在返回的前一天买了火车票。翌晨，他起床迟了一点，正匆忙地用刀刮胡子，旅馆的服务员急匆匆地走进来喊道："再有5分钟，火车就要开了。"吉利听到后，加上紧张，一不小心把嘴巴刮伤了。

吉利一边用纸擦血一边想："如果能发明一种不容易伤皮肤的刀子，一定大受欢迎。"

这样，他就埋头钻研。经过千辛万苦之后，吉利终于发明了现在我们每天所用的安全刀片。他摇身一变成为世界安全刀片大王。

这件事告诉我们，要多留心生活，只要你善于观察、勤于思考，就会发现有很多创新，有很多机会。学会创新，学会以新求变，往往能达到意想不到的效果。

日本的饭店、酒店、旅店可说密如夏夜的繁星，在经营范围和服务程序上，如果不独辟蹊径，出新出奇，要想超越别人，取得突出的生意成就是很困难的。日本大阪的有田观光饭店深深懂得这个道理。经理宇野先生利用饭店靠近山峰和湖水的地理优势，几经筹划，首创出太空温泉浴，果然轰动了旅游界。

原来，宇野请电力建筑部门在饭店前方的两座山间，安装了离地200米高的电缆，电缆上悬吊着一个温泉澡池，用电缆车把它们连接起来。使用时，操纵电钮，使温泉澡池随电缆车上下缓行。每个空中澡池可容纳2人，10个澡池一次可载客20人。客人泡在澡池中，一边洗温泉澡，一边居高临下地饱览湖光山色。"抬首望红日，低头看青山"，真会使人产生飘飘欲仙、人间天堂的无穷雅趣。宇野这一空中澡池问世后，有田观光饭店几乎天天客满，日本各地赶来猎奇观光的客人每天竟有1000余人之多；节假日饭店更会住不下，别说有田饭店本身，就连附近的小客栈、小饭店也沾了大光，把生意全给带上去了。

宇野首创半空温泉取得成功，引起了同行和记者的浓厚兴趣。他们纷纷追问他的经营诀窍，宇野笑着回答道："其实这也不神秘，满足人们的好奇心和提供最佳服务，本是服务行业两个不可缺少的着眼点，它们的关系就像一枚钱币的两面，缺一不可，到观光饭店投宿的客人，如果既能享用到全身浸泡温泉之中舒心惬意的滋味，又能领略半空中饱览山水风光的新奇刺激，那紧张工作的疲劳和烦恼就能烟消云散，他们多花一些钱也是心甘情愿的。因此，设想一个切实可行的新奇点子，这就是经营的要诀。要知道，市场何等广大，如果一个人来观光一次，那就会获得多么可观的利润啊！”

只有创新，学习才有方向，知识才有归宿，生活才有目标，前进才有动力；一个创新的人，才是一个勇敢的人、自信的人、坚强的人、从容的人；一个勇于创新的人，才有志气，才有勇气，才有豪气，才有骨气，才有正气。只有创新，才会有发展；只有创新，才会有奇迹；只有创新，才会使自己充满活力；只有创新，才能使自己在各方面进行不断的改进，以增加自我发展的优势。

创新是人类生存和发展的基石，一个社会只有创新，才能发展；一个民族只有创新，才能进步；一个国家只有创新，才能富强。学会创新，以新求变，你才会有更多的收获，才会有更大的智慧。

智者寄语

创新要求具有一定的沟通能力、学习能力、知识基础、工作经验、勇气胆量、开拓潜质、敏感度以及永不满现状、追求目标不停地变动的态度等。创新不在求同，而在存异。

眼光独到，成就美好未来

目光远大的人才有谋大事的可能。所谓有抱负的人也就是目光相当长远的人。说到这就不得不提香港首富李嘉诚，他就是因为目光远大，着眼于未来，而最终成就了一番事业。

让我们首先来了解一下李嘉诚。他祖籍广东省潮安县，1928 年在家乡出生。父亲是教师，抗日战争爆发后，李嘉诚一家逃抵香港。其父因劳累而病逝，身为长子的李嘉诚，不得不在 13 岁辍学，在一家玩具公司当推销员。1945 年 17 岁时，才在一家塑胶厂找到一份固定工作，1950 年他开始自立门户创业，经过 40 多年卓有成效的经营，他已成为鼎鼎大名的长江集团主席，香港华人的首富，世界最富华人。据《福布斯》杂志公布的资料，到 1994 年他拥有的财富约 70 亿美元。而且，李嘉诚致富不忘报国，国家主席江泽民在 1995 年与李嘉诚的一次会见时说：“李嘉诚先生是一位真正的爱国者。”

李嘉诚事业成功的原因很多，其中主要的一点是目光远大。这一点使得他许多决策准确，办事有成。

李嘉诚 13 岁给人当小伙计，一直干到 22 岁，在这漫长的 9 年受雇于人的生涯中，他看到了自己所要开创的事业的前景。到 1950 年他用自己辛苦积累下来的几千元自办塑胶厂，专门生产塑胶玩具和塑胶家庭用具。因为 20 世纪 50 年代塑胶制品属新鲜产品，优点多，有取代木制品和金属制品之势，李嘉诚旗开得胜，生意非常兴隆。同时，这也是他目光远大的第一次验证。

在 20 世纪 50 年代后期，欧美出现塑胶花。李嘉诚迅速将其厂转产塑胶花，并扩大工厂规模进行生产。此时，正好欧洲、美洲乃至亚洲都开始盛行塑胶花，李嘉诚为此赚了大钱，为他今后的发展打下了基础。这可以说是他目光远大的第二次验证。

到了 20 世纪 60 年代，香港经济开始起飞，香港的贸易中心、金融中心地位初露端倪，各国的投资者、企业家、冒险家纷至沓来。这时的李嘉诚，更显露出其目光远大的才华，他预测到未来香港必然寸土寸金，经营房地产业必定大有可为。于是，他毅然扭转长江实业公司的业务方向，开始从事地产业务经营，不失时机地廉价大量收购地皮和楼宇。到 1981 年，他拥有楼宇面积超过 1500 万平方英尺（1 平方英尺≈0.093 平方米），同时还拥有建筑楼宇的土地面积 2900 万平方英尺。1980 年，长江实业公司的盈利高达 9 亿港元。此后，他继续发展地产业，取得120万平方英尺交换地权益书的土地和60万平方英尺可发展的农地。就这样，李嘉诚拥有了香港最大的地产业发展公司。

当时是1972年，他看到未来的发展前景需要更多的资金，于是将长江实业上市，筹借到大批资金。1979年，他以经营房地产赚来的钱和长江实业上市获得的资金，收购老牌英资洋行和记黄埔，当时香港为之轰动。

进入了20世纪80年代以后，李嘉诚的眼光展望更为远大，他的事业更上一层楼。从这个时期起，他在大力发展地产业的同时，又投资其他行业，并从事金融业，担任香港汇丰银行董事、加拿大伯东财务公司董事。他与中国资本的侨业公司合作，投资10亿港元在屯门兴办"中国水泥公司"。接着他又与华润公司合作，投资3.8亿港元在沙田发展铁路车站。1981年他成为和黄集团董事会主席。这是华人入主英资洋行第一人。到80年代末，李嘉诚的长江集团之附属公司和联营公司共计103家，其中附属公司72家，联营公司31家。以李嘉诚为首的协平世博财团（成员包括李兆基、郑裕彤）约以3.2亿加元夺得温哥华1986年世界博览会旧址的发展权。据了解，这个称为万博豪园的计划，将在20年内在上址建设住宅、商业楼宇与酒店，预计投资总额为25亿至30亿加元。

从20世纪90年代起，李嘉诚投资主方向转向内地，如北京、上海、福州和广东，项目有房地产业、发电厂。比如说，在深圳盐田港货柜和北京东方广场的投资就是令人瞩目的大动作。房地产业较大的项目是福州市区改建，总投资额35亿人民币。

现在，李嘉诚年事已高，不过他早就注意培养自己的接班人。长子李泽钜在美国斯坦福大学获得硕士学位后，现已逐步培养成为长江集团副主席，专门负责加拿大业务，并出任协世博发展有限公司主席、赫斯基石油公司董事。

而他的次子李泽楷，1967年出生，同样是毕业于美国斯坦福大学。李嘉诚在1990年安排他加入和黄，主要负责发展卫星电视业务。李家与和黄约持有卫星电视18.5%和18.2%的权益。1994年9月，李泽楷亦由和黄集团董事升为副主席。与此同时，在李嘉诚支持下，李泽楷投资44万多美元，另行创业，成立盈科集团，从事高科技、基建与财务业务，以亚洲市场为主。

如今，李嘉诚的两个儿子已成为他的得力左右手，在他今后事业的发展上，有了接班人。

正是因为目光远大，李嘉诚才得以在商海浮游40多年，他也深有体会经商同样需要知识和人才。他爱国爱乡，挂念着祖国建设需要人才，不惜捐资近10亿港元兴办汕头大学。他自己少年没机会读书，在打工时也只能进夜校求学。他把两个儿子送到美国深造，着眼于人才的培养。由此可见，李嘉诚的目光远大之处由己及彼，由自家及整个国家，由现在展望至未来。

后来，李嘉诚在香港即将回归祖国之时，更看到了香港未来的前途，并未像其他富豪那样，移资国外，移民他乡。恰恰相反，李嘉诚近几年大举到广东、上海、北京投资，在香港也继续发展他的事业。所有的事实也证明，成功是属于目光远大者的！

总的来说，不同的人有不同的眼光，有些人比较急功近利，往往只顾跟前利益，这种人目光短浅，虽然暂时会表现得相当出色，然而却缺少一种对未来的把握和规划能力，做事只停留在现在的水平上。而只有那些有远大目光、着眼未来的人，才能获得最后的成功。

智者寄语

不同的人有不同的眼光，有些人比较急功近利，往往只顾跟前利益，这种人目光短浅，虽然暂时会表现得相当出色，然而却缺少一种对未来的把握和规划能力，做事只停留在现在的水平上。

欲善其事，要有知识、有思想

在很久以前，某位学子不远千里四处访师求学，为的是能学到真才实学，可是让他感到苦恼的是，他学到的知识越多，却越觉得自己无知和浅薄。有一次他遇到一位高僧，便向他倾诉了自己的苦恼，并请求高僧想一个办法让自己从苦恼中解脱出来。

高僧听完了他所诉说的苦恼后，静静地想了一会儿，然后慢慢地问道："你求学的目的是为了求知识还是求智慧？"那位学子听后大为惊诧，不解地问道："求知识和求智慧有什么不同吗？"那位高僧听了笑道："这两者当然有所不同了，求知识是求诸于外，当你对外在世界了解得越广，了解得越深，你所遇到的问题也就越多越难，这样你自然会感到学到的越多就越无知和浅薄。而求智慧则不然，求智慧是求诸于内，当你对自己的内在世界了解得越多和越深时，你的心智就越圆融无缺，你就会感到一种来自于内在的智性，也就不会有这么多的烦恼了。"

学子听后还是不明白，继续问道："大师的话我还是不明白，请您讲得更简单一点好吗？"高僧就打了一个比喻："有两个人要上山去打柴，一个早早地就出发了，来到山上后却发现自己忘记磨砍柴刀，只好钝刀劈柴。另一个人则没有急于上山，而是先在家磨快刀后才上山，你说这两个人谁打的柴更多呢？"学子听后恍然大悟，对高僧说："大师的意思是，我就是那个只顾砍柴忘记磨刀的人吧？"

高僧笑而不答。

在现实生活中，许多人都会认为学习知识和学习智慧是同一回事，其实这是一个错误的观念，因为知识和智慧之间是不能画等号的，一个有广博知识的人不一定有很高的智慧，同样，一个有很高智慧的人也不一定有很广博的知识。举个现实的例子来说，现代人即使是一个中学生从知识拥有量上来说也远远超过了孔子、牛顿，但是你能就此说他们的智慧比孔子、牛顿还高吗？显然不能。那么，为什么孔子、牛顿的知识拥有量不如现代的中学生，而我们却认为他们具有很高的智慧呢？这是因为评价一个人智慧高低的标准不是看他的知识拥有量，而要看他的思维能力如何，说得通俗一点，也就是要看他的脑力的强弱，脑力强的人善于学习知识、运用知识和创造新知识，脑力弱的人也许可能在知识的积累量上远远超过脑力强的人，但是在运用知识和创造新知识方面则远远落后于脑力强的人。随着社会的不断发展，我们正在步入一个高智能的时代，其主要特征是需要人们有更强的学习知识的能力、运用知识的能力和创造知识的能力，也就是说要求大脑有更高的思维效率和思维能力。

所谓"工欲善其事，必先利其器"，我们要想在这个高智能的时代生存，就必须首先提高我们的脑力，即思维能力。那么，如何才能提高我们的思维能力呢？首先我们需要的就是改变传统的学习观念，要认识到提高思维能力和学习知识是两回事，前者是求诸于内，是培养智慧；后者是求诸于外，是积累知识。

智者寄语

随着社会的不断发展，我们正在步入一个高智能的时代，其主要特征是需要人们有更强的学习知识的能力、运用知识的能力和创造知识的能力，也就是说要求大脑有更高的思维效率和思维能力。

思维训练有助于创新

思维训练是目前世界上最流行也是最有效的智力开发方法，不过它并不是现代独有的专利，目前的思维训练是建立在最新的思维科学成果和古代的头脑训练术基础上的。早在古希腊时期，著名的哲学家苏格拉底就创造了有名的“头脑助产术”。

据史料记载，苏格拉底相貌丑陋，不修边幅，整日在市场上闲逛。古希腊的市场上不仅卖物品，也卖思想。经常有人站在市场中面对观众发表演讲。有一天，苏格拉底遇到一位年轻人，正在宣讲“美德”。

苏格拉底装作无知的模样，向年轻人请教：“请问，什么是美德呢？”

那位年轻人不屑地答道：“这么简单的问题你都不懂？告诉你吧，不偷盗、不欺骗之类的品行都是美德。”

苏格拉底仍然装作不解地问：“不偷盗就是美德吗？”

年轻人肯定地答道：“那当然啦。偷盗肯定是一种恶德。”

苏格拉底不紧不慢地说：“我记得在军队当兵的时候，有一次接到指挥官的命令，我深夜潜入敌人的营地，把他们的兵力部署图偷出来了。请问，我这种行为是美德呢，还是恶德？”

年轻人犹豫了一下，辩解道：“偷盗敌人的东西当然是美德。我刚才说不偷盗，是指不偷盗朋友的东西，偷盗朋友的东西肯定是恶德。”

苏格拉底依然不紧不慢地说：“还有一次，我的一位好朋友遭到天灾人祸的双重打击，他对生活绝望了，于是买来一把尖刀藏在枕头底下，准备夜深人静的时候用它结束自己的生命。我得知了这个消息，便在傍晚时分偷偷溜进了他的卧室，把那把尖刀偷了出来，使他得免一死。请问我这种行为究竟是美德呢，还是恶德？”

那位年轻人终于惶惶然，承认自己无知，拱手向苏格拉底请教“什么是美德”。

苏格拉底把自己的这种思维训练法称为“头脑助产术”。意思是说，正确的观念本来就在你自己的头脑中，但是你在挖掘的时候不得要领。苏格拉底不过采用了一些正确方法，使它们得以顺利地“分娩”。

思维教育的核心或思维训练的核心是把大脑的思维当作一种技能来进行训练，就像是训练绘画技能、口才技能、运动技能一样。思维的本能不等于思维的能力，任何一种能力的形成都是反复的技能训练的结果。没有人生来就会说话，尽管人有说话的本能，也没有人天生就知道该如何思维，这些能力都是在后天的训练中培养出来的。而要想不断地提高自己的思维能力，就必须把思维视为一种技能反复训练。在当今的信息时代，不论是科学研究、艺术创作、军事决策、广告策划、企业经营，还是读书学习、人际沟通、自我规划、事业发展，都需要有高超的思维能力，因为我们正处在一个高智能的时代，提高思维能力不再是对某类职业、某类人的要求，它已经渗透到社会生活的各个层面，成为对所有职业、所有人的要求，这是我们这个新时代的竞争游戏规则决定的，要想参赛就必须遵守这种规则，否则只会被无情地淘汰出局。

把思维当作一种技能来训练是对智力的一种专业化要求。在过去，虽然没有人觉得还需要有人专门教给他如何思维，但并不意味着永远都不需要。在远古时代，人类不识字不是照样可以生活得悠闲自在吗？但现在你试试看，不要说不识字，现代的各种基本技能缺少哪一样都会让你活得很“难看”。

智者寄语

思维训练是目前世界上最流行也是最有效的智力开发方法，不过它并不是现代独有的专利，目前的思维训练是建立在最新的思维科学成果和古代的头脑训练术基础上的。

敢于创新，引领时代潮流

一个人的思考力有多大，他的创新能力就会有多大。每个人对于创新的认识不一样，有的人认为创新非常重要，有的人认为创新只不过是很多成功方法中的一种而已，有的人则认为创新是可遇而不可求的，难以以人的意志为转移。创新确实只是诸多成功方法之中的一种，并且创新也需要灵感的支持，并不是想要创新便随时都可以的。但是创新的重要性却远比人们想象的要大很多，创新是一种不可缺少的思维习惯，如果没有创新，那么人类也就会不复存在，这不是危言耸听，因为人类之所以能够存在并且多年以来一直都在进步，全都是依靠着人类的创新精神。

在鸿蒙之初，是人的创新让人类一跃成为了高等生命，摆脱了茹毛饮血的生活，开创了刀耕火种的人类文明。当初第一次使用火，第一次使用工具，第一次建造住所等里程碑式的变革，哪一项不属于一种伟大的创新呢？有了创新，才有人类的今天，所以对于我们个人来讲，创新也是每个人都必须具备的好习惯。

1922 年，“欢笑卡通公司”在美国堪萨斯成立，创办人华特·迪士尼在一间车库中艰苦地创作着他的作品。在苦闷的创作当中，他的画作并没有收到很好的反响，很多出版机构都对他的作品不屑一顾，华特也感觉到了一丝失落和茫然。

一天夜里，华特在自己车库“画室”昏暗的灯光下创作的时候，他发现有一只小老鼠正瞪着一对亮晶晶的眼睛看着他。而他也微笑着看着这只小老鼠，但是小老鼠发觉自己被华特发现之后就一下子溜走了。不一会儿，这只小老鼠又出现了，它发觉华特并没有什么恶意，甚至都不会主动驱赶它，于是这只小老鼠便大胆起来。小老鼠开始在地板上做各种运动，就像是在表演一样，而有时候华特还会赏给这只小老鼠一点面包渣以作奖励。天长日久之下，华特就与这只小老鼠建立了友谊。

不久之后，华特的“欢笑卡通公司”受邀到好莱坞去制作一部动画片，并且需要华特设计出一种以动物为主角的卡通形象。华特信心满满地接受了这个任务，并且亲自设计出了一只名叫奥斯瓦尔德的兔子形象，可是制作方却感觉这只兔子丝毫没有新意，于是便放弃了华特的设计方案。华特又一次失败了。就在他觉得沮丧的时候，他忽然想起了那只与他一起待在车库里的小老鼠，这只老鼠的一些品性和动作给了他很好的启发，华特抓住这个灵感之后便马上开始行动。于是一个憨态可掬、招人喜爱的老鼠卡通形象诞生了。华特·迪士尼后来给这只老鼠起名为米奇，世界著名的卡通角色米老鼠就这样诞生了。

创新的习惯改变了一个人的命运，也改变了世界。老鼠一向是人们厌恶的动物，可是经过华特·迪士尼的创新，老鼠的形象发生了全新的改变，令人生厌的老鼠变成了吸引所有孩子和大人的可爱形象，如今的米老鼠可以说家喻户晓，全世界有 170 多个国家和地区的人都看过米老鼠的动画片。

而华特·迪士尼的命运也因为他创新思维的习惯发生了变化。如果华特·迪士尼没有创造出米老鼠这个卡通形象，那么他就依然还会是那个蜗居在车库里的漫画画手，一辈子默默无闻，直到自己的人生结束。米老鼠的出现彻底改变了华特的命运，这一卡通形象让他一夜成名。

有着创新习惯的人永远都是潮流的引领者。日本索尼公司的创始人井深大就依靠创新让索尼公司一直都处于电子产品的领军地位。

20世纪90年代的时候，音乐成为了年轻人追逐的新潮，但是那个时代的录音机的块头都比较大，而且还很笨重，不适于随身携带。于是井深大就制造了一种特别小巧并可以随身携带的录音机，他给这个新产品命名为“Walkman”。这种新的录音机一经上市便受到了广泛的好评，成为了所有新潮人士必备的一种电子产品。后来这个产品的构思直接影响到了后来苹果公司出品的iPad以及当下所有智能手机的设计理念。

可见创新不仅仅是个人的成功，还能够对世界产生难以估量的影响。

所以，我们要培养自己积极创新的好习惯，勇于创新，让创新引导我们的未来，也引导世界的走向。

智者寄语

有了创新，才有人类的今天，所以对于我们个人来讲，创新也是每个人都必须具备的好习惯。

勤于动脑，提高你的创造性

有的人在遇到难题时，会习惯性地说：“实在是没办法！”“一点办法也没有！”“没有办法，算了！”不妨认真地反思一下，这样的情景是否非常熟悉，你是否就是这样的一个人呢？

可是，我们是真的没办法吗？还是我们根本没有动脑思考，只是在找借口搪塞呢？

如果你遇到的问题无关紧要还好，但是如果这个问题对你关系重大，一句“没办法”就是你给自己的答复吗？其实这个世界上很少有解决不了的难题，只要你有着创造性的思考方式，那么一定会成为一个善于解决问题的高手。

北京的一处闹市区内有一家开业近两年的美容店，这家美容店在附近有一大批稳定的顾客，美容店每天的生意都不错，顾客往来不断。当然，美容店的利润也非常可观。

随着回头客越来越多，这家店的老板感觉自己目前的经营场所有些小，于是便想要增开一家分店。可是这位老板的手头资金加起来也不够另开一间分店的，这让店老板很是苦闷。于是，店老板每天都在苦思冥想，他想了很多办法筹措开分店的启动资金，可是都没能一一实现。一天，他突然想到一个问题，店里平时不是有很多熟客都希望美容店能给出打折的优惠吗？于是他灵机一动，决定推出一些优惠活动。他针对新老顾客推出了按次优惠的美容卡，有10次卡和20次卡两种：一次性预收顾客10次美容的费用，对这样的顾客给予八折优惠；一次性预收顾客20次的费用，对这样的顾客给予七折优惠。

对于顾客来讲，如果不预购美容卡，一次美容要40元；如果顾客购买10次卡（一次性支付320元，即10次×40元/次×0.8=320元），平均每次只要32元，10次美容可以省下80元；如果顾客购买20次卡（一次性支付560元，即20次×40元/次×0.7=560元），平均每次美容只要28元,20次美容可以省下240元。

当店老板推出这样的优惠让利活动后,吸引来许多新老顾客前来办理美容卡,结果,仅仅两个月店老板就预收了足够的资金,而这些资金足以解决他开办分店的资金缺口。不仅如此,因为很多新来顾客都办理了卡,所以店里的生意比以前更好了,店里的效益也大大提升了,越来越多的新顾客被发展成为固定的客源。用这种办法,店老板先后开办了5家美容分店。

这家美容店的老板勤于动脑,所以他才能想出创造性的解决问题的方法,最终使自己的生意越做越大。

思考也是一种习惯,经常性地动脑思考会让你养成独立思考的习惯,也会逐步提升你的创造力。勤于动脑会让你掌握灵动多变的思考方式,会让你在遇到问题时用随机应变的智慧去分析和判断问题,会让你通过思考的习惯找出解决问题的新方法。

一个人在勤奋做事之余,还应该多思考,提高自己大脑的创造性。很多行事莽撞、做事急躁的人都喜欢直来直去,他们尽管判断的方向是准确的,但是在遇到难题后,都没有去独立思考,也没有去寻求解决问题的方法,总是沿着既定的方向被动地等待问题的解决。

真正能做到创新制胜的人,他们为了达到理想的目标,一生都会独立思考,这样的习惯让他们能够在所有问题面前都不退缩,都能积极地去寻找新的方法,创造性地将问题解决。所以,将动脑培养成你的习惯吧,这样的好习惯有助于提升你的创造性!

智者寄语

思考也是一种习惯,经常性地动脑思考会让你养成独立思考的习惯,也会逐步提升你的创造力。

放飞想象,让"不可能"变"可能"

当你在处理某些问题时,面前或许会有一道难题让你难以逾越,而且这样的难题难得似乎不可能被解决;当你立志要做一番大事时,你发现自己根本没有任何资本,外界环境也没有任何对你有利的因素。这种时候你会怎样做?选择逃避和退缩?有这样想法的你正是因为没有思考的习惯,最终失去了成功的机会。

每个人都会遇到类似的问题,这个问题是每个人能力上的瓶颈,能够走出瓶颈的人大都具备将"不可能"变成"可能"的能力,而这种能力就需要你发挥自己的想象力,经过你的积极思考及时有效地解决问题,用你的创新力一决胜负。

俗话说:"没有做不到的,只有想不到的。"在处理各种问题方面,很多人都会遇到这种看似不可能的事,而有些人却能变"不可能"为"可能",而这些人的秘诀就在于大胆开拓,放飞想象力的翅膀。

著名的作曲家莫扎特还是学生时,他曾和自己的老师海顿打过一次赌。他对老师说,他能写出一段曲子,老师肯定弹不了。

对于一名钢琴师来说,世界上怎么会有弹不了的曲子呢?在音乐殿堂早已功成名就的海顿更是对莫扎特的话充满了疑惑。

看到自己老师疑惑不解的样子,莫扎特便伏案疾书起来,很快他便将一段曲谱交给了自己的老师。

海顿还没仔细看完，便满不在乎地坐在钢琴前弹奏起来。弹了一会儿，海顿就弹不下去了，他停了下来惊呼道："这是什么曲谱？当我的两手分别弹响钢琴两端的时候，怎么会突然有个音符出现在琴键的中间呢？"

莫扎特笑了笑没有说话，接下来海顿又以他那精湛的技巧试弹了几次，但结果都是以失败结束，最后，海顿无可奈何地说："真是见鬼了，这样的曲谱分明是错误的，我想任何人都无法弹奏这样的曲子！"

显然，海顿这里所说的"任何人"也包括莫扎特。

听完老师的话后，莫扎特微笑着接过乐谱，坐在钢琴前，他胸有成竹地弹奏起来。当快要弹到那个"错误"的音符时，海顿屏住了呼吸，他留神地观看自己的学生，他要看看莫扎特究竟会怎样去弹奏那个需要"第三只手"才能弹出来的音符。

令海顿大为吃惊的是，当莫扎特遇到那个"错误"的音符时，他不慌不忙地向前弯下身子，用鼻子点弹而就。

看到莫扎特的这一举动，海顿被他大胆的尝试折服了，他对自己的徒弟赞叹不已。

莫扎特只是有着巧妙想象力的人群中的一员，官渡之战中的曹操、赤壁之战中的周瑜、淝水之战中的谢安，他们在面对复杂不利的局势时，无不是放飞想象的翅膀，利用各种可以利用的条件，化不利为有利，变"不可能"为"可能"，从而在历史上留下了浓墨重彩的一笔。

让"不可能"变"可能"的秘诀不是别的，就是一个人丰富的想象力，而这一想象力是人的思维所能打开的另一扇窗户。有独立思考习惯的人能通过这扇"窗户"看到别人看不到的风景，从而能够让"不可能"变成"可能"。

有独立思考习惯的人大都有独特的见解，在一般人眼中平淡无奇的现象，他们会不自觉地产生疑问，遇事多问几个"为什么"、多提几个"怎么办"正是这些人的特点。也正是因为他们丰富的想象力，所以他们能找到别人想不到的点子。

爱因斯坦说过："想象力比知识更重要，因为知识是有限的，而想象力概括了世界上的一切，推动着进步，并且是知识进化的源泉。"想象力在创新制胜的过程中的确发挥着必不可少的重要作用。因为有人放飞想象，所以人们能像鸟儿一样在天空中飞翔；因为有人放飞想象，蒸汽动力代替了古老的人力、畜力和水力；因为有人放飞想象，存在已久的万有引力定律才被人类发现。人类文明的种种进步都源于独立思考者的丰富的想象力。

想象力能带领人们超越以往的范围和视野，世界上的一切革新、发明和创造都离不开人的想象力。但是这里提到的想象力并不是"胡思乱想"，而是有科学根据，符合客观规律。如果违背客观规律且毫无依据地臆想，那么任何丰富的想象都不会产生有价值的事物。

想象力是人类的一种思维能力，是人类独立思考习惯的产物，也是以人类自身的知识和经验为基础的创造性产物。放飞想象力，最大限度地张开我们想象的翅膀，并注重平时培养自己独立思考的习惯，面临问题的时候保持激情，寻找科学地解决问题的办法，总有一天你的这一习惯能让"不可能"变成"可能"！

智者寄语

让"不可能"变"可能"的秘诀不是别的，就是一个人丰富的想象力，而这一想象力是人的思维所能打开的另一扇窗户。有独立思考习惯的人能通过这扇"窗户"看到别人看不到的风景，从而能够让"不可能"变成"可能"。

奇思妙想创造奇迹

将人人避之不及的“烫手山芋”变成人人争抢的“香饽饽”,这巨大的变化是一个了不起的奇迹,而催生这个奇迹的人更是一个伟大的人物,他的这一惊世壮举来源于他的奇思妙想和果断决策。当然,最为重要的是他有高标做事的精神,否则创新和决策也就成了无源之水、无本之木。

在北京获得2008年奥运会举办权的时候,举国欢庆,这成了中国乃至全世界华人的一大盛事,这不仅是因为举办奥运会是国家的荣誉,更重要的是因为它是一个“香饽饽”、一块“肥肉”!但是,很少有人知道,在20世纪后半期,举办奥运会却是让人害怕的事。

曾经,有几届奥运会的经济严重亏损让主办方心灰意冷。1972年第20届奥运会在联邦德国的慕尼黑举行,最后主办方欠下了36亿美元的债务,很久都没有还清;1976年,第21届奥运会在加拿大的蒙特利尔举行,最后亏损了10多亿美元,成了当地政府的一个大包袱;1980年第22届奥运会在前苏联的莫斯科举行,当年的苏联比上两届举办城市耗费的资金更多,一共花掉了90多亿美元,造成了空前的亏损。

面对这种前车之鉴,举办1984年的奥运会几乎到了无人敢涉足的地步,最后美国的洛杉矶看到没有人敢拿这个烫手的“山芋”,就以唯一的申办城市“获此殊荣”。美国也想通过这种方式来显示其泱泱大国的实力,但是,等“夺取”了举办奥运会的权力之后,美国政府却公开宣布对本届奥运会不给予经济上的支持,而且洛杉矶市政府也说,不反对举办奥运会,但是市政府不提供资金支持……

情况有些令人尴尬,那么谁能够出来挽救这场危机呢?洛杉矶奥运会筹备小组不得不向一家企业咨询公司求救,希望这家公司寻找一位高手帮助解决当前的问题,使政府不必补贴一分钱就能举办好这届奥运会。

这家公司没有懈怠,根据奥运会筹备小组提出的要求,他们动用了收集到的各种资料,用计算机进行广泛的搜索,这个时候,计算机不时地反复出现一个名字:彼得·尤伯罗斯。

彼得·尤伯罗斯,1937年出生在美国伊利诺伊州文斯顿的一个房地产主家庭。大学毕业后在奥克兰机场工作,后来又到夏威夷联合航空公司任职,半年后担任洛杉矶航空服务公司副总经理。1972年,他收购了福梅斯特旅游服务公司,改行经营旅游服务行业。1974年,他创办了第一旅游服务公司,经过短短四年的努力,他的公司就在全世界拥有了200多个办事处,手下员工1500多人,一跃成为北美的第三大旅游公司,年利润达2亿美元。

从他所取得的业绩来看,不能不说是惊天动地,他非凡的管理才能由此可见一斑。在这样的情况下,彼得·尤伯罗斯被选中承担这个重任,担任了奥运会组委会主席,可以说是受命于危难之间。

他虽然接手了重任,但举办奥运会的难处是他始料不及的。一个堂堂的奥运会组委会,居然连一个银行账户都没有,于是他只好自己拿出100美元,设立了一个银行账户,一切都要重新开始。他拿着别人给他的钥匙去开组委会办公室的门,可是手里的钥匙居然打不开门上的锁,原来房地产商在最后签约的时候,受到了一些反对举办奥运会人的影响把房子卖给了其他人。事已至此,已经没有了退路,尤伯罗斯果断决定临时租用房子——在一个由厂房改建的建筑物里开始办公。

从此,尤伯罗斯开始了他大刀阔斧的决策,在内外交困的形势下,他经过充分的思考,不失时机地、果断地砍出了三斧头。

第一，拍卖电视转播权。彼得·尤伯罗斯是这样分析的：全世界有几十亿人，对体育感兴趣的大有人在。很多人不惜花掉多年积蓄，不远万里去异国他乡观看体育比赛，但更多的人是通过电视来观看体育比赛的。而事实的发展证明，在奥运会期间，电视成了人们不可缺少的"精神食粮"。很显然，电视收视率的大大提高，使广告公司也因此大发横财。

彼得·尤伯罗斯看准了举办奥运会的第一桶金，他决定拍卖奥运会电视转播权，这在奥运会的历史上是前所未有的。要拍卖就要有一个价格，于是有人就向他提出最高拍卖价格1.52亿美元。尤伯罗斯听后，笑着说："这个数字太保守了，还不止这些。"他手下的人都用一双惊奇的眼睛望着他，这些人一致认为，1.52亿美元都已经是天文数字了，而且在历史上也绝无仅有。那些嗜钱如命的生意人能够拿出这样一大笔钱就已经不错了。大家都觉得他的胃口太大了。

精明的尤伯罗斯早就看出了助手们的心思，不过只是笑了一下，没有做过多的解释。他知道，这一仗关系重大，对以后的计划会产生直接的影响。于是，他决定亲自出马，来到了美国最大的两家广播公司进行游说，一家是美国广播公司（ABC），一家是全国广播公司（NDC），同时，他又策划安排了几家公司也参与竞争。一时间报价不断上升，出乎人们的意料，仅电视转播权的拍卖一项就获得资金2.8亿美元，这让许多人大为惊讶。

第二，拉赞助单位。奥运会不仅是运动员之间的激烈竞争，而且也是各个大企业之间的广告竞争，因为很多大企业都企图通过奥运会宣传自己的产品。

为了获得更多的资金，尤伯罗斯设法巧妙地加剧了这种竞争。奥运会组委会做出了这样的规定：本届奥运会只接受30家赞助商，一类产品仅选择一家，每家至少赞助400万美元，赞助者可以取得在本届奥运会上获得某项产品的专卖权。在这种有选择的竞争诱惑下，各家大企业都纷纷抬高自己的赞助金额，希望在奥运会上取得一席之地。

以饮料行业为例，可口可乐与百事可乐是两家竞争十分激烈的对手，两家都有志在必得的想法。可口可乐采取的战术是先发制人，一开价就喊出了1250万美元的赞助标码。百事可乐根本没有这个心理准备，只能眼巴巴地看着对手拿走了奥运会的专卖权。

而在照片胶卷行业就更具有戏剧性了。在美国，乃至在全世界，柯达公司的名气都是响当当的，自己也认为是"老大"，摆出来"大哥"的架子，与组委会讨价还价，不愿意出400万美元的高价，拖了半年的时间也没有达成协议。就在这个时候，日本的富士公司乘虚而入，拿出了700万美元的赞助费买下了奥运会的胶卷专卖权。消息传出之后，柯达公司十分后悔，懊恼之余，把广告部主任给撤了。

由此可见，当时竞争的激烈程度。最后经过多家公司的激烈竞争，尤伯罗斯获得了3.85亿美元的赞助费。

第三，"拍卖东西"。在别人那里，奥运会是赔本的买卖，但对尤伯罗斯来说却不一样，他手中拿着奥运会的王牌，在各个环节都让富豪们及有钱的人掏腰包。

火炬传递是奥运会的一个传统项目，每次奥运会都要把火炬从希腊的奥林匹克村传递到主办国和主办城市。1984年美国洛杉矶奥运会的传递路线全程高达15000公里，最后传到主办城市洛杉矶，在开幕式上点燃火炬。

以尤伯罗斯为首的奥运会组委会在传递上又开始做文章，他们规定：凡是参加火炬接力的人，每个人要交3000美元。很多人都认为，参加奥运会火炬接力传递是人生中一件值得纪念的事情，拿3000美元参加火炬接力也"值"。就是这一项，他就又筹集了3000万美元。

另外,奥运会组委会还规定:每个厂家要到奥运会做生意,必须赞助50万美元才可以去,结果,有50家杂货店或废品公司出了10万美元的赞助费,获得了在奥运会上做生意的权力。

除此以外,组委会自己还制作了各种纪念品、纪念币等,以高价出售……

洛杉矶奥运会不但没花美国政府和洛杉矶市政府的一分钱,而且还盈利2.1亿美元,创造了奥运史上的一个奇迹。从洛杉矶奥运会开始,奥运会的举办权成了各个国家争夺的对象,竞争也越来越激烈。

尤伯罗斯之所以能够在危难之中创造奇迹,关键是因为他的奇思妙想和果断决策的能力,他善于发现可以赚钱的东西,善于发现市场的竞争点,更重要的是他有极强的创新精神,他能在困境中及时捕捉关键的机会并能坚持下去,最终取得成功。

智者寄语

将人人避之不及的"烫手山芋"变成人人争抢的"香饽饽",这巨大的变化是一个了不起的奇迹,而催生这个奇迹的人更是一个伟大的人物,他的这一惊世壮举来源于他的奇思妙想和果断决策。当然,最为重要的是他有高标做事的精神,否则创新和决策也就成了无源之水、无本之木。

在老套路中找到新的突破点

传统的理念总会束缚人的思维,使人做起事来畏首畏尾。但有的人却不受传统思想的束缚,他们觉得改变才有出路,如果能在老套路中找到新的突破点,事情会做得更好。

现在分期付款买汽车不是什么新鲜事,但在早些时候却是个新鲜策略。最先用这种方式销售汽车的人就是福特公司的艾柯卡。

1958年新型福特汽车刚刚上市之后,迟迟打不开局面。面对这种行情,推销员艾柯卡忧心如焚,他一边推销汽车,一边进行市场调查研究。在这次调查中,他收获颇大,原来,并不是这个地区的居民不想买,而是他们的收入除去生活费以外,就所剩无几了,哪里敢奢谈买汽车?

艾柯卡经过研究,认为以往的销售方式大大地制约了公司的发展,只有改变才有出路。于是他决定打破传统的销售方式,针对这个消费层的顾客,他设计出了一种灵活多变的方法,即要他们在这些日常开支之后,再增加一项以日常开支方式购买1958年新型福特汽车的办法,首先交相当于总售价15%的定金,在以后的四年之内,每月付款58美元,四年之后这辆车便属于顾客本人。

这种方式有很大的优点,它使那些工资不高的消费者也有能力购买。除此之外,他还为此配了一个既醒目又吸引人的广告:"一个月只要付出58美元,就可拥有福特58型新车。"这句广告词一出,便打动了千百万消费者的心。

短短3个月内,这种新型汽车在费城的销售量一路飙升,很快就居全美各地区之首,艾柯卡也因此一跃而成为福特公司华盛顿地区的经理。

艾柯卡这一改变传统方式的高超之处就在于他抓住了人们看重近利的心理,用"化整为零"的方法,宣传一个月只需58美元就可以买一辆新车,这无疑是一个对人们有很大诱惑力的宣传,因而获得了成功。

广告具有软硬之分,花钱做的硬广告可以风行一时,而构思精巧的软广告却可以经久不衰。艾柯卡正是这样一个善于运用软招打开广告之门的人。他十分重视顾客的意见，他经常邀请所辖地区的顾客到汽车厂做客，拜请他们对新汽车发表评议。

有一次，当一些顾客对新型车发表感想之后，策划人员发现白领阶层的夫妇非常满意型号为“风神”的车型，而蓝领工人则认为车虽然很好，但买不起。两种截然不同的反应引起了艾柯卡的注意，后来，他请他们估计一下车价，几乎所有的人都高估至少8000美元左右。他由此得出一个结论：“风神”车太贵就不会有很多人买，当他告诉客人“风神”车的实际价格只有2500美元时，许多人的第一反应都是诧异：“开玩笑？我要买一部！”

艾柯卡知道定价既是销售的一个重要环节，同时也是一门高深的学问。要制定一个既符合公司利益也使普通顾客能够接受的价格，最重要的就是要摸透消费者的心理。据此，他又出奇招，最后将“风神”汽车的售价定为2000美元。

当企业目标确定之后，艾柯卡频出妙招。广告宣传活动就成了开路先锋。艾柯卡是一个非常重视广告策划、宣传的企业家，为了推出这种新产品，他委托桑斯广告公司为“风神”的广告宣传工作进行了一系列的广告策划。

艾柯卡在新型“风神”车上市的第一天，就根据既定计划，安排180家权威报纸用整版篇幅刊登了“风神”车广告，旨在突出这款车的物美价廉。

这部广告重点突出的是汽车便宜的价格和良好的性能，这是最吸引人的地方，因此艾柯卡把广告定位在这一点上。

在广告画面上，一部白色“风神”车在奔驰。在右上方，大标题是“出人意料”，副标题“售价2000美元”。这一步广告宣传，是以提高产品知名度为主，进而为提高市场占有率打基础。

艾柯卡还邀请各大报纸的编辑到迪特南斯为新车大造声势，他供给每人一部“风神”车进行大赛，同时还邀请200名记者亲临现场采访。这样吸引了大量普通观众，间接地提高了产品的知名度。

艾柯卡的高明之处在于，他巧妙地使用了障眼法，从表面上看，这是一次赛车活动，实际上，这是一次极富广告韵味的宣传活动。事后有数百家报纸、杂志争先恐后地报道了“风神”车大赛的盛况。

艾柯卡并不仅仅满足报纸传媒的造势，他把精心策划的宣传攻略进一步拓展到了电视领域。选择电视媒体做宣传，其目的就是为了扩大广告宣传的覆盖面，提高产品知名度，从而使产品家喻户晓。从“风神”上市一开始，各大电视网就不厌其烦地每天重复播放“风神”车广告。

这部电视广告片也是经过周密策划的，而且艾柯卡还花巨资启用了国内广告界最强的阵容。它是由汉森广告公司制作的，其内容是：在一望无垠的大沙漠中，一个渴望成为一流赛车手的年轻人，驾驶着漂亮的“风神”车在飞驰。随后飞扬的风沙逐渐形成了广告词“出人意料”，对观众形成了强烈的视觉冲击，令每一个看过此广告的人都久久难以忘怀。

艾柯卡的目标是让每一个角落里的人都能了解“风神”汽车的优越性，因此他还竭尽全力在美国各地最繁忙的17个飞机场和360家假日饭店展览“风神”汽车，以实物广告形式激发人们的购买欲，并且选择最显眼的停车场，竖起巨型的“风神”广告牌以吸引过往的行人。

在上述计划完好地付诸实施以后，艾柯卡还向全国各地几百万小汽车车主寄送广告宣传单和实物。此举是为了达到直接促销的目的，同时也表示公司忠诚地为顾客服务的态度和决心。

毫无疑问，艾柯卡导演了一部称得上具有铺天盖地、排山倒海之势的广告巨片，在上述几大步骤实施后的一周内,“风神”便轰动整个美国,风靡一时。

在“风神”一上市的第一天,就有超过数以万计的人涌到福特代理店购买或预订,大大突破原先设想的销售量为8000部的广告指标,后来销售数字增加到20万部,取得空前的成功。

这一骄人的成绩,使艾柯卡一举成为“风神车之父”。由于艾柯卡策划有方,取得了成功,被破格提升为福特集团的总经理,很多美国人把他看成是传奇式的英雄人物。

把老套路玩得炉火纯青只能算是一时的高手,但却成不了精英。只有不满足这些已然存在的招式,开创适合时代发展的新招式,才有可能成为时代的传奇。

智者寄语

传统的理念总会束缚人的思维,使人做起事来畏首畏尾。但有的人却不受传统思想的束缚,他们觉得改变才有出路,如果能在老套路中找到新的突破点,事情会做得更好。

生活处处是商机

现在很多人常常抱怨生意难做,钱难挣。事实也真是如此,不管是什么行业,竞争都是相当激烈,稍有不慎,就可能被别人挤垮。所以,很多生意人每天神经紧绷,不管是对自己还是员工严格得近乎苛刻,但是生意还是没有多大起色。到底是哪里出现了问题呢?公司全体上下齐心协力,毫无懈怠,工作高标准、高效率肯定是没问题,但是仍然举步维艰。

这也不难理解,随着竞争者增多,某个领域的产品或者服务已经接近或达到了饱和,你再提高标准,也是获利微薄。要想走出困境,不妨去努力挖掘新的商机。

可能会有人这么说,这可不容易,你想到的别人都想到了,你没有想到的别人也想到了。话虽如此,但是你可曾注意到:现在每天仍有好多新的产品出现,涵盖人们生活的方方面面,解决人们日常生活中的一些小问题。有句话说:“商机无限。”只要你留意生活、用心挖掘,总有获得启发的那一刻。

如果现在我们看方便面,当然算不上什么“新”“奇”。但在1958年8月方便面问世之初,人们却称这种脱水快熟的食物为“魔术面”。

被称作“方便面之父”的安滕百福,原先只不过是个普通的台湾移民,却以发明了方便面为契机,成为日清食品公司的董事长,拥有百万家财。在他探求进取的道路上,追求产品“新”“奇”“廉”是他一贯的做法。

几十年前,安滕百福开始了自己的创业历程,他在大阪开了一家以加工销售食品为主的公司。为使这个小公司能在激烈的市场竞争中生存下来,他每天从早忙到晚,拼命地工作。可是,尽管如此,公司仍业绩平平,这时他发现,光靠勤劳是不够的,自己的公司要想生存久远,必须要有新意才行。

安滕百福每天下班后都要乘坐电车回到他居住的池田市。在车站附近,安滕常见到许多人挤在饭馆前,等着吃热面条。开始时安滕对这种司空见惯的现象并没放在心上。突然有一天,安滕想到:既然面条这么受欢迎,我搞面条生产不是很好吗?这显然不就是一个很值得挖掘的生意机会吗?

安滕想,日本人平时最爱吃拉面,要是能搞出一种只要用开水一冲就可以吃,而且本身带有味道的面条,一定会受到人们的欢迎。于是,他买了一台轧面机,开始研制这种设想中的新型食品，三年的失败、改进，再失败、再改进，安滕百福终于成功地发明了既好吃又方便的“方便面”。

由于当时日本正处在经济起飞时期，工人、青年、学生、白领阶层都把时间用在工作、加班、苦读、钻研上。有了这种“方便面”，在办公室、自习室内就能解决肚子问题。“开水一冲，等3分钟”，就是一碗热腾腾的快熟面，连面带汤三拨两拨，便可果腹，于是在日本出现了一种人人吃方便面的现象。白领、蓝领阶层的员工及上学的学生，上班、上学时所带的食品大部分都是方便面。

最后，连家庭主妇也很欢迎这种产品，因为这样可以节省很多时间。家里常备几包方便面，碰到紧急时刻，就能发挥作用。仅仅8个月的时间，公司便销出1300万包方便面，安滕也因此由一家小公司的经理，一跃而成为拥有大量资产的富商。

生活处处是商机。只要你在日常的生活和工作中多加留心，用心思考，有意锻炼自己在挖掘商机方面的意识，就很有可能会受到某一点启发，触动灵感，开创出一条新的经商之路。

智者寄语

有句话说：“商机无限。”只要你留意生活、用心挖掘，总有获得启发的那一刻。

转变思路，下活“死棋”

看似一盘死棋，经过下棋高手的一番摆弄，常常奇迹般起死回生；看来无法办到的事情，经过高明人的一番策划，竟然圆满办成。这才是真正懂得高标做事的奥妙。高标做事不仅意味着要把容易办的小事办得妥帖，棘手的难事办得顺当，还必须要有把“不可能”变成可能的本事。

有一家大公司，为扩大经营规模，决定高薪招聘营销人才，广告一打出来，报名者云集。

但有一道实践性的试题要做，就是想办法把木梳尽量多地卖给和尚。

绝大多数应聘者感到困惑不解，出家人要木梳有什么用，这不明摆着拿人开涮吗，于是纷纷拂袖而去，最后只剩下甲、乙、丙三人。

负责人说：“以10日为限，届时向我汇报销售成果。”

10天后负责人问甲：“卖出多少把？”答：“1把。”甲讲述了历尽的辛苦：游说和尚应当买把梳子，无甚效果，还惨遭和尚的责骂，好在下山途中遇到一个小和尚一边晒太阳，一边使劲挠着头皮。甲灵机一动，递上木梳，小和尚用后满心欢喜，于是买下一把。

负责人问乙：“卖出多少把？”答：“10把。”乙说他去了一座名山古寺，由于山高风大，进香者的头发都被吹乱了。他找到寺院的住持说：“蓬头垢面是对佛的不敬。应在每座庙的香案前放把木梳，供善男信女梳理鬓发。”住持采纳了他的建议。那山有10座庙，于是买下来10把木梳。

负责人问丙：“卖出多少把？”答：“1000把。”负责人惊问：“怎么卖的？”丙说他到一个颇具盛名、香火极旺的深山宝刹，朝圣者、施主络绎不绝。丙对住持说：“凡来进香参观者，多有一颗虔诚之心，宝刹应有所回赠，以做纪念，保佑其平安吉祥，鼓励其多做善事。我有一批木梳，您的书法超群，可刻上‘积善梳’三个字，便可做赠品。”住持大喜，立即买下1000把木梳。得到“积善梳”的施主与香客也很是高兴，一传十、十传百，朝圣者更多，香火更旺。

把木梳卖给和尚，听起来真有些匪夷所思，但在别人认为不可能的地方开发出新的市场来，那才是真正的营销高手。

华尔道夫旅馆是一家破产的企业，被很多人看作是“烫手的山芋”，谁也不想沾手，可是希尔顿却打算收购它，在它上面大做文章。当他把这个决定向希尔顿董事会宣布的时候，有人惊叫起来：“你是不是病了！花钱去买这个赔大钱的累赘？”

然而希尔顿向来相信自己的商业直觉和眼光，他说：“如果你仅仅只看到它现在的艰难处境而不能看得更远一点就去拒绝它，那只能说明你是一个商业上的短视者。”但是无论他怎样反复阐述自己的意见，希尔顿理事会的理事们都不能分享他的狂热，他们不相信华尔道夫这个落魄到如此境地的旅馆还会东山再起。身为希尔顿旅馆公司董事长的希尔顿，没有理事们的同意，他也不能以公司的名义买下华尔道夫。

希尔顿并没有因此而退却，因为他相信，拥有这样一家旅馆将会给他带来巨大的价值。他想：“我可以像20世纪30年代得克萨斯州西斯柯那样自己买下来，然后把我的看法再推销给那些能够接受我的意见的人。”

于是，他开始行动了。他首先打电话给华尔街上拥有华尔道夫股票的老大。

当天下午，他走进那位老大的办公室，要买下249042股——这是控制股的数目，并给了一张10万美元的支票当押金。

华尔道夫的股东们正为拿着一大把廉价的股票抛不出去而大伤脑筋，如今听说希尔顿要以12元一股的高价收购，他们欣喜若狂——终于可以甩掉这个“烂包袱”了……

几天后，华尔道夫旅馆便改名为“希尔顿”。以后的日子，华尔道夫究竟给希尔顿带来了多少荣誉和财富，不用去揣测，看看希尔顿头上那顶“世界旅店大王”的桂冠便再清楚不过了。

希尔顿一生中最重要的成就——在旅馆业方面，买到了华尔道夫旅馆。如果没有希尔顿高瞻远瞩的眼光和正确的决策，华尔道夫的辉煌也许便只是一小段鲜为人知的历史。

当然，这里说的“死棋”“不可能”并不是说事情已经到了无法转变的地步，是在“死马当活马医”，那这种必定是徒劳，做事高标的人绝不会这样白费精力去干，他们之所以要盘活“死棋”，变“不可能”为“可能”，是因为他们经过自己的判断分析，找出了其中的一些可作为的突破口，然后灵活转变思路，最终取得成功。

智者寄语

高标做事不仅意味着要把容易办的小事办得妥帖，棘手的难事办得顺当，还必须要有把“不可能”变成可能的本事。

通过改变思路找到出路

遇到了困境，不要认为只要自己使出全身力气，只要自己坚持不懈，就一定能摆脱。因为你的困境可能是硬拼无法解除的，它很有可能是你选错了路线，走进了一条死胡同，所以一味钻牛角尖，付出的精力越大，遭受的损失越大。所以，当你屡次冲锋屡次失败的时候，就应该想想，是不是自己的目标出现了问题，如果是，赶紧重新选定，不要像下面实验中的蜜蜂那样顽固，而是要向思路灵活的苍蝇多学习了。

美国康奈尔大学威克教授做过这样一个实验：拿一只敞口玻璃瓶，瓶底朝光亮一方，放进一只蜜蜂，蜜蜂在瓶中反复朝有光亮的方向飞，它左冲右突，努力了好多次，都没有飞出瓶子，可它就是不肯改变突围的方向，仍旧按原来的方向去冲撞瓶壁。最后，它耗尽了气力也没有出去。

然后，教授又放进了一只苍蝇，苍蝇也朝有光亮的方向飞，突围失败后，又朝各种不同方向尝试，结果最后终于从瓶口飞走了。

从教授前后两次的实验中，我们可以看到：如果在选定的路上遇到了难以逾越的障碍，硬拼硬撞不仅不会解决问题，还会让自己的情况进一步恶化，唯有转变思路，改变路线，才会找到出路，轻松前行。

唐纳德是一家大公司的高级主管，他面临一个两难的境地，一方面，他非常喜欢自己的工作，也很喜欢伴随工作而来的丰厚薪水——他的位置使他的薪水呈只增不减的特征。

但是，另一方面，他非常讨厌他的上司，经过多年的忍受，最近他发觉已经到了无法忍受的地步。在经过慎重思考之后，他决定去猎头公司重新谋一个别的公司高级主管的职位。猎头公司告诉他，现在经济不太景气，找一个类似的职业可能有点费劲。

回到家中，唐纳德把这一切告诉了他的妻子。他的妻子是一个教师，那天刚刚教学生如何重新界定问题，也就是把你正在面对的问题换一个角度考虑，把正在面对的问题完全颠倒过来看——不仅要跟你以往看这问题的角度不同，也要和其他人看这问题的角度不同。她把上课的内容讲给了唐纳德听，这给了唐纳德很大的启发，一个大胆的创意在他脑中浮现。

第二天，他又来到猎头公司，这次他是请公司替他的上司找工作。不久，他的上司接到了猎头公司打来的电话，请他去别的公司高就。尽管他完全不知道这是他的下属和猎头公司共同努力的结果，正好这位上司对于自己现在的工作也厌倦了，所以没有考虑多久，他就接受了这份新工作。

这件事最美妙的地方就在于，上司接受了新的工作，结果他目前的位置就空出来了。唐纳德申请了这个位置，于是他就坐上了以前他上司的位置。

困扰唐纳德多时的问题就这样解决了，他不仅不用再继续忍受那个难缠的上司，而且自己还获得了晋升。唐纳德转变思路改变处境的办法令我们称妙，而下面这位书商摆脱困境的方法更是让我们叫绝。

有位书商，他的书籍一度滞销，这令他苦闷不已，尽管他已经把书价一再压低，但是销量还是没有什么增长。他觉得降价促销的方法实在行不通了，决定换一种方法，转变一下思路。他提高了图书的价格，并且给总统送去了一本书，然后就不停地打电话去向总统征求意见，忙于公务的总统想早点摆脱他的纠缠，便敷衍说："这本书不错！"这位书商顿时心花怒放，大做广告："现有总统喜欢的书出售。"于是，这些书被一抢而空。

不久，这个书商又出了一批书，他又送了一本给总统，总统为了避免再次上当，就毫不客气地说："这本书糟透了！"不曾想，这次书商更是如获至宝，又到处做广告："现有总统厌恶的书出售了！"人们出于好奇争相购买，这些书很快又被卖光了。

后来，书商又将一本新出版的书送给总统，总统接受前两次的教训，干脆缄口不言，一个字也不肯说，但这也早在书商的意料之中，他不但不急，反而高兴得手舞足蹈，因为这次他做的广告是："现有总统难以下结论的书出售！"这些书当然又被一抢而空。

苍蝇多次改变路线，终于轻松飞出瓶子；唐纳德从为自己找工作转变为给上司寻找职位，因"祸"得福，得到晋升；书商由一再降价亏本，想到了让总统"帮忙"灵活改变自己的广告词，使得自己的书一再被抢空。这些生动的事例告诉我们,要想做好事情,要想达到高标准,除了要有坚持不懈的精神之外,更重要的是要有灵活的思路,应时而变的策略,千万不能一条道路跑到黑。在你陷于困境的时候,就是不得不考虑改变路线问题的时候了。

智者寄语

如果在选定的路上遇到了难以逾越的障碍,硬拼硬撞不仅不会解决问题,还会让自己的情况进一步恶化,唯有转变思路,改变路线,才会找到出路,轻松前行。

解开绳索,勇往直前

在生活当中有很多的条条框框,它们就像绳索一样,有的时候会把你死死地捆住,束缚着你不能前进。

社会的前进需要有创新能力的人,需要能够脱离轨道而闯入新境界的人,而不需要故步自封的人。所以你要懂得在合适的场合、在对的时间里给自己解开绳索,让自己没有牵绊地勇往直前。

接下来,我们来看看关于王鹏的故事:

王鹏是一家大公司的员工,他已经在那家公司工作了三个年头,也算是老员工了,但是他的职位根本就没有什么变化,刚刚进去的时候是一个普通的职员,现在还是,就是工资涨了一点,可是公司中很多新进的员工都比他的薪资待遇好。原因很简单,王鹏是一个墨守成规的人,工作的时候从来就不知道想想办法来提高一下自己的工作效率,什么事都是按照自己的老办法来处理,结果工作是完成了,可是效率一点都不高,还经常拉团队的后腿。他的直接领导人是一个比他年轻、比他后来的员工,这样一个新员工数落自己,王鹏心里当然不舒服了,他虽然嘴上不说什么,但是心里总是会想:"你算什么呀?你才刚来公司多久,就对我一个老员工这种态度,看你能猖狂到几时!"就这样,王鹏一点都没有意识到自己的错误,还是照常工作。由于最近公司的效益不是很好,老板决定要裁员,王鹏万万没有想到老板会拿自己开刀,直到离职那天,他才知道自己为什么会被老板炒了鱿鱼。

无论是对一个国家还是一个企业来说,创新都是很重要的。作为一个企业的员工,你就得多想想自己的工作怎样才能完成得更好,公司的产品怎么改进才能更有卖点,公司的制度怎么完善才能更好地造福员工,这些本应该老板想的问题,如果你也想到了,那老板一定会对你另眼相看的。

反过来,如果在工作中,你怕自己的行动和想法破坏这个条款那个规定,就无法进行创新。只有你把自己身上的绳索解开了,才能怀着轻松的心态去工作,一旦不去在乎那些条条框框时,自然就会想到创新的点子了。在这个世界上没有什么可以束缚你的思想了,你的灵感就可以自由驰骋在创新的田野上。

智者寄语

社会的前进需要有创新能力的人,需要能够脱离轨道而闯入新境界的人,而不需要故步自封的人。所以你要懂得在合适的场合、在对的时间里给自己解开绳索,让自己没有牵绊地勇往直前。

第十四章

一忍化百危，好汉能吃眼前亏

忍耐是一笔宝贵的财富

孔夫子早就说过:“毋见小利,见小利,则大事不成。”这话在今天也是经典箴言。人生的成败从一个方面来讲,也就在“忍”与“不忍”之间选择。

刘邦死后,太子刘盈当了皇帝,吕后成了吕太后。吕太后最恨戚夫人和赵王如意。刘邦死了,她就找机会毒死了如意,又让人把戚夫人砍掉手脚,挖去双眼,熏聋两耳,再给她灌下毒药,使她变成哑巴,然后扔在厕所里,称为“人彘”,叫汉惠帝刘盈去看。汉惠帝看了大哭,回去就病了,一年多不能起床。从此他天天喝酒玩乐,不问政事,朝廷大权实际上落到吕太后手里。

刘盈当皇帝的第二年,齐王刘肥从自己的封地来长安朝见太后和汉惠帝。刘肥本是惠帝的哥哥,只不过他不是吕太后生的,所以没能当上皇帝。惠帝见哥哥来看他,非常高兴,就吩咐摆酒招待,并且让哥哥坐在上头,自己在下面作陪。吕太后看了很生气,因为皇帝是至高无上的,怎么能让别人坐上座呢?她就让人斟了两杯毒酒递给刘肥,让他给惠帝祝酒,哪知惠帝见齐王起身,也跟着站起来,拿过另一杯毒酒,打算弟兄俩一起干杯。吕太后一看傻了眼,赶紧站起身来,装作不小心,把惠帝手中的酒撞掉了。刘肥也不傻,见这情景知道其中有鬼,不敢再喝,就推说已经喝醉,告辞回去了。

刘肥回到住处,派人一打听,知道刚才那酒果然有毒。他估计吕太后不会放过自己,心中又害怕又发愁。这时,一个手下人给他出主意说:“太后只有当今皇上和鲁元公主这一儿一女,自然对他们特别宠爱。如今大王您的封地有70多座城,公主却只有几座城。您要是向太后献上一个郡,把它作为公主的汤沐邑,太后定会高兴,您也就不会有危险了。”

刘肥想想也没有别的办法,只好把自己封地中的城阳郡献给公主,太后果然高兴,刘肥这才平安地离开长安,回到了自己的封地。

中国有“留得青山在,不怕没柴烧”的话,不失去一丝小利益,就保不住自己的性命,没有了生命,也就无所谓眼前的或长远的利益。刘肥忍失小利,保全自己,这不仅是一种明智的选择,换来的还是一笔无比宝贵的财富——性命。

生活离不开烦琐小事,很多小事造成了邻里之间关系不和。但如果能彼此忍让一下,客气解决问题,邻里关系岂不是更和睦?

有时候生活中的事情就是这样,争一争,行不通;让一让,换来的是融洽。忍耐岂不是一笔宝贵的财富?

忍耐是人生的一堂必修课,无论何时何地,我们都会遭遇它。“忍”字头上一把刀,忍耐的过程是漫长的,忍耐的感受是痛苦的,所以忍耐本身也是一件艰难的事情,但是如果经不住忍耐的考验,我们的人生将会是一片苍白和不堪一击。学会忍耐,会使你的胸怀更加宽广;学会忍耐,会为你的人生增添一笔难以估量的财富。

智者寄语

“忍”字头上一把刀,忍耐的过程是漫长的,忍耐的感受是痛苦的,所以忍耐本身也是一件艰难的事情,但是如果经不住忍耐的考验,我们的人生将会是一片苍白和不堪一击。

忍一时风平浪静，退一步海阔天空

平时，我们经常看见很多人为了一点很小的事情而怒容满面，甚至与其他人大打出手，这是欲成大事者的大忌。我们每个人都避免不了动怒。克制愤怒是人生的必修课，那些怒火横冲直撞而不加抑制的人是难成大器的。

明神宗时曾官至户部尚书的李三才可以说是一位好官，为什么这么说呢？当时他曾经极力主张罢除天下矿税，减轻民众负担，而且他疾恶如仇，不愿与那些贪官同流合污。但是他在“忍”上的造诣太差。

有次上朝，他居然对明神宗说：“皇上爱财，也该让老百姓得到温饱。皇上为了私利而盘剥百姓，有害国家之本，这样做是不行的。”李三才毫不掩饰自己的愤怒，说话也不客气的行为激怒了明神宗，他也因此被罢了官。

后来李三才东山再起，有许多朋友都担心他的处境，于是劝他说：“你疾恶如仇，恨不得把奸人铲除，也不能把喜怒挂在脸上，让人一看便知啊。和小人对抗不能只凭愤怒，你应该巧妙行事。”李三才不以为然，反而认为那样做是可耻的，他说：“我就是这样，和小人没有必要和和气气的。小人都是欺软怕硬的家伙，要让他们知道我的厉害。”没过多久，李三才又被罢了官。

回到老家后，李三才的麻烦还是不断。朝中奸臣担心他再被重新起用，于是继续攻击他，想把他彻底搞臭。御史刘光复诬陷他盗窃皇木，营建私宅，还一口咬定李三才勾结朝官，任用私人，应该严加治罪。李三才愤怒异常，不停地写奏书为自己辩护，揭露奸臣们的阴谋。

他对皇上也有了怨气，居然毫不掩饰愤怒情绪，对皇上说：“我这个人是忠是奸，皇上应该知道的。皇上不能只听谗言。如果是这样，皇上就对我有失公平了，而得意的是奸贼。”

最后，明神宗再也受不了他了，便下旨夺去了先前给他的一切封赏，并严词责问他，于是李三才彻底失败了。

古人常说“喜形不露于色”，而李三才却不明白此点，不分场合、不分对象随意发怒，自然只能有失败的后果。“忍”的内涵除了制怒，还有一点就是戒嚣张。嚣张是由傲气引起的，因此戒嚣张的根源就在戒除傲气上——戒除了傲气就戒除了嚣张。

有一个傲气十足的富商腆着大肚子来到寺院，站在财神面前说：“你有什么？还不是依靠我的供品，你才能活下去？”

禅师听到后很生气，就把富商带到窗前说：“向外看，告诉我，你看到了什么？”

“看到了许多人。”富商说。

禅师又把他带到一面镜子前，问道：“你看到了什么？”

“只看见我自己。”富商回答。

禅师说：“玻璃镜和玻璃窗的区别只在于那一层薄薄的银子，这一点点可怜的银子，就叫有的人只看见他自己，而看不见别人了。”

富商面带愧色地离去。

“事临头，三思为妙，一忍最高。”你应当提高自己控制浮躁情绪的能力，时时提醒自己，有意识地控制自己情绪的波动。面对吃亏的事,千万不要动不动就指责别人,喜怒无常。改掉这些坏毛病,努力使自己成为一个容易接受别人和被人接受、性格随和的人,只有这样的人才能成大事。

智者寄语

我们每个人都避免不了动怒。克制愤怒是人生的必修课,那些怒火横冲直撞而不加抑制的人是难成大器的。

受辱之时要勇于忍

在狂风暴雨中,飞禽会感到哀伤忧虑、惶惶不安;晴空万里的日子,草木茂盛,欣欣向荣。由此可见,天地之间不可以一天没有祥和之气,人的心中则不可以一天没有喜悦的神思。

天底下有能耐的人应该想着同心协力为社会多做贡献,不能因为各自的思想方法不同、性格上的差异,甚至微不足道的小过节而互相诋毁、互相仇视、互相看不起。古人说:“二虎相争,必有一伤。”这样做下去,其实谁都不好看。抬头不见低头见,得饶人处且饶人吧!

宋朝的王安石和司马光十分有缘,两人在1019年与1021年相继出生,仿佛有约在先,年轻时,都曾在同一机构担任完全一样的职务。两人互相倾慕,司马光仰慕王安石绝世的文才,王安石尊重司马光谦虚的人品,在同僚们中间,他们俩的友谊简直成了某种典范。

做官好像就是与人的本性相违背,王安石和司马光的官愈做愈大,心胸却慢慢地变得狭窄起来。相互唱和、互相赞美的两位老朋友竟反目成仇。倒不是因为解不开的深仇大恨,人们简直不相信,他们是因为互不相让而结怨。两位智者名人,成了两只好斗的公鸡,雄赳赳地傲视对方。

有一回,洛阳国色天香的牡丹花开,包拯邀集全体僚属饮酒赏花。席中包拯敬酒,官员们个个善饮,自然毫不推让,只有王安石和司马光酒量极差,待酒杯举到司马光面前时,司马光眉头一皱,仰着脖子把酒喝了,轮到王安石,王执意不喝,全场哗然,酒兴顿扫。司马光大有上当受骗、被人小看的感觉,于是喋喋不休地骂起王安石来。一个满脑子知识智慧的人,一旦动怒,开了骂戒,比一个泼妇更可怕。王安石以牙还牙,痛骂司马光。

自此两人结怨更深,王安石得了一个“拗相公”的称号,而司马光也没给人留下好印象,他忠厚宽容的形象大打折扣,以至于苏轼都骂他,给他取了个绰号叫“司马牛”。

到了晚年,王安石和司马光对他们早年的行动都有所后悔,大概是人到老年,与世无争,心境平和,世事洞明,一切拗性与牛脾气就都消除了。

王安石曾对侄子说,以前交的许多朋友,都得罪了,其实司马光这个人是个忠厚长者。司马光也称赞王安石,夸他文章好、品德高,功劳大于过错,仿佛一种约定,两人在同一年的五个月之内相继归天。天国是美丽的,“拗相公”和“司马牛”尽可以在那里和和气气地做朋友,吟诗唱和了,什么政治斗争、利益冲突、性格相违,已经变得毫无意义了。

朋友之间相处,需要用“和气”来化解彼此之间的矛盾,这样真的是吃亏了吗?不!人和人都是不同的,对于性格、见解、习惯等方面的相异,要以和为重,“急风暴雨、迅雷闪电”只会影响朋友之间的关系,甚至导致友谊破裂,反目成仇;而若和气面对彼此的不同,进而欣赏对方的优点，则对方也会对你加以赞美。这样一来，你们的“祥”和“瑞”也就更多了。

智者寄语

天底下有能耐的人应该想着同心协力为社会多做贡献，不能因为各自的思想方法不同、性格上的差异，甚至微不足道的小过节而互相诋毁、互相仇视、互相看不起。

一忍可以制百辱

1965年9月7日，世界台球冠军争夺赛在纽约举行。路易斯·福克斯十分得意，因为他远远领先于对手，只要再得几分便可登上冠军宝座。这时，突然发生了一件令他意料不到的小事——一只苍蝇落在了主球上。路易斯开始时没在意，一挥手赶走了苍蝇，俯身准备击球，可当他的目光落在主球上时，那只可恶的苍蝇又落到了主球上。

在观众的笑声中，路易斯又去赶苍蝇，这时他的情绪明显受到了影响，而那只苍蝇却好像要故意跟他作对似的，他一回到台盘，它也跟着飞回来，惹得在场观众哄堂大笑。路易斯的情绪恶劣到了极点，终于失去冷静和理智，愤怒地用台球杆去击打苍蝇，一不小心球杆碰到主球，被裁判判为击球，从而失去了一轮机会。本以为败局已定的对手约翰·迪瑞见状，勇气大增，最终赶上并超过路易斯，夺得了冠军。

第二天早上，路易斯的尸体在河里被发现——他投水自杀了。

事实上，我们在日常生活中经常会遇到这类小事，比如你正在冥思苦想一道难题，旁边不远处的人却在不停地说笑，这让你心烦不已；你正卖力地主持单位的一台晚会，话筒却突然没有了声音，台下的观众发出了笑声……一个人如果不能忍受现实生活中的挫折或不顺，那么就有可能导致工作或事业的彻底失败。路易斯的死正是由于他不能忍小而谋大。

宋代苏洵曾经说过：“一忍可以制百辱，一静可以制百动。”这就是说，忍的作用抵得千军万马。可见，忍不是什么吃亏的事。

诸葛亮对孟获七擒七纵，忍住仇恨，并且是一忍再忍，终于以自己的忍让制服了叛军，保住了蜀国的安宁与和平。

孟获是三国时蜀国南方少数民族的首领，率众起兵反叛，诸葛亮率兵去平定。诸葛亮听说孟获不但作战勇敢，而且在南方各个地区的部族人民中很有威望，想到如果把他争取过来，就会使蜀国有一个安定的大后方。于是，他下令对孟获只许活捉，不得伤害。当蜀军和孟获的部队初次交锋时，诸葛亮授意蜀军故意退败，引孟获追赶。孟获仗着人多势众，只顾向前猛冲，结果中了蜀军的埋伏，被打得大败，自己也做了俘虏。当蜀军押着五花大绑的孟获回营时，孟获心知此次必死无疑，便刁钻蛮横，破口大骂。谁知一进蜀军大营，诸葛亮不仅立即让人给他松了绑绳，还陪他参观蜀军营寨，好言劝他归降。孟获野性难驯，不但不服气，反而倨傲无礼，说诸葛亮使诈。诸葛亮毫不气恼，放他回去，二人相约再战。

孟获重整旗鼓，又一次气势汹汹地进攻蜀军，结果又被活捉。诸葛亮劝降不成，又一次把孟获送出大营。孟获也是个倔脾气，回去又率人来攻并同时改变进攻策略，或坚守渡口，或退守山地，却怎么也摆脱不了诸葛亮的控制。一次又一次遭擒，一次又一次被放。到了第七次被擒，诸葛亮还要再放，孟获却不肯走了，他流着泪说：“丞相对我孟获七擒七纵，可以说是仁至义尽，我打心眼里佩服，从今以后，我决不再提反叛之事。”

自此,蜀国的大后方变得稳定,南方各族人民也得以休养生息,安居乐业。

常言说,事不过三。忍让一次两次都可以,再三再四就按捺不住了。可是诸葛亮却对孟获捉了放,放了捉,耐着性子忍下去。他之所以这样做,就是想以德服人,使孟获心悦诚服,不再叛乱,从而使蜀国获得一个稳固安定的大后方,使人民免于战乱之苦,同时也能逐渐积蓄力量以对付魏、吴的觊觎和侵略。

智者寄语

一个人如果不能忍受现实生活中的挫折或不顺,那么就有可能导致工作或事业的彻底失败。路易斯的死正是由于他不能忍小而谋大。

学会忍耐,以柔克刚

在敌人面前低身,在坏人面前忍耐,这是很多人无法做到的事情,他们宁可落得一败涂地也不愿为之。但是低调的人却不这样想,他们暂时的隐忍,并不表示屈服,而是为了积蓄力量,等待时机,以便东山再起。

当自己的力量不足以与人抗衡时,这时就需要有效地把自己的实力和意图隐藏起来,等待机会,即韬光养晦。韬光养晦是一种低调的方式,或是对敌人委婉和顺但不因循,或是隐蔽藏匿毫不显露,或是欺骗敌人使自己不受损失。用这些方式保存自己,以待反抗的时机。

唐代武则天专权时,为了给自己当皇帝扫清道路,先后重用了武三思、武承嗣、来俊臣、周兴等一批酷吏。以严刑峻法、奖励告密等手段,实行高压统治,对抱有反抗意图的李唐宗室、贵族和官僚进行严厉镇压,先后杀害李唐宗室贵戚数百人,接着又杀了大臣数百家,至于所杀的中下层官吏,就多得无法统计。

武则天曾下令在都城洛阳四门设置"匦"(意见箱)接受告密文书。对于告密者,任何管员都不得询问,告密核实后,对告密者封官赐禄,告密失实,并不受罚。这样一来,告密之风大兴,不幸被株连者不下千万,朝野上下,人人自危。

一次,酷吏来俊臣诬陷平章事狄仁杰等人有谋反行为。来俊臣出其不意地先将狄仁杰逮捕入狱,然后上书武则天,建议武则天下旨诱供,说什么如果罪犯承认谋反,可以减刑免死。狄仁杰突然遭到监禁,既来不及与京里人通气,也没有机会面奏武后、说明事实,心中不由焦急万分。

审讯的日子到了,来俊臣在大堂上读武则天的诏书,就见狄仁杰已伏地告饶。他趴在地上一个劲地磕头,嘴里还不停地说:"罪臣该死,罪臣该死!大周革命使得万物更新,我仍坚持做唐室的旧臣,理应受诛。"狄仁杰不打自招的这一手,反倒使来俊臣弄不懂他到底唱的是哪一出戏了。既然狄仁杰已经招供,来俊臣将计就计,判他个"谋反属实,免去死罪,听候发落"。

来俊臣退堂后,坐在一旁的判官王德寿悄悄地对狄仁杰说:"你也要再诬告几个人,如把平章事杨执柔牵扯进来,就可以减轻自己的罪行。"狄仁杰听后,感叹地说:"皇天在上,厚土在下,我既没有干这样的事,更与别人无关,怎能再加害他人?"说完一头向大堂中央的顶柱撞去,顿时血流满面。

王德寿见状,吓得急忙上前将狄仁杰扶起,送到旁边的厢房里休息,又赶紧处理柱子上和地上的血渍。狄仁杰见王德寿出去了，急忙从袖中抽出手绢，蘸着身上的血，将自己的冤屈都写在上面，写好后，又将棉衣撕开，把状子藏了进去。一会儿，王德寿进来了，见狄仁杰一切正常，这才放下心来。

这时狄仁杰对王德寿说："天气这么热了，烦请您将我的这件棉衣带出去，交给我家里人，让他们将棉絮折了洗洗，再给我送来。"王德寿答应了他的要求。

狄仁杰的儿子接到棉衣，听到父亲要他将棉絮折了，就想：这里面一定有文章。他送走王德寿后，急忙将棉衣折开，看了血书，才知道父亲遭人诬陷。他几经周折，托人将状子递到武则天那里，武则天看后，弄不清到底是怎么回事，就派人把来俊臣叫来询问。来俊臣做贼心虚，听说武则天要召见他，知道事情不好，急忙找人伪造了一张狄仁杰的"谢死表"奏上，并编造了大堆谎话，将武则天应付过去。

又过了一段时间，曾被来俊臣妄杀的鸾台侍郎、同平章事乐思晦的儿子也出来替父申冤，并得到武则天的召见。他在回答武则天的询问后说："现在我父亲已死，人死不能复生，但可惜的是法律却被来俊臣等人给玩弄了。如果太后不相信我说的话，可以吩咐一个忠厚清廉、你平时信赖的朝臣假造一篇某人谋反的状子，交给来俊臣处理，我敢担保，在他酷虐的刑讯下，没有不承认的。"

武则天听了这话，稍稍有些醒悟，不由想起狄仁杰之案，忙把狄仁杰召来，不解地问道："你既然有冤，为何又承认谋反呢？"

狄仁杰回答说："我若不承认，可能早死于严刑酷法了。"

武则天又问："那你为什么又写'谢死表'上奏呢？"

狄仁杰断然否认说："根本没这事，请太后明察。"

武则天拿出"谢死表"核对了狄仁杰的笔迹，发觉完全不同，才知道是来俊臣从中做了手脚，于是，下令将狄仁杰释放。

忍耐住刚强直率的性格与对手周旋，是斗争中的良策，因为以硬碰硬，会让自己吃大亏，这样做无论从哪方面来讲都是不明智的。低调的人不会轻举妄动，而是通过筹谋妙算，迷惑、麻痹敌人，选择退让、隐忍，让自己的目的藏而不露，然后伺机而动，最终取得胜利。

智者寄语

当自己的力量不足以与人抗衡时，这时就需要有效地把自己的实力和意图隐藏起来，等待机会，即韬光养晦。韬光养晦是一种低调的方式，或是对敌人委婉和顺但不因循，或是隐蔽藏匿毫不显露，或是欺骗敌人使自己不受损失。用这些方式保存自己，以待反抗的时机。

隐忍退让，蓄势待发

《老子》第三十六章写道："将欲歙之，必固张之；将欲弱之，必固强之；将欲废之，必固兴之；将欲夺之，必固与之。"这段话体现出卓越的辩证思想。为了捉住敌人，事先要放纵敌人，这是一种放长线钓大鱼的计谋。一般来说，一时纵敌，百日之患。但是，在特殊情形之下，纵敌不仅无害，反而有益。

无论是战场、官场还是商场，也无论是胜利后的退却还是失败后的退却，只要"退"是手段，而不是最后目的，只要有利于整体目标的实现，"退"又何尝不是上策呢？一代明君康熙皇帝就懂得忍耐,懂得挑选时机,退中求胜。

康熙满14岁那年举行了亲政大典。可是亲政后的康熙仍然没有实权,鳌拜继续大权独揽。皇帝与权臣之间的矛盾,终于在如何对待苏克萨哈的问题上公开化了。

苏克萨哈是顺治皇帝临终时指定的四位顾命大臣之一,一向为鳌拜所妒忌。在一次朝会上,鳌拜对康熙说:“苏克萨哈心怀不轨,蓄意篡权,我已下令将他抓了起来。请皇上同意将苏克萨哈立即正法。”此时康熙尽管对鳌拜的做法不满,可自知实力太差,远不是鳌拜的对手,所以只好忍痛许之。鳌拜马上传令绞杀苏克萨哈,同时诛杀了他的家人。

康熙气得两眼冒火,决心要除掉欺君擅权的鳌拜。康熙深知要除掉鳌拜绝非一件易事,弄不好,激起兵变,那么,他这皇帝的位子也就别想再坐了。经过一夜的冥思苦想,他终于有了对策。康熙一面故作软弱无能,稳住鳌拜,一面挑选了十几个机灵的少年,在宫内练习摔跤。康熙自己也加入摔跤队伍与少年们对阵取乐。消息传到宫外,大家认为只不过是小皇帝变着法子闹着玩罢了。

从表面上看,朝中大事一切照旧,鳌拜还是那样为所欲为,康熙对鳌拜还是那样信赖,鳌拜就渐渐放松了戒备。练习摔跤的少年们技艺逐渐纯熟,康熙最后定下了剪除鳌拜的计策。

一天,康熙派人通知鳌拜,说是有要事商量,请他立即进宫。鳌拜直奔宫中,康熙此时正和少年们摔跤玩呢。鳌拜上前,正要与康熙打招呼,十几个少年打打闹闹地挨近了鳌拜身边。说时迟,那时快,大家一拥而上,拉胳膊扯腿地将毫无防备的鳌拜翻倒在地。鳌拜很快反应过来,想要挣扎反抗时,十几个少年已牢牢地将他制伏在地,哪里肯让他脱身。他们拿来准备好的绳索,将鳌拜捆了个结结实实。

康熙正颜厉色地对躺在地上动弹不得的鳌拜说:“你欺凌幼主,图谋不轨,飞扬跋扈,滥杀无辜。今日下场是你罪有应得。你鳌拜罪行累累,罄竹难书,待我查清你的罪行,一定严惩,绝不宽待。”鳌拜一看,自知大势已去,只能紧紧地闭着双眼,一句话也说不出来。

人在逆境中,最需要的防身术是一个“忍”字,学会忍辱负重,藏而不露,才能在不知不觉中发展壮大,待时机成熟,便可以马上脱颖而出。

智者寄语

为了捉住敌人,事先要放纵敌人,这是一种放长线钓大鱼的计谋。一般来说,一时纵敌,百日之患。但是,在特殊情形之下,纵敌不仅无害,反而有益。

忍而后发,摆脱屈辱

古希腊哲学家毕达哥拉斯认为,人在盛怒下常常会做出不理智的行为,他说:“愤怒以愚蠢开始,以后悔告终。”培根也告诫说:“无论你怎么表示愤怒,都不要做出任何无法挽回的事来。”但是,“忍字心头一把刀”,不是意志极坚强者,很难把这个写起来极简单的字做到位。

李忱是唐宪宗李纯的第13个儿子,于长庆中期被封为光王,后登基为唐宣宗。在他即位之前,贵为王公的李忱不得不离京出走,这得从他当时的处境说起。李忱的母亲并不是一个有身份、有地位的妃子,她作为当时叛臣的罪孥进宫,结果邂逅了唐宪宗,生下了李忱,可惜在李忱幼年时，宪宗就被宦官暗杀了，留下这一对母子，既不能母凭子贵，也不能子凭母达。

公元820年2月，李恒（李忱之兄）被宦官扶上皇位，是为唐穆宗。四年后穆宗服长生药病逝，其子敬宗李湛继位，但他只活到19岁，驾崩后由其弟文宗李昂、武宗李炎相继继位。

在长达20年的时间里，三朝皇叔李忱的地位既微妙又尴尬，他只能以黄老之道，韬光养晦，装傻弄痴。尽管他为人低调，不事张扬，但光王的特殊身份，还是让他逃避不了被侄儿们猜忌、排斥、挤压的命运。文宗和武宗更是对他心存芥蒂，非但不以礼相待，还想方设法地迫害他。公元841年，唐武宗登基时，李忱为避祸全身，便"寻请为僧，行游江表间"，远离了是非之地。应该说，李忱当时做出的这一抉择，属于达人知命的明智之举。而放逐底层，阅尽沧桑，也为他将来修成大器提供了一个难得的机会。

法号"琼俊"的李忱虽然隐居于与世隔绝的深山之中，但并没有一心向佛，忘却心中之志。握瑾怀瑜的他效法孔明抱膝于隆中和太公钓闲于渭水，准备待时而动。在唐武宗统治的六年间，他不停地通过秘密渠道打探宫内情况，积极从事准备活动，以实现"归去宿龙宫"的夙愿。

他一直隐藏自己的这一志向，在福建境内的天竺山真寂寺的三年间，他言行谨慎，不露端倪。一日，他与当时的名僧黄蘖和尚山中闲话。面对挂在悬崖峭壁上的一条飞瀑，黄蘖来了雅兴，对李忱说道："我得一上联，看你能否接下联？"李忱也兴致盎然，说道："你道来我听，我必对得上。"黄蘖于是吟道："千岩万壑不辞劳，远看方知出处高。"李忱几乎是脱口而出："溪涧岂能留得住，终归大海作波涛。"黄蘖听了，赞赏有加。

没有深沉的寂寞，哪有动地的长歌？李忱就像那瀑布，经历"千岩万壑不辞劳"的艰险后，终将飞珠溅玉、石破天惊。公元846年，深谙权谋、忍辱负重的李忱果然在太监们的拥戴下，从侄儿手中夺得大位，成为唐宣宗，时年37岁。他由于长期在民间阅世读人，深知黎民疾苦，故躬行节俭，虚怀纳谏，颇有作为，号称"大中之治"。

生活的艰辛在人们的心中埋下了太多的隐痛，忍耐却可使人相信，风雨过后必见彩虹。李忱能忍人所不能忍，终于忍而后发，摆脱了曾经的屈辱，并达到了自己的目标。善于利用忍耐有助于使事态向好的方面发展，所以说，忍耐并不是逆来顺受，屈服于命运，而是一种智慧。

智者寄语

生活的艰辛在人们的心中埋下了太多的隐痛，忍耐却可使人相信，风雨过后必见彩虹。

忍耐是化解矛盾的好方法

在现实生活中，各种压力无法避免，而解决的方法就是要学会忍耐与化解。不该斤斤计较的就应该去忍耐，该化解的就不要揪住不放。包容与忍耐是一种化解矛盾的好办法。

季羡林在《季羡林谈人生》中曾说："对待一切善良的人，不管是家属，还是朋友，都应有一个两字箴言：一曰真，二曰忍。真者，以真情实意相待，不允许弄虚作假。忍者，相互容忍也。"季羡林把待人之道归结为"真""忍"两个字。这里所谓的"忍"就是包容。

唐代有个官员的家门楣上写着"百忍家声"四字，也就是说万事忍为先，家和万事兴。近代思想家胡适先生也说过社会容忍度的缺失不但会导致许多悲剧的发生,还会使一些人产生思想上的以自我为中心,导致政治体制上的极权专制,这对社会进步、发展是极大的障碍。如今,我们倡导构建和谐社会,也就是要营造人与人之间相互容忍的氛围,“学会宽容,善于容忍”,这才是积极的处世之道。

宋朝的宰相富弼曾教训他的子弟说:“这个忍字,是众妙之门。如果在清廉和节俭之外,再加上容忍,有哪一事办不好呢?”

富弼处理事务,事无大小,都要反复思考,由于他太过小心谨慎,遭到了一些人的批评和攻击。一次,他无端遭人谩骂。有人把这件事告诉了他。

富弼听后回答说:“大概是骂别人吧。”那人又说:“是指名道姓地骂,怎么是骂别人呢?”富弼想了想回答说:“恐怕有人跟我同名同姓吧。”之后,因误解而骂富弼的人深感惭愧,借机向富弼道了歉。

俗话说:宰相肚里能撑船。富弼确实有宰相的度量,所以才能够忍得了批评与攻击,也因此才会得到他人的折服。

包容里蕴含着忍让。倘若有人说忍耐是智慧不可或缺的条件,那么包容则是一个人智慧的最充分体现。

曾经有人提出,倘若诸葛亮能够在马谡失街亭以后宽容他,给马谡一个将功补过的机会,诸葛亮便不会失去一位虎将,或许能够挽回伐魏时的败局。其实,不是诸葛亮不够聪明,而是他在处理马谡事件时缺少了宽容,从而他的智慧和涵养便显得美中不足了。

包容就是忍耐。在面对别人的批评和误解时,选择争辩甚至反击是不可取的,冷静、忍耐、谅解更为重要。倘若你是正确的,批评与误解改变不了事实的真相,真相总会大白;如果你是错的,还有什么怨恨可言呢?

“宽容是在荆棘丛中长出来的谷粒。”人贵在能做到人在事中,心在事外,退后一步海阔天空。宽容和忍耐并不代表着怯懦,但也不是一味地逆来顺受,而是在理解基础上的大度与忍让,以此避免矛盾激化,从而客观解决问题,这是成熟的表现,是完美人格的体现,是处理问题的最好办法。

有个叫白隐的人,他一心修行,道德高尚,是位受到乡里居民称颂的禅师,人们都认为他是个值得尊敬的圣者。白隐禅师附近住着一户人家,家里有一个漂亮的女儿,有一天女孩的父母突然发现女儿怀孕了。夫妇俩勃然大怒,逼问女孩到底是谁干的。女儿支支吾吾说出“白隐”二字。夫妇俩怒不可遏地去找白隐理论,然而白隐禅师不置可否,只是淡淡地回答:“就是这样吗?”

孩子呱呱落地,被送给白隐。这时候,他已经声名狼藉,然而他并不以为然,只是无微不至地照顾孩子。别人的白眼或冷嘲热讽自然少不了,不过他总是泰然处之,就像他是受托抚养别人的孩子一样。孩子的母亲知道后羞愧难当,终于把事实真相告诉父母:孩子的父亲是鱼市的一个年轻后生。

她的父母马上带她给白隐道歉,并祈求得到原谅。白隐依旧淡然如水,还是那句淡淡的话:“就是这样吗?”就像什么事也没发生一样。自此,白隐超乎“忍辱”的德行,被广为传颂。

白隐禅师的忍辱德行令人不禁感慨无限。想想平时我们因一点挫折或委屈就抱怨、消沉和迷惘,实在感到汗颜。与白隐相比,我们遇到的挫折与委屈又算什么呢?白隐淡定自若、泰然处之的气度，不仅源于他极高的品德、修养，更是禅师无限智慧的体现。高深的智慧让恒久的忍耐化为无形的坚毅，最终使干戈化为玉帛。白隐禅师的忍耐功夫来自于修行，更来自于包容的心灵。

在生活中，不如意甚至遭受挫折与失败在所难免，当你遇到了难以逾越的屏障时，请别忘了忍耐是化解矛盾与突破困境的好方法。因此，生活需要我们有包容之心。

智者寄语

不该斤斤计较的就应该去忍耐，该化解的就不要揪住不放。包容与忍耐是一种化解矛盾的好办法。

小不忍则乱大谋

常言道：小不忍则乱大谋。对于这句话，我们可以从两方面来理解：

一方面，说的是人要忍耐、要包容，如果对一点小事都做不到容忍，就会坏了大事。许多大事失败，往往起因于鸡毛蒜皮的小事。

另一方面，说的是做事要有“忍”劲，有决断，有时候碰到一件事情，需要马上决断，坚忍下来，才能成事。若做不到当机立断，就会为以后埋下隐患，姑息养奸，也是小不忍则乱大谋。

在历史上，凡有大功名、大成就的人，无不要过“忍”这一关。

明朝的张居正是一位出色的首辅大臣。他在从政的十年中，大胆地从政治、经济、军事各方面进行大刀阔斧的改革，使国家安定，经济发展，出现国富民强的景象。

小时候，张居正就被称为神童，他2岁那年就认得“王日”两字；13岁参加乡试，他是当时年龄最小的，然而他却沉着冷静地写了一篇非常漂亮的文章，湖广巡抚顾辚爱才，有意让张居正多磨炼，才没让他中举；23岁，考上了进士，张居正开始步入了仕途。

被选为庶吉士之后，张居正一面博览群书，一面细心琢磨官场上的门道。由于当时皇帝昏庸，奸臣严嵩当道，他满腔的政治抱负得不到施展，只得忍耐。于是，他与严嵩周旋，苦苦熬了十几年，可想而知，张居正内心经历了怎样的煎熬。

功夫不负有心人，严嵩终于在专权15年之后倒台，徐阶成了首辅，张居正也开始得到了重用。不过，张居正入阁后遇到精明强干、头脑敏锐的政治对手高拱。这次，张居正还是选择忍耐，他深谙在官场上生存的法则，尽管高拱对他傲慢无礼，他却用谦恭与沉默表示了更加激烈的无声对抗。

高拱被罢官之后，张居正终于当上了首辅，可以一展他的政治才华和抱负。掌权后的张居正，一改过去那种谦虚祥和、沉默寡言的态度，立马变得雷厉风行、有理有节，在全国范围内进行了一场改革，把国事整理得井井有条，真正做到了国富民强。

如果张居正没有“忍”的气度，恐怕早已被权臣们所不容。正是因为忍，他才能够在不利的时候保护自己，待时机成熟便可成大谋、建大业。所以说，忍是建功立业者必备的素质。

忍有两种，一种是思而不发，以忍求安；另一种则是忍而待发，以忍求变。求忍者要特别学会后一种忍，忍是手段，求是目的。在历史上，求忍而办大事的例子不胜枚举。

战国时期，赵国国富民强，又因地处中原，常被卷入战争的旋涡。赵武灵王作为赵国的国君,则更迫切地需要广行富国强兵之策。

赵武灵王根据多年的征战经验,感觉北方游牧民族骑马作战是值得效仿的,其机动性大,集散自由,对战场条件适应性很强。基于此,他决定改变自己军队的作战方式,改革几经周折。

首先,穿当时的中原服装不能骑马,要骑马只能穿胡服,胡服的下身相当于今人的裤子。改穿胡服没那么简单,赵武灵王的决定一下,反对势力便蜂拥而来。朝中的多数大臣都不支持这项改革,他们以不能出卖自己祖宗去穿胡服丢丑卖脸为理由,拒绝改变中国的传统式样。

面对大批的反对势力,赵武灵王选择了忍耐,他没有发王者之感,不以王者之尊强行推广,而是尽量去做说服工作。他从战争的发展、富国强兵的要略等角度入手,反复阐述自己的意见,拿出了最大的忍耐力推行战术,劝说的过程可谓是苦口婆心,最终得到了大多数的赞同,在一定程度上实行了国富兵强。

赵武灵王为了达到自己的目的,才不得不"忍"。所谓小不忍则乱大谋,他的忍换来了国家的强大,换来了诸侯的畏服,可以说是十分值得的。

宋朝宰相杜衍曾经教导自己的学生:有一种忍是韬光养晦,假如你现在只不过是一个县官,今后的升迁还需看上司的印象而定,倘若你的才干一直超过上司,这样就会对你上司的地位构成威胁,那样你不但得不到赏识,反而惹祸上身,又何谈济世呢?这就需要你用心与周围的人协调,适应环境,暂时委屈,唯有如此才能被上司所容忍,为将来的作为铺开道路。

时至今日,杜衍的话中蕴含的道理依然可以指导我们为人处世。

有志向、有理想的人,不应对个人一时的得失过于计较,不该在小事上纠缠不休,而应有开阔的胸襟和远大的抱负。唯有如此,才能成就大事,实现梦想。

当我们面对一些违背自己意愿的事情时,就应该泰然处之,学会忍让,用开阔的胸襟、远见的目光去包容与审视,为了远大的抱负能够忍一时之屈,而不去逞匹夫之勇,这是十分必要的。

智者寄语

有志向、有理想的人,不应对个人一时的得失过于计较,不该在小事上纠缠不休,而应有开阔的胸襟和远大的抱负。唯有如此,才能成就大事,实现梦想。

忍让是一种生活艺术

在生活中,做人做事需要一点弹性空间,这是一个极其重要的生存法则。若一味地逞强,只会令自己更疲惫或更困惑。而适当地弯曲一下,或许你面临的难题就会在你躬起的脊上悄然滑落。

若要有一番作为,首先就要学会忍。生活离不开忍,即使英雄在等待时机,也需要忍。忍中具有道德、智慧,忍中有真、善、美。为了自己的目标,忍受再多也不觉得苦,不觉得累。所以说忍是一个人生存的第一能力,能屈能伸方为大丈夫本色。

那么,如何忍呢?就是学会弯曲地做人做事。山路十八弯,水路十八盘,人生之路也不是一直坦途。我们在人生旅途上不仅要有挑战困难的决心,更应具有一颗可以弯曲的心。

有一对曾经恩爱的夫妇,他们的婚姻面临着破裂的危机。为了重新找回昔日的爱情,他们计划了一次浪漫之旅,以此来决定婚姻的去向。

出发后不久,他们来到一条山谷。这是一条很平常的山谷,东西走向,毫无特别之处,唯一能引人注意的是它的南坡长满松、柏等各种树木,而北坡只有雪松。

不凑巧,他们来这儿不久便下起了大雪。他们支起帐篷,观察着纷纷扬扬的大雪和这个山坡,他们发现由于特殊的风向,北坡的雪总比南坡的雪来得大、来得密。没过多久,雪松上的雪就落了厚厚一层,让人惊讶的是雪积到一定的程度,雪松那富有弹性的枝丫就会向下弯曲,雪便滑落到地上。如此,即使雪下得再大再猛,雪松也还是完好无损。而其他树的树枝由于没有弯曲的本领而被压断了。南坡雪小,有些树能够挺过来,因而南坡除了雪松,还有柏树等树木生存。而在北坡,能够生存下来的只有雪松。

妻子在帐篷中目睹了这一景观,对丈夫说:"北坡肯定也长过杂树,只是不会弯曲没办法生存下来罢了。"

丈夫欣然点头,表示同意。过了片刻,两人像是突然明白了什么似的,相互拥抱在一起。

丈夫对妻子说:"我们要向雪松学习,面对外界的压力要尽可能地去承受,如果承受不了,要学会弯曲一下,像雪松一样让步,这样即使在再大的压力面前,我们也都不会被压垮。"

一棵树尚能如此,我们人为何就做不到呢?弯曲中蕴含着丰富的人生哲理,弯曲并不意味着屈服和毁灭,而是顺应和忍耐。生活中,忍就是一种弯曲的生活艺术。

在我们的人生中,能懂得弯曲并敢于弯曲,既是一种本领,又是一种境界。面对人生的困厄,学会忍耐,学会弯曲,才能挺过艰难困苦,否则会重压之下永远站不起来。

两个含冤被囚的人被关在了同一所监狱。一个看到的是窗外明亮的星星,而另一个看到的只有四周的高墙。结果可想而知,看到星星的人甘于默默忍受困苦,坚强地活了下来。而看到高墙的人终因承受不了外来的流言蜚语,选择了自尽。10年后,两个人的冤屈都被平反了,而走出监狱的只有那个看到星星的人。

星星与高墙,在同一个地方看到了不同事物,两个人的结局就有了不同。可见,生活中懂得弯曲,学会忍耐,才能从困厄中找到转机。

学会弯曲首先应该正视这种弯曲,它不是见风使舵,也不是奴颜婢膝,更不是昧上欺下,而是另一种意义的超脱。我们要明白,懂得弯曲是为了不折断正直,是为了我们的目标而暂时忍耐。有时候,适当地弯曲是一种理智。弯曲不等于妥协,而是一种理智的忍让。弯曲并不意味着倒下,而是为了更好、更坚定地站立。弯曲不等于毁灭,而是为了退一步的海阔天空,是为了生存做出的暂时让步。

在人的一生中,我们既会涉及大是大非原则性问题,又会遭遇小的矛盾与纠葛。因此,面对这些事情的时候,我们应该学会忍,学会谦让。这不是忍气吞声,而是一种负责和担当。忍,不是目的,而是一种生存手段,更是一种生活的艺术。

智者寄语

若要有一番作为,首先就要学会忍。生活离不开忍,即使英雄在等待时机,也需要忍。忍中具有道德、智慧,忍中有真、善、美。为了自己的目标,忍受再多也不觉得苦,不觉得累。所以说忍是一个人生存的第一能力,能屈能伸方为大丈夫本色。

忍让是一种美德

忍耐是一种处世的策略,更是一种艺术。忍耐,实际上是把自己交给时间、事实来证明,这样可以避免相互之间无休止的纠缠和不必要的争吵。

正因如此,忍耐也是坚持的一个代名词。坚持和忍耐,两者是密不可分的。两者都具备的话,我们的生活就多了一笔享用不尽的财富。

苏格拉底是一个极其善于忍耐的人,他的妻子是一个众所周知的悍妇。他妻子性格冥顽不化,心胸褊狭,动辄破口大骂,甚至经常会大打出手。

有一次,当苏格拉底和学生们在一起探讨问题的时候,他的妻子忽然闯了进来,先是一阵破口大骂,随后就又在他头上浇了一桶冷水。

他的学生们见之惊愕万分,想苏格拉底肯定要对她怒声斥责了,出人意料的是苏格拉底只是幽默地说:"我早知道打雷之后总是要下雨的。"

这个极具西式的幽默故事听来确实很有趣,不过也反映了苏格拉底的忍功。也许除了苏格拉底之外,谁遇到了这种情形,即使不大打出手,也会雷霆大怒。苏格拉底毕竟是一位伟大的哲学家,他的智慧和修养是超凡脱俗的。他说精于马术的人,总是喜欢烈马。他把妻子喻作一匹烈马,选择了这样的妻子,也是为了训练自己的"马术"。

试想,如果苏格拉底对妻子没有采取忍耐而是反击,那后果将是如何呢?这不仅会破坏他与学生们做学术探讨的良好氛围,让所有人都尴尬,使人心生不快,甚至会激发妻子更大的怒气,恐怕最终苏格拉底这个睿智的哲学家的完美形象也就荡然无存了。

细细回想我们在现实生活中,有很多的口角、争斗与矛盾都是因为没有忍而激化的。

就像我踩你一脚,你回我一眼,接着双方出言不逊,随后怒目相对,大打出手,原本和谐的气氛变得剑拔弩张。或是在排队时争相推抢,稍有不慎便得罪了身边的人,恶言恶语,甚至于当众出手……诸如此类的生活琐事,时有发生。而这些小事,只要当时忍耐一下,便会烟消云散,天地清明。这样的道理谁都明白。

忍是一种妥协,是一种策略,但是忍并不意味着屈服和投降,而是一种非常务实、通权达变的智慧。

在公共汽车上,一个小伙子往地上吐了一口痰,售票员看了,说:"同志,为了保持车内的清洁卫生,请不要随地吐痰。"

不料小伙子非但没有道歉,反而破口大骂,一些不堪入耳的脏话脱口而出,随后又狠狠地向地上连吐三口痰。

售票员是一位年轻的姑娘,面对这样的情景,气得面色涨红,眼泪在眼圈里直转。这时候,车上的乘客开始议论了,有的替售票员抱不平,有的帮着那个男青年起哄,更有甚者挤过来看热闹的。大家都关心事情的发展,顿时车上乱作一团。

出人意料的是那位女售票员定了定神,瞟了一眼吐痰的小伙子,转脸对其他乘客说:"没什么事,请大家回座位坐好,以免摔倒。"说着,从衣袋里掏出手纸,弯腰擦掉地上的痰迹,然后若无其事地继续卖票了。

见此情景,所有人都愣住了。车上立刻鸦雀无声,就连刚才吐痰的小伙子的舌头突然短了半截，脸上也不自然起来，到站后没等车停稳，就匆忙跳下车，回头对售票员喊了一声："大姐，我服你了。"车上的人禁不住都笑了，开始夸奖这位售票员不简单，竟然用忍耐制服了那个出口不逊的小伙子。

试想，如果当时这位女售票员面对辱骂时，采取反击和争辩，只能让矛盾升级；同时，与之对骂，又毁了自己的形象。她请大家回座位坐好，既对乘客表示了关心，又体现了自己的职业道德，同时又淡化了眼前这件事，缓解了紧张的空气；接着她弯腰若无其事地将痰迹擦掉，此时无声胜有声，用实际行动证明了自己的正确，比任何语言表达的道理都有说服力，教育了吐痰的小伙子，也感染了周围的人。

在日常生活中，我们可能经常会遇到一些蛮不讲理的人，甚至是心存恶意的人，有时还会无端遭受欺侮和辱骂。面对这样的情景，一般人觉得忍无可忍便选择反击。但是，若与之针锋相对，却正好成了对方的出气筒，惹事上身不说，还坏了大好的心情。

忍耐，也是一种美德。它不仅能体现一个人的宽容大度，还能表现出一个人识时务。《六忍歌》对忍耐精神是这样歌颂的："富者能忍保家，贫者能忍免辱，父子能忍慈孝，兄弟能忍意笃，朋友能忍情长，夫妇能忍和睦。"

为了事业的成功，为了家庭的和睦，为了人生的一帆风顺，甚至只是为了避免不必要的麻烦，我们需要忍耐，应该学会忍耐。

智者寄语

忍是一种妥协，是一种策略，但是忍并不意味着屈服和投降，而是一种非常务实、通权达变的智慧。

忍辱负重，忍一时成就一世

在人生的荣辱、毁誉间，很多人都能保持淡定从容，都能做到善而处之。因为屈辱本身就具备两重性，心胸狭隘的人会将屈辱视为一世也无法卸掉的枷锁，而淡定从容者则能正确对待屈辱，一时的屈辱能让淡定从容者获得奋进的力量，他们能够化辱为荣，能够用对待屈辱的正确心态成就自己一世的荣耀。

战国时期，吴越两国常年征战不断。吴王阖闾在一次战争中受伤，后因伤势严重而死去，吴王夫差即位后，任用伍子胥操练兵马，准备为父亲报仇雪恨。

两年后，吴国已经兵强马壮，吴王夫差便亲自率领大军与越国在太湖展开战争。吴国的两年没有白准备，越王勾践大败，他带着仅余的五千残兵败将逃往会稽，但是吴军很快就将会稽包围了。

越王勾践无奈，不得不听从范蠡的建议，到吴国去求和。但是勾践明白，几年前的吴越争霸战中，吴王阖闾因为战败丢了性命，而自己这次去求和，吴王夫差一定不会轻易放过自己。想到这里，勾践便一筹莫展。思来想去，越王勾践决定先派文种到吴王那里去打探一下风声。

文种到达吴国之后，便向吴王夫差表达了越王勾践愿意投降的意思。吴王夫差想要接受越王的投降，但是他的大将伍子胥却坚决反对。伍子胥认为，如果轻易地接受越王勾践的投降，那必将后患无穷。

文种回去后便将结果告诉了越王勾践，文种打听到吴国的权臣伯嚭是个贪财好色的小人。而伯嚭是吴王身边的宠臣，无论大事小事吴王都会找他商议。勾践立刻吩咐文种准备了一批美女和珍宝，私下里送去给伯嚭，他请伯嚭在吴王夫差面前多为越王勾践说些好话。伯嚭看到这些珠宝和美女，一下子就昏了头，便痛快地答应了文种的请求。

果然，在伯嚭的竭力劝说下，吴王夫差最终不顾伍子胥的反对，答应了越王勾践的投降，并且同意了越国的一些请求。

越王勾践因此保住了自己的性命，他将国家大事托付给文种，然后按照吴王夫差的要求，带着夫人和范蠡到吴国去做苦役。

越王勾践在吴国期间，甘心为奴，为吴王洗马，甚至为了表示对吴王的关心，亲口尝粪便来探查吴王的病情。正是因为他这些忍辱负重的行为，最终才博得了吴王夫差的信任而将他释放回国。

越王勾践回到越国后，经过20年的励精图治，终于将越国发展壮大，一举打败了吴国，成为一代霸主。

面对屈辱，有的人能将其作为动力，而有的人会就此沉沦。越王勾践能够最终成为一代霸主正是因为他有忍受屈辱的能力。

屈辱面前，每个人都应该保持淡定从容的心态，只有将心态调整好，人们才能真正做到忍耐，才能够更加从容地掌握住自己的心态，才能避免对自己不利的事情发生。

忍一时风平浪静，退一步海阔天空。每个人生活在社会群体中，都不可避免地会与其他人和事之间发生各种关系，但是事物之间都是相互制约的，我们不能因为自己心中的委屈就随心所欲。在与外界发生冲突时，即便你满腹委屈，也不要直白地发泄出来，懂得隐忍，用你淡定的心态化干戈为玉帛，只要学会了忍耐，你一定会有成功的机会。

智者寄语

屈辱面前，每个人都应该保持淡定从容的心态，只有将心态调整好，人们才能真正做到忍耐，才能够更加从容地掌握住自己的心态，才能避免对自己不利的事情发生。

第十五章

懂得控制情绪，战胜别人先战胜自己

愤怒的时候容易做错事

遇事要学会控制自己的情绪，让激动和愤怒降降温，先让我们的心静下来，直至怒火彻底消失，这样我们就会少犯错误。

列夫·托尔斯泰说："愤怒使别人遭殃，但受害最大的却是自己。"很多哲人都曾经告诫过我们，千万不要被愤怒左右，否则，那就是自讨苦吃。因为当人愤怒的时候，我们的思维处于混乱状态，很难保持冷静，这时候就很容易做错事，这样会让我们的处境更加窘迫、难堪。所以，要想获得成功的人生，就要控制好自己的情绪，不要轻易愤怒。

在一片广袤无边的大沙漠之中，有一只骆驼在艰难地前行。骆驼又饿又渴、又热又累，很快情绪开始焦躁起来。

正当骆驼十分焦躁的时候，有一块瓷片把骆驼的脚掌硌了一下，骆驼顿时火冒三丈，狠狠地踢了瓷片一下，脚掌也因此被划开了一道又大又深的口子，顿时，鲜红的血流了出来，染红了它脚下的沙粒。

骆驼一瘸一拐地向前走着，而随着鲜血的流淌，骆驼更加没有力气。血的腥味引来了凶狠的沙漠秃鹫，它们在骆驼的头顶上盘旋着，等着骆驼死去后饱餐一顿。

骆驼感到非常恐惧，它不顾受伤的身体勉强向前狂奔。可是，它终究因为失血过多，一下子倒在了地上。

死之前，骆驼感叹道："我为什么跟一块小小的瓷片过不去呢？"

骆驼的死不是因为瓷片硌了脚掌，真正的凶手是骆驼自己，是它没有控制好自己愤怒的情绪。这虽然只是一则寓言，其实在我们的生活中这样的事情比比皆是，有人因一个小误会与朋友绝交，也有人因别人的一句无心的口头禅而大打出手……愤怒就像一个魔鬼，会让人做错事。

其实，用愤怒的话解决任何矛盾，结局很可能会以悲剧收场；心平气和地坐下来谈，再大的矛盾也能圆满解决。生活常常会给我们这样一个教训：愤怒常常让我们做错事。所谓的失手，大都是因为愤怒而失去心智，造成惨痛的后果。

为了新婚妻子过得更好，结婚不久，丈夫就去了外地工作。

丈夫在那里一干就是18年，在这18年中他没有回家探过亲，没有休过一次假。一天，他对老板说："我干了18年了，我该回家了。"老板说："回家可以，不过我有个想法，我给你钱或者给你一个幸福的忠告，你从中选一个，好好想想再给我答复。"

三天后，这个男人找到老板说："我想要那个幸福的忠告。"老板提醒他说："想要忠告，我就不会给你钱了。"可他还是坚持想要忠告。于是老板就给了他幸福的忠告。老板对他说："不要让自己生气，要是控制不住，就不要在生气的时候做决定，否则你以后一定会后悔。"老板接着说："这里有三个馒头，两个你路上吃，另一个等你到家后和家人一起吃吧。"

丈夫归心似箭，这可是他离开家，离开深爱的妻子18年后第一次踏上归家的路。

他走了好几天，终于回到了自己熟悉的小村，他站在山头远远地望见了自己的家，屋顶上正冒着青烟，还依稀看见了妻子的身影，忽然他的脸色一沉，原来他又看见了一个男子正伏在妻子的腿上，而自己的妻子正抚摩着他的脸。

丈夫的内心充满了怒火，他想跑过去杀了这两个人。这时，他想起了老板给他的幸福忠告，于是他停了下来。天黑后，他已恢复冷静，虽然很悲伤，但已经不愤怒了。他想："我不能杀死我的妻子，我要离开这个家，在这之前，我想告诉我的妻子，这18年来我没有背叛她。"

他走到家门口推开了自己的家门，妻子看到门口的丈夫，一下子扑到他怀里。他狠心地推开妻子，悲伤地说："你为什么背叛我……"

妻子吃惊地说："什么？我也一直忠心于你，我也等了你18年。"

他说："那今天下午伏在你膝上的男人是谁？"

妻子说："那是我们的儿子，你走时我就有了他，今年他已经18岁了。"

丈夫高兴地拥抱了自己的儿子。接着，一家人坐下来一起吃最后一个馒头，他把老板送的那个馒头掰开后，发现里面全是金币，是他18年的工钱。

从此，一家三口过着快乐的生活。

愤怒的时候，人就很容易做错事。就差一点点，故事中的男主角就毁了自己的人生，多亏是他让自己冷静一下，接受别人的忠告，才不至于做出过激的事。成功者大都能自我控制，据说，福特、洛克菲勒、爱迪生等这些人好像天生没有脾气，总是一副温和的样子，很少有人见过他们生气的样子。于是，他们的这种共性不禁让人思考，情绪控制到底会给人们带来什么？

无疑，生气会坏事，因为怒气就像炸弹一样具有杀伤力。所以，英文中生气是anger，危险是danger。生气与危险只有一字之差，若一味沉于生气中，即是站立在痛苦的边缘了，稍有不慎将会坠入痛苦的深渊。很多时候，人们总会错误地认为，自己对委屈的申诉是理所当然的，但很少有人意识到，任何申诉都是在表达某种不满——那种自以为有理由的申诉更是带着愤怒的不满，所以，这样的人常常不会被他人所接受。也就是说，即使受了委屈，也应该控制自己，不能随意发泄出来。

我们应该用平和的心态对待所遇见的人和事，这样才能保持理智，让人不容易犯错。人在愤怒时，常常看不清事情的实质而行为过激，就会造成一生无法弥补的遗憾。所以富兰克林说："愤怒起于愚昧，终于悔恨。"所以，成功的人生，在于能忍能定，能忍，而后才有定；能定，而后才有慧。

智者寄语

我们应该用平和的心态对待所遇见的人和事，这样才能保持理智，让人不容易犯错。人在愤怒时，常常看不清事情的实质而行为过激，就会造成一生无法弥补的遗憾。

抑制自己的情绪，成功需要好脾气

脾气好不好是检验一个人控制自己情绪能力的标尺，当一个人懂得忍辱负重，那么，他就能积聚成功的力量，从而获得极大的成功。

人们常常说："某某的脾气太坏了，一见他心里就烦，所以，还是离他远一点好。"不难看出，脾气不好，就很难受人欢迎。

其实，生活中的很多痛苦往往都是因为坏脾气引起的。我们常常会有这样的遭遇：

在家里，我们会觉得这也不是那也不是，结果，气伤了爱人，吓坏了孩子。

在单位里,动辄大发雷霆,结果,惹怒了上司,失去了职位。

在社会上,常常与人一言不合,结果,得罪了朋友,失去了贵人。

脾气坏的人就会失去理智,思想会变得混乱,缺乏理智;很难集中精力;常常先行为再思考,这样,就容易做出愚蠢的决定。

水池里,住着一只坏脾气的乌龟。天旱了,池水干涸,乌龟要搬家,就求教两只雁儿。两只雁儿各执树枝一端,叫乌龟咬着中间,让乌龟不要说话,就动身高飞。

有同伴看见,觉得很好笑。受到嘲笑的乌龟大怒,便开口责骂。口一张开,乌龟就跌下来摔死了。

雁儿叹气说:“坏脾气多不好呵!”

脾气好的人怒气少,脸上微笑就会多,待人会显得更加亲切。一个脾气好的人,不会轻易为一句话、一件小事动怒,所以这样的人会讨人喜欢。可能有很多人会这样说:让我脾气好点,行吗?本来就是上司的错,可他偏偏怪自己;同事做不好,自己却要承担别人的错,我的脾气能好吗?

这可能是很多人经常遇到的,的确,面对这些不公平的事会发泄出来,这是人之常情,可是,这样的人往往不会招人喜欢。

小托马斯精明强干,刚到公司半年,就成了业务骨干,很受同事喜欢。

有一天单位马桶出现问题,因为自己是新来的员工,托马斯就义不容辞地去帮着修理。

可是马桶老出问题,刚开始托马斯还很勤快地帮着去修,可是到最后也有点不耐烦了,就不去修理了。这下可好,只要马桶有问题,大家都在喊:“托马斯,马桶坏了,你赶快去修一下呀!”“托马斯,怎么搞的马桶坏了你也不去修。”

“难道自己是来公司修马桶的吗?不给他们点颜色看看就太欺负人了。”时间长了,小托马斯实在是忍受不了这份委屈,他一边将手中的笔狠狠地摔在桌子上,一边愤愤地向喊他的同事吼道:“我可不是马桶修理工,凭什么让我做这么低贱的活?以后不要把我当孙子使唤。”

小托马斯的反应让同事们很愕然,原本对小托马斯热心淳朴的印象瞬间荡然无存。其实,小托马斯修马桶,同事也没有看轻他的意思,只是习惯了而已,倒是小托马斯对这份委屈的发泄让同事们意外。

后来,小托马斯虽然觉得同事对他有了几分“敬畏”,但同时他也感到自己和同事有了距离感。

小托马斯遭到了同事的疏远,根本原因是脾气太坏。其实,在很多场合,我们应该学会控制自己,忍受委屈,这样,自己会得到他人的信赖和认可,就能获得积极的力量。

萝莉是公司总裁约翰新聘的秘书,脾气非常好,很快深受约翰的喜欢。

“您好,约翰先生,昨天我交给您的文件签了吗?”这天,在办公室萝莉问约翰。

“什么?我从未见过你的文件,你这个秘书是怎么当的?”约翰有点恼怒。

萝莉看到约翰怪自己,本想说:“我把文件交给您的时候,罗斯也在,我们看着您将文件摆在桌子上的!”但话到嘴边,性格憨厚的萝莉还是将话咽了回去,而是笑着说:“那好吧,我回去找找那份文件。”

于是,萝莉回到办公室,把电脑中的文件重新调出再次打印。当萝莉笑着再把文件放到约翰面前时，他连看都没看就签了字，因为他清楚文件原稿的去向。

后来，公司的人觉得萝莉很能干，因为萝莉是在约翰身边工作最久的一个秘书，以往的那些秘书常常都是因为顶撞约翰而被辞掉。看来，约翰对萝莉的表现非常满意。

一年后，萝莉成为了公司行政主管，薪水是做秘书的三倍。但很少有人知道，她是因为脾气好才赢得了约翰的赏识。

脾气好的萝莉能忍受他人忍受不了的冤枉，否则萝莉可能早就离开公司了。可以说，是迷人的个性让萝莉赢得了成功。

很多时候，你无法改变事实，但你可以修炼一副好脾气。当你的脾气变好了，你会发现爱人也变得体贴了，孩子变得乖巧了，朋友变得真诚了，同事变得和善了，上司更加赏识自己了，身体感觉舒畅了。

智者寄语

脾气好的人怒气少，脸上微笑就会多，待人会显得更加亲切。一个脾气好的人，不会轻易为一句话、一件小事动怒，所以这样的人会讨人喜欢。

情绪化会让你坏大事

安东尼·罗宾斯说过："成功的秘诀就在于懂得怎样控制痛苦与快乐这股力量，而不为这股力量所反制。如果你能做到这一点，就能掌握自己的人生，反之，你的人生就无法掌握。"

很多时候，坏事的不是你的能力或智慧，而是你没有控制住自己的情绪。因为，控制好了情绪，做事才能游刃有余，才能扫清通往成功之路上的障碍。

北京时间2006年7月10日凌晨，世界杯决赛在德国柏林奥林匹克球场进行，法国与意大利向冠军发起最后的冲击。比赛刚开始6分钟，马卢卡就为法国队创造了一个宝贵的点球，齐达内以一记巧妙的"勺子"命中点球，将比分改写为1:0，第18分钟意大利"罪人"马特拉齐头球扳平比分。

在加时赛下半场第3分钟时场上忽然出现混乱，齐达内失去冷静，突然一头顶在马特拉齐胸口上，后者顺势倒地，使比赛陷入中断。冲突前，不知马特拉齐对齐达内说了些什么，激怒了这位足球艺术大师。主裁判与助理裁判简单交流之后，出示红牌将齐达内罚出场外，就这样，这位享誉世界的足球艺术大师以这种令人遗憾的方式结束了他最后的演出。

在齐达内为球迷带来的精彩表演中，人们也能时不时地见到他脾气暴躁的一面。1998年世界杯小组赛上，齐达内就曾踩踏沙特球员，后又因为在欧洲冠军杯比赛中用头恶意顶撞对手被罚禁赛5场，而这些还仅仅是齐达内鲁莽行为中的两例而已。

足球场上言语的挑衅司空见惯，齐达内应该用头把球打进意大利的球门，而不是撞向对方的身体。他头脑发热做出的让人匪夷所思的举动，不仅使他以这种令人遗憾的方式告别最后的演出，也让本来占据优势的法国队陷入少一人的被动局面，最终痛失世界杯冠军。

由此可见，在成功的路上，最大的敌人其实并不是任何外部的条件或是没有机会，而是缺乏掌控自己情绪的能力。愤怒时，不能制怒，使身边的家人朋友望而却步，无法进一步与你沟通；消沉时，放纵自己，把许多稍纵即逝的机会白白浪费。

成就大业的人，都知道一个千古永恒的秘诀：弱者任思绪控制行为，强者让行为控制思绪。想要在生活中更幸福、在工作上更顺心、在事业上更如意，首先要做一个能够掌控自我情绪的人，从而在理性思维的指导下明是非、知进退，甚至把坏事变成好事。

1.要承认自己情绪上的弱点

生活中，每个人都有他的强项和弱点、长处和短处，但不一定都能很好地认识到自己的弱点或是短处。情绪世界中也是一样，为此我们一定要认识自己情绪世界中的弱点和短处，不要回避或视而不见。有的人容易暴躁，而且一旦爆发就控制不住自己。怎么办？就要承认自己有这个毛病，在此基础上再认真分析自己容易暴躁的原因是什么，在什么情况下容易激动，然后选择一些方法去克服它。这样做的好处是可以随时随地提醒自己去克服这个情绪上的弱点。

2.要放松自己的心情

当发觉自己的情绪激动起来时，为了避免立即爆发，可以有意识地转移话题或做点别的事情来分散自己的注意力，把注意力转移到其他活动上，使紧张的情绪松弛下来。这样不仅能放松情绪，还能让你做事更加理性，更容易使你获得成功。

3.要学会正确评价身边的人和事

有很多情绪化行为是因为不能正确认识、对待社会上存在的各种矛盾，不能处理人与人之间的矛盾。所以学会全面观察问题，从多个角度、多种观点进行多方面的观察，并能深入到现实中去就显得更加重要和有意义。这样能使我们发现原来发现不了的意义和价值，使自己乐观一点；还会增加我们克服困难的勇气，增加自己的希望、信心，即使遇到严重挫折也不会气馁，不会打退堂鼓。

凡事多一些理性思考，少一些任性臆测，你就能把不良情绪这个魔鬼关在牢笼里，战胜那些企图摧毁你的力量。总之，领悟了情绪变化的奥秘，对于自己千变万化的情绪，你就不会再听之任之。做人不情绪化，做事才能按部就班、圆圆满满，这样才能掌握自己的命运，成就辉煌的事业。

情绪是个顽皮的孩子，当你有办法控制它的时候，它就会为你的成功添砖加瓦；但是如果你放任它，它就会给你制造很多麻烦，甚至阻挡你前进的步伐。你要控制好自己的情绪，让你的行为控制你的情绪，而不是让情绪控制你的行为，做你自己情绪的主人。

智者寄语

很多时候，坏事的不是你的能力或智慧，而是你没有控制住自己的情绪。因为，控制好了情绪，做事才能游刃有余，才能扫清通往成功之路上的障碍。

控制情绪，激发潜能

在生活中，因为各种烦心的琐事，我们都会或多或少地产生不良情绪。如果能够控制这些不良的情绪，就能激发出你的潜能，成就一番功业。

其实，控制情绪是对情绪的一种选择，即抑制不良情绪，使自己转向正面、积极的情绪。如果选择正确，控制到位，就容易在复杂的局面中掌握主动权，变不利为有利，激发更多的潜能。

小丽是一个刚刚毕业的大学生，刚进公司的她什么都不会，对不懂的事情还不愿意向别人请教，结果到了公司很长一段时间还是只能做一些简单的事。

年底的时候，公司领导把员工派到各个地方去见客户，小丽和张姐分在了一组。

客户是一个美国人，小丽因为英语不太好就无所事事地坐在一边，而张姐用流利的英语和客户聊得很投缘，还顺利地和客户签了下一年的合作意向书。

回到公司以后，老板把小丽叫到办公室，说："你们去见的那个客户昨天下午打电话给我，说派去见他的两个人中一个连基本的对话都听不懂，希望我下次不要让这样不专业的人接触他公司的业务，所以我想……"

小丽没等他说完就冲出了办公室。回到家，她把自己关在房间里一直哭。她看着摆在角落里的英语书，心想：我不能再这样下去了，生气、愤怒并不能解决任何事情，我要好好学英语，以后谁都不能小瞧我！

从那天开始，小丽每天都很认真地学英语。后来她成功地得到了另外一家公司的面试机会，当面试官惊奇地问她为什么英语说得这么好的时候，她说："是愤怒和失败激发出我的潜能，指导我去学的。"

当然，最后小丽顺利地得到了那份工作，而且还越做越好，最后成了那家公司的骨干。

小丽的成功真的是因为愤怒的情绪吗？其实不然。小丽没有受到别人指责的时候是一个得过且过的人，当受到别人的批评以后，她开始愤怒。但是愤怒的结果有两种：一种是自暴自弃；另一种是积极向上。小丽最成功的不是把英语说得多么好，而是有效地调节了情绪。在愤怒过后，她告诉自己要积极向上，才不会被人看扁，于是她通过努力，获得了更好的前途。如果当时她自暴自弃，不难想象，最后她还将是老样子，甚至更糟糕。

因此，在潜能的激发面前，很多人会把功劳归在不良情绪上，其实真正的功臣是情绪的自我调节。如果你不会把糟糕的情绪转化为积极的情绪，那么成功也一样遥遥无期。

那么，怎样才能把坏情绪转化为成功的动力呢？

1. 正确评价自己，不要过高或过低地看待自己

对自己有清醒的认识，才能在绝望的时候不放弃自己，在失落的时候不小看自己，在顺利的时候不高估自己。对自己有正确的认识，做自己可以胜任的事情，对自己有一个合理的预期和评价，这样才能在不断的进步和成绩中一步一步走向成功。

2. 培养独立的人格，做自己的主人

确立自己的原则，知道什么是你该坚持的，什么是你不能容忍的。人云亦云并不能帮你找到解决问题的办法，反而会让你陷入迷雾之中，最后一点一点地迷失了自己。在你不知如何选择的时候，不妨告诉自己："我是在为自己生活，而不是为了别人。"

3. 多发现亲人朋友对自己的爱和帮助

无论是成熟的大人还是未成年的孩子，都需要他人的帮助，而家人是你最忠实的支持者，也只有家人的爱才是最无私、最温暖的，多发现他们的爱可以让你更有信心地面对生活中的困难和挫折。

4. 从多角度审视自己，发现自己的美

每个人都需要在多角度中审视自我、调整自我，不断发现身上的优点，以此鼓励自己，指引自己，并不断地朝理想和成功迈进。

很多时候，成功就在一念之间，而"一念"却来自于你长期的自我情绪调节。把情绪带到阳光下，你就能发挥无限的潜能，走上人生的康庄大道；相反，把情绪带到阴暗潮湿的环境中，你只会越来越消极。所以情绪的控制很重要，只有把情绪控制在一个好的范围内才能激发你无限的潜能，帮助你获得成功。

智者寄语

在生活中，因为各种烦心的琐事，我们都会或多或少地产生不良情绪。如果能够控制这些不良的情绪，就能激发出你的潜能，成就一番功业。

好情绪源于自我管理

一个懂得自我管理的人在受挫时不会垂头丧气，在成功时不会趾高气扬，在冲动时不会横冲直撞。为什么自我管理具有如此神奇的效果？因为良好的自我管理能培养出一个好的情绪，而好情绪又可以帮助自己管理好行为，由此形成了一个良性循环，不断地促进自身的进步和成长。

小王是一个工作能力很强的人，但是他从小就有一个坏毛病，就是遇到不顺心的事就喜欢摔东西。

一次，小王拿着自己辛辛苦苦弄好的策划书去给客户看，结果客户不但不满意，还挑了一大堆毛病。小王回来以后生气地把策划书往桌上一摔，然后又拿起别的东西重重地摔了几下，弄得整个办公室的人都看着他。

第二天，小王就收到了一封解雇信。小王生气地问老板怎么回事时，老板说："我不能让一个连自己情绪都管理不好的人来接触我的客户。"

大家都会遇到一些不顺心的事，但能不能合理地发泄、管理这些坏情绪就变得很重要，因为这直接反映出一个人的素质高低。小王面对坏情绪，选择了一种极不恰当的方式来发泄，这体现出他不善于情绪的自我管理，放任情绪肆意破坏事情的发展。

一个能管理好自己情绪的人当然就能获得更多成功的机会，得到更多人的青睐。

艾达是一个化妆品售货员，有一天她遇到一位女士，她非常挑剔，艾达已经为她推荐了好几款化妆品了，但是她不是嫌太贵，就是觉得不够好，最后她竟然开始骂艾达："小姐，作为一个售货员，你太不专业了，不能为顾客挑选到合适的东西，这是你严重的过失。"

大家心里都为艾达不平，以为艾达一定会狠狠地骂一顿这个不讲理的顾客。但是艾达居然还是微笑着对这位女士说："真的对不起，没有为您挑选到合适的产品，不如您再把要求详细说一说，我多为您推荐一些好吗？"

几天以后，艾达被升为这个化妆品公司的部门经理，原来那天那个难缠的女士就是这个化妆品品牌的总经理。当总经理问艾达为什么不生气时，艾达说："我当时真的很生气，但是争吵并不是发泄我坏情绪最好的办法，所以我要管好它，不让它跑出来影响我的工作。"

其实每个人都会有一些坏情绪，这是正常的。但是一个心理健康的人不会否定自己坏情绪的存在，而是选择合适的时间、地点来发泄自己的负面情绪，尽量把这个糟糕的情绪带来的坏影响降到最低，这就是情绪的自我管理。

我们要成为自己的主人，善用情绪的价值和功能，而不是让情绪左右我们的思想和行为，成为它的奴隶。那么，如何进行自我管理呢？

1. 我被什么情绪包围着？

自我管理的第一步就是要能清楚地认识我们的情绪，并且接纳我们的情绪。情绪是我们真实的感受，只有清楚认识了我们的感受，我们才有机会掌握它们。不同的情绪会有不同的表现，所以不同的情绪也需要不同的办法去管理，只有明确地知道它是什么，才能想出办法来应对，所谓知己知彼，才能百战百胜。

2. 我为什么会有这种情绪？

“我为什么生气，为什么难过，为什么失落？”太多的为什么会蒙蔽我们的眼睛，找出病因才能对症下药，从而彻底根治。

3. 面对这些坏情绪我该怎么办？

想想看，做什么事情的时候你会忘记你的坏心情？也许是运动、独处、听音乐、到郊外走走、大哭一场、倾诉……不论是什么方式，只要能改善你心情的办法都是好办法。

一个懂得自我管理的人，会消除不良情绪，延续积极情绪，从而使自己保持好心态。心态好，遇到任何事情都能乐观面对，自然天天都有一份好心情。有了这样的情绪状态，难事不难，往往一切都会尽在掌握。

智者寄语

一个能管理好自己情绪的人当然就能获得更多成功的机会，得到更多人的青睐。

做情绪的调节师

一位哲人曾经说过：“一个人的心态就是他真正的主人，要么是你驾驭生命，要么是生命驾驭你，而你的心态将决定谁是坐骑，谁是骑师。”既然你是自己的主人，那么你就要学会做情绪的调节师。

一个名叫维克多·弗兰克的德国精神病博士，曾经在纳粹集中营里被关押了很多日子，饱受了纳粹分子的凌辱和非人的虐待。

弗兰克曾经绝望过，因为这里没有人性，没有尊严，有的只是屠杀和血腥。那些持枪的人，都是野兽，可以不眨一眼就屠杀一位母亲、儿童或者老人。

他时刻生活在恐惧中，这种对死的恐惧让他感到一种巨大的精神压力。集中营里，每天都有因此而发疯的人。弗兰克知道，如果不控制好自己的情绪，自己也难以逃脱精神失常的厄运。

有一次，弗兰克随着长长的队伍到集中营的工地上去劳动。一路上，他产生了一种幻觉，晚上能不能活着回来？是否能吃上晚餐？他的鞋带断了，能不能找到一根新的？这些幻觉让他感到厌倦和不安。于是，他强迫自己不再想那些倒霉的事，而是刻意幻想自己正走在前去演讲的路上，来到一间宽敞明亮的教室中，精神饱满地在台上发表演讲。

他的脸上慢慢浮现出了笑容。

弗兰克发现，这是久违的笑容，多年来，它从来没有出现过。当知道自己也会笑的时候，弗兰克预感到，他不会死在集中营里，他会活着走出这个魔鬼般的地方。

多年后，当他从集中营里被释放出来时，弗兰克看上去精神很好。他的朋友不相信，一个人在魔窟里会依然保持年轻。

这就是心境的魔力。有时候，一个人的精神可以击败许多厄运。因为，对于人的生命而言，要存活，只要一箪食、一钵水足矣。但要活得精彩，就需要有宽广的心胸、百折不挠的意志和化解痛苦的智慧。

遇上不如意的事情，并不是老天对我们不公平，也不是造物主的失误，而完全在于我们如何想、如何看。尤其是现在，大家的能力不相上下，技能差别也不大，要获得成功和幸福就要以心态论英雄，以心态论成败。

不同的心态给我们带来不同的结果，好的心态能时刻为我们提供快乐，而消极的心态则时刻为我们设置障碍。这就需要我们做好自己情绪的调节师，以应对生活中出现的各种意外。

如何调节情绪是一门艺术，不仅考验我们的修养，还挑战我们的智慧。找到好的调节办法，就能战胜情绪、驾驭情绪。

1. 转移情绪

人生的道路崎岖不平，坎坎坷坷，难免会遇到挫折和失误，也少不了烦恼和苦闷。当你烦恼或悲伤时，可以把注意力转移到别的方面去。比如碰到不顺心的事情或与他人发生争吵时，不妨暂时离开一下，换个环境也为自己换一种心情。这样很快就会把原来的不良情绪冲淡甚至赶走，从而重新恢复心情的平静和稳定。

2. 憧憬未来

未来总是会带给人很多美好的遐想和憧憬，它是我们生存与进步的动力。只有经常憧憬美好的未来，才能始终保持奋发进取的精神状态。不管命运把自己抛向何方，都应该泰然处之，相信未来会更加美好。

3. 发掘兴趣

兴趣是保持良好心理状态的重要条件。人的兴趣越广泛，适应能力就越强，心理压力就越小。比如，同样是退休的人，有的觉得整天无所事事，而有的人则觉得轻松愉快，因为他可以充分利用这些时间做一些自己年轻的时候喜欢做却没时间做的事。总之，兴趣越广泛，生活就越丰富、越充实、越有活力。

4. 倾诉苦闷

心情不快却闷着不说会憋出病来，有了苦闷应学会向人倾诉。把心中的苦处和盘倒给知心人，从而得到安慰甚至帮助，心情自然会像打开了一扇门一样明朗。

5. “小看”名利

现实生活中有的人把名利看得很重，得陇望蜀，欲壑难填。有的人为了名利不择手段，一旦个人目的没达到，便耿耿于怀，整天心事重重，甚至从此一蹶不振。不要那么斤斤计较，也别把名利看得那么重，只有这样才能维持心理平衡。

6. 学做“失忆人”

在人生的旅途中，有时荆棘丛生，有时铺满鲜花。我们应进行精心的筛选，不能让那些悲哀、凄凉、恐惧、忧虑、彷徨的心境困扰我们。对那些幸福、美好、快乐的往事要常常回忆，以便在心中泛起层层涟漪，激励我们去开拓未来；而对那些不愉快的事和诸多的烦恼则要尽量从头脑中抹掉，切不可让阴影笼罩心头，失去前进的动力。

调节情绪是一种控制情绪的技术，每个人都是一个情绪的调节师，只不过有的人能成功地控制、调节情绪，而有的人则不能。学会调节情绪是控制情绪的基础，也是跨向成功的一个台阶，走上去你就是成功者，原地不动你就变成了失败者。

智者寄语

不同的心态给我们带来不同的结果，好的心态能时刻为我们提供快乐，而消极的心态则时刻为我们设置障碍。这就需要我们做好自己情绪的调节师，以应对生活中出现的各种意外。

通过转移注意力调节情绪

专注地想那些糟糕的事，会使人陷入思维沉迷与情绪紊乱状态，如果你将注意力转移，对原来痛苦的体验便会被阻隔。情绪的帆船需要你来为它掌舵，在遇到坏情绪的时候，转向另一个方面可以避免情绪触礁，从而保持好的心情状态。

一天，米尔顿的小儿子罗伯特生气地回到家，他重重地把门摔上，对爸爸抱怨道："杰克真是太讨厌了，总是和我唱反调！"米尔顿看着儿子说："哦，唱反调！听说了吗？最近流行唱反调，我想这种唱法不会流行太长时间。"

儿子奇怪地看着爸爸问："爸爸，你居然还关心乐坛，我就很喜欢听摇滚，不过杰克喜欢布兰妮，他总说我听的摇滚太吵了！"

米尔顿听儿子这么一说，就马上转身看着儿子说："亲爱的，你晚上会不会被吵醒？我这几天一直在看午夜的电视节目，希望不要打扰到你休息才好。"

罗伯特认真地想了想说："我确定没有，因为我都不知道你看的是什么节目。我睡得很好，放心吧！对了，你都看什么呢？"这个时候罗伯特的注意力完全被爸爸看的节目吸引过去了，完全把和杰克吵架的事情忘记了，于是他们开始讨论什么节目有意思。

吃晚饭的时候，罗伯特假装生气地对爸爸说："你一直都在和我说别的事，我都忘了生杰克的气了。"

这个时候米尔顿笑着说："亲爱的，这不是很好吗？我们可以随时把坏情绪赶跑，不要让坏心情一直困扰着我们。"

这个聪明的爸爸很轻易地就帮助儿子把坏心情给转移走了。其实坏情绪只是很短暂的一个过程，但是如果我们总是把注意力放在它身上，那它会一直盘踞在我们心头，好心情自然不会出现了。用成本理论来计算的话，坏心情的盘踞已经让我们很不舒服了，好心情又不能来到，那不是损失更多吗？

当我们长时间把思维与注意力集中在给自己带来不良情绪的事情上时，消极因素就会不断累积，从而使我们钻入思维与情绪的牛角尖。如果此时能够想办法从不良情绪转移到其他事物、其他活动中去，让新的思维占据大脑，这种不良情绪就会减弱甚至消失。

转移注意力是一种非常有效的自我控制法，但是很多人并不知道如何才能转移注意力。其实转移注意力可以通过以下几个途径：

第一，当出现坏情绪的时候，把注意力转移到使自己感兴趣的事情上去。

例如，散步、看电影、看电视、读书、打球、聊天，这些让人觉得轻松的事情可以在很大程度上转移你的注意力。它们不仅有效中止了不良刺激的作用，防止不良情绪蔓延，还能够通过参与新的特别是自己感兴趣的活动而达到增强积极情绪的效果。

第二,把注意力转移到这件事的另一个方面去,即换一个角度看同一件事。

同样的一句话,在寻找讨厌的理由时,这句话就是坏话,没安好心;在寻找喜欢的理由时,这句话就是好话,肺腑之言。产生如此大差别的根源就在一个点上,那就是你看事情的角度。所以,改变情绪最有效且最简单的一种方法就是改变我们看待这件事的角度。

第三,数颜色也是一个不错的转移注意力的办法。

当你感到怒不可遏的时候,尽快停下手中的事情,独自找一个没有人的地方。首先,环顾四周的景物,然后在心里自言自语:那是一面白色的墙壁,那是一张浅黄色的桌子,那是一把深色的椅子,那是一个绿色的文件柜……一直数到第12种颜色,大约30秒左右,就可以把你的注意力从坏情绪中解脱出来,自己不妨试一试吧!

不要为拥挤的交通而焦躁,尝试看看路边的大树、小草、行人,也许你会发现更多有趣的事情。沉浸在坏情绪中并不能让你更好地解决问题,而转移了注意力也许会给你更多的启发以及更开阔的视角去看待这个世界。

智者寄语

情绪的帆船需要你来为它掌舵,在遇到坏情绪的时候,转向另一个方面可以避免情绪触礁,从而保持好的心情状态。

不要轻易被情绪传染

情绪一直潜伏在空气之中,在你一不留神的时候就会偷偷溜进你的大脑。要学会对自己的情绪负责,对自己的生活负责,对自己的笑容负责。心灵的天空如果被病毒入侵了,就不再是健康快乐的了,所以千万不要轻易被坏情绪传染了。

有这样一个故事:

某天傍晚,妻子下班路过菜市场,心情不错,就顺便买了一条鱼回去做晚餐。不一会儿,她就把自己的拿手菜"糖醋鱼"做好了,等丈夫和女儿回来吃饭。她想,丈夫最爱吃自己做的鱼了,一定会很开心。

这时,门响了,丈夫回来了,她赶忙迎上去,谁知丈夫却阴沉着一张脸,一声不吭。她问道:"你怎么啦?"丈夫把皮包往沙发上一扔,就走进房间去了。妻子心里顿时非常不快,往沙发上一坐,又气愤又后悔。她想:"我真是自作多情,还做什么鱼给他吃,瞧这态度,像什么话!"

正生着气,女儿回来了,一进门就兴高采烈地喊:"我考上了,我考上了。"原来重点高中录取名单公布了,女儿考上了,这可是近几年来一家人最大的愿望啊!一股喜悦从心底油然升起,妻子刚才的郁闷一扫而光。丈夫也在房间里听到了,立刻奔了出来,满面笑容,一家人沉浸在欢乐之中。

这只是生活中很普通的一个场景,前后不过几分钟,妻子和丈夫便历经了情绪的起伏变化。妻子原本愉快的心情被丈夫不好的情绪所传染,丈夫可能是在工作上或下班的途中遇到什么不顺心的事,就把负面情绪带到家里来了。当女儿传来喜讯,夫妇二人立刻把刚才的不良情绪抛到九霄云外,被女儿的喜悦心情所感染。

情绪是会传染的，在人与人交往之中尤其显著，学会保持良好而稳定的情绪才能有益于身心健康。我们切莫使自己的心被外界的不良情绪困扰，否则就会产生许多无谓的烦恼。

如果不善于控制好自己的情绪，任由不良情绪影响自己的行为，我们拥有幸福的权力就会被剥夺。

当我们遇到别人生气时，需要做的是用健康的情绪去感染他，转移他的注意力，引导他产生愉快的心情。实验表明，人们在相互交流接触时，情绪会通过手势、语言、眼神等方式传递给他人。如果能安抚别人的情绪，将自己的快乐传播给他人，将是一件很有意义的事情。同时，我们也要防止自己被别人的坏情绪传染，做好自己情绪的预防保健，才能让心灵如同阳光一样明媚。

坏情绪就像是病毒，一不小心就会被传染，要保证自己情绪的健康，就要学会不断地增强情绪的免疫力。那么，要怎么做才能让情绪百毒不侵呢？

1. 学会发泄

当人积累的不满、愤怒等情绪达到峰值而无处发泄时就很容易被传染，就像一个身体不好的人很容易被传染疾病一样。因此，遇事要避免压抑，及时与人沟通并表达自身的感受，同时努力寻找到适合自己的情绪发泄方式，运动、旅游都是不错的选择。

2. 学会拒绝

一个人持续接受自身排斥的事物时，很容易对环境产生逆反心理，从而将别人的病症归因于此并迅速接受"传染"。因此，不要一味被动接受要求或指令，要在适当时候根据自身情绪状态拒绝别人不合理的安排。

3. 学会隔离

如果你是遇事敏感、容易引发情绪焦虑的人，那么当你感到自己快要爆发的时候，就把自己隔离起来，给自己一个空间，让自己可以在这个空间里面得到冷静。还应该尽量与团队中"免疫力"相对较高的乐观人士增加接触机会，这样可以让你时刻接受快乐情绪的"传染"。

任何时候都不要小看情绪的传染力，我们能做的一方面是避免别人把坏情绪传染给自己，另一方面是积极地靠近那些乐观、快乐的人。所谓近朱者赤，近墨者黑，让自己多接触一些幸福的人，你自然也会感受到幸福。

智者寄语

情绪是会传染的，在人与人交往之中尤其显著，学会保持良好而稳定的情绪才能有益于身心健康。我们切莫使自己的心被外界的不良情绪困扰，否则就会产生许多无谓的烦恼。

"吃"掉你的负面情绪

负面情绪就像是无处不在的细菌，只要你的抵抗力有一点点下降，它就会乘虚而入，进一步损害你原本就不太健康的情绪。时刻警惕你的负面情绪是为你的情绪做预防。只有阻断了负面情绪的入侵，你才能时刻保持一份好心情、一个好状态。

王聪是一个容易生气的人。这天，他和妻子在家因为一件小事吵了几句，最后两个人都带着怒气出门上班了。

他到公司后越想越生气，心想这明明就是她的错，还有理跟我吵？回去非要好好骂她一顿！他正在生气时，经理让他去和一个客户签一份重要合同。

他带着合同就往客户的公司赶，到了客户的公司，他们就合同中的一些细节再次商讨。可是在一个细节上，他修改很多次还不能达到客户的要求。王聪越谈越生气，他想：今天怎么净遇到一些麻烦的人。最后他终于忍耐不住了，朝着客户就吼道："之前不是都谈好了吗？怎么变来变去的！"客户看他这样，什么都没说就走了。

王聪这才意识到自己闯了大祸，因为公司非常重视这个生意，现在却被他搞砸了。回到公司以后，经理把他叫到办公室，给了他一封解雇信。就这样，他失去了工作。

坏情绪会一直潜伏在你的左右，随时随地跳出来破坏你的正常生活，这时就要学会警惕它。就像王聪，他一直放任自己的坏情绪，最后还为此而丢了工作。如果能适当地克制一下自己的愤怒，就不会造成这么严重的后果了。

人的思想情绪时不时起波动，或者突然间感到情绪很坏、提不起精神，这是很正常的事情。人是食人间烟火的动物，生活中遭受各种打击和挫折，再平常不过。只是怎样应对各种坏情绪的突然袭击，为自己的心灵铸造一堵防火墙，这才是最考验人心智的。

为排解心头烦恼，很多人会想大吃一顿。有的人可以越吃越开心，但是有的人却越吃越愤怒，最后变成暴饮暴食。其实，食物和情绪密切相关，只要吃得对、吃得好，远离坏情绪就在不经意间。

1. 低落

对策：低脂肪、低蛋白、高碳水化合物。

一块松饼、一片涂有蜂蜜的面包、一小碗爆米花，它们所含有的色氨酸可以进入大脑，产生冲击作用，并转化成血清素，从而稳定情绪，并且可以在半小时之内发挥作用，神奇地让你走出情绪死角。

2. 易怒

对策：碳水化合物。

碳水化合物能够刺激复合胺的分泌，令人安静，甚至产生睡意。这样的碳水化合物食物包括糙米、荞麦、全麦黑面包、甘薯、年糕、大米和意大利面等。

3. 多疑

对策：不要吃得太少，不要长期吃素。

许多人想用节食来达到减肥的目的，殊不知，能量和蛋白质摄取量过低会导致贫血、体力不足，长年吃素则会影响细胞对能量的利用，进一步影响组织神经递质的合成和释放。这些因素都会让你变得疑虑和忧思。

4. 感伤

对策：多补充富含色氨酸和镁的食物。

色氨酸能促进睡眠，减少对疼痛的敏感度，缓解偏头痛，缓和焦躁及紧张情绪。糙米、鱼类、肉类、牛奶、香蕉、花生、黑豆、南瓜子仁等都含有丰富的色氨酸。

镁元素有稳定情绪的作用，多吃含镁的水果，如香蕉、葡萄、苹果、橙子，都可以让你远离抑郁。

5. 慵懒

对策：血豆腐加青椒。

血豆腐含有人体最易吸收的血红素及铁，再加上青椒富含维生素 C 帮助铁的吸收，两者的配合对于赶走慵懒情绪绝对是事半功倍。

当然，警惕负面情绪最重要的就是要懂得自我调节，懂得放下。只有真的控制好了负面情绪，才能更好地为情绪塑造一个健康的环境。

人生是一条奔腾向前的河流，河中有险滩有暗礁，触礁之时需冷静对待。遇横逆之来而不慌，遭变故之时而不馁。如何让心情的小船避过这些暗礁，为人生带来无限的快乐和幸福，这就要我们时刻警惕坏情绪！

智者寄语

为排解心头烦恼，很多人会想大吃一顿。有的人可以越吃越开心，但是有的人却越吃越愤怒，最后变成暴饮暴食。其实，食物和情绪密切相关，只要吃得对、吃得好，远离坏情绪就在不经意间。

学会及时清除情绪垃圾

压制情感会产生大量的情感垃圾，这些垃圾如果不断滋生，最后可能就会使你不胜负荷而倒下，甚至崩溃。为了避免这种情况的发生，我们应当适当地丢掉一些感情的垃圾，这样才能让自己的身心轻装上阵。

一对夫妇结婚没多久，丈夫就有了外遇，妻子痛不欲生，但因为还深爱着丈夫，于是原谅了丈夫，而且丈夫也表示要痛改前非。

夫妻俩平平安安地过了一年，妻子怀孕了，生了一个可爱的小宝宝。这个时候她却发现丈夫每次接电话都神神秘秘地跑到一边去说话，这让妻子想到了一年前丈夫的外遇，她觉得一定是丈夫有问题了，不然为什么每次都神神秘秘的。

于是她趁丈夫洗澡的时候偷偷地翻丈夫的短信和电话，除了几个没有名字的电话号码以外也没什么特别的，但她就是不放心。最后她忍不住和丈夫大吵大闹，她质问丈夫为什么要偷偷地接电话，是不是哪个女人打来的？

丈夫这才恍然大悟，说："每次我出去接电话的时候你注意到了吗？都是我们宝宝睡得很香的时候，我怕说话太大声会把他吵醒，再加上你身体不好，所以我希望你多休息，不要被我吵到。"妻子听了，泪流满面。丈夫抱着一直哭泣的妻子说："我知道以前是我不好，但是我希望你可以忘记那些事，把我们之间的那些感情垃圾都清除了，相信我，我不会再那样了。"妻子点点头，这次她真的可以把心里的那些垃圾清除了。

其实，像上面故事中的妻子一样，一个人想拥有快乐的心境，想要获得成就，就要学会清除情绪垃圾，下意识地为心灵松绑，给心情做一个深呼吸。把心里的垃圾情绪赶走，你才能专心去做事。否则，别人根本就没有办法来帮助你，而你成功的梦想也只能是"镜花水月"。

若心里负担的情绪太多，就会积重难返。当你的心里积攒了太多的感情垃圾以后，你的心灵就会变得杂乱、沉重，不利于你的成功与成长。在这种时候就要学着把自己的心打扫一下，扔掉那些已经成为垃圾的感情，为心灵创造一个舒适的环境。

那么，心灵的大扫除要怎样来进行呢？

1. 真正地解决问题

很多负面的情绪都是来自生活中的一些问题，比如工作不顺利、别人的欺骗、朋友的背叛等。这些负面情绪长久堆积，或是处理得不够好，就会形成感情垃圾，等下次再遇到的时候就会更加难过。所以只有把问题彻底解决了，以后再次提及这件事的时候，你才能够从容面对。

2. 定期检查自己的情感

身体需要做定期检查，情绪也需要。只有检查的时候才能发现垃圾，也才能清除垃圾。检查的时候要注意那些消极的、绝望的、愤怒的情绪在什么情况下出现，如果是因为以前的问题而一再难过，那就快点把它清除吧！

3. 主动示好

过去的事情无论是谁对谁错，都不是最重要的，只要你能够主动示好，让自己大度宽容一些，主动和别人示好，相信那些垃圾一定能够被永久清除。

有些人喜欢把坏心情收藏在心底，久而久之这些坏情绪就变成了感情垃圾，这些情感垃圾既侵占感情空间，又污染感情环境，还影响自身成长，严重的还会引发心理疾病。何不定时为自己的心灵大扫除，时刻保持心灵的干净整洁呢？

智者寄语

一个人想拥有快乐的心境，想要获得成就，就要学会清除情绪垃圾，下意识地为心灵松绑，给心情做一个深呼吸。把心里的垃圾情绪赶走，你才能专心去做事。否则，别人根本就没有办法来帮助你，而你成功的梦想也只能是“镜花水月”。

冲动的时候要踩急刹车

就像是有酒瘾的人喝酒一样，一旦喝了第一杯，就会一杯接着一杯地喝下去，越喝越多，甚至喝醉。愤怒也是如此，易怒的人一旦控制不住，就容易陷入愤怒的情绪里而无法自拔。

2006年11月11日晚上，某地发生一起持刀杀人案。村民王金全被人砍死在家中，他的妻子和儿媳也被砍伤。死者身中七刀，而且刀刀致命，作案手段极其残忍。

接警后，民警在第一时间赶到了现场。此时，凶手已经畏罪潜逃，留下了作案用的砍刀和摩托车。在受害者指认下，民警经过周密布控，犯罪嫌疑人林某被抓捕归案。

犯罪嫌疑人林某供认：“我也是一时冲动，为了一口气。”原来，林某曾与被害人王某的女儿谈恋爱，因年龄差距大而遭到女方父母的反对。

而更让林某怀恨在心的是2005年底发生的一件事。对此，犯罪嫌疑人林某是这样说的：“我去他家就坐在那里泡茶，我只顾自己泡茶，王金全没理我就出去了，过了四五分钟就有十多个人拿着木棒子过来打我。”林某说，这事发生之后，他就寻思一定要把这个面子给挽回来。

从那时起，林某就想报仇，“修理”对方。于是，就出现了开头这一幕。一时冲动，一条人命，破坏了两个原本美好幸福的家庭。

都说“冲动是魔鬼”，既是魔鬼，为何还有那么多人铤而走险，做些让人不解的事？如果不是因为冲动，血气方刚的他们亦不会伸出罪恶之手，酿成无法挽回的血案。世界上没有后悔药，事后即便用一生的时间捶胸顿足地懊悔，也都难以抚平给他人和自己带来的伤害。

其实，冲动是一种最无价值也最具破坏性的情绪，它给人带来的负面影响可能远远大于我们的想象。

使自己生气的事，一般都是触动了自己的尊严或切身利益，很难一下子冷静下来，所以当你察觉到自己的情绪非常激动，眼看控制不住时，可以用及时转移注意力等方法自我放松，帮助自己克制冲动的情绪。

那么，怎样才能使你的火气平息呢？

1.“重新判断”帮助放宽心境

有一种理论认为，把火气发泄一通，将会使你的感觉好受一些。但是，心理学家认为，这是一种最糟糕的做法，而且根本就行不通。他们为此向人们提出了一种名为“重新判断”的方法，即自觉地从一种比较积极的角度去看待他人对你的“冒犯”。当你遇到有人超车时，如果你能对自己说“这个人大概有什么急事吧”，或者说“也许我的车开得的确太慢了”，那么你就不至于会发火了。心理学家在经过调查后发现，“重新判断”的确是一种极为有效的控制不良情绪的方法。

2.空间距离的调整也不失为一个好方法

当我们对一件事或一个人忽然感到气愤并可能失去控制时，应该马上离去，“眼不见心不烦”。比如，你到商店去买东西，遇到售货小姐爱答不理的态度，会渐渐愤怒起来。这时，你就马上离开，再选一家商店。英国心理学家布洛认为，美感取决于人与审美对象之间距离的远近。其实，恶感也是如此。

3.息怒还有一个良方是“坐下来”

实验表明，一个人在情绪激动时，血液中去甲肾上腺素的含量明显增高，这种血液成分会大大加快血液循环，使人活力倍增，于是，他就不甘于座位空间的限制。而当一个人全方位地舒展他的躯体和四肢以后，随着活动空间的大幅度扩展，他的血液循环又进一步得到加速刺激，从而使争吵时所需要的生理能量获得阶段性的供应。发脾气是一种情绪发泄，在生理上依赖于一定的能量供应。如果我们能抑制自己的生理能量供应，怒火的程度与幅度也会随之下降。坐下来之所以能成为息怒良方，原因也就在此。

想象自己的嘴上贴了一个“密封胶带”，反复告诉自己发怒的时候，千万别立刻发泄，否则就会“伤”了自己。愤怒是人的弱点，而不是很多人认为的是一种勇气。大胆和勇敢，不是动辄发怒，而是强壮和保持沉默。心灵的真正强大就是能够保持沉默，而非暴躁和敏感。

智者寄语

使自己生气的事，一般都是触动了自己的尊严或切身利益，很难一下子冷静下来，所以当你察觉到自己的情绪非常激动，眼看控制不住时，可以用及时转移注意力等方法自我放松，帮助自己克制冲动的情绪。

与其愤怒，不如自嘲

美国著名演说家罗伯特，头秃得很厉害，在他头顶上很难找到几根头发。在他过60岁生日那天，有许多朋友来给他庆贺生日，妻子悄悄劝他戴顶帽子。罗伯特却大声说：“我的夫人劝我今天戴顶帽子，可是你们不知道光头有多好，我是第一个知道下雨的人！”这句嘲笑自己的话，一下子使聚会的气氛变得轻松起来。

对于每个人而言，生命中总会有不尽如人意的时候，问题在于怎样面对。人力不能改变时，要接受现实，与其怨天尤人、发怒，不如调整心态，面对现实，在既有的条件中去发掘机会。而自嘲作为一种生活艺术，具有干预生活和调整自己的功能，它不但能给人增添快乐，减少烦恼，还能帮助人更清楚地认识自己，接受自己，以宽容平和的心态应对周围众说纷纭和评头论足带来的压力，摆脱心中种种失落和不平衡，获得精神上的满足和成功。

20世纪50年代，有一次，美国总统杜鲁门会见麦克阿瑟，后者是一位十分傲慢的将军。会见中，麦克阿瑟拿出他的烟斗，装上烟丝，把烟斗叼在嘴里，取出火柴。当他准备划燃火柴时，才停下来，转过头看看杜鲁门总统，问道："我抽烟，你不会介意吧？"显然，这不是真心征求意见。在他已经做好抽烟准备的情况下，如果对方说他介意，那就会显得粗鲁和霸道。这种缺乏礼貌的傲慢言行使杜鲁门有些难堪。然而，他只是狠狠地盯了麦克阿瑟一眼，自嘲道："抽吧，将军，别人喷到我脸上的烟雾，要比喷在任何一个美国人脸上的烟雾都多。"

由此，我们看到，当令人难堪的事实已经发生，运用自嘲，能使你的自尊心通过自我排解的方式受到保护，不至于失去平衡，并且，还能体现出自己的大度胸怀，有助于在交际中加分。而如果选择愤怒，只会导致局面更僵持，给自己和他人都造成极大的困扰。

"自嘲"在交际中具有特殊的表达功能和使用价值。概括起来，主要有以下四个方面：

1. 倾吐郁闷

在生活、工作中，遇到不公正的待遇，或受到不合理的评价时，自己气不过，但又不便直接说出时，就可运用自嘲，以委婉暗示的方式，把内心的郁闷、不满吐露出来，以正视听。

2. 摆脱窘境

在交际中，当对方有意无意地触犯了你，把你置于尴尬的境地时，借助自嘲摆脱窘迫，是一种恰当的选择。

3. 打破僵局

在与人交涉事务时，运用自嘲，有时能收到以退为进的效果。也就是说，通过自嘲，你可以破解眼前的僵局，掌握主动权。

4. 增加幽默感

大凡具有幽默感的自嘲，往往是对自己缺陷的夸张和形象化，很能表现自己的坦诚品格，易于得到对方的信赖和好感。

要注意，自嘲虽具有一定的调节功能，但也有明显的局限性，充其量它不过是一种辅助性的表达手段，不宜到处滥用。比如，对话答辩、座谈讨论、调查访问等，就不宜使用自嘲，而应直抒胸臆、坦率诚实地吐露思想观点、介绍情况、回答问题。如果不看场合时机，随意使用自嘲，就会弄巧成拙。

智者寄语

对于每个人而言，生命中总会有不尽如人意的时候，问题在于怎样面对。人力不能改变时，要接受现实，与其怨天尤人、发怒，不如调整心态，面对现实，在既有的条件中去发掘机会。

压力需要说出来

并非所有的压力都对人们的生活、学习、事业有益。凡事不可过度，过度的压力不仅影响人们的身心健康,还会对人们的生活、事业、学习产生极坏的影响。因此,我们要学会控制自己的情绪,避免因过度的压力而影响自己的生活。

很多人都有这样的体会,在有烦恼、不高兴的时候,找朋友或者亲人述说一番之后,心情就会好起来。这里面的道理有很多。首先,说话的过程就是宣泄的过程,自己有了想法,没有输出的渠道,憋着就很难受。其次,说出来也是在讨论问题,也许在听别人的意见时会获得解决问题的方案,哪怕得到一点启发也是好的。所以,有压力需要说出来,不要憋在心里。

张小姐从事财务工作,工作比较枯燥机械。因为从小就性格内向,所以不太合群,朋友极少,到现在也没有男朋友。毕业后三年来一直在不停地找工作、换工作,每次换工作都是因为人际关系问题,因为她的不合群,一般老板都认为她缺乏团队合作精神,所以试用期一结束就把她炒掉了。

这三年的经历造成张小姐严重缺乏自信,因为同事跟她在一起觉得很压抑、很沉闷,所以也不爱跟她说话。此外,除了电脑以外她对什么都没兴趣,以致情绪低落,忧心忡忡,饭也吃不下,门也不愿出,生存的压力逼得她喘不过气来。

看着张小姐的苦闷,她的父母也忧在心头。后来抱着试试看的态度,给她介绍了一个男朋友,没想到两人在见过几次以后还真成了恋人。后来她男友经常带着她参加社会活动,她的心情也开朗了很多。最后在男友的开导下,张小姐主动将心里的烦恼说了出来,男友仔细听完之后,非常诚恳地告诉她:“你其实没有任何问题,你的人品和技能都很优秀,就是不爱和别人交流,找不到工作也没有关系,我养你,一切都会好起来的。”

随着男友刻意的一些安排,张小姐逐步尝试和人主动打招呼。过了快一年之后,张小姐情绪已经彻底好转,白天有精神了,脸上也有了幸福的笑容,愿意出门了,并且在一家不错的公司获得了一份工作。

有了烦心事,或者因为一些奇怪的想法而心事重重时,如果不说出来解决掉,只会加重心理负担。因此,再难以解决的问题,都及时说出来,听听别人的意见,就能放松自己,减轻压力,也就不会有焦虑情绪了。在上面的故事中,张小姐在男友的引导下说出了心里的烦恼,最终摆脱了忧虑的情绪。中国有些地方民间有一种说法,一个人晚上做了不好的梦,早上对人说出来,梦所预示的灾难就会化解掉。这虽然看似有些迷信,但如果以上述心理学原理来分析,其中也不乏科学道理。因为把不好的梦对人说出来,其实就是把心里的压力释放出来,它会让你以更好的心态去处理所面临的问题。

把内心的压力说出来,就是“清理”。心理学家建议,你可以自言自语,也可以对着镜子里的自己说。“自我对话”的目的,是帮助自己对不合逻辑、不合理的思想保持警觉。

譬如,把一件小事情看成了天大的事情时,你就对自己说:“这件事情并不重要,也不复杂,不用老惦记着。”对某个人或某件事有情绪化、夸大其词的念头时,你就对自己说:“注意,我有过处理这个问题的教训。”对某些事物充满疑虑或者不满意时,你就对自己说:“情况还没有搞清楚呢,有时间再问问,现在着哪门子急呀!”

千万不要小看这些对自己的念头做清点时的“言语结论”,这些话说出来后,就会使人截断负面思想和情绪的自我渲染扩大,增加自信,避免在情绪上陷入过度的敏感、自我责备、紧张、自怜甚至于绝望之中。

研究表明,这一类“用有声言语下的结论”,对身体、心理有很大的引导、定型、安抚作用,如同脸上常挂笑容,心情就会好起来。从这个意义上讲,说出压力是个好习惯,应该受到赞同和鼓励。

感觉千头万绪、不知所措时,找一位知心好友,或专业辅导员,或有经验的长辈,说出内心的恐惧和问题。有时候,我们面临的问题并不严重,只是在心慌意乱时无法冷静思考,如果能够通过倾吐、发泄,或听听别人的意见,看清问题的症结所在,就可以找出解决方法,进而可豁然开朗。

智者寄语

很多人都有这样的体会,在有烦恼、不高兴的时候,找朋友或者亲人述说一番之后,心情就会好起来。

忘记苦难和不快,才能收获幸福

记得一位哲人说过:“只有学会忘记苦难和不愉快,才能成为最幸福的人。”这句话太有道理了!为了使自己的感觉不被担忧、恐惧、忧郁等消极情绪所左右,我们应该学会不让生活中一些不愉快的事情改变你现有的美好心情,而且还要学会忘记它们。

有个美国人叫鲍勃·彼得雷拉,是洛杉矶的一名电视制作人,60多岁,有着超常的记忆力,能够记住5岁以来几乎每个生日的细节、过去40年来度过的每个新年前夜、1971年以来历届奥斯卡奖主要得主,甚至是某天某场橄榄球比赛的得分等。

这样超常的记忆力是每个人所羡慕的,但是,任何事情都是一柄双刃剑,有其积极的一面,也有其负面的一面。彼得雷拉的超常记忆给他带来了不少烦恼,因为他在记住过去美好瞬间的同时,难以忘记那些令他痛苦和难过的伤心事。

从这个角度来看,彼得雷拉的生活又充满了哀愁,甚至是莫名的悲哀。因为,他的记忆中存满了那些令人怏怏不乐的碎片,给他带来了无尽的苦恼。

澳大利亚人朗达·拜恩写的《秘密》中提到过一个很重要的人生哲理,那就是“吸引力法则”。按照拜恩的观点,思想是有磁性的,有着某种频率。如果你想的是一件愉快的事情,在你生活中的那些愉快的经历就会翩翩起舞地向你飞来。

然而,当你在与一件不愉快的经历纠缠不休的时候,你生活中那些曾经发生过的不愉快经历和感受就会蜂拥而至,像潮水一样向你扑来,你的记忆仿佛变成了一个吸铁石,所有消极的感觉就会被吸引过来。

生活中,如果你为一件事情感到高兴,吸引力法则就会将所有让你感到高兴的事吸引过来,使你感到心情无比轻松;反过来,如果你不断抱怨,吸引力法则就会带来所有让你抱怨的状况,让你在相当长的一段时间内情绪低落。

拜恩的《秘密》还告诉我们,当你感觉到不愉快时,你是在长时间地思考那些不愉快的事。从这个意义上来说,我们的任务就是不能让那些不愉快的感受长期占据着我们的思想,也不能让生活中的一点点挫折就抹杀掉我们愉快的心情。

“超理性财富课程”创办人鲍勃·道尔说:“如果你从拥有美好的一天开始,并且沉浸在那种快乐的感觉中,只要不让某些事转变你的心情,依据吸引力法则,你就会吸引更多类似的人和情境,来延续那种幸福快乐的感觉。”

已经发生的,就让它过去吧,别再为那些伤心事烦恼、哀怨,这样你才能打起精神,继续下一步的行动,让生命里多一些阳光。

我们可以用许多积极的办法去改变消极的情绪,比如,当我们感到沮丧的时候,可以唱唱歌,欣赏美妙的音乐,进行体育锻炼,与朋友聊天,与心爱的人在一起,或是憧憬未来,回忆美丽的往事……总之,要用自己所拥有的更多爱好和更多朋友来转移注意力,把不愉快的思想和情绪统统赶走,只保留那些美好的感觉。

智者寄语

为了使自己的感觉不被担忧、恐惧、忧郁等消极情绪所左右,我们应该学会不让生活中一些不愉快的事情改变你现有的美好心情,而且还要学会忘记它们。

通过哭泣缓解悲伤

很多人觉得哭是不坚强的表现,正所谓"男儿有泪不轻弹",男性遇到多么大的压力都很少哭泣,哭哭啼啼的女孩子也总是被父母和朋友训斥。传统观念给"哭"以太多的道德压力和束缚。在人们的头脑里,"哭"代表着软弱,意味着没有出息。但"哭"是对人有益的,因为它可以让人宣泄悲伤的情绪。要知道,从心理健康的角度讲,"坚强"并不永远是个褒义词。

一位中国女士到美国看心理医生。刚到心理诊所,就看见一个大老爷们儿声泪俱下地哭着出门,而且哭得连背都在颤抖。

看到这里,中国女士自然是持嘲笑的态度。但当她与心理医生开始交谈时,她逐渐被医生引导得伤心起来,而且想哭。刚开始,她还有意识地控制自己,但是后来终于忍耐不住了,渐渐痛哭起来。

美国学者对几百名男女分别研究后发现:在他们痛快地哭过后,自我感觉都比哭前好了许多,健康状态也有所增进。

更进一步的研究发现,人们在情绪压抑时,会产生某些对人体有害的生物活性成分。哭泣后,情绪强度一般可减低40%,而不爱哭泣、不利用眼泪消除情绪压力的结果是:影响身体健康,促使某些疾病恶化,比如结肠炎、胃溃疡等疾痛就与情绪压抑有关。心理专家研究发现,人悲伤时掉出的眼泪中,蛋白质含量很高,这种蛋白质是由于精神压抑而产生的有害物质,积聚于体内对人体健康不利。

心理学家认为,眼泪对于人类发挥着很重要的作用,在情绪激动时流出来的眼泪带有应激激素,因此流泪是摆脱激动的最佳方法,而这也就是"催泪"产业在全球得到广泛认同并迅速发展的最根本原因。即使哭泣会让你难堪,但它是一种信号,表明你紧张的情绪已经到了有损健康的地步,因此选择哭泣是一个明智的做法。

与此同时,不少专家认为,流泪无论是"私下的"还是"当众的",效果一般都是积极的。哭泣能够将伤心转变成一种实在而具体的东西,这一过程本身就能帮助我们减少创伤感。眼泪以一种实物的形态使心理创伤具体化、形象化,这一过程和笑相似,涉及肌肉活动、呼吸急促和声音渐高,然后逐渐平静下来。

在这个过程中,整个人的紧张感会慢慢消失,然后放松,获得一种释放的感觉。女子的寿命普遍比男子长的原因，除了职业、生理、激素、心理等方面的优势之外，善于哭泣，也是一个重要因素。

著名影星简·方达曾提出了一项建议：遇到困难时，不妨哭。当你得不到服务或者陷入窘境时，只要哭就行了。

不过，哭一般不宜超过15分钟。悲伤的心情得到发泄、缓解后就不要再哭，否则对身体反而有害。因为人的胃肠机能对情绪极为敏感，忧愁悲伤或哭泣时间过长，胃的运动会减慢，胃液分泌减少，酸度下降，从而影响食欲，甚至引起各种胃部疾病。

有人觉得自己该哭也想哭的时候是常有的，可就是怎么也哭不出来。这时候，你不妨使用“不用洋葱和辣椒自然哭出来”的妙方，这是美国著名心理学博士鲁思的创见。

(1)寻找一个隐秘的空间，舒服地坐下，将手放在胸前锁骨的上方。

(2)呼吸只到手放的地方。

(3)急促地出声吸吐气，发出像婴儿的哭泣声，仔细倾听其中的哀伤。

(4)回想伤心往事，允许自己流露软弱。

古人说：“忍泣者易衰，忍忧者易伤。”可见该哭不哭对健康危害极大。能让自己该哭的时候可以哭、有地方哭，这样的生活才健全，这样的心理才健康。

哭虽然有利于缓解悲伤情绪，但是也要适当运用而不能滥用，我们不提倡凡事都用哭来解决。人是有认知功能、有控制能力的，如果一个人遇到任何困难和压力，都不积极主动地去化解，总是把哭当作一种发泄的方式，久而久之，哭就可能成为一种习惯性的行为，人的主动性、积极性、应对困境的能力就会下降。

智者寄语

哭泣能够将伤心转变成一种实在而具体的东西，这一过程本身就能帮助我们减少创伤感。

第十六章

从不抱怨，多反省自己

不要怨天尤人

一位名人曾经说过："有所作为是生活的最高境界，而抱怨则是无所作为，是逃避责任，是放弃义务，是自甘沉沦。"不论我们遭遇什么样的处境，如果只是喋喋不休地怨天尤人，那么注定于事无补，还会把事情弄得更糟，而这也绝不是我们的初衷。无论如何，我们都不应该怨天尤人，而是要靠自己改变生活并获得幸福。

有这样一个帖子出现在北大未名 BBS 上："我没有钱，我只有花样的年龄，未加修饰的容貌。我每天穿着朴素的衣服，站在花枝招展的同学中间。我每周都要坐 4 个小时的公交车，去给那个高傲的小女孩做家教。她有钱，可是连水都不想给我喝。我的家庭很穷：我的妈妈每天割猪草，双手布满老茧；我的父亲，风烛残年，可还要在建筑工地打工。为了可怜的学费，我不期待爱情，我没有衣服，没有化妆品，我的电脑也是二手的，所以我恨这个世界……"

初看到这个帖子，大家可能都为留言者鸣不平，为她可以靠自己的能力挣钱读书的事迹感动，但是看到最后，就会发现原来她只是在发泄那一腔怨气。她在怨人与人之间的不公平，怨自己家庭的贫穷。其实母亲手上的老茧，风烛残年还要打工的父亲，这些都应该是自己奋斗的动力，而不应成为恨这个世界的原因。我们不能选择出身，但我们可以改变命运，不应有恨。

放弃怨气，从另一个角度来看待生活中的不公，你就会发现世界的一切都是美好的。就这个女孩子来说，第一点，她能够从乡下，经过十年寒窗，考上大学，是实现了自我奋斗的价值，因为在大学录取上，可是没有贫富贵贱之分，分数面前人人平等。她用自己的努力，证实了自己的实力，这是值得高兴的事情，为什么要抱怨呢？第二点，她现在虽然在读书，却已经自食其力，通过家教赚学费，这是许多娇生惯养的孩子做不到的，就凭这一点，更值得自豪，又为什么抱怨呢？即使"没有衣服""没有化妆品"，你依然很漂亮，因为你有能力、有自信，这是多少金钱都买不到的。第三点，通过家教，与人打交道，认识各式各样的人，锻炼了自己的实践能力，也为将来步入社会积累了经验，这是在课堂上学不到的，也将是自己上大学的一份独特经历。我们知道，市场经济最显著的特征就是竞争，竞争就会产生优胜劣汰，而自己较早地体会到这些，加上所学的知识和经验，将来就可以脱颖而出。如此分析之后，相信那个女孩就不会再有抱怨了。

也许会有人说这类似阿 Q 的精神胜利法，谁不希望一切都好呢？诚然，一切都好是最好的，但是，世界就是这样，不可能做到事事公平、人人平等，太阳底下尚有阳光照不到的角落，何况尘世间暂时的落差呢？地球上有山川和河流，有高山有峡谷，重要的是，它们都有各自的美好，只是我们欣赏它们需要从不同的角度。人生也是如此，面对不同的境遇，我们需要改变自己的思维方式，努力去发现、营造它的美好。比如生在不如意的家庭，我们无法改变，但是它可能培育我们自强、坚忍的个性，这又何尝不是一种美好呢？所以我们遇到问题要多从自身找找原因，放弃怨天尤人，不能一味地埋怨命运，埋怨别人，那样就是机遇来临，也会与之失之交臂的，只会使我们更加不如别人，更加怨天尤人，如此恶性循环，一生只会在怨气中度过。

有一天，有只乌鸦向南方飞去。在途中，它碰到一只鸽子，两只鸟一起停下来休息。鸽子非常关心地问乌鸦："乌鸦老兄，你要飞到哪里去呀？"乌鸦愤愤不平地回答："鸽子老弟，这个地方的人都嫌我的声音难听，所以我想飞到别的地方去。"鸽子听后，赶快忠告乌鸦说："乌鸦老兄，你飞到别的地方还是一样有人讨厌你的声音，你自己若不改变声音和形象，到哪里都没有人欢迎你的。”乌鸦听了，低下了头。

乌鸦最终没有通过自己的努力改变声音，所以一直得不到人类的喜爱，以至于今天人类还把乌鸦的叫声当作不祥的预兆，当某人说话大家不爱听时，还会被叫作“乌鸦嘴”，而乌鸦家族们也在世世代代地埋怨着人类。

生活中，同样有许多人总喜欢责怪别人，埋怨环境不好，埋怨别人不喜欢他，但是自己总不反省自己的行为举止是否值得他人尊重以及喜爱。假如一个人不经常反省自己，只会埋怨一切，他就会和乌鸦一样，处处惹人讨厌。

如果我们想抱怨，生活中的一切都会成为我们抱怨的对象；如果我们不抱怨，生活中的一切都值得我们欣赏。

没有一种生活是完美的，也没有一种生活会让人完全满意，如果我们经常怨天尤人，久而久之就会成为一种习惯，就像搬起石头砸自己的脚，与人无益，于己不利，生活也就成了牢笼。

生活本来就是由酸、甜、苦、辣组成的，面对一些事情我们不妨放弃怨天尤人，与其抱怨，不如改变，换一个角度，更加努力，相信成功离自己就不会太遥远了。《国际歌》里有一句写得好：“从来就没有什么救世主，也不靠神仙皇帝，要创造人类的幸福，全靠我们自己。”要想改变命运，获得幸福的人生，只有放弃怨天尤人，靠自己的努力去争取。

智者寄语

不论我们遭遇什么样的处境，如果只是喋喋不休地怨天尤人，那么注定于事无补，还会把事情弄得更糟，而这也绝不是我们的初衷。无论如何，我们都不应该怨天尤人，而是要靠自己改变生活并获得幸福。

通过反省让自己远离抱怨

自省，顾名思义就是对自我动机和行为的反思。打个比方，如果你生病了，你需要做的就是去医院检查身体，找出病因，然后对症下药，进行治疗，这样才能恢复健康。假如只是怨天尤人，抱怨自己命运不好，因此而耽误治疗，那么即使是小毛病也终究会酿成大病。

人的一生都会遇到挫折，受挫后无论怎样责怪别人，都是徒劳无益的。我们应该多问问自己，总结自己、反省自己、检讨自己。这也许是最明智、最正确的态度。

一个朋友近来走了霉运，原本蒸蒸日上的业务突然间屡屡下滑，公司里多年来一直忠心耿耿跟随他左右的两个业务副总也离开了他，甚至“跳槽”到他竞争对手的公司去了。

在内外交困之中，这个朋友并没有认真、及时反省自己，反而一味地责怪过去的战友背叛了自己，沉湎于愤怒和伤心之中，不再相信别人，动不动就发脾气。结果是恶性循环，整个公司上下人心涣散，陷入了更大的困境。

其实公司经营上出现了问题，作为公司负责人首先负有不可推卸的责任，如果把所有的过错都归咎于他人，那么必将面临更大的危险。

怨天尤人其实是一种不成熟的表现，是在掩盖自己不能面对现实的怯懦，同时还留下了可能重蹈覆辙的隐患。强者并不是一帆风顺的幸运儿，他必然也要经历各种痛苦和挑战，能够战胜困难的人首先必须战胜自己，反省自身。

反省自己是一种解脱。我们不肯认错无非是顾及自己的面子，不肯承认自己的失败。事实上，这个世界上从来就没有常胜将军，所有自我的包袱和面子在勇敢地承认自己的失误之时就已经悄然放下了，你还会因此变得轻松。所谓吃一堑，长一智，善于总结自己就能够把失败的教训变成自己的财富。

反省自己是一种力量，习惯于责怪他人的人迟早会招致怨恨，一个勇于律己的人会因此而拥有包容整个世界的力量，让所有人钦佩其风度并乐于与其交往。

反省自己是一种境界，在这个世界上最难以战胜的敌人就是自己，如果一个人已经到了只剩下自己这一个对手时，实际上他就已经天下无敌了。

爱抱怨者，可能很难意识到，很多抱怨都是他们自己一手造成的！你的工作没做好，上司自然会找你麻烦；你不注意减肥，当然没有适合你的衣服；你不看天气预报，被雨淋了又能怪谁？所以当你试图抱怨的时候，不妨先从自己身上找找原因。我们要像天天扫地那样天天自省。扫地是为了保持生活环境的干净，而自省则是为了驱除心灵上的灰尘，保持内心的洁净。了解自身的缺陷和不足，分析问题的症结所在并且对症下药，才能达到心理上的健康和完善。

智者寄语

人的一生都会遇到挫折，受挫后无论怎样责怪别人，都是徒劳无益的。我们应该多问问自己，总结自己、反省自己、检讨自己。这也许是最明智、最正确的态度。

抱怨生活之前，先认清你自己

抱怨的声音在我们生活中随处可闻。上班高峰期，在密不透风的公交车中，怨言不绝于耳，“好困啊，真不想上班”；出去吃饭，等的时间过长，也会埋怨店家服务不周；今天下大雨，人们会抱怨天气，太阳太大，有人会咒骂气温过高。

抱怨已成为了一件稀松平常之事。当许多时候，事情的发展与我们的计划相冲突，或是让我们感到极度烦闷的时候，我们的发泄会很自然地倾口而出。

然而，偶尔用一两句的抱怨来发泄我们心中的不满，并不会过于影响我们的心情。就好比下车以后依然会努力工作，等到位子后吃饭依然很有味道，大雨过后也会欣喜雨后清新的空气，太阳没入云层又马上充满活力。但是，如果我们每天都在因为生活中的不满而抱怨时，幸福和快乐就会离你越来越远了。

在工作上，我们往往会抱怨机会给了别人；在生活中，我们时常会埋怨种种不顺。但是，在你抱怨的时候，你是否真的想过，如果可以做得更好，可以带来更多收益，你又有什么理由去抱怨呢？又有什么理由不满于种种不顺呢？

在人际交往中，我们往往也会抱怨和别人相处中的不愉快。但是在抱怨的时候，你是否注意到，你觉得难以相处的人，也有非常要好的朋友。为什么别人能和他相处好，偏偏你不能呢？

生活赐予你的，有幸福，自然也有苦难。生活赐予别人的，也是如此。没有人总是生活的宠儿，在面对苦难的时候，有的人走出来了，有的人却摔得很惨。

大峰是一个保险经纪人，每次月结的成绩都低于同事，跑的保单似乎永远没有别人多。到最后，周围的同事升职的升职，加薪的加薪，可就是没有大峰的份。日子久了，妻子也不乐意，大峰渐渐地开始觉得生活对他如此不公平，更是对他的工作也没了兴趣，见到一起工作的同事还冷言冷语。

同事小王看到大峰这样，无奈地对大峰说："你每天都这么抱怨，自己不能升职加薪，怪自己运气不好。可是你也不看看，每天我们出去跑保单，起早贪黑的，你就只按时上下班，轻轻松松。你被客户拒绝，我们也被客户拒绝，一个不行就找两个，两个不行再去找四个，我们这些业绩不都是这样跑出来的……"

故事说到这里，相信大家都会觉得生活对大峰不是不公平了吧。很显然，每一分收获里面都是辛劳的汗水，生活并不会特别优待谁。如果想要获得轻轻松松，那么收获的自然比那些辛劳奔波的人要少。世界上没有这样的道理：付出的比别人少，却还希望收获和别人一样多，甚至比别人更多的东西。

当我们无休止地抱怨别人时，我们的眼睛只会盯着别人，盯着别人比我们更加优越的待遇，盯着别人比我们更加悠闲的生活。我们会抱怨为什么只有别人获得了一份好运气，而自己却像是被霉运附身一般，从头到脚没有一个顺心的地方。

可如果将目光收回，放到自己身上时，我们看到的又会是什么呢？会不会看到，当别人早上5点钟就爬起来，8点不到就到公司时，我们临近迟到底线，才端着早餐晃晃悠悠地走进来。会不会看到，当别人拼死拼活利用周末进修学习的时候，我们却躲在家中睡大觉，对窗外之事一概不闻。

如果我们不曾看到自己的短处，又岂能抱怨别人事事如意。要知道，在"如意"二字的背后，他人所流下的汗水，恐怕比我们自己委屈时所流的泪水还要多。

江璐出身很好，父亲是一个企业家。可是江璐却隐藏身份在父亲的公司上班，特别得人缘。同在一个公司上班的何婷婷是江璐的同学，通过江璐的关系到了江璐父亲的公司。在一次工作中原本由何婷婷负责洽谈的一个合作项目却转给了江璐负责，何婷婷为此感到非常愤怒。

一次，何婷婷在电梯里遇到主管这件事的负责人王小姐，王小姐看到何婷婷就开始夸道："婷婷，你那同学江璐可真不错！上次那个案子完成得很好……"何婷婷阴阳怪气地说："不就是老总的女儿嘛，这世道还真是不公平，有权有势的，什么都可以抢。"王小姐一脸莫名其妙："你说江璐是董事长的千金啊？这事我们还真不知道。而且，上次你的企划书写得不太标准，我们研究组看不上才选了江璐的……"

有时候，我们所想的不公平、潜规则，其实很多都是自己的臆想。当你开始抱怨自己的际遇不如人的时候，是否有认真审视过自己的能力呢？到底是生活给了别人太多幸运，还是我们自己的能力输给了别人？抱怨生活之前，请先认清自己。认清楚这一切的不顺利究竟是生活对我们的不眷顾，还是一种自身条件的不足而导致的必然。一味认不清自己而只会抱怨生活的人，永远不能走出自己，又如何走向成功？

在我们得不到的时候，只是一味地抱怨生活的不公平，抱怨自己命运多灾多难。可是，你又为你的生活付出过多少努力呢？虽然说"金无足赤，人无完人"，每个人在人生的道路上都留下了不可磨灭的足迹，那些足迹印证着我们的成长。我们或许有着这样或者那样的缺点，有着不及别人的地方，但若在抱怨别人之前，先做到反省自身，抱怨会不会比现在要少一些呢？

孔子说："吾日三省吾身。"孔子是圣人，他的道德情操应该比我们要高得多，我们可能做不到他那样"三省吾身"，但可以两三天反省一次自己。如果做不到反省自己，让自己错上加错，愈陷愈深，那么，我们似乎也没有任何理由去抱怨别人。

要记住一句话，没有人能轻而易举成功，也没有人会没有理由就一败涂地。调整自己的心态，找到自己的缺点，改正它，要比抱怨别人对自己的生活有帮助得多。

智者寄语

抱怨生活之前，请先认清自己。认清楚这一切的不顺利究竟是生活对我们的不眷顾，还是一种自身条件的不足而导致的必然。一味认不清自己而只会抱怨生活的人，永远不能走出自己，又如何走向成功？

抱怨越多，得到的同情越少

我们总以为，当我们悲伤无助的时候，找上几个朋友，倾诉一下，赚取朋友的几句安慰，我们的心灵就会平静，就会安稳。这样的方法不能说没有效果，但凡事皆有度，一旦过了度，良药也会变成毒药。你或许想不到，长时间在别人面前抱怨，不仅会让人心生厌烦，还会大大损害你好不容易在他人心中建起的光辉形象。

你可否还记得，鲁迅先生笔下有这样一个人物，叫祥林嫂。她有一句非常经典的台词，相信大家并不陌生。“我真傻，真的，我单知道下雪的时候野兽在山坳里没有食物吃，就会跑到村里来；我不知道春天也会有……”祥林嫂的儿子被狼叼走了，她开始一遍又一遍地向人们讲述自己的悲惨遭遇。一开始，人们对她悲恸欲绝的故事还饶有兴趣，抱着些许悲天悯人的情怀，洒下几滴同情的泪水。而当这种抱怨一遍又一遍地出现时，人们逐渐对它失去兴趣，甚至产生厌恶的情绪后，对她的悲剧也感到厌烦至极。

这可不仅仅是小说的情节。在我们身边，你也经常会遇见这样的人。他们一遍又一遍地诉说自己遭遇的不幸，一日又一日地重复着相同的抱怨，仿佛把这些抱怨散播出去已经成了他们的工作，成为他们生活的一部分。

刘小姐和丈夫结婚七年，终于在第七年的七夕那天离了婚。她的婚姻破裂，是典型的第三者插足造成，看着丈夫和让他们婚姻破裂的第三者喜结连理，刘小姐成天苦着一张脸，哭哭啼啼，没有一天消停过。

看见她这个样子，朋友们都担心她出事，大家轮流陪伴她度过这段伤心的日子，听她控诉前夫的无耻行为，听她咒骂那对“狗男女”日子过不下去。一个月过去了，朋友们以为她的苦水都倒完了，就劝她重新振作起来，找一个新的伴侣。然而，让朋友们头疼的是，刘小姐依然没有任何好转，甚至变本加厉不停地向前来陪伴她的朋友抱怨自己丈夫的无情和生活的不公平。

一开始，朋友对刘小姐充满同情，并耐心地开解她。但一个月之后，朋友们在面对刘小姐的抱怨时，大家开始感到厌烦，她们相继躲开她，找各种借口不去她家。见到朋友们如此绝情，刘小姐越发痛苦了，由于没有可以诉说的对象，她又更加陷入了绝境。

是的，当我们的人生中遇到了痛苦的事情以后，总免不了需要找人倾诉，总是想要获得慰藉。我们抱怨上天的不公平，一遍遍地控诉，希望从别人那里得到认同，从而获得一种奇特的心理安慰。

没错，人们都存在着同情心，尤其是女人。在一开始，利用自己的痛苦赚取他人的几滴眼泪，并不是不可行的事情。但我们时常忽略了一件事，在我们倾诉成瘾的时候，我们的痛苦便被无限放大，并且沉湎其中不能自拔。可是，我们的痛，只有我们自己可以体会得到。就好比你摔了一跤，神经传导的痛感，只有摔倒的那个人自己才能体会。因此，不管你哭得再凶还是描述得再痛不欲生，旁人永远不能感同身受，最多只能象征性地安慰你几句罢了。

所以，当你向他人倾诉得更多的时候，你的痛苦只会成为其他人茶余饭后的谈资。我们必须了解，许多时候，抱怨得越多，我们得到的同情只会越少。频繁地抱怨，最后更会让其他人对你敬而远之。

那么，是不是遇到让我们伤心痛苦的事情时，就只能默默承受，并把苦水往肚里咽呢？答案当然是否定的，适当地倾诉是可以缓解内心压力的，并且也能从朋友那里得到鼓励和安慰，从而能更有自信地去面对生活，尽早摆脱痛苦。

朋友的鼓励有时候就是一剂止痛药，可以缓解你的痛苦。可是，止痛药只是治标不治本，而也只有真正治愈了内心的伤痛，我们才能够不再抱怨生活的不公、命运的不平。唯有让自己成为强者，才能笑对曾经的失败。

小秦是一个行动力很强的人，他自己从国有企业离职之后，辛辛苦苦地打拼了五年，终于有了一家自己的公司。小秦的公司虽然不大，但他一直将公司事务处理得井井有条，因为他相信，通过自己的努力，这间公司一定会做大、做强。

然而，事与愿违，小秦的公司在金融危机中遭遇了很大的不测。因为一个客户的坏账，他那个拥有100万左右资产的小公司很轻易地就破产了。朋友听说小秦辛辛苦苦建立的公司破产了，都感到非常惋惜。甚至有人对他说："你还是回原先的单位上班去吧，那里又舒服，薪水也不差，风险也很小。"

但小秦却拒绝了这个提议。他从来没有抱怨过一句，而是一边总结经验，一边在澳门的一家赌场做门童。三年之后，小秦拿着几年积攒下来的20万东山再起，重新办起了属于自己的公司。

几米在他的书中写道：没有人有耐心听你讲完自己的故事，因为每个人都有自己的话要说，没有人喜欢听你抱怨生活，因为每个人都有自己的苦痛，世人多半寂寞，这世界愿意倾听，习惯沉默的人，难得几个。我再也不想对别人提起自己的过往，那些挣扎在梦魇中的寂寞、荒芜，还是交给时间，慢慢淡漠。

是的，生活太过艰辛，每个人每天都在忙忙碌碌，为了自己的小家，为了自己日后的生计，马不停蹄。每一个人，都有自己说不出、道不明的苦楚，大家都希望得到一个倾诉对象，而不是成为别人的倾诉对象。在这种情况下，我们每一个人的抱怨，听在别人的耳朵里，除了带给他们刺耳的、让人不舒适的感觉之外，并不能获得他人一丁点的同情。

因为每一个人都觉得，自己才应该是那个最值得同情的人。所以，当我们向别人抱怨得越多，从别人那里得到的同情也就越少。当我们在做出这种行为的时候，我们的心放不下自己的心事，却也不让别人的心事进来。人们就这样互相僵持，直到抱怨少的那个人提前闭嘴。

但真正的强者是不抱怨的，不抱怨上天的不公，不抱怨机会的飞逝，不抱怨他人的冷漠。真正的强者只会总结自己失败的经验，一次又一次地从逆境中站起身来。真正的强者只会努力地积蓄自己的力量，以准备能够东山再起。我们要做生活中的强者，我们要达到自己的目标，迈向成功。所以，请停止抱怨，将抱怨的时间运用在反思上；请停止抱怨，将抱怨的力量运用在通往成功的道路上。那样你在通往成功的道路上会走得更远，会在那片藏着宝藏的海洋中找到你的梦想。

有生活就有不满,有不满就有抱怨。但为何有人抱怨倾诉,却可以得到朋友们的谅解和安慰,而另一些人,却只能遭到别人的白眼和厌恶呢?这是因为,前者将抱怨当作生活偶尔的调剂,而后者却把抱怨当成了他们人生的主旋律。

智者寄语

当你向他人倾诉得更多的时候,你的痛苦只会成为其他人茶余饭后的谈资。我们必须了解,许多时候,抱怨得越多,我们得到的同情只会越少。频繁地抱怨,最后更会让其他人对你敬而远之。

抱怨世界,不如改变自己

俄国最伟大的文学家托尔斯泰说:"世界上有两种人:一种是观望者,一种是行动者。"前一种人总是抱怨自己周围的环境有多么不尽如人意,阻碍了自己的发展。工作丢了,怪领导没眼光;人情冷漠,怪同事不友善;住房不好,交通不便,行业前景不佳……将这些责任一股脑儿都推给社会,总是苛求客观因素的不如意,而自己像完全没事人似的,主观上不作为。随着岁月的流逝、年龄的增长,终才发现自己一事无成。而后一种人,从来不埋怨现实的残酷,只是用自身的行动去努力地适应环境,在前进的道路上不畏艰险,最终做出成绩来。

生活中难免有不如意之事,若你想抱怨,生活中一切都会成为你抱怨的对象;若你不抱怨,生活中的一切都不会让你抱怨。因为,环境不会因你的抱怨就马上变化,所以当事实摆在面前的时候,你不应该一味地去抱怨,而要靠自己的努力来适应现状,并用行动去改变现状。这样才能祛除内心的不满。

很久以前,在非洲的一个国家,人们不穿鞋,都是赤着脚走路的。

有一位国君到某个偏僻的乡间旅行,因为路面崎岖不平,有很多碎石头,刺得他的脚又痛又麻。国君回到王宫后,随即下了一道命令,要将国内的所有道路都铺上一层牛皮。他也认为这是一件利国利民的好事,不只是为了自己,还可造福他的子民,这样人走路时就不再受刺痛之苦了。

可是国土辽阔,就算是杀光全国的牛,也筹措不到足够的皮革,而所花费的金钱、动用的人力更是不计其数。人们尽管知道这个事情不但难做到,而且还相当愚蠢,可谁也不敢违抗国君的命令,人们也只能摇头叹息。

后来,有一位聪明的仆人大胆向国君提出谏言:"国君啊!为什么你要劳师动众,牺牲那么多头牛,花费那么多金钱呢?您何不用两小片牛皮包住您的脚呀?"国君听了非常高兴,当下领悟,于是立刻收回成命,采纳了这个建议。这就是"皮鞋"的由来。

也许我们不能改变世界,但是我们可以改变自己。如果你现在生活的环境让你感到不适应,不要抱怨,而是要首先改变自己,用爱心和智慧来面对这一切,要努力适应环境,而不是环境适应你。

古希腊哲学家柏拉图告诉弟子自己会移山术,于是弟子们纷纷请教方法。他笑着说道:"很简单,山若不过来,我就过去。"弟子们听了都目瞪口呆。其实,这世界上根本没有什么移山之术,唯一能够移山的秘诀就是:山不过来,我便过去。一样的道理,当我们无法改变自己所处的环境时,那么就不妨改变自己。每个人都可以选择自己生存的环境,你可以选择屈服,也可以使自己变得更加坚强。反过来说，你也可以选择改变环境，让环境因你而改变。改变环境还是改变自己？这一切的结果只在于你是怎样想的。

一个刚踏入社会的年轻人，经常向周围的人抱怨他的生活，总觉得事事都太艰难。

于是，他就去请教一位智者说："我认为自己快崩溃了，不知道该如何应付生活，对一切都很迷茫，觉得生活和学习的压力已经超过了自己所能承受的极限了。"

智者笑而不语，将他带进厨房中，分别往两口锅里倒了一些水，然后将它们放在旺火上烧。过了一会儿，锅里的水烧开了。他往一只锅里放了一只胡萝卜，第二只锅里放入了一个鸡蛋，然后又分别盖上锅盖开始煮。年轻人很是不明白对方的意思，心中很是纳闷。

大约过了15分钟后，智者将火全部关了，把胡萝卜、鸡蛋捞出来放在一个盘子里。做完这些后，他才转过身问年轻人："你看见了什么？"

"胡萝卜、鸡蛋。"年轻人这样回答。

智者让年轻人用手摸摸它们，年轻人就试着做了。

智者接着说："胡萝卜在入锅之前是毫不示弱的，它非常结实，但被开水煮过后，它却变软了，变弱了；鸡蛋原本易碎，它薄薄的外壳保护着它呈液体的内脏，但是经开水一煮，它的内脏变硬了，变得更坚强了。"

生活如海上行舟，并不能一帆风顺，每个人都会遇到这样或那样的困境。在困境面前，每个人都有权决定自己的态度和前途，假如你学胡萝卜，那么你将会被自己所处的环境打败；假如你学鸡蛋，那么你也会因环境而变得坚强。处于什么样的环境并不重要，重要的是你的选择：是选择一味抱怨，软弱地屈服于环境，还是用毅力去适应环境，使自己变得更为强大。

漫漫人生，人需要不断地去适应环境。如果不能改变环境，就改变自己。只有这样，才能克服更多的困难，战胜更多的挫折，实现自己的目标。如果你不能看到自己的缺点与不足，只是一味地去苛求周围的环境，或将改变境遇的希望寄托在改换环境方面，实在是劳心劳神，而又是徒劳无益的事情。

智者寄语

也许我们不能改变世界，但是我们可以改变自己。如果你现在生活的环境让你感到不适应，不要抱怨，而是要首先改变自己，用爱心和智慧来面对这一切，要努力适应环境，而不是环境适应你。

不抱怨的人生更潇洒

抱怨的人才会说生活苦累，因为他只看到自己的付出，而没看到自己的所得；不抱怨的人即使真的很累，也不会埋怨生活，因为他们知道，失去与得到总是同在的。要知道，人生有取有舍，当你失去某些东西的时候，也许你正在得到另一些东西。重要的是，你应该清楚自己拥有什么又缺少什么。但是，如果你不懂得珍惜，一味地抱怨，你将一无所有。

有一天，上帝在路上遇见一位年轻人。这位年轻人不仅年轻、有才华、富有、英俊，而且已经拥有娇妻、爱子，但他仍觉得自己不够幸福，逢人便抱怨上天对自己的不公，不富有的时候抱怨没有钱财，富有的时候又抱怨没有幸福感。

上帝问他:“你不快乐吗？我可以帮你吗?”

年轻人回答:“我只缺一样东西,你能给我吗?”

“可以。”上帝说,“无论你要什么,我都可以给你。”

“是吗?”年轻人盯着上帝,满脸怀疑地说,“我要幸福!”

上帝想了想,回答道:“我明白了。”

说完,上帝便把年轻人原先拥有的一切全部变没了:毁去他的容貌、夺走他的财产、拿走他的才华,还夺走了他妻子和孩子的生命。做完之后,上帝立刻转身离去。

一个月后,上帝再次来到年轻人身边。此时的年轻人穷困潦倒、饿得半死,躺在地上呻吟。上帝摇摇头,把一切又都还给了年轻人,然后悄然离去。

又过了一个月,上帝再次去看年轻人。这一次,年轻人搂着妻儿,不停地向上帝道谢,因为他已经体会到了什么是幸福。

在现实生活中,我们不正像那位年轻人一样吗？对自己身边的幸福视而不见,却不停地抱怨命运的不公。而实际上,是追逐的目光和抱怨的心理,使我们不懂得驻足欣赏我们已经拥有的幸福,当失去一切时,我们才会发现它们的珍贵。

曾任美国总统的罗斯福恰恰与这位爱抱怨的年轻人相反,他是个患有小儿麻痹症的人。换作其他人,可能会因为这样的遭遇而变得悲观,可是他却永远那么积极乐观,最后当上了总统。

在他当选总统之前,他的家曾被小偷“光顾”过,很多财物都被偷走了。他的朋友们写信去安慰他,他在回复的信中提到了三点:

第一,这个小偷偷了东西,但没有伤害人,是一件好事;

第二,他只是偷了部分的财产,没有偷走全部的财产,又是一件好事;

第三,最重要的是,是他偷东西,而不是我自己偷东西,这是更大的好事。

在这种情况之下,罗斯福仍然坚持乐观,丝毫不抱怨。

诗人马雅·安洁罗说:“如果不喜欢一件事,就改变那件事;如果无法改变,就改变自己的态度,不要抱怨。”人生就像一张单程票,所有过去的都已经成为既定的事实。人的一生多少都会有几分无奈,即便不喜欢甚至厌恶,但它已经成为既定的事实,再多的抱怨也是枉然。此时,我们能够做的就是淡然地接受生活的现实。

智者寄语

要知道,人生有取有舍,当你失去某些东西的时候,也许你正在得到另一些东西。重要的是,你应该清楚自己拥有什么又缺少什么。但是,如果你不懂得珍惜,一味地抱怨,你将一无所有。

怨言是世上最没有用途的语言

有人说:“抱怨就像口臭,当它从别人的嘴里吐露时,我们就会注意到,但从自己的口里吐出时,我们却充耳不闻。”想看到世界改变就要先改变自己,一分耕耘一分收获,不要期望在抱怨中获得公平。长期的抱怨不仅会使我们陷入“听觉污染”,甚至最终会让我们被周围的人们放逐,被抱怨所纠缠，迷失于成功的路上。

一位老人，每天都要坐在路边的椅子上，向经过镇上的人打招呼。有一天，他的孙女坐在他身旁陪他聊天。这时有一位游客模样的陌生人在路边四处打听，看样子想找个地方住下来。

陌生人从老人身边走过，问道："大爷，请问住在这座城镇还不错吧？"

老人慢慢转过来回答："你原来住的城镇怎么样？"

陌生人说："在我原来住的地方，人人都喜欢批评别人，邻居之间常说闲话，总之，那地方让人很不舒服。我真高兴能够离开，那不是个令人愉快的地方。"椅子上的老人对陌生人说："那我得告诉你，其实这里也差不多。"

过了一会儿，一辆载着一家人的大车在老人旁边的加油站停下来加油。

这时，父亲从车上走下来，对老人说道："住在这个城镇不错吧？"老人没有回答，又问道："你原来住的地方怎样？"父亲看着老人说："我原来住的城镇每个人都很亲切，人人都愿帮助邻居。无论去哪里，总会有人跟你打招呼，说谢谢。我真舍不得离开。"老人看着这位父亲，脸上露出和蔼的微笑："其实这里也差不多。"

车子开动了，那位父亲向老人说了声谢谢。等到那家人走远，孙女抬头问老人："爷爷，为什么你告诉第一个人这里很可怕，却告诉第二个人这里很好呢？"老人慈祥地看着孙女说："不管你搬到哪里，都会带着自己的态度：你如果一直抱怨，那么你的心中就充满了挑剔和不满，可是感恩的人，却能够看到人们的可爱和善良。我正是根据这两个人不同的心理给出的答案。"

抱怨的人生是灰色的，报怨者的眼睛里只有消极和悲观，他们的目光也只会被烦恼占满，被沮丧和自卑充斥着，为了生活中的不如意而停留。所以，从此刻起，不要再抱怨你的工作不好，不要再抱怨你的宿合简陋，也不要再抱怨你没有一个好爸爸，更不要再抱怨空怀一身绝技却没人赏识你。

现实有太多的不如意，就算生活给你的是垃圾，你也要相信自己能把垃圾踩在脚底下，登上世界之巅。

有一个富翁，为了教每天精神不振的孩子知福惜福，便让他到当地最贫穷的村落住了一个月。一个月后，孩子精神饱满地回家了，脸上并没有带着"下放"的不悦，这让富爸爸感到不可思议。爸爸想要知道孩子有何领悟，问儿子："怎么样？现在你知道，不是每个人都能像我们过得这么好吧？"

儿子说："是的，他们过的日子比我们还好。因为，我们晚上只有灯，他们却有满天星空；我们必须花钱才买得到食物，他们吃的却是自己的土地上栽种的免费粮食；我们只有一个小花园，对他们来说到处都是花园；我们听到的都是噪声，他们听到的都是自然音乐；我们工作时神经紧绷，他们一边工作一边大声唱歌；我们要管理佣人、管理员工，他们只要管好自己；我们要关在房子里吹冷气，他们在树下乘凉；我们担心有人来偷钱，他们没什么好担心；我们老是嫌菜不好，他们有东西吃就很开心；我们常常失眠，他们睡得好安稳。所以，谢谢你，爸爸。你让我知道，我们是可以过得那么好的。"

如果我们通过万花筒看世界，那这个世界必然美得变幻无穷；如果我们通过沾满污垢的玻璃窗看世界，那周围必定脏乱不堪。抱怨就如同那玻璃窗上的污垢，只会阻碍我们发现美、欣赏美、享受美，并不会让我们收获什么，只会让以后的路更难走。所以，停止抱怨吧，拭去心中的那一抹不平,用超然、豁达的心态去给自己的生命画布着色,才能看见自然的美。

智者寄语

想看到世界改变就要先改变自己,一分耕耘一分收获,不要期望在抱怨中获得公平。长期的抱怨不仅会使我们陷入"听觉污染",甚至最终会让我们被周围的人们放逐,被抱怨所纠缠,迷失于成功的路上。

抱怨让你变得招人怨

在人群中,爱抱怨的人就像菟丝子,抱怨的情绪会像线状的茎丝一样缠绕在其他人身上,为人们所厌恶。菟丝子寄生于其他植物身上,汲取的是营养,而抱怨的人则在不知不觉中榨取他人的能量,直到被大家放逐。

戈洛尔是公司的业务精英。在年终业绩评比时,他名列整个集团公司的第五名。按照惯例,业绩在公司前六名的员工可获得一大笔年终奖金。对此,戈洛尔兴奋极了,甚至已经许诺为妻子买一条白金项链。

可万万没想到的是,公司公布的获得奖金的名单上竟然没有他的名字!第七名都入围了,唯独拿掉了他,凭什么?

戈洛尔怒气冲冲地去找上司讨个说法。上司看到他一点儿也不意外,说这次评比不仅看业绩,而且还要看平时的表现,尤其是个人的心态。很多同事都反映戈洛尔的牢骚与抱怨太多了,影响了公司的团队合作,甚至让同事间彼此产生很多误会,导致一些客户的流失。所以,公司决定取消戈洛尔获得奖金的资格。

上司的一番话,像一记炸雷惊醒了戈洛尔的心。他先是诧异,继而愤怒,接着是羞愧,他低下了头,脸上阵阵发烧。上司安慰地拍拍他的肩膀,语重心长地说:"我能理解你现在的心情,回去好好反思反思,相信明年见到的你会是一个全新的人。"

那一刻,戈洛尔感到全公司的同事都在嘲笑他、奚落他,让他感到无地自容。对上司的话,他几乎找不到一点儿反驳的理由,因为他的确就像上司说的那样,爱发牢骚,爱抱怨,同事们私下里都叫他"抱怨鬼"。

其实戈洛尔是个非常有才华的人,他本来可以得到更好的工作,但是由于一些变故他才来到了现在的公司。所以,从进入公司的第一天起,他就怨天尤人。让上司和同事都觉得不愉快。他常常觉得自己一身才气却没受到重用,不免牢骚满腹。他常常抱怨命运不公,抱怨上司事情处理得不好,抱怨同事爱挑他的毛病,抱怨手下人能力不济……总之,从上司到同事,他从来都是不合作、不屑与不满的态度,走到哪里都在发牢骚,都在抱怨,在公司里对同事说,在外面对客户说,牢骚与他形影不离。

其实,几乎在每一个团体里,都有像戈洛尔这样的"牢骚族"或"抱怨族"。他们每天轮流把"枪口"指向团队中的任何一个角落,埋怨这个批评那个,而且,从上到下,很少有人能幸免。在他们的眼中处处都有毛病,因而他们总是在批评和发怒。这些人把自己、别人或任何事情都看得太严重,心里稍不平衡便歇斯底里地发作,满腹牢骚,看谁都不顺眼,仿佛世界上所有的人都做了对不起他们的事。不但如此,他们还整天喋喋不休地到处找人发泄不满,甚至大放厥词,自己抱怨也就罢了，还老想把别人也拉下水。天长日久，不但会给团队制造麻烦，甚至造成其他人之间彼此猜疑。没有人喜欢与老是抱怨个不停的人为伴，没有人愿意自己成为别人枪口下的目标，于是，被疏远便是这些人最后的下场。

不停抱怨的人，终有一天会被自己播下的蒺藜所伤害。

智者寄语

在人群中，爱抱怨的人就像菟丝子，抱怨的情绪会像线状的茎丝一样缠绕在其他人身上，为人们所厌恶。菟丝子寄生于其他植物身上，汲取的是营养，而抱怨的人则在不知不觉中榨取他人的能量，直到被大家放逐。

少说怨言，多多行动

喜欢抱怨的人不断地向别人抱怨着自己的不幸，起初可能还会有人同情，但是久而久之只会让别人生厌。喜欢抱怨的人不仅自己在事业上不断地落后，在人际关系上也会越来越糟：你会更加沮丧，会觉得上天对你太不公了，了解你的人为什么这么少呢？世态炎凉的感觉是你自己无形中造成的。

有一天，他这样问自己："我为什么一定要把自己的希望、自己未来的奋斗目标寄托在那些自己一无所知的行业上呢？为什么不能在自己现在相对熟悉的医药行业干出一番事业来呢？"

于是，他下定决心摆脱以前那种怨天尤人的心态，就从自己的药店做起。他把自己的这一事业当作一种极为有趣的游戏，以此来促进生意的发展。他让自己用那种发自内心的热情告诉别人，他是如何尽量提高服务质量来使顾客满意，以及他对医药这一行业有多大的兴趣。

"如果附近的顾客打电话来买药，我就会一边接电话，一边举手向店里的伙计示意，并大声地回答说：'好的，赫士博克夫人，20片安眠药，一瓶5两的樟脑油，还要别的吗？……

"'赫士博克夫人，今天天气很好，不是吗？还有……'我尽量想些别的话题，以便能和她继续谈下去。

"在我和赫士博克夫人通电话的同时，我指挥着伙计们，让他们把她所需要的药品以最快的速度找出来。而这时负责送货的人，脸上带着笑容，正忙着穿外衣。在赫士博克夫人说完她所要的药品之后不到一分钟，送货的人已带着她所要的药品上路了。而我则仍旧和她在电话中闲谈着，直到等她说：'呵，瓦格林先生，请先等一等，我家的门铃响了。'

"于是我笑了笑，手里仍拿着话筒。不一会儿，她在电话中说：'喂，瓦格林先生，刚才敲门的就是你们的店员，他给我送药来了！我真不知道你们怎么这么快，实在是太不可思议了。我打电话给你还不到半分钟呢！我今天晚上一定要把这件事告诉赫士博克先生。'

"因为我们这里有优质的服务，过了不久，几条街以外的居民也都舍近求远地跑到我们店里来买药了，以至于后来城里好多别的药店的老板都跑到我这儿来取经，他们不明白，为什么偏偏我的生意会做得这样好？"

这便是查尔斯·瓦格林成功的方法，也正是这一方法，使得他的小药店生意兴隆，其分店几乎在全美遍地开花，以前所未有的速度迅速地占领了美国医药业的零售市场。在当时的美国医药零售业中,他的公司拥有的分店数量及其规模占全国第二,并且他的事业还在继续健康地发展下去。

成功的人都有一个特点,那就是少说怨言,多多行动。

一个勤奋努力的人发现自己境况不够好的时候,他首先选择的不是抱怨,而是努力地做好自己该做的事情,在脚踏实地地做好自己手头的事情的同时,去积极学习自己所欠缺的知识和技能。他相信,像这样默默地在自己脚下多垫些"砖头",在良好的基础上进行努力,自己才会更加接近成功。

查尔斯·瓦格林的医药事业能够成功的秘诀就是:如果你放下抱怨,选择了努力,那么不久机会便会站在你的门口。

智者寄语

一个勤奋努力的人发现自己境况不够好的时候,他首先选择的不是抱怨,而是努力地做好自己该做的事情,在脚踏实地地做好自己手头的事情的同时,去积极学习自己所欠缺的知识和技能。

化抱怨为动力,才是成功的开始

查理刚从机场出来,一辆出租车驶到他面前停了下来。出租车司机马上下车为他打开后车门,并顺手递给查理一张名片,他翻到名片的背面,看到这样一句话:"我是里奥,我将您的行李放到后备箱里,您可以看看我的服务宗旨。"查理惊奇地看着名片,上面写着:"我会让你在友好的氛围内,最安全、最便捷地到达目的地。"

在车发动之前,司机问查理:"您要不要来一杯咖啡?我的保温壶里有普通的咖啡和脱咖啡因的咖啡。"查理感到新奇有趣,微笑地说:"谢谢!我不喝咖啡,只喝饮料。"司机笑着说:"没关系,我这儿有橙汁,还有普通可乐和无糖可乐。"查理惊讶地说:"那我就来一杯橙汁吧!"司机将橙汁递给他,接着又问:"您还想看点什么吗?我这里有《时代周刊》《华尔街日报》和《今日文娱》。"司机说着又递给查理一张卡片,接着说道:"如果您还想听广播,这是各个电台的节目单。"后来,司机还问查理车里的空调温度是否合适,为他提出到达目的地的最佳路线。

查理觉得这个司机非常有趣,于是问道:"你是一直这样为他人服务的吗?"司机里奥笑了笑说:"不是,我是从一年前才开始这样做的。在此之前,我也像别的司机一样,多数时间都用来抱怨。后来有一天,我在广播里听到戴尔新书《心诚则灵》的解读。他在书中说,人要停止抱怨,才能从人群中脱颖而出,不要做一只吵闹的鸭子,因为鸭子只会'嘎嘎'地抱怨,只有像雄鹰那样才能在天空中翱翔。"

就是戴尔的那段话让司机里奥恍然大悟,他决定要做一只翱翔的"雄鹰",于是开始留意别人的出租车,他发现很多出租车里的卫生都很差,其他司机对客人的服务态度也比较恶劣,于是他决心要改变自己的服务方式。就在这位司机做出改变的第一年,他的收入就增加了一倍。查理能坐上他的车纯属意外,因为他不需要在停车场去等生意,他的客人一般都是打电话进行预约。

听了里奥的故事后,查理感触很深,并将司机里奥的故事告诉了其他的司机,其中只有两名对此表示感兴趣，并开始学习里奥的做法，而其他人仍然在不停地抱怨越来越差的生意状况。

当司机里奥决定不再抱怨的时候，他的人生就开始变得精彩起来。

抱怨不会解决任何问题，只会让自己的心情越来越糟，使别人对自己越来越讨厌。一个只懂得抱怨的人，永远不会找到解决问题的方法，只会在原地不停地徘徊，永远地落在他人之后。

在美国南方的一个小镇上，有一户人家，他们算得上是这个小镇上最贫穷的人了。这一家人只有夫妻两个可以挣钱养家，上有老，下有小，而且家里的那位老人，已经将近90岁了，还患上了严重的疾病，生活不能自理，所以家里每天必须留下一个人专门照顾他。因为家里的境况不好，三个孩子都非常懂事，他们会在父母外出挣钱的时候照顾自己年迈的祖父，或者是到山上去采些蘑菇等其他可以吃的东西。

约翰是家里最小的孩子，别看他年纪小，却和自己的哥哥姐姐们一样能为家里人分忧。有一天，约翰和哥哥外出采蘑菇，姐姐在家里照顾祖父。约翰和哥哥采回了很大的蘑菇，足够家人吃上好几天。他们回家后，姐姐开始准备晚餐，哥哥则去砍柴去了，约翰到农场去叫仍然在工作的父母回家吃饭。看到孩子们做了一大锅蘑菇汤，父母非常欢喜。由于约翰的母亲需要先照顾祖父吃饭，所以父亲和几个孩子先吃，但此时的约翰不知跑到哪里去了，因此这天只有约翰的哥哥姐姐们先和父亲一起吃饭。

就在饭吃到一半的时候，约翰的祖父、父亲、哥哥、姐姐突然觉得腹部疼痛难忍，他的母亲赶忙去叫镇上的一位大夫，并托邻居找回约翰。就在约翰被邻居叫回家时，他听到大夫对母亲说，所有的人都没有医好的可能了，他的祖父、父亲、哥哥、姐姐因为吃了毒蘑菇一起去世了。其实，镇上以前发生过这样的事情。但是约翰没有想到这样的事也会发生在自己的家里，并让他一下子失去了四个亲人。母亲痛不欲生，但是为了年幼的约翰，她必须要好好地活着。从此，母子两人相依为命。就在约翰13岁的时候，城里有人招工，约翰谎报自己的年龄进了城，那个城市就是伦敦。

到了伦敦之后，一起来的孩子才知道他们干的活有多苦——每天16小时以上的工作时间，工资也少得可怜，和当初在镇上讲好的条件相比，相去甚远。虽然如此，约翰也只能在这里做下去。因为他对伦敦很陌生，别无去处，而且身无分文。无意中，约翰在工厂的废品堆里发现了一本医学巨著。就在同伴们都在抱怨的时候，约翰却如饥似渴地阅读起这本巨著。虽然他的水平不足以理解书中的全部内容，但是他还是对书中的内容充满了浓厚的兴趣，一有时间就拿起来读。渐渐地，约翰成为了工厂里有名的小医生。

后来，攒了一些钱的约翰准备在医学的道路上发展下去，他在旧书库里买了很多医学方面的书籍。就在这时，他得到了家乡捎来的消息——母亲因病去世了。刚刚对人生充满希望的约翰悲痛欲绝，他不知道自己的人生为什么如此坎坷，为什么上天要给他这么多磨难！就在他绝望的时候，他在一本书中看到这样一句话："抱怨只是弱者不敢面对自己处境的借口，那只是平庸、懦弱的人意志不坚定的表现……"

约翰不是一个懦弱的人，他的意志很坚定。约翰面对着家人的墓碑对自己说，他不会再抱怨任何事情！然后，他回到了伦敦，给贵族迪纳莱斯先生写了一封长信，表达了他要在医学上发展的决心，并请求对方帮助他。他在信中这样写道："所有对生活的抱怨都是愚蠢的，世界上没有不公平的事情，一个天才是不会被困境所淹没的。"

几年后，约翰从一个身无分文的乡下人蜕变成了伦敦城最有名的医生，他凭着自己高超的医术获得了很高的威望。

那些不愿意付出努力、不会为自己的梦想奋勇前进的人,往往不停地抱怨命运的不公与生活的艰难,为自己的失败找到很多借口;而那些时刻准备迎接挑战、不浪费精力去抱怨的人,往往都会从困境中突围而出,取得最后的成功。

诺贝尔文学奖得主、法国思想家罗曼·罗兰曾说过:“唯有将抱怨的心情转化为前进的动力,才是成功的开始。”一个人如果总是以自我为中心,不停地抱怨世间的不如意,那么他将会失去上进的勇气,永远也不会找到解决困难挫折的方法。一个人只是一味地埋怨社会的不公、自身的怀才不遇,将自己的一生囚禁在一个小小的“安全箱”内,不会获得人生最大的幸福。

智者寄语

抱怨不会解决任何问题,只会让自己的心情越来越糟,使别人对自己越来越讨厌。一个只懂得抱怨的人,永远不会找到解决问题的方法,只会在原地不停地徘徊,永远地落在他人之后。

不抱怨是获得快乐的根源

迈克最近的运气差极了,从小玩到大的朋友做生意将他的钱骗了个精光,消沉的他回到家中,却发现妻子和情人在家里约会。他一怒之下与妻子离婚,并搬出了和前妻共同所有的家,在城边郊区租了一个破旧的小公寓居住。

自从迈克搬到了小公寓后,他就整天将自己锁在小屋子里,蜷缩在床上,饿了就打电话让附近的超市送来面包和酒,总是不停地抽烟。他已经失去了人生的目标,对生活再也没有希望,他打算用怨恨埋葬以后的日子。

一天,一阵刺耳的门铃声将他吵醒,他窝在被子里不想动,可是门铃声还是很固执地响着,他气愤地下床打开了门,厉声骂道:“找死啊!别按了,这儿没活人!”对面是一个四十岁左右的女士。听了他的话之后并没有生气,而是笑呵呵地说:“没有人吗?那你是什么啊?”迈克对这位女士的话感到厌烦,他靠在门框上,更加愤怒地盯着女士。如果是一般人,恐怕早就吓跑了,但这位女士并没有害怕,反而扬了扬手中的快餐盒说:“这是你订的餐吧?”迈克歪着脑袋,吁了一口气说:“不是!”还没说完就把门关上了。他刚要转身回到卧室,门铃又再次尖叫起来。他不耐烦地打开了门,刚要发脾气,那位送餐的女士又笑呵呵地说道:“没错,这就是A栋202啊?”说着这位女士就从他身旁闯进了屋里,把便当放在桌上说:“12美元,谢谢!”迈克不想和这位女士纠缠,为了尽快让她离开,翻遍了所有的口袋,却没有找够12美元,他摊摊手有点尴尬。这位女士见状,哈哈大笑道:“没事,我请你吃好了!谁都会有困难的时候。”迈克叹了口气,一屁股坐在沙发上,一动不动。

这位女士见他满脸忧愁,好奇地问道:“先生,你一定是遇到什么困难了吧?不如说出来,释放一下!”迈克原本不想说,但是压在心里十分痛苦,于是诉说了自己的经历,然后埋怨道:“你说我这么倒霉,我该如何面对,还敢相信谁?”说完双手捂着脸,低下了头。当时迈克想,他一定会得到女士的安慰和同情,却没想到这位女士笑了笑,说:“你的经历是很不幸,但是你一个年轻男士连这点挫折都忍受不了吗?”说完,这位女士环顾四周,似乎在寻找什么。看了一圈后,终于将视线停在了一面镜子上。女士起身将镜子搬到了迈克面前对他说:“你抬头看看。”迈克被她弄得不知所措。望望镜子,看到镜中的自己一脸的苦相,他立刻转过头，生气地说："我不看！"这时，女士说："生活中的麻烦总会接连不断，如果你能够看开，不要事事抱怨，如果能抛开负面的情绪，那么一切都会很快过去的。"

接着，这位女士翻开自己的裤脚，一只假肢露在了迈克的面前，说道："原本我拥有一个完美的家庭，后来为了救一个孩子被车轧坏了一条腿，丈夫因此抛弃了我。之后，我努力争取到了孩子的监护权，亲人朋友都来可怜我、安慰我，然而我自己并没有对这一切有过埋怨。这个世界上谁都不欠谁的，只要活着就要用好的心情去面对。只有控制住自己的情绪，才能掌握好自己的人生之路。"迈克听完后被深深地感动了，他望着这位女士平和温暖的脸，不自觉地露出了笑容，一股神奇的力量又充满了他整个身心。

世界上没有什么苦难是过不去的，只要还能看到明天的朝阳，人生就永远充满希望。每个人的情绪都是自己人生的晴雨表，只有能够把握自己情绪的人，才能使自己不至于陷入阴霾的人生。而困难和挫折就像是偶尔出现的阴雨冰霜，只是暂时的天气现象。人生的气象都是由自己的心情而决定的，一个积极潇洒的心态会使人赢得一生的明朗。

一个男人因为公司裁员被解聘了，一时找不到较为满意的工作，总是高不成低不就。妻子整天埋怨他没有能力，他也很想找到一份待遇丰厚的工作，可是自己已经年过四十，做什么都没有年轻时的热情了。

有一天，在听烦了妻子的埋怨后，他不得不冒着酷热的天气，出去寻找工作。眼看着一天就快要过去了，而他还滴水未进，嗓子都快冒烟了，手里只剩下一个硬币，什么都买不了。他百无聊赖地在路上走着，忽然瞥到路边的一个垃圾桶上有瓶矿泉水，很明显是有人刚扔下的，瓶子里有一半多的水。他埋怨道："倒霉！要是有一整瓶水就好了，只可惜是别人喝过的，还放在垃圾桶上，我就是渴死也不会喝一口。"男人看着半瓶矿泉水，心里很烦躁。

就在这时，一个老人推着一辆自行车从他面前走过，他也看到了垃圾桶上的矿泉水瓶，连忙上前将矿泉水拿起来说："真是浪费，还有一半多水就丢掉了。"说完，老人打开瓶子把水倒在了路边的花丛之中，接着把空瓶子扔到了车筐里。男人上前问："先生，你要这空瓶子做什么？"老人说："卖钱啊！将这些瓶子积攒后拿去卖，会有意想不到的一份收入的。"男人听后若有所思，他看到瓶子的时候只顾埋怨瓶子里的水不是整瓶的，可是老人看到的却是商机。他忽然悟到，原来机会有很多，只是自己的不满情绪遮住了可以改变自己的机会。不久后，男人用自己多年的积蓄开了一家送水公司，雇了几名员工，自己当起了老板。

从上述故事中我们可以悟出这样一个道理：不要让自己在充满负面情绪的时候去做任何决定，因为仇视的眼光会让你对自己所看到的一切感到不满。一个人拥有负面的情绪是很正常的，但是要懂得这只是生命中的一小部分。在大多数时间里，人们应该学会正确面对自己的情绪，学会控制情绪而不是让情绪来支配自己。一个人幸福欢乐的生活源于积极向上的良好心态，只会抱怨、诅咒生活的人，永远不会享受到人生的乐趣。

智者寄语

世界上没有什么苦难是过不去的，只要还能看到明天的朝阳，人生就永远充满希望。每个人的情绪都是自己人生的晴雨表，只有能够把握自己情绪的人，才能使自己不至于陷入阴霾的人生。

怨恨太多，就会失去身边的幸福和快乐

神父在人们来做弥撒之前开始检查整个教堂，他注意到，走廊和长椅都已经被打扫得一尘不染，那些被丢弃的纸袋、祈祷文等都已经被收集完毕。此时还不到凌晨5点，天色依旧很黑，教堂里只有这位年长的神父在踱来踱去。昏黄的烛光不停地摇曳着，将神父的身影时而投射到墙壁上，时而投射到长长的走廊上。天气很冷，除了神父的脚步声，周围一片寂静。

在去储藏室的时候，神父停在了耶稣诞生画的前面，想要祝福一下圣诞快乐。这里有一个小小的模型舞台，正演示着神圣的场景：通过敞开的拱门，你可以看到，牧人们在星星的指引下，向着马厩走去。那些刚刚走进马厩的人，带着虔诚的神情看着马厩中央圣母的一家。圣母正在低头注视着马槽。

神父忽然惊叫起来，弯下腰去检查马槽，他的叫声一下子穿透了整个教堂，圣子不见了！那个代表着孩子们的救星的圣子不见了。在慌乱中，神父带着越来越焦急的神情四处搜寻。他弯着腰在教堂里的所有长椅下仔细地找了个遍。后来，他喊来了教堂的助理和所有的牧师，但谁也不清楚这是怎么回事。他们在一起商议了很长的时间，最后不得已互相搜身。在依然无果的情况下，他们得出了最后的结论：那个代表孩子们希望的圣子像不是打扫的时候弄丢了，也没有被人挪到其他的地方，而是被人偷走了。

在紧张的氛围下，神父将这桩偷窃案向所有上次前来做弥撒的教徒们做了汇报，并用严厉、怨恨的语调宣示了窃案的性质，将其定为不可饶恕的亵渎圣物罪。神父的目光扫视着所有的教徒，似乎在检视这里每一个人的内心。他对着在场的所有人说："圣子，必须在圣诞节之前被返还到耶稣诞生画里！"然后在一片寂静中，他大步地离开了。在日后的每一次弥撒之前，神父都会重复着他的宣誓，但是马槽仍然空无一物。

圣诞节的前一天下午，神父带着沉重、怨恨的心情，沿着教区的一条街一边走一边思考着。就在这时，他看到走在前面的是教堂里最年少的教徒。这是一个年仅7岁的小男孩，名字叫马克里。马克里瘦小的身躯正在路上吃力地向前走着，他身后拉着自己的一辆玩具车，车的颜色非常明亮，显然是圣诞节父母送他的新礼物。神父被马克里的父母所感动，因为买这么一辆玩具车需要花费一大笔钱，而马克里的一家是非常贫困的。神父心里顿时感觉温暖起来，这几日的怨气也消散了许多。神父加快步伐赶上了前面的马克里，想要对他说声"圣诞节快乐"，而且想要大声称赞他那儿童车有多棒！然而，当他赶上马克里的时候，一颗心突然感觉像是被掏空了一样。因为他发现马克里的玩具车并不是空的，里面装着一个东西。尽管这个东西被一块布包裹得很严实，但神父凭借多年的经验完全可以肯定这个东西就是失踪的圣子像。

神父厉声叫住马克里，并开始审问他。马克里只不过还是一个孩子，他被吓得马上就承认了。然而，他不知道这样的行为是一种很严重的罪过。这时，神父的高声怒斥使小小的马克里明白了这些。他站在那里，用自己纯洁无邪的眼神望着神父，眼中充满了委屈的泪水。在神父的一阵严厉的斥责后，马克里哽咽着说："可是，教父，我并没有偷窃圣子，请您相信我！"他又哽咽了一下继续说："我向圣子祈祷，希望得到一辆玩具车作为圣诞礼物，我还承诺如果得到了新车子，一定会带他出来让他先坐头一回！"

神父听到马克里的话后，内心受到了很大的震动。正是因为自己的怒气太多，才看不清事情的真相，从而忽略了马克里纯洁、清澈的眼神，差点冤枉了这位无辜的小男孩。

当你没有看到事情真相的时候，千万不要对一些事情胡乱揣测，用怨恨的心情去面对眼前或许可悲的事实。或许你看到的是无可争议的事实，但是你仍然不能确定它的真相到底是什么。生活在如此复杂的社会，人们的思想总是习惯于从坏的方向出发，习惯对世事的不公进行恶劣的评判，甚至连孩子般晶莹剔透的心灵也看成是“邪恶的掩饰”，这会让人们忽视并怀疑美好的存在，最终也会失去越来越多的幸福和快乐。

智者寄语

当你没有看到事情真相的时候，千万不要对一些事情胡乱揣测，用怨恨的心情去面对眼前或许可悲的事实。或许你看到的是无可争议的事实，但是你仍然不能确定它的真相到底是什么。

不要抱怨：谁的人生没有坎坷

经常会有这样的人，他们总是在抱怨，抱怨自己生不逢时，抱怨自己的努力没有收获，抱怨自己的人生处处不如意，这样的抱怨，只会让自己给自己一个无比劣等的差评，会在心中形成很差的自我意象，要知道，谁的人生没有过坎坷？

一位心理学家曾经说过：有人易情绪低落、自暴自弃、无法适应环境，这是因为他们胸无大志。他们没有自知之明，喜欢处处与人攀比，总梦想着能获取与别人一样的机缘，从而获取成功。这样的人，总是看到了别人好的一面，拿别人好的一面跟自己的坏运气对比，这样的心态永远无法正视现实。

威廉·威伯福斯是英国著名的政治家、改革家，但是他身材奇矮。作家博斯韦尔在一次听过威伯福斯的演讲后，对别人说：“他刚站到台上，我觉得他真是个小不点儿，但是我听他的演说时，越听越觉得他人变大了，到后来，竟觉得他是个巨人。”

对于威伯福斯来说，身材的矮小已经是他一辈子无法改变的坏运气了，可就是这样一位奇矮的人，终生病弱，却靠他强大的心态，一生致力于反对奴隶贸易，废除英国的奴隶贸易制度。

每个人都有过糟糕的经历，关键要看你是用怎样的心态去对待这样的经历。一味地抱怨，就是无所作为，就是在逃避责任、躲避义务，是自甘沉沦的表现。

乔治是个再普通不过的人，他身边的人总是无忧无虑地生活着，但是乔治却没有那样，他从来没有开怀大笑过，每当有开心的事情发生时，他都会想到自己是一个私生子，他觉得自己不配拥有开心的微笑，他觉得自己是被遗弃的人，只要不被人嘲笑就很好了，所以他总是一副“苦瓜脸”。

正因为这样，乔治的妻子离开了他，没过多久，乔治的母亲也去世了，他更加觉得自己不但被亲人遗弃，更是一个被“上帝”遗弃的人，他觉得他已经不能再承受人生的坎坷了。既然“上帝”已经将他遗忘，他已经没必要活在人世。

于是，乔治喝下了一瓶农药，当喝下农药后，他突然想通了：我的生命是母亲生命的延续，即便我的一生处处坎坷，我也应该活下去，不为自己也应该为母亲活下去。但没等乔治多想，他已经昏倒了。

不知道过了多久，乔治突然醒了过来，他打开家门，看到外面的路人来来往往，他知道自己没有死，或许是商店的老板给他拿错了药，或许是上帝希望他活下去，总之，乔治开始渴望自己的新生活，他决定坦然面对自己的人生，让自己的生命不再被“抱怨”环绕。

乔治决定帮助那些跟他一样被上帝遗忘的人，于是他成为了教堂的志愿者，每天穿梭于教堂的各处，他步履轻快，满脸笑容，他希望自己能感染所有曾经满怀抱怨的人。

人生的很多经历是自己无法改变的，特别是一个人的出身，如果因为出身不好而抱怨，那么人生接下来的路都会充满烦恼和挫折。一个人只有正视现实，接受现实，才能用最积极的心态去走好人生之路。

所以，无论什么时候，无论在何处，都不要抱怨自己的人生。人生中充满了机会，也充满了各式的坎坷，在你陷入坎坷的泥沼中时，更不要抱怨，不要以为别人的人生就一定会比你好，每个人的人生都不容易，每个人的一生都不只有鲜花和掌声，也有荆棘和泪水，有欢乐有痛苦。抛掉一切不实际的想法，享受生活的酸甜苦辣，这样才是给自己的人生一个最美的诠释！

智者寄语

每个人都有过糟糕的经历，关键要看你是用怎样的心态去对待这样的经历。一味地抱怨，就是无所作为，就是在逃避责任、躲避义务，是自甘沉沦的表现。

第十七章

时刻学习，不断提升自己

强化学习意识,养成学习习惯

现代社会的变化日新月异,如果没有良好的学习习惯,不能坚持不断地学习,不能追寻各个领域不断更新的知识体系,那么你注定会丧失基本的生存能力。

不论你曾经多么出色,不论你现在多么能干,都不应该放弃学习的习惯。如果你一味地沉溺于自己曾经的美好中,那你的学习习惯很容易受到阻碍。过分地自满会让你感觉到内心膨胀,学习的意识也会随之大大减弱。

“活到老,学到老”,这句话应该成为每个人的格言,学无止境,只要你想随着时代的潮流向前进,那么你就得学习,没有学习习惯的人会遭到社会无情的打击,一个人一旦失去了学习的习惯,很多方面的能力会加速退化,所谓“不进则退”说的就是这个道理。

汤姆所在的公司被一家法国公司兼并了。在新总裁和这家公司原来的员工重新签订合同时,新总裁宣布:“公司合并后,我们原则上不会随意裁员,但公司会加入很多法国同事,如果谁的法语太差,与新员工交流不畅,公司就不得不请他离开。这个月末我们将进行一次法语考试,及格的人可以在公司继续工作。”

这次签约会议结束后,几乎所有的人都跑去图书馆借阅法语书籍,只有汤姆像往常一样直接回家了。其他同事们都认为,汤姆一定是想放弃了,毕竟他快40岁了,要想重新学习一门语言可不是一件容易的事。

一个月后,考试成绩出来了,这次的考试中,有30%的人没有及格,公司毫不留情地把他们解雇了。不过,令大家意外的是,在这份解雇名单中居然没有汤姆的名字,正在大家都为汤姆的事疑惑时,公司新总裁向大家宣布了一个决定:任命汤姆担任销售部的主管!

这样的结果更是让同事们不解,他们纷纷找汤姆问个究竟。

原来,十多年前,汤姆刚来到这家公司时,他看到公司的法国客户很多,自己又不会法语,与客户沟通时非常不方便,他认识到自身的不足。为了弥补这个不足,汤姆坚持每天提高自己,于是从那时起他就开始有意识地自学法语。

可是,每天的工作都很忙,汤姆的时间分配也在工作与学习之间产生了矛盾。经过思考,汤姆决定每天记10个法语单词,这样下来,他一年就能掌握3600多个法语单词,然后再慢慢地学习运用,有了单词的基础,他很快就能掌握法语了。

法语在汤姆此前的工作中体现的价值很小,但是他仍旧不间断地去学习,因为毕竟是跟他的工作有关系的,所以十多年过去了,汤姆的法语已经学得非常地道,而且他也养成了自主学习的好习惯。

汤姆正是因为有良好的学习习惯,所以才能在这次考试中脱颖而出。很多极有天赋的人,终生都在平凡的岗位上碌碌无为,出现这一现状的根本原因就是,这样的人认为自己有“天赋”,不必学习,所以他们更多地选择将大量的时间用来消遣或游戏,而不是看书。

足够的知识储备是一个人在工作和生活中取得突破性进展的必备条件,因为一个人知识储备越多,发展的潜力也就越大。

良好的学习意识,随时求进步的精神是一个人卓越成长的前提,一个有着良好学习习惯的人,能随时随地去学习,他们做任何事情往往都能比别人做得好,他们能够珍惜一切与自己有关的学习新机会,对他们来说,学习积累的过程要比一时的安逸享乐更重要。

如今的社会，成功者并不一定有着高文凭，但是成功者一定是善于学习的人，所以，我们必须养成坚持学习的习惯，用学习来武装自己的头脑，用学习来改变自己的命运！

智者寄语

不论你曾经多么出色，不论你现在多么能干，都不应该放弃学习的习惯。如果你一味地沉溺于自己曾经的美好中，那你的学习习惯很容易受到阻碍。过分地自满会让你感觉到内心膨胀，学习的意识也会随之大大减弱。

广泛涉猎，闲暇时间多读书

美国第16任总统亚伯拉罕·林肯是一个爱好读书的典型，他接受正规教育的时间加起来也不足一年，但是他却有着强烈的读书欲望，他不是天才，但是他会将书中的章节逐字逐句地摘录下来，以便自己能准确地记住并更好地理解。林肯用勤奋读书弥补了自身才智的不足，他不仅通过读书改变了自己的命运，而且还改变了美国的历史进程。

读书能改变一个人的命运，多读书能够让人了解方方面面的知识，能够开阔人的视野，让人们拥有深厚的知识积淀，为日后的成功打下基础。

小赵从小就喜欢读书，每当跟别人待在一起的时候，他总是喜欢和别人聊一些自己曾经看过的书，以炫耀自己懂得很多别人不知道的事情。因为这样，大家也都觉得小赵是一个知识渊博的人。

小赵还会经常写一些文章，有时候他会将自己觉得不错的文章拿去报社投稿。时间长了，其中的几篇就被登报了。每当看到自己的文字被印刷在报纸上时，小赵都高兴得不得了，他也会拿着自己发表的那些文章给大家看，大家看了之后没有不说好的。

就这样，小赵在听了大家的称赞后，开始飘飘然起来，他认为自己很有写作的天赋，所以，从那时起，小赵就放弃了自己读书的好习惯，因为他将更多的时间用在了创作上。

小赵每天一有时间就坐在写字台前写文章，他忙起来的时候，书一页都顾不上翻。小赵总是想："我要多写一些文章，因为我有较强的驾驭文字的能力，我的文字一定能超越前人。"

就这样，在小赵的坚持下，他又陆续发表了一些作品，可是没过多久，小赵的文章就再也没有见过报了。小赵很费解，他不知道自己的问题出在哪里。

后来小赵给报纸的编辑部写了一封信，希望能得到他们的指导。编辑部很快给小赵回信了，信中写道："您的作品思路都很不错，可惜内容不够充实。希望您能增加自己的阅读量，这样不仅能增强您的文学修养，对您今后的写作还会有很大的帮助。"

小赵一直觉得，写作就是自己思想的表露，与阅读没有关系，所以他曾经的阅读习惯因为爱好上了写作就一直处于停滞状态。而看到这封信时，小赵才才意识到自己已经很久没有读过书了。从那以后，不管每天多忙，小赵都会抽出一定的时间来阅读，而他的文章也逐渐写得精彩起来。

知识既不能遗传，也不能赠与，更不能复制和购买，只能靠自己一点点努力地去学习，通过读书去积累。知识的积累与进步的速度成正比，一个人没有知识的积累也就不会有进步。既然知识的积累大都是通过读书来获取的，那么养成读书的习惯，则是培养良好学习习惯的基础，而读书的习惯一旦形成，就会影响我们一生。

欧阳修说:“立身以立学为先,立学以读书为本。”毕竟每个人与智者交流的机会是有限的,而古人和今人都已将自己的智慧融入了书本中,所以不妨通过读书间接地向他们学习。

读书能提高我们观察世界的高度,读书能让我们视野开阔,读书也能让我们思想深刻,“腹有诗书气自华”,唯有读书可以让我们从容应对时代的变迁,实现人生的价值。“书籍是人类进步的阶梯”,一个人如果自幼就养成了良好的读书习惯,那他的一生都会受用无穷。

当然,读书也不要过于局限,广泛涉猎才能让你更系统地学习,当然广泛涉猎也需要将目标锁定在健康有益的范围内,多读一些有利于修身养性的书籍,多读一些关于兴趣爱好方面的书籍,多读一些与工作有关的书籍,抓住一切闲暇时间,你会感受到读书的乐趣。

智者寄语

读书能改变一个人的命运,多读书能够让人了解方方面面的知识,能够开阔人的视野,让人们拥有深厚的知识积淀,为日后的成功打下基础。

不断“充电”,每天进步一点点

每天不间断地“充电”是一个人应该终生培养的好习惯,每天不间断地“充电”就不会虚度每一天,也不会让每一天都在懒散和庸碌中度过。每天不间断地“充电”是轻松地实现目标的好方法,每天不用付出太多,只要有一点点的进步,那么还会有什么能阻挡你最后的成功?

每天阅读15分钟,能让你一个月读完1本书;每天记1个英文单词,能让你一个月记录30个单词,一年记录365个单词;每天跑步30分钟,能让你一年后变得更加健康。只要不间断地“充电”,那么你每天都会有收获,每天都会有进步。

刘伟已经在北京工作了很久,在别人看来,刘伟跟那些外来务工的人没什么差别,刘伟每天都穿着算不上体面的衣服,骑着一辆破旧的自行车,穿梭在工地和自己狭隘的租住房里。

虽然刘伟的日子过得比较苦,但是他对自己的生活状态却非常满足。他觉得自己虽然是个大学生,可是能在建筑工地的第一线工作是他人生难得的体验和经历,而且在一线工作能够获得更多的知识和经验。

大学毕业后,刘伟便在这家建筑公司工作,他负责楼层管道的走线工作。刚开始接触图纸时,刘伟还有些丈二和尚摸不着头脑。因为刘伟学的虽然是建筑专业,可是,毕竟他只接触到了理论方面的知识,而在实际操作方面,他没有一点儿经验。如今,当他面对一幢幢高楼时,他觉得自己学到的知识突然人间蒸发了。

刘伟认识到了自己的不足,所以他决心从头学起,因为再丰富的知识,如果不能运用到实践中去,那么学得再好也没有任何意义。于是,他放下自己的大学生架子,跟着那些有经验的老师傅们一起融入到这栋建筑的每一个细节中。就这样,一个建筑专业的大学生,跟普通的民工一样,每天在工地上下跑来跑去,但是刘伟不但跑上跑下,他还努力地学习着一点一滴的建筑行业的基本知识。

很多人都认为刘伟是读书读傻了,很多工作他只需要指挥就好,完全没必要亲自动手,可是刘伟却觉得,自己对建筑行业的了解越来越深刻了。他觉得别人眼里自己每天都在做苦力,而自己却是每天都在获取不同的知识,每天都能通过实践而收获一些书本上没有的实用技巧。此时的刘伟已经不再单单是一个研究管道线路的大学生了,他已经将自己的知识面扩散到建筑的方方面面。

就这样，刘伟在这家建筑公司工作的第三年，他便从一个普普通通的管道技术员升为主管一方的经理。升职后的刘伟，依旧没有改掉每天下工地的“坏习惯”，他依旧每天习惯性地蹲在工程第一线。他认为，一个人要想在一个行业中具备足够的竞争力，就必须不断地让自己充实起来。

刘伟每天都能在工地上学到各种各样的知识，虽然每天只能学到一点点，但是这些知识是他坐在办公室看图纸永远也学不到的。刘伟觉得，自己每天这样一点点地“充电”，最后一定能有所收获。

每天不断地“充电”，你就会让自己每天都有收获，都有进步。许多人在离开学校后就将学习的事情抛诸脑后，认为工作就是该用自己原有的知识取得成绩的过程。其实不然，社会在进步，人类在发展，很多我们过去学过的知识都在更新，如果你放弃了学习，那么你就放弃了自己进步的机会。

现在，不妨反思一下自己，你有多久没有翻书了？你花了多少时间去提升自己？你的今天比昨天是否优秀了那么一点点？今年的你和去年的你哪个更有能力？社会发展日新月异，如果你不每天学习，不坚持“充电”，很快就会落伍，会被这个时代抛弃。所以，无论何时何地都不要忘记给自己“充电”。

不断地给自己“充电”是一个需要终生培养的学习习惯，每天不断地给自己“充电”，你才能肯定地回答说，今天的自己比昨天的自己优秀，今年的自己比去年的自己能力更强。每天的一点点进步虽然看似不值得一提，但是几年后，你会发现自己已经脱胎换骨，由毛毛虫蜕变成了美丽的蝴蝶。

任何事情都是变化的，只有持之以恒，只有坚持每天不断地“充电”，才能有助于一个人的成功。不要迫不及待地想用成功来证明自己，一口吃不成胖子，只要你拥有终生学习的习惯，那么成功会自然地站立在你脚下！

智者寄语

社会发展日新月异，如果你不每天学习，不坚持“充电”，很快就会落伍，会被这个时代抛弃。所以，无论何时何地都不要忘记给自己“充电”。

学习小于变化就等于死亡

有一个著名的LCD理论：学习（Learning）小于变化（Change）就等于死亡（Die）。这个理论很有道理。学习小于变化，就等于在不断地落伍，最终也将会被时代淘汰。

孔子说：“好学近乎智。”说到底，任何工作都离不开知识这一基础，而学习则是获得知识的有效途径。学习已变成了终生的事情，人们必须随时随地学习，只有这样才能让自己立于不败之地。

“有一个李斌，我们工厂就可以起步；有十个李斌，企业就能振兴。”这是李斌所在工厂的老厂长俞云飞的由衷感慨。

李斌是上海电气液压气动有限公司液压泵工段长，曾五次被评为上海市劳动模范，两次荣获全国劳动模范和全国五一劳动奖章，先后获得过全国十大杰出工人、中国青年五四奖章、中华技能大奖、全国知识型职工标兵、全国十大高技能人才楷模、上海市优秀共产党员等荣誉，并光荣当选党的十六大、十七大代表。

1980 年，李斌从技校毕业，来到液压泵厂当了初级工。那时的工厂设备陈旧，生产低迷。面对经济不景气的工厂，李斌为自己定下了“普通工人也有振兴液压泵厂的责任”这样的决心。李斌在师傅的教导下从学习、钻研技术起步，仅用了一年多时间就初步掌握了车、钳、磨、铣等金属切削加工技术，随后又掌握了机械、工装、维修等多项技术。

李斌不仅注重实践中技术的学习和提高，而且还特别注重技术理论知识的积累。李斌利用业余时间，自学高中课程，并于 1982 年考取上海电视大学，用三年时间完成了机械工艺与设备专业的学习。1998 年又考入机械电子工程本科专业学习，用了三年时间获得工学学士学位。1986 年 3 月，李斌被选派到德国海卓玛蒂克公司的瑞士分公司培训。他利用这个机会收集了 4 厚本的数控机床调试资料，将每道工序、步骤都驾轻就熟。1988 年，当李斌再次出国学习时，他表现出的技术水平深得外方赞赏，被破例聘请成为这家公司的第一个中国编外调试员。

李斌始终坚持立足生产第一线，不断学习当今数控科技领域新技术。“让我试一试”已经成为李斌在面对困难时的口头禅。多年来，在李斌的带领下，共完成数控编程 1600 个，改进 230 余项，直接创造经济效益 1000 万元。以李斌名字命名的上海电气李斌技师学校成为培养高技能人才的基地，已培养了 5800 名学员。他近年无偿授课 1950 小时，并通过“李斌师徒网站”使大批技术工人成长。

李斌进厂近 30 年，通过不断学习和实践，从一名初级技工成长为一位专家型的技术工人。如今依然奋战在生产一线攻克技术难关的李斌充满自信地说：“知识使我们工人更有力量，我们将尽力为企业做得更多、更好，使我们的国家发展更快！”

正是不断的学习与实践，才使得李斌不断地成长为一个技术专家。要想在职场中有所施展，在工作中获得成长，你就必须像李斌一样，积极磨炼自己，不断提高自己的专业技能和业务水平。只有这样，你才能不断地进步和成长，才能抓住和创造机会。

如果你发现自己需要学习什么，就应当立即动手，不要为自己找借口。就像一句古谚所说：“你的船要是有了破洞，就花点时间补好它。”否则，一处缺陷抵消了许多长处，难免功亏一篑，令你失去许多成功的机会。

比尔·盖茨说：“你可以离开学校，但你不可以离开学习。”确实如此，学习应当成为我们的工作方式，学习还应该成为我们的生活方式。学习的内容有很多，方式也有不少。技术工人需要学习专业技能，市场人员需要学习业务知识，管理人员需要学习管理知识，领导人员需要学习领导技巧……我们可以通过读书学习，可以通过网络学习，可以通过培训项目学习，还可以通过其他你可以想到的一切方式来学习。在信息时代，我们更要时刻激励自己不断学习，站在众人的肩膀上前进。下面为大家提供几种适用于职场的学习方法，供大家参考：

1. 不要吝惜投资

用至少 3% 的收入购买各种书籍和杂志，其中包括音像图书和学术刊物。你应为培养自己的能力而投资，尽管成千上万的人在没有受过正规教育却有极好机遇的情况下也攀登上了成功的顶峰，但是他们的成功也是由于具有坚定的信心和良好的学习能力，历经了极大的艰辛。

2. 利用一切可以利用的时间

一个人每天往返于工作地点和家中，一年中平均有 500 ~ 1000 小时被无目的地浪费掉了。其实你完全可以利用这些零散的时间来提高自我，比如听听专业知识录音带，看看袖珍英语词典等。有人计算过，如果能够充分利用这段时间，效果竟相当于在大学学习两个学期。有很多伟大的成功者都能巧妙地利用零散时间，让自己在不知不觉中比别人高出一筹。

3. 坚持每天阅读

阅读对人的提高确实不可小视。每天阅读一小时，意味着你用两周时间就能阅读完 1 本专业书籍。这样，就能每年读完 25 本书，10 年读完 250 本书——这个数字是相当惊人的。在现今世界上，每人平均每年看的专业书籍不到 1 本的情况下，每年阅读专业书籍 25 本，将有助于提高你的专业水平。这不仅能使你成为众多竞争者中的佼佼者，而且可以改善你的经济状况，提高你的生产率。应记住，你头脑中装载的所有知识对于塑造今天的你都是有用的。

智者寄语

说到底，任何工作都离不开知识这一基础，而学习则是获得知识的有效途径。学习已变成了终生的事情，人们必须随时随地学习，只有这样才能让自己立于不败之地。

学习不要“等、靠、要”

孔子说：“生而知之者上也，学而知之者次也，困而学之又次，困而不学下民也！”孔子这句话的意思就是：生来就知道的是最上等的；通过学习才知道的是次一等的；遇到困难才学习的又是次一等的；遇到困难仍然不学习的人是最下等的了！所以，那些总是不会主动学习的人就是最下等的了。要想不当下等人，学习就不要“等、靠、要”。

现在知识更新的速度越来越快，职业的半衰期越来越短。一个高薪者若不学习，用不了几年就会变成低薪者。所以，不能等到需要的时候才去学习，要自己主动去学，提前学习，才能够让自己一直跟着时代向前走。因为现在知识折旧的速度非常快，据人才市场的统计信息显示，25 周岁以下的从业人员，职业更新周期是人均 1 年零 4 个月。当 10 个人只有 1 个人拥有电脑初级证书时，他的优势是明显的；而当 10 个人中已有 9 个人拥有同一种证书时，那么原有的优势便不复存在。所以，我们要不断学习，保持自己的知识库持续更新。时代的演变和社会的进步逐步加速，过去的成功经验可能会是今天失败的原因。所以，要让学习成为企业永葆生机和活力最好的方式和方法。学习使人进步，使企业保持生机和活力，使企业在当今激烈的竞争中永远保持不败。

纵观国内外大多数著名企业的发展，都离不开“学习”这两个字。美国很多的优秀企业都是按照“学习型组织”模式进行改造的。国内一些企业也通过创办“学习型企业”而给企业带来了勃勃生机。汪中求先生在他的《细节决定成败》一书中这样总结他们的发展史：“在创业过程中，第一代老板靠胆子，第二代老板靠路子，第三代老板靠票子，第四代老板靠脑子。”从中我们可以看出，在现代的科技高速发展、知识迅速更新的社会中，不管是工作还是生活，也不管是作为创业者还是守业者，都必须要不断地学习，不断地更新自己的知识，只有这样才能够适应逐渐激烈的竞争，保持自己永久的生存力。

其实，学习在任何时代、任何社会、任何组织中都是永恒的话题。通用电气公司首席教育官鲍勃·科卡伦说过：“在 GE 内部，一旦你进入了公司，不论你是来自哈佛大学，还是一个不起眼的学校都不重要。因为一旦你进入公司，你现在的表现比你过去的经历更重要。如果你从事一项新工作，做得不是太好没关系，我们知道你在学习，你能追上来。我们希望人们的表现高于一般期望值，工作得很出色。不过期望值不是一成不变的，期望值会随时间而变化。如果你停止学习，一段时间内一直表现平平，而期望值因为竞争、因为客户需求、因为技术进步而不断上升，但你却不再学习，那么你就可能被淘汰。要知道，在企业里，期望值是年年上升的。如果你今年销售额达 2000

万美元,明年就要达到2200万美元,而在接下来的年头,你需要做更多。如果你停止学习,从个人的角度看这个问题,就像水在涨,而你就站在那里,你不会游泳,就会被淹死。这对你个人和事业来说都是一件坏事。所以,学习是无时无刻的,不能总是等到需要学习的时候才学习。”

学习也不能依靠别人来学习。有句话是这样说的:“天助自助者。”还有这样一句话:“天道酬勤。”没有什么人比自己更能帮助自己了,所以不要总是等着有别人的帮助才学习。总等着别人吩咐和帮助才去学习的人,是没有主见、没有远见的人。他们都不知道自己要学什么、自己为了什么而学、自己的目标是什么。他们抱着一种懒惰的态度去等待,他们永远生活在现在、看着现在,不会想明天该干什么。要成就学业,没有积极性、自助能力显然是不行的。总等着别人吩咐和帮助才去学习的人总会被别人忽视,依赖性强是他们致命的弱点。一时的依赖,会让别人有成就感和满足感,但一味地依赖别人,别人就会感到累赘。依赖性强的人去学习只会搞砸,总等着吩咐的学习永远得不到提升。所以学习一定要主动,不要总是别人要你学你才学。

微软公司在招聘时,非常青睐一种“聪明人”。这种“聪明人”,并非在招聘时就已是某一方面的专家,而是一个积极进取的“学习快手”。会在短时间内主动学习更多的与工作有关的知识的人,不单纯依赖公司培训,能主动提高自身技能的人,都会受到公司的青睐和器重。

一个人要想在现代的职场中脱颖而出,就必须善于从工作中汲取经验、探索智慧,以及发现有助于自我提升的信息。一切事物随着岁月的流逝会不断折旧,你赖以生存的知识、技能也一样会折旧。在风云变幻的职场中,脚步迟缓的人瞬间就会被甩到后面。

现代企业之间的竞争,说到底是人才的竞争,是学习力的竞争。所以现在越来越多的企业都接受这样一个观点,那就是:“培训是最大的福利。”现在,大部分的大企业都是不惜重金帮助自己的员工去接受新的观念、去充实新的知识,在企业内部成立专门的培训部门。其实,培训是间接投资。虽然培训不是今天投一万元,明天就立刻能产出二万元的利润,但是只要坚持下去,那些善于学习的团队一定是最后的赢家。所以,一定要善于抓住企业提供的培训机会好好学习。学习能让自己和企业成为社会和行业的引领者,而如果出现困难了才去学习,那最后的结果是永远跟在别人的后面,没有创新和开拓。有一句话叫“勤学如春起之苗,不见其增,日有所长”,更有一句话说得好:“辍学如磨刀之石,不见其损,日有所亏。”所以,学习不要“等、靠、要”!

智者寄语

现在知识更新的速度越来越快,职业的半衰期越来越短。一个高薪者若不学习,用不了几年就会变成低薪者。所以,不能等到需要的时候才去学习,要自己主动去学,提前学习,才能够让自己一直跟着时代向前走。

有“学”有“习”,“习”重于“学”

从字形上看“学习”两个字,教者手把手地将书本知识传递给学者谓之学,这是学习的第一层含义。而“习”隐含的意义是,小鸟从鸟巢中飞出,在探索和跌倒中学习飞行。“习”字重视的是实践和探究,这是学习的第二层含义。也就是说,学习是要有“学”有“习”的,是在接受书本知识的同时,伴随着一定量的探究与实践活动。如果只会学习不会运用,就跟没有学习没什么两样。

“学”就如德国哲学家叔本华所言:“记录在纸上的思想就如同某人留在沙上的脚印,我们也许能看到他走过的路径,但若想知道他在路上看见了什么东西,就必须用我们自己的眼睛。”

而“习”诚如苏联教育家苏霍姆林斯基所说的那样：“人的心灵深处，总有一种把自己当作发现者、研究者、探索者的固有需要，这种需要在学生精神世界尤为重要。”其实这对任何一个学习者来说都是重要的，有“学”有“习”、学以致用才是最重要的。

歌德说：“人不是靠他生来拥有的一切，而是靠他学习中得到的一切来造就自己。”要“学”更要“习”，懂得从所有人身上学习和感悟，懂得举一反三，学一次做一百次，也就是说要学以致用。那些优秀的工作者正是通过不断地将学习成果转化成自己的工作能力，才能够在自己的工作岗位上取得突出的成绩，成为优秀工作者的代表。

那么，我们要怎么样做才算得上是学以致用呢？

1. 要能够将自己的学习成果转化为工作能力

学习的目的就是为了自己能够使用它，理论知识能不能为自己的实际生活和工作做点贡献，这就体现了一个人“习”的能力。将自己的学习成果，也就是理论知识转化成工作能力的时候，才真正体现了“知识就是力量”的本质。

2. 要在学习成果的基础上有所创新

我们所学的知识都是反映客观事实和客观规律的科学知识，是具有普遍性的。在具体的情况下还是要区别对待，只有正确、符合实际地使用知识，它才能够成为现实中的力量。也就是说，我们在使用知识的时候，要有所创新，从实际出发，不要犯“本本主义”的错误。

3. 能够运用知识进行技术创新

我们只要用心留意就会发现，在现实生活中，有很多满腹经纶的人动手能力却很差，而有些相对来说学习成绩有点差的人反而能够干出一番大事业。这是因为那些满腹经纶的人不懂得把知识运用到自己的工作中，不懂得用知识指导自己进行技术创新。

索尼公司的所有员工，只要一进入公司工作，他们的档案就会被封存起来，这样，不管学历的高低，所有的员工在公司里的起点都是一样的。索尼公司这样做，就是要让他们在工作中去公平竞争。公司不计较大家学历高低，只注重他们能力的大小。结果发现，研发人员中有很多人并不是名牌大学毕业的，但是他们一样能研发出各种各样优秀的新产品，而且这些产品都很畅销。从中可以看出，拥有学历并不重要，拥有学以致用的能力才是最重要的。大家都很佩服日本，他们的经济、科技之所以发展得这么迅速，就在于他们的前瞻胜、适应性，他们特别善于利用“可造之材”，注重“零”成本运行。

黑格尔曾经说过：“最大的天才尽管朝朝暮暮躺在芳草地上，让微风吹来，仰望着天空，温柔的灵感也始终不会光顾他。”从中可以看出，不管你多么有才，都要投身到实践中去。数学家克雷洛夫就曾一针见血地指出：“在任何实际事业中，思想只占2% ~5%，其余95% ~98%是行动。”可见，实践对工作是否成功起着决定性的作用。所以我们在学习的过程中要有“学”有“习”，而且是“习”重于“学”。

智者寄语

那些优秀的工作者正是通过不断地将学习成果转化成自己的工作能力，才能够在自己的工作岗位上取得突出的成绩，成为优秀工作者的代表。

学会把知识转化为职业能力

作为企业的员工，必须要有工作能力，而能力是要靠知识来武装的。英国著名哲学家培根说:“知识就是力量。”其实知识本身并不具有力量,只有当知识化为明确的目标和具体的行动时,也就是说把知识转化为职业能力时,才会对人们起到一定的作用,才会增强我们解决实际问题的本领。

尽管我们的员工都已懂得了知识的重要性,然而却有许多人学习动力不足,缺乏将学到的知识转化为解决实际问题的能力。

某企业招聘工人技师,一名本单位的员工决定去竞聘这个职位,为此他下了很大一番功夫,把那些有可能要考的深奥的理论背了个滚瓜烂熟,以95分的成绩顺利地通过了文化理论考试。理论知识过关,这只是通往成功的第一步,还要进行另一轮的考试——现场操作考核,即在规定的时间内排除“故障”,也可以说是面试,可惜,这回他没考好,只得了60多分。他很沮丧,明明自己把那些现场排除故障的操作要领背得滚瓜烂熟,怎么在实际操作中就用不上了呢?看来自己是没有学到点子上。

虽然他的理论成绩很好,企业还是没有招聘他。倒是理论成绩比他差,而操作成绩比他好得多的被聘上了。按理论和操作两门的总分数来说,他甚至还要高于那个被聘上的人。

他有点不服,对负责考核的人说:“我的总成绩是最好的,为什么不聘用我,而聘用比我总分还低的人呢?”

负责人是这样解释的:“我们需要的是具有实际操作技能的人,要的是有绝技、有绝活的能工巧匠,能现场解决实际问题的人,而不是一个书呆子式的人。”

小说家柯南·道尔笔下的大侦探福尔摩斯曾说过这样一段话:“我的知识就像我酒柜里的酒,虽然不是很多,也不是很名贵,但我知道它在哪里,需要用时就能拿出来。而不像有的人,虽然酒柜很大,酒很多,但杂乱无章,需要用时不知拿什么。”

这实际上说明了一个道理:拥有知识并不等于拥有能力。福尔摩斯虽然没有多么渊博的知识和高深的学问,但他善于把知识转化为能力,善于动脑子,善于推理和联想,因而破获了许多别人破获不了的案子。而有的人虽然学富五车,但他掌握的只是书本上的知识,在实践中却不知如何运用。这样的人,知识再多又有什么用呢?

英国过去有个名叫亚克敏的人,除了读遍家中七万多册藏书外,还博览群书,见书就读,可以说是一个很有学问的人。尽管他读了那么多的书,可是,他只为读而读,一辈子也没写过一篇文章,没有对社会做过任何贡献,是一个典型的读死书的呆子。

学习是一个长期的修炼过程。一个人如果像亚克敏那样对待读书,不学以致用,不善于把学到的知识运用到实际工作中、落实在行动上,即使是“学富五车、才高八斗”,也不能说达到了学习的最终目的,也是毫无意义的。

因为从书本上学到再多的知识,如果不把它转化成为工作的能力,不转化为物质的财富,那知识也就失去了它应有的价值。

在职场也是如此,作为一名员工,不管你拥有多么渊博的知识,如果不知道学以致用,只是纸上谈兵,是不会取得任何成就的。

集琦生化公司总经理郭正在致全体员工的一封信中着重提到了“把握规律、以能致用”,他说:“在这个竞争激烈的社会里,一个人是否有竞争力,是以他的工作能力为衡量标准的,而不是以学历、文凭或职称为衡量标准的,人才竞争最终体现为工作能力的竞争,有能力的员工才会被提升。世界万物中都存在着自然规律,会学习的人,有学习意识的人就会懂得举一反三,学以致用,快速提高工作技能和水平,为企业做出更大的贡献。企业永远为那些会学习、懂利用,为企业创造利润和价值的员工提供晋升空间。”

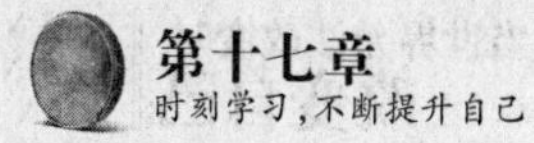

王灵是一所普通大学的学生，学的是计算机专业。毕业前夕，在亲戚的帮助下，进入某大城市的一家科研机构实习。

刚去时，人生地不熟，他只好看着别人做，显得有点无聊，领导看他闲着也是闲着，便交给他一份资料，说："实习期间完成就行了。到时给你个实习鉴定。"

接过那摞资料翻了翻，王灵二话没说，就在电脑上忙活起来。几天以后，他把结果交给了领导。

领导当时有点不大相信，仔细地看了看那些资料才确信，王灵做得非常完美，暗暗地对这个学生有点刮目相看了，便想再试试他的才干，于是，又陆续交给他几项任务，并且规定的时间也很少，而这一切都没有难倒王灵，他居然都提前完成了。

实习结束后，王灵回到学校。当别人都在为毕业找工作而忙着四处求职时，他实习过的那个单位，却来到学校，点名要跟他签约。

有人问这家科研单位的领导："那么多重点大学毕业的本科生、研究生你不要，却要一个普通的大专生，是不是他家有特别的关系，走后门进来的？"

领导很正经也很严肃地说："这一点我可以完全肯定，不是走后门进来的。他确实是有能力，能做成事。"

事实证明，王灵确实是一个有能力的人，以往由人工做的事，由于烦琐，计算等方面很复杂，容易出误差，而且又费时费力，而王灵凭着他过硬的计算机技术的应用，不仅减轻了部门工作量，节省了人手，还大大提高了工作效率。

后来，单位的上级部门听说他很有才能，便借调他去帮忙，结果，这个部门以前的报表都是最后上交，并且还要返工，但这次却是第一个送上去的，并成为少数几个一次通过的报表。上级部门的领导非常看好他，便点名要他留在那里工作，虽然下属单位有点不舍，但还是不得不放。

当别人正在为保饭碗而时时担心下岗失业时，王灵却作为人才、作为宝贝，被单位争来抢去，凭的是什么，凭的是他的能力。也许有人认为，王灵运气好，碰见了幸运女神，同样是学计算机专业，同样是一个学校、一个班级出来的，没有几个人能有王灵这般幸运，但不知说这种话的人想过没有，他的幸运是偶然吗？王灵这样的人就算没进入这家科研单位，在别处就职，也一样会发光的，因为他的幸运归结于他能把所学的知识转化为能力。

所以，不要埋怨自己不够幸运，如果你也能把所学的知识转化为能力，也会成为职场宠儿。在我们的成长过程中，我们每个人都需要不断地学习，积累和掌握新知识，并把学到的知识转化为工作能力。无论是管理者还是员工，在掌握知识的前提下，学以致用，才能为企业发展提供强有力的保障。

智者寄语

其实知识本身并不具有力量，只有当知识化为明确的目标和具体的行动时，也就是说把知识转化为职业能力时，才会对人们起到一定的作用，才会增强我们解决实际问题的本领。

不断提高学习能力，实现自我超越

"超越自我"是指一个人需要认清自己真正的理想，为了实现理想而集中精力，培养必要的耐心并客观地洞察现实。能够做到"自我超越"的人，会不断实现内心深处最想实现的愿望，他们对工作的态度就如同艺术家对待艺术作品创作一般投入。

马云说,博士学位拿到了,但生活的考试才刚开始。很多像马云、俞敏洪、任正非一样的"牛人"虽然有很高的学历,不论工作多忙还是每天会固定地抽出时间看书学习。即使不能通过书本来学习,他们也会时刻留意,在工作的过程中学习新知识,提升自我,并不断地超越自我。

多数人遭遇失败的原因就在于他们不能正确地判断自己的能力,不懂得自我超越的道理。但其实只有不断超越自我,才能成就不平凡的人生。

一个能够超越自我的人,一生都在追求卓越的境界。马斯洛在《存在心理学探索》的再版序里写道:"我们需要'比我们更强大的'东西。它会强调自我、强调内因,教我们学会如何扩展个人的能力,突破成长上限,不断实现心中的梦想。"

在篮球界,1.91米的个头根本不算什么,而林书豪却创下了一个传奇。林书豪的表现不仅仅吸引了NBA球探的关注,就连哈佛校友和微软CEO史蒂夫·鲍尔默都对他的表现大为赞赏。

林书豪能成为一个令人瞩目的球星的秘密到底是什么呢?那就是不断超越自我。

林书豪靠着自我鞭策与努力,取得了哈佛大学的双学位。林书豪在刚进入哈佛篮球队时,人们经常向他投来异样的眼光,但他没有退缩,就在这样的环境下学习打篮球的技能,一点点地进步,用自己的表现来回击蔑视他的人。他不断地为自己设定更高的目标,一步步超越自我,最终在美国篮球界脱颖而出,取得了成功。

由此可见,自我超越的价值是不可估量的。林书豪在进入哈佛篮球队受人白眼和冷言冷语时,他没有放弃,而是努力学习,一步一步坚持走了过来,这就是一种自我超越。

人生就像一座金字塔,我们只有通过学习努力向上攀登,才能享受更多的自由和更广阔的空间。

个人成长的过程其实也是一个不断超越自我的过程。也许我们在此过程中会遇到一段瓶颈期,常会感到力不从心,但是只要突破自己的成长上限,就能使自己处于进步的状态,否则我们就只能原地踏步。

那么,应该如何提升自己的学习能力,超越自我呢?

1. 培养潜意识

自我超越的实践过程中隐含着潜意识活动。潜意识对于我们的学习来讲是非常重要的。我们整个学习的过程其实都是在培养潜意识中的某种习惯。譬如,在你初学开车的时候,需要聚精会神,甚至要你和坐在身旁的人谈话都有困难。然而,练习几个月后,你几乎不需要有意识地注意开车的动作,就可以熟练驾驶了。不久之后,你甚至可在车流量很大的情形下,一边驾驶,一边跟坐在旁边的人交谈。这就是潜意识在发挥作用。

2. "心智预演"

高难度的演出前的"心智预演",已成为各种专业表演者的心理训练例行项目。比如世界级的游泳健将发现,想象自己的手比实际的大两倍,确实可以使自己游得更快。

只要我们能重新认识自己,挖掘出自己的潜力,克服困难,以一种积极的、创造性的态度对待工作,就能不断提高自己的学习能力,从而实现自我超越。叶剑英元帅曾说过:"攻城不怕坚,攻书莫畏难,科学有险阻,苦战能过关。"所以,不管遇到多么大的困难,只要我们肯下决心去学习、去行动、去挑战,就一定能战胜困难。只要我们愿意,我们就能够超越自我,将不可能变为可能,创造出奇迹。

智者寄语

人生就像一座金字塔,我们只有通过学习努力向上攀登,才能享受更多的自由和更广阔的空间。

提升能力是没有风险的投资

你有没有想过这样一个问题："什么才是最可靠的财富？"

有些人可能会说最可靠的财富是权力和荣誉。可事实上这些都是身外之物，说失去就失去，又怎么会可靠？

还有人会说是金钱，可金钱难道不会贬值吗？即便一个人现在很富有，如果他不思进取，钱也总有花光的一天。由此可见，金钱也并不可靠。

那么，什么才是最可靠的？其实，一个人要很好地生存下去，真正可靠的是能力，因为一个人的能力不会丢失，它会陪伴人的一生，就像人们所说的"有能力就不怕货币贬值"。只要有能力，即使是失败了，也能重新来过。

看看那些成功人士，我们就不难发现，他们的成功其实就是一个不断学习、不断总结、不断提高自己能力的过程。可以说，提高自己的能力对任何人来说都是最好的一种投资，因为它没有风险，只有回报。

在我们参加工作之前，学习就是没有风险的投资。同样，当我们成为员工后，就应该把提高自己的能力作为一项长期投资，因为只有在工作中不断提升自己的能力，才会获得更好的发展机会。

许振超只有初中学历，但他参加工作后曾先后荣获青岛市劳动模范、山东省有突出贡献的工人技师、全国"五一"劳动奖章获得者、全国交通系统劳动模范和全国劳动模范等一系列光荣称号，被誉为新时期产业工人的杰出代表。一个只有初中文化水平的工人到最后成长为全国劳动模范和新时期产业工人的杰出代表，是依靠哪种强大的力量呢？

我们来看一个关于他的小故事：

一次，港里的一台桥吊的控制系统发生了故障，于是请外国厂家的工程师前来维修。外国厂家的工程师才工作了几天，就一下挣到了4.3万元。这件事深深刺痛了许振超。他发誓要自己学习修理，因为只有这样，才能为青岛港省下更多的费用。

然而，桥吊的构造非常复杂，涉及自动控制、电力拖动等多项技术，甚至是机械专业的大学生也至少要用两三年才能够将一般性的故障处理好，更别说只有初中文化的许振超了。

可是为了攻克这门技术，许振超下定了决心。从此他便像着了魔似的开始钻研这个难题。每天下了班，许振超的第一件事就是拿着借来的备用电路板，一头扎进自己的小屋进行钻研。有时候，实在看累了、学累了，许振超就到冰箱里取一块冰，在脑门上敷一会儿，再接着学，接着研究。他给自己定的目标是：每天下班后，晚上再坚持多干、多学3小时。

就这样，许振超整整用了4年的时间，一共用完了12块电路板，画了足足两尺厚的电路图纸，终于攻克了技术难点。近几年来，经许振超主持修理的项目累计为青岛港节约了800多万元。

许振超在日记中写道："要自己教育自己""悟性在脚下，路由自己找"。正是凭着这股韧劲，许振超学到了真功夫，从工人迈进了技术主管的行列，并打破了一个又一个的世界纪录，使"振超精神"名扬海内外。

许振超之所以能够从一个只有初中文化水平的工人成长为新时期产业工人杰出代表，有一个很重要的原因就是，他懂得在自己的工作中不断提升自己的能力。他把工作当成是一个不断学习的过程。结果，他不仅抓住了一切成就自己的机会，更重要的是让自己变成了无人能替代的员工。

能力是无价的。一个人一旦具备了一种特殊的能力,那就意味着他拥有了比别人更大的价值。也可以毫不夸张地说,一个人只有具备了这种能力,才有成功的可能。因此,我们不应过分考虑薪水的多少,而应该注意工作给自己带来的提升自我能力的机会,因为与薪水相比,这个隐形的财富更会让我们受益无穷。

那么,我们应该怎样提升自己的能力呢?

1. 改变观念

首先我们要从观念上认识到能力才是最可靠的。虽然我们是在为企业打工,但是能力得到提升的是我们自己。只要我们愿意,没有人能阻挡我们提升自己的能力。

2. 接受锻炼

一个人的能力是锻炼出来的,而不是凭空说出来的。我们不能畏惧困难,特别是在面对高难度的任务时,更应该把任务当成是锻炼自己的好机会。

在工作中,我们经常会遇到这种情形:工作堆积如山,而上司却偏偏又给我们布置了新任务。此时,我们千万不要有任何怨言,或表现出不耐烦的情绪,而是应该尽最大的努力去完成任务。特别是当上司交代的任务确实有难度,其他同事都畏缩不前时,我们更要有站出来承担任务的勇气。这样在事成之后,我们的能力就会有大幅度的提升,并且,我们的出色表现也会令别人对自己另眼相看。

工作是最好的练兵机会,它能让我们不断地去思考、去总结、去学习,还可以提高我们的综合能力,而这些能力就是我们成就非凡事业的有力保障。

智者寄语

其实,一个人要很好地生存下去,真正可靠的是能力,因为一个人的能力不会丢失,它会陪伴人的一生,就像人们所说的"有能力就不怕货币贬值"。只要有能力,即使是失败了,也能重新来过。

不要满足尚可的工作表现

很多职场中人都认为,自己所干的活对得起工资就可以了,这几乎成为了现在的职场流行病。不信你可以随便问问你身边的朋友:"你工作怎样?"得到的答复可能会千篇一律——"还可以吧"。剔除这里面的谦虚因素,我们能够清晰地看出,大多数人只满足于工作表现尚可的影子。

对于普通的职员而言,我们也许并不能要求太多;但对于一个想在职场中有所作为的员工来说,有了这种思想,也许就注定了你不可能实现自己美好的职业理想。

一名真正优秀的员工,一定是一个不满足于尚可工作表现的员工。因为只有不满足于平庸,才会激励其自动自发地追求最好,也因此才能成为企业中不可或缺的人物。

我们并不否认,没有人可以做到完美无缺。但我们必须清楚,当一个人不断增强自己的力量、不断提升自己的能力的时候,他对自己要求的标准就会越来越高,能力就会越来越强,这本身就是一种莫大的收获。

作为一名员工,如果你渴望得到企业的重用,如果你希望让你的老板觉得你是不可取代的,那么你就一定要从内心决定做第一。只有这样,在你的意识中才会有信心做到尽可能的完美,你的个性也才会真正成熟起来。

如果一个人得过且过，从不追求卓越，从不想主动提高自己的工作能力，认为自己所做的工作只要不被领导批评就可以了，他是不会被领导重用的，升职和奖励永远都只会是镜中花、水中月。

不满足于尚可的工作表现是一名卓越员工的必备素质，拥有这样的工作心态会使你把自己的工作带到最完美的境界。也许十全十美永远难以企及，但是，只要你在不停追求，就不会在起点原地踏步，你将会不断进步，不断超越自己。

卓越员工的成功来自于对完美的不断追求，来自于积极努力地把每一项工作做到最好。他们比一般员工更能吃苦、更努力、更勤奋，所以最终他们取得的成就也更高。甘于平庸的员工，总是不思进取、满足现状。他们做事一味应付，不求完美，所以他们只能永远平庸。

也许你一开始只是一名不起眼的实习生，后来做了秘书，然后又当上了主管，而这一切都是建立在不断追求的基础之上。如果你真正拥有这种品质，那么请相信，总有一天你自己也会成为老板。

最出色的员工是那些永远不知满足的员工。因为永远不知满足，所以他们才能在工作中始终坚持积极进取、努力奋斗的精神，也才能够不断超越自我、完善自我，创造更加辉煌的成就。

诺思克利夫爵士是伦敦《泰晤士报》的大老板，被誉为新闻界的“拿破仑”。最初在每月只能拿到80美元的时候，他对自己的处境非常不满；后来，《伦敦晚报》和《每日邮报》都成为他的所有，他还是感到不满足；直到他得到了伦敦《泰晤士报》之后，才稍稍觉得有点满足。

即使成了《泰晤士报》的大老板，诺思克利夫爵士还是不肯“善罢甘休”。他要利用《泰晤士报》“揭露官僚政府的腐败，打倒几个内阁，推翻或拥护几个内阁总理，而且不顾一切地攻击昏迷不醒的政府。由于他的这种大胆的努力，提高了不少国家机关的办事效率，在某种程度上还改变了整个英国的政府制度”。

诺思克利夫爵士对于那些自我满足的人是很反感的。有一次，他在一个他从未见过的助理编辑的办公桌前停下来，和那个助理编辑聊了起来：“你到这里来有多久了？”

“将近三个月了。”那个助理编辑答道。

“你觉得这里怎么样？你喜欢你的工作吗？对我们的办事程序熟悉了吗？”

“我很喜欢我现在的工作。”

“你现在的薪水是多少？”

“一星期5英镑。”

“你对现在的状况满意吗？”

“很满意，谢谢您。”

“啊，但是你要知道，我可不希望我的职员一星期拿了5英镑就觉得很满足了。”

如果取得一点成就就感到满足，那么你自身的能力很快就会停滞，你的事业也将裹足不前。诗人格斯特曾说过：“现在的自己是永远有待完善的。”永远不知满足的卓越员工清醒而深刻地认识到了这一点，所以他们积极寻求完善自我、提升自我的方法，并且为了促进自身进步，不断做出努力。最终他们成功了，他们超越了平庸，改善了现状，完善了自我，成为激烈竞争中的优胜者。

而另外一些在竞争中处于劣势的员工之所以不能超越平庸、实现完美，原因就在于他们太容易满足了！从事一份悠闲的工作，终其一生拿那么一点点薪水，每天总是做着同样的事情，一直到被淘汰掉为止。他们以为人的一生所能获得的东西也就这么多了，他们对眼前的处境和自我能力等都感到十分满足，于是他们最终只能得到这些令他们满足的东西。

太容易满足则不思进取。企业的发展和进步需要更多积极进取的员工来实现，更多的成就和业绩需要那些不断超越自我的员工来创造。永远不知满足才能超越平庸、成就完美。

智者寄语

对于普通的职员而言，我们也许并不能要求太多；但对于一个想在职场中有所作为的员工来说，有了这种思想，也许就注定了你不可能实现自己美好的职业理想。

通过学习增强你的竞争力

知识改变命运，学习决定未来。要想做个有出息的人，就要不停地学习，树立终身学习的概念。

世界经济合作组织在关于知识经济的报告中说："在知识经济中，学习是极为重要的，可以决定个人、企业乃至国家的命运。"在这个意义上，有人把知识经济称为"学习型经济"。微软、英特尔等世界500强公司就非常重视这一点，努力把企业建成一个"学习型的组织"、一个"鼓励创新的组织"。这也是它们能够在全球叱咤风云的一个重要因素。对个人而言，要想做个有出息的人，就要不停地学习，树立终身学习的机会。

统计表明，美国在过去的15年中，已淘汰了8000多种低技能职位，同时又诞生了6000多种新职位。劳动者不断从低技能职位向高技能职位迁移，拥有更多知识的人才逐步成为社会劳动力的主体，劳动者知识化的前景更加明朗。只有掌握了自己动手获取新知识的能力，掌握了将知识融会贯通和不断提出创新见解的能力，才具备了不断前进、不断创造、不断完善的可能。现在的企业领导最喜欢、最需要的就是那种能自己动手获取新知识、新技能的人。

知识的优势，在现代社会的竞争中是显而易见的。试想：一个缺乏知识的人，怎么能够成为强者？看一看周围的人，那些缺乏知识的人，大多都是失败人生的主角，他们常常发出这样的感叹："唉，我没上过什么学，只能干此粗活。"的确，学习是成功的资本，这是因为无学将无以致用。

现代职场是一个充满残酷竞争的战场，员工只有在工作中发挥出最大的能量，才能干得出色，才能获得比别人更多的升迁和加薪机会。可是，很多人虽然在拼死工作，但效果却并不理想。究其原因，就在于他缺乏知识和能力。所以，你必须要做一个以知识为本的人。

无论怎样，你一辈子都应在学习中度过。有时可以是有意识的，有时候则可以是无意识的。有意识地学，是先有目标，然后才行动。只有方向明确了，才会少走许多弯路。但是不是每个人都会有意识地去学习呢？这就很难说了。

孔子告诉我们这样一条做人之道："三人行，必有我师。"只要你愿意学，机会多的是。为人处世中，愿意学习和不愿意学习，其结果大不一样。有的人先天条件好，则自得其满，这些人往往是一事无成。所以说，劝人学是件善事，听人劝是一件好事。

子路是孔子学生中的"七十二贤"之一，以勇武刚直、擅长治政而著名。但他在刚刚见到孔子的时候，根本不知道学习的重要性。

孔子见子路来拜见他，以为他是为求学而来的，所以迎头便问："你爱好什么？"子路没弄清楚孔子的意思，贸然回答："我爱好长剑。"孔子摇了摇头，说："我问的不是这个。我是说，你是个有能力的人。假如再加上勤学好问，成就将不可限量。"

子路理直气壮地说："南山上的竹子，本来就直挺挺的，用不着矫正，砍来当箭用，可以射穿犀革。由此看来，本质好就行了，做学问有什么用呢？"

孔子进一步解答道："不错，砍了竹子，是可以当箭用，但如果在它的一端束上羽毛，在另一端装上金属的箭头，并且磨得十分锋利，难道不会射得更加深入吗？"子路听了，恭恭敬敬地行了个礼，说："谢谢您的教诲。"

学而知之，是自古以来治学立身的良训，也是为人处世中能够有所成就的根本之策。像子路刚开始那样，根本就不懂得学习重要性的当然很少，但我们大多数人则只是满足于一知半解或是浅尝辄止。这是一种很可怕的心理状态。

在为人处世中，是否肯学习是大不一样的。有些人自恃先天条件好而不肯学习或很少学习，随着时间变换，那点先天的优越性很快就会消失，结果只能是越来越不如别人。

人非生而知之，而是学而知之。人的先天条件的差异是比较小的，因此在学习中主要在于一个"勤"字。只有坚持勤学苦练、持之以恒，才能真正成为有用的人才。

我国有句名言："宁为有瑕玉，不作无瑕石。"玉虽有瑕但终归是玉，石虽无瑕但终归是石，玉、石不可同日而语。一个有真才实学的人，尽管他会有一些缺点、毛病，但瑕不掩瑜，他终归是一个有真才实学的人。一个平庸的人，尽管表面上看起来无可挑剔，但终归是个平庸之辈。人生一世，具有真才实学才是根本。

在实际生活中，人们往往会由于某个有真才实学的人有缺点、毛病而不任用，而对那些虽无缺点毛病但无真才实学的人颇有好感而重用，这不能不说是一种悲剧。但金子总是会发光的，滥竽充数的人终不能长久。

时光的不可逆转性是任何人也无法改变的，我们对时间只能珍惜。在生活学习中不应为流逝的时光而白白地叹息，重要的是努力抓紧余下的时光。人生易老，青春难留，对于时间和年华要格外珍惜。

十余年来，李嘉诚在香港十大财团的排次中始终位居榜首，在香港经济界占有举足轻重的地位，是一位公认的成功者，一位名扬四海的超级富豪。有人曾经问他："李先生，您的成功所靠的是什么呢？"李嘉诚答道："靠学习，不断地学习！"

在如今这个知识经济时代，要想做一个成功的巨人，就一定要培养学习兴趣，掌握正确的学习方法，不断地充电，辉煌的事业才会指日可待。

在生存竞争日趋激烈、知识更新不断加快、科技发展日新月异的今天，对新知识学习就显得更加重要了。因此，"一辈子都要在学习中度过"是强者做人的重要法则。

智者寄语

对个人而言，要想做个有出息的人，就要不停地学习，树立终身学习的机会。

学无止境

西方白领阶层流行这样一条知识折旧定律："一年不学习，你所拥有的全部知识就会折旧80%。你今天不懂的东西，到明天早晨就过时了。现在有关这个世界的绝大多数观念，也许在不到两年时间里，将成为永远的过去。"的确如此。在信息社会，知识需要经常更新，这对一个企业员工来说十分重要，你只有不断地在学习中提高自己，才能做到高效成功。

这是美国东部一所大学期终考试的最后一天。在教学楼的台阶上,一群工程学高年级的学生挤作一团,正在讨论几分钟后就要开始的考试,他们的脸上充满了自信。这是他们参加毕业典礼和工作之前的最后一次测验了。

一些人在谈论他们现在已经找到的工作,另一些人则谈论他们将会得到的工作。带着经过4年的大学学习所获得的自信,他们感觉自己已经准备好了,并且能够征服整个世界。

他们知道,这场即将到来的测验将会很快结束,因为教授说过,他们可以带他们想带的任何书或笔记。要求只有一个,就是他们不能在测验的时候交头接耳。

他们兴高采烈地冲进教室。教授把试卷分发下去。当学生们注意到只有五道评论类型的问题时,脸上的笑容更加生动了。

三个小时过去了,教授开始收试卷。学生们看起来不再自信了,他们的脸上是一种恐惧的表情,没有一个人说话。教授手里拿着试卷,面对着整个班级。

他俯视着眼前那一张张焦急的面孔,然后问道:"完成五道题目的有多少人?"没有一只手举起来。"完成四道题的有多少?"仍然没有人举手。"三道题?"学生们开始有些不安,在座位上扭来扭去。"那一道题呢?"

但是整个教室仍然很沉默。

"这正是我期望得到的结果。"教授说,"我只想给你们留下一个深刻的印象,即使你们已经完成了四年的工程学习,关于这项科目仍然有很多东西你们还不知道。这些你们不能回答的问题是与每天的普通生活实践相联系的。"然后他微笑着补充道:"你们都会通过这个课程,但是记住——即使你们现在已是大学毕业生了,你们的学习仍然还只是刚刚开始。"

学无止境。无论在何时何地,每一个现代人都要不断地学习。只有那些随时充实自己,为自己奠定雄厚基础的人才能在激烈竞争的环境生存下去。

在竞争日益激烈的职场中,什么样的员工才能恒久立于"不败之地"?答案可能会有多种。但可以肯定的是,善于通过不断学习提高自己能力的员工,在职场激烈的竞争中一定具有明显的优势。

某软件公司新来了两名大学生,一个叫齐磊,学数学的;一个叫顾刚,学计算机的。刚进公司的时候,由于顾刚专业的先天优势,他如鱼得水,获得不少展示才华的机会,接连在好几个项目中出彩,一时颇为得意。

一年多来,他一直以自己的专业文凭为荣,总觉得自己是"科班出身",受过专业系统训练,别人是根本竞争不过他的。于是,他躺在功劳簿上吃起了老本。平时上班一有机会就偷闲玩游戏、上网聊天,对于更深层次的软件开发研究,他没有丝毫涉猎,整天在自己营造的轻松氛围中度过,至今仍是个普通的程序员,而外行的齐磊却成了软件分析师。原因是什么呢?因为齐磊知道自己是学数学的,对计算机只是略知一二,所以就决定从头学起,从认识键盘到安装制作软件,结合教材系统,扎实地对自己进行补充,不但工作时间不溜号,而且经常早起晚归,抓住每一分时间学习。

在软件开发熟练掌握之后,齐磊并没有松气,而是把自己的长处充分地利用上,在大型软件的算法上下功夫,以严密的数学思维为基础编写程序。同时,他对软件开发的最新动向也时刻关注着,并为此订阅了大量的报刊,吸收先进的东西,然后再结合现实开发新软件,就这样不断地充电,齐磊现在已经从外行变成了内行。

修行中，任何一个得道之人都不会因为自己已经取得的成就而放弃继续修行。社会竞争日趋剧烈，生活情形日益复杂，所以你必须具备充分的学识，接受充分的教育训练，来应对社会生活的变化。如果你满足现状，不思进取，那么，就不能使自己的命运向更好的方向发展。在当今社会中，任何人都不能满足现状，只有勤奋努力，才能适应社会生活，实现职场目标。

王明高中毕业后，在一个建筑工地上做苦力工。由于他有些文化底子，经理有意让他到后勤做一些预算工作。但后勤是固定工资，虽然收入稳定但工资不高，王明就请经理给安排一个薪水高的岗位。在工作期间，王明边干活边学习，不耻下问，很勤快，对任何不懂的东西都向有关师傅请教。虚心学习使他在一年多的时间里掌握了几种主要建筑工程必备的技术。但这只是实际操作知识，王明又利用那点有限的休息时间，购买了一些建筑设计、构图识图等有关书籍资料，开始在蚊子多、灯光暗的工棚里学习。

一年后，王明基本掌握了基建的各种操作技术和原理，渐渐由一个技术员提升为副经理。由于他好学肯干的精神，公司试着给他一些小项目让其去施工。由于措施得当和管理到位，王明的每个项目都完成得非常出色。在这期间，王明仍没放弃学习，自修了哈佛管理学中的系列教程，还选学了一些和建筑有关的学科，准备参加自学考试，完善自我。

第三年，公司成立分公司，在竞选经理时，王明以优异的成绩竞选成功。现在王明已经是一个拥有近千人的工程公司的经理了，但他仍在远程教育网上进修与业务相关的课程。

不断地学习是成功必备的重要条件。我们要用学习来武装自己的头脑，充实自己的生活。因为，只有不断地学习，才能不断地进步，只有不断地进步，才能一步步接近成功。

智者寄语

在信息社会，知识需要经常更新，这对一个企业员工来说十分重要，你只有不断地在学习中提高自己，才能做到高效成功。

不耻下问，虚心向他人求教

这一年，郑明获得了博士学位后，被分配到一家研究所工作，他成为研究所中学历最高的一个人。有一天，郑明闲来无事，就到研究所旁的一个小池塘去钓鱼，恰巧正副两位所长也在钓鱼。他只是微微点了点头，没有说话。

不一会儿，正所长放下钓竿，伸伸懒腰，蹭蹭蹭地从水面上如飞地走到对面上厕所。郑明眼睛瞪得都快掉下来了，水上飞？不会吧？这可是一个池塘啊。正所长上完厕所回来的时候，同样也是蹭蹭蹭地从水上漂回来了。怎么回事？郑明又不好去问，自己是博士生哪！

过一阵儿，副所长也站起来，走几步，蹭蹭蹭地漂过水面上厕所。这下子博士更是差点昏倒：不会吧，到了一个武林高手集中的地方？

过了一会儿，郑明也内急了。这个池塘两边有围墙，要到对面厕所非得绕十分钟的路，而回研究所上又太远，怎么办？郑明也不愿意去问两位所长，憋了半天后，也起身往水里跨：我就不信本科生能过的水面，我堂堂的博士过不去！

只听“扑通”一声，郑明一下子沉到了水里。两位所长慌忙把他拉上来，问他为什么要下水。郑明尴尬地问：“为什么你们可以走过去呢？”

两所长一愣，然后相视一笑：“你不知道，这个池塘里有两排木桩子，由于这两天下雨涨水正好在水面下。我们都知道这木桩的位置，所以能踩着桩子过去。你怎么不问一声呢？”

郑明落水的原因，其实就因为他自恃高明，而不屑于向别人求教。

现实中，这类人很多，他们自己估价过高，瞧不起他人。其实，每个人都不是全才，在工作中会遇到很多不懂的事情，所以，遇到问题不要不懂装懂，擅自下结论，匆忙表态，应该多虚心求教于别人。

孔子是我国春秋末期伟大的思想家、教育家、政治家，儒家学派的开山鼻祖，被人们尊为“圣人”，他有弟子三千，大家都向他请教学问。孔子学问渊博，可是仍虚心向别人求教。

孔子苦苦钻研“礼”的学问，可终没有得出结果，为此，他感到十分苦恼。当他听说老子经过多年苦心探索钻研，知识渊博，已经求得天道的消息后，就决定去洛阳拜访老子。

老子见了孔子，便热情地接待了他，并对他说：“阴阳之道是不可以用感官感知的，也是不能用语言来表达的，道也是不能送人的。寻求道，关键在于内心的感悟。心中没有感悟就不能保留住道；心中自悟到道，还需和外界的环境相印证。因此，可以说，得道之人是无为的，是简朴而满足的，是不以施舍者自居，也无所耗费的。自己正才能正人，如果自己内心不能正确领悟大道，心灵活动便不通畅。”

一席话使孔子心窍大开，在和老子分别后，他对自己的学生说：“我今天看见了老子，就像见到了龙一样啊！”老子的一席话，使孔子对他的高深见解十分赞赏，可见这次拜访使孔子有了很大收获。所以说，虚心求教，不耻下问是获得真知的最有效途径。

学会虚心是必经的修行过程，每一个修行的人都有虚怀若谷的德行。对于一个人来说，虚心求教主要有两大方面的好处：一是谦虚使人进步。人生有涯而学海无涯，一个人不管怎样聪明博学，他的知识与人类整体的知识相比只不过是沧海一粟。“海纳百川，有容乃大。”大凡才识越高的人，越是明白这个道理，因而越是虚心好学，严于律己，持之以恒，也越能成就大事业。二是虚心求教赢得好感。谦虚的人言谈举止谦恭有礼，不专断、不傲慢、不自以为是，在工作中比较容易获得同事和老板的好感，容易得到忠告、帮助和真诚的合作。一个处处得到好感的人，他的事业之船等于悬挂了顺风之帆，其成功也就不言而喻。

欧阳修是北宋大文豪，他文才出众，官居高位，但却非常注重虚心向别人求教，每写完一篇文章，必先“草就纸上、粉于壁，兴卧观之屡思屡议”。其作品《醉翁亭记》，用字精练，文辞优美，被人们传诵至今，此文就曾得益于一位砍柴老樵夫的指教。

欧阳修任滁州太守时，好友智仙和尚在琅琊山上为其建造了一座亭子，欧阳修取名“醉翁亭”，并写下《醉翁亭记》一文。文章写成后，欧阳修抄写了很多份，命人贴到外面，希望行人帮助他修改和提意见。

看到文章的人都纷纷赞赏欧阳修的文采。这时，有一个砍柴的老樵夫说他这篇文章有点太啰嗦了。于是欧阳修为老人再次诵读此文，虚心请老人指教失误之处。

刚开始读：“滁州四面皆山也，东有乌龙山，西有大丰山，南有花山，北有白米山，其西南诸峰，林壑优美……”老樵夫认为啰嗦的地方就在这里，说道：“我砍柴时站在南天门，大丰山、乌龙山、白米山还有花山，一转身就全都映入眼帘，四周都是山！”

欧阳修听后忙说：“言之有理。”随即修改为“环滁皆山也”五个字。这就是我们今天看到的《醉翁亭记》言简意赅的开头。

向别人学习和请教是实现自我提升的有效途径。在工作中，我们要时刻保持谦虚的态度，多向有经验的人学习业务知识，学习他们身上的好品质。相信别人的成功都是因为具有独到的优点。你若能从他们身上吸取各自的优点，就是一个十分了不起的人。

智者寄语

每个人都不是全才，在工作中会遇到很多不懂的事情，所以，遇到问题不要不懂装懂，擅自下结论，匆忙表态，应该多虚心求教于别人。

向竞争对手学习，你将变得更强大

对手既是我们的挑战者，又是我们的同行，是对手唤起我们挑战的冲动和欲望。因为他们的竞争使我们成长得更快，所以，竞争对手又是我们最好的学习者。学习对手的长处，总结对手的成功经验，吸取对手的教训，避免重犯对手犯过的错误，才能更好地提升自己的竞争能力。

布朗的父母不幸辞世，给他和弟弟杰克留下了一个小小的杂货店。微薄的资金、简陋的设施，他们靠着出售一些罐头和汽水之类的食品，勉强度日。

兄弟俩不甘心这种穷苦的状况，一直寻找发财的机会。

有一天，布朗问弟弟杰克："为什么同样的商店，有的赚钱，有的只能像我们这样惨淡经营呢？"

杰克回答说："我觉得我们的经营有问题，假如经营得好，小本生意也是可以赚钱的。"

"可是，怎样才能经营得好呢？"于是，他们决定经常去其他商店看一看。

有一天，他们来到一家"消费商店"，这家商店顾客盈门，生意红火，引起了兄弟俩的注意。他们走到商店外面，看到门外一张醒目的告示上写着："凡来本店购物的顾客，请保存发票，年底可以凭发票额的3%免费购物。"

他们把这份告示看了又看，终于明白这家商店生意兴隆的原因了，原来顾客是贪图那"3%"的免费商品。

他们回到自己的店里，立即贴了一个醒目的告示："本店从即日起，全部商品让利3%，本店保证所售商品为全市最低价，如顾客发现不是全市最低价，本店可以退回差价，并给予奖励。"

就是凭借这种向竞争对手学习的智慧，布朗兄弟俩的商店迅速扩大，成为世界上最大的连锁商店之一。

学习对手，欣然以对手为"师"，虚心观摩学习对方的长处，这是修行中最宝贵、最难得的品质。世界著名大公司都非常注意竞争对手的产品，注意分析对手的优缺点，发现对方的优点就及时学习，以补己之短。

美国斯图·伦纳德奶制品商店的经理斯图·伦纳德培训教育中层干部，使他们成为零售业务和竞争分析方面的专家，成为胜者的方法很独特，其做法就是访问竞争对手。

他经常挑选一个与自己商店的经营有相似之处的竞争对手作为访问对象。去访问时，不管是远是近，即使是几百公里以外的地方，他也会带上15个下属一同前往。

为此，他还专门设计了定员15人的面包车。当这些下属随着中层干部出发时，就意味着他们参加了一个"主意俱乐部"，将接受斯图·伦纳德对他们的挑战：谁能第一个从竞争对手的经营管理中受到启发，提出对本公司有用的新思想？能不能保证自己至少提出一条新思想？

斯图·伦纳德这样做的目的，就是让每个访问者都能至少找到一处竞争者比斯图·伦纳德商店干得好的地方。

斯图·伦纳德说:“我们应当尽量找出一件竞争对手比我们干得好的事,很可能那只是一些小事,但是只有这样你才能不断改进自己的工作。”

在当今激烈竞争的商界社会,学习并赶超竞争对手,是每一个企业和员工的必修课。尤其是在竞争日益激烈的今天,向你的竞争对手学习,不断完善自己,不断壮大自己,越来越显示出其必要性和迫切性。

在这种情况下,向你的对手学习制胜之道,可以节省我们的精力和成本;从你的对手那里学习失败的经验,可以让我们少走弯路,少受挫折;借鉴对手的管理模式,可以让我们轻松做管理高手;效仿对手的经营理念,可以让我们转变商业思维,开阔思路;向对手学习,才能更好地击败对手,赢得更多的加薪机会。

某外企的招聘会上,大学刚毕业的王雅捷击败其他竞争对手被录用。而该公司原计划要招聘一名有工作经验的资深会计,让他们改变计划的起因只是因为王雅捷拿出来的一元钱。

因没有工作经验,王雅捷在面试时就遭到了拒绝,但她央求主考官:“请给我一次机会,让我参加完笔试。”主考官拗不过她,就答应了她的请求。结果,她以优异成绩通过了笔试。在复试中,当人事经理得知王雅捷无工作经验时,决定放弃。于是,人事经理这样告诉王雅捷:“今天就到这里,如有消息我会打电话通知你。”王雅捷听了,向经理点点头,并从口袋里掏出一元钱双手递给经理说:“不管是否录取,都请您给我打个电话。”

人事经理从未见过这种情况,问:“你怎么知道我不会给未录取者打电话?”“您刚才说有消息就打,那言下之意就是没录取就不打了。”

人事经理对王雅捷产生了浓厚的兴趣,问:“若你未被录取,我打电话,你想知道些什么?”“请您告诉我,我在哪些方面未达到你们的要求,我好改进。”“那钱……”王雅捷微笑道:“给没有被录用的人打电话不属于公司的正常开支,所以由我付电话费,请您一定打。”经理笑了笑说:“请等会儿,我请示一下区域经理。”区域经理了解了事情的来龙去脉后,对人事经理说,请把钱还给王雅捷,不用打电话了,现在就通知她:她已被录取了。

而这一方法,正是王雅捷在上次招聘中,从一个竞争对手那里学来的。那一次,王雅捷比她的竞争对手考得好,而她的竞争对手却最终被聘用,她不明白其中原因,就虚心地向竞争对手请教,竞争对手被她的诚恳打动,就把自己应聘多次总结的秘诀教给了她,结果这次真的就被她灵活运用,并收到了好的效果,最终应聘成功。

向竞争对手学习是自我增值的方式之一。在这个快速变革、竞争白热化的时代里,每个人都面临着各种各样的生存压力和挑战,向竞争对手学习,就是摆在我们面前最现实、最有效的成功捷径。

职场上,每个人都有长处和短处,不要把竞争对手当作你成功路上的绊脚石,而是应该把他看作你继续前进的动力。正因为他的存在,才能激励你更加努力。如果遇到困难不是迎头赶上,提高自身的能力,而是灰心丧气,失去斗志,采取逃避的态度,那么你在任何地方都会碰壁。

向竞争对手学习,不仅是方法的问题,还是视野的问题、思想的问题、境界的问题。学习竞争对手身上的优点,把对方当成自己事业上突破的一个动力,这样你就会赢得人际和事业的双成功。

智者寄语

学习对手的长处,总结对手的成功经验,吸取对手的教训,避免重犯对手犯过的错误,才能更好地提升自己的竞争能力。

第十八章
和谐相处，赢得好人缘

朋友是助你成功的风帆

朋友是人生中最重要的资源之一,一个人一生中如果不懂得多交朋友,不知道为开发朋友资源而付出努力,那么,他将会失去很多成功的机会。而且,这种人即使非常努力地拼搏,所取得的成就也不会很大,甚至徒劳无功。唯有那种善于开发和利用朋友资源的人,才会顺利走上成功之路。

一个人的力量毕竟是有限的。要想干一番事业,除了自己的奋斗,也需要借别人的力量,取得别人的帮助。追求共同目标,就有共同语言,就能团结起来。一滴水汇进海洋就永不枯竭,一个人汇进集体就不再孤独,进而力量无穷。

曾有一位西方哲人告诉我们:哪里有朋友,哪里就充满阳光。是的,如果我们的社交圈广阔,到处都有朋友,那么,你就会走到哪儿都有人欢迎你,那不等于到处都充满阳光吗?

现代心理学和社会学的研究已证实,人际关系特别是朋友关系,具有以下四大功能:

1. 产生合力

平时,我们常说的"人多力量大""团结就是力量""人心齐,泰山移",说的就是这个道理。在现代社会,分工细化,竞争残酷,单凭一个人的力量是根本无法取得事业上的任何成就的,只有借助众人之力,才有可能创造辉煌的人生。而要获得众人的帮助,就必须学会处理好人际关系。

2. 形成互补

俗语说:一个篱笆三个桩,一个好汉三个帮。一个人,即使是天才,也不可能样样精通。所以,要完成自己的事业,就必须善于利用别人的智力、能力和才干。然而,用人并不仅仅是一种雇用与被雇用的关系,而最大限度地调动他人的工作积极性,就必须掌握一定的人际交往技巧。

在一个人开拓自己的事业时,总要遇到自己力所不能及的困难,这时,良好的人际关系则会助你一臂之力,为你扫清障碍。

3. 联络感情

人是一种感情动物,必须时刻进行感情上的交流,需要获得友谊。在迈向成功的道路上,仅仅依靠信念的支撑是不够的,还必须有友谊的滋润。

4. 交流信息

在现代社会中,可以说掌握了信息就等于把握住了成功的机会。一条珍贵的信息可以使人功成名就,腰缠万贯,而信息闭塞也可能使人贻误战机,遗憾终生。

广交朋友,善处关系,是一条十分有效的获取信息的途径,这样,你就能够在竞争中始终处于一种领先的地位,取得事业上的成功。

可见,在人生的征途中,朋友必不可少。

"这些年,一个人,风里过,雨里走,有过泪,有过错,还记得坚持什么",周华健的一曲《朋友》唱出了朋友的心声,唱出了朋友不可替代的位置。

德国的卡西尔说:"没有朋友的人,只能算半个人。"波斯的萨迪则说:"损失一个朋友你就损失一个肢体,时间可使自己的痛苦减除,但失去的永不能补偿。"

世界日新月异,唯有友谊永不褪色。美国的杰弗逊说:"我发觉友情像酒,新酿时生涩,随着年代而醇熟之后,就是老者恢复体力的兴奋剂。"友谊如同文物和醇酒,越老越显示其价值。

让我们来看看那些成功者的友情吧。成功的人大多对友谊充满了种种美好的期待和幻想,他们希望友谊可以牢不可破,朋友之间的竞争能友好和善,他们还希望能与朋友同甘共苦、共创未来,这就是成功者对友情的美好寄托。

在这个理想王国之中，一个人会为他最好的朋友做任何事情：他会为朋友排忧解难；为了朋友即使冒生死之危险也在所不惜；他们相互倾听，相互鼓励，彼此扶持，携手共创辉煌。

在这样的朋友支持鼓励下，成功当然会容易得多。

智者寄语

成功的人大多对友谊充满了种种美好的期待和幻想，他们希望友谊可以牢不可破，朋友之间的竞争能友好和善，他们还希望能与朋友同甘共苦、共创未来，这就是成功者对友情的美好寄托。

平时多交往，急时朋友帮

如果平时不烧香，等到需要时才“临时抱佛脚”，尽管你追得很紧，下的功夫很大，人家也可能一口回绝你的请求。只有平时关系搞好了，到需要时才会有求必应。

与朋友建立“关系”最基本的原则就是：不要与朋友失去联络。不要等到需要获得别人帮助时才想到别人。“关系”就像一把刀，常常磨才不会生锈。

你有没有这样的体会：当你遇到某种困难，想找个朋友帮你解决时，却突然想起来，过去有许多时候，本来应该去看他的，结果你没有去，现在有求于人才去找，会不会太唐突了？会不会遭到他的拒绝？在这种情形之下，你免不了要后悔“平时不烧香”了。

有这样一则寓言：

> 黄蜂与鹧鸪因为口渴得很，就找农夫要水喝，并答应付给农夫丰厚的回报。鹧鸪向农夫许诺它可以替葡萄树松土，让葡萄长得更好，结出更多的果实；黄蜂则表示它能替农夫看守葡萄园，一旦有人来偷，它就用毒针去刺。农夫并不感兴趣，对黄蜂和鹧鸪说：“你们没有口渴时怎么没想到要替我做事呢？”

这个寓言告诉我们这样一个道理：平时不注意与人方便，等到有求于人时，再提出替人出力，未免太迟了。

中国人讽刺临事用人的做法，最简练的话就是“平时不烧香，临时抱佛脚”。俗话说得好：“平时多烧香，急时有人帮。”真正善于利用关系的人都有长远的眼光，早做准备，未雨绸缪。这样，在急时就会得到意想不到的帮助。

法国有一本《小政治家必备》的书，书中教导那些有心在仕途上有所作为的人，必须起码搜集几个将来最有可能做总理的人的资料，并把它背得烂熟，然后有规律地去拜访这些人，和他们保持较好的朋友关系，这样，当这些人之中的任何一个人当起总理来，自然会为你的仕途铺开一条坦途。

现代人生活忙忙碌碌，没有时间进行过多的应酬，日子一长，许多原本牢靠的关系就会变得松懈，朋友之间逐渐互相淡漠，这是很可惜的。所以，一定要珍惜与朋友之间的友谊，即使再忙，也别忘了沟通感情。

很多人都有忽视“感情投资”的毛病，一旦交上某个朋友，就不再去培育和发展双方之间的感情，长此以往，两个人的关系自然就淡薄了，最后甚至变成陌路人了。

可见，“感情投资”应该是经常性的，不可时有时无，要做到常联系、常沟通，到时才能用得着、靠得上。

朋友之间互相联系的方法有很多，如“礼尚往来”“交流”等，其中最普遍、最有人情味的一种是有空去坐坐。

人们在礼仪性的道别时，总不忘加一句“有空来玩”，不论这是不是一句发自肺腑的言语，听后都让人感到温情四溢，自己似乎可以从中体会到我是被人们接受的，是受人欢迎的人。

在朋友之间，也需要这样的方式来建立良好的人际圈。

事实上，我们所做的并不多，只是有时间有心地去朋友家走一走，也许只是随意地寒暄几句，也许进行一次长谈。总之，我们要努力加深对方对自己的印象，让彼此之间越来越熟悉，关系越来越融洽。

如果你想多结交一些朋友，就需要主动地了解对方的兴趣爱好。你可以通过多种方式得到他们这些方面的信息。比如：平时相处时多观察了解，向他的朋友打听询问，或者查阅他的个人资料等。

有位名叫王勤的中年人，当他要结交新朋友时，总是想方设法知道对方的生日。于是，他四处请教这些人，问他们是否认为生日会影响一个人的性格和前途，并借机叫他们把生日告诉他，然后他悄悄地把他们的生日都记下来，并在日历上一一圈出，以防忘记。这些人生日的那天，他就送点小礼物或亲自去祝贺。很快，那些人就对他印象深刻，把他当作好朋友了。

人与人交往中会出现一些交际的好机会。多一些有益的朋友，会有机会转变你的一生。

“独木难支大厦”，朋友在关键时候帮你一把，可能会直接促成你事业的成功。所以，要时刻注意能结交朋友的好机会。

比如，朋友请你去参加一个生日聚会、舞会或者其他活动，你不要因为自己手头事忙，一时懒得动身而拒绝。因为这些场合是你结交新朋友的好机会。又如，新同事约你出去逛逛商店或者看场电影什么的，你最好也不要随便拒绝，因为这是发展关系的好机会。

结交朋友不仅要把握机遇，同时还要创造机遇。

如果你想和刚认识的朋友进一步发展关系，可以请他到你家做客。你可花费心思寻找机会跟他多接触。人与人之间接触越多，彼此间的距离就可能越近。这跟我们平时看东西一样，看的次数越多，越容易产生好感，就像我们在广播或电视中反复听、反复看到的广告，久而久之也会在我们心目中留下印象一样。所以，交际中的一条重要规则就是：找机会多和别人接触。

一旦和别人取得联系，建立初步联系之后，要设法进一步巩固和发展。交际中往往会有直接和间接两种目的，直接的无非就是想达到某项交易或有利于事情的解决，或想得到别人某些方面的指导。如果并不是为了解决某个问题，或者不是为了某种利益关系，只是为了和对方加深关系，增进了解，以使你们的朋友关系长期保存下来，这可以被看作是间接目的，这种间接目的可以使你的人生更丰富、更有价值。

如果能保持无事相求时也能轻松地相互联络关系，才是最理想的状态。真正可以亲密往来的朋友，越是无事相求时越能尽情地交往；反之，遇上有事相托时，即便三言两语，彼此也能明白对方想说的话。此时，对方会尽己所能来帮助你。

智者寄语

与朋友建立“关系”最基本的原则就是：不要与朋友失去联络。不要等到需要获得别人帮助时才想到别人。“关系”就像一把刀，常常磨才不会生锈。

给对方留下良好的第一印象

在人与人的交往中，我们常常会说或者会听到这样的话：“我从第一次见到他，就喜欢上了他。”“我永远忘不了他留给我的第一印象。”“我不喜欢他，也许是留给我的第一印象太糟了。”“从对方敲门入室，到坐在我面前的椅子上，短短的时间内，我就大致知道他是否合格。”

这些话说明了什么？说明大多数的人都是以第一印象来判断、评价一个人的。

对方喜欢你，可能是因为你留给他的第一印象很好；对方讨厌你，可能是因为你留给他的第一印象太糟。这就是所谓的首因效应。首因效应，也叫作“第一印象效应”，是指最初接触到的信息所形成的印象对我们以后的行为活动和评价的影响。通常，人在初次交往中给对方留下的印象很深刻，人们会自觉地依据第一印象去评价某人或某物，今后与人、物打交道的过程中的印象都被用来验证第一印象。

如何才能给对方留下良好的第一印象呢？

心理学家研究表明，服装对人心理有着重要的影响。服饰是否有魅力直接关系到个人良好形象与威信的确立与否。

一个人的服饰对于自身形象的塑造、传播就是这般重要。一般可以这样说，没有得体的服饰，就没有自身良好的形象。

每一个向往获得成功、渴望赢得尊敬的人都重视衣着。“什么样的衣着决定什么样的性格。”穿戴整洁的意识形成优雅从容的风度，而衣衫褴褛、衣冠不整使人感觉龌龊、猥琐和局促不安，缺乏尊严和庄重感。我们的衣着会影响我们的情绪和自我感觉，任何有这种体会的人都知道这一点——谁又没有过这种体会呢？穿着合身的新衣，让人精神焕发，春光满面。别扭、肮脏的衣服有损人的精神状态和风度。

一位企业家这样说道：“在商界，企业家最初的合作看什么？其实很大的成分看衣着。有一次，我想开发一种新的产品，一位朋友给我介绍了一个合作伙伴。见面的那天，他穿着西装，里面没穿衬衣，只穿了一件圆领衫，手里拿着一个手机。我当时看着就很别扭。你想想，西装是多正式的着装，他穿了件圆领衫来配，还拿着个手机，典型的暴发户形象，我当时就决定，不与他合作。后来，朋友说，他真的很有钱，而你正缺钱。我说，我缺钱不假，可是合作伙伴这个人才是重要的。他出钱，他就要参与、要管理、要与我共同决策，他的水平直接影响到我的生意，所以我不选择他。”

莎士比亚说：“衣装是人的门面。”这一说法得到了众多人的认同。许多人经常因为他们不得体的穿着而备受指责。初看起来，仅凭衣着去判断一个人似乎肤浅轻率了些。但经验一再证明：衣着的确是衡量穿衣人的品位和自尊感的一个标准。渴望成功的有志者应该像选择伴侣一样谨慎地选择衣装。古谚云：“我根据你的伴侣就能判断你是什么样的人。”某个哲学家也说过一句精妙的话：“让我看看一个妇女一生所穿的所有衣服，就能写出一部关于她的传记。”

无论如何，衣着得体都是有益无害的。穿着合身衣服的感觉令人精神振奋。不管你的自制力有多强，你都会受到周围环境的影响。如果你衣衫不整、不修边幅、房间凌乱、随随便便，那么你的思想也许也会一路下滑，随之松弛懈怠，变得像你的身体一样邋遢凌乱，缺乏生气。当你忧心忡忡、身体不适、无心工作的时候，如果能去洗一个热水澡或是进行一次桑拿浴，然后换上一身新衣服，那么你就会有脱胎换骨的感觉。在穿完衣服之前，你的忧伤和病恹恹的情绪十有八九会消失得无影无踪，你的精神面貌也自然会焕然一新。

形象，并不是一个简单的穿衣和外表长相的概念，而是一个综合全面素质、外表与内在结合的印象。

站立、步行、端坐，虽然都是单纯的动作，但是其重要性却比舞艺高超还要大。能站得直，走得雄伟，又能坐得端正的人并不多见。这些人往往能给人留下良好的印象。

标准的坐姿是要由愉快的心情支撑的，由外观之，这种姿势并非使尽全力，而是轻松地坐下来，不是采取身体僵硬不动的姿势，而是非常自然的动作。若是不能做到上述动作，应该尽可能练习，以达到接近标准的动作，因为这对于我们很重要。

在现实生活中，自觉地利用首因效应可以帮助我们顺利地进行人际交往。

一生中，我们会遇到很多重要的第一次，也就会有很多需要重视的第一印象。比如求职，第一次去见面试官；求人办事，第一次登门拜访；参加工作，第一次见单位同事；找对象，第一次与对方约会……这些第一次都很重要。从小的方面来看，这关系到求职能否成功，事情能否办成；从大的方面来看，关系到事业能否如愿，婚姻能否美满。

在现实交往中，务必在“慎初”上下功夫，力争给对方留下好的第一印象。

智者寄语

心理学家研究表明，服装对人心理有着重要的影响。服饰是否有魅力直接关系到个人良好形象与威信的确立与否。

恰到好处地赞美别人

“人告之以过则喜”，这是《论语》中的一句话。但现在的人际交往中并不提倡这种做法，因为很少人有子路、孔子等人的这种雅量，一般情况下，普通人都不可能做到这一点。大家常说“良药苦口利于病，忠言逆耳利于行”，但真正能听得进逆耳忠言的人却并不多。所以我们在向他人说“逆耳忠言”时，不妨适当说些赞美的话。

马克·吐温曾说过：“一句精彩的赞辞可以代替我10天的口粮。”渴望得到赞美是每个人内心中最迫切的需求之一，恰到好处地赞美别人，自然会得到别人的回应与赞美。

在许多场合，适时得当的赞美常常会发挥它的神奇功效，林肯曾经说过：“人人都需要赞美，你我都不例外。”人人都渴望赞美，这是人们的共同心理。在人与人之间，无论是朋友之间、夫妻之间、师生之间、父母和子女之间，还是领导与下属之间，互相赞美是必不可少的。

有一位著名的企业家给员工陈述了这样一件事情：在他还是一名见习服务员的时候，常常对生活不满意。特别是上班的第一天，他在杂货店里忙活了整整一天，累得筋疲力尽。他的帽子歪向了一边，工作服上沾满了点点污渍，双脚越来越疼。他感到疲倦和泄气，似乎觉得自己什么也干不好。好不容易为一位顾客列完了一张烦琐的账单，但是这位顾客的孩子们却三番五次地更换冰激凌的订单，他已经到了忍耐的极点。这时候，这一家人的父亲一边给他小费，一边笑着对他说：“干得不错，你对我们照顾得真是太周到了！”突然之间，他就感觉到疲倦消失得无影无踪了。后来，当经理问到他对头一天的工作感觉如何时，他回答说：“挺好！那几句话似乎把一切都改变了。”

赞美就像是照在人们心灵上的阳光，没有阳光，我们就无法发育和成长。赞美不仅是一种悦耳的声音，更是一种力量，一种可以提升我们生活质量的强大力量。

赞美是一门学问，巧妙赞美别人不仅会赢得对方的尊重，还会提高你在别人心目中的地位。只要是优点、长处，对别人没有害处，你就可以毫无顾忌地表示你的赞美之情。当然，赞美别人对自己也会有所帮助。因为，你若想让对方接受你的观点或想法，就必须先让对方能够静心倾听你的想法。如果对方连听都没有听进去，更谈不上接受不接受。而要对方倾听，就不可使对方产生反感。此时，赞美的话就会发挥最好的效用，赞美别人的同时，也吸引了对方的注意力，这样对方才有时间静心倾听你的想法。

韩非子曾经说过一句话，大意是：要适当地赞美别人的优点和长处，这是正确处理人与人之间关系的一条重要而实用的法则。任何人都乐意听好话，听别人赞美自己的长处和优点，而不愿意听别人直说自己的短处和缺点。爱慕虚荣之心人皆有之，尤其是在他们觉得做没有多大把握的事情时，非常愿意看到自己在这些没什么把握的事情上表现不凡，获得别人的称赞。

虽然赞美的妙用到处可见，但若是用错了，就会令人处境尴尬。

有个公司的部门主管在抓好公司业务的同时，结合自己的工作实践撰写了一本书稿，他这样称赞总经理："你在企业工作真是一个错误的选择，如果你专门研究经营管理，我相信你一定会成为商务管理的专家，会有更加突出的成果问世。"

总经理看了部门主管的这一段文字，十分不悦地说："你的意思是说我根本不适合做公司的总经理，只有另谋他职了？"看见总经理产生了误解，本来想对总经理赞美一番的部门经理紧张得直冒冷汗。正当万般尴尬之时，一位秘书走过来替部门主管打了个圆场，她说道："部门主管的意思是说您是个多才多艺的人，不仅本职工作抓得好，其他方面也非常出色。"总经理听后，脸色一下子缓和了下来，这才化解了这位部门主管的危机。

由此可见，赞美也需要把握火候，掌握分寸，这样才能成为一个受欢迎的人。同样是赞美一个人，称赞一件事，不同的表达方法取得的效果会大相径庭。因此，若想巧妙地赞美别人，要注意以下几个方面：碰到自我意识强、警觉性高的人，可以投其所好适当赞美，但要让对方觉得你是由衷称赞他。称赞时眼睛要注视着对方，流露出一种专心倾听对方讲话的表情，让对方意识到自己的重要，这样才能达到效果。另外，赞美也要有所见地，赞美对方的容貌，不如赞美对方的能力和品质更显得得体。赞美的话要选准时机，适可而止，不宜过多，当对方对你的赞美显示出不耐烦的样子时，你就要适可而止。若别人刚介绍你与对方相识，你就应该巧妙地称赞一下对方的名字，这样对方才会更容易记住你。

适当地赞美别人，说说赞美话也是处世之道。赞美是博得人心的好方法，它不是拍马屁，也不是奉承。只要话说到点子上，就能深入人心，在与他人打交道、共事时就会变得轻而易举。

智者寄语

赞美就像是照在人们心灵上的阳光，没有阳光，我们就无法发育和成长。赞美不仅是一种悦耳的声音，更是一种力量，一种可以提升我们生活质量的强大力量。

对朋友有理也要让三分

生活中，有人活得潇洒，有人活得累。活得累，过于较真是原因之一。做人不能够太认真，太认真了，就会斤斤计较，眼里就只会看到别人的缺点而看不到优点。太认真了，就会对什么都看不惯，连一个朋友都容不下，把自己同社会隔绝开。

做人固然不能玩世不恭，游戏人生，但也不能太较真、认死理。镜子很平，但在高倍放大镜下，就成了凹凸不平的山峦；肉眼看很干净的东西，拿到显微镜下，满目都是细菌。试想，如果我们"戴"着放大镜、显微镜生活，恐怕连饭都不敢吃了；如果用放大镜去看他人的缺点，恐怕别人就罪不容诛、无可救药了。

汉代公孙弘年轻时家贫，后来贵为丞相，但生活依然十分俭朴，吃饭只有一个荤菜，睡觉只盖普通棉被。就因为这样，平常与公孙弘关系不错的大臣汲黯向汉武帝参了一本，批评公孙弘位列三公，有相当可观的俸禄，却只盖普通棉被，实质上是使诈以沽名钓誉，目的是为了骗取俭朴清廉的美名。

汉武帝便问公孙弘："汲黯所说的都是事实吗？"

公孙弘回答道："汲黯说得一点没错。满朝大臣中，他与我交情最好，也最了解我。今天他当着众人的面指责我，正是切中了我的要害。我位列三公而只盖棉被，生活水准和普通百姓一样，确实是故意装得清廉以沽名钓誉。如果不是汲黯忠心耿耿，陛下怎么会听到对我的这种批评呢？"

汉武帝听了公孙弘的这一番话，反倒觉得他为人谦让，就更加尊重他了。

公孙弘面对汲黯的指责和汉武帝的询问，一句也不辩解，并全都承认，这是一种何等的智慧呀！

得理不让人，伤害了对方，有时还会连带伤害对方的家人，甚至毁了对方，这有失厚道。得理让人，也是一种人情积蓄。

有些人一旦成为某一个部门的主管，便容不得下属的缺点，动则拍桌子、骂人，使属下畏之如虎，时间久了，必积怨成仇。没有人是完美的，何必因一点毛病便与人生气呢？若调换一下位置，挨训的人也许就理解了上司的急躁情绪。

有位智者说，大街上有人骂他，他连头都不回，他根本不想知道骂他的人是谁。因为人生如此短暂和宝贵，要做的事情多，何必为这种令人不愉快的事情浪费时间呢？这位先生的确修炼得颇有涵养了，知道该干什么和不该干什么，知道什么事情应该认真，什么事情可以不屑一顾。

如果我们明确了哪些事情可以不认真，可以敷衍了事，就能腾出时间和精力，全力以赴认真地去做该做的事，成功的机会和希望就会大大增加；与此同时，由于我们变得宽宏大量，人们就会乐于同我们交往，我们的朋友就会越来越多。

其实，我们的生活已经很沉重了。在我们的生活中，不存在那么多的大是大非、生死抉择。我们容忍一下朋友的小错误，不会让我们活不下去；稍稍吃一点小亏，也不会让我们倾家荡产。既然如此，为什么不让我们的生活过得简单一点、轻松一点？工作的压力、生活的压力已经够沉重的了，又何必为自己多找不愉快？心胸放开一点，凡事不要太较真，更不要得理不让人，自己活得轻松，别人也过得自在，岂不皆大欢喜？

智者寄语

得理不让人，伤害了对方，有时还会连带伤害对方的家人，甚至毁了对方，这有失厚道。得理让人，也是一种人情积蓄。

尊重对方，不伤及自尊

揭人疮疤者，最惹人恼。每个人的社会角色和地位不同，每个人都需要受到尊重。在为人处世时，有时是无意的，那是因为一不小心犯了对方的忌讳。有心也好，无意也罢，在待人处世中揭人之短、戳人之痛都会伤害对方的自尊，轻则影响双方的感情，重则导致友谊的破裂。

有一个年轻的姑娘长得很胖，吃了不少的减肥药，但总也不见效。她心里很苦恼，也最怕有人说她胖。有一天，她的朋友小张对她说："你吃了什么呀，像吹气儿似的，才几天工夫，又胖了一圈。"胖姑娘立马恼羞成怒："我胖碍着你什么了？又不吃你的，不喝你的，真是狗拿耗子，多管闲事！"小张不由闹了个大红脸。

在这里，小张明知对方的短处，却还要把话题往上扯，这自然就犯了对方的忌讳，自找麻烦。

有一个商人在街头看到儿时的朋友在做推销员，心中顿生怜悯。他走过去，把一百块钱丢进推销员的钱袋中，然后就走开了。没走几步，商人就听到后面有人叫他，他一回头，只见那个朋友红着脸冲着他大声说道："你为什么无缘无故地给一个身体健康，而且还是个推销员的人一百块钱呢？"商人转身回来从产品堆里拿了两件价值一百元的产品，说道："对不起，我忘了拿了，希望你不要介意。"他的朋友说："你我都是商人，我卖东西，而且是明码标价。你给我一百块钱，又为什么不拿东西呢？你是不是瞧不起我，认为我是一个值得同情的小商贩？"商人连忙说了几声"对不起"，然后就离开了。

这个商人的做法，无疑是伤了朋友的自尊心。众所周知，社会上那些有独立人格的人，都不可能接受别人善意的施舍或同情，虽然你尽量地表现出礼貌和无心，但在这些人看来，你还是伤了他们做人的自尊。

对于别人的缺点，不要刻意地去强调，而应该抱以宽容的心，去体谅别人、理解别人。

一天，苏轼来到王安石府中，恰巧王安石不在。苏轼就在书房里随便看看，见桌面上有首诗稿："西风昨夜过园林，吹落黄花遍地金。"苏轼立马提笔写道："秋花不比春花落，说与诗人仔细吟。"意思是说王安石弄错了，菊花是不会凋谢的。之后，苏轼在黄州任职的时候，亲眼见到了菊花落瓣，立刻认识到自己错改了王安石的"咏菊"诗，想向王安石赔罪，只是苦于找不到机会。

后来，苏轼忽然想起了王安石在他被贬黄州前提过的一件事，原来王安石嘱托他取瞿塘峡的江水。苏轼当时由于被贬，心中不服气，忘了这件事，现在想起来一定要办妥此事。不料由于车马劳顿，苏轼竟睡着了。醒来时问船公现在到哪儿了，船公说到了下峡，苏轼没办法，只得从下峡中取了水。

等见到了王安石，苏轼对改错诗句一事向王安石谢罪。王安石说："你没看过菊花落瓣，我不怪你。"然后两人就谈到了取水之事，苏轼说已经带到了，王安石赶紧叫人生火烧水煮茶，而茶色半晌才现。王安石就问："此水何处取来？"苏轼说是中峡的，王安石笑着说："又骗我了，这是下峡的水，怎么说是中峡的呢？"苏轼听后大惊，问何从知晓，王安石教育他说，读书人不可轻举妄动，凡事要寻根究底，并向他解释："上峡水性太急，下峡太缓，只有中峡缓急相伴。太医院官乃明医，知老夫患中脘变症，故用中峡水引经。此水煮茶，上峡味浓，下峡味淡，中峡浓淡之间。今见茶色半晌方见，故知是下峡。"

苏轼心悦诚服，离席谢罪。王安石又安慰他说哪有什么罪，并指出是因为苏轼太过于聪明了，所以容易疏忽。此后，苏轼再也不敢自视清高，他虚心求教，细心钻研，终于成为我国文学史上著名的诗词大家。

王安石对苏轼做错了事，不但没有斥责他，反而中肯地劝说他，并且还指出苏轼是因为过于聪明、容易疏忽造成的。朋友有过错，这是很正常的事，就连圣人也有犯错的时候。所以，对待他人的过错，应该委婉地劝告，顾及对方的自尊心，即使他当时不明白、不理解，事后回想起来，也会觉得你劝说的是对的。

在人们的交往中，你待人的态度，往往决定着别人对你的态度。就像你站在镜子前，你笑时，镜子里的人也笑；你皱眉时，镜子里的人也会皱眉；你对着镜子大喊大叫，镜子里的人也会冲你大喊大叫。所以，要获取他人的好感和尊重，首先就要尊重他人，不伤害他人的自尊。

智者寄语

对于别人的缺点，不要刻意地去强调，而应该抱以宽容的心，去体谅别人、理解别人。

心中有爱、有宽容就会有朋友

我们生活在这个世界上，是因为我们心存有爱，爱生活，爱亲友，爱朋友，爱事业，爱我们身边一切可爱的人和事物。因为有爱，这个世界才相容、并存、延续……因为有爱，人与人之间才会互相信赖、互相扶持、互相依存、互相帮助。

不管对朋友、对亲友、对同事的互相帮助，相互扶持关爱，都是一种无私的奉献，同时，自己也觉得在精神上、情感上乃至灵魂上是一种获取。俗话说："帮人等于帮自己，尊人也等于尊自己。"之所以这样说，也就体现了人类对完美生命价值的一种追求、一种体现。当然，我们在生活中总有许多不尽如人意的时候。遇到困难，要敢于面对；缺少经验，要积极努力去学习，在学习过程中不断充实，完善自我；犯了错误，敢于承认，纠正缺点和不足，使自己逐渐成熟起来。离开"烦恼"，端正心态，避开那些无休止的缠绕，勇敢地面对现实，在生活中不断磨炼自己的坚强意志，克服重重困难，力争做得最好。

驴子和马这对好朋友各背着一大袋盐上山去。太阳就像一个火球，似乎要将它们的皮烤焦了。它们已经整整走了一天，可怜的驴子背着盐包再也挪不动了。它向马求助："你帮我驮一部分盐吧，我实在走不动了。再这样下去，恐怕我坚持不下来了。怎样，马兄，帮个忙吧？"

"我不愿意。"马直言拒绝，"我们的主人给我们分得很公平，你该背多少，我该背多少，我们心里都应该有数。"

可怜的驴子不好再说什么，咬牙坚持着走下去，可是它还没走到山顶，就一头栽倒在地累死了。主人毫无表情地走上前去，把那个大盐袋子整个从驴子背上卸下来，全部放在了马的背上。

此刻，马背负着两个大盐袋子，步履维艰，一步比一步吃力，后背好似断了一样，它边走边想：还不如刚才帮助一下自己的好朋友驴子呢，要不然自己也不会像现在这样辛苦了……

世界上每个人都无法独自生存，因为人类是群居动物。既然人类选择了这种生活方式，那就要手拉着手，一起向前走。

人世间需要同情和友爱！有句话说得好："一个篱笆三个桩，一个好汉三人帮。"所以，没有人不需要人帮助，或者不希望有人帮。生活中不能没有朋友，朋友需要互相理解、宽容、扶持，有什么说什么，不隐瞒自己的观点，不虚伪，不做作，更不能虚情假意。朋友之间必须是建立在彼此真诚之上，相互信任，无论在何时何地真诚和信任都是至关重要的。要交朋友，自己必须先要表现友善，以友善为本，必须从我们自身开始做起。朋友的感情是一点一滴积淀而成的，是日积月累堆砌起来的。所以说朋友不是找来的，应该说是通过长久的交往而来的。我们不奢求从朋友身上获取什么，只希望快乐同享，多一句问候语，多一个祝福声。既然能与朋友相识相知就是缘，那么就要把握住朋友，把握住缘，用多一分的真诚去换取多一分的信任。

要学会"宽容"与"忍耐"，扪心自问，你做到对朋友、对同事"宽容"与"忍耐"了吗？当然，不是每个人都会把你当朋友，你也不可能把任何人都当朋友，但是，人与人的交往需要以诚相待。朋友之间需要彼此的理解与信任，即便是他对你说了不信任和有伤你自尊的话，你也应该学会"宽容"与"忍耐"。因为可能是你在某些方面做得不好，所以你要不断学习，那么伤你自尊的人总有一天会成为你的朋友。当然，不是每个人都适合做你的朋友，重要的是，你要找到志同道合的、懂你的朋友。不要为了追求朋友的数量而放弃自己的要求。这就是人生得一知己难的道理。

人生的路是光明的，但也是曲折的，纵然有万般不顺，选择逃避是解决不了问题的。豁达些，洒脱些，包容些，坦荡些，首先要无愧于自己，还要无愧于朋友。雨天总是会晴的，明天将是一个艳阳天！

智者寄语

不管对朋友、对亲友、对同事的互相帮助，相互扶持关爱，都是一种无私的奉献，同时，自己也觉得在精神上、情感上乃至灵魂上是一种获取。

培养自己的亲和力

作为一个人，无论你的性格多内向，都不可能将自己封闭起来，与周围的一切断绝来往。你总是在不知不觉地与人们打着交道，而人们的思想、习俗也在潜移默化地影响着你。

一个人独居，看似不与人接触，其实不然，无论是邻居向你借日用品还是房东来收房租、水费，你都得和他们说上两句。你的食品、衣服、家具都必须去买，为了争取货真价实，物美价廉，你还是要和许多人说话。为了生存，要参加工作，还得和许多人交往，处理上下级关系。

总之，一个人要想生活在这个社会上，就不能脱离社会独自生存。社会上绝大多数人还是喜欢和其他人交往的，以朋友多为自豪。这种喜欢和他人交往的本能，说白了就是一种亲和力。它是人类普遍具有的渴望与他人亲近、和谐相处的心理状态，是人类最基本的需求之一。孩子依恋父母，老人挂念儿女，兄弟姐妹、朋友之间互相帮助，人们就是在这种相亲相偎的关系中，培养能力，增强力量，战胜一个又一个困难，最终走完一段又一段的人生旅程。这种亲和力，既能促使感情归依，又有利于人际交往，它对平衡人的心理，克服势单力薄之不足，起着很好的调节作用。

虽然独立自主、自力更生有时可以解决一部分的衣食住行等方面的问题，但多数情况下，人们还是要依靠他人的帮助，人们之间总要或多或少、或直接或间接地发生一定的联系。正如荀子所说："人力不若牛，走不若马，而牛马为之用，何也？曰：人能群，彼不能群也。"荀子的这段话，道出了人类在同大自然的斗争中，团结就是力量的真理。为了求得生存，人类就凭借这种亲和力，使自己坚强而有力地屹立在大自然的面前。人的这种求生存的动机，就是亲和力的一种重要表现。

为了生存，人类在不断地索取自身需要的东西。在索取的过程中，肯定会遇到一些阻力，这时，单凭个人的力量是难以抵御外界的挑战的，这就必须借助他人的帮忙，才能解救自己。这种安全意识，在竞争如此激烈的当今社会，更是尤为重要。例如，当我们还没有富起来的时候，希望能够有更好的工作或者是更高的收入；当我们有了大笔钱财的时候，又会希望社会各项措施到位，进而为自己提供一个安全的环境。人们无时无刻不在关注着自身的安全。也正是由于人们对这种安全的需要，使得自己自愿地融入人群之中，希望通过这一集体的力量来战胜对危险的恐惧，其实，人们的这种动机，就是亲和力的一种表现。

俗话说："人有七情六欲。"人的情感有喜怒哀乐，丰富的情感世界使人类产生了强烈的归属动机。人们喜悦或悲伤时会急需找一个倾诉的人，求得他人的理解及宽慰，让自己在情感上有所寄托。同样，归属的需要，也使得自己自愿地与他人亲近，融入这个大群体之中。因此，人们的这种归属动机，正是亲和力的第三种表现。

综上所述，人类的亲和力不是单一化的，而是多重的、复杂的，上述关于亲和力的三种表现只是其中的一部分。此外，还有自我实现动机、生理动机、社会比较动机等。人们在生活中总是在不断地衡量自己，同时，也是通过与他人的对比来实现的，这就产生了社会比较动机。有人工作成绩突出，事业蒸蒸日上；有的人经济比较富裕，生活的档次较高，自然而然就刺激了他人的攀比心理。攀比心理的积极效果是：比事业，工作更加努力；比经济，生活更加富裕。通过与他人的比较，从而衡量出自己的成就以及不足之处，明确自己今后的奋斗目标。社会比较动机得以实现，进而增强了彼此间的亲和力度。人们展示自己的能力才华，并渴望在这个群体中寻求最佳的立足点，从而实现自我价值。这种自我价值的实现，促使人们不断地完善自己，这也正是亲和力的进一步迈进。

那么，亲和力又是如何产生的呢？2002年，美国的心理学家奥尔屠斯曾经做过这样一个实验：首先他将4名事先选好的人分别隔离在4间屋子里，在供给他们食宿的情况下，使他们与一切外界事物隔绝。结果发现坚持的时间最短的是20分钟，坚持的时间最长的是8天8夜。但无论坚持的时间长还是短，他们都感到了孤独以及痛苦，而且心理都有紧张感。实验表明，人的亲和力来源于人的本能。人类喜欢合群，组织家庭，建立各种各样的社会组织，这便是极好的明证。孤独会使人们恐惧，离开群体会使人们感到害怕，长期的隔离，将会使他们在心理状态上发生变异，变成一个不正常的人。也正是出于本能，人们彼此间相互亲近，更好地生存下去。生存的这一需要，就成了亲和力产生的条件。

心理学家赫布的“理想水平说”认为：人类的亲和倾向是出于功利性目的。人们通过亲和，可以达到个人的目的，对自身也是一种报偿。暂不论其他，有一点是值得肯定的：人们的亲和力虽源于本能，但却是有目的的，人们通过联合，同自然界、社会作斗争，为生存创造条件。人与人之间的社交，在付出的同时，也在索取，实际上是进行着时间、金钱、劳动等方面的交换。正是在社会交换的作用下，人类社会才不断地进步与发展，人与人之间的关系才日益亲密合作。

亲和力使人类产生巨大的凝聚力，在现实社会生活中发挥着不可估量的作用。人类社会的进步与发展，与人们之间的团结友爱、互相帮助密不可分。就个体而言，亲和力加速了一个人的社会化过程，使他从诞生之日起就浸泡在关怀、爱护的亲情之中，一点一滴地受到熏染。亲和力有利于个体的身心健康，减少心理障碍产生的概率。人们社交的范围越广，精神生活就越丰富，亲和力就越强，心理发展就越平衡。亲和力是培养良好个性、求取知识、获得事业发展必不可少的重要条件，是建立友谊、发展友谊的坚强动力。只要亲和力动机纯正，就会赢得许多朋友，就会在人生的道路上一帆风顺。

智者寄语

一个人要想生活在这个社会上，就不能脱离社会独自生存。社会上绝大多数人还是喜欢和其他人交往的，以朋友多为自豪。这种喜欢和他人交往的本能，说白了就是一种亲和力。

营造良好的关系网

营造一个好的关系网是成功人士一个最基本的办事原则。所以，单靠朋友保持联络是远远不够的，还需要营造一个良好的关系网。只有这样，才能在有求于人时，构建一个后备资源丰富的队伍，从而达到有求必应的目的。

1. 学会建好关系网

有的人整天忙忙碌碌，认识很多人，却为应付自己找来的关系叫苦连天。如果网组织得很大，往往漏洞百出，又会有许多死结，结果撒进海里也网不到鱼。人的精力是有限的，应用有限的精力理顺关系网，该增的增，该删的删，该修的修，该补的补。该如何营造一个好的关系网呢？

具体做法有以下几点：

第一步就是筛选。把与自己的生活范围有直接关系和间接关系的人记在一个本子上，把没有什么关系的记在另一个本子上，这就像是打扑克中的“埋底牌”，把有用的留在手上，把无用的埋下去。这就避免了该抓的关系没抓，不该抓的关系也抓了，既浪费时间，也会耽误办事。

第二步就是排队。要对自己认识的人进行分析，列出哪些人是最重要的，哪些人是比较重要的，哪些人是次要的，根据自己的需要排队。这就像打扑克中要“理牌”一样，明白自己手里有几张主牌、几张副牌，哪些牌最有力量，可以用来夺分保底，哪些牌只可以用来应付场面。

由此，你自然就会明白，哪些关系需要重点维系和保护，哪些只需要一般关照，从而决定自己的交际策略，合理安排时间和精力。

第三步要对关系进行分类。生活中一时有难，需要求助于人的时候，事情往往涉及很多方面，你需要很多方面的支持，不可能只从某一方面获得援助。

比如，有的朋友可以帮你办理有关手续，有的能够帮你出谋划策，有的则能为你提供某种信息。虽然作用不同，但都可能是至关重要的，所以一定要分类，对各种关系的功能和作用进行分析、鉴别，把它们编织到自己的关系网之中。

设计“联络图”也许不难，但是把它的内容落到实处就不那么容易了。一是要识门。也就是说，对与求助的事情有重要关系的部门、人员一定要清楚、熟悉他们的工作内容和业务范围。二是要识路，也就是说，要熟悉办事的程序，从哪里开始，中间有哪些环节，最后由什么部门决定，都应非常清楚，省得重复找人。

有了一张“联络图”，聪明的人就会懂得如何维系这张图，使它一直有效。你应该不断和图上的人保持联系，加深彼此的相互了解和合作，保持旧的关系，发展新的关系，使自己的“联络图”越来越丰富。

一个人托人办事的实力和资历也往往体现在这张“联络图”上。有能耐的人，他的这张图质量高、价值高，在需要托人办事时左右逢源，无所不能。

2. 随时调整关系网

世界上的一切事物，都处于不断的运动、变化和发展之中。我们的人际体系，如果不随着客观条件的发展而发展，就会逐步处于落后、陈旧甚至僵死的状态。因此，一个合理的人际关系网，必须是能够自我调节的、动态的。所以，要不断检查、修补关系网，随着部门调整、人事变动及时调整自己手中的牌，修补漏洞，及时进行分类排队，不断从关系之中找关系，使自己的关系网一直有效。

需要调节人际结构的情况一般有三种：

一是奋斗目标的变化。也许你的奋斗目标已经实现，也许你的奋斗目标变了，比如弃政从商，这就需要你及时调节人际结构，以便为新的目标服务。

二是生活环境的变动。信息社会，人口流动性空前加快，本来在 A 地工作的你，忽然到 B 地去工作。这种环境变动，势必引起人际结构的变化。

三是某些人际关系的断裂。天有不测风云，朝夕相处的亲人去世了，在悲哀的同时，不能不看到人际结构的变化。

可见，调节人际结构有被动调节和主动调节两种，不管是何种调节，都要求我们能迅速适应新的人际结构。

为此，我们在建造人际结构时，就要努力为自己建造一种善于进行新陈代谢的高等的开放性人际结构，而一切使人际结构僵硬化、固定化的态度和方法，都应当抛弃。

智者寄语

人的精力是有限的，应用有限的精力理顺关系网，该增的增，该删的删，该修的修，该补的补。

用真诚感动对方

好人缘,好办事。为人处世应保持诚实的美德,与他人交往尤其要以诚相待。诚实的人被信赖,虚伪、表里不一的人只会被疏远。可见,诚实是赢得好人缘的第一原则。

那什么才叫"诚"呢?中庸释"诚"有几种含义:所谓"诚则明矣",就是说无诚不智;所谓"成己成物",就是说诚通于仁;所谓"至诚无息"就是说唯诚乃勇。这几层意思不可不深切体会其内在意义。古人解释智、仁、勇三德,必须以"诚"为依据;诚信乃一体的两面,甚至可以说是互为表里、休戚与共的。一个人若能以诚待人,自然可以取得对方的信赖与理解,从而赢得良好的人缘。生活中常常会遇到这种人,他们向往彼此之间具有很密切的交往,绝对地相互依赖和理解,甚至达到"心有灵犀一点通"的地步。

那么怎样才能引起自己与对方在感情和行动上的共鸣呢?答案很简单,那就是两个字——真诚。只有靠你出之以诚,才能打动人心,使不可能办的事情成为可能。

我们不妨看一个古代以诚动人的故事:

> 诸葛亮高卧隆中,自比管乐,抱膝长吟,略无意于当世,他与刘备原是素昧平生,谈不上有什么友谊。刘备也知道诸葛亮是杰出人才,一心想收为己用。他仗着自己是中山靖王之后,汉室的子孙,同时利用人心尚未忘汉的机会,亲自去访问诸葛亮,一连去了三次,才得相见,这种行径,十足表示他的诚挚。诸葛亮无意当世,原是找不到合意的主子,亲见刘备有重建汉室雄图,对他又万分诚挚,才认为他是合意的主子,便放弃高卧隆中的想法,以身相许,虽几经挫折,绝不灰心,后来竟以"鞠躬尽瘁,死而后已"矢志,可见诚挚动人之深。

现实生活中,语无伦次、结巴口吃的人能感动人心的情形并不少见,言语流利、辩才雄发而无法影响他人的情形亦屡见不鲜。欠缺体贴,没有诚意,怎么能让别人理解?因此,在人际交往中,说话必须适可而止,提出要点,指出问题的症结之所在,在对方明白了自己的错误或失败的原因之后,应该就此打住,多费口舌对自己并没有什么好处,说得越多反而越有可能对你不利。在别人遇到挫折、失误和困难的时候,不需要有口诛笔伐和痛打"落水狗"的精神,有的应是手下留情、让人一条路的大度。尤其是领导,即使是劝诫别人,也要注意方法,否则会产生排斥的作用。而引导能够促进理解,能够使对方做出积极肯定的反应,进而达到自己的目的。

在劝慰、开导别人时,一定要有体察对方心理的本事。首先是要诚恳地听,让他把要讲的话讲完,把要宣泄的积郁发泄出来,然后再对他所说的问题好言相劝。如果仅仅想咒骂对方一通,借以泄心中之怨气,亦未尝不可,不过这种方法一点也不能影响对方,反而会招致相反的效果,其利害和得失就可想而知了。

学会用真诚来打动对方才能达到自己的最终目的。那么如何表现真诚呢?要学会用"个别谈心"法。在使用这一方法时,应注意以下几点:

1. 心平气和,双向交流

个别谈心不同于领导作报告、上大课。它是个人与个人之间的感情交流,具有亲近性,以便培养人缘。

简单地说,个别谈心就是双方坐在一起,沟通心灵,要求双方以平等的身份,轻松愉快地以心换心、互相交心,说出真实思想,促进感情融合,增进相互间的了解和友谊。坦诚直率,谦虚谨慎,互相尊重,是谈心必须具备的良好心理素质。只有知心,才能达到推心置腹、情感相融的境

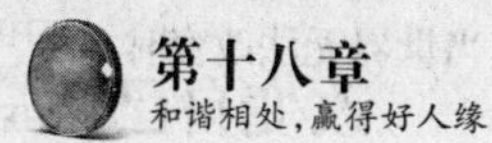

界。妄自尊大、盛气凌人、刚愎自用的作风，虚情假意、油腔滑调的习气，是伤害个别谈心的毒剂，必然会导致鸿沟的产生。

双方在心平气和、互相交流的过程中，要学会倾听，不扰乱对方的思维；不应避实就虚、隐瞒自己的真情实感；不应强人所难，硬要对方听你的枯燥无味的说教；不要故意闪烁其词，使对方难以理解自己的意图；也不应在对方给自己提意见时大发雷霆，粗鲁地顶回去；更不应出现伤人之语、损人之词。这样才能使对方产生共鸣，并获得对方的好感。

2. 灵活机动，适用面广

个别谈心这一语言技巧，形式简单自然，具有随机性。内容不受时间空间限制，可以根据需要灵活地进行。个别谈心语言技巧对环境条件要求不那么严格，事先准备工作也不需太复杂，不仅适用于领导层和干部间，也适用于一般群众之间以及领导干部与群众之间，有利于消除隔阂，互相学习，取长补短，共同进步，更有利于彼此做好每一份工作。

运用个别谈心的方法应灵活多样，具体应该掌握以下几种：

第一，询问性质的。学会“问”的技巧，在问的过程中注意消除对方的疑虑。有的人可以直接问，而另一些人则需委婉地问。

第二，批评性质的。对有的人可进行单刀直入的批评，而对有的人则需要启发其进行自我批评。对被批评的人的成绩应该肯定，对其缺点和错误要引导其自觉认识。

第三，命令性质的。这种情况只有下达组织的重要决定时才适用。如工作岗位有所变动之前，领导要找该同志谈心，向他交代新任务。这时也要因人而异，考虑个性的不同、新老同志的不同……采取不同的下达任务的方式。

第四，平等性质的。领导要心平气和，平等待人，以关心、信任的态度对待谈话的对象。不要总是摆出一副“领导”的架子，这样只会让对方觉得你没一点诚心。

3. 针对性越强，其效果就越明显

个别谈心语言技巧符合人的大脑高度个性化的特点，具有针对性。上课、演讲、广播、电影、电视、戏剧等宣传教育，是面对大多数人的，不可能面面俱到，众口均调。在对症下药、解决矛盾方面，谈心独占优势。这种优势包括：

一方面可以做到有什么问题解决什么问题。特别是如今，随着社会的发展、生活质量的提高，人们的思想观念、生活方式和心理状态都发生了很大变化，产生了各种问题，除靠行政手段外，对个别性和特殊性的问题，需要运用个别谈心的技巧，方能更好地加以解决。

另一方面，构成社会主体的人群，在年龄、职业、文化素养、社会经历、思想觉悟、兴趣爱好方面不尽相同，决定了人们的思想工作不能“大帮轰”“齐步走”，只能因人而异，一把钥匙开一把锁。

个别谈心要做到有针对性，应做到如下几点：

第一，要考虑对象。对象不同，基础、需求、爱好不同。应尽可能从对方熟悉的或感兴趣的话题入手。

第二，要及时消除对方的各种心理障碍。一般情况下，谈心对象的心理活动大体有揣测心理、防御心理、恐惧心理、对立心理、懊丧心理和喜悦心理等几种表现形式。在个别谈心过程中，各种心情往往不是单一的，往往呈现多样化和复杂化。但每一次谈心总有一种心理状态占主导地位。我们要了解一些心理学知识，及时消除影响谈心的心理因素，使谈心卓有成效地进行。

第三，要从实际出发，因人而异，对症下药。对后进者，“起点”不宜太高，防止他们丧失上进心。对其他人也要有分析、有区别，因人而异地讲道理、做工作，尽量调动每个人的积极性。

通过上述方法打动对方的同时，也搞好了自己的人缘。有了好的人缘，才有好的办事基础。

智者寄语

为人处世应保持诚实的美德，与他人交往尤其要以诚相待。诚实的人被信赖，虚伪、表里不一的人只会被疏远。可见，诚实是赢得好人缘的第一原则。

君子之交淡如水

真正的朋友，相互尊重，却不相互吹捧；往来频繁，但不过分亲昵；往来不多，也心心相印。也就是说：交友应注重真挚的感情，注重心灵的默契和呼应，志同道合，而不应注重表面上的亲近、热闹。俗话说“君子之交淡如水”，就是这个意思。

那些没有真感情、不讲道义的假朋友，表面上亲亲热热，勾肩搭背，相互吹捧，夸海口时胸脯拍得山响，一旦贫贱、富贵发生变化，或相互之间有了利害冲突，就翻脸不认人，甚至在朋友有难时不仅不帮忙，反而落井下石，将其置之死地。

近代知名学者王国维博闻强记，智力过人，在甲骨文研究上卓有成绩，得到了罗振玉的赏识，结为朋友，后来又成了儿女亲家。王家贫，罗家经常在经济上接济王家，但目的却是把王国维当作赚钱的机器。罗振玉因有钱，大量收进甲骨，由王国维来考释，发表文章的署名都是用罗振玉的名字。最后，由于经济上的逼迫，王国维这样不可多得的才子在壮年便投湖自尽。

而同一时期的另一著名人物鲁迅虽然和王国维也有大体近似的经历，都是弃医从文，但由于交友的审慎，结果却不一样。

鲁迅早年师事于资产阶级革命家、著名学者章太炎，后来与教育学家蔡元培结下了深厚的友谊。学者、作家如许寿堂等都是鲁迅事业上互相切磋的好友。此外，鲁迅以师长也以朋友身份结交了许多左联革命青年，对鲁迅的影响也很大，特别是鲁迅结交的共产党人朋友如瞿秋白、冯雪峰等，对鲁迅成长为共产主义战士起了不可忽视的作用。

鲁迅和瞿秋白，他们在文化战线上经常合作，翻译介绍马列主义文艺理论和苏联文学作品。瞿秋白编了《鲁迅杂感选集》，在序言中给鲁迅以很高的评价。在最危险的关头，鲁迅让瞿秋白避在自己家中。瞿秋白牺牲后，鲁迅怀着悲痛的心情，在病中把朋友的遗言编成《海上述林》出版。鲁迅在前言引用的对联中所说的“知己”，即指包括瞿秋白在内的共产党人，他以有这样的“知己”为人生最大的满足。

鲁迅的一生，在他身边，既有严谨的学者，也有资产阶级革命家；既有文学青年，也有无产阶级的先锋战士。鲁迅的成长，除了主观上的原因，也得益于这些良师益友。郭沫若同志曾指出：“王国维之所以戛然止步，甚至到牺牲，主要的也就是朋友害了他。而鲁迅之所以始终前进，一直在时代的前头，却是得到了朋友的帮助。”

的确，建立在志同道合基础上的友谊是万古长青的，它能经得起任何考验。与品质高洁的人交朋友，结下的真挚友谊是事业的推进剂。

智者寄语

真正的朋友，相互尊重，却不相互吹捧；往来频繁，但不过分亲昵；往来不多，也心心相印。也就是说：交友应注重真挚的感情，注重心灵的默契和呼应，志同道合，而不应注重表面上的亲近、热闹。

不疏远落魄的朋友

世事沧桑，复杂多变，起起伏伏，实难预料。昨天的权贵，今天可能成了平民；巨富大款，一夜之间也可能一贫如洗……在商品社会，这种现象并不罕见。落魄者的情况各不相同，有的是政治原因，有的是思想品德所致，还有的是工作失误的结果。不管是主观原因还是客观原因，对于落魄者来说，从天上掉到地下其痛苦心情可以想象。在这种际遇地位剧烈变化的情况下，不少人自惭形秽，觉得没脸见人，也有的则更加敏感，对他人的态度往往异常关注。

从人生的角度来看，人不可能一帆风顺，挫折、困难是难免的。当人们落难的时候，不仅自己倒霉，而且也是对周围人们，特别是对朋友的考验。远离而去的可能从此成为路人，同情、帮助其渡过难关的，他可能记你一辈子。所谓莫逆之交、患难朋友，往往就是在困难时候形成的。这时形成的友谊是最有价值、最令人珍视的。

在"文化大革命"中，有一位领导被关进了牛棚，没有人敢接近他。他的心情很苦闷，一度丧失了生活信心，动了自杀的念头。这时他的一个部下，不怕受连累，主动来见他，给他送东西，并开导他，甚至狠狠地批评他的轻生思想要不得，鼓励他，指出他的前途是光明的。他终于坚持了下来。后来这位领导出山后，十分感谢他的这个部下，把他当成知己。这个部下得了重病，他把自己的全部积蓄拿出来给他看病，后来又把他接到自己家里，可见莫逆之交感情之深。

从一定意义上说，对待落魄者的态度不仅是对一个人交际品质的考验，也是建立真正友谊的契机。落魄者的情况十分复杂，不能一概而论，应根据不同情况处之，但是有一些共性的原则是应该遵循的。

1. 看重友谊，继续交往

当他人落魄时，不要嫌弃他们，要怀着真诚的同情心和他们交往。此时与他们交往，要有正确的态度，不应表示怜悯，而应尊重他们，要热情、真诚地将对方继续当成朋友对待，使他们看到在最困难的时候有朋友在自己的身边，从而克服悲观思想，振奋起来。

有一个干部写匿名诬告信被罢官，这是思想意识的问题。这一打击对他十分沉重，很多朋友远离了他，家里很少有人来了。这时，他的一位朋友主动上门来，一见面，他的眼泪不由自主地流了下来，他说，我跌跟头后你是唯一一个来看我的人。他握住朋友的手，久久不放开。在朋友的帮助下，他决心彻底洗心革面，重新做人。

2. 区别情况，具体帮助

对于落魄者最重要的是从思想感情上安慰他们，帮助他们从错误中摆脱出来，这是最大的帮助。对于在思想意识上的失足者，要善于开导他们，提高其思想认识。对于落魄者的困难还要给以具体的帮助。一般说来，落魄者会遇到很多生活上的困难，一时难以克服，应该尽可能给予帮助，使他们渡过难关。有一位落魄者，下台后很是狼狈，很多人不理会他。他的孩子上学都受其他孩子的欺负。为此事他很烦恼，想让孩子换个学校，又没有人要。正在这时，他的朋友主动出面帮助找关系，费了很多的周折，才把孩子转学的事办成。不用说这个落魄者是多么感激朋友。对于因歪门邪道、赌博滋事等搞得落魄的朋友，来往时要谨慎，特别是经济来往要控制，应多在思想上对其进行开导和帮助。

3. 交往有度，分寸适当

在与落魄者交往时，还要注意自己态度和言行的分寸。比如，同他交谈不要用教训人的口气，应该抱平等、坦诚的态度，这样体现对对方的尊重，他在心理上是容易接受的。再如，不要轻易地触及他的“伤口”，过多地谈及他们已经无可挽回的错误会刺激他们的自尊。同时，落魄者对于自己问题的认识往往比较固执，不可能马上提高，所以，做思想工作应有足够的耐心，要允许他们有一个思考的过程，不要因他们一时想不通，就说他不可救药，这样无助于他们改正错误，也不利于发展彼此的关系。

智者寄语

从人生的角度来看，人不可能一帆风顺，挫折、困难是难免的。当人们落难的时候，不仅自己倒霉，而且也是对周围人们，特别是对朋友的考验。远离而去的可能从此成为路人，同情、帮助其渡过难关的，他可能记你一辈子。

以诚待人可以使你赢得更多好人缘

真诚的人，总是能够敛聚更多的人气，获得更多的信任。因此，以诚待人可以说是人际交往中不可或缺的调节剂，是赢得好人缘的“黄金”性格。

鸡和狗闲暇的时候在一起闲聊。

“我一直困惑：主人为什么那么喜欢你？”鸡显然对这件事情耿耿于怀，“我对主人的贡献很多，基本上每天都要为这个家生一个新鲜的鸡蛋，但你整天什么都不干，只懂得在主人面前撒娇，那些小把戏有什么使用价值呢？但主人却偏偏喜欢你，他也太没有眼光了吧！”

狗对鸡的这番抱怨并没有生气，它摇摇尾巴对鸡说道：“事情并非你想象的那么简单，尽管你每天都下蛋，但下蛋后你总是叫个不停，主人就会觉得你这是在邀功，想换取食物。从这个角度来讲，你的贡献就包含着功利的成分，并非是不求回报的真诚付出。”

鸡听完狗的话，顿时有点自惭形秽，但依旧反驳说：“那你呢？你的小把戏就是发自肺腑的吗？我看也不完全是吧！”

“尽管我不能为主人贡献什么实用的东西，但我总在真诚地逗主人开心。他一回家就能看到我在焦急地等待他回来；他卧病在床时，我总是静静地守候在他的身旁，给他安慰；在他因为拮据而不能给我好的食物时，我也对他不嫌不弃。我的行为都是真诚的、发自肺腑的，完全没有私心。因此，他对我疼爱有加就是自然的事情了。”

狗狗刚说完，就听到主人在喊它的名字，于是立刻乐呵呵地跑到了主人面前，和主人一块出去散步了。

真诚待人是获得别人好感的前提，这一点从上面故事中狗的表现和获得的回报上就可见一斑。

在现实生活中，性格真诚的人在与人交往的时候，总是能够通过自己的坦诚相待换来好的人缘，这是因为他们懂得一些基本的交际原则：

1. 与人交谈不要“拐弯抹角”

真诚的人，在与朋友交谈时，不会拐弯抹角地隐瞒和矫饰自己的想法，即使他们和对方的意见、看法相矛盾，也不会随声附和。因为这种做法会让人觉得不够真诚，让人觉得有距离感。因此，想要展示自己真诚的性格特点，就要明明白白地表达自己的看法，即便是要指出朋友的缺点和批评朋友的过失，也不要拐弯抹角，这样不仅不会使你们的关系受损，反而更能体现你们的无所不谈和坦诚相见。

2. 真诚地关怀对方

在朋友向你吐露自己的心事和生活中的琐事时，不要不耐烦地打断对方，你可以在适当的场合和时间给予对方真心诚意的关怀。真诚的人总是乐于关怀别人，这种真诚的关怀是赢得好人缘的有效途径。

3. 给予对方力所能及的帮助

当朋友向你诉说自己的困难时，向对方伸出力所能及的援助之手能够很好地体现你的真诚。真诚的人总是喜欢帮助别人解决问题，这种帮助能够唤起对方对你的好感。

4. 多为别人着想

真诚的人不会只想着从别人那里得到关怀，他们总是能够站在对方的角度考虑问题，顾及别人的感受，衡量别人的得失。这种乐于为他人着想的做法，为他们赢得了更多的感激和人缘。

拥有真诚的性格，就是拥有了人际交往的法宝，在社会生活、工作和交际中就能轻轻松松地赢得更多好的人缘。

智者寄语

真诚的人，在与朋友交谈时，不会拐弯抹角地隐瞒和矫饰自己的想法，即使他们和对方的意见、看法相矛盾，也不会随声附和。因为这种做法会让人觉得不够真诚，让人觉得有距离感。

做一个幽默热情的人

幽默热情的人，是生活和职场中最受大家喜爱的人。在大千世界中，我们每天都要接触无数的人，随着社会竞争的日益激烈，人们每天都处在极大的压力和焦虑中，而性格幽默热情的人，总能为身边的人创造开心的笑料，营造愉悦的氛围。因此，幽默热情的性格，能够使你在交际中左右逢源，马到成功。但幽默也是需要技巧和方法的。

1. 从容淡定中一鸣惊人

幽默的人，总能在自己陷入难堪的境地时，保持从容淡定，然后出乎意料地用简单的话语扭转自己的尴尬局面。

曾经有一位电视台的主持人在主持一档娱乐节目时，向观众介绍一种摔不破的玻璃杯。在彩排的时候，几次试镜都很顺利，玻璃杯并没有被摔破。但在正式播出时，这个杯子却被摔得粉碎。正在观众们目瞪口呆，等着看这位主持人出洋相时，这位主持人却镇定地说："看来发明这玻璃杯的人没考虑我的力气。"他的话语立马博得了在场观众的热烈掌声，使他一下子摆脱了尴尬的处境，并赢得了所有工作人员的刮目相看。

2. 适当地答非所问

幽默的人，往往反应灵敏，他们在交际场合懂得避开锋芒，适当地答非所问，以退为进，从而巧妙地应对一些难以言对的发问。

相传南齐太祖萧道成曾经与当时著名的书法家王僧虔比试书法，他们二人在写完自己的作品后，认认真真地相互比对，以分伯仲。然后，齐太祖问王僧虔说："这两幅作品，谁第一,谁第二呢?"王僧虔学富五车,便绕开齐太祖的问题,机智地说:"为臣之书法,人臣中第一;陛下之书法,皇帝中第一。"齐太祖听后仰头大笑,大赞王僧虔答得巧妙。

王僧虔这一答非所问的回答,既不失臣的尊严,又顾及了君的面子,使得君臣二人在一句幽默中关系更进一步。

3.展现自己的宽容

幽默热情的人,心胸宽广,不会因为一些小小的摩擦就与人为敌,而是懂得用幽默的话语,缓解紧张的气氛,从而为自己赢得好感。

萧伯纳曾经有一次在街上被自行车撞倒,骑车的人忐忑不安地向他再三道歉。萧伯纳却打断了他的话语,这让骑车的人更加不安,但萧伯纳却说道:"先生,您不必自责道歉,因为你比我更不幸,要是你再加点儿劲,你就会成为撞死萧伯纳的好汉,并因此而名垂青史了!"

萧伯纳在这一瞬间想到的幽默之语,表现了一个伟人的宽容之心,并消解对方的自责情绪,自然能够收获好人缘了。

4.抓准机会,见机行事

幽默的人总能随时随地抓住机会幽默一把,使他们所处的场合气氛融洽,利用笑与对方顺利交流。当别人接受他们的幽默时,他们就已经成功地推销了自己,获得了社交的胜利。

5.塑造自己的幽默形象

幽默热情的人,不会过于执着自己形象的权威性,他们善于用适当的幽默使人松懈警觉,并将自己的微笑传播给对方,从而使别人更乐意接纳他们,在别人心目中塑造自己的幽默形象,以增强个人的号召力、凝聚力,成就一番事业。

1950年,布劳先生升任为美国钢铁公司的董事长。他出现在公众面前时总是能用诙谐的语言引人发笑。当有人向他询问他对这个职位的感受时,他并不想让自己表现得过于亢奋,于是便说道:"这不过像匹兹堡海盗队赢了一场棒球。"

他用这一幽默的话语,成功地表现了他不骄傲、不自夸,能以平常心态看待自己的荣耀,赢得了人们的尊敬和好感。

幽默热情能够使我们在生活和职场上来往穿梭,游刃有余,一句妙语可以使沟通变得更加轻松和顺利。所以,想要轻松拥有好的人缘,就赶快培养自己幽默热情的性格吧!

智者寄语

幽默的人,总能在自己陷入难堪的境地时,保持从容淡定,然后出乎意料地用简单的话语扭转自己的尴尬局面。

患难见真情

你在关键时刻帮人一把,别人也会在重要时刻助你一臂之力!要想让别人将来帮助你,你就必须先付出精力去关心别人、感动别人。因此,高明的做人艺术便是雪中送炭,这最能温暖人心,换句话就是救人之所急。

范仲淹是一位充满人格魅力的宋代英杰,除了忧国忧民的忧患意识支配着他一生的行动外,他还乐意帮助那些需要帮助的人。

范仲淹在睢阳做学官时，经常以自己的薪俸资助穷苦的读书人。曾有个孙秀才，特意来请求他接见，范仲淹很关心他，见过以后送给他十个铜钱。

第二年，这位孙秀才又来了，范仲淹又赠给他十个铜钱。范仲淹问他："你这样辛苦地来回跑路，究竟为什么？"孙秀才悲伤地回答："因为我没有办法养活老母亲，只好这样奔波，来求得一些帮助。倘若我每天能有一百铜钱的收入，就足够维持生活了。"

范仲淹说："我看你不是一个专门向人乞讨混日子的人。这样辛苦奔波能得到多少资助？我替你补一个学职，每月有三千的薪俸可供衣食之需。但有了这个安排以后，你能安心在学业上下功夫吗？"

孙秀才特别高兴，一再拜谢，一再表示要在学业上下功夫。于是，范仲淹安排他研习《春秋》。孙秀才果然十分刻苦，日夜抓紧学习，而且行为谨慎，严于约束自己。范仲淹很喜欢这个人，过了一年，范仲淹的职务调动，孙秀才也结束学业回去了。

十年以后，人们都说在泰山之下有位教授《春秋》的学者孙明复先生，学问和修养都很好，受到人们的赞誉。朝廷把这位先生请到太学来，原来就是当年贫穷的孙秀才。范仲淹颇有感触地说："贫穷，对于人来说，真是个大的困难。如果衣食没保证，到处奔波，寻求帮助，一直到老，即使是孙明复那样的人才，也都被埋没了。"

主动支援一时经济拮据的朋友，使其免除后顾之忧；尽力帮助朋友安心学习，使其早日金榜题名。凡是在关键时刻，你伸出热情之手，予以大力支持，使之功成事就，都可以说是"救人之所急"。这应该算是人类最美好的情感之一。

20世纪70年代初，石油危机波及中国香港。香港的塑胶原料全部依赖进口，香港的进口商趁机垄断价格，将价格炒到厂家难以接受的高位。不少厂家因此被迫停产，濒临倒闭。

在这个关系许多企业命运的时刻，李嘉诚毫不犹豫地站到了风口浪尖上。在他的倡议和牵头下，数百家塑胶厂家入股组建了联合塑胶原料公司。

原先单个塑胶厂家无法直接由国外进口塑胶原料，是因为购货量太小，现在由联合塑胶原料公司出面，需求量比进口商还大，因此可以直接交易。所购进的原料，按实价分配给股东厂家。在厂家的联盟面前，进口商的垄断不攻自破。笼罩全港塑胶业两年之久的原料危机，一下子烟消云散。

李嘉诚在救业大行动中，还将长江公司的13万磅原料以低于市场一半的价格救援停工待料的会员厂家。直接购入国外出口商的原料后，他又把长江本身的20万磅配额以原价转让给需求量较大的厂家。危难之中得到李嘉诚帮助的厂家达几百家之多，因而，李嘉诚被称为香港塑胶业的"救世主"。

俗话说，患难见真情。李嘉诚救人危难的义举，为他树立起了崇高的商业形象，他的信誉和声望又回馈给他无尽的生意和财富。李嘉诚此举，无疑是经商的上乘之作。

智者寄语

要想让别人将来帮助你，你就必须先付出精力去关心别人、感动别人。因此，高明的做人艺术便是雪中送炭，这最能温暖人心，换句话就是救人之所急。

关爱他人有助于提高吸引力

有不少大学生，胸中有着这样的愿望："我真希望能吸引一些朋友，我真希望能成为一个受人欢迎、为人所乐于亲近的人。"只是因为他们自己生性孤僻,缺少吸引朋友的磁力,故没有多少人愿意和他们交友往来,他们也就失掉了生活上的很多乐趣,这样,他们的愿望也最终无从实现。

对任何人,如果能在言谈举止中表现出亲爱与和善,他自身的吸引力就会在不知不觉中大增。

人格高尚、性情温和的人,往往到处能得到他人的欢迎,也能处处得到他人的扶助。有些商人虽然没有雄厚的资本,却能吸引很多顾客,他们的事业与那些资本雄厚但缺少吸引力的人相比,进展必定更为显著。

在为人处世时,如果你能处处表现出爱人与和善的精神,乐于助人,那么就能使自己犹如磁石一般,吸引众多的朋友。

慷慨与宽宏大量,也是获得朋友的要素。一个宽容大度的慷慨者,常能赢得人心。

在社交中,还应说他人爱听的话,在谈话和做事过程中,要发扬他人的长处,而不去暴露他人的短处。那种习惯轻视他人、喜欢寻找他人缺点的人,是不可信赖的人,也不值得交结。

轻视与嫉妒他人往往是一个人心胸狭窄、思想不健全的表现,也是一个人思想浅薄与狭隘的表现,这种人非但不能认识他人的长处,更不能发现自己的短处。而有着健全的思想、对人宽宏大量的人,非但能够认识他人的长处,更能发现自己的短处。

吸引他人最好的方法,就是真诚地对别人关心,对别人感兴趣。

有一个人,几乎人人都不欢迎他,但他不知道是什么原因。即使他参加一个公众集会,人人见了他都退避三舍。所以,当别人互相寒暄谈笑、其乐融融之时,他一个人独处在屋中的某个角落。即使偶然被人家注意,片刻之后,他也依旧孤独地坐在一边。这类人好似冰块一样,又似没有吸引力的石头。

这个人之所以不受欢迎,在他自己看来乃是一个谜,他具有很大的才能,又是个勤勉努力的人。他在每天工作完毕后,也喜欢混在同伴中寻求快乐。但他往往只顾自己的乐趣,而常常给人以难堪,所以很多人一看到他,就避而远之。

但他绝未想到,他不受欢迎最关键的原因在于他的自私心理,自私是他不能赢得人心的主要障碍。他只想到自己而不顾及他人。他竟然一刻也不能把自己的事情搁起来谈谈他人的事情。每当与别人谈话,他总是要把谈话的中心集中在自身或自己的业务上。

一个人如果只顾自己,只为自己打算,就没有吸引他人的磁力,就会使别人厌恶他,就没有人喜欢与他结交往来。

如果一个人真正对他人感兴趣,便有吸引他人的力量,而且对他人吸引力的大小,与对他人所感兴趣的程度成正比。怎样才能对他人感兴趣呢?主要是能够设身处地为他人着想,能够推己及人,给他人以深切的关注。

其实,人生最大的目标,并不仅在于谋生赚钱,更要把我们内在的力量、我们的美德发扬出来。这样,我们就自然会具有吸引他人的力量。

一个人要真正吸引他人,应该具有种种良好的德行,自私、卑鄙、嫉妒都不能赢得人心;非但不能赢得人心,还会处处不受欢迎。

穷苦的青年男女们刚刚跨入社会的时候,往往羡慕那些家资万贯、无须为生计发愁的富家子弟。其实,那些富家子弟没有什么值得羡慕的。只要在自己身上培养磁石般的吸引力,便必定能够立身社会,这种卓越品质所具有的力量,远远超过金钱的力量。

智者寄语

对任何人,如果能在言谈举止中表现出亲爱与和善,他自身的吸引力就会在不知不觉中大增。